单片机及应用系统设计原理与实践

刘海成　编著

北京航空航天大学出版社

内 容 简 介

本书立足于51单片机的经典结构,以广泛应用的 AT89S52 单片机为应用对象,深入浅出地讲述单片机及应用系统设计原理与实践。书中51单片机基础内容采用汇编与C51并行的撰写方式,便于对比学习,应用则以C51为蓝本,深入浅出,符合工程应用需求。

书中深度融合了微机原理课程中的核心知识,尤其是在汇编指令的深入剖析、中断系统的分析和存储器的扩展方法等方面讲解细致,可以绕过微机原理课程直接学习本书的内容。

全书以电子测量和智能仪器为应用目标,符合单片机应用特点,充分发挥单片机技术优势,并能抓住单片机应用的共性问题,深入剖析和整合知识脉络,构建实例典型而又完整。力图在说明单片机原理的同时,讲述单片机应用原理,并通过单片机应用来讲述单片机的相关应用技术及应用领域,使读者建立起嵌入式系统的概念,从而构架电气信息和仪器仪表类工程领域与计算机应用的桥梁。

本书可作为电气信息和仪表类专业单片机及仪器仪表类课程的教材或参考书,也可供工程技术人员参考。

图书在版编目(CIP)数据

单片机及应用系统设计原理与实践 / 刘海成编著. — 北京:北京航空航天大学出版社,2009.8
 ISBN 978-7-81124-863-0

Ⅰ. 单… Ⅱ. 刘… Ⅲ. 单片微型计算机-高等学校-教材 Ⅳ. TP368.1

中国版本图书馆 CIP 数据核字(2009)第 129879 号

© 2009,北京航空航天大学出版社,版权所有。
未经本书出版者书面许可,任何单位和个人不得以任何形式或手段复制本书内容。侵权必究。

单片机及应用系统设计原理与实践
刘海成 编著
责任编辑 李 青 李冠咏 李 玉
*
北京航空航天大学出版社出版发行
北京市海淀区学院路37号(100191) 发行部电话:010-82317024 传真:010-82328026
http://www.buaapress.com.cn E-mail:emsbook@gmail.com
涿州市新华印刷有限公司印装 各地书店经销
*
开本:787 mm×960 mm 1/16 印张:37.75 字数:846千字
2009年8月第1版 2009年8月第1次印刷 印数:5 000册
ISBN 978-7-81124-863-0 定价:59.00元

前言

随着半导体技术和计算机技术的迅猛发展,人们的计算需求更为广泛,各种各样的新型嵌入式计算机在应用数量上已经远远超过通用计算机,小到 MP3、手机和数码摄像机等微型数字化产品,大到智能家电、车载电子设备和工业控制等领域,已经成为嵌入式产品的主要应用市场对象。区别于 PC 机,我们将非 PC 的计算机应用系统称为嵌入式系统(embedded system)。计算机技术也开始进入一个被称为后 PC(Personal Computer)技术的时代。

目前,嵌入式系统技术已经成为了最热门的技术之一,吸引了大批的优秀人才投入其中。那么什么称为嵌入式系统技术呢? 一般认为,嵌入式系统就是"以应用为中心,以计算机技术为基础,软硬件可裁剪,适应应用系统对功能、可靠性、成本、体积及功耗严格要求的专用计算机系统"。作为系统核心的嵌入式计算机包括微控制器(MCU)、数字信号处理器(DSP)和嵌入式微处理器(MPU)等。单片机应用系统作为最典型且相对简单的嵌入式系统,极具性价比优势,各种产品一旦用上了单片机,就能收到使产品升级换代的功效,常在产品名称前冠以形容词——"智能型",如智能型洗衣机等。

实际上,以单片机为核心的应用系统设计就是电子工程师将一堆器件搭在一起,注入程序,所有器件在单片机软件的有序组织下协调工作,完成原来这些器件分离时无法完成的功能。其根据市场需求,按照一定的构思原则(成本低,可靠性高,体积小,功能强和易于升级等)在最短的时间内完成产品设计,采用的技术越成熟、先进,功能越强大,成本越低,市场上相对需求就越大,产品就越成功,这就是电子工程师的自身价值。单片机及应用技术原理的初学者最关心的问题就是"如何学好单片机?"。学好单片机及应用技术是电气信息和仪表类工程师的必备素质。单片机应用技术是实践性很强的一门技术,可以说"单片机技术是玩出来的",只有多"玩",也就是多练习、多实际操作,才能真正掌握它。请不要做浮躁的单片机爱好者,把时髦的技术挂在嘴边,不按部就班地把基本的技术学到手;不要被一些流行词汇所迷惑,最根本的是要先了解最基础的知识,不要观望,防止徘徊不前,一事无成。掌握单片机的应用开发,入门并不难,难的是长期坚持、探索和不遗余力地学习与实践。

单片机最显著的特点就是一片芯片即可构成一个计算机系统。高可靠性、强大功能、高速度、低功耗和低价位,一直是衡量单片机性能的重要指标,也是单片机占领市场、赖以生存的必要条件。在各具特色和优势的单片机各品种竞相投放市场的今天,如何选择学习目标是关键的问题之一。考虑到学习的典型性,本书立足于 51 单片机的经典结构,以广泛应用的

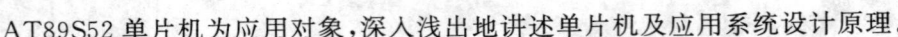

AT89S52单片机为应用对象,深入浅出地讲述单片机及应用系统设计原理。

本书具有以下特点:

第一,采用汇编与C51并行的撰写方式,讲述单片机原理及接口技术,旨在避免学生长期滞留于汇编层面,不利于单片机应用系统设计层面的软件设计。

第二,微机原理、单片机与接口技术和智能仪器一直是电类专业嵌入式系统类课程保留的模式,本书力求将微机原理与单片机原理有机结合,以掌握必要概念、思想和不影响单片机的学习为原则,跨越早已失去现实应用意义的8086。同时作为应用,将电子测量与智能仪器仪表课程内容与单片机应用深度融合,力求单片机中断系统、定时器等资源的理论与应用的讲解紧密对应,促使时间、频率和电压等的电子测量方法与传感技术等外延应用紧密结合,达到抛砖引玉、学以致用的效果,并且能够使单片机实验的内涵和课程设计更具层次,有的放矢,且增加了趣味性。

第三,采用较新且常用的元器件作为讲解和应用对象。总线的学习以存储器和液晶应用为依托,并引入广泛使用的双口RAM和FIFO内容,着重讲解接口扩展方法及对应软件设计要点。而I/O扩展按照目前主流的串行扩展法讲述,避免过于陈旧的8155和8255等I/O扩展方法的讲解,旨在总体上不失总线时序及其接口技术的学习和讲解的同时,使读者与具体工程技术应用和技术发展主流快速接轨。

第四,建立丰富的附录资源,包括C8051F系列单片机及编程应用等,以增强本书的实用性。

在单片机技术日益广泛应用的今天,较全面系统地讲述单片机及应用系统设计原理的书较少见,本书立足国内C51教学的现状,采用汇编与C51并行的撰写方式,符合教学需求,也符合工程应用需求;以电子测量和智能仪器为应用目标,符合单片机应用特点,能充分发挥单片机技术优势和抓住共性问题,实例典型、完整。本书力图在讲述单片机原理的同时,通过单片机的应用来讲述单片机的相关应用技术及应用领域,使读者建立起嵌入式的概念,从而架起电气信息和仪器仪表类工程领域与计算机应用的桥梁。

全书建议学时:理论104学时,实验24学时。本书涵盖了微机原理、单片机原理及接口技术与应用、单片机C51程序设计、电子测量和智能仪器的课程内容。建议分为两个学期,前一学期64学时,讲述数字计算机及单片机原理,包括汇编语言程序设计、C51基础和接口技术,课程名称可定为"单片机原理与应用"等;后一学期40学时,讲述以单片机为核心的电子测量和智能仪器设计技术,课程名称可定为"电子测量与智能仪器"等。全书的第1章、第2章、第4章、第5章、第6章、第7章、10.1节、10.2节和第8章,去除C语言部分就是一般"单片机原理、接口及应用"类书籍的内容,本书不失通用性,同时其他内容可作为课程设计指导等。

本书由刘海成主持编写并统稿,金延军和曲贵波担任副主编,秦杰、张鹏和刘静淼等同仁参与了部分内容的编写工作,艾纯明、闻培君、王朝阳、肖喜春、赵大坤和赵寅等同学为本书的出版也做了很多工作,一并表示感谢。全书由欧阳斌林教授主审,叶树江教授和秦进平教授也审阅了全稿,三位教授提出了很多宝贵意见。书中参考和应用了许多学者和专家的著作和研究成果,还有一些网友的作品,在此一并表示衷心的感谢。

本书叙述简洁,涵盖内容广,知识容量大,涉及的应用实例多;厚基础,重应用,加强了与其他课程间的联系。本书适于大专院校电子、电气、通信及自动化等专业的学生作为"单片机及接口应用"类课程、"电子测量与智能仪器"等课程教材使用,也可作为电子设计竞赛自学或培训教材,同时,还可以作为工程技术人员的参考书。

虽然力求完美,但是水平有限,错误之处在所难免,敬请广大读者不吝指正和赐教,不胜感激!作者电子信箱:sauxo@126.com。

作 者
2009 年 7 月

目 录

第1章 计算机原理与嵌入式系统基础 1
  1.1 计算机的发展及应用 1
    1.1.1 微型计算机发展及评价 1
    1.1.2 嵌入式系统 3
  1.2 计算机中的常用数制及编码 5
    1.2.1 计算机中的常用数制及相互转换 5
    1.2.2 字符的表示及编码 7
  1.3 算术运算和逻辑运算基础 9
    1.3.1 带符号数的补码表示与加减法运算 10
    1.3.2 数的定点表示与浮点表示 12
  1.4 计算机组成及工作模型 15
    1.4.1 存储器 16
    1.4.2 CPU 的内部结构 17
    1.4.3 总线与接口 19
    1.4.4 模型机的工作过程 21
  1.5 51系列单片机 23
    1.5.1 单片机及应用概述 23
    1.5.2 51经典型架构单片机 24
    1.5.3 51单片机的发展及典型产品 28
    1.5.4 51单片机最小系统 32
  1.6 51单片机存储器结构 33
    1.6.1 51单片机存储器构成 33
    1.6.2 51单片机特殊功能寄存器 37
  习题与思考题 42
第2章 51系列单片机指令系统与汇编程序设计 43
  2.1 51系列单片机汇编指令格式及标识 43
    2 1.1 指令格式 43

2 1.2 指令中用到的标识符 ··· 44
2.2 51系列单片机的寻址方式 ··· 45
  2.2.1 立即(数)寻址 ··· 45
  2.2.2 寄存器寻址 ··· 45
  2.2.3 直接寻址 ··· 46
  2.2.4 寄存器间接寻址 ·· 46
  2.2.5 变址寻址 ··· 47
  2.2.6 位寻址 ·· 48
  2.2.7 指令寻址 ··· 48
2.3 51系列单片机指令系统 ··· 49
  2.3.1 数据传送指令 ·· 49
  2.3.2 算术运算指令 ·· 53
  2.3.3 逻辑操作指令 ·· 56
  2.3.4 位操作指令 ··· 58
  2.3.5 控制转移指令 ·· 60
2.4 51系列单片机汇编程序常用的伪指令 ·· 68
2.5 51系列单片机汇编程序设计 ··· 71
  2.5.1 延时程序设计 ·· 71
  2.5.2 数值大小条件判断设计 ·· 72
  2.5.3 数学运算程序 ·· 73
  2.5.4 数据的拼拆和转换 ··· 77
  2.5.5 多分支转移(散转)程序 ·· 80
  2.5.6 排　序 ·· 82
习题与思考题 ··· 83

第3章 单片机 Keil C51 语言程序设计基础与开发调试 ································ 88
3.1 C语言与51系列单片机 ·· 88
  3.1.1 C语言的特点及程序结构 ··· 89
  3.1.2 C51程序结构 ·· 91
3.2 C51的数据类型 ··· 91
3.3 数据的存储类型和存储模式 ·· 95
  3.3.1 C语言标准存储类型 ·· 95
  3.3.2 C51的数据存储类型 ··· 95
  3.3.3 C51的存储模式 ·· 96
3.4 C51对SFR、可寻址位、存储器和 I/O 口的定义 ································· 97

3.4.1　C51中绝对地址的访问 …………………………………… 97
　　3.4.2　特殊功能寄存器SFR的定义 …………………………… 100
　　3.4.3　对位变量的定义 ………………………………………… 100
3.5　C51的运算符及表达式 ………………………………………… 101
　　3.5.1　赋值运算符 ……………………………………………… 101
　　3.5.2　算术运算符 ……………………………………………… 102
　　3.5.3　关系运算符 ……………………………………………… 102
　　3.5.4　逻辑运算符 ……………………………………………… 103
　　3.5.5　位运算符 ………………………………………………… 103
　　3.5.6　复合赋值运算符 ………………………………………… 104
　　3.5.7　逗号运算符 ……………………………………………… 104
　　3.5.8　条件运算符 ……………………………………………… 105
　　3.5.9　指针与地址运算符 ……………………………………… 105
3.6　C51应用小结 …………………………………………………… 105
3.7　μVision3集成开发环境 ………………………………………… 106
3.8　单片机应用系统的开发工具与调试 …………………………… 112
　　3.8.1　单片机应用系统的开发工具 …………………………… 112
　　3.8.2　单片机应用系统的调试 ………………………………… 114
　　3.8.3　基于SST89E564自制51系列单片机仿真器 ………… 116
习题与思考题 …………………………………………………………… 121

第4章　51系列单片机内部资源及编程　122

4.1　51单片机的输入/输出(I/O)接口 ……………………………… 122
　　4.1.1　51单片机的I/O口结构 ………………………………… 122
　　4.1.2　I/O口与上/下拉电阻 …………………………………… 126
　　4.1.3　开关量信号的输入与输出 ……………………………… 128
4.2　中断系统 ………………………………………………………… 129
　　4.2.1　中断的基本概念 ………………………………………… 129
　　4.2.2　51单片机的中断系统 …………………………………… 131
　　4.2.3　中断程序的编制 ………………………………………… 136
　　4.2.4　51单片机多外部中断源系统设计 ……………………… 139
4.3　定时/计数器T0和T1 ………………………………………… 140
　　4.3.1　定时/计数器的主要特性 ………………………………… 140
　　4.3.2　定时/计数器T0、T1的结构及工作原理 ……………… 141
　　4.3.3　定时/计数器T0和T1的方式和控制寄存器 ………… 142

4.3.4 定时/计数器 T0 和 T1 的工作方式 … 143
4.3.5 定时/计数器 T0 和 T1 的初始化编程及应用 … 146
4.3.6 定时/计数器 T0 和 T1 小结 … 150
4.4 定时/计数器 T2 … 151
4.4.1 定时/计数器 T2 的寄存器 … 151
4.4.2 定时/计数器 T2 的工作方式 … 152
4.5 串行接口 … 157
4.5.1 通信的基本概念 … 157
4.5.2 51 系列单片机串行口功能与结构 … 161
4.5.3 串行口的工作方式 … 165
4.5.4 串行口的初始化编程及应用 … 167
4.5.5 用 51 系列单片机的串行口扩展并行口 … 168
4.5.6 利用方式 1 实现点对点的双机 UART 通信与 RS-232 接口 … 172
4.5.7 多机通信与 RS-485 总线系统 … 180
习题与思考题 … 204

第 5 章 单片机系统总线与系统扩展技术 … 205
5.1 单片机系统总线和系统扩展方法 … 205
5.1.1 单片机系统总线信号 … 205
5.1.2 51 系列单片机读外部程序存储器及读/写外部数据存储器(I/O 口)时序 … 207
5.1.3 基于系统总线进行系统扩展的总线连接方法 … 208
5.2 系统存储器扩展 … 211
5.2.1 程序存储器扩展 … 211
5.2.2 数据存储器扩展 … 215
5.2.3 程序存储器与数据存储器综合扩展 … 216
5.3 双口 RAM、异步 FIFO 及其扩展 … 218
5.3.1 双口 RAM … 218
5.3.2 双口 RAM 与单片机的接口 … 219
5.3.3 异步 FIFO … 220
5.3.4 异步 FIFO 与单片机的接口 … 221
5.4 输入/输出口及设备扩展 … 222
5.4.1 简单 I/O 接口扩展 … 222
5.4.2 并行日历时钟芯片 DS12C887 与单片机接口 … 225
5.5 并行接口扩展技术及应用小结 … 238
习题与思考题 … 238

第6章 串行扩展技术 …… 240
6.1 SPI总线扩展接口及应用 …… 240
6.1.1 SPI的原理 …… 240
6.1.2 SPI总线的软件模拟及串并扩展应用 …… 241
6.2 I^2C 串行总线扩展技术 …… 244
6.2.1 I^2C 串行总线概述 …… 244
6.2.2 I^2C 总线的数据传送 …… 246
6.2.3 I^2C 总线数据传送的模拟 …… 251
6.2.4 典型 I^2C 接口存储器的扩展 …… 265
6.3 单总线技术与基于DS18B20的多点温度巡回检测仪的设计 …… 273
6.3.1 DS18B20概述 …… 273
6.3.2 DS18B20的内部构成及测温原理 …… 274
6.3.3 DS18B20的访问协议 …… 275
6.3.4 DS18B20的自动识别技术 …… 278
6.3.5 DS18B20的单总线读/写时序 …… 279
6.3.6 DS18B20使用中的注意事项 …… 280
6.3.7 单片DS18B20测温应用程序设计 …… 281
习题与思考题 …… 283

第7章 人机接口技术 …… 284
7.1 51系列单片机与LED显示器接口 …… 284
7.1.1 LED显示器的结构与原理 …… 284
7.1.2 LED数码管显示器的译码方式 …… 286
7.1.3 LED数码管的显示方式 …… 286
7.1.4 LED点阵屏技术 …… 290
7.2 51单片机与键盘的接口 …… 292
7.2.1 键盘的工作原理 …… 293
7.2.2 独立式键盘与单片机的接口 …… 297
7.2.3 矩阵式键盘与单片机的接口 …… 299
7.3 人机接口典型应用实例——16键简易计算器的设计 …… 305
7.4 1602字符液晶及其接口技术 …… 311
7.4.1 1602总线方式驱动接口及读/写时序 …… 311
7.4.2 操作1602的11条指令详解 …… 312
7.4.3 1602液晶驱动程序设计 …… 315
7.5 ST7920(128×64点阵)图形液晶及其接口技术 …… 319

- 7.5.1 ST7920 引脚及接口时序 ……………………………………………… 319
- 7.5.2 ST7920 显示 RAM 及坐标关系 ………………………………………… 322
- 7.5.3 ST7920 指令集 ………………………………………………………… 324
- 7.5.4 ST7920 的 C51 例程 …………………………………………………… 326
- 习题与思考题 ……………………………………………………………………… 332

第 8 章 单片机应用系统设计 …………………………………………………… 333

- 8.1 单片机应用系统结构 ………………………………………………………… 333
  - 8.1.1 应用系统的结构特点 ………………………………………………… 334
  - 8.1.2 应用系统的典型通道接口 …………………………………………… 335
  - 8.1.3 应用系统设计内容 …………………………………………………… 337
- 8.2 单片机应用系统的一般设计过程 …………………………………………… 337
  - 8.2.1 硬件系统设计原则 …………………………………………………… 337
  - 8.2.2 应用软件设计特点 …………………………………………………… 338
  - 8.2.3 应用系统开发过程 …………………………………………………… 338
- 8.3 单片机应用系统的抗干扰技术 ……………………………………………… 340
  - 8.3.1 软件抗干扰 …………………………………………………………… 340
  - 8.3.2 硬件抗干扰 …………………………………………………………… 340
  - 8.3.3 "看门狗"技术 ……………………………………………………… 342
- 8.4 单片机应用系统的低功耗设计 ……………………………………………… 344
  - 8.4.1 单片机应用系统的硬件低功耗设计 ………………………………… 344
  - 8.4.2 单片机应用系统的软件低功耗设计 ………………………………… 347
- 8.5 优良人机界面与单片机应用系统设计 ……………………………………… 350
- 8.6 单片机应用系统设计的思路 ………………………………………………… 353
- 习题与思考题 ……………………………………………………………………… 354

第 9 章 时间和频率测量及应用系统设计 ……………………………………… 355

- 9.1 定时和计时器应用 …………………………………………………………… 356
  - 9.1.1 定时器的时钟源、工作模式与精准定时 …………………………… 356
- ——典型设计举例 E1：(作息时间控制)数字钟/万年历的设计 ………………… 356
  - E1.1 数字钟/万年历的方案设计 ………………………………………… 357
  - E1.2 直接利用单片机的定时器实现电子钟表 …………………………… 359
  - E1.3 采用专用日历时钟芯片 DS1302 实现电子钟表 …………………… 365
- ——典型设计举例 E2：赛跑电子秒表的设计 …………………………………… 375
- 同类典型应用设计、分析与提示 ………………………………………………… 380
  - 篮球计时计分牌的设计 ………………………………………………………… 380

9.1.2　数控方波频率发生技术与频率控制应用 ………………………………… 381
　　——典型设计举例 E3：基于单片机的简易电子琴的设计 ……………………… 381
　　同类典型应用设计、要求、分析与提示 ……………………………………………… 385
　　　基于单片机的音乐门铃设计 ……………………………………………………… 385
　　9.1.3　基于时间触发模式的软件系统设计 ……………………………………… 389
9.2　时间间隔和时刻的测量及应用 ……………………………………………………… 391
　　9.2.1　时间间隔和时刻的测量及应用概述 ……………………………………… 391
　　9.2.2　T0/T1 的 GATE 与时刻和时间段测量 …………………………………… 392
　　9.2.3　T2 的捕获功能与时间和时刻的测量 ……………………………………… 392
　　——典型设计举例 E4：超声波测距仪的设计 …………………………………… 392
　　　E4.1　超声波测距原理 …………………………………………………………… 392
　　　E4.2　基于单片机的超声波测距仪设计 ………………………………………… 394
同类典型应用设计、分析与提示 ……………………………………………………… 401
　　利用单摆测重力加速度 ……………………………………………………………… 401
　　（扭摆法）转动惯量测试仪的设计 …………………………………………………… 402
　　基于 RC 一阶电路的阻容参数测试仪的设计 ……………………………………… 403
　　利用单片机和 NTC 热敏电阻实现极简单的测温电路 …………………………… 404
　　基于 RC 一阶电路的电容测试仪的设计 …………………………………………… 405
9.3　频率测量及应用 ……………………………………………………………………… 407
　　9.3.1　频率的直接测量方法——定时计数法 …………………………………… 407
　　9.3.2　通过测量周期测量频率 …………………………………………………… 409
　　9.3.3　等精度测频法 ……………………………………………………………… 409
　　9.3.4　频率-电压(F-V)转换法测量频率 ………………………………………… 413
　　——典型设计举例 E5：(组合法)频率计的设计 ………………………………… 413
同类典型应用设计、分析与提示 ……………………………………………………… 418
　　多谐振荡器测电阻或电容 …………………………………………………………… 418
　　心率计的设计 ………………………………………………………………………… 418
　　里程表、计价器和速度表的设计(光电编码盘、霍尔元件) ………………………… 420
习题与思考题 ……………………………………………………………………………… 421

第 10 章　A/D、D/A、PWM 与测控系统设计 ……………………………………… 422
10.1　D/A 原理、接口技术及应用要点 …………………………………………………… 422
　　10.1.1　D/A 转换器概述 …………………………………………………………… 422
　　10.1.2　51 单片机与 DAC0832 的接口技术 ……………………………………… 426
　　10.1.3　基于 TL431 的基准电压源设计 …………………………………………… 431

——典型设计举例 E6：数控直流稳压电源的设计 ………………………………… 432
同类典型应用设计、分析与提示 ………………………………………………… 439
  精密数控恒流源设计 ………………………………………………………… 439
  几种 V/I 转换和恒流源电路图的比较 …………………………………… 439
  数控宽范围调整、大电流输出的恒流源核心电路方案 ………………… 441
——典型设计举例 E7：基于 DDS 技术的低频正弦信号发生器的设计 ………… 443
10.2 A/D 原理、接口技术及应用要点 ……………………………………………… 446
 10.2.1 A/D 转换器概述 ………………………………………………………… 446
 10.2.2 ADC0809 与 51 单片机的接口 ………………………………………… 447
10.3 常用 A/D 和 D/A ………………………………………………………………… 452
 10.3.1 目前常用的 A/D 和 D/A 芯片简介 …………………………………… 452
 10.3.2 TLC1543/TLC2543 ……………………………………………………… 454
 10.3.3 4½位双积分型 A/D——ICL7135 及其接口技术 …………………… 459
10.4 电压测量与检测技术 …………………………………………………………… 464
 10.4.1 电压测量及数据采集系统的基本构成 ………………………………… 464
 10.4.2 智能化测量系统 ………………………………………………………… 466
——典型设计举例 E8：简易多路数字电压表的设计 …………………………… 469
同类典型应用设计、分析与提示 ………………………………………………… 475
  基于 LM35 的数显温度计设计 …………………………………………… 475
  真有效值测试仪的设计 …………………………………………………… 476
10.5 V-F(电压-频率转换)接口 …………………………………………………… 480
 10.5.1 电压-频率(V-F)转换原理 …………………………………………… 482
 10.5.2 频率-电压(F-V)转换原理 …………………………………………… 483
 10.5.3 V-F 转换器 LM331 在模/数转换电路中的应用 …………………… 484
10.6 PWM 技术及应用系统设计 …………………………………………………… 485
 10.6.1 PWM 技术概述 ………………………………………………………… 486
 10.6.2 PWM 的功率控制应用 ………………………………………………… 486
 10.6.3 基于 PWM 实现 D/A 转换 …………………………………………… 487
习题与思考题 ………………………………………………………………………… 491

第 11 章 电阻的测量与应用 492

11.1 电阻的测量与应用概述 ………………………………………………………… 492
 11.1.1 电阻的应用 ……………………………………………………………… 492
 11.1.2 电阻的测量 ……………………………………………………………… 493
11.2 基于恒流源、A/D 转换和欧姆定律测电阻 ………………………………… 494

11.2.1	伏安法测电阻分析	494
11.2.2	基于恒流源、A/D 转换和欧姆定律测电阻原理	494

——典型设计举例 E9：基于 Pt100 的双恒流源高精度测温传感电路的设计 495
- E9.1 铂电阻温度传感器 495
- E9.2 铂电阻测温的基本电路 496
- E9.3 Pt100 三线制桥式测温电路 497
- E9.4 基于双恒流源的三线式铂电阻测温探头设计 498
- E9.5 基于 ICL7135 的 Pt100 测温系统设计 500

11.3 直流电阻电桥测电阻及测压应用 502
- 11.3.1 基本直流电阻电桥配置 502
- 11.3.2 电阻电桥应用电路的几个关键技术 505
- 11.3.3 高精度 Σ-Δ A/D 转换器与直流电桥 507
- 11.3.4 电阻电桥实际应用技巧 508
- 11.3.5 硅应变计 510
- 11.3.6 电压驱动硅应变计 511
- 11.3.7 电流驱动硅应变计 516

11.4 程控电阻技术、数字电位器及应用 518

——典型设计举例 E10：程控增益放大器的设计 519

同类典型应用设计、分析与提示 520
- 基于 LM317 的程控直流稳压电源的设计 520
- 程控滤波器设计 523

习题与思考题 524

第 12 章 阻抗特性测量与线性网络分析技术及应用 525

12.1 阻抗测量与应用概述 525
- 12.1.1 阻抗定义及表示 525
- 12.1.2 R、L、C 阻抗元件的基本特性及电路模型 526

12.2 阻抗测量技术 530
- 12.2.1 阻抗测量的特点 530
- 12.2.2 阻抗测量方法 532

12.3 DDS、正弦信号峰值/相位检测与网络分析技术 534
- 12.3.1 频率特性测量与网络分析技术 534
- 12.3.2 正弦信号的峰值及相位检测技术 535
- 12.3.3 DDS 扫频信号源 AD9833 540

习题与思考题 547

附录 A 51 系列单片机指令速查表 ……………………………… 548
附录 B ASCII 表 …………………………………………………… 554
附录 C C51 的库函数 ……………………………………………… 555
C.1 寄存器库函数 REGXXX.H …………………………………… 555
C.2 字符函数 CTYPE.H …………………………………………… 555
C.3 一般输入/输出函数 STDIO.H ………………………………… 557
C.4 内部函数 INTRINS.H ………………………………………… 558
C.5 标准函数 STDLIB.H …………………………………………… 559
C.6 字符串函数 STRING.H ………………………………………… 560
C.7 数学函数 MATH.H ……………………………………………… 563
C.8 绝对地址访问函数 ABSACC.H ……………………………… 564
附录 D C8051F 系列 51 单片机及编程应用 …………………… 565
D.1 C8051F 系列单片机简介 ……………………………………… 565
D.2 C8051F020 单片机 …………………………………………… 566
D.2.1 C8051F020 外部存储器接口 ……………………………… 568
D.2.2 配置 I/O 端口功能及其输入/输出方式 …………………… 572
D.3 C8051F020 开发工具使用 …………………………………… 582
D.3.1 目标板 JTAG 接口 ………………………………………… 583
D.3.2 在 Keil μVision3 中使用 U-EC5 …………………………… 583
D.4 C8051F020 应用实例 ………………………………………… 584
D.4.1 C8051F020 硬件电路图 …………………………………… 585
D.4.2 C8051F020 程序设计举例 ………………………………… 586

参考文献 ……………………………………………………………… 588

第 1 章
计算机原理与嵌入式系统基础

1.1 计算机的发展及应用

1.1.1 微型计算机发展及评价

自 1946 年世界上诞生了第一台电子计算机 ENIAC,计算机的发展在短短几十年的时间里,已经历了电子管计算机、晶体管计算机、集成电路计算机、大规模集成电路和超大规模集成电路计算机等几代的发展历程。每一代计算机之间的更替,不仅表现在电子元件的更新换代,还表现在计算机的系统结构及软件技术的进步。在计算机领域有一个人所共知的"摩尔定律",它是 Intel 公司创始人之一戈登·摩尔(Gordon Moore)于 1965 年在总结存储器芯片的增长规律时发现的,即"微芯片上集成的晶体管数目每 12 个月翻一番"。当然这种表述没有经过什么论证,只是一种现象的归纳。但是后来的发展却很好地验证了这一说法,使其享有了"定律"的荣誉。后来表述为"集成电路的集成度每 18 个月翻一番",或者说"三年翻两番"。尽管这些表述不完全一致,但是它表明半导体技术是按一个较高的指数规律发展的。今天的一台计算机其性能价格比和性能体积比,较第一代电子管计算机提高了成千上万倍,甚至上亿倍。

作为第四代计算机的重要代表,20 世纪 70 年代初诞生了微型计算机(Microcomputer)。它的中央处理单元 CPU(Central Processing Unit)把运算器 AU(Arithmetic Unit)、控制器 CU(Control Unit)和寄存器组 R(Registers)等功能部件,通过内部总线集成到一块芯片上,称为微处理器(Microprocessor),如图 1.1 所示。

以微处理器为核心,以系统总线(地址总线 AB(Address Bus)、数据总线 DB(Data Bus)和

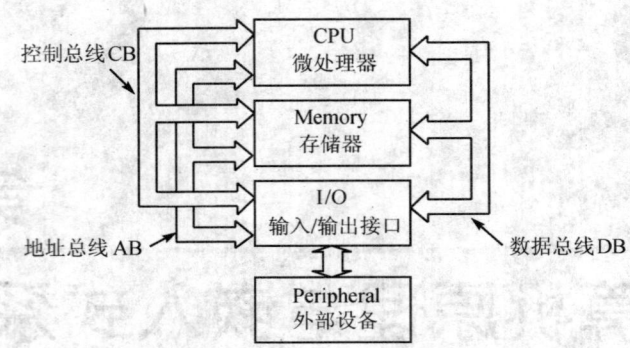

图 1.1　微型计算机组成

控制总线 CB(Control Bus))为信息传输的中枢,配以大规模集成电路的存储器 M(Memory)、输入/输出接口 I/O(Input/Output)电路所组成的计算机即为微型计算机。以微型计算机为中心,配以电源、辅助电路和相应的外设,以及指挥协调微型计算机工作的软件,就构成了微型计算机系统(Microcomputer System),典型的就是个人计算机 PC(personal computer)。

衡量计算机性能的主要技术指标如下:

1. 字　长

所谓字长是指计算机的运算器一次可处理(运算、存取)二进制数的位数、数据总线的宽度及内部寄存器和存储器的长度等。字长越长,一个字能表示数值的有效位就越多,计算精度也就越高,速度就越快。然而,字长越长其硬件代价相应增大,计算机的设计要考虑精度、速度和硬件成本等方面的因素。通常,8 位二进制数称为 1 字节,用 B(byte)表示;2 字节定义为 1 个字,用 W(word)表示;32 位二进制数就定义为双字,用 DW(Double Word)表示。

微处理器和微型计算机问世以来,按 CPU 的字长、集成度和速度划分,以 Intel 公司的产品为例,纵观其发展,已经历五代的演变。

第一代(1971—1973 年)是 4 位和 8 位低档微机,以 4004 微处理器为代表,它集成了 1200 个晶体管,基本指令执行时间为 20 μs。其虽然功能简单、速度有限,但它却标志着计算机的发展进入了一个新纪元。

第二代(1974—1978 年)是 8 位中高档微机,以 8008/8080/8085 处理器为典型代表,其集成度达到 9000 个晶体管,基本指令执行时间为 1 μs。

第三代(1979—1982 年)是 16 位微机,以 8086/8088/80186/80286 处理器为代表,集成度已达 13.4 万个晶体管,指令执行速度为 1~2 MIPS(Million of Instruction Per Second,百万条指令/秒)。

第四代(1983—1993 年)是 32 位微机,其典型产品是 80386/80486/80586/Pentium 系列处理器,内含 120 万个晶体管,运算速度为 12~36 MIPS。

第1章 计算机原理与嵌入式系统基础

第五代(1993年以后)是64位微机和32位多核微机。64位微处理器内含950多万个晶体管,其整数和浮点运算部件采用了超级流水线结构,从而使它的性能向大型计算机靠近。

2. 存储容量

存储容量是表征存储器存储二进制信息多少的一个技术指标。存储容量一般以字节为单位计算,并将1024 B(即1024×8)简称为1 KB,1024 KB简称为1 MB(兆字节),1024 MB简称为1 GB(吉字节),存储容量越大,能存放的数据就越多。

3. 指令系统

指令系统是计算机所有指令的集合,其中包含的指令越多,计算机功能就越强。机器指令功能取决于计算机硬件结构的性能。丰富的指令系统是构成计算机软件的基础。

4. 指令执行时间

指令执行时间是反映计算机运算速度快慢的一项指标,它取决于系统的主时钟频率、指令系统的设计以及CPU的体系结构等。对于计算机而言,一般仅给出主时钟频率和每条指令执行所用的机器周期数。所谓机器周期,就是计算机完成一种独立操作所持续的时间,这种独立操作是指存储器读/写、取指令操作码等。计算机的主频越高,指令的执行时间就越短,其运算速度就越快,系统性能越好。如果强调平均每秒可执行多少条指令,则根据不同指令出现的频度,乘以不同的系数,可求得平均运算速度,这时常用每秒百万指令MIPS作单位,因此指令执行时间是一项评价速度的重要技术指标。

5. 外设扩展能力及配置

外设的扩展能力是指计算机系统配接多种外部设备的可能性和灵活性。一台计算机允许配接多少外部设备,对系统接口和软件的研制有重大影响。外部设备是实现人机对话的设备。一台计算机所配置的外部设备种类多、型号齐全,人机对话的手段就多,人机界面就越友好,系统的适应能力就越强,通用性也就越好。

6. 软件配置

所谓软件,是指能完成各种功能的计算机程序的总和。软件是计算机的灵魂。计算机配置的系统软件丰富、应用软件多、程序设计语言齐全,系统的性能就优越。

综上所述,评价一台计算机的性能,要综合它的体系结构、存储器容量、运算速度、指令系统、外设的多寡以及软件配置是否丰富等各项技术指标,才能正确评价与衡量其性能的优劣。

1.1.2 嵌入式系统

长期以来,计算机按照体系结构、运算速度、结构规模和适用领域,分为大型计算机、中型计算机、小型计算机和微型计算机。计算机是应数值计算要求而诞生的,在相当长的时期内,计算机技术都是以满足越来越大的计算量为目标来发展的;但是随着单片机的出现,它使计算机从海量数值计算进入到智能化控制领域。随着计算机技术的迅速发展以及计算机技术和产品对其他行业的广泛渗透,以应用为中心,计算机开始沿着通用计算机和嵌入式计算机两条不同的道路发展。

通用计算机具有计算机的标准形态,通过装配不同的应用软件,以类似的形式存在,并应用在社会的各个方面,其典型产品为 PC;而嵌入式计算机则以嵌入式系统的形式隐藏在各种装置、产品和系统中。

在日益信息化的当今社会中,计算机和网络已经全面渗透到日常生活的每一个角落。对于我们每个人,需要的已经不再仅仅是那种放在桌上处理文档,进行工作管理和生产控制的计算机;各种各样的新型嵌入式系统设备在应用数量上已经远远超过通用计算机。一台通用计算机的外部设备中就包含了 5~10 个嵌入式微处理器,如键盘、鼠标、硬盘、显卡、显示器、网卡、声卡、Modem、打印机、扫描仪、数码相机和 USB 集线器等均是嵌入式微处理器控制的。任何一个普通人可能拥有从小到大的各种使用嵌入式技术的电子产品,小到 MP3、PDA 等微型数字化产品,大到网络家电、智能家电、车载电子设备、数控机床、智能工具、工业机器人、过程控制、通信、仪器仪表、船舶、航空航天和军事装备等方面,都是嵌入式计算机的应用领域。当我们满怀憧憬与希望跨入 21 世纪大门的时候,计算机技术也开始进入一个被称为后 PC 技术的时代。

目前嵌入式系统技术已经成为了最热门的技术之一,吸引了大批的优秀人才投入其中。可以认为凡是带有微处理器的专用软硬件系统都可称为嵌入式系统。作为系统核心的微处理器又包括三类:嵌入式微处理器 EMPU(Embedded Microprocessor Unit)、微控制器 MCU(Microcontroller Unit)和数字信号处理器 DSP(Digital Signal Processor)。

1. 嵌入式微处理器(EMPU)

嵌入式微处理器功能与标准的 CPU 相同,但在工作温度、电磁干扰抑制和可靠性等方面做了各种增强。

2. 微控制器(MCU)

微控制器就是常说的单片机。单片机,顾名思义就是将整个计算机系统集成到一块芯片中,它以某一种微处理器为核心,芯片内部集成 PROM/Flash、SRAM、总线、定时/计数器、并行 I/O 接口、各种串行 I/O 接口(UART、SPI、I^2C、USB、CAN 和 IrDA 等)、PWM(脉宽调制)、A/D 和 D/A 等。与嵌入式微处理器相比,微控制器的最大特点就是单片化,体积大幅减小,从而使功耗和成本降低、可靠性提高。微控制器是目前嵌入式系统工业应用的主流。

3. 数字信号处理器(DSP)

数字信号处理器普遍采用哈佛结构和流水线技术,使其适合于执行 DSP 算法,编译效率高,指令执行速度快。在数字滤波和FFT谱分析等方面广泛应用。DSP应用正从在单片机中以普通指令实现DSP功能,过渡到采用专用的数字信号处理器。

嵌入式系统就是以应用为中心,以计算机技术为基础,软硬件可裁剪,适应应用系统对功能、可靠性、成本、体积和功耗严格要求的专用计算机系统。嵌入式系统是将现今的计算机技术、半导体技术和电子技术,以及各个行业的具体应用相结合的产物,这决定了它必然是一个技术密集、资金密集、高度分散、不断创新的知识集成系统。

单片机作为最典型的嵌入式系统,它的成功应用推动了嵌入式系统的发展。当今单片机产品琳琅满目,性能各异,但是8位内核单片机仍占主要市场,比较流行的8位内核单片机有基于51单片机及改进系列的单片机,如Atmel公司的AVR系列Harward结构RISC(Reduced Instruction Set CPU)单片机、Microchip公司的PIC系列RISC单片机和Freescale公司的68HC系列等。优秀的16位单片机有TI(Texas Instruments)公司的MSP430系列单片机;优秀的16位数字信号处理器有TI公司的TMS320系列DSP、Free scale公司(原Motorola半导体部)的DSP56800/E系列、Microchip公司的dsPIC30和dsPIC33系列等。32位单片机主要有ARM系列、MIPS系列和PowerPC等,主要应用于高端产品。长期以来,单片机技术的发展是以8位机为主的。随着移动通信、网络技术和多媒体技术等高科技产品进入家庭,32位单片机应用得到了长足的发展。不过,现在虽然单片机的品种繁多,各具特色,但仍以51系列单片机为核心的单片机系列和ARM系列等通用嵌入式产品为主流,PIC、AVR等多单片机品种共存。在一定的时期内,这种情形将得以延续,将不存在某种单片机一统天下的垄断局面,走的是依存互补、相辅相成、共同发展的道路。

当今的计算机和嵌入式技术正向着功能更强、应用灵活、方便、速度更快、价格更廉,网络化、智能化的方向发展。计算机已经在科学计算与数据处理、生产过程的实时监控和自动化管理、计算机辅助设计、计算机辅助制造、计算机辅助测试、消费电子、信息家电及航空航天等领域广泛应用,计算机及其应用技术将以前所未有的速度、深度和广度发展,迅速改变人们传统的生活方式,给我们的政治、经济发展带来日益深远的影响,并且已经成为人们生产和生活中不可或缺的重要工具。

1.2 计算机中的常用数制及编码

1.2.1 计算机中的常用数制及相互转换

计算机由触发器、计数器、加法器和逻辑门等基本的数字电路构成。数字电路具有两种不同的稳定状态且能相互转换,用"0"和"1"表示。按进位的原则进行计数,称为进位计数制,简称数制。显然,计算机中采用的是二进制数,计算机处理的一切信息,包括数据、指令、字符、颜色、语音和图像等,均用二进制数表示。计算机内部数据包括数值数据和逻辑数据两种。因为二进制数书写起来太长,且不便于阅读和记忆,所以计算机中的二进制数一般用十六进制数来缩写,4位二进制数即为1位十六进制数。十六进制数用0~9、A~F共16个数码表示十进制数的0~15。然而人们最熟悉、最常用的是十进制。为此,要熟练地掌握二进制、十六进制和十进制数的表示方法及其相互之间的转换。它们之间的关系如表1.1所列。为了区分二进制、十六进制和十进制3种数制,在数的后面加一个字母加以区别,用B(Binary)表示二进制数制;用H(Hexadecimal)表示十六进制数制;用D(Decimal)或不带字母表示十进制数制。例如,1011B或$(1011)_2$、75H或$(75)_{16}$、123D或$(123)_{10}$等。二进制数的计算规则是逢二进一;十六进制数的计算规则是逢十六进一;十进制数的计算规则是逢十进一。

表1.1 常用进制间的对应关系

十进制	二进制(B)	十六进制(H)	十进制	二进制(B)	十六进制(H)
0	0000	0	8	1000	8
1	0001	1	9	1001	9
2	0010	2	10	1010	A
3	0011	3	11	1011	B
4	0100	4	12	1100	C
5	0101	5	13	1101	D
6	0110	6	14	1110	E
7	0111	7	15	1111	F

在应用各种进制数时要铭记:各种进制数只是表示方法不同,不同进制表示的数的大小是相同的。一般强调数值多少时,采用十进制更容易理解;采用二进制和书写方便的十六进制更容易确定各个二进制位的电平高、低状况。由于人们习惯于十进制数,而计算机内部采用的是二进制数,因此存在着各种进制之间的转换问题。

4位二进制数对应1位十六进制数。而十六进制数和十进制数的转换,可用二进制数作为媒介,先把待转换的数转换成二进制数,然后将二进制数转换成要求转换的数制形式。

将十进制数转换成二进制数时,要把整数部分和小数部分分别进行转换,然后再把转换之后的结果相加。

十进制数的整数部分采用"除2取余"的方法,也就是将它一次一次地除以2,直到商为0结束,得到的余数"自下而上"(从最后一个余数)读取,这就是二进制数的整数部分。小数部分采用"乘2取整"的方法,也就是将它一次一次地乘以2,取乘积的整数部分,再取其小数部分乘以2,直到小数部分为0结束,得到的整数"自上而下"读取,这就是二进制数的小数部分。

例 将$(44.375)_{10}$转换为二进制。

解：

```
 2 | 44
 2 | 22  ……  0=K₀        余数        低位
 2 | 11  ……  0=K₁
 2 |  5  ……  1=K₂
 2 |  2  ……  1=K₃
 2 |  1  ……  0=K₄
      0   ……  1=K₅        高位
```

$$0.375 \\ \times\ \ 2 \\ \overline{0.750} \cdots\cdots 0=K_{-1} \\ 0.750 \\ \times\ \ 2 \\ \overline{1.500} \cdots\cdots 1=K_{-2} \\ 0.500 \\ \times\ \ 2 \\ \overline{1.000} \cdots\cdots 1=K_{-3}$$

整数　　高位

低位

转换结果为：$(44.375)_{10} = (101100.011)_2$

需要说明的是，有的十进制小数不能精确地转换成二进制小数，这样乘积的小数部分就永远不能为0，此时可以根据精度的要求，将它转换到所需的位数即可。

十进制数到二进制数的转换过程可以推广到十进制数和十六进制数之间的转换，也就是将"除2取余"和"乘2取整"相应地转换为"除16取余"和"乘16取整"。

将二进制数转换为十进制数就相对简单些，将二进制数按"权"展开，相加即可。

例 将二进制数 11101.101 转换为十进制数。

解：$(11101.101)_2 = 1 \times 2^4 + 1 \times 2^3 + 1 \times 2^2 + 0 \times 2^1 + 1 \times 2^0 + 1 \times 2^{-1} + 0 \times 2^{-2} + 1 \times 2^{-3}$
$= 16 + 8 + 4 + 0 + 1 + 0.5 + 0.25 + 0.125$
$= (29.875)_{10}$

当然，若能够记忆二进制数中每个位的权值，十进制数与二进制数的转换会更加简便，以8位二进制数为例：

```
权    值    128   64   32   16   8   4   2   1
二进制数      1    0    1    1   0   0   1   1
则十进制数为：128      +32   +16          +2  +1 =179
```

1.2.2 字符的表示及编码

在计算机中，所有的信息都采用二进制表示，如大小写的英文字母、标点符号和运算符号等，也必须采用二进制编码来表示，因为这样计算机才能进行识别。下面来了解一下计算机常用的两种编码。

1. ASCII 码

人们需要计算机处理的信息除了数值外，还有字符或字符串。但在计算机中，所有信息都用二进制代码表示。为了在计算机中能够表示不同的字符，为使计算机使用的数据能共享和传递,必须对字符进行统一的编码。这样人们可以通过 n 位二进制代码来表示不同的字符,这些字符的不同组合就可表示不同的信息。常用的编码方式为美国标准信息交换码 ASCII 码 (American Standard Code for Information Interchange),它是使用最广泛的一种编码。

基本的 ASCII 码有 128 个,每一个 ASCII 码与一个 8 位二进制数对应,其最高位是 0,称为基本的 ASCII 码,相应的十进制数是 0~127。例如,数字"0"的编码用十进制数表示就是 48。另外还有 128 个扩展的 ASCII 码,最高位都是 1,用于表示一些图形符号,是扩展 ASCII 码。

若常与汉字处理打交道,则经常会遇到汉字编码问题。汉字选择双字节编码,有 GB2312、GBK、GB18030 和 BIG5 等汉字编码。GBK 中的"K"是扩展的意思;GB2312 中的"2312"以及 GB18030 中的"18030"是国家标准的代号;BIG5 是港澳台地区的编码。下面详细介绍一下字库情况,读者可以看出其区别。

(1) GB2312-80 字库

从 1975 年开始,我国为了研究汉字的使用频度,进行了大规模的字频统计工作,内容包括工业、农业、军事、科技、政治、经济、文学、艺术、教育、体育、医药卫生、天文地理、自然、化学、文字改革和考古等多方面的出版物。在数以亿计的浩翰文献资料中,统计出实际使用的不同的汉字数为 6335 个,其中有 3000 多个汉字的累计使用频度达到了 99.9%,而另外 3000 多个汉字的累计使用频度不到 0.1%。这说明了常用汉字与次常用汉字的数量不足 7000 个,为国家制定汉字库标准提供了依据。1980 年颁布了《信息交换用汉字编码字符集——基本集》的国标交换码,国家标准号为 GB2312-80,选入了 6763 个汉字,分为两级,一级字库中有 3755 个,是常用汉字,二级字库中有 3008 个,是次常用汉字;还选入了 682 个字符,包含数字、一般符号、拉丁字母、日本假名、希腊字母、俄文字母、拼音符号和注音字母等。

GB2312 规定"对任意一个图形字符都采用两字节表示,每字节均采用七位编码表示",编码范围为第一字节(高字节)0xB0~0xF7,第二字节(低字节)0xA0~0xFE。

(2) 大字符集字库(又叫 GBK 字库)

国际标准化组织为了将世界各民族的文字进行统一编码,制定了 UCS 标准。根据这一标准,中、日、韩三国共同制定了《CJK 统一汉字编码字符集》,其国际标准号为 ISO/IEC10646,国家标准号为 GB13000—90。该汉字编码字符集就是通常人们所说的大字符集,它编入了 20902 个汉字,收集了中国大陆一、二级字库中的简体字,台湾地区《通用汉字标准交换码》中的繁体字,58 个香港特别用字和 92 个延边地区朝鲜族"吏读"字,甚至涵盖了日文与韩文中的通用汉字,满足了方方面面的需要。Windows 中都装入了大字符集汉字库,人们一般称它为 GBK 字库。有了 GBK 字库,还要有对应的汉字输入法,才能输入其中的全部汉字,如果某种汉字输入法仅编入了一、二级字库,那么仍然只能输入 6763 个汉字。

(3) 新标准汉字库(GB18030—2000)

2000 年 3 月,国家信息产业部和质量技术监督局在北京联合发布了两项新标准:一项叫做《信息技术和信息交换用汉字编码字符集、基本集的扩充》,国家标准号为 GB18030—2000,收录了 27 533 个汉字,还收录了藏、蒙、维等主要少数民族的文字,以期一举解决邮政、户政、金融和地理信息系统等生僻汉字与主要少数民族语言的输入,该标准于 2000 年 12 月 31 日强制执行;另一项是《信息技术和数字键盘汉字输入通用要求》,国家标准号为 GB/T18031—2000,为数字键盘输入提供了统一的标准。

按照 GBK18030、GBK、GB2312 的顺序,3 种编码是向下兼容的,同一个汉字在三个编码方案中是相同的编码。

(4) 台湾 BIG5 字库

港澳台地区普遍使用台湾的《通用汉字标准交换码》,地区标准号为 CNS11643,选入了 13 000 多个繁体汉字,这就是人们讲的 BIG5 码,或叫大五码。

2. BCD 码

计算机中的信息采用二进制数表示,但二进制数不是很直观,所以在计算机的输入/输出时通常用十进制数表示。不过这样的十进制数要采用二进制的编码来表示。这样的二进制数编码具有十进制数的特点,但形式上是二进制数。BCD 码是一种用 4 位二进制数字来表示一位十进制数字的编码,也称为二进制编码表示的十进制数(Binary Code Decimal),简称 BCD 码。

BCD 码有两种格式:

① 压缩 BCD 码格式(Packed BCD Format)。用 4 个二进制位表示一个十进制位,就是用 0000B~1001B 来表示十进制数 0~9。例如:十进制数 4256 的压缩 BCD 码表示为

0100 0010 0101 0110

② 非压缩 BCD 码格式(Unpacked BCD Format)。用 8 个二进制位表示一个十进制位。其中,高 4 位无意义,一般用××××表示,低 4 位和压缩 BCD 码相同。例如:十进制数 4256 的非压缩 BCD 码表示为

××××0100 ××××0010 ××××0101 ××××0110

1.3 算术运算和逻辑运算基础

一般对于计算机原理初学者来说,首先急于了解的就是计算机为什么能够运算?它是怎样实现运算的?因此,要将信息的数字化表示和数据运算方法作为计算机原理学习的首要知识。

计算机的运算功能大体上可分为算术运算与逻辑运算两大类,前者是数值运算的基础,后者是非数值运算的基础。相应地,构成算术、逻辑运算的基本操作有:定点加、减运算,溢出判别,舍入,移位和基本逻辑运算等。

1.3.1 带符号数的补码表示与加减法运算

一个二进制数值数据,包括二进制表示的定点小数、定点整数和浮点小数。当然数值还有正数、零和负数之分,在计算机科学中,有符号二进制数的正、负表达是通过数据的最高位确定的。若最高位为0,则该数为正数;若最高位为1,则该数为负数。有符号数的常用编码方式有以下三种:原码、反码和补码。

1. 原码表示法

符号数的原码表示法中最高位表示符号,其余各位表示该数的绝对值大小。例如,10000001为+1,10000001为-1。

原码的表示方法简单易懂,而且与真值转换方便,但是在做加法运算时遇到了麻烦。当两个数相加时,如果是同号,则数值相加,符号不变;如果是异号,数值部分实际上是相减,而且必须比较两个数哪个绝对值大,才能确定减数与被减数,这项工作在人工计算时比较容易,而在计算机中是一件繁琐的工作。符号数的原码加减法运算比较低效。为了便于计算机进行加减法运算,需要使用补码。

在二进制原码表示的数中,所用的二进制位数越多,所能表示的数的范围就越大。例如,8位二进制原码表示的范围是$\pm 0 \sim 2^7-1$,即$-127 \sim +127$,其中00000000和10000000都表示数值0;16位二进制原码表示的范围是$\pm 0 \sim 2^{15}-1$,即$-32\,767 \sim +32\,767$,其中0000000000000000和1000000000000000都表示数值0。这说明符号数的原码表示方法有两个0,即+0和0。

2. 补码表示法

计算机的运算部件都有一定的字长限制,若超过字长表示范围,则会溢出归0。以8位运算为例说明如下。

若某一正数A=00110101=$(53)_{10}$,那么其按位取反后即为B=11001010,将这两个数相加结果定为11111111,再加1,结果为100000000,当然,对于8位运算,最高位自然舍去,结果就是0。经过这个运算的启示,就形成了补码运算。

$(-53)_{10}$的原码为10110101,若其符号位不变,其他位都取反就得到11001010,即为前面的B;若B再加1,定义为C,则C=11001011,那么根据前面的推导,有A+C=0,即53+(-53)=0。这里称B是-53的反码,C就是-53的补码。

反码定义正数的反码就是其原码;负数的反码是其符号位不变,其他位取反。

补码定义正数的补码就是其原码;负数的补码等于其反码再加1。例如,-23(-17H)的补码为FFH-17H+1=E9H。

补码运算可以方便地将符号数的加减法运算统一为补码的加法运算,设X和Y为两个数

的绝对值,则有

① $X+Y=[X]_补+[Y]_补=X+Y$,因为正数的补码就是其本身;
② $X-Y=[X]_补+[-Y]_补=X+[-Y]_补$;
③ $(-X)+(-Y)=[-X]_补+[-Y]_补$;
④ $(-X)-(-Y)=[-X]_补+[Y]_补=[-X]_补+Y$。

补码的运算特点如下:

① 补码的和等于和的补码,符号位和数值位一样参加运算,不必单独处理,即$[X]_补+[Y]_补=[X+Y]_补$。

② 补码相减:$[X]_补-[Y]_补=[X]_补+[-Y]_补$

$[Y]_补→[-Y]_补:[Y]_补$的符号位连同数值位一起取反再加1即为$[-Y]_补$。

3. 进位和溢出

例 分析 105+160=265。

$105=69H=01101001B$
$160=A0H=10100000B$

```
  01101001
+ 10100000
----------
 100001001 = 109H = 265
```

运算 105+160=265,显然 265 超出了 8 位无符号数表示范围的最大值 255,所以产生了第 9 位的进位 CY(简称 C)。对于 8 位二进制运算,若无视进位 CY,则将导致运算结果错误。

当运算结果超出计算机位数的限制时,会产生进位,它是由最高位计算产生的,在加法中表现为进位,在减法中表现为借位。

例 分析 105+50=155。

$105=69H=01101001B$
$50\ =32H=00110010B$

```
  01101001
+ 00110010
----------
  10011011 = 9BH = 155
```

若把结果视为无符号数,为 155,则结果是正确的;若把结果视为有符号数,其符号位为 1,则结果为-101,这显然是错误的。其原因是和数 155 大于 8 位有符号数所能表示的补码数的最大值 127,使数值部分占据了符号位的位置,产生了溢出,从而导致结果错误。

例 分析-25+120=95

$[-25]_补=E7H=11100111B$
$120\quad=78H=01111000B$

```
  11100111
+ 01111000
 101011111 = 15FH = 95
```

本例中得到了正确的结果 95,即没有发生有符号数运算的溢出,这是因为-25、120 和 95 都在 8 位有符号数所能表示的范围内,但是有进位。

综上所述,无符号数运算结果超出机器数的表示范围,称为进位;有符号数运算结果超出机器数的表示范围,称为溢出。两个无符号数相加可能会产生进位;两个同号有符号数相加可能会产生溢出。两个无符号数相加产生进位,或者两个有符号数相加产生溢出,超出的部分将被丢弃,留下来的结果将不正确。因此,任何计算机中都会设置判断逻辑,包括无符号数运算溢出判断和有符号数运算溢出判断。如果产生进位或溢出,要给出进位或溢出标志,软件根据标志审视计算结果。

无符号数加法的溢出判断,通过进位位 C 来判断。有符号数加法的溢出与无符号数加法判断有本质不同,计算机要设立不同的硬件单元。有符号数的和运算,符号位和数值位一同参加计算,如图 1.2 所示,有符号数运算的溢出位 OV 并非由 C 决定,而是由 C 与 b.6 向 b.7 的进位的异或确定,即只有这两个进位有且仅有一个进位时结果溢出。

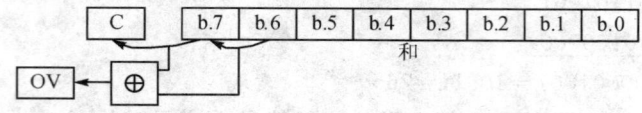

图 1.2 溢出判断

1.3.2 数的定点表示与浮点表示

由于计算机所处理的二进制数据可能既有整数部分,又有小数部分。这就提出了一个小数点位置如何表示的问题,所以就出现了数的定点表示和浮点表示方法。

用定点表示法表示的数就是定点数,而用浮点表示法表示的数就是浮点数。用定点表示法表示数据的机器称为定点计算机,用浮点表示法表示数据的机器称为浮点计算机。

1. 定点数表示法

定点表示法中约定机器中所有数据的小数点位置固定不变。一般采用两种简单的约定:定点整数和定点小数。

定点整数约定小数点在数值位的最低位之后,此时计算机中所表示的数一律为整数。

计算机中的整数有正整数(也称不带符号的整数)和整数(也称带符号的整数)两大类。带符号的整数必须使用一个二进位作为其符号位,一般总是最高位(最左面的一位),0 表示

+(正数),1表示-(负数)。其余各位则用来表示数值的大小,如图1.3所示。

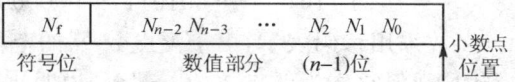

图 1.3 定点整数的表示格式

定点小数是用最高位表示符号,其他 $n-1$ 位二进制数表示数值部分,将小数点定在数值部分的最高位左边,因此任何一个小数可以表示为如图1.4所示的形式。

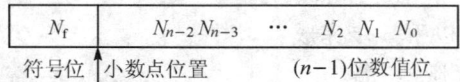

图 1.4 定点小数的表示格式

2. 浮点数表示法

浮点数是指小数点在数据中的位置可以左右移动的数据。

一个实数可以表示成一个纯小数和一个乘幂的积,例如:$56.725=(0.56725)\times 10^2$。其中指数部分用来指出实数中小数点的位置,括号括出的是一个纯小数。二进制数的情况完全类似,例如:$1001.011=(0.1001011)\times 2^{100}$。任意一个实数,在计算机内部都可以用尾数(纯小数)和阶码(整数)来表示,这种用阶码和尾数来表示实数的方法称为浮点表示法。通常可表示为 $N=\pm S\times R^{\pm E}$。所以,在计算机中实数也称为浮点数,而整数则称为定点数。浮点数在计算机中的表示格式如图1.5所示。

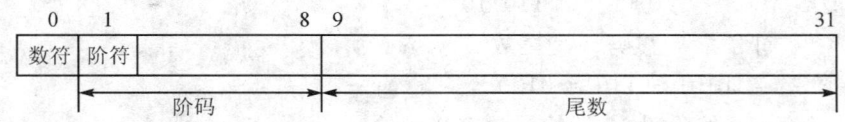

图 1.5 单精度浮点数的表示格式

众所周知,带小数的数在做加减运算时,应先将小数点对位。这反映在浮点数加减中,就是将两数的阶码调整一致,称为对阶。为了更直观地比较正负阶码的大小,浮点数有时采用移码表示阶码。

移码是其补码再加上最高位的权,如8位阶码就是其补码加上128,即移码符号位为0时是负数,为1时为正数,其余各位与补码相同。移码的符号位与原码、反码和补码的符号位表示正好相反。在移码表示中,0有唯一的编码1000…00,当出现000…00时,属于浮点数下溢。

例 若 $R=2$,阶码用移码表示,尾数用补码表示。

$0.11010001\times 2^{10100}$ =0　1 0010100　11010001000000000000000

$-0.11010001\times 2^{10100}$ =1　1 0010100　00101111000000000000000

$0.11010001 \times 2^{-10100} = 0 \quad 0\ 1101100 \quad 1101000100000000000000$

$-0.11010001 \times 2^{-10100} = 1 \quad 0\ 1101100 \quad 0010111100000000000000$

  目前计算机系统对阶码多数采用移码表示,由于浮点数 N 的范围主要由阶码决定。阶码相当于定点数中所取的比例因子,但它作为浮点数的一部分,说明小数点可以浮动。有效数的精度则主要由尾数决定。为了充分利用尾数的有效位数,一般采取规格化的办法,即将尾数的绝对值限定在一个范围内。如果阶码以 2 为底,则满足 $0.5 \leqslant |N| \leqslant 1$(尾数的最高位为 1 才符合科学计数法规范);如果尾数用补码表示,则对正数规格化浮点数的尾数最高位等于 1,对负数规格化尾数为 0。因此,规格化的浮点数,其尾数最高位永远是符号位的反码。

  浮点加减法的运算需要以下 5 步完成:

  ① 对阶操作。小阶向大阶看齐。

  ② 进行尾数加减运算。

  ③ 规格化处理。尾数进行运算的结果必须变成规格化的浮点数,即要进行左规或右规处理。

  ④ 舍入操作。在执行对阶或右规操作时常用 0 舍 1 入法将右移出去的尾数数值进行舍入,以确保精度。

  ⑤ 判断结果的正确性,即检查阶码是否溢出:

  若阶码下溢(移码表示是 00…0),则置结果为机器 0;

  若阶码上溢(超过了阶码表示的最大值),则置溢出标志。

例 假定 $X = 0.0110011 \times 2^{11}$,$Y = 0.1101101 \times 2^{-10}$(此处的数均为二进制数),计算 $X+Y$。

解:[X]浮: 0   1 010   1100110

   [Y]浮: 0   0 110   1101101

      符号位 移码   尾数

第一步:阶差 $= |1010 - 0110| = 0100$。

第二步:对阶。Y 的阶码小,Y 的尾数右移 4 位。

[Y]浮变为 0   1 010   0000110 1101 暂时保存。

第三步:尾数相加,采用双符号位的补码运算。

          00 1100110
        +00 0000110
          00 1101100

第四步规格化:满足规格化要求。

第五步:舍入处理,采用 0 舍 1 入法处理。

故最终运算结果的浮点数格式为

        0   1 010   1101101

即 $X + Y = +0.1101101 \times 2^{10}$。

计算机的基本功能是进行各种运算处理,其基本思想就是将各种复杂的运算处理最终可分解为四则运算与基本的逻辑运算,而四则运算的核心是加法运算。通过补码运算可以化减为加,加减运算与移位的配合可以实现乘除运算,阶码运算与尾数的运算组合可以实现浮点运算。从运算功能的软硬件分工,有多种运算器设计方案。

① 计算机在硬件上只实现如下的基本功能:定点加、减、加1、减1、左移、右移、求反、求补、与、或和异或等,依靠软件子程序实现乘、除和浮点等运算;

② 随着DSP技术的不断发展,目前很多计算机中都有硬件乘法器,甚至有硬件除法器,不过还是需要通过软件实现浮点运算,或者扩充浮点运算协处理器;

③ 在高级应用领域如图像处理中,浮点运算已作为基本功能。

1.4 计算机组成及工作模型

一个实际的微型计算机结构,无论对哪一位初学者来说都显得太复杂了,因此不得不将其简化、抽象为一个模型机。先从模型机入手,然后逐步深入分析其基本工作原理。

图1.6是一个较详细的由微处理器(CPU)、存储器(M)和I/O接口组成的微型计算机硬件模型。为了说明其工作原理,在CPU中仅画出主要的功能部件,并假设其中的所有功能部

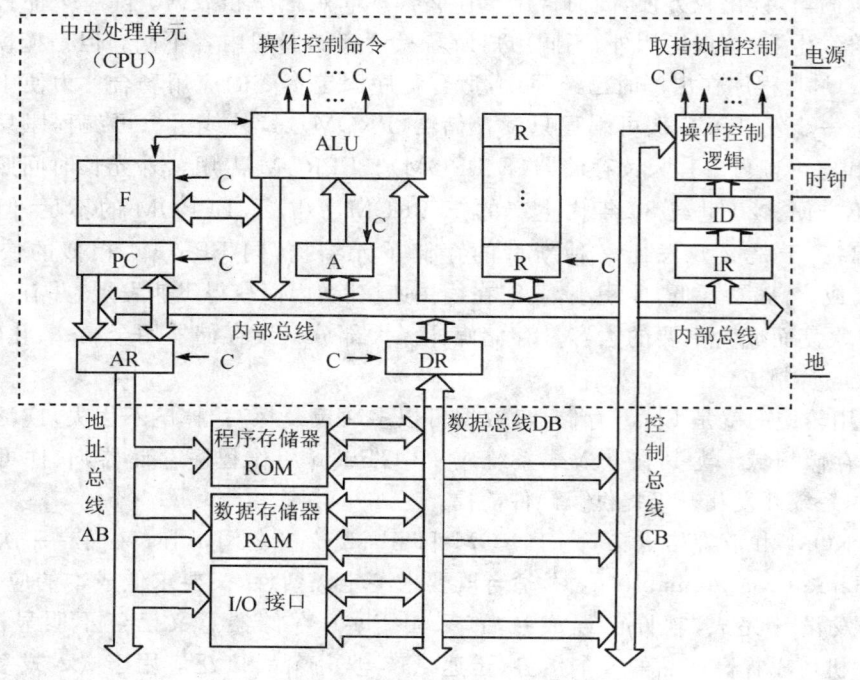

图1.6 微型计算机硬件模型

件,如寄存器、计数器和内部总线都为8位宽度,可以保存、处理和传送8位二进制数据,即本模型机为8位机。同理,大家也可知晓16位和32位机等的具体含义。

1.4.1 存储器

存储器(Memory),是一种利用半导体技术做成的电子装置,用来储存数据。电子电路的数据是以二进制的方式储存,存储器的每一个储存单元称为记忆元或记忆胞(Cell)。存储器是计算机系统中的记忆设备,用来存放程序和数据,且存储器的每个单元都有一个编号(称为地址)。计算机的存储器分为程序存储器和数据存储器两个部分。

1. 程序存储器

程序存储器是存放系统工作程序(监控程序)、模块化应用功能子程序、命令解释、功能子程序的调用管理程序和系统参数等,一般简称为 ROM 存储区。

只读存储器 ROM(Read Only Memory)是指只能读出事先所存数据的固态半导体存储器。ROM 所存数据,一般是装入整机前事先写好的,整机工作过程中只能读出,而不像随机存储器那样能快速地、方便地加以改写。ROM 所存的数据稳定,断电后所存的数据也不会改变;其结构较简单,读出较方便,因而常用于存储各种固定程序和数据。除少数品种的只读存储器(如字符发生器)可以通用外,不同用户所需只读存储器的内容不同。但是掩模(MASK) ROM 的 MCU,其程序在出厂时已经固化,适合程序固定不变的应用场合。为便于使用和大批量生产,进一步发展了一次可编程只读存储器(PROM)、紫外线可擦可编程序只读存储器(EPROM)和电可擦可编程只读存储器(E^2PROM)。EPROM 需用紫外光长时间照射才能擦除,使用很不方便。20 世纪 80 年代生产的 E^2PROM,弥补了 EPROM 的不足,但集成度不高,价格较高。于是又开发出一种新型的存储单元结构,同 EPROM 相似的快闪存储器 Flash。其集成度高,功耗低,体积小,又能在线快速擦除,因而获得飞速发展,并有可能取代现行的硬盘和软盘而成为主要的大容量存储媒体。大部分只读存储器用金属-氧化物-半导体(MOS)场效应管制成。

目前应用较多的就是 Flash 存储器,数据可以多次反复擦写,掉电不丢失,广泛应用于各类移动数据存储领域。尤其在嵌入式系统应用中,Flash 用作程序存储器,软件可以多次改写,为嵌入式系统开发和升级提供了硬件前提。

其次,PROM 由于价格低廉,介于 ROM 和 Flash 价格之间,同时又拥有一次性可编程 OTP(One Time Programmable)能力,适合既要求一定灵活性,又要求低成本的应用场合,尤其是产品开发设计完成,软件已经成熟后,采用 Flash 存储器意义已经不明显,这时采用 PROM 单片机可以提高产品的成本优势,迅速量产电子产品,广泛应用于嵌入式系统。现在通常将 PROM 单片机称为 OTP。

2. 数据存储器

数据存储器用来存储计算机运行期间的工作变量、运算的中间结果、数据暂存和缓冲及标志位等。采用 RAM 作为数据存储器。

随机存储器 RAM(Random Access Memory)表示既可以从中读取数据,也可以写入数据。当机器电源关闭时,存于其中的数据就会丢失。

很多时候,Flash 或 E²PROM 也用作数据存储器,用于存放掉电不丢失的工作参数等。

1.4.2 CPU 的内部结构

CPU 是计算机的控制核心,它的功能是执行指令,完成算术运算和逻辑运算,并对整机进行控制,由运算器和控制器组成。

1. 运算器

运算器由算数逻辑单元 ALU(Arithmetic Logic Unit)、累加器 A(Accumulator)、标志寄存器 F(Flag)、寄存器组及相互之间连接的总线组成。它的主要作用是进行数据处理与加工,所谓数据处理是指加、减、乘、除等算术运算或进行与、或、非、异或、移位和比较等逻辑运算。这些数据的处理与加工都是在 ALU 中进行的,不同的运算用不同的操作控制命令(在图 1.6 中用 C 来表示)。ALU 有两个输入端,通常接受两个操作数,一个操作数来自累加器 A,另一个操作数由内部数据总线提供,它可以是寄存器组的某个寄存器 R 中的内容,也可以是由数据寄存器 DR 提供的某个内存单元中的内容。ALU 的运算结果一般放在累加器 A 中。

2. 控制器

控制器 CU 由程序计数器 PC(Program Counter)、指令寄存器 IR(Instruction Register)、指令译码器 ID(Instruction Decoder)、用于操作控制的组合逻辑阵列和时序发生器等电路组成,是发布操作命令的决策机构。控制器的主要作用有解题程序与原始数据的输入,从内存中取出指令并译码,控制运算器对数据信息进行传送与加工,运算结果的输出,外部设备与主机之间的信息交换,计算机系统中随机事件的自动处理等,都是在控制器的指挥、协调与控制下完成的。

3. CPU 中的主要寄存器

(1) 累加器(A)

累加器是 CPU 中最繁忙的寄存器。运算前,作操作数输入;运算后,保存运算结果;累加器还可通过数据总线向存储器或输入/输出设备读取(输入)或写入(输出)数据。

(2) 数据寄存器(DR)

数据寄存器是 CPU 的内部总线和外部数据总线的缓冲寄存器,是 CPU 与系统的数据传输通道,主要用来缓冲或暂存指令及指令的操作数,也可以是一个操作数地址。

(3) 寄存器组(R)

这是CPU内部工作寄存器,用于暂存数据和地址等信息。一般分为通用寄存器组和专用寄存器组,通常由程序控制。每种CPU的寄存器组构成均有不同,但对用户却十分重要。用户可以不关心ALU的具体构成,但对寄存器组的结构和功能都必须清楚,这样才能充分利用寄存器的专有特性,简化程序设计,提高运算速度。

(4) 指令寄存器(IR)、指令译码器(ID)和操作控制逻辑

这是控制器的主要组成部分。指令寄存器用来保存当前正在执行的一条指令,这条指令送到指令译码器,通过译码,由操作控制逻辑发出相应的控制命令C,以完成指令规定的操作。

(5) 程序计数器(PC)

程序计数器用作指令地址指针,是控制器的一部分,用来存放下一条要执行的指令在存储器中的地址。由于通常程序是以指令的形式存放在内存中一个连续的区域中,当程序顺序执行时,第一条指令地址(即程序的起始地址)被置入PC,此后每取出一个指令字节,程序计数器便自动加"1"。当程序执行转移、调用或返回指令时,其目标地址自动被修改并置入PC,程序便产生转移。总之,它总是指向下一条要执行的指令地址。

(6) 地址寄存器 AR(Address Register)

地址寄存器是CPU内部总线和外部地址总线的缓冲寄存器,是CPU与系统地址总线的连接通道。当CPU访问存储单元或I/O设备时,用来保持其地址信息。

4. 标志寄存器(F)

标志寄存器F(Flags)是用来存放ALU运算结果的各种特征状态的,与程序设计密切相关,如运算有无进(借)位、有无溢出、结果是否为零等。这些都可通过标志寄存器的相应位来反映。程序中经常要检测这些标志位的状态以决定下一步的操作。状态不同,操作处理的方法就不同。微处理器内部都有一个标志寄存器,但不同型号的CPU其名称、标志数目和具体规定亦有不同。下面介绍几种常用的标志位:

(1) 进位标志 C 或 CY(Carry)

两个数在做加法或减法运算时,如果高位产生了进位或借位,该进位或借位就被保存在C中,若有进(借)位,则C被置"1",否则C被置"0"。另外,ALU执行比较、循环或移位操作也会影响C标志。

(2) 零标志 Z(Zero)

当ALU的运算结果为零时,零标志Z即被置"1",否则Z被置"0"。一般加法、减法、比较与移位等指令会影响Z标志。

(3) 符号标志 S(Sign)

符号标志供有符号数使用,它总是与ALU运算结果的最高位的状态相同。在有符号数的运算中,S=1 表示运算结果为负,S=0 表示运算结果为正。

(4) 溢出标志 OV(Overflow)

在有符号数的二进制算术运算中,如果其运算结果超过了机器数所能表示的范围,并改变了运算结果的符号位,则称之为溢出,因而 OV 标志仅对有符号数才有意义。

例

$$
\begin{array}{rr}
107 & 01101011 \\
+\ 92 & +\ 01011100 \\
\hline
199 & 11000111 = -71
\end{array}
$$

两正数相加,结果却为一个负数,这显然是错误的。原因就在于,对 8 位有符号数而言,它表示的范围为 $-128 \sim +127$。而相加后得到的结果已超出了范围,这种情况即为溢出,当运算结果产生溢出时,置 OV="1",反之置 OV="0",即:

$$OV = CY_{D6} \oplus CY_{D7}$$

表示不同时有进、借位时发生溢出。

(5) 辅助进位标志 AC(Auxiliary Carry)

辅助进位标志亦称半进位标志 H。当两个 8 位数进行加、减运算时,若 D3 位向 D4 位产生进位或借位时,则该标志置"1",否则置"0"。这个标志用于 BCD 码运算,用来进行十进制调整。

5. 堆栈与堆栈指针

堆栈与堆栈指针 SP(Stack Pointer)在图 1.6 所示的模型框图中未给出,堆栈通常是 RAM 中划分出的一个特殊区域,用来存放一些特殊数据,实际上是一个数据的暂存区。这种暂存数据的存储区域由堆栈指针 SP 中的内容决定,它有三个主要特点。

① 按照先入后出 FILO(First In Last Out),后入先出 LIFO(Last In First Out)的顺序向堆栈写、读数据;

② SP 始终指向栈顶;

③ 堆栈的两种操作:将数据写入堆栈的压入堆栈(PUSH)操作和从堆栈中读出数据的弹出堆栈(POP)操作应该成对进行。

简而言之,堆栈是由堆栈指针 SP 按照"先入后出,后入先出"的原则组织的一块存储区域。

1.4.3 总线与接口

计算机的操作基本上可归结为信息传送,所以逻辑结构的关键在于如何实现数据信息的传送,即数据通路结构。由图 1.6 可见,整个计算机采用了总线结构,所有功能部件都连接在总线上,各个部件之间的数据和信息都通过总线传送。换言之,总线是一组导线,导线的数目取决于微处理器的结构,为多个部件共享提供公共信息传送线路,可以分时地接收各个部件的信息。这里的分时共享是指,同一组总线在同一时刻,原则上只能接受一个部件作为发送源,否则就会发生冲突;但可同时传送至一个或多个目的地,所以各次传送需要分时占有总线。

在计算机系统中的各级硬件中都广泛应用总线,可将总线任务分为以下两种。

① CPU 内部总线。这时一组数据线,用来连接 CPU 内的各个寄存器与算术、逻辑运算部件。

② 系统总线。用来在系统内连接各大组成部件,如 CPU、MEMORY 和 I/O 设备等,因此它是连接整机系统的基础。系统总线有三种类型:数据总线、地址总线和控制总线,下面分别介绍。

1. 数据总线(DB)

数据总线用来在微处理器、存储器以及输入/输出接口之间传送程序或数据。例如,CPU 可通过数据总线从 ROM 中读出数据,通过该总线对 RAM 读出或写入数据,亦可把运算结果通过 I/O 接口送至外部设备等。微处理器的位数与外部数据总线的位数一致。数据总线是双向三态的,数据既可从 CPU 中送出,也可从外部送入 CPU,通过三态控制使 CPU 内部数据总线与外部数据总线连接或断开。

2. 地址总线(AB)

CPU 对各功能部件的访问时按地址进行的,地址总线用来传送 CPU 发出的地址信息,以访问被选择的存储器单元或 I/O 接口电路。地址总线是单向三态的,只要 CPU 向外送出地址即可,通过三态控制可使 CPU 内部地址总线与外部地址总线连接或断开。地址总线的位数决定了可以直接访问的存储单元(或 I/O 接口)的最大可能数量(即容量)。

3. 控制总线(CB)

控制总线用于控制数据总线上的数据流的传送方向和对象等。控制总线较数据总线与地址总线复杂,可以是 CPU 发出的控制信号,也可以是其他部件送给 CPU 的控制信号。对于某条具体的控制线,信号的传送方向则是固定的,不是从 CPU 输出,就是输入到 CPU。控制总线的位数与 CPU 的位数无直接关系,一般受 CPU 的控制功能与引脚数目的限制。

在程序指令的控制下,存储器或 I/O 接口通过控制总线和地址总线的共同作用,分时地占用数据总线,与 CPU 交换数据。

计算机采用总线结构,不仅使系统中传送的信息有条理、有层次,便于进行检测,而且其结构简单、规则、紧凑,易于系统扩展。如图 1.6 所示,I/O 接口(泛指系统总线与外围设备之间的连接逻辑)与地址总线、控制总线和数据总线的连接同存储器一样,外部设备通过 I/O 接口与 CPU 连接。每个 I/O 接口及其对应的外设都有一个固定的地址,CPU 可以像访问存储器一样访问外围接口设备,即只要系统中的功能部件符合总线规范,就可以接入系统,从而可方便地扩展系统功能。这就是以总线为基础的系统结构。

1.4.4 模型机的工作过程

仅有硬件的计算机无法工作,还需要软件(又称程序)。计算机之所以能够脱离人的干预自动运算,就是因为它具有记忆功能,可以预先把解题软件和数据存放在存储器中。在工作过程中,再由存储器快速将程序和数据提供给CPU进行运算。

1. 指令和指令系统

所谓指令就是使计算机完成某种基本操作,如加、减、乘、除、移位、与、或及异或等操作命令。全部指令的集合构成指令系统,任何CPU都有它的指令系统,少则几十条,多则几百条。

(1) 指令格式

指令通常由两部分组成:操作码和操作数。操作码表示计算机的操作性质,操作数指出参加运算的数或存放该数的地址。

指令中一定会有1个操作码,但是操作数可以是1个,可以是2个,也可以是3个,甚至没有操作数。

在计算机中,指令是以一组二进制编码的数来表示和存储,称这样的编码为机器码或机器指令。

(2) 指令执行过程

指令的执行过程分为两个阶段,即取指令阶段和执行指令阶段:

取指阶段,由PC给出指令地址,从存储器中取出指令(PC+1,为取下一条指令做好准备),并进行指令译码;

经历取指阶段后就是执行指令阶段,取操作数地址并译码,获得操作数,同时执行这条指令。然后取下一条指令,周而复始。

2. 程序的执行过程

程序即用户要解决一个或多个特定问题所编排的指令序列,这些指令有次序地存放在存储器中,在计算机工作时,逐条取出并加以翻译执行。编排指令的过程称为程序设计。

下面以15H和30H两个数相加为例,说明程序的执行过程,如表1.2所列。

假如程序存放在起始地址为00H的单元中。地址00H和01H存放第一条指令"MOV A,♯15H",为双字节指令,执行第一条指令的过程如图1.7所示。

计算机启动后,程序起始地址送给PC,给PC赋以第一条指令地址00H,然后进入第一条指令的取指阶段,具体步骤如下:

表1.2 "15H+30H"程序组织及执行过程的实例

地址	内容	助记符	说明
00H	0111 0100	MOV A,♯15H	取数指令,第一字节是操作码
01H	0001 0101		第二字节就是指令的操作数
02H	0010 0100	ADD A,♯30H	加法指令,第一字节是操作码
03H	0011 0000		第二字节也是指令的操作数
…	……	…	

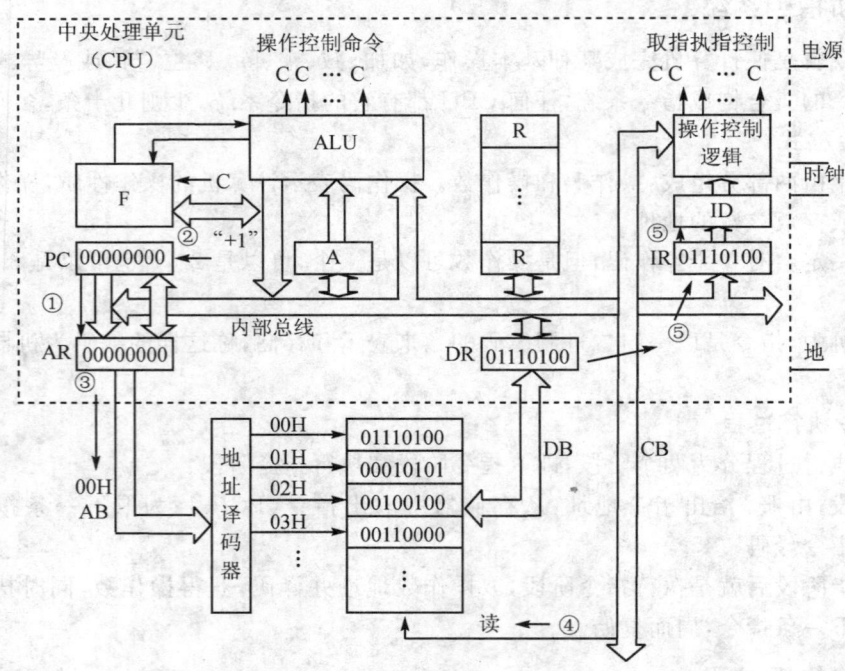

图1.7 取第一条指令操作码的示意图

① PC 的内容 00H 送地址寄存器(AR);
② 当 PC 的内容可靠地送入 AR 后,PC 的内容加 1,为取下一字节做好准备;
③ AR 的内容为 00H,通过地址总线 AB 送至存储器,经地址译码选中 00H;
④ CPU 发出命令;
⑤ 读出的操作码 74H 经数据总线 DB、数据寄存器 DR、指令寄存器 IR 和送指令译码器 ID 进行译码。

经过对操作码译码后,确认为取数操作,于是进入执行阶段,执行过程如图 1.8 所示。

第 1 章 计算机原理与嵌入式系统基础

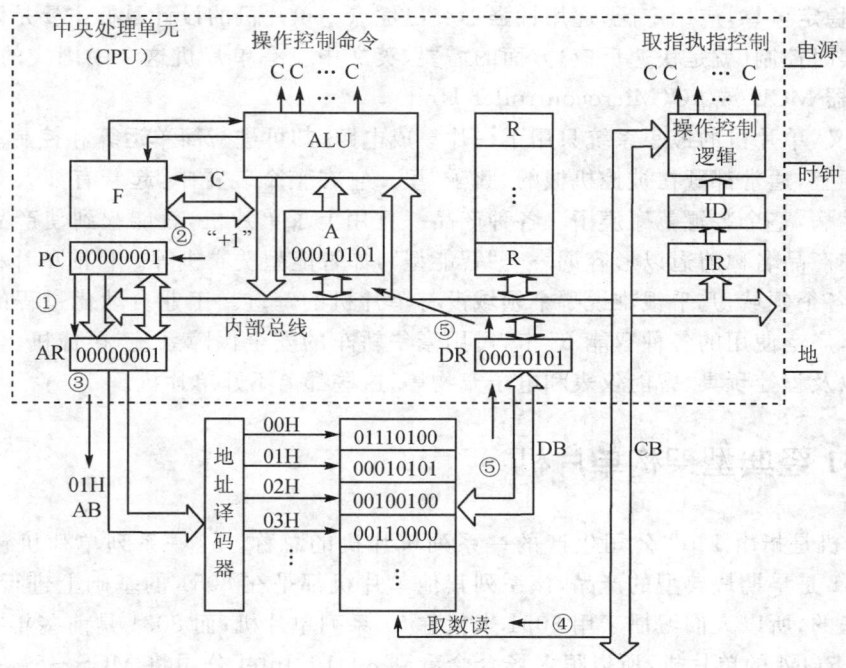

图 1.8 执行第一条指令过程的示意图

① PC 的内容送至 AR,然后 PC 自动加 1 变为 02H,做好取下一条指令的准备;
② AR 的内容为 01H,通过地址总线 AB 送至存储器,经地址译码选中 01H 单元;
③ 由操作控制逻辑通过控制总线 CB 发出取数(读)命令;
④ 第二字节"立即数♯15H",通过数据总线 DB,数据寄存器 DR 被送至累加器 A,此时 PC 指向地址 02H,即第二条指令的首地址。

第二条指令"ADD A,♯30H"也是双字节指令,操作码译码后操作控制逻辑发出"加"命令,执行过程与第一条指令类似,这里不再赘述。

1.5 51 系列单片机

1.5.1 单片机及应用概述

单片机是大规模集成电路技术发展的产物,它把中央处理器(CPU)、存储器(M)和输入/输出(I/O)端口等主要计算机功能部件都集成在一块集成电路芯片上。概括地讲,一块芯片就成了一台计算机,故有人将单片机称为单片微型计算机。单片机具有性能高,速度快,体积小,价格低,稳定可靠,应用广泛,通用性强等突出优点。单片机的设计目标主要是体现"控制"能力,满足实时控制(就是快速反应)方面的需要,英文中没有单片机这个中国式的词汇,而是称为微控制器 MCU 或 μC(Microcontroller Unit)。

顾名思义,单片机的最小系统只用了一片集成电路,却可进行简单运算和控制。因为它体积小,价格便宜,通常都藏在被控机械的"肚子"里。它在整个装置中,起着有如人类头脑的作用,它出了毛病,整个装置就瘫痪了。各种产品一旦用上了单片机,就能起到使产品升级换代的功效,常在产品名称前冠以形容词——"智能型",如智能型洗衣机等。目前单片机已渗透到我们生活的各个领域,几乎很难说哪个领域没有单片机的踪迹。工业自动化过程的实时控制和数据处理,广泛使用的各种智能 IC 卡,民用豪华轿车的安全保障系统,摄像机、全自动洗衣机的控制,以及程控玩具、智能仪表和电子宠物等,这些都离不开单片机。

1.5.2 51 经典型架构单片机

51 单片机是指由 Intel 公司生产的一系列单片机的总称。这一系列单片机包括众多品种,其中 8051 是早期最典型的产品,该系列其他单片机都是在 8051 的基础上进行功能的增、减、改变而来的,所以人们习惯于用 8051 来代称 51 系列单片机;而 8031 是前些年在我国最流行的无片内 ROM 的单片机,所以很多场合会看到 8031。Intel 公司将 MCS - 51 的核心技术授权给了很多公司,各公司竞相以其作为基核,推出了许多 51 兼容衍生产品,显示出旺盛的的生命力。其中常用的机型 AT89S 系列是美国 Atmel 公司开发生产的片上 Flash 单片机。目前,许多单片机类课程教材都是以 51 系列为基础来讲授单片机原理及其应用的,这正是因为 51 系列单片机奠定了 8 位单片机的基础,形成了单片机的经典体系结构。

51 单片机的 ALU 功能十分强大,不仅可对 8 位变量进行与、或、异或、移位、求补和清零等操作,还可以进行加、减、乘、除等基本运算。同时,它还具有一般的处理器 ALU 不具备的功能,即位处理操作。它可对位(bit)变量进行位处理,如置位、清零和求补等操作。51 单片机的运算器结合特殊功能寄存器,包括累加器 ACC(简称 A)、寄存器 B 和程序状态字 PSW(Program State Word)等,构成 51 单片机的运算和程序控制系统,完成各项操作。其中,PSW 就是前面提及的标志寄存器。

51 系列单片机有多种型号的产品,如基本型(8051 子系列)8031、8051、8751、89C51 和 89S51 等,增强型(8052 子系列)8032、8052、8752、AT89S51 和 AT89S52 等。它们的结构基本相同,主要差别反映在存储器的配置上。8031 片内没有程序存储器 ROM;8051 内部设有 4 KB 的掩模 ROM;8751 片内的 ROM 升级为 PROM;AT89C51 则进一步升级为 Flash 存储器;AT89S51 是 4 KB 的支持 ISP 的 Flash。51 增强型产品存储器的存储容量为基本型的一倍,同时增加了一个定时器 T2,如表 1.3 所列。可以把基本型和增强型称为 51 的经典型产品,将在经典结构基础上形成的各种高性能的 51 衍生产品称为兼容型。

第 1 章 计算机原理与嵌入式系统基础

表 1.3 51 经典型单片机概况

公司名称	程序存储器类型	基本型单片机	增强型单片机
Intel	无	8031	8032
Intel	ROM	8051	8052
Intel	PROM	8751	8752
Atmel	Flash	AT89C51	AT89C52
Atmel	Flash	AT89S51	AT89S52
不同的资源		4 KB 程序存储器(8031 无程序存储器)	8 KB 程序存储器(8032 无程序存储器)
不同的资源		128 B 数据存储器(RAM)	256 B 数据存储器(RAM)
不同的资源		2 个 16 位定时器/计数器，T0 和 T1	3 个 16 位定时器/计数器，T0、T1 和 T2
不同的资源		5 个中断源、2 个优先级嵌套中断结构	6 个中断源、2 个优先级嵌套中断结构
相同的资源		一个 8 位 CPU	
相同的资源		一个片内振荡器及时钟电路	
相同的资源		可寻址 64 KB 外部数据存储器和 64 KB 外部程序存储器空间的控制电路	
相同的资源		32 条可编程的 I/O 线(4 个 8 位并行 I/O 端口)	
相同的资源		一个可编程全双工串行口	

51 经典型单片机内部结构框图如图 1.9 所示。各功能部件通过内部总线连接在一起。

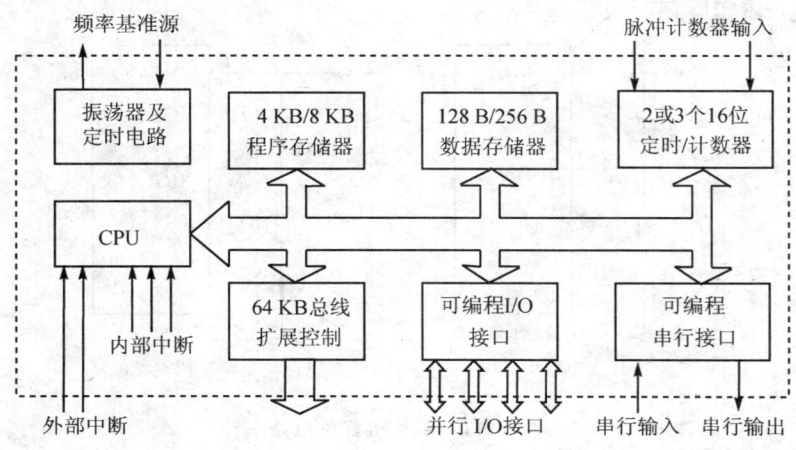

图 1.9 51 单片机内部结构框图

51 经典型单片机引脚如图 1.10 所示。区别在于，对于基本型，P1.0 和 P1.1 没有如

图 1.10 所示的第二功能。40 个引脚及工作状况说明如下。

1. 主电源引脚 GND 和 VCC

① GND 接地。
② VCC 正常操作时为 +5 V 电源。

2. 复位引脚 RST 与复位电路

当振荡器运行时,在 RST 引脚上出现两个机器周期的高电平(由低到高跳变),将使单片机复位。

为实现单片机上电自动运行,需要构建单片机上电自动复位电路。可采用简单的电阻、电容及开关构成上电自动复位和手动复位。图 1.11 为两种典型的简单复位电路接法。

如图 1.11 所示电路,加电瞬间,RES 端的电位与 VCC 相同,随着 RC 电路充电电流的减小,RES 的电位下降,只要 RST 端保持两个机器周期以上的高电平,就能使 51 单片机有效地复位。

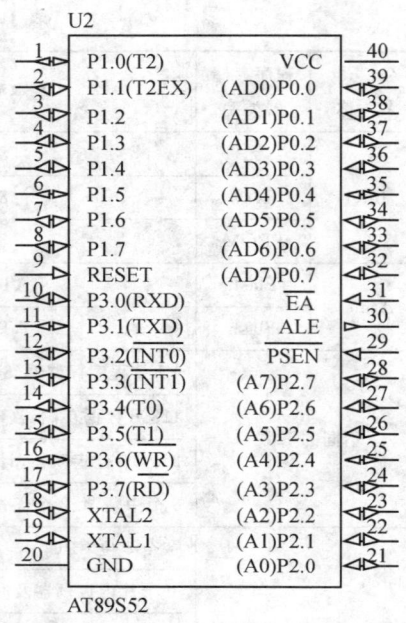

图 1.10　51 经典型单片机 PDIP(双列直插式)封装的引脚图

复位电路在实际应用中很重要,不能可靠复位会导致系统不能正常工作,所以现在有专门的复位电路,如 MAX810 系列。这些专用的复位集成芯片除集成了复位电路外,有些还集成了看门狗(WDT)、E^2PROM 存储等其他功能,让使用者可根据具体实际情况灵活选用。

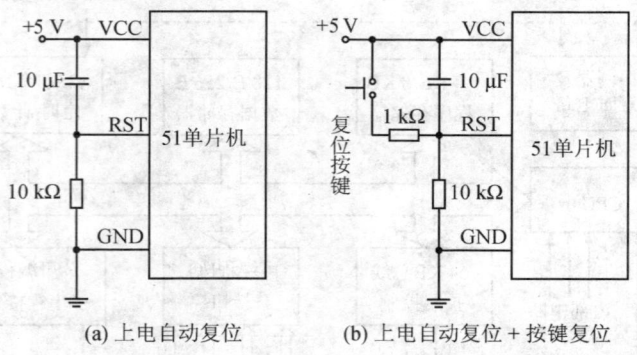

图 1.11　单片机复位电路

3. 时钟电路与时序

外接晶振引脚 XTAL1 和 XTAL2 用于给单片机提供时钟脉冲。

① XTAL1 内部振荡电路反相放大器的输入端,是外接晶体的一个引脚。当采用外部振荡器时,此引脚接地。

② XTAL2 内部振荡电路反相放大器的输出端,是外接晶体的另一端。当采用外部振荡器时,此引脚接外部振荡源。

图 1.12 为 51 单片机使用内部时钟电路和外接时钟电路的两种典型接法。

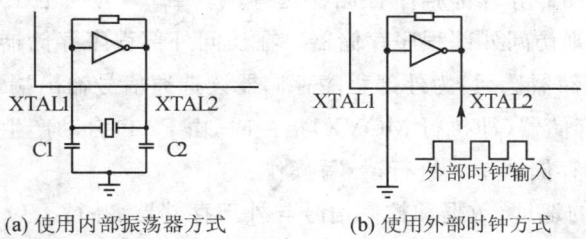

图1.12　单片机使用内部时钟电路和外接时钟电路的两种典型接法

使用内部振荡器方式时钟电路,在 XTAL1 和 XTAL2 引脚上外接定时元件,内部振荡电路就产生自激振荡。定时元件通常采用石英晶体和电容组成的并联谐振回路。晶振两侧等值抗振电容值在 5～33 pF 之间选择,电容的大小可起频率微调作用。

51 经典型单片机的工作时序以机器周期作为基本时序单元。1 个机器周期具有 12 个时钟周期,分为 6 个状态,S1～S6,每个状态又分为两拍,P1 和 P2,如图 1.13 所示。51 典型的指令周期(执行一条指令的时间称为指令周期)以机器周期为单位,分为单机器周期指令、双机器周期指令和 4 机器周期指令。对于系统工作时钟 f_{osc} 为 12 MHz 的 51 经典型单片机,1 个机器周期为 1 μs,即 12 MHz 时钟实际按照 1 MHz 的速度工作。

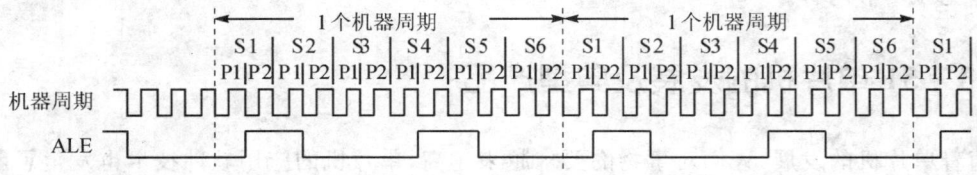

图 1.13　51 经典型单片机的工作时序

从图 1.13 可以看出,单片机的地址锁存信号 ALE 引脚在每个机器周期中两次有效:一次在 S1P2 与 S2P1 期间,另一次在 S4P2 与 S5P1 期间。正常操作时,ALE 允许地址锁存功能把地址的低字节锁存到外部锁存器,ALE 引脚以不变的频率($f_{osc}/6$)周期性地发出正脉冲信号。因此,它可用作对外输出的时钟,或用于定时目的。但要注意,每当访问外部数据存储器时,将跳过一个 ALE 脉冲。

ALE 引脚的核心用途是为了实现 51 单片机的 P0 口作为外部数据总线与地址总线低 8 位的复用口线,以节省总线 I/O 个数。

4. $\overline{EA}$、P0、P2、ALE、$\overline{RD}$、$\overline{WR}$、$\overline{PSEN}$与51单片机总线结构

51单片机属总线型结构,通过地址/数据总线可以与存储器、并行I/O接口芯片相连接。P0的8根线既作为数据总线,又作为地址总线的低8位,P2作为地址总线的高8位,$\overline{WR}$、$\overline{RD}$、ALE和$\overline{PSEN}$作为控制总线。

$\overline{EA}$为内部程序存储器和外部程序存储器选择端。当$\overline{EA}$为高电平时,访问内部程序存储器;当$\overline{EA}$为低电平时,则访问外部程序存储器。在访问外部程序存储器(即执行MOVX)指令时,$\overline{PSEN}$(外部程序存储器选通)为外部程序存储器读选通信号输出端。

在访问外部数据存储器(即执行MOVX)指令时,由P3口自动产生读/写($\overline{RD}$/$\overline{WR}$)信号,通过P0口对外部数据存储器单元进行读/写操作。

51单片机所产生的地址、数据和控制信号与外部存储器、并行I/O接口芯片连接简单、方便。在访问外部存储器等时,P2口输出高8位地址,P0口输出低8位地址,由ALE(地址锁存允许)信号将P0口(地址/数据总线)上的低8位锁存到外部地址锁存器中,从而为P0口接收数据作准备。有关这部分更详尽的内容将在第5章叙述。

5. 输入/输出引脚P0.0~P0.7,P1.0~P1.7,P2.0~P2.7,P3.0~P3.7与I/O端口

I/O端口又称为I/O接口或I/O通道,是单片机对外部实现控制和信息交换的必经之路。

51经典型单片机设有4个8位双向I/O端口(P0、P1、P2和P3),每一条I/O线都能独立地用作输入或输出。P0口为三态双向口,能带8个LSTTL电路。P1、P2和P3口为准双向口(在用作输入线时,口锁存器必须先写入"1",故称为准双向口),负载能力为4个LSTTL电路。详见4.1节内容。

1.5.3 51单片机的发展及典型产品

随着单片机的发展,人们对事物的要求越来越高,单片机的应用软件技术也发生了巨大的变化,从最初的汇编语言开发,开始演变到C语言开发,不但增强了语言的可读性、结构性,而且对于跨平台的移植也提供了方便。另外,一些复杂的系统开始在单片机上采用操作系统或一些小的RTOS等,一方面加速了开发人员的开发速度,节约开发成本,也为更复杂功能的实现提供了可能。为满足不同的用户需求,可以说单片机已进入百花齐放、百家争鸣的时期,世界上各大芯片制造公司都推出了自己的单片机及衍生产品,从8位、16位到32位,数不胜数,应有尽有,有与51系列兼容的,也有不兼容的,但它们各具特色,优势互补,为单片机的应用提供了广阔的天地。下面从各公司竞相推出能满足不同需求的51衍生产品说明单片机的发展趋势。

1. 软件的调试和下载更加方便

单片机内的存储器的容量越来越大,由 1 KB、2 KB、4 KB、8 KB、16 KB、32 KB,发展到 64 KB,甚至更多。

OTP 型和 Flash 型程序存储器广泛应用,且编程(烧录)越来越方便。目前有脱机编程、在系统可编程 ISP(In System Programming)、在应用可编程 IAP(In Application Programming)等。甚至,很多单片机都集成电可擦除的 E^2PROM,扩展了系统应用。

(1) 在系统可编程(ISP)型

Atmel 公司已经宣布停产 AT89C51 和 AT89C52 等 C 系列的产品,转向全面生产 AT89S51 和 AT89S52 等 S 系列的产品。S 系列的最大特点就是具有在系统可编程功能。用户只要连接好下载电路,就可以在不拔下单片机芯片的情况下,直接在系统中进行程序下载烧录编程。当然,编程期间系统是暂停运行的,下载完成后软件继续运行。

(2) 在应用可编程(IAP)型

在应用可编程 IAP 比在系统可编程又更进了一步。IAP 型单片机允许应用程序在运行时通过自己的程序代码对自身的 Flash 进行编程,一般是为达到更新程序的目的。通常在系统芯片中采用多个可编程的程序存储区来实现这一功能,如 SST 公司的 ST89 系列产品等。

(3) JTAG 调试型

JTAG 技术是先进的调试和编程技术。它支持在系统、全速、非侵入式调试和编程,不占用任何片内资源。目前具有 JTAG 调试功能的 51 系列单片机典型产品是 Silicon Lab 公司的 C8051F 系列高性能单片机。

很多单片机已经同时具有以上三种软件下载和调试功能。

2. 高性能兼容内核——提高 CPU 性能

单片机发展中表现出来的速度越来越快是以时钟频率越来越高为标志的。提高单片机的抗干扰能力,降低噪声,降低时钟频率而不牺牲运算速度是单片机技术发展的追求。一些 8051 单片机兼容厂商改善了单片机的内部时序,在不提高时钟频率的条件下,使运算速度提高了许多。甚至使用锁相环技术或内部倍频技术使内部总线速度大大高于时钟频率。

如 C8051F 系列和 STC12 系列单片机产品都是采用经过改进的 51 单片机内核,打破了机器周期的概念,运行速度比经典 51 单片机快将近 12 倍,指令系统完全兼容。

3. 低电压与低功耗——CMOS 化

自 20 世纪 80 年代中期以来,CMOS 工艺单片机功耗得以大幅度下降,51 系列的 8031 推出时的功耗达 630 mW,而现在的单片机普遍都低于 100 mW,而且,几乎所有的单片机都有省电工作方式。允许使用的电源电压范围也越来越宽,一般单片机都能在 3~6 V 范围内工作,对电池供电的单片机不再需要对电源采取稳压措施。3.3 V 逐渐成为数字电路的主流电平。

低电压供电的单片机不断涌现,0.9 V供电的单片机已经问世。

4. 高度集成——SOC(System On a Chip)化

现在常规的单片机普遍都是将中央处理器(CPU)、随机存储器(RAM)、只读存储器(ROM)、并行和串行通信接口、中断系统、定时电路及时钟电路集成在一块单一的芯片上,甚至还集成了如A/D、D/A、丰富的串行接口和LCD(液晶)驱动电路等。这样单片机包含的单元电路就更多,功能就越强大。C8051F系列就是典型的高集成化的SOC型单片机代表。

(1) 丰富的外围串行接口

随着串行接口技术的发展,串行接口应用范围越来越广,逐渐取代了并行接口的应用。SPI和I^2C串行总线已经成为单片机最常用的接口标准,甚至很多单片机集成了CAN接口,是否继承丰富的串行总线接口也已经成为衡量单片机性能的重要指标。

(2) A/D型单片机

A/D是检测系统应用的核心器件,单片机集成A/D促使单片机更加贴近测控工程应用。C8051F系列不但集成高分辨率的12位A/D,同时还集成了12位的D/A。

此外,现在的产品普遍要求体积小、重量轻,这就要求单片机除了功能强和功耗低外,还要求其体积要小。现在的许多单片机都具有多种封装形式,其中SMD(表面封装)越来越受欢迎,使得由单片机构成的系统正朝微型化的方向发展。

5. 高性能的定时/计数器

例如,C8051F系列单片机的定时/计数器,不但有定时、计数和波特率发生器的功能,而且还具有边沿跳变的时刻捕获功能和脉宽编码调试PWM(Pulse Width Modulation)功能。功能强大的定时/计数器是现代单片机的重要标志。

同时,为提高单片机系统的抗电磁干扰能力,使产品能适应恶劣的工作环境,满足电磁兼容性方面更高标准的要求,各单片机商家在单片机内部电路中采取了一些新的技术措施,如增强"看门狗"定时器等。

6. 民用级、工业级和军用级共存

单片机芯片本身是按工业测控环境要求设计的,能够适应于各种恶劣的环境,它有很强的温度适应能力,按对温度的适应能力,可以把单片机分成3个等级:

① 民用级或商用级。温度适应能力在0~70 ℃,适用于室温和一般的办公环境。

② 工业级。温度适应能力在-40~85 ℃,适用于工厂和工业控制中,对环境的适应能力较强。

③ 军用级。温度适应能力在-65~125 ℃,运用于环境条件苛刻,温度变化很大的野外。主要用在军事上。

Atmel公司的典型51单片机产品如表1.4所列。

第1章 计算机原理与嵌入式系统基础

表 1.4 Atmel 公司的典型 51 单片机产品

型 号	片内存储器		I/O接口		定时器		最大晶振频率/MHz	封 装 其他特性
	程序存储器/KB	RAM/B	并行	串行	数量	看门狗		
AT89S51	4	128	32	UART	2	Y	33	PDIP40/PLCC44/TQFP44 //ISP // AT89S8252 具有 2 KB 的 E^2PROM
AT89S52	8	256	32	UART	3	Y	33	
AT89S8252	8	256	32	UART	3	Y	12	
AT89S53	12	256	32	UART	3	Y	24	

其中,AT89S52 是一个低功耗、高性能的 CMOS 8 位单片机,兼容标准 51 指令系统、引脚结构,具有增强型结构的所有资源。器件采用 Atmel 公司的高密度、非易失性存储技术制造,芯片内集成 8 KB ISP(In System Programmable)的可反复擦写 1000 次的 Flash 只读程序存储器,还集成了通用 8 位中央处理器和 ISP Flash 存储单元。此外,AT89S52 还集成了看门狗(WDT)电路和低功耗工作模式。

AT89S52 设计和配置了振荡频率可为 0 Hz,并可通过软件设置省电模式。空闲模式下,CPU 暂停工作,而 RAM 定时计数器、串行口和外中断系统可继续工作;掉电模式下,冻结振荡器而保存 RAM 的数据,停止芯片其他功能直至外中断激活或硬件复位。同时该芯片还具有 PDIP、TQFP 和 PLCC 等三种封装形式,以适应不同产品的需求。

AT89S52 主要功能特性如表 1.5 所列。

表 1.5 AT89S52 主要功能特性

兼容 MCS-51 指令系统	4~5.5 V 工作电压
8 KB 可反复擦写(>1000 次)ISP Flash ROM	时钟频率 0~33 MHz
256×8 位内部 RAM	软件低功耗空闲和省电模式设置
2 个外部中断源	中断唤醒省电模式
3 个 16 位可编程定时/计数器	3 级加密位
全双工 UART 串行口	看门狗(WDT)电路
32 个双向 I/O 口	双数据寄存器指针

本书是通过 AT89S52 来对经典型 51 单片机进行叙述的,既完全与经典结构对应,又采用 Flash 程序存储器结构,方便软件下载,而且具有片上看门狗,提高了系统应用的可靠性。

1.5.4 51单片机最小系统

所谓最小系统,是指可以保证计算机工作的最少硬件构成。对于单片机内部资源已能够满足系统需要的,可直接采用最小系统。

由于51系列单片机片内不能集成时钟电路所需的晶体振荡器,也没有复位电路,在构成最小系统时必须外接这些部件。另外,根据片内有无程序存储器51的单片机最小系统分为两种情况。

8031和8032片内无程序存储器,因此,在构成最小系统时,不仅要外接晶体振荡器和复位电路,还应在外扩展程序存储器。由于P0、P2在扩展程序存储器时作为地址线和数据线,不能作为I/O线,因此,只有P1、P3作为用户I/O接口使用。其早已淡出单片机应用系统设计领域。

而对于AT89S52具有片上Flash的单片机,其最小系统如图1.14所示。此时P0和P2可以从总线应用中解放出来,以作为普通I/O使用。需要特别指出的是,P0作为普通I/O使用时,由于开漏结构必须外接上拉电阻。P1、P2和P3在内部虽然有上拉电阻,但由于内部上拉电阻太大,电流太小,有时因为电流不够,也会再并一个上拉电阻。

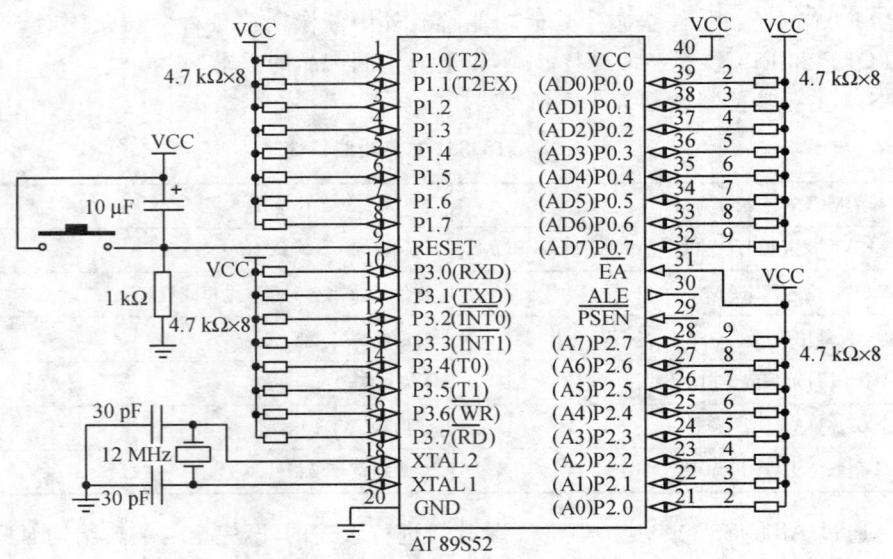

图1.14 AT89S52单片机最小系统电路

如果单片机系统没有工作,检查步骤如下:

① 检查电源是否连接正确。

② 检查复位电路,可能的话在电路板上加一个 LED,这样看起来就更方便。设计产品时,要在关键的地方如电源、串口、看门狗的输出和输入及 I/O 口等加不同颜色的 LED 指示,便于调试,生产时再去除 LED,一方面是降低成本,一方面是流程保密。

③ 查看单片机 $\overline{EA}$ 引脚有没有问题,使用片内 Flash 时该引脚必须接高电平。

④ 检查时钟电路,即检查晶振和磁片电容,主要是器件质量和焊接质量检查。

按照以上步骤检测时,将无关的外围芯片去掉,因为有一些是外围器件的故障导致单片机最小系统没有工作。

1.6　51 单片机存储器结构

51 单片机的存储器结构将程序存储器和数据存储器分开,各有自己的寻址系统、控制信号和功能。程序存储器用来存放程序和常数。数据存储器通常用来存放程序运行中所需要的常数或变量。例如:做加法时的加数和被加数,模/数转换时实时记录的数据等。

1.6.1　51 单片机存储器构成

从物理地址空间看,所有的 51 系列单片机都有 4 个存储器地址空间,即片内程序存储器和片外程序存储器以及片内数据存储器和片外数据存储器,存储器结构一致,只是容量大小不一。8051(8052)存储器分配示意图如图 1.15 所示。

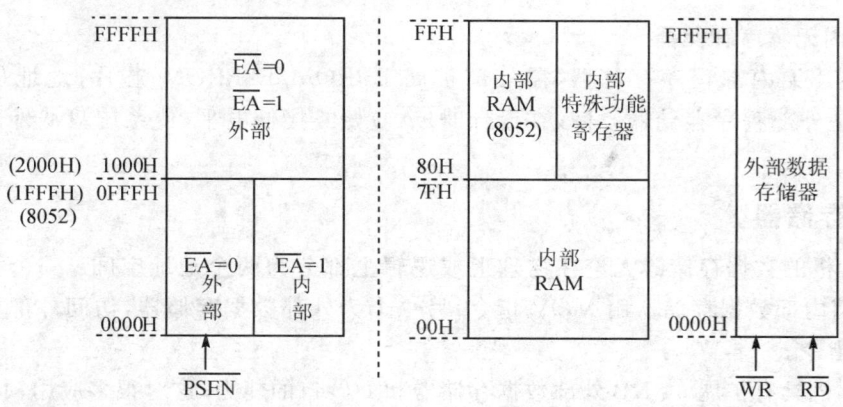

图 1.15　8051(8052)存储器分配示意图

1. 程序存储器

程序存储器用来存放程序和表格常数。程序存储器以程序计数器 PC 作地址指针,通过 16 位地址总线,可寻址的地址空间为 64 KB。片内和片外统一编址。

(1) 片内有程序存储器且存储空间足够

在 8051/8751 片内,带有 4 KB 的 ROM/EPROM 程序存储器(内部程序存储器),4 KB 可存储约两千多条指令,对于一个小型的单片机控制系统来说就足够了,不必另加程序存储器,若不够还可选 8 KB 或 16 KB 内存的单片机芯片,如 AT89S52 等。总之,尽量不要扩展外部程序存储器,这会增加成本、增大产品体积。

(2) 片内有程序储器且存储空间不够

若开发的单片机系统较复杂,片内程序存储器存储空间不够用时,可外扩展程序存储器,具体扩展多大的芯片要计算一下,由两个条件决定:一是看程序容量大小,二是看扩展芯片容量大小。64 KB 总容量减去内部 4 KB 即为外部能扩展的最大容量,2764 容量为 8 KB,27128 容量为 16 KB,27256 容量为 32 KB,27512 容量为 64 KB。(具体扩展方法见第 5 章相关部分。)若再不够就只能换芯片,选 16 位芯片或 32 位芯片都可。定了芯片后就要算好地址,再将 $\overline{EA}$ 引脚接高电平,使程序从内部 ROM 开始执行,当 PC 值超出内部 ROM 的容量时,会自动转向外部程序存储器空间。

对 8051/8751 而言,外部程序存储器的地址空间为 1000H~FFFFH。对这类单片机,若把 $\overline{EA}$ 接低电平,可用于调试程序,即把要调试的程序放在与内部 ROM 空间重叠的外部程序存储器内,进行调试和修改。调试好后再分两段存储,将 $\overline{EA}$ 接高电平,即可运行整个程序。

这里需要特别指出的是,外部程序存储器的扩展已经很少用了。主要原因是,现在的单片机系列很丰富,作为需要较大程序存储器的应用,只须购买更大程序存储器容量的单片机即可。

(3) 片内无程序存储器

8031 芯片无内部程序存储器,需外部扩展 EPROM/E2PROM 芯片,地址从 0000H~FFFFH 都是外部程序存储器空间,在设计时 $\overline{EA}$ 应始终接低电平,使系统只从外部程序储器中取指令。

2. 数据存储器

51 单片机的数据存储器无论在物理上或逻辑上都分为两个地址空间:一个为内部数据存储器,访问内部数据存储器用 MOV 指令;另一个为外部数据存储器,访问外部数据存储器用 MOVX 指令。

51 单片机具有扩展 64 KB 外部数据存储器和 I/O 口的能力,这对很多应用领域已足够使用,对外部数据存储器的访问采用 MOVX 指令,用间接寻址方式,R0、R1 和 DPTR 都可作间址寄存器。有关外部存储器的扩展和信息传送将在第 5 章详细介绍。

51 单片机内部 RAM 的地址从 00H~7FH,52 增强型单片机内部 RAM 的地址从 00H~FFH。从图 1.15 可以看出内部 RAM 与内部特殊功能寄存器 SFR 具有相同的地址 80H~FFH。为防止数据访问冲突,内部 80H~FFH 区域 RAM 的访问(读/写)与内部特殊功能寄存器 SFR 的访问(读/写)是通过不同的寻址方式来实现的。高 128 B RAM 采用间接寻址,特殊功能寄存器 SFR 的访问采用直接寻址。00H～7FH 的低 128 B RAM 采用直接寻址和间接寻址方式访问都可以,如图 1.16 所示。

图 1.16　51 单片机内部 RAM 的访问方式

内部 RAM 可以分为 00H～1FH、20H～2FH、30H～7FH(8052 为 0FFH)三个功能各异的数据存储器空间。各区域功能如表 1.6 所列。

表 1.6　51 单片机内部 RAM 各区域地址分配及功能

地址范围		区　域	功　能
80H～FFH (8052,128 个单元)		用户区	一般的存储单元,可以做数据存储或堆栈区
30H～7FH (80 个单元)			
20H～2FH(16 个单元)		可位寻址区	每一个单元的 8 位均可以位寻址及操作,即对 16×8 共 128 位中的任何一位均可以单独置 1 或清 0
00H～1FH (32 个单元)	18H～1FH	工作寄存器区 3(R0～R7)	4 个工作区(R0,R1,R2,R3,R4,R5,R6,R7)
	10H～17H	工作寄存器区 2(R0～R7)	
	08H～0FH	工作寄存器区 1(R0～R7)	
	00H～07H	工作寄存器区 0(R0～R7)	

(1) 00H～1FH(4 个工作区)

这 32 个存储单元以 8 个存储单元为一组分成 4 个工作区。每个区有 8 个寄存器 R0、R1、R2、R3、R4、R5、R6、R7 与 8 个存储单元一一对应。

单片机在工作时,同一时刻只有 1 个工作区存在并工作,那么到底按照 4 个区中哪个工作区工作,是由什么决定的呢? CPU 当前选择使用的工作区是由程序状态字 PSW 中的第 3 位 RS0 和第 4 位 RS1 确定的,RS1、RS0 可通过程序置 1 或清 0,以达到选择不同工作区的目的。具体的对应关系如表 1.7 所列。

单片机及应用系统设计原理与实践

表 1.7 工作寄存器区选择

PSW.4 (RS1)	PSW.3 (RS0)	当前使用的工作寄存器区 R0~R7	PSW.4 (RS1)	PSW.3 (RS0)	当前使用的工作寄存器区 R0~R7
0	0	0 区（00~07H）（默认）	1	0	2 区（10~17H）
0	1	1 区（08~0FH）	1	1	3 区（18~1FH）

CPU 通过对 PSW 中的 D4、D3 位内容的修改，就能任选一个工作寄存器区，例如：

```
SETB   PSW.3
CLR    PSW.4    ;选定第 1 区
SETB   PSW.4
CLR    PSW.3    ;选定第 2 区
SETB   PSW.3
SETB   PSW.4    ;选定第 3 区
```

工作区中的每一个内部 RAM 都有一个字节地址，为什么还要用 R0、R1、R2、R3、R4、R5、R6、R7 来表示呢？这主要是为了进一步提高 51 系列单片机现场保护和现场恢复的速度，这对于提高单片机 CPU 的工作效率和响应中断的速度非常有用。如果在实际应用中不需要 4 个工作区，没有用到的工作区仍然可以作为一般的数据存储器使用。51 系列单片机的这个特点等学习了指令系统和中断系统后就会进一步理解工作区的作用。

(2) 20H~2FH(可以位寻址)

内部 RAM 的 20H~2FH 为可位寻址区。这 16 个单元和每一位都有一个位地址，共 128 (16×8)位，位地址范围为 00H~7FH，如表 1.8 所列。位寻址区的每一位都可以视为软件触发器，由程序直接进行位处理。通常把各种程序状态标志、位控制变量设在位寻址区内，即对内部 RAM 20H~2FH 这 16 字节，既可以与一般的存储器一样按字节操作，也可以对 16 个单元中 8 位中的某一位进行位操作，这样极大地方便了面向控制的开关量处理。

(3) 30H~7FH(一般存储器)

30H~7FH 为一般的数据存储单元。51 单片机的堆栈区一般设在这个范围内，堆栈的作用是子程序调用或保护中断现场的特殊数据存储区。它存放数据的原则是先进后出（后进先出），存放数据的位置由一个称为堆栈指针的 SP 寄存器来确定。51 单片机在每进行一次压栈操作后 SP 自动加 1，每进行一次弹栈操作后 SP 自动减 1，因此 51 单片机的堆栈是一个顶部固定向下延伸的数据区。通常情况下，将堆栈区设在 30H~7FH 范围内。复位后 SP 的初值为 07H，可在初始化程序时设定 SP 来具体确定堆栈区的范围。有关堆栈的操作可详见指令系统和中断系统的相关内容。

表 1.8 RAM 寻址区位地址映射表

字节地址	位地址							
	b7	b6	b5	b4	b3	b2	b1	b0
20H	07H	06H	05H	04H	03H	02H	01H	00H
21H	0FH	0EH	0DH	0CH	0BH	0AH	09H	08H
22H	17H	16H	15H	14H	13H	12H	11H	10H
23H	1FH	1EH	1DH	1CH	1BH	1AH	19H	18H
24H	27H	26H	25H	24H	23H	22H	21H	20H
25H	2FH	2EH	2DH	2CH	2BH	2AH	29H	28H
26H	37H	36H	35H	34H	33H	32H	31H	30H
27H	3FH	3EH	3DH	3CH	3BH	3AH	39H	38H
28H	47H	46H	45H	44H	43H	42H	41H	40H
29H	4FH	4EH	4DH	4CH	4BH	4AH	49H	48H
2AH	57H	56H	55H	54H	53H	52H	51H	50H
2BH	5FH	5EH	5DH	5CH	5BH	5AH	59H	58H
2CH	67H	66H	65H	64H	63H	62H	61H	60H
2DH	6FH	6EH	6DH	6CH	6BH	6AH	69H	68H
2EH	77H	76H	75H	74H	73H	72H	71H	70H
2FH	7FH	7EH	7DH	7CH	7BH	7AH	79H	78H

1.6.2　51 单片机特殊功能寄存器

1. 特殊功能寄存器空间

　　51 单片机把 CPU 中的专用寄存器、并行端口锁存器、串行口与定时/计数器内的控制寄存器集中安排到一个区域,离散地分布在地址 80H~FFH 范围内,这个区域称为特殊功能寄存器(SFR)区。8051 基本型具有 21 个 SFR,8052 增强型具有 27 个 SFR。特殊功能寄存器区的 SFR 只能通过直接寻址的方式进行访问,特殊功能寄存器字节地址分配情况如表 1.9 所列,其中阴影部分为仅 8052 所具有的特殊功能寄存器。

表 1.9 特殊功能寄存器

SFR 名称	标记	字节地址	位地址							
			b7	b6	b5	b4	b3	b2	b1	b0
P0 口锁存器	P0	80H	P0.7	P0.6	P0.5	P0.4	P0.3	P0.2	P0.1	P0.0
			87H	86H	85H	84H	83H	82H	81H	80H
堆栈指针	SP	81H	不支持位寻址								
数据地址指针(低8位)	DPL	82H									
数据地址指针(高8位)	DPH	83H									
电源控制寄存器	PCON	87H									
定时/计数器控制寄存器	TCON	88H	TF1	TR1	TF0	TR0	IE1	IT1	IE0	IT0
			8FH	8EH	8DH	8CH	8BH	8AH	89H	88H
定时/计数器方式控制寄存器	TMOD	89H	不支持位寻址								
定时/计数器0(低8位)	TL0	8AH									
定时/计数器0(高8位)	TL1	8BH									
定时/计数器1(低8位)	TH0	8CH									
定时/计数器1(高8位)	TH1	8DH									
P1 口锁存器	P1	90H	P1.7	P1.6	P1.5	P1.4	P1.3	P1.2	P1.1	P1.0
			97H	96H	95H	94H	93H	92H	91H	90H
串行口控制寄存器	SCON	98H	SM0	SM1	SM2	REN	TB8	RB8	TI	RI
			9FH	9EH	9DH	9CH	9BH	9AH	99H	98H
串行口锁存器	SBUF	99H	不支持位寻址								
P2 口锁存器	P2	A0H	P2.7	P2.6	P2.5	P2.4	P2.3	P2.2	P2.1	P2.0
			A7H	A6H	A5H	A4H	A3H	A2H	A1H	A0H
中断允许控制寄存器	IE	A8H	EA	—	ET2	ES	ET1	EX1	ET0	EX0
			AFH	—	ADH	ACH	ABH	AAH	A9H	A8H
P3 口锁存器	P3	B0H	P3.7	P3.6	P3.5	P3.4	P3.3	P3.2	P3.1	P3.0
			B7H	B6H	B5H	B4H	B3H	B2H	B1H	B0H
中断优先级控制寄存器	IP	B8H	—	—	PT2	PS	PT1	PX1	PT0	PX0
					BDH	BCH	BBH	BAH	B9H	B8H

续表1.9

| SFR | | 字节 | 位地址 | | | | | | | |
名称	标记	地址	b7	b6	b5	b4	b3	b2	b1	b0
定时器2状态控制寄存器	T2CON	C8H	TF2	EXF2	RCLK	TCLK	EXEN2	TR2	C/T2	CP/RL2
			CFH	CEH	CDH	CCH	CB8H	CAH	C9H	C8H
定时/计数器2方式控制寄存器	T2MOD	C9H					支持位寻址			
定时/计数器2低8位缓冲器	RCAP2L	CAH								
定时/计数器2高8位缓冲器	RCAP2H	CBH								
定时/计数器2(低8位)	TL2	CCH								
定时/计数器2(高8位)	TH2	CDH								
程序状态字	PSW	D0H	CY	AC	F0	RS1	RS0	OV	—	P
			D7H	D6H	D5H	D4H	D3H	D2H	D1H	D0H
累加器	ACC	E0H	E7	E6	E5	E4	E3	E2	E1	E0
B寄存器	B	F0H	F7H	F6H	F5H	F4H	F3H	F2H	F1H	F0H

2. 几个重要的特殊功能寄存器

(1) ACC

CPU 是单片机的核心部件,由运算器和控制器等部件组成,运算器的核心是 ALU。51 单片机的 ALU 功能十分强大,它不仅可对 8 位变量进行与、或、异或、移位、求补和清 0 等操作。还可以进行加、减、乘、除等基本运算。同时,它还具有一般的处理器 ALU 不具备的功能,即位处理操作。它可对位(bit)变量进行位处理,如置位、清 0 和求补等操作。51 单片机的运算器结合特殊功能寄存器,包括累加器 ACC(简称 A)、寄存器 B 和程序状态字 PSW(Program State Word)等,构成 51 单片机的运算和程序控制系统,完成各项操作。

在 51 单片机中,ACC 是一个实现各种寻址及运算的寄存器,而不是一个仅做加法的寄存器,在 51 指令系统中所有算术运算、逻辑运算几乎都要使用它。而对程序存储器和外部数据存储器的访问只能通过它进行。只有很少的指令不需要 ACC 的直接参与。

虽然从功能上看,A 与一般处理器的累加器没有什么特别之处,是 CPU 进行数值运算的核心数据处理单元,是计算机中最繁忙的单元。但是需要说明的是,A 的进位编制 CY(简称 C,在 PSW 中)是特殊的,因为它同时又是位处理器的位累加器。

(2) B

寄存器 B 是为执行乘法和除法操作设置的,在不执行乘、除法操作的一般情况下可把 B 作为一个普通的寄存器使用。

(3) PSW

51 系列单片机的标志寄存器就是程序状态字 PSW,是用来表示程序运行的状态。PSW 的 8 个位包含了程序状态的不同信息,包括进借位标志 CY、辅助进位标志 AC 和溢出标志 OV 等,但是没有零标志 Z 和符号标志 S。PSW 是编程时特别需要关注的一个寄存器,掌握并牢记 PSW 各位的含义十分重要,PSW 寄存器格式及各个位定义如下:

	b7	b6	b5	b4	b3	b2	b1	b0
PSW	CY	AC	F0	RS1	RS0	OV	—	P

其中,PSW.1 是保留位,未使用。

① CY(PSW.7)进位标志位,在执行算术和逻辑指令时,可以被硬件或软件置位或清除,在位处理器中,它作为累加器。

② AC(PSW.6)辅助进位标志位,当进行加法或减法操作而产生由低 4 位数(十进制中的一个数字)向高 4 位进位或借位时,AC 将被硬件置 1,否则就被清除。AC 被用于十进位调整,同 DA 指令结合起来用。

③ F0(PSW.5)标志位,它是由用户使用的一个状态标志位,可用软件来使其置位或清除,也可以靠软件测试 F0 以控制程序的流向。编程时,该标志位特别有用。

④ RS1、RS0(PSW.4、PSW.3)寄存器区选择控制位用于确定工作寄存器组。

⑤ OV(PSW.2)溢出标志位。当执行算术指令时,由硬件置 1 或清 0,以指示溢出状态。各种算术运算对该位的影响情况较为复杂,将在第 3 章详细说明。

⑥ P(PSW.0)奇偶(Parity)标志位。P 随累加器 A 中数值变化而变化,若 A 中 1 的位数为奇数,则 P=1,否则 P=0。此标志位对串行口通信中的数据传输有重要的意义,借助 P 实现奇偶校验,保证数据传输的可靠性。

(4) SP

堆栈指针,用以辅助完成堆栈操作。进栈时 SP 加 1,出栈时 SP 减 1。

(5) DPTR(DPL 和 DPH)

51 系列单片机中,有两个 16 位寄存器,即数据指针 DPTR 和 PC。DPH 为 DPTR 的高 8 位,DPL 为 DPTR 的低 8 位。访问外部数据存储器和程序存储器时,必须以 DPTR 为数据指针通过 ACC 进行访问。

(6) P0、P1、P2 和 P3

51 单片机有 P0 口、P1 口、P2 口和 P3 口 4 个双向 I/O 口,P0、P1、P2 和 P3 为这 4 个双向 I/O 口的端口锁存器。如果需要从指定端口输出一个数据,只需将数据写入指定端口锁存器;

如果需要从指定端口输入一个数据,只需先将数据 0FFH(全部为 1)写入指定端口锁存器,然后再读指定端口。如果不先写入 0FFH(全部为 1),读入的数据有可能不正确。关于 I/O 口的详细内容将在 4.1 节讲述。

需要特别指出的是,51 单片机 CPU 控制器中的 16 位程序计数器 PC,PC 不是 SFR。PC 用来存放即将要执行的下一条指令的首地址,可对 $2^{16}=64K$ 程序存储器直接寻址。在 51 指令系统中,跳转指令和程序调用可修改 PC,实现程序跳转。

3. 特殊功能寄存器的位寻址

某些 SFR 寄存器也可以位寻址,即对这些 SFR 寄存器 8 位中的任何一位进行单独的位操作。这一点与 20H~2FH 中的位操作是完全相同的。特殊功能寄存器中地址为 8 的倍数的特殊功能寄存器可以位寻址,特殊功能寄存器最低位的位地址与特殊功能寄存器的字节地址相同,次低位的位地址等于特殊功能寄存器的字节地址加 1,依此类推,最高位的位地址等于特殊功能寄存器的字节地址加 7。特殊功能寄存器位地址分配情况参见表 1.10。

4. 复位状态下的特殊功能寄存器状态

在振荡运行的情况下,要实现复位操作,必须使 RES 引脚至少保持两个机器周期(24 个振荡器周期)的高电平。CPU 在第二个机器周期内执行内部复位操作,以后每一个机器周期重复一次,直至 RES 端电平变低。复位期间不产生 ALE 及 PSEN 信号。内部复位操作使堆栈指示器 SP 为 07H,各端口都为 1(P0~P3 口的内容均为 0FFH),特殊功能寄存器都复位为 0,但不影响 RAM 的状态。当 RES 引脚返回低电平后,PC 清 0,CPU 从 0000H 地址开始执行程序。复位后,各内部寄存器状态如表 1.10 所列。

表 1.10　复位后各寄存器状态

寄存器	内容	寄存器	内容	寄存器	内容
PC	0000H	IE	0×000000	TH1	00H
ACC	00H	SCON	00H	TL1	00H
B	00H	SBUF	不定	T2MOD	××××××00
PSW	00H	PCON	0×××××××	T2CON	00H
SP	07H	TMOD	00H	TH2	00H
DPTR	0000H	TCON	00H	TL2	00H
P0~P3	FFH	TH0	00H	RCAP2H	00H
IP	××000000	TL0	00H	RCAP2L	00H

可以看出,51 单片机复位后,仅有 P0~P3 和 SP 不为 00H,即复位后所有的 I/O 都为高电平,堆栈指针 SP 指向内部 RAM 的 07H 地址单元。

习题与思考题

1.1 51系列单片机内部有哪些主要的逻辑部件?

1.2 51单片机设有4个8位并行端口(32条I/O线),实际应用中8位数据信息由哪一个端口传送?16位地址线怎样形成?P3口有何第二功能?

1.3 请说明程序计数器PC的作用。

1.4 试分析51单片机端口的两种读操作(读端口引脚和读锁存器),"读-修改-写"操作是按哪一种操作进行的?结构上的这种安排有何功用?

1.5 51单片机内部RAM区功能结构如何分配?4组工作寄存器使用时如何选用?位寻址区域的字节地址范围是多少?

1.6 特殊功能寄存器中哪些寄存器可以位寻址?它们的字节地址有什么特点?

1.7 简述程序状态字PSW中各位的含义。

1.8 PC的值是(　　)。
(A) 当前正在执行指令的前一条指令的地址
(B) 当前正在执行指令的地址
(C) 当前正在执行指令的下一条指令的地址
(D) 控制器中指令寄存器的地址

1.9 8051与8751的区别是(　　)。
(A) 内部数据存储单元数目的不同　　(B) 内部数据存储器的类型不同
(C) 内部程序存储器的类型不同　　(D) 内部寄存器的数目不同

1.10 复位状态下的特殊功能寄存器状态不为0的寄存器有哪些?值为多少?

第 2 章
51 系列单片机指令系统与汇编程序设计

2.1 51 系列单片机汇编指令格式及标识

指令是使计算机完成基本操作的命令。我们知道计算机工作时是通过执行程序来解决问题的,而程序是由一条条指令按一定的顺序组成的,计算机内部只能直接识别二进制代码指令。以二进制代码指令形成的计算机语言,称为机器语言。为了阅读和书写的方便,常把它写成十六进制形式,通常称这样的指令为机器指令。现在一般的计算机都有几十甚至几百种指令。显然即便用十六进制去书写、记忆、理解和使用也是不容易的,因此给每条机器语言指令赋予一个助记符号,这就形成了汇编语言。汇编语言指令是机器语言指令的符号化,它和机器语言指令一一对应。机器语言和汇编语言与计算机硬件密切相关,不同类型的计算机,其机器语言和汇编语言指令不一样。

一种计算机能够执行的全部指令的集合,称为这种计算机的指令系统。单片机的指令系统与微型计算机的指令系统不同。51 系列单片机指令系统共有 111 条指令,42 种指令助记符,其中有 49 条单字节指令,45 条双字节指令和 17 条三字节指令;有 64 条为单机器周期指令,45 条为双机器周期指令,只有乘、除法两条指令为四机器周期指令。在存储空间和运算速度上,效率都比较高。

51 系列单片机指令系统功能强、指令短、执行快。从功能上可分为 5 大类:数据传送指令、算术运算指令、逻辑操作指令、控制转移指令和位操作指令。下面将分别进行介绍。

2.1.1 指令格式

不同的指令完成不同的操作,实现不同的功能,具体格式也不一样。但从总体上来说,每条指令通常由操作码和操作数两部分组成。操作码表示计算机执行该指令将进行何种操作,操作数表示参加操作的数或操作数所在的地址。51系列单片机的指令分为无操作数、单操作数、双操作数和三操作数4种情况。汇编语言指令基本格式如下：

[标号:]操作码助记符[目的操作数],[源操作数][;注释]

其中:

① 操作码助记符表明指令的功能,不同的指令有不同的指令助记符,它一般用说明其功能的英文单词的缩写形式表示。

② 操作数用于给指令的操作提供数据,可以是数据的地址或指令的地址,操作数往往用相同寻址方式指明。不同的指令,指令中的操作数不一样。51单片机指令系统的指令按操作数的多少可分为无操作数、单操作数、双操作数和三操作数4种情况。无操作数指令是指指令中不需要操作数或操作数采用隐含形式指明。例如"RET",它的功能是返回调用子程序的调用指令的下一个指令位置,指令中不需要操作数。单操作数指令是指指令中只需提供一个操作数或操作数地址。例如"INC A",它的功能是对累加器A中的内容加1,操作中只需一个操作数。双操作数指令是指指令中需要两个操作数,这种指令在51单片机系统中最多,通常第一个操作数为目的操作数,接收数据,第二个操作数为源操作数,提供数据。例如"MOV A,♯21H",它的功能是将源操作数(立即数♯21H)传送到目的操作数累加器A中。三操作数指令51单片机中只有一条,即CJNE比较转移指令,具体使用以后介绍。

③ 标号是该指令的符号地址,后面需带冒号。它主要为转移指令提供转移的目的地址。

④ 注释是对指令的解释,前面需带分号。它们是编程者根据需要加上去的,用于对指令进行说明。对于指令本身功能而言是可以不要的。

2 1.2 指令中用到的标识符

为便于后面的学习,在这里先对指令中用到的一些符号的约定意义加以说明。

① Ri 和 Rn:表示当前工作寄存器区中的工作寄存器。i取0或1,表示R0或R1;n取0~7,表示R0~R7。

② ♯data:表示包含在指令中的8位立即数。

③ ♯data16:表示包含在指令中的16位立即数。

④ rel:以补码形式表示的8位相对偏移量,范围为-128~127,主要用在相对寻址的指令中。

⑤ addr16 和 addr11:分别表示16位直接地址和11位直接地址。

⑥ diect:表示直接寻址的地址。

⑦ bit:表示可按位寻址的直接位地址。

⑧ (X):表示X单元中的内容。

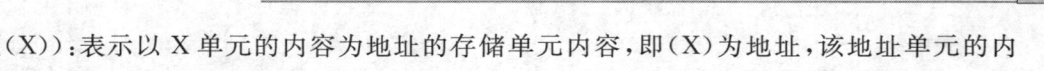

⑨ ((X))：表示以 X 单元的内容为地址的存储单元内容,即(X)为地址,该地址单元的内容用(X)表示。

⑩ /和→符号："/"表示对该位操作数取反,但不影响该位的原值；"→"表示操作流程,将箭尾一方的内容送入箭头所指一方的单元中去。

2.2 51 系列单片机的寻址方式

所谓寻址方式就是指操作数或操作数地址的寻找方式。51 单片机的寻址方式按操作数的类型可分为数的寻址和指令寻址。数的寻址有常数寻址(立即寻址),寄存器数寻址(寄存器寻址),存储器数寻址(直接寻址方式、寄存器间接寻址方式、变址寻址方式)和位寻址。指令的寻址有绝对寻址和相对寻址。不同的寻址方式由于格式不同,处理的数据也不一样,下面分别加以介绍。

2.2.1 立即(数)寻址

操作数是常数,使用时直接出现在指令中,紧跟在操作码的后面,作为指令的一部分。操作数与操作码一起存放在程序存储器中,不需要经过其他的途径去寻找。常数又称为立即数,故又称为立即寻址。在汇编指令中,立即数前面以"♯"符号作前缀。在程序中通常用于给寄存器或存储单元赋初值,例如：

```
MOV  A,♯20H
```

其功能是把立即数 20H 送给累加器 A,其中源操作数 20H 就是立即数。指令执行后累加器 A 中的内容为 20H。

2.2.2 寄存器寻址

操作数在寄存器中,使用时在指令中直接提供寄存器的名称,这种寻址方式称为寄存器寻址。在 51 单片机系统中,这种寻址方式的寄存器只能是 R0~R7 八个通用寄存器。例如：

```
MOV  A,R0
```

其功能是把 R0 寄存器的数据送给累加器 A。在指令中,源操作数 R0 为寄存器寻址,传送对象 R0 中的数据。如指令执行前 R0 的内容为 20H,则指令执行后累加器 A 中的内容为 20H。

2.2.3 直接寻址

存储器数寻址所针对的数据存放在存储器单元中,对存储单元的内容通过提供存储器单元地址寻址。根据存储器单元地址的提供方式,存储器的寻址方式有直接寻址、寄存器间接寻址和变址寻址。

直接寻址是指数据存放在存储器单元中,在指令中直接提供存储器单元地址。在51单片机系统中,这种寻址方式针对的是片内数据存储器和特殊功能寄存器;在汇编指令中,指令直接以地址数据的形式提供存储单元地址。例如:

```
MOV A,20H
```

其功能是把片内数据存储器20H单元的内容送给累加器A。如果指令执行前片内数据存储器20H单元的内容为30H,则指令执行后累加器A的内容为30H。指令中20H是地址数,它是片内数据存储单元的地址。在51单片机中,数字前面不加"♯"是指存储单元地址而不是常数,常数前面要加符号"♯"。

对于特殊功能寄存器,在指令中使用时往往通过特殊功能寄存器的名称使用,而特殊功能寄存器名称实际上是用特殊功能寄存器单元的符号宏替代,是直接寻址。例如:

```
MOV A,P0
```

其功能是把P0口的内容送给累加器A。P0是特殊功能寄存器P0口的符号地址,该指令在翻译成机器码时,P0就转换成直接地址80H。

2.2.4 寄存器间接寻址

寄存器间接寻址是指数据存放在存储器单元中,而存储单元的地址存放在寄存器中,在指令中通过提供存放存储器单元地址的寄存器来使用对应的存储单元。形式为"@寄存器名"。例如:

```
MOV A,@R1
```

该指令的功能是将以工作寄存器R1中的内容为地址的片内RAM单元的数据传送到累加器A中去,即为C语言中的指针操作。指令的源操作数是寄存器间接寻址。若R1中的内容为80H,片内RAM 80H地址单元的内容为20H,则执行该指令后,累加器A的内容为20H。寄存器间接寻址的示意图如图2.1所示。

51单片机中,寄存器间接寻址用到的寄存器只能是通用寄存器R0、R1和数据指针寄存器DPTR,它能访问的数据是片内数据存储器和片外数据存储器。其中,片内数据存储器只能用 R0 或 R1 做间接访问,片外数据存储器还可以用 4 位十六进制地址以 DPTR 做指针间接访问,且片外高端(超过低 256 字节范围)的字节单元只能以 DPTR 做指针访问。片内 RAM 访问用 MOV 指令,片外访问用 MOVX 指令。

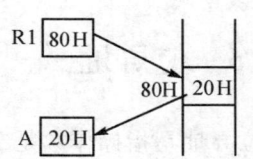

需要特别指出的是,虽然现在有很多单片机把片外 RAM 集成到芯片内部,但在指令上仍要作为外部 RAM 寻址。

图 2.1 寄存器间接寻址的示意图

2.2.5 变址寻址

变址寻址是指操作数据由基址寄存器的地址加上变址寄存器的地址得到。在 51 单片机系统中,它是以数据指针寄存器 DPTR 或程序计数器 PC 为基址,累加器 A 为变址,两者相加得到存储单元地址,所访问的存储器为程序储存器。这种寻址方式通常用于访问程序存储器中的表格型数据,表首单元的地址为基址,访问的单元相对于表首的位移量为变址,两者相加得到访问单元地址。变址寻址指令共 3 条,如下:

```
JMP    @A+DPTR
MOVC   A,@A+PC
MOVC   A,@A+DPTR
```

以"MOVC A,@A+DPTR"为例说明变址寻址的运用。该指令是将数据指针寄存器 DPTR 的内容和累加器 A 中的内容相加作为程序存储器的地址,从对应的单元中取出内容送到累加器 A 中。指令中源操作数的寻址方式为变址寻址,设指令执行前数据指针寄存器 DPTR 的值为 2000H,累加器 A 的值为 09H,程序存储器 2009H 单元的内容为 30H,则指令执行后,累加器 A 中的内容为 30H。变址寻址示意图如图 2.2 所示。

变址寻址可以用数据指针寄存器 DPTR 作基址,也可以用程序计数器 PC 作基址。当使用程序计数器 PC 时,由于 PC 用于控制程序的执行,在程序执行过程中用户不能随意改变,它始终是指向下一条指令的首地址,因而就不能直接把基址放在 PC 中。基址如何得到呢?基址值可以通过当前的 PC 值加上一个相对于表首位置的差值得到。这个差值不能加到 PC 中,可以通过加到累加器 A 中实现。这样同样可以得到对应单元的地址。

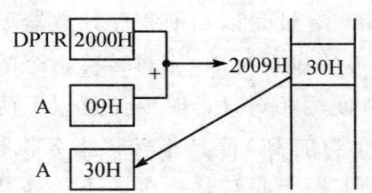

图 2.2 变址寻址示意图

2.2.6 位寻址

位寻址是指操作数是二进制位的寻址方式。在51单片机中有一个独立的位处理器,有多条位处理指令,能够进行各种位运算。在51单片机系统中,位处理的操作对象是各种可寻址位。对它们的访问是通过提供相应的位地址来处理。

在51单片机系统中,位寻址的表示可以用以下几种方式:

① 直接位寻址(00H~0FFH)。例如:20H。
② 字节地址带位号。例如:20H.3 表示 20H 单元的 3 位。
③ 特殊功能寄存器名带位号。例如:P0.1 表示 P0 的 1 位。
④ 位符号地址。例如:TR0 是定时/计数器 T0 的启动位。

2.2.7 指令寻址

指令寻址用在控制转移指令中,它的功能是得到转移的目的位置的地址。因此操作数用于提供目的位置的地址。在51单片机系统中,目的位置的地址提供可以通过两种方式,分别对应两种寻址方式。

1. 绝对寻址

绝对寻址是在指令的操作数中直接提供目的位置的地址或地址的一部分。在51单片机系统中,长转移和长调用提供目的位置的16位地址,绝对转移和绝对调用提供目的位置的16位地址的低11位,它们都为绝对寻址。

2. 相对寻址

相对寻址是以当前程序计数器 PC 值加上指令中给出的偏移量 rel 得到目的位置的地址。在51单片机系统中,相对转移指令的操作数属于相对寻址。

在使用相对寻址时要注意以下两点:

① 当前 PC 值是指转移指令执行时的 PC 值,它等于转移指令的地址加上转移指令的字节数。实际上是转移指令的下一条指令的地址。例如:若转移指令的地址为 2010H,转移指令的长度为 2 字节,则转移指令执行时的 PC 值为 2012H。

② 偏移量 rel 是 8 位有符号数,以补码表示,它的取值范围为 $-128 \sim +127$,当为负值时向前转移,当为正值时向后转移。

相对寻址的目的地址如下:

$$目的地址 = 当前 PC + 转移指令的字节数 + rel$$

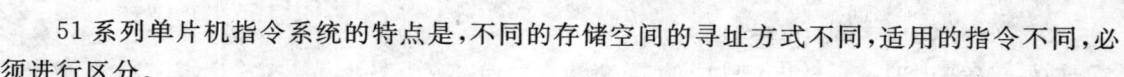

51系列单片机指令系统的特点是,不同的存储空间的寻址方式不同,适用的指令不同,必须进行区分。

2.3 51系列单片机指令系统

一条指令只能完成有限的功能,为使计算机完成一定的或者复杂的功能,需要一系列的指令。一般来说,一台计算机的指令越丰富,寻址方式越多,且每条指令的执行速度越快,则它的总体功能就越强。

指令是汇编程序设计的基础,51单片机共有111条指令,这111条指令共有7种寻址方式,包括数据传送类指令、算术运算类指令、逻辑运算指令、位操作指令和控制转移类指令。这111条指令的具体功能在后面的课程中将会逐条地分析。

2.3.1 数据传送指令

数据传送指令有29条,是指令系统中数量最多,使用也最频繁的一类指令。这类指令可分为三组:普通传送指令、数据交换指令和堆栈操作指令。

1. 普通传送指令

普通传送指令以助记符MOV、MOVX和MOVC为基础,分成片内数据存储器传送指令和程序存储器传送指令。

(1) 片内数据存储器传送指令MOV

指令格式:MOV 目的操作数,源操作数

其中:源操作数可以为A,Rn,@Ri,direct,#data;目的操作数可以为A,Rn,@Ri,direct。组合起来共16条,按目的操作数的寻址方法划分为5组。

① 以A为目的的操作数的数据传送指令。

```
MOV  A,Rn              ;A←Rn
MOV  A,direct          ;A←(direct)
MOV  A,@Ri             ;A←(Ri)
MOV  A,#data           ;A←#data
```

② 以Rn为目的的操作数的数据传送指令。

```
MOV  Rn,A              ;Rn←A
MOV  Rn,direct         ;Rn←(direct)
MOV  Rn,#data          ;Rn←#data
```

③ 以直接地址direct为目的操作数的数据传送指令。

```
MOV   direct, A         ;(direct)←A
MOV   direct, Rn        ;(direct)←Rn
MOV   direct,direct     ;(direct)←(direct)
MOV   direct,@Ri        ;(direct)←(Ri)
MOV   direct,#data      ;(direct)←#data
```

④ 以间接地址@Ri为目的操作数的数据传送指令。

```
MOV   @Ri,A             ;(Ri)←A
MOV   @Ri,direct        ;(Ri)←(direct)
MOV   @Ri,#data         ;(Ri)←#data
```

⑤ 以DPTR为目的操作数的数据传送指令。

```
MOV   DPTR,#data16      ;DPTR←#data16
```

注意：51单片机指令系统中，源操作数和目的操作数不可同为Rn与Rn、@Ri与@Ri以及Rn与@Ri。如不允许有"MOV Rn，Rn"，"MOV @Ri，Rn"这样的指令。

(2) 片外数据存储器传送指令

```
MOVX  A, @DPTR          ;A←(DPTR)
MOVX  @DPTR, A          ;(DPTR)←A
MOVX  A, @Ri            ;A←(Ri)
MOVX  @Ri, A            ;(Ri)←A
```

其中前两条指令通过DPTR间接寻址，可以对整个64 KB片外数据存储器访问；后两条指令通过"@Ri"间接寻址，只能对片外数据存储器的低端的256 B访问，访问时将低8位地址放于Ri中。

片外RAM访问具有4个特点：
① 采用MOVX指令，而非MOV指令；
② 必须通过A；
③ 访问时只能通过"@Ri"和"@DPTR"以间接寻址的方式进行；
④ 通过"@Ri"寻址片外RAM，不影响P2口的状态，P2口不作为地址总线。

(3) 程序存储器传送指令 MOVC

程序存储器传送指令只有两条：一条是用DPTR基址变址寻址，另一条是用PC基址变址寻址。

```
MOVC  A, @A+DPTR        ;A←(A+DPTR)
MOVC  A, @A+PC          ;A←(A+PC)
```

这两条指令通常用于访问表格数据，因此也称为查表指令。

在第一条指令中，用DPTR为基址寄存器来查表。处理时，数据放在表格中。指令执行前,DPTR 存放表首地址,累加器 A 中存放要查的元素相对表首的位移量。指令执行后对应表格元素的值就取出放于累加器 A 中。

在第二条指令中,用 PC 为基址寄存器来查表。由于程序计数器 PC 在程序处理过程中始终指向下一条指令,用户无法改变。处理时,表首的地址只有通过 PC 值加一个差值来得到,这个差值为 PC 相对于表首的位移量。在具体处理时,将这个差值加到累加器 A 中,在指令执行前,累加器 A 中的值就是表格元素相对于表首的位移量与当前程序计数器 PC 相对于表首的差值之和。指令执行后累加器 A 中的内容就是表格元素的值。

例如:查表指令"MOVC A,@A+PC"所在地址为 2000H,表格的起始单元地址为 2035H,表格的第 4 个元素(位移量为 03H)的内容为 45H,则查表指令的处理过程如下。

```
MOV    A,#03H      ;表格元素相对于表首的位移量送累加器 A
ADD    A,#34H      ;当前程序计数器 PC 相对表首的差值加到累加器 A 中
MOVC   A,@A+PC     ;查表,查得第 4 个元素的内容为 45H 送累加器 A
```

注意:查表指令的长度为 1 字节,当前程序计数器 PC 的值应为查表指令的地址加 1。因为 PC 指向的是当前正在执行指令的下一条指令的首地址。

例 写出完成下列功能的程序段。

① 将 R0 的内容送 R6 中。

```
MOV    A,R0
MOV    R6,A
```

② 将片内 RAM 30H 单元的内容送片外 60H 单元中。

```
MOV    A,30H
MOV    R0,#60H
MOVX   @R0,A
```

③ 将片外 RAM 1000H 单元的内容送片内 20H 单元中。

```
MOV    DPTR,#2000H
MOVX   A,@DPTR
MOV    20H,A
```

④ 将 ROM 的 2000H 单元的内容送片内 RAM 的 30H 单元中。

```
MOV    A,#0
MOV    DPTR,#1000H
MOVC   A,@A+DPTR
MOV    30H,A
```

总结:MOV、MOVX 和 MOVC 的区别。

① MOV 用于寻址片内数据存储器(RAM)；
② MOVX 用于寻址外部数据存储器或设备；
③ MOVC 用于寻址程序存储器,片内片外由$\overline{EA}$引脚决定。

2. 数据交换指令

普通传送指令实现将源操作数的数据传送到目的操作数,指令执行后源操作数不变,数据传送是单向的。数据交换指令数据双向传送,传送后,前一个操作数原来的内容传送到后一个操作数中,后一个操作数原来的内容传送到前一个操作数中。

数据交换指令要求第一个操作数必须为累加器 A,包括字节交换、半字节交换和自交换共有 5 条指令。

```
XCH    A,Rn        ;A<=>Rn
XCH    A,direct    ;A<=>(direct)
XCH    A,@Ri       ;A<=>(Ri)
XCHD   A,@Ri       ;A0~3<=>(Ri)0~3
SWAP   A           ;A0~3<=>A4~7
```

例 若 R0 的内容为 30H,片内 RAM 30H 单元的内容为 23H,累加器 A 的内容为 45H,则执行"XCH A,@R0"指令后片内 RAM 30H 单元的内容为 45H,累加器 A 中的内容为 23H。若执行"SWAP A"指令,则累加器 A 的内容为 54H。

例 将 R0 的内容和 R1 的内容互相交换。

```
MOV    A,R0
XCH    A,R1
MOV    R0,A
```

3. 堆栈操作指令

堆栈是在片内 RAM 中按"先进后出,后进先出"原则设置的专用存储区,即堆栈向上增长。数据的进栈和出栈由指针 SP 统一管理。在 51 单片机系统中,堆栈操作指令有两条：

```
PUSH   direct      ;SP←(SP+1),(SP)←(direct)
POP    direct      ;(direct)←(SP),(SP)←(SP-1)
```

其中 PUSH 指令入栈,POP 指令出栈。操作时以字节为单位。入栈时 SP 指针先加 1,再入栈;出栈时内容先出栈,SP 指针再减 1。用堆栈保存数据时,先入栈的内容后出栈;后入栈的内容先出栈。

例 若入栈保存时入栈的顺序为：

```
PUSH   A
PUSH   B
```

则出栈的顺序为：

POP B
POP A

若出栈顺序弄错，则将两个存储单元的数据交换，这是软件编写常见的错误。

51 系列单片机复位后，SP 的值为 07H，按照堆栈向上增长的原则，堆栈区覆盖了高三组寄存器区和可位寻址区。所以，编写汇编软件时，一般首先将 SP 指向高端的用户区。

2.3.2 算术运算指令

51 系列单片机指令系统中算术运算有加、进位加（两数相加后还加上进位位 CY）、借位减（两数相减后还减去借位位 CY）、加 1、减 1、乘、除指令，以及十进制的 BCD 调整指令；逻辑运算有与、或、异或指令。

在 51 系列单片机程序状态字 PSW 寄存器中有 4 个测试标志位：CY（进借位标志位）、P（奇偶校验位）、OV（溢出标志位）、AC（辅助进位位）。算术运算、逻辑运算指令对标志位的影响和 8086 微机有所不同，归纳如下：

① P（奇偶）标志仅对 A 累加器操作的指令有影响，凡是对 A 累加器操作的指令（包括传送指令）都将 A 中"1"的个数的奇偶性反映到 PSW 的 P 标志位上，即 A 累加器中有奇数个"1"则 P=1，有偶数个"1"则 P=0。

② 传送指令，加 1、减 1 指令，逻辑运算指令不影响 CY、OV、AC 标志位。

③ 加、减运算指令影响 P、OV、CY、AC 四个测试标志位；乘、除指令使 CY=0，当乘积大于 255 或除数为 0 时，OV=1。

具体指令对标志位的影响可参阅附录 A。标志位的状态是控制转移指令的条件，因此指令对标志位的影响应该熟记。下面分别介绍 24 条算术运算指令。

1. 加法指令

加法指令有一般的加法指令、带进位的加法指令和加 1 指令。

① 一般的加法指令 ADD。

```
ADD    A, Rn         ;A←A+Rn
ADD    A, direct     ;A←A+(direct)
ADD    A, @Ri        ;A←A+(Ri)
ADD    A, #date      ;A←A+#date
```

② 带进位加法指令 ADDC。

```
ADDC   A, Rn         ;A←A+Rn+C
ADDC   A, direct     ;A←A+(direct)
```

```
ADDC    A,@Ri          ;A←A+(Ri)+C
ADDC    A,#date        ;A←A+#date+C
```

③ 加 1 指令。

```
INC     A              ;A←A+1
INC     Rn             ;Rn←Rn+1
INC     diret          ;(direct)←(direct)+1
INC     @Ri            ;(Ri)←(Ri)+1
INC     DPTR           ;DPTR←DPTR+1
```

其中，ADD 和 ADDC 指令在执行时要影响 CY、AC、OV 和 P 标志位；而 INC 指令除了"INC A"要影响 P 标志位外，对其他标志位都没有影响。

在 51 单片机中，常用 ADD 和 ADDC 配合使用，实现多字节加法运算。

例 试把存放在 R1、R2 和 R3、R4 中的两个 16 位数相加，结果存于 R5、R6 中。

处理时，R2 和 R4 用一般的加法指令 ADD，结果存放于 R6 中，R1 和 R3 用带进位的加法指令 ADDC，结果存放于 R5 中，程序如下：

```
MOV     A,R2
ADD     A,R4
MOV     R6,A
MOV     A,R1
ADDC    A,R3
MOV     R5,A
```

2. 减法指令

减法指令有带借位减法指令和减 1 指令。

① 带借位减法指令 SUBB。

```
SUBB    A,Rn           ;A←A-Rn-C
SUBB    A,direct       ;A←A-(direct)-C
SUBB    A,@Ri          ;A←A-(Ri)-C
SUBB    A,#date        ;A←A-#date-C
```

② 减法指令 DEC。

```
DEC     A              ;A←A-1
DEC     Rn             ;Rn←Rn-1
DEC     direct         ;direct←(direct)-1
DET     @Ri            ;(Ri)←(Ri)-1
```

在 51 单片机中，只提供了一种带借位的减法指令，没有提供一般的减法指令。一般的减法操作可以通过先对 CY 标志清 0，然后再执行带借位的减法来实现。其中，SUBB 指令在执行时要影响 CY、AC、OV 和 P 标志位;而 DEC 指令除了"DEC　A"要影响 P 标志位外,对其他标志位都没影响。

例　　求 R3←R2－R1。

程序为:

```
MOV   A,R2
CLR   C              ;位操作指令,C先清 0
SUBB  A,R1
MOV   R3,A
```

3. 乘法指令 MUL

在 51 单片机中,乘法指令只有一条:

```
MUL   AB
```

该指令执行时将存放于累加器 A 中的无符号被乘数和存放于 B 寄存器的无符号乘数相乘,积的高字节存放于 B 寄存器中,低字节存放于累加器 A 中。

指令执行后将影响 CY 和 OV 标志,CY 清 0。对于 OV,当积大于 255 时(即 B 中不为 0),OV 为 1;否则,OV 为 0。

4. 除法指令 DIV

在 51 单片机中,除法指令也只有一条:

```
DIV   AB
```

该指令执行时将存放于累加器 A 中的无符号被除数与存放于 B 寄存器中的无符号除数相除,除的结果,商存放于累加器 A 中,余数存放于 B 寄存器中。

指令执行后将影响 CY 和 OV 标志,一般情况 CY 和 OV 都清 0,只有当寄存器中的除数为 0 时,OV 才被置 1。

5. 十进制调整指令

在 51 单片机中,十进制调整指令只有一条:

```
DA    A
```

它只能用在 ADD 或 ADDC 指令后面,用来对两个二位压缩的 BCD 码数通过用 ADD 或 ADDC 指令相加后存放于累加器 A 中的结果进行调整,使之得到正确的十进制结果。通过该指令可实现两位十进制 BCD 码数的加法运算。

它的调整过程为:

① 若累加器 A 的低 4 位为十六进制的 A~F(大于 9)或辅助进位标志 AC 为 1,则累加器

A 中的内容做加 06H 调整；

② 若累加器 A 的高 4 位为十六进制的 A～F(大于 9)或进位标志 CY 为 1,则累加器 A 中的内容做加 60H 调整。

例　在 R3 中数为 67H,在 R2 中数为 85H,用十进制运算,运算的结果放于 R5 中。
程序为：

```
MOV     A,R3          ;A←67H
ADD     A,R2          ;A←67H + 85H = ECH(152)
DA      A             ;A←52H
MOV     R5,A
```

程序中的指令对 ADD 指令运算出来的存放于累加器 A 中的结果进行调整,调整后,累加器 A 中的内容为 52H,CY 为 1,最后放于 R5 中的内容为 52H(十进制数 52)。

2.3.3　逻辑操作指令

逻辑操作指令有 24 条,包括逻辑与指令、或指令、异或指令、累加器清 0、累加器求反以及累加器循环移位指令。

1. 逻辑"与"指令 ANL

```
ANL     A,Rn          ;A←A&Rn
ANL     A,direct      ;A←A&(direct)
ANL     A,@Ri         ;A←A&((Ri))
ANL     A,#data       ;A←A&data
ANL     direct,A      ;(direct)←(direct)&A
ANL     direct,#data  ;(direct)←(direct)&data
```

2. 逻辑"或"指令 ORL

```
ORL     A,Rn          ;A←A|Rn
ORL     A,Rn          ;A←A|(direct)
ORL     A,@Ri         ;A←A|((Ri))
ORL     A,#data       ;A←A|data
ORL     direct,A      ;(direct)←(direct)|data
ORL     direct,#data  ;(direct)←(direct)|data
```

3. 逻辑"异或"指令 XRL

```
XRL     A,Rn          ;A←A^Rn
```

```
XRL    A,direct        ;A←A^(direct)
XRL    A,@Ri           ;A←A^((Ri))
XRL    A,#data         ;A←A^data
XRL    direct,A        ;(direct)←(direct)^data
XRL    direct,#data    ;(direct)←(direct)^data
```

逻辑与、逻辑或和逻辑异或指令格式一致。在使用中,逻辑指令具有如下作用:

① "与"运算一般用于位清0和位测试。与1"与"不变,与0"与"清0,位清0,即对指定位清0,其余位不变。51单片机中无位测试指令,详见控制转移指令JZ和JNZ。

② "或"运算一般用于位"置1"操作,与0"或"不变,与1"或"置1,即对指定位置1,其余位不变。

③ "异或"运算用于"非"运算,与0"异或"不变,与1"异或"取反,即用于实现指定位取反,其余位不变。

④ 逻辑"与"、"或"和"异或"指令不影响标志位。

例 写出完成下列功能的指令段。

① 对累加器A中的b1、b3和b5位清0,其余位不变。

```
ANL    A,#11010101B
```

② 对累加器A中b2、b4和b6位置1,其余位不变。

```
ORL A,#01010100B
```

③ 对累加器A中的b0和b1位取反,其余位不变。

```
XRL    A,#00000011B
```

4. A的清0和取反指令

① 清0指令:

```
CLR    A    ;A←0
```

② 求反指令:

```
CPL    A    ;A←/A
```

在51单片机系统中,只能对累加器A中的内容清0和求反,如要对其他的寄存器或存储器单元清0和求反,则需复制到累加器A中进行,运算后再放回原位置;或通过与、或指令实现。

例 写出对R0寄存器内容求反的程序段。

程序为:

```
MOV     A,R0
CPL     A
MOV     R0,A
```

5. 循环移位指令

51单片机系统有4条对累加器A的循环移位指令,前两条只在累加器A中进行循环移位,后两条还要带进位标志CY进行循环移位。每一次移一位,4条移位指令分别如下,51单片机的循环移位指令示意图如图2.3所示。

① 累加器A循环左移。

```
RL    A
```

② 累加器A循环右移

```
RR    A
```

③ 带进位C的循环左移

```
RLC   A
```

④ 带进位C的循环右移

```
RRC   A
```

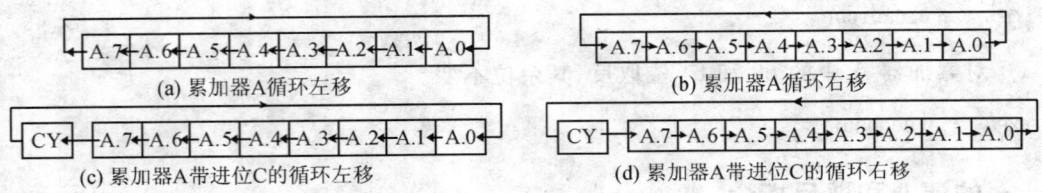

图 2.3　51 单片机的循环移位指令示意图

例 若累加器A中的内容为10001011B,CY=0,则执行"RLC　A"指令后累加器A中的内容为00010110B,CY=1。

移位指令通常用于位测试、位统计、串行通信、乘以2(左移1位)和除以2(右移1位)等操作。

2.3.4　位操作指令

在51单片机中,除了有一个8位的运算器A外,还有一个位运算器C(实际位进位标志CY),可以进行位处理,这对于控制系统很重要。在51单片机系统中,有17条位处理指令,可以实现位传送、位逻辑运算和位控制转移等操作。其中 5 条位控制转移指令将在 2.3.5 小节讲述。

1. 位传送指令

位传送指令有两条，用于实现运算器 C 与一般位之间的相互传送。

```
MOV    C,bit       ;C←(bit)
MOV    bit,C       ;(bit)←C
```

指令在使用时必须有位运算器参与，不能直接实现两位之间的传送。如果进行两位之间的传送，可以通过位运算器 C 来实现传送。

位传送指令的操作码也为 MOV，对于 MOV 指令是否为位传送指令，要看指令中是否有位累加器 C，有则为位传送指令，否则为字节传送或字传送(MOV DPTR,♯1234H)指令。

例 把片内 RAM 中位寻址区的 20H 位的内容传送到 30H 位。

程序如下：

```
MOV    C,20H
MOV    30H,C
```

2. 位逻辑操作指令

位逻辑操作指令包括位清 0、置 1、取反、位与和位或，共 10 位指令。

① 位清 0。

```
CLR    C           ;C←0
CLR    bit         ;(bit)←0
```

② 位置 1。

```
SETB   C           ;C←1
SETB   bit         ;(bit)←1
```

③ 位取反。

```
CPL    C           ;C←
CPL    bit         ;(bit)←(bit)
```

④ 位与。

```
ANL    C,bit       ;C←C&(bit)
ANL    C,/bit      ;C←C&(/bit)
```

⑤ 位或。

```
ORL    C,bit       ;C←C|(bit)
```

```
ORL     C,/bit          ;C←C|(/bit)
```

注意：其中的"ANL C,/bit"和"ORL C,/bit"指令中的bit位内容并没有取反改变,只是用其取反值进行运算。

利用位或逻辑运算指令可以实现各种各样的逻辑功能。

例 利用位逻辑运算指令编程实现图2.4硬件逻辑电路的功能。

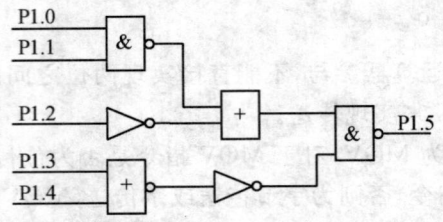

图2.4 硬件逻辑电路示例

程序如下：

```
MOV     C,P1.0
ANL     C,P1.1
CPL     C
ORL     C,/P1.2
MOV     0F0H,C
MOV     C,P1.3
ORL     C,P1.4
ANL     C,0F0H
CPL     C
MOV     P1.5,C
```

2.3.5 控制转移指令

控制转移指令通常用于实现循环结构和分支结构。共有17条,包括无条件转移指令、条件转移指令、子程序调用及返回指令。

1. 无条件转移指令

无条件转移指令是指当执行该指令后,程序将无条件地转移到指令指定的地方去。无条件转移指令包括长转移指令、绝对转移指令、相对转移指令和间接转移指令。

(1) 长转移指令 LJMP

指令格式：

```
LJMP    addr16          ;PC←addr16
```

指令后面带目的位置16位地址,执行时直接将该16位地址送给程序指针PC,程序无条件地转到16位目标地址指明的位置。指令中只提供16位目标地址,所以可以转移到64 KB程序储存器的任意位置,故得名"长转移"。该指令不影响标志位,使用方便。缺点是:执行时间长,字节数多。

(2) 绝对转移指令

指令格式:

```
AJMP    addr11          ;PC←addr11
```

AJMP指令后带的是目的位置的低11位地址,执行时先将程序指针PC的值加2(该指令长度为2字节),然后把指令中的11位地址addr11送给程序指针PC的低11位,而程序指针的高5位不变,执行后转移到PC指针指向的新位置。

由于11位地址addr11的范围是00000000000~11111111111,即2 KB范围,而目的地址的高5位不变,所以程序转移的位置只能是和当前PC位置(AJMP指令地址加2)在同一2 KB范围内。转移可以向前也可以向后,指令执行后不影响状态标志位。

例 若AJMP指令地址为3000H,AJMP后面带的11位地址addr11为123H,则执行指令"AJMP addr11"后转移的目的位置是多少?

AJMP指令的PC值加2=3000H+2=3002H=0011000000000010B

指令中的PC的addr11=123H=00100100011B

转移的目的地址为0011000100100101B=3125H

(3) 相对转移指令

指令格式:

```
SJMP    rel             ;PC←PC+2+rel
```

SJMP指令后面的操作数rel是8位带符号补码数,执行时,先将程序指针PC的值加2(该指令长度为2字节),然后再将程序指针PC的值与指令中的位置量rel相加得到转移的目的地址,即

转移的目的地址=SJMP指令所在地址+2+rel

因为8位补码的取值范围为-128~+127,所以该指令中的位移范围是相对PC当前值向前128字节,向后127字节。

例 在2100H单元有SJMP指令,若rel=5AH(正数),则转移的目的地址为215CH(向后转);若rel=F0H(负数),则转移的目的地址为20F2H(向前转)。

用汇编语言编程时,指令中的相对地址rel往往用目的位置的标号(符号地址)表示。机器汇编时,能自动算出相对地址;但手工汇编时需自己计算相对地址rel。rel的计算方法

如下：

$$rel = 目的地址 - (SJMP 指令地址 + 2)$$

若目的地址等于 2013H，SJMP 指令的地址为 2000H，则相对地址 rel 为 11H。

当然，现在早都不用手工汇编了。

注意：在单片机程序设计中，通常用到一条 SJMP 指令。

```
SJMP    $
```

该指令的功能是在自己本身上循环，进入等待状态。其中符号 $ 表示转移到本身，它的机器码为 80FH。在程序设计中，程序的最后一条指令通常用它，使程序不再向后执行以避免执行后面的内容而出错。凡是跳转到自身的语句均可以使用类似写法。

(4) 间接转移指令

指令格式：

```
JMP    @A+DPTR   ;PC←A+DPTR
```

它是 51 单片机系统中唯一一条间接转移指令，转移的目的地址是由数据指针寄存器 DPTR 的内容与累加器 A 中的内容相加得到。指令执行后不会改变 DPTR 及 A 中原来的内容。数据指针寄存器 DPTR 的内容一般为基址，累加器 A 的内容为相对偏移量，在 64 KB 范围内无条件转移。

该指令的特点是转移地址可以在程序运行中加以改变。DPTR 一般为确定值，根据累加器 A 的值来实现转移到不同的分支。在使用时往往与一个转移指令表一起来实现多分支转移。

例 下面的程序能根据累加器 A 的值 0、2、4、6 转移到相应的分支去执行。

```
        MOV     DPTR,#TABLE     ;表首地址送 DPTR
        JMP     @A+DPTR         ;根据 A 值转移
TABLE:  AJMP    TAB0            ;当(A)=0 时转 TAB0 执行
        AJMP    TAB2            ;当(A)=2 时转 TAB2 执行
        AJMP    TAB4            ;当(A)=4 时转 TAB4 执行
        AJMP    TAB6            ;当(A)=6 时转 TAB6 执行
```

2、条件转移指令

条件转移指令是指当条件满足时，程序转移到指定位置；条件不满足时，程序将继续顺序执行。在 51 单片机系统中，条件转移指令有 4 种：累加器 A 判零条件转移指令、比较转移指令、减 1 不为零转移指令和位控制转移指令。

转移的目的地址在以下一条指令的起始地址为中心的 256 字节范围内（-128～127）。当条件满足时，把 PC 的值加到下一条指令的第一个字节地址，再把有符号的相对偏移量 rel 加到 PC 上,计算出转移地址。

(1) 累加器 A 判零条件转移指令

判 0 指令:

  JZ rel ;若 A＝0,则 PC←PC＋2＋rel,否则,PC←PC＋2

判非 0 指令:

  JNZ rel ;若 A≠0,则 PC←PC＋2＋rel,否则,PC←PC＋2

例 把片外 RAM 的 30H 单元开始的数据块传送到片内 RAM 的 40H 开始的位置,直到出现 0 为止。

片内、片外数据传送以累加器 A 过渡。每次传送一字节,通过循环处理,直到处理到传送的内容为 0 结束。

程序如下:

```
        MOV    R0,#30H
        MOV    R1,#40H
LOOP:   MOVX   A,@R0
        MOV    @R1,A
        INC    R1
        INC    R0
        JNZ    LOOP
```

例 利用"逻辑与"和"JZ、JNZ"指令实现位测试。由于不能改变测试对象中的内容,所以被测试对象一般不作为目的操作数,而是将 A 作为目的操作数,指向被测试位,同时与运算结果存入 A 便于运用"JZ、JNZ"指令判断被测试位的值。例如,若 30H 地址单元的 b3 位为 0,则 B＝5,否则 B＝8。实现代码如下:

```
        MOV    A,#08H      ;指向 b3 位
        ANL    A,30H       ;"与"测试,注意不能改变 30H 中的内容
        JNZ    N1
        MOV    B,#5
        LJMP   N2
N1:     MOV    B,#8
N2:
```

当然加黑的两句也可以使用后面讲述的位跳转指令"JB ACC.3,N1"。

(2) 比较不相等转移指令 CJNE

比较转移指令用于对两个数作比较,并根据比较情况进行转移,比较转移指令有 4 条。

注意:该指令实质是两个符号数做减法影响标志位用于转移判断,但计算结果不存储到

目的操作数,即两个数只是数值大小比较,而不会改变这两个数。

```
CJNE    A,#date,rel
CJNE    Rn,#date,rel
CJNE    @Ri,#date,rel
CJNE    A,direct,rel
```

若目的操作数＝源操作数,则 PC←PC+3,不转移,继续执行;
若目的操作数＞源操作数,则 C=0,PC←PC+3+rel,转移;
若目的操作数＜源操作数,则 C=1,PC←PC+3+rel,转移。

51 单片机中没有专门的比较指令,该指令除用于是否相等的判断外,还用作比较,如:

```
    CJNE   A,#12H,Ni
Ni:
```

这条指令,无论 A 中的内容是否为 12H,都执行到了其下一行,目的是影响标志位 C,若 A≥12H,则 C=0,否则 C=1。从而根据 C 就可以判断 A 中的数与 12H 的大小关系。这方面的应用详见 2.5.2 小节。

(3) 减 1 不为 0 转移指令 DJNZ

这种指令是先减 1 后判断,若不为 0 则转移。指令有两条:

```
DJNZ   Rn,rel        ;先将 Rn 中的内容减 1,再判断 Rn 中的内容是否等于 0,若不为 0,则转移
DJNZ   direct,rel    ;先将(direct)中的内容减 1,再判断其内容是否为 0,若不为 0,则转移
```

DJNZ 指令与 CY 无关,CY 不发生变化。

在 51 单片机系统中,通常用 DJNZ 指令来构造循环结构,实现重复处理,如图 2.5 所示。

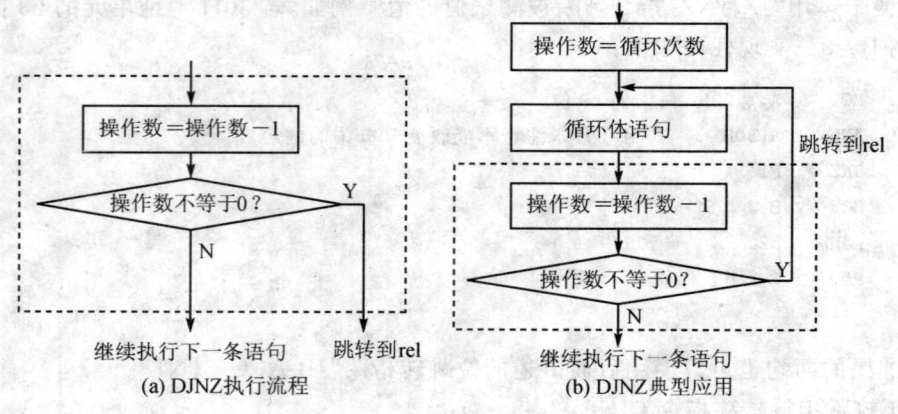

图 2.5 减 1 不为 0 的转移指令(DJNZ)

例 统计片内 RAM 中 30H 单元开始的 20 个数据中 0 的个数,放于 R7 中。

用 R2 做循环变量,最开始置初值为 20;用 R7 做计数器,最开始置初值为 0;用 R0 做指针访问片内 RAM 单元,赋初值为 30H;用 DJNZ 指令对 R2 减 1 转移进行循环控制,在循环体中用指针 R0 依次取出片内 RAM 中的数据,判断如为 0,则 R7 中的内容加 1。

程序:

```
        MOV   R0,#30H
        MOV   R2,#20
        MOV   R7,#0
LOOP:   MOV   A,@R0
        JNZ   NEXT
        INC   R7
NEXT:   INC   R0
        DJNZ  R2,LOOP
```

3. 位控制转移指令

位转移指令共 5 条,以 C 作为判别条件的有两条,以普通位 bit 作为片别条件的有 3 条。

```
JC    rel         ;CY=1 时转移,PC←PC+2+rel,否则程序继续向下执行
JNC   rel         ;CY=0 时转移,PC←PC+2+rel,否则程序继续向下执行
JB    bit,rel     ;(bit)=1 时转移,PC←PC+3+rel,否则程序继续向下执行
JNB   bit,rel     ;(bit)=0 时转移,PC←PC+3+rel,否则程序继续向下执行
JBC   bit,rel     ;(bit)=1 时转移,并清"0"bit 位,PC←PC+3+rel,否则程序继续向下执行
```

利用位转移指令可以进行各种测试。

例 从片外 RAM 中 30H 单元开始有 100 个数据,统计当中正数、0 和负数的个数,分别放于 R5、R6 和 R7 中。

设 R2 为计数器,用 DJNZ 指令对 R2 减 1 转移进行循环控制,在循环体外设置 R0 指针,指向片外 RAM 30H 单元,对 R5、R6 和 R7 清 0,在循环体中用指针 R0 依次取出片外 RAM 中的 100 个数据,然后判断。若大于 0,则 R5 中的内容加 1;若等于 0,则 R6 中的内容加 1;若小于 0,则 R7 中的内容加 1。程序:

```
        MOV    R2,#100
        MOV    R0,#30H
        MOV    R5,#0
        MOV    R6,#0
        MOV    R7,#0
LOOP:   MOVX   A,@R0
        CJNE   A,#0,NEXT1
```

```
                INC     R6
                SJMP    NEXT3
        NEXT1:  CLR     C
                SUBB    A,#0
                JC      NEXT2
                INC     R5
                SJMP    NEXT3
        NEXT2:  INC     R7
        NEXT3:  DJNZ    R2,LOOP
```

4. 子程序调用及返回指令

这类指令有 4 条：两条子程序调用指令，两条返回指令。

(1) 子程序构成与返回指令

子程序返回指令格式：

```
RET
```

执行过程：(PC)$_{15\sim8}$←((SP))
　　　　　(SP)←(SP)−1
　　　　　(PC)$_{7\sim0}$←((SP))
　　　　　(SP)←(SP)−1

执行时将子程序调用指令压入堆栈的地址出栈，第一次出栈的内容是 PC 的高 8 位，第二次出栈的内容是 PC 的低 8 位。执行后，程序转移到新的 PC 位置执行指令。由于子程序调用指令执行时压入的内容是调用指令的下一条指令地址，因而 RET 指令执行后，程序将返回到调用指令的下一条指令执行。

该指令通常放在子程序的最后一条指令位置，用于实现返回到主程序。另外，在 51 单片机程序设计中，也常用 RET 指令来实现程序转移，处理时先将转移位置的地址用两条 PUSH 指令入栈，低字节在前，高字节在后，然后执行 RET 指令，执行后程序转移到相应的位置去执行。

子程序构成如下：

```
        DELAY:              ;子函数名称,注意不能以数字起始
                :           ;子程序任务
                RET
```

(2) 中断返回指令

指令格式：

```
RETI
```

执行过程：$(PC)_{15\sim 8}\leftarrow ((SP))$
$(SP)\leftarrow (SP)-1$
$(PC)_{7\sim 0}\leftarrow ((SP))$
$(SP)\leftarrow (SP)-1$

该指令的执行过程与 RET 基本相同，只是 RETI 在执行后，在转移之前将先清除中段的优先级触发器。该指令用于中断服务子程序后面，作为中断服务子程序的最后一条指令。它的功能是返回主程序中断断点的位置，继续执行断点位置后面的指令。

在51单片机程序中，中断都是硬件中断，没有软件中断调用指令。硬件中断时，由一条长转移指令使程序转移到中断服务程序的入口位置，在转移之前，由硬件将当前的断点地址压入堆栈保存，以便于以后通过中断返回到断点位置后继续执行。

(3) 长调用指令

指令格式：

LCALL　addr16

执行过程：$(PC)\leftarrow (PC)+3$
$(SP)\leftarrow (SP)+1$
$(SP)\leftarrow (PC)_{7\sim 0}$
$(SP)\leftarrow (SP)+1$
$(SP)\leftarrow (PC)_{15\sim 8}$
$(PC)\leftarrow addr16$

该指令执行时，先将当前的 PC 值（指令的 PC 加指令的字节数 3）压入堆栈保存，入栈时先低字节，后高字节。然后转移到指令中 addr16 所指定的地方执行。由于后面带16位地址，因而可以转移到程序存储空间的任一位置。

(4) 绝对调用指令

指令格式：

ACALL　addr11

执行过程：$(PC)\leftarrow (PC)+2$
$(SP)\leftarrow (SP)+1$
$(SP)\leftarrow (PC)_{7\sim 0}$
$(SP)\leftarrow (SP)+1$
$(SP)\leftarrow (PC)_{15\sim 8}$
$(PC)_{10\sim 0}\leftarrow addr11$

该指令执行过程与 LCALL 指令类似，只是该指令与 AJMP 一样只能实现在 2 KB 范围内的转移，指令的结果是将指令中的11位地址 addr11 送给 PC 指针的低11位。

对于 LCALL 和 ACALL 两条子程序调用指令,在汇编程序中,指令后面通常带转移位置的标号。用 ACALL 指令调用,转移位置与 ACALL 指令的下一条指令必须在同一个 2 KB 范围内,即它们的高 5 位地址相同。

5. 空操作指令

```
NOP          ;PC← PC + 1
```

这是一条单字节指令,执行时,不做任何操作(即空操作),仅将程序计数器 PC 的内容加 1,使 CPU 指向下一条指令继续执行程序。它要占用一个机器周期,常用来产生时间延迟,构造延时程序。

2.4 51 系列单片机汇编程序常用的伪指令

前面介绍了 51 单片机汇编语言指令系统。在用 51 单片机设计应用系统时,可通过汇编指令来编写程序,用汇编指令编写的程序称为汇编语言源程序。汇编语言源程序必须翻译成机器代码才能运行,翻译的过程称为汇编。翻译通常由计算机通过汇编程序来完成,称为机器汇编;若人工查表翻译则称为手工汇编。在翻译的过程中,需要汇编语言源程序向汇编程序提供相应的编译信息,告诉汇编程序如何汇编,这些信息是通过在汇编语言源程序中加入相应的伪指令来实现的。

伪指令是放在汇编语言源程序中用于指示汇编程序如何对源程序进行汇编的指令。它不同于指令系统中的指令。指令系统中的指令在汇编程序汇编时能够产生相应的指令代码,而伪指令在汇编程序汇编时不会产生代码,只是对汇编过程进行相应的控制和说明。

伪指令通常在汇编语言源程序中用于定义数据、分配存储空间、控制程序的输入/输出等。51 单片机汇编语言程序相对于一般的微型计算机汇编语言源程序结构简单,伪指令数目少。常用的伪指令只有以下几条。

1. ORG 伪指令

格式:ORG　地址(十六进制表示)

这条伪指令放在一段源程序或数据的前面,汇编时用于指明程序或数据从程序存储空间什么位置开始存放。ORG 伪指令后的地址是程序或数据的起始地址。

例

```
        ORG 1000H
START: MOV  A,#7FH
        ⋮
```

第2章 51系列单片机指令系统与汇编程序设计

指明后面的程序从程序存储器的 1000H 单元开始放。

2. DB 伪指令

格式：[标号:] DB 项或项表

DB 伪指令用于定义字节数据，可以定义一字节，也可以定义多字节。定义多字节时，两两之间用逗号间隔，定义的多字节在存储器中是连续存放的。定义的字节可以是一般常数，也可以是字符串。字符和字符串以引号括起来，字符数据在存储器中以 ASCII 码形式存放。

在定义时前面可以带标号，定义的标号在程序中是起始单元的地址。

例

      ORG 3000H
TAB1: DB 12H,34H
      DB ´5´,´A´,"abc"

汇编后，各个数据在存储单元中的存放情况如图2.6所示。

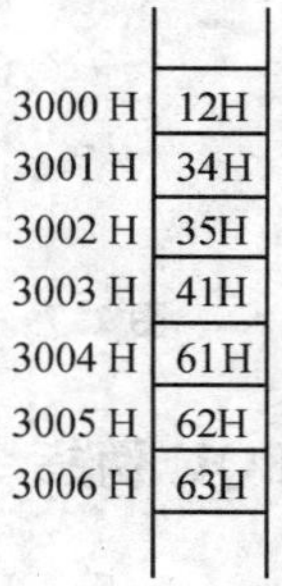

3000H	12H
3001H	34H
3002H	35H
3003H	41H
3004H	61H
3005H	62H
3006H	63H

图 2.6 DB 数据分配图例

3. DW 伪指令

格式：[标号:] DW 项或项表

这条指令与 DB 相似，但用于定义数据。项或项表所定义的一个字在存储器中占两字节。汇编时，机器自动按低字节在前，高字节在后存放，即低字节存放在低地址单元，高字节存放在高地址单元。

例

      ORG 3000H
TAB1: DW 1234H,5678H

汇编后，各个数据在存储单元中的存放情况如图2.7所示。

4. DS 伪指令

格式：[标号:] DS 数值表达式

该伪指令用于在存储器中保留一定数量的字节单元。保留存储空间主要为以后存放数据。保留的字节单元数由表达式的值决定。

例

      ORG 3000H

```
TAB1:    DB    12H,34H
         DS    4H
         DB    '5'
```

汇编后,存储单元中的分配情况如图 2.8 所示。

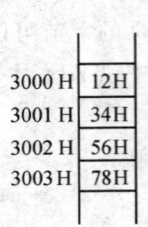

图 2.7 DW 数据分配图例

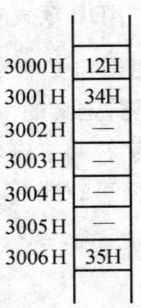

图 2.8 DS 数据分配图例

5. EQU 伪指令

格式:符号   EQU   项

该伪指令的功能是宏替代,是将指令中的项的值赋予 EQU 前面的符号。项可以是常数、地址标号或表达式。以后可通过使用该符号使用相应的项。

例

```
TAB1 EQU 1000H
TAB2 EQU 2000H
```

汇编后 TAB1、TAB2 分别等于 1000H、2000H。程序后面使用 1000H、2000H 的地方就可以用符号 TAB1、TAB2 替换。

用 EUQ 伪指令对某标号赋值后,该符号的值在整个程序中不能再改变。

利用 EQU 伪指令可以很好地增强软件的可读性,如:

```
LED     EQU   P1.0
SETB    LED
```

很明显,在 P1.0 口有一个 LED 发光二极管,并将其点亮。

6. bit 伪指令

格式:符号   bit   位地址

该伪指令用于给位地址赋予符号,经赋值后可用该符号代替 bit 后面的位地址。

例

```
PLG   bit   F0
AI    bit   P1.0
```

定义后,在程序中位地址 F0、P1.0 就可通过 PLG 和 AI 来使用。

7. END 伪指令

格式:END

该指令放于程序最后位置,用于指明汇编语言源程序的结束位置。当汇编程序汇编到 END 伪指令时,汇编结束。END 后面的指令,汇编程序都不予处理。一个源程序只能有一个 END 命令,否则就有一部分指令不能被汇编。

2.5　51 系列单片机汇编程序设计

2.5.1　延时程序设计

延时程序广泛应用于单片机应用系统。延时程序与 51 单片机执行指令的时间有关,如果使用 12 MHz 晶振,一个机器周期为 1 μs,计算出执行一条指令乃至一个循环所需要的时间,给出相应的循环次数,便能达到延时的目的。1 s 延时程序如下:

```
DEL:    MOV    R5,#20        ;1 μs
DEL0:   MOV    R6,#200       ;1 μs
DEL1:   MOV    R7,#124       ;1 μs
        NOP                  ;1 μs
DEL2:   DJNZ   R7,DEL2       ;DJNZ R7,$    124×2 μs
        DJNZ   R6,DEL1       ;(125×2)×200+2
        DJNZ   R5,DEL0       ;((125×2)×200+2)×20+2
        RET                  ;1 μs
```

这个延时程序是一个三重循环程序,利用程序嵌套的方法对时间实行延迟是程序设计中常用的方法。使用多重循环程序时,必须注意以下几点:

① 循环嵌套,必须层次分明,不允许产生内外层循环交叉。

② 外循环可以一层层向内循环进入,结束时由里往外一层层退出。

③ 内循环体可以直接转入外循环体,实现一个循环由多个条件控制的循环结构方式。

2.5.2 数值大小条件判断设计

下面是30H单元与立即数3的大小条件判断跳转应用实例。条件利用C语言形式给出，并假定i变量即为30H单元，如表2.1所列。

表2.1 数值大小条件判断设计实例

C语言形式	汇编形式

if(i>3)
{
}
else
{
}
	MOV　A，#3
	CJNE　A，30H，N1
	N1：JNC　ELSE_
	　　　;此处填写满足条件时的任务
	　　　LJMP　N2
	ELSE_：
	　　　;此处填写不满足条件时的任务
	N2：

if(i<=3)
{
}
else
{
}
	MOV　A，#3
	CJNE　A，30H，N1
	N1：JC　ELSE_
	　　　;此处填写满足条件时的任务
	　　　LJMP　N2
	ELSE_：
	　　　;此处填写不满足条件时的任务
	N2：

if(i<3)
{
}
else
{
}
	MOV　A，30H
	CJNE　A，#3，N1
	N1：JNC　ELSE_
	　　　;此处填写满足条件时的任务
	　　　LJMP　N2
	ELSE_：
	　　　;此处填写不满足条件时的任务
	N2：

if(i>=3)
{
}
else
{
}
	MOV　A，30H
	CJNE　A，#3，N1
	N1：JC　ELSE_
	　　　;此处填写满足条件时的任务
	　　　LJMP　N2
	ELSE_：
	　　　;此处填写不满足条件时的任务
	N2：

续表 2.1

C语言形式	汇编形式

if(i = 3)
{
}
else
{
}
	MOV　A, 30H
	CJNE　A, #3, ELSE_
	;此处填写满足条件时的任务
	LJMP　N2
	ELSE_:
	;此处填写不满足条件时的任务
	N2:

if(i! = 3)
{
}
else
{
}
	MOV　A, 30H
	CJNE　A, #3, IF_
	;此处填写不满足条件时的任务
	LJMP　N2
	IF_:
	;此处填写满足条件时的任务
	N2:

2.5.3 数学运算程序

51系列单片机指令系统,只提供了单字节和无符号数的加、减、乘、除指令,而在实际程序设计中经常要用到有符号数及多字节数的加、减、乘、除运算。这里,只列举几个典型例子,来说明组织这类程序的设计方法。

为了使编写的程序具有通用性、实用性,下述运算程序均以子程序形式编写。

例 多字节无符号数加法。

设从片内 RAM 30H 单元和 40H 单元有两个 4 字节数,把它们相加,结果放于 30H 单元开始的位置处(设结果不溢出)。

用 R0 做指针指向 30H 单元,用 R1 做指针指向 40H 单元,用 R2 为循环变量,初值为 4,在循环体中用 ADDC 指令把 R0 指针指向的单元与 R1 指针指向的单元相加,结果放回 R0 指向的单元,改变 R0、R1 指针指向下一个单元,循环 4 次。在第一次循环前应先将 CY 清 0。程序如下:

```
        MOV    R0,#30H
        MOV    R1,#40H
        MOV    R2,#4
        CLR    C
LOOP:   MOV    A,@R0
        ADDC   A,@R1
        MOV    @R0,A
```

```
        INC   R0
        INC   R1
        DJNZ  R2,LOOP
        END
```

例 多字节数减法。

设在片内 RAM 自 30H 单元和 40H 单元有两个 4 字节数,把它们相减,结果放于 30H 单元开始的位置处(设结果不溢出)。

处理过程与多字节加法过程相同,用 R0 做指针指向 30H 单元,用 R1 做指针指向 40H 单元,用 R2 做循环变量,初值为 4,在循环体中用 SUBB 指令把 R0 指针指向的单元与 R1 指针指向的单元相减,减得的结果放回 R0 指向的单元,改变 R0、R1 指针指向下一个单元,循环 4 次。在第一次循环前应先将 CY 清 0。程序如下:

```
        MOV   R0,#30H
        MOV   R1,#40H
        MOV   R2,#4
        CLR   C
LOOP:   MOV   A,@R0
        SUBB  A,@R1
        MOV   @R0,A
        INC   R0
        INC   R1
        DJNZ  R2,LOOP
        END
```

例 两个 16 位无符号数乘法程序。

编程说明:由于 51 单片机指令系统中只有单字节乘法指令,因此,双字节相乘只能分解为 4 次单字节相乘。设被乘数为 ab,乘数为 cd,其中 a、b、c、d 都是 8 位数。它们的乘积运算式可列写如图 2.9 所示。

其中,bdH、bdL 等为相应的两个 8 位数的乘积,占 16 位。以 H 为后缀的是积的高 8 位,以 L 为后缀的是积的低 8 位。很显然,两个 16 位数相乘要产生 8 字节的部分积,需由 8 个单元来存放,然后再相加,其和即为所求之积。但这样做占用工作单元太多,一般是利用单字节乘法和加法指令,按上面所列竖式,采用边相乘边相加的方法来进行。

	a	b
×	c	d
	bdH	bdL
adH	adL	
bcH	bcL	
+ acH	acL	

图 2.9 两个 16 位无符号数乘法

本程序的编程思路即上面算式的运算过程。32 位乘积存放在以 R0 内容为首地址的连续 4 个单元内。

第2章　51系列单片机指令系统与汇编程序设计

子程序入口：(R7R6)＝被乘数(ab)，(R5R4)＝乘数(cd)，
　　　　　　(R0)＝存放乘积的起始地址。
子程序出口：(R0)＝乘积的高位字节地址指针。
工作寄存器：R2R3暂存部分积(R2存高8位)，
　　　　　　R1用于暂存中间结果的进位。

程序清单如下：

```
WMUL:   MOV   A,R6       ;取被乘数低8位
        MOV   B,R4       ;取乘数的低8位
        MUL   AB         ;两个低8位相乘
        MOV   @R0,A      ;存低位积bdL
        MOV   R3,B       ;bdH暂存R3中
        MOV   A,R7
        MOV   B,R4
        MUL   AB         ;第2次相乘
        ADD   A,R3       ;bdH+adL
        MOV   R3,A       ;暂存R3中
        MOV   A,B
        ADDC  A,#00H     ;adh+CY
        MOV   R2,A       ;暂存R2中
        MOV   A,R6
        MOV   B,R5
        MUL   AB         ;第3次相乘
        ADD   A,R3       ;bdH+adL+bcL
        INC   R0         ;积指针加1
        MOV   @R0,A      ;存积的第15~8位
        MOV   R1,#0      ;R1清0
        MOV   A,R2
        ADDC  A,B        ;adh+bcL+CY
        MOV   R2,A       ;暂存R2中
        JNC   NEXT       ;无进位则转
        INC   R1         ;有进位R1加1
NEXT:   MOV   A,R7
        MOV   B,R5
        MUL   AB         ;第4次相乘
        ADD   A,R2       ;adh+bcH+acL
        INC   R0         ;指针加1
        MOV   @R0,A      ;存积的第23~16位
        MOV   A,B
```

```
        ADDC    A,R1
        INC     R0
        MOV     @R0,A       ;存积的第 31～24 位
        RET
```

本程序用到的算法很容易推广到更多字节的乘法运算中。

例 两个 16 位无符号数除法程序。

编程说明：51 系列单片机只有单字节无符号数除法指令，对于多字节除法，在单片机中一般都采用移位相减法。

移位相减法：先设立一个与被除数等长的余数单元（先清 0），并设一个计数器存放被除数的位数，如图 2.10 所示。将被除数与余数单元一起左移一位，然后将余数单元与除数相减，够减，商取 1，并将所得差作为余数送入余数单元；不够减，商取 0；被除数与余数再一起左移 1 位，再一次将余数单元与除数相减，……，重复到被除数各位均移入余数单元为止。

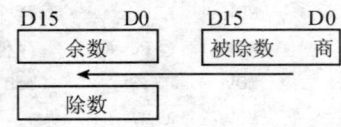

图 2.10　两个 16 位无符号数除法

被除数每左移一位，低位就空出一位，故可用来存放商。因此，实际上是余数、被除数和商三者一起进行移位。

需要特别注意的是，在进行除法运算之前，可先对除数和被除数进行判别，若除数为 0，则商溢出；若除数不为 0，而被除数为 0，则商为 0。

子程序的入口：(R7R6)=被除数，(R5R4)=除数。

子程序的出口：(R7R6)=商，   PSW.5=F0，除数为 0 标志。

工作寄存器：R3R2 作为余数寄存器，R1 作为移位计数器，R0 作为低 8 位的差值暂存寄存器。

程序如下：

```
WDIV:   MOV     A,R5
        JNZ     START       ;除数不为 0 则跳转
        MOV     A,R4
        JZ      OVER        ;除数为 0 则跳转
START:  MOV     A,R7
        JNZ     START1      ;被除数不为 0 则跳转
        MOV     A,R6
        JNZ     START1
        RET                 ;被除数为 0 则结束
START1: CLR     A
        MOV     R2,A        ;余数寄存器清 0
```

```
        MOV    R3,A
        MOV    R1,#16      ;R1 置入移位次数
DIV1:   CLR    C           ;CY 清 0,准备左移
        MOV    A,R6        ;先从 R6 开始左移
        RLC    A           ;R6 循环左移一位
        MOV    R6,A        ;送回 R6
        MOV    A,R7        ;再处理 R7
        RLC    A           ;R7 循环左移一位
        MOV    R7,A        ;送回 R7
        MOV    A,R2        ;余数寄存器左移
        RLC    A           ;R2 左移一位
        MOV    R2,A        ;送回 R2
        MOV    A,R3        ;余数寄存器
        RLC    A           ;左移一位
        MOV    R3,A        ;左移一位结束
        MOV    A,R2        ;开始余数减除数
        SUBB   A,R4        ;低 8 位先减
        MOV    R0,A        ;暂存相减结果
        MOV    A,R3        ;高 8 位相减
        SUBB   A,R5
        JC     NEXT        ;不够减则转移
        INC    R6          ;够减,商加 1
        MOV    R3,A        ;相减所得差送入余数单元
        MOV    A,R0
        MOV    R2,A
NEXT:   DJNZ   R1,DIV1     ;16 位未移完,则继续
DONE:   CLR    F0          ;置除数不为 0 标志
        RET                ;子程序返回
OVER:   SETB   F0          ;置除数为 0 标志
        RET                ;子程序返回
```

2.5.4 数据的拼拆和转换

例 设在 30H 和 31H 单元中各有一个 8 位数据:

$$(30H) = X_7X_6X_5X_4X_3X_2X_1X_0, (31H) = Y_7Y_6Y_5Y_4Y_3Y_2Y_1Y_0$$

现在要从 30H 单元中取出低 5 位,并从 31H 单元中取出低 3 位完成拼装,拼装结果送 40H 单元保存,并且规定:

$$(40H) = Y_2Y_1Y_0X_4X_3X_2X_1X_0$$

利用逻辑指令 ANL、ORL 和 RL 等来完成数据的拼拆。处理过程：将 30H 单元的内容高 3 位屏蔽；31H 单元内容的高 5 位屏蔽，高低 4 位交换，左移一位；然后与 30H 单元的内容相或，拼装后放到 40H 单元。程序如下：

```
MOV    A,30H
ANL    A,#00011111B
MOV    30H,A
MOV    A,31H
ANL    A,#00000111B
SWAP   A
RL     A
ORL    A,30H
MOV    40H,A
```

例 设片内 RAM 的 20H 单元的内容如下：

$$(20H) = X_7 X_6 X_5 X_4 X_3 X_2 X_1 X_0$$

把该单元内容反序后放回 20H 单元，即

$$(20H) = X_0 X_1 X_2 X_3 X_4 X_5 X_6 X_7$$

可以通过先把原内容右移一位，低位移入 CF 中，然后左移一位，CF 中的内容移入，通过 8 次处理即可。由于 8 次过程相同，可以通过循环完成，移位过程中必须通过累加器来处理。设 20H 单示原来的内容先通过 R3 暂存，结果先通过 R4 暂存，R2 用做循环变量。

程序如下：

```
       MOV    R3,20H
       MOV    R4,#0
       MOV    R2,#8
LOOP:  MOV    A,R3
       RRC    A
       MOV    R3,A
       MOV    A,R4
       RLC    A
       MOV    R4,A
       DJNZ   R2,LOOP
       MOV    20H,R4
```

另外，由于片内 RAM 的 20H 单元在位寻址区，这一问题还可以通过位处理方式来实现，这种方法留给读者自己完成。

例 1 位十六进制数转换成 ASCll 码。

1 位十六进制数有 16 个符号 0～9、A、B、C、D、E、F。其中，0～9 的 ASCII 码为 30H～

39H，A～F 的 ASCII 码为 41H～46H。转换时，只要判断十六进制数是在 0～9 之间还是在 A～F 之间：若在 0～9 之间，则加 30H；若在 A～F 之间，则加 37H，即可得到 ASCII 码。

设十六进制数放于 R2 中，转换的结果放于 R2 中。程序如下：

```
       MOV    A,R2
       CLR    C
       SUBB   A,#0AH           ;减去 0AH,判断在 0～9 之间,还是在 A～F 之间
       MOV    A,R2
       JC     ADD30            ;若在 0～9 之间,则直接加 30H
       ADD    A,#07H           ;若在 A～F 之间,则先加 07H,再加 30H
ADD30: ADD    A,#30H
       MOV    R2,A
```

例 1 位十六进制数转换成 8 段式数码管显示码。

1 位十六进制数 0～9、A、B、C、D、E、F 的 8 段式数码管的共阴极显示码为 3FH、06H、5BH、4FH、66H、6DH、7DH、07H、7FH、67H、77H、7CH、39H、5EH、79H 和 71H。由于数与显示码没有规律，不能通过运算得到，只能通过查表方式得到。

设数放在 R2 中，查得的显示码也放于 R2 中，用"MOVC A,@A+DPTR"指令查表。

程序如下：

```
CONVERT: MOV   DPTR,#TAB             ;DPTR 指向表首地址
         MOV   A,R2                  ;转换的数放于 A
         MOVC  A,@A+DPTR             ;查表指令转换
         MOV   R2,A
         RET
TAB:     DB    3FH,06H,5BH,4FH,66H,6DH,7DH,07H
         DB    7FH,67H,77H,7CH,39H,5EH,79H,71H   ;显示码表
```

在这个例子中，编码是一字节，只通过一次查表指令就可实现转换。若编码是两字节，则需要用两次查表指令才能查得编码，第一次取得低位，第二次取得高位。

例 检测 8 路单字节数据，每路的最大允许值在 ROM 表中（单字节），每路采集数值若大于或等于允许值，则对应 P0.x 口高电平报警，路数存在 R2 中（0～7），采集到的数在 30H 中。

```
           MOV    P0,#00H
           MOV    DPTR,#TAB
READ_MAX:  MOV    A,R2
           MOVC   A,@A+DPTR
           CJNE   A,30H,N1
N1:        JNC    N3                  ;正常
           MOV    A,R2
```

```
        JNZ    N2              ;若 R2 不等于 0,则通过移位指令给出 P0.x 高电平
        MOV    P0,#01H         ;若 R2 等于 0,则直接给出 P0.0 高电平
        LJMP   N3
   N2:  MOV    A,#01H
  LOOP: RL     A
        DJNZ   R2,LOOP
        MOV    P0,A
   N3:  RET
   TAB: 23H,45H,22H,45H,22H,45H,22H,66H
```

2.5.5 多分支转移(散转)程序

在单片机中,可以通过控制转移指令很方便地构造两个分支的程序,对于三个分支的程序,也可以通过比较转移指令 CJNE 配合进位位来实现。而对于多个分支的情况,则一般通过多分支转移指令"JMP @A+DPTR"来实现,另外也可以通过"RET"指令来实现。

1. 用多分支转移指令"JMP @A+DPTR"实现的多分支转移程序

例 现有 128 路分支,分支号分别为 0~127,要求根据 R2 中的分支信息转向各个分支的程序,即

(R2)=0,转向 PR0
(R2)=1,转向 PR1
⋮
(R2)=127,转向 PR127

先用无条件转移指令("AJMP"或"LJMP")按顺序构造一个转移指令表,执行转移指令表中的第 n 条指令,就可以转移到第 n 个分支。将转移指令表的首地址装入 DPTR 中,将 R2 中的分支信息装入累加器 A 形成变址值,然后执行多分支转移指令"JMP @A+DPTR"实现转移。程序如下:

```
        MOV    A,R2
        RL     A               ;分支信息乘以 2
        MOV    DPTR,#TAB       ;DPTR 指向转移指令表首地址
        JMP    @A+DPTR         ;转向形成的散转地址
   TAB: AJMP   PR0             ;转移指令表
        AJMP   PR1
        ⋮
        AJMP   PR127
```

在上面的例子中,转移指令表中的转移指令是由 AJMP 指令构成,每条 AJMP 指令长度

为 2 字节,变址值的取得是通过分支信息乘以指令长度 2。

AJMP 指令的转移范围不超出 2 KB 字节空间。如果各分支程序比较长,则在 2 KB 范围内无法全部存放,这时应改用 LJMP 指令构造转移指令表。每条 LJMP 指令长度为 3 字节,变址值应由分支信息乘以 3,而分支信息乘以 3 得到的结果可能超过 1 字节,这时应把超过 1 字节的部分调整到 DPH 中。程序如下:

```
        MOV    DPTR,#TAB        ;DPTR 指向转移指令表首地址
        MOV    A,R2             ;分支信息放累加器 A 中
        MOV    B,#3
        MUL    AB               ;分支信息乘以 3
        XCH    A,B
        ADD    A,DPH            ;高字节调整到 DPH 中
        MOV    DPH,A
        XCH    A,B
        JMP    @A+DPTR          ;转向形成的散转地址
TAB:    LJMP   PR0              ;转移指令表
        LJMP   PR1
        LJMP   PR2
          ⋮
        LJMP   PR127
```

2. 采用 RET 指令实现的多分支程序

用 RET 指令实现多分支程序的方法是:先把各个分支的目的地址按顺序组织成一张地址表,在程序中用分支信息去查表,取得对应分支的目的地址;按先低字节,后高字节的顺序压入堆栈,然后执行 RET 指令,执行后转到对应的目的位置。

例 用 RET 指令实现根据 R2 中的分支信息转到各个分支程序的多分支转移程序。设各分支的目的地址分别为 addr00,addl01,addr02,⋯,addrFF。

程序如下:

```
        MOV    DPTR,#TAB        ;DPTR 指向目的地址表
        MOV    A,R2             ;分支信息存放于累加器 A 中
        INC    A                ;加 1 得到目的地址的低 8 位的变址
        MOVC   A,@A+DPTR        ;取转向地址低 8 位
        PUSH   ACC              ;低 8 位地址入栈
        MOV    A,R2
        MOVC   A,@A+DPTR        ;取转向地址高 8 位
        PUSH   ACC              ;高 8 位地址入栈
        RET                     ;转向目的地址
TAB:    DW     addr00            ;目的地址表
```

```
        DW      addrD01
                ⋮
        DW      addrFF
```

上述程序执行后,将根据 R2 中的分支信息转移到对应的分支程序。

2.5.6 排 序

例 冒泡法排序。设有 N 个数,它们依次存放于 LIST 地址开始的存储区域中,将 N 个数比较大小后,使它们按由小到大(或由大到小)的次序排列,存放在原存储区域中。

编制该程序的方法:依次将相邻两个单元的内容作比较,即第一个数和第二个数比较,第二个数和第三个数比较,……,如果符合从小到大的顺序,则不改变它们在内存中的位置,否则交换它们之间的位置。如此反复比较,直至数列排序完成为止。

由于在比较过程中将小数(或大数)向上冒,因此这种算法称为"冒泡法"或称排序法,它是通过一轮一轮的比较,如下所示:

第一轮经过 $N-1$ 次两两比较后,得到一个最大数。

第二轮经过 $N-2$ 次两两比较后,得到次大数。

⋮

每轮比较后得到本轮最大数(或最小数),该数就不再参加下一轮的两两比较,故进入下一轮时,两两比较次数减 1。为了加快数据排序速度,程序中设置一个标志位,只要在比较过程中两数之间没有发生过交换,就表示数列已按大小顺序排列了,可以结束比较。

设数列首地址为 20H,共 8 个数,从小到大排列,F0 为交换标志。程序如下:

```
        MOV     R6,#8           ;数的个数
        CLR     F0              ;F0 为交换标志
SORT:   DEC     R6              ;指出需要比较的次数
        MOV     R0,#20H         ;R0 指向数据区首址
        MOV     R1,#20H         ;R1 指向数据区首址
        MOV     A,R6            ;外循环计数值
        MOV     R7,A            ;内循环计数值,R7←R6
LOOP:   MOV     B,@R0           ;取数据
        INC     R0
        MOV     A,@R0
        CJNE    A,B,N1          ;两数比较影响标志位
N1:     JNC     LESS            ;Xi<Xi+1 转 LESS
        MOV     @R0,B           ;两数交换位置
        MOV     @R1,A
        INC     R0
```

```
        INC    R1
        SETB   F0              ;给出标志
LESS:   DJNZ   R7,LOOP         ;内循环计数减1,返回进行下一次比较
        JBC    F0,SORT         ;外循环计数减1,返回进行下一次冒泡
```

习题与思考题

2.1 在51单片机中,寻址方式有几种?其中对片内RAM可以用哪几种寻址方式?对片外RAM可以用哪几种寻址方式?

2.2 在对片外RAM单元的寻址中,用Ri间接寻址与用DPTR间接寻址有什么区别?

2.3 在位处理中,位地址的表示方式有哪几种?

2.4 51单片机的PSW程序状态字中无ZERO(零)标志位,怎样判断某内部数据存储单元的内容是否为0?

2.5 区分下列指令有什么不同?
(1) MOV A,20H 和 MOV A,#20H
(2) MOV A,@R1 和 MOVX A,@R1
(3) MOV A,R1 和 MOV A,@R1
(4) MOVX A,@R1 和 MOVX A,@DPTR
(5) MOVX A,@DPTR 和 MOVC A,@A+DPTR

2.6 写出完成下列操作的指令。
(1) R0的内容送到R1中。
(2) 片内RAM的20H单元内容送到片内RAM的40H单元中。
(3) 片内RAM的30H单元内容送到片外RAM的50H单元中。
(4) 片内RAM的50H单元内容送到片外RAM的3000H单元中。
(5) 片外RAM的2000H单元内容送到片外RAM的20H单元中。
(6) 片外RAM的1000H单元内容送到片外RAM的4000H单元中。
(7) ROM的1000H单元内容送到片内RAM的50H单元中。
(8) ROM的1000H单元内容送到片外RAM的1000H单元中。

2.7 在错误指令后面的括号中打×。

```
MOV    @R1,#80H     (   )     MOV    R7,@R1         (   )
MOV    20H,@R0      (   )     MOV    R1,#0100H      (   )
CPL    R4           (   )     SETB   R7.0           (   )
MOV    20H,21H      (   )     ORL    A,R5           (   )
ANL    R1,#0FH      (   )     XRL    P1,#31H        (   )
```

MOV A,2000H	( )	MOV 20H,@DPTR	( )
MOV A,DPTR	( )	MOV R1,R7	( )
PUSH DPTR	( )	POP 30H	( )
MOVC A,@R1	( )	MOVC A,@DPTR	( )
MOVX @DPTR,#50H	( )	RLC B	( )
ADDC A,C	( )	MOVC @R1,A	( )

2.8 设内部 RAM 中(59H)=50H,执行下列程序后:

```
MOV    A,59H
MOV    R0,A
MOV    A,#0
MOV    @R0,A
MOV    A,#25H
MOV    51H,A
MOV    52H,#70H
```

请问:A=_____,(50H)=_____,(51H)=_____,(52H)=_____。

2.9 已知程序执行前有 A=02H,SP=52H,(51H)=FFH,(52H)=FFH。执行下列程序后:

```
POP    DPH
POP    DPL
MOV    DPTR,#4000H
RL     A
MOV    B,A
MOVC   A,@A+DPTR
PUSH   ACC
MOV    A,B
INC    A
MOVC   A,@A+DPTR
PUSH   ACC
RET
ORG    4000H
DB     10H,80H,30H,50H,30H,50H
```

请问:A=( ),SP=( ),(51H)=( ),(52H)=( ),PC=( )。

2.10 对下列程序中各条指令作出注释,并分析程序运行的最后结果。

```
MOV    20H,#A4H
MOV    A,#0D6H
```

```
MOV   R0,#20H
MOV   R2,#57H
ANL   A,R2
ORL   A,@R0
SWAP  A
CPL   A
ORL   20H,A
```

2.11 设片内 RAM 的(20H)=40H,(40H)=10H,(10H)=50H,(P1)=0CAH。分析下列指令执行后片内 RAM 的 30H、40H、10H 单元以及 P1、P2 中的内容。

```
MOV   R0,#20H
MOV   A,@R0
MOV   R1,A
MOV   A,@R1
MOV   @R0,P1
MOV   P2,P1
MOV   10H,A
MOV   20H,10H
```

2.12 已知(A)=02H,(R1)=7FH,(DPTR)=2FFCH,片内 RAM(7FH)=70H,片外 RAM(2FFEH)=11H,ROM(2FFEH)=64H,试分别写出以下各条指令执行后目标单元的内容。

(1) MOV   A,@R1
(2) MOVX   @DPTR,A
(3) MOVC   A,@A+DPTR
(4) XCHD   A,@R1

2.13 已知:(A)=78H,(R1)=78H,(B)=04H,CY=1,片内 RAM(78H)=0DDH,(80H)=6CH,试分别写出下列指令执行后目标单元的结果和相应标志位的值。

(1) ADD   A,@R1
(2) SUBB   A,#77H
(3) MUL   AB
(4) DIV   AB
(5) ANL   78H,#78H
(6) ORL   A,#0FH
(7) XRL   80H,A

2.14 设(A)=83H,(R0)=17H,(17H)=34H,分析当执行完下面指令段后累加器 A、R0、17H 单元的内容。

```
ANL   A ,#17H
ORL   17H ,A
XRL   A ,@R0
CPL   A
```

2.15 写出完成下列要求的指令。

(1) 将 A 累加器的低 4 位数据送至 P1 口的高 4 位,P1 口的低 4 位保持不变。

(2) 累加器 A 的低 2 位清 0,其余位不变。

(3) 累加器 A 的高 2 位置 1,其余位不变。

(4) 将 P1.1 和 P1.0 取反,其余位不变。

2.16 说明 LJMP 指令与 AJMP 指令的区别?

2.17 试用三种方法将 A 累加器中的无符号数乘以 4,乘积存放于 B 和 A 寄存器中。

2.18 用位处理指令实现 P1.4=P1.0&(P1.1|P1.2)|P1.3 的逻辑功能。

2.19 下列程序段汇编后,从 1000H 单元开始的单元内容是什么?

```
        ORG   1000H
TAB:DB   12H,34H
        DS    3
        DW    5567H,87H
```

2.20 试编程将片内 40H～60H 单元中内容传送到外部 RAM 以 2000H 为首地址的存储区中。

2.21 在外部 RAM 首地址为 DATA 的存储器中,有 10 字节的数据。试编程将每字节的最高位无条件地置 1。

2.22 编程实现将片外 RAM 的 2000H～2030H 单元的内容,全部移到片内 RAM 的 20H 单元开始的位置,并将原位置清 0。

2.23 试编程把长度为 10H 的字符串从内部 RAM 首地址为 DAT1 的存储器中向外部 RAM 首地址为 DAT2 的存储器进行传送,一直进行到遇见字符 CR 或整个字符串传送完毕结束。

2.24 编程将片外 RAM 的 1000H 单元开始的 100 字节数据相加,结果存放于 R7R6 中。

2.25 编程统计从片外 RAM2000H 开始的 100 个单元中"0"的个数存放于 R2 中。

2.26 在内部 RAM 的 40H 单元开始存有 48 个无符号数,试编程找出最小值,并存入 MIN 单元。

2.27 试编写 16 位二进制数相加的程序。设被加数存放在内部 RAM 20H、21H 单元,加数存放在 22H、23H 单元,所求的和存放在 24H、25H 中。

2.28 设有两个无符号数 X、Y 分别存放在内部 RAM 50H、51H 单元,试编程计算 3X+20Y,并把结果送入 52H、53H 单元(低 8 位先存)。

2.29 编程计算内部 RAM 50H～59H 10 个单元内容的平均值,并存放在 5AH 单元。(设 10 个数的和小于 FFH)。

2.30 编程实现把片内 RAM 的 20H 单元的 0 位、1 位,21H 单元的 2 位、3 位,22H 单元的 4 位、5 位,23H 单元的 6 位、7 位,按原位置关系拼装在一起存放于 R2 中。

2.31 存放在内部 RAM 的 30H 单元中的变量 X 是一个无符号整数,试编程计算下面函数的函数值,并存放到内部 RAM 的 40H 单元中。

Y=2X   (X<20)

Y=5X   (20≤X<50)

Y=X   (X≥50)

2.32 设有 100 个有符号数,连续存放在外部 RAM 以 3000H 为首地址的存储区中,试编程统计出其中大于零、等于零、小于零的个数,并把统计结果分别存入内部 RAM 的 30H、31H 和 32H 三个单元。

2.33 试编写查表程序,从首地址为 2000H,长度为 100 的数据块中找出 ASCII 码 D,将其地址依次传送到 20A0H～20A1H 单元中。

2.34 试编程求 16 位带符号二进制补码数的绝对值。设 16 位补码数存放在内部 RAM 的 30H 和 31H(高字节)单元中,求得的绝对值仍放在原单元中。

2.35 试编程把内部 RAM 40H 为首地址的连续 20 个单元的内容按降序排列,并存放到外部 RAM 2000H 为首地址的存储区中。

2.36 编写程序,将存放在内部 RAM 起始地址为 30H 的 20 个十六进制数分别转换为相应的 ASCII 码,结果存入内部 RAM 起始地址为 50H 的连续单元中。

2.37 在外部 RAM 2000H 为首地址的存储区中,存放着 20 个用 ASCII 码表示的 0～9 之间的数,试编程,将它们转换成 BCD 码,并以压缩 BCD 码的形式存放在 3000H～3009H 的单元中。

2.38 某单片机应用系统有 4×4 键盘,经键盘扫描程序得到被按键的键值(00H～0FH),存放在 R2 中,16 个键的键处理程序入口地址分别为 KEY0,KEY1,KEY2,…,KEY15。试编程实现,根据被按键的键值,转对应的键处理程序。

2.39 已知内部 RAM 30H 和 40H 单元分别存放着数 a 和 b,试编写程序,计算 a^2-b^2,并将结果送入 30H 单元。

第 3 章
单片机 Keil C51 语言程序设计基础与开发调试

3.1 C语言与51系列单片机

前面介绍了51系列单片机汇编语言程序设计,汇编语言有执行效率高、速度快、编写的程序代码短、与硬件结合紧密等特点。尤其在进行I/O口管理时,使用汇编语言快捷、直观。但汇编语言比高级语言难度大,可读性差,不便于移植,应用系统设计的周期长,调试和排错也比较难,开发的时间长。

而C语言作为一种高级程序设计语言,在程序设计时相对来说比较容易,支持多种数据类型,功能丰富,表达能力强,应用灵活、方便,应用面广,目标程序效率高,可移植性好,而且能直接对计算机硬件进行操作。既有高级语言的特点,也具有汇编语言的特点,能够对硬件直接访问,能够按地址方式访问存储器或I/O端口。现在,采用C语言编写程序进行单片机应用系统开发已经成为主流。当然,采用C语言编写的应用程序必须由单片机的C语言编译器转换生成单片机可执行且与汇编语言一一对应的代码程序。

用C语言编写51单片机程序与用汇编语言编写不一样。用汇编语言编写51单片机程序必须考虑其存储器结构,尤其必须考虑其片内数据存储器与特殊功能寄存器的使用以及按实际地址处理端口数据。用C语言编写的51单片机应用程序则不用像汇编语言那样须具体组织、分配存储器资源和处理端口数据。但在C语言编程中,对数据类型与变量的定义,必须与单片机的存储结构相关联,否则编译器不能正确地映射定位。

用C语言编写单片机应用程序与标准的C语言程序也有相应的区别:C语言编写单片机应用程序时,需要根据单片机存储结构及内部资源定义相应的数据类型和变量,而标准的C语言程序不需要考虑这些问题;C51包含的数据类型、变量存储模式、输入/输出处理和函数等方面与标准的C语言也有一定的区别。其他的语法规则、程序结构及程序设计方法等与标准的 C 语言程序设计相同。

现在支持 51 系列单片机的 C 语言编译器很多,其中 Keil C51 以它的代码紧凑和使用方便等特点优于其他编译器,应用广泛。本书基于 Keil C51 编译器介绍 51 单片机 C 语言程序设计。和汇编语言一样,其被集成到 μVision3 的集成开发环境中,C 语言源程序经过 C51 编译器编译、L51(或 BL51)连接/定位后生成 BIN 和 HEX 的目标程序文件。

本章将详细介绍 Keil C51,主要介绍其与标准 C 语言不兼容的相关语句,其中,C51 下中断函数的编写将在中断技术章节讲述。

3.1.1　C 语言的特点及程序结构

1. C 语言的特点

与其他的高级语言相比较,C 语言具有以下特点:

(1) 语言简洁、紧凑,使用方便、灵活

C 语言一共只有 32 个关键字,9 种控制语句,程序书写形式自由,与其他高级语言相比较,程序精炼、简短。

(2) 运算符丰富

C 语言包括很多种运算符,共有 34 种,而且把括号、赋值、强制类型转换等都作为运算符处理,表达式灵活,多样,可以实现多种运算。

(3) 数据结构丰富,具有现代化语言的各种数据结构

C 语言的数据类型有整型、实型、字符型、数组类型和指针类型等,能用来实现各种复杂的数据结构。

(4) 可进行结构化程序设计

C 语言具有各种结构化的控制语句,如 if…else 语句、while 语句、do…while 语句、switch…case 语句和 for 语句等。另外,C 语言程序以函数为模块单位,一个 C 语言程序就是由许多个函数组成,一个函数相当于一个程序模块,因此 C 语言程序可以很容易地进行结构化程序设计。

(5) 可以直接对计算机硬件进行操作

C 语言允许直接访问物理地址,能进行位操作,能实现汇编语言的大部分功能,可以对硬件直接进行操作。

(6) 生成的目标代码质量高,程序执行效率高

众所周知,汇编语言生成的目标代码的效率是最高的,但据统计表明,对于同一个问题,用 C 语言编写的程序,其生成目标代码的效率仅比汇编语言编写的程序低 10%~20%。而 C 语言编写程序比汇编语言编写程序方便、容易得多,可读性更好,开发时间也短得多。

(7) 可移植性好

不同的计算机汇编指令不一样,用汇编语言编写的程序用于其他型号的机型使用时,必须改写成对应的指令代码。而 C 语言编写的程序基本上都不用做修改就能用于各种机型和各种操作系统。

2. C 语言的程序结构

C 语言程序采用函数结构,每个 C 语言程序由一个或多个函数组成。在这些函数中至少应包含一个主函数 main(),也可以包含一个 main() 函数和若干个其他的功能函数。不仅 main() 函数中可调用其他函数,其他函数也可以相互调用,但 main() 函数只能调用其他的功能函数,而不能被其他的函数所调用。功能函数可以是 C 语言编译器提供的库函数,也可以是由用户定义的自定义函数。在编制 C 程序时,程序的开始部分一般是预处理命令、函数说明和变量定义等。

C 语言程序结构一般如图 3.1 所示。

```
预处理命令      include<>
函数声明        long fun1();
               float fun2();
int x,y;
float z;
功能函数 1     fun1()
{
    函数体                    功能函数
}
功能函数 2     fun2()
{
    函数体                    功能函数
}
主函数         main()
{
    主函数体                  主函数
}
```

图 3.1 C 语言程序结构

其中,函数往往由函数定义和函数体两部分组成。函数定义部分包括函数类型、函数名和形式参数说明等,函数名后面必须跟一个圆括号"()",形式参数在括号内定义。函数体由一对花括号"{}"将函数体的内容括起来。如果一个函数内有多个花括号,则最外层的一对"{}"为函数体的内容。函数体内包含若干语句,一般由两部分组成:声明语句和执行语句。声明语句用于对函数中用到的变量进行定义,也可能对函数体中调用的函数进行声明。执行语句由若干语句组成,用来完成一定功能。当然也有的函数体仅有一对"{}",其中内部既没有声明语

第 3 章　单片机 Keil C51 语言程序设计基础与开发调试

句,也没有执行语句,这种函数称为空函数。

　　C 语言程序在书写时格式十分自由,一条语句可以写成一行,也可以写成几行;还可以一行内写多条语句,但每条语句后面必须以分号";"作为结束符。C 语言程序对大小写字母敏感。在程序中,对同一个字母的大小写,系统是做不同处理的。在程序中可以用"/ * …… * /"或"//"对 C 程序中的任何部分作注释,以增强程序的可读性。

3.1.2　C51 程序结构

　　C51 程序结构与标准的 C 语言程序结构相同,采用函数结构,一个程序由一个或多个函数组成。其中有且只有一个为 main() 函数。程序从 main() 函数开始执行,执行到 main() 函数结束就结束。在 main() 函数中调用库函数和用户定义的函数。

　　C51 的语法规定、程序结构及程序设计方法都与标准的 C 语言程序设计兼容,但 C51 程序与标准的 C 语言程序在以下几个方面不相同:

　　① C51 中定义的库函数和标准 C 语言定义的库函数不同。标准的 C 语言定义的库函数是按通用微型计算机来定义的,而 C51 中的库函数是按 51 单片机的相应情况来定义的。

　　② C51 中的数据类型与标准 C 语言的数据类型也有一定的区别,在 C51 中增加了几种针对 51 单片机特有的数据类型,即特殊功能寄存器和位变量的定义。

　　③ C51 变量的存储模式与标准 C 语言中变量的存储模式不一样,C51 中变量的存储模式是与 51 单片机的存储器密切相关的。

　　④ C51 与标准 C 语言的输入/输出处理不一样,C51 中输入/输出是通过 51 单片机串行口来完成的,输入/输出指令执行前必须对串行口进行初始化。

　　⑤ C51 与标准 C 语言在函数使用方面也有一定的区别,C51 中有专门的中断函数。

3.2　C51 的数据类型

　　C51 的数据有变量和常量之分。变量,即在程序运行中其值可以改变的量。一个变量由变量名和变量值构成,变量名是存储单元地址的符号表示,而变量值是该单元存放的内容。定义一个变量,编译系统就会自动为它安排一个存储单元,具体的地址值用户不必在意。

　　常量,即在运行中其值不变的量,可以为字符、十进制数或十六进制数(用 0x 表示)。常量分为数值常量和符号型常量,如果是符号型常量,需用宏定义指令(#define)对其运行定义(相当于汇编 EQU 伪指令),例如:

```
# define  PI   3.1415
```

　　那么程序中只要出现 PI 的地方,编译程序都将其译为 3.1415。

标准的 C 语言的数据类型可分为基本数据类型和组合数据类型,组合数据类型由基本数据类型构造而成。标准的 C 语言的基本数据类型有字符型 char、整型 int、长整型 long、浮点型 float 和双精度型 double。组合数据类型有结构体类型、共同体类型和枚举类型,另外还有指针类型和空类型。C51 的数据类型也分为基本数据类型和组合数据类型,情况与标准 C 语言中的数据类型基本相同,但其中 char 型与 short 型相同,float 型与 double 型相同。另外,C51 中还有专门针对于 51 单片机的特殊功能寄存器型和位类型。具体情况如下:

1. 字符型 char

有 signed char 和 unsigned char 之分,默认为 signed char。它们的长度均为一字节,用于存放一个单字节的数据。对于 signed char,它用于定义带符号字节数据,其字节的最高位为符号位,"0"表示正数,"1"表示负数,补码表示,所能表示的数值范围是 $-128 \sim +127$;对于 unsigned char,它用于定义无符号字节数据或字符,可以存放一字节的无符号数,其所能表示的数值范围为 $0 \sim 255$。unsigned char 可以用来存放无符号数,也可以存放西文字符,一个西文字符占一字节,在计算机内部用 ASCII 码存放。

2. 整型 int

有 signed int 和 unsigned int 之分,默认为 signed int。它们的长度均为两字节,用于存放一个双字节数据。对于 signed char,它用于存放两字节带符号数,补码表示,所能表示的数值范围为 $-32768 \sim +32767$;对于 unsigned int,它用于存放两字节无符号数,所能表示的数值范围为 $0 \sim 65535$。

3. 长整型 long

有 signed long 和 unsigned long 之分,默认为 signed long。它们的长度均为 4 字节,用于存放一个 4 字节数据。对于 signed long,它用于存放 4 字节带符号数,补码表示,所能表示的数值范围为 $-2147483648 \sim +2147483647$;对于 unsigned long,它用于存放 4 字节无符号数,所能表示的数值范围为 $0 \sim 4294967295$。

4. 浮点型 float

float 型数据的长度为 4 字节,格式符合 IEEE-754 标准的单精度浮点型数据,包含指数和尾数两部分,最高位为符号位,"1"表示负数,"0"表示正数,其次的 8 位为阶码,最后的 23 位为尾数的有效数位,由于尾数的整数部分隐含为"1",所以尾数的精度为 24 位。在内存中的格式如表 3.1 所列。

表 3.1 float 在内存中的格式

字节地址	3	2	1	0
浮点数的内容	SEEEEEEE	EMMMMMMM	MMMMMMMM	MMMMMMMM

第 3 章 单片机 Keil C51 语言程序设计基础与开发调试

其中,S 为符号位;E 为阶码位,共 8 位,用移码表示。阶码 E 的正常取值范围为 1~254,而对应的指数实际取值范围为 −128~+127;M 为尾数的小数部分,共 23 位尾数的整数部分始终为"1"。故一个浮点数的取值范围为 $(1)^s \times 2^{E-127} \times (1.M)$。

例如浮点数 $+124.75 = +1111100.11B = +1.11110011 \times 2^{+110}$,符号位为"0",8 位阶码 E 为 $+110+1111111 = 10000101B$,23 位数值位为 11111001100000000000000B。32 位浮点表示形式为 01000010 11111001 10000000 00000000B = 42F98000H,在内存中的表示形式如表 3.2 所列。

表 3.2 浮点数 +124.75 在内存中的表示形式

字节地址	3	2	1	0
浮点数的内容	01000010	11111001	10000000	00000000

需要指出的是,对于浮点型数据除了正常数值之外,还可能出现非正常数值。根据 IEEE 标准,当浮点型数据取以下数值(十六进制数)时即为非正常值:

FFFFFFFFH　　　　　非数(NaN)
7F800000H　　　　　正溢出(+INF)
FF800000H　　　　　负溢出(−INF)

另外,由于 51 单片机不包括捕获浮点运算错误的中断向量,因此必须由用户自己根据可能出现的错误条件用软件来进行适当的处理。

5. 指针型 *

指针型本身就是一个变量,在这个变量中存放着指向某一个数据的地址。这个指针变量要占用一定的内存单元。对不同的处理器其长度不一样,在 C51 中它的长度一般为 1~3 字节。

6. 特殊功能寄存器型

这是 C51 扩充的数据类型,用于访问 51 单片机中的特殊功能寄存器数据。它分 sfr 和 sfr16 两种类型,其中 sfr 为字节型特殊功能寄存器类型,占一个内存单元,利用它可以访问 51 单片机内部的所有特殊功能寄存器;sfr16 为双字节型特殊功能寄存器类型,占用两字节单元,利用它可以访问 51 单片机内部的所有两字节的特殊功能寄存器。在 C51 中对特殊功能寄存器的访问必须先用 sfr 或 sfr16 进行声明。

7. 位类型 bit

在 C51 中扩充的数据类型,用于访问 51 单片机总的可寻地址的位单元。在 C51 中,支持两种位类型:bit 型和 sbit 型。它们在内存中都只占一个二进制位,其值可以是"1"或"0"。其中用 bit 定义的位变量在 C51 编译器编译时,在不同的时候位地址是可以变化的,而用 sbit 定义的位变量必须与51单片机的一个可以位寻址的某一位联系在一起,在C51编译器编译时,其对应的地址是不可变化的。表3.3为Keil C51编译器能够识别的基本数据类型。

表 3.3 Keil C51 编译器能够识别的基本数据类型

数据类型	位长度	字节长度	取值范围
bit	1		0～1
signed char	8	1	−128～+127
unsigned char	8	1	0～255
enum	16	2	−32768～+32767
signed int	16	2	−32768～+32767
unsigned int	16	2	0～65535
signed long	32	4	−2147483648～+2147483647
unsigned long	32	4	0～4294967295
float	32	4	+1.175494E−38～+3.402823E+38
sbit	1		0～1
sfr	8	1	0～255
sfr16	16	2	0～65535

其中,bit、sbit、sfrs 和 sfr16 数据类型专门用于51单片机硬件和C51编译器,并不是 ANSI C 的一部分,不能通过指针进行访问。它们用于访问51单片机的特殊功能寄存器。例如"sfr P0 = 0x80;"语句用于定义变量 P0,并将其分配特殊功能寄存器地址 0x80,在51单片机上是 P0 口的地址,详见3.4节内容。

当结果表示不同的数据类型时,C51编译器自动转换数据类型。例如,位变量在整数分配中就被转换成一个整数。除了数据类型的转换之外,带符号变量的符号扩展也是自动完成的。C51允许任何标准数据类型的隐式转换,隐式转换的优先级顺序如下:

$$bit \rightarrow char \rightarrow int \rightarrow long \rightarrow float$$
$$signed \rightarrow unsigned$$

也就是说,当 char 型数据与 int 型数据进行运算时,先自动对 char 型扩展为 int 型,然后与 int 型进行运算,运算结果为 int 型。C51除了支持隐式类型转换外,还可以通过强制类型转换符"()"对数据类型进行任意的强制转换。

C51编译器除了能支持以上这些基本数据类型之外,还能支持一些复杂的组合型数据类型,如数组类型、指针类型、结构类型和联合类型等。在本书的后续章节将介绍它们。

3.3 数据的存储类型和存储模式

3.3.1 C语言标准存储类型

存储种类是指变量在程序执行过程中的作用范围。C语言变量的存储种类有4种，分别是自动(auto)、外部(extern)、静态(static)和寄存器(register)。

① auto：使用auto定义的变量称为自动变量，其作用范围在定义它的函数体或复合语句内部。当定义它的函数体或复合语句执行时，C51才为该变量分配内存空间，结束时占用的内存空间释放。自动变量一般分配在内存的堆栈空间中。定义变量时，如果省略存储种类，则该变量默认为自动(auto)变量。

② extern：使用extern定义的变量称为外部变量。在一个函数体内，要使用一个已在该函数体外或别的程序中定义过的外部变量时，该变量在该函数体内要用extern说明。外部变量被定义后分配固定的内存空间，在程序整个执行时间内都有效，直到程序结束才释放。

③ static：使用static定义的变量称为静态变量。它又分为内部静态变量和外部静态变量。在函数体内部定义的静态变量为内部静态变量，它在对应的函数体内有效，一直存在，但在函数体外不可见。这样不仅使变量在定义它的函数体外被保护，还可以实现当离开函数时值不被改变。外部静态变量是在函数外部定义的静态变量，它在程序执行中一直存在，但在定义的范围之外是不可见的。例如，在多文件或多模块处理中，外部静态变量只在文件内部和模块内部有效。

④ register：使用register定义的变量称为寄存器变量。它定义的变量存放在CPU内部的寄存器中，处理速度快，但数目少。C51编译器编译时能自动识别程序中使用频率最高的变量，并自动将其作为寄存器变量，用户可以无需专门声明。

3.3.2 C51的数据存储类型

C51是面向51系列单片机及硬件控制系统的开发语言，它定义的任何变量必须以一定的存储类型的方式定位在51单片机的某一存储区中，否则没有意义。因此在定义变量类型时，还必须定义它的存储类型，C51变量的存储类型如表3.4所列。

访问内部数据存储器(idata)比访问外部数据存储器(xdata)相对要快一些，因此，可将经常使用的变量置于内部数据存储器中，而将较大及很少使用的数据变量置于外部数据存储器中。例如定义变量x的语句"data char x;"(等价于"char data x;")，如果用户不对变量的存储类型定义，则编译器承认默认存储类型，默认的存储类型由编译控制命令的存储模式部分决定的。

表 3.4 C51 变量的存储类型

存储器类型	描述
data	直接寻址内部数据存储区，访问变量速度最快(128 B)
bdata	可位寻址内部数据存储区，允许位与直接混合访问(16 B)
idata	间接寻址内部数据存储区，可访问全部内部地址空间(256 B)
pdata	分页(256 B)外部数据存储区，由操作码"MOVX @Ri"访问
xdata	外部数据存储区(64 KB)，由操作码"MOVX @DPTR"访问
code	代码存储区(64 KB)，由操作码"MOVC @A+DPTR"访问

定义变量时也可以省略"存储器类型"，省略时 C51 编译器将按编译模式默认存储器类型，具体编译模式的情况在后面介绍。

例 变量定义存储种类和存储器类型相关情况。

```
char data var1;      //在片内 RAM 低 128 B 定义用直接寻址方式访问的字符型变量 var1
int idata var2;      //在片内 RAM 256 B 定义用间接寻址方式访问的整型变量 var2
//在片内 RAM 128 B 定义用直接寻址方式访问的自动无符号常整型变量 var3
auto unsigned long data var3;
//在片外 RAM 64 KB 空间定义用间接寻址方式访问的外部便型变量 var4
extern float xdata var4;
int code var5;       //在 ROM 空间定义整型变量 var5
//在片内 RAM 位寻址区 20H～2FH 单元定义可字节处理和位处理的无符号字符型变量 var6
unsign char bdate var6;
```

3.3.3 C51 的存储模式

C51 编译器支持三种存储模式：SMALL 模式、COMPACT 模式和 LARGE 模式。不同的存储模式对变量默认的存储器不同，如表 3.5 所列。

① SMALL 模式，又称为小编译模式。在 SMALL 模式下，编译时函数参数和变量被默认在片内 RAM 中，存储器类型为 data。

② COMPACT 模式，又称为紧凑编译模式。在 COMPACT 模式下，编译时函数参数和变量被默认在片内 RAM 的低 256 B 空间，存储器类型为 pdata。

③ LARGE 模式，又称为大编译模式。在 LARGE 模式下，编译时函数参数和变量被默认在片外 RAM 的 64 B 空间，存储器类型为 xdata。

在程序中，变量的存储模式的指定通过 #pragma 预处理命令来实现。函数的存储模式可通过在函数定义时后面带存储模式说明。如果没有指定,则系统都隐含为 SMALL 模式。

表 3.5　C51 的存储器模式

存储器模式	描　述
SMALL	参数及局部变量放入可直接寻址的内部存储器(最大 128 B,默认存储器类型为 data)
COMPACT	参数及局部变量放入分页外部存储区(最大 256 B,默认存储器类型为 pdata)
LARGE	参数及局部变量直接放入外部数据存储器(最大 64 KB,默认存储器类型为 xdata。)

例　变量的存储模式

```
#pragma small                //变量的存储模式为 SMALL
char k1;
int xdata m1;
#pragma compact              //变量的存储模式为 COMPACT
char k2;
int xdata m2;
int func1(int x1,int y1)large    //函数的存储模式为 LARGE
{  return (x1 + y1);
}
int func2(int x2,int y2)         //函数的存储模式隐含为 SMALL
{  return (x2 - y2);
}
```

程序编译时,k1 变量存储器类型为 data,k2 变量存储器类型为 pdata,而 m1 和 m2 由于定义时带了存储器类型 xdata,因而它们为 xdata 型;函数 func1 的形参 x1 和 y1 的存储类型为 xdata 型,而函数 func2 由于没有指明存储模式,隐含为 SMALL 模式,形参 x2 和 y2 的存储器类型为 data。

3.4　C51 对 SFR、可寻址位、存储器和 I/O 口的定义

3.4.1　C51 中绝对地址的访问

在 C51 中,可以通过变量的形式访问 51 单片机的存储器,也可以通过绝对地址来访问存储器。对于绝对地址,访问的形式有三种。

1. 使用 ABSACC.H 中预定义宏

C51 编译器提供了一组宏定义来对 51 系列单片机的 code、data、pdata 和 xdata 空间进行

绝对寻址。规定只能以无符号数方式访问,定义了 8 个强指针宏定义,其函数原型如下:

```
#define CBYTE ((unsigned char volatile code *) 0)
#define DBYTE ((unsigned char volatile data *) 0)
#define PBYTE ((unsigned char volatile pdata *) 0)
#define XBYTE ((unsigned char volatile xdata *) 0)
#define CWORD ((unsigned int volatile code *) 0)
#define DWORD ((unsigned int volatile data *) 0)
#define PWORD ((unsigned int volatile pdata *) 0)
#define XWORD ((unsigned int volatile xdata *) 0)
```

这些函数原型放在 absacc.h 文件中。使用时需用预处理命令把该头文件包含到文件中,形式为"#include   <absacc.h>"。

其中:CBYTE 以字节形式对 code 取寻址,DBYTE 以字节形式对 data 区寻址,PBYTE 以字节形式对 pdata 区寻址,XBYTE 以字节形式对 xdata 区寻址,CWORD 以字形式对 code 区寻址,DWORD 以字形式对 data 区寻址,PWORD 以字形式对 pdata 区寻址,XWORD 以字形式对 xdata 区寻址。访问形式如下:

宏名[地址]

宏名为 CBYTE、DBYTE、PBYTE、XBYTE、CWORD、DWORD、PWORD 或 XWORD。
地址为存储单元的绝对地址,一般用十六进制形式表示。

例 绝对地址对存储单元的访问。

```
#include   <absacc.h>           //将绝对地址头文件包含在文件中
#include   <reg52.h>            //将寄存器头文件包含在文件中
#define uchar unsigned char     //定义符号 uchar 为数据类型符 unsigned char
#define uint unsigned int       //定义符号 uint 为数据类型符 unsigned int
void main(void)
{
    uchar var1;
    uint var2;
    var1 = XBYTE[0x0005];       //XBYTE[0x0005]访问片外 RAM 的 0005 字节单元
    var2 = XWORD[0x0002];       //XWORD[0x0002] 访问片外 RAM 的 0002 字单元
    ⋮
    while(1);
}
```

在上面程序中,XBYTE[0x0005]就是以绝对地址方式访问的片外 RAM 0005 字节单元;XWORD[0x0002]就是以绝对地址方式访问的片外 ROM 0002 字单元。

第3章 单片机 Keil C51 语言程序设计基础与开发调试

2. 通过指针访问

采用指针的方法,可以实现在 C51 程序中对任一指定的存储器单元进行访问。

例 通过指针实现绝对地址的访问。

```
#define uchar unsigned char      //定义符号 uchar 为数据类型符 unsigned char
#define uint unsigned int        //定义符号 uint 为数据类型符 unsigned int
void func(void)
{
    uchar data var1;
    uchar pdata * dp1;           //定义一个指向 pdata 区的指针 dp1
    uint xdata * dp2;            //定义一个指向 xdata 区的指针 dp2
    uchar data * dp3;            //定义一个指向 data 区的指针 dp3
    dp1 = 0x30;                  //dp1 指针赋值,指向 pdata 区的 30H 单元
    dp2 = 0x1000;                //dp2 指针赋值,指向 xdata 区的 100H 单元
    * dp1 = 0xff;                //将数据 0xff 送到片外 RAM 30H 单元
    * dp2 = 0x1234;              //将数据 0x1234 送到片外 RAM 1000H 单元
    dp3 = &var1;                 //dp3 指针指向 data 区的 var1 变量
    * dp3 = 0x20;                //给变量 var1 赋值 0x20
}
```

3. 使用 C51 扩展关键字 _at_

使用 _at_ 对指定的存储器空间的绝对地址进行访问,一般格式如下:

[存储器类型] 数据类型说明符 变量名_at_ 地址常数;

其中,存储器类型为 data、bdata、idata 和 pdata 等 C51 能识别的数据类型,若省略,则按存储模式规定的默认存储器类型确定变量的存储器空间;数据类型为 C51 支持的数据类型;地址常数用于指定的绝对地址,必须位于有效的存储器空间之内;使用_at_定义的变量必须为全局变量。

例 通过_at_实现绝对地址的访问。

```
#define uchar unsigned char      //定义符号 uchar 为数据类型符 unsigned char
#define uint unsigned int        //定义符号 uint 为数据类型符 unsigned int
void main(void)
{
    data uchar x1_at_0x40;       //在 data 区中定义字节变量 x1,它的地址为 40H
    xdata uint x2_at_0x2000;     //在 xdata 区中定义字节变量 x2,它的地址为 2000H
    x1 = 0xff;
```

```
    x2 = 0x1234;
     ⋮
    while(1);
}
```

3.4.2 特殊功能寄存器 SFR 的定义

C51 提供了一种自主形式的定义方式,使用特定关键字 sfr。例如:

```
sfr SCON = 0x98;      //串行通信控制寄存器地址 98H
sfr TMOD = 0x89;      //定时器模式控制寄存器地址 89H
sfr ACC = 0xe0;       //A 累加器地址 E0H
sfr P1 = 0x90;        //P1 端口地址 90H
```

定义了以后,程序中就可以直接引用寄存器名。

C51 还建立一个头文件 reg51.h(增强型为 reg52.h),在该文件中对所有的特殊功能寄存器进行了 sfr 定义,对特殊功能寄存器的有位名称的可寻址位进行了 sfr 定义;因此,只要用包括语句"♯include＜reg52.h＞",就可以直接引用特殊功能寄存器名或直接引用位名称。

要特别注意:在引用时,特殊功能寄存器或者位名称必须大写。

3.4.3 对位变量的定义

C51 对位变量的定义有三种方法。

1. 将变量用 bit 类型定义

例如:

```
 bit n;
```

n 为位变量,其值只能是 0 或 1,其位地址是 C51 自行安排的可位寻址区的 bdata 区。

2. 采用字节寻址变量的位的方法

例如:

```
bdate int ibase;              //ibase 定义为整型变量
sbit mybit = ibase^15;        //mybit 定义为 ibase 的第 15 位
```

这里的运算符"^"相当于汇编语言中的".",其后的最大取值依赖于该位所在的字节寻址变量的定义类型,如定义为 char,最大值只能为 7。

需要注意的是,"^"在标准 C 语言中表示异或运算,所以字节的位提取只用在 sbit 定义中才能使用。

3. 对特殊功能寄存器的位的定义

方法 1：使用头文件及 sbit 定义符，多用于无位名称的可寻址位。例如：

```
#include<reg52.h>
sbit P1_1 = P1^1;           //P1_1 为 P1 口的第 1 位
sbit ac = ACC^7;            //ac 定义为累加器 A 的第 7 位
```

方法 2：使用头文件 reg52.h，在直接用位名称。例如：

```
#include<reg51.h>
RS1 = 1;
RS0 = 0;
```

方法 3：用字节地址为表示。例如：

```
sbit OV = 0xD0^2;
```

3.5 C51 的运算符及表达式

C51 有很强的数据处理能力，具有十分丰富的运算符，利用这些运算符可以组成各种表达式及语句。在 C51 中，运算符按其在表达式中所起的作用，可分为赋值运算符、算术运算符、自增与自减运算符、关系运算符、逻辑运算符、位运算符、复合赋值运算符、逗号运算符、条件运算符、指针和地址运算符及强制类型转换运算符等。另外，运算符按其在表达式中与运算对象的关系，又可分为单目运算符、双目运算符和三目运算符等。表达式则是由运算符及运算对象所组成的具有特定含义的式子。

3.5.1 赋值运算符

在 C51 中，赋值运算符"="的功能是将一个数据的值赋给一个变量，如 x=10。利用赋值运算将一个变量与一个表达式连接起来的式子称为赋值表达式，在赋值表达式的后面加一个分号";"就构成了赋值语句，一个赋值语句的格式如下：

变量=表达式；

执行时先计算出右边表达式的值，然后赋给左边的变量。例如：

```
x = 8 + 9;        //将 8+9 的值赋给变量 x
x = y = 5;        //将常数 5 同时赋给变量 x 和 y
```

在C51中，允许在一个语句中同时给多个变量赋值，赋值顺序自右向左。

3.5.2 算术运算符

C51中支持的算术运算符，与标准C语言一致，如下：
+ 　加或取正值运算符；
− 　减或取负值运算符；
* 　乘运算符；
/ 　除运算符；
% 　取余运算符。

加、减、乘运算相对比较简单。而对于除运算，如相除的两个数为浮点数，则运算的结果也为浮点数；如相除的两个数为整数，则运算的结果也为整数，即为整除。如25.0/20.0结果为1.25，而25/20结果为1。

对于取余运算，则要求参加运算的两个数必须为整数，运算结果为它们的余数。例如：x=5%3，结果 x 的值为2。

3.5.3 关系运算符

C51中有6种关系运算符，与标准C语言一致，如下：
> 　大于；
< 　小于；
>= 　大于或等于；
<= 　小于或等于；
== 　等于；
!= 　不等于。

关系运算符应用于比较两个数的大小，用关系运算符将两个表达式连接起来形成的式子称为关系表达式。关系表达式通常用来作为判别条件构造分支或循环程序。关系表达式的一般形式如下：

表达式1　关系运算符　表达式2

关系运算的结果为逻辑量，成立为真(1)，而10==100，结果为假(0)。

注意：关系运算符等于"=="是由两个"="组成的。

3.5.4 逻辑运算符

C51 有 3 种逻辑运算符,与标准 C 语言一致,如下:
|| 逻辑或;
&& 逻辑与;
! 逻辑非。

关系运算符用于反映两个表达式之间的大小关系,逻辑运算符则用于求条件式的逻辑值,用逻辑运算符将关系表达式或逻辑量连接起来的式子就是逻辑表达式。

① 逻辑与,格式:

条件式 1&& 条件式 2

当条件式 1 与条件式 2 都为真时结果为真(非 0 值),否则为假(0 值)。

② 逻辑或,格式:

条件式 1 || 条件式 2

当条件式 1 与条件式 2 都为假时结果为假(0 值),否则为真(非 0 值)。

③ 逻辑非,格式:

! 条件式

当条件式原来为真(非 0 值)时,逻辑非后结果为假(0 值);当条件式原来为假(0 值)时,逻辑非后结果为真(非 0 值)。例如:若 a=8,b=3,c=0,则"!a"为假,a&&b 为真,b&&c 为假。

3.5.5 位运算符

C51 语言能对运算对象按位进行操作,它与汇编语言使用一样方便。位运算是按位对变量进行运算,但并不改变参与运算的变量值。如果要求按位改变变量的值,则要利用相应的赋值运算。C51 中位运算符只能对整数进行操作,不能对浮点数进行操作。C51 中的位运算符与标准 C 语言一致,如下:

    &   按位与;
    | 按位或;
    ^   按位异或;
    ~   按位取反;
    <<   左移;
    >>   右移。

例 设 a=0x45=01010100B,b=0x3b=00111011B,求 a&b、a|b、a^b、~a、a<<2 和 b<<2 分别为多少？

a&b=00010000B=0x10；
a|b=01111111B=0x7f；
a^b=01101111B=0x6f；
~a=10101011B=0xab；
a<<2=01010000B=0x50；
b<<2=00001110B=0x0e。

3.5.6 复合赋值运算符

C51 语言中支持在复制运算符"="的前面加上其他运算符，组成复合赋值运算符。下面是 C51 中支持的复合赋值运算符，与标准 C 语言一致，如下：

+= 加法赋值；	-= 减法赋值；
*= 乘法赋值；	/= 除法赋值；
%= 取模运算；	&= 逻辑与赋值；
|= 逻辑或赋值；	^= 逻辑异或赋值；
~= 逻辑非赋值；	>>= 右移位赋值；
<<= 左移位赋值。	

复合赋值运算的一般格式如下：

变量　复合运算赋值符　表达式

它的处理过程：先把变量与后面的表达式进行某种运算，然后将运算的结果赋给前面的变量。其实这是 C51 语言中简化程序的一种方法，大多数运算都可以用复合赋值运算符简化表示。例如：a*=5，相当于 a=a*5；b&=0x55，相当于 b=b&0x55；x>>=2，相当于 x=x>>2。

3.5.7 逗号运算符

在 C 语言中，逗号","是一个特殊的运算符，可以用它将两个或两个以上的表达式连接起来，称为逗号表达式。逗号表达式的一般格式为：

表达式 1,表达式 2,…,表达式 n

程序执行时对逗号表达式的处理：按从左至右的顺序依次计算出各个表达式的值，而整个逗号表达式的值是最右边的表达式的值。例如：x=(a=3,6*3)，结果 x 的值为 18。

3.5.8 条件运算符

条件运算符"?:"是C51语言中唯一的一个三目运算符,它要求有三个运算对象,用它可以将三个表达式连接在一起构成一个条件表达式。条件表达式的一般格式为:

逻辑表达式? 表达式1:表达式2

其功能是先计算逻辑表达式的值,当逻辑表达式的值为真(非0值)时,将计算的表达式1的值作为整个条件表达式的值;当逻辑表达式的值为假(0值)时,将计算的表达式2的值作为整个条件表达式的值。例如:条件表达式"max=(a>b)? a:b"的执行结果是将a和b中较大的数赋值给变量max。

3.5.9 指针与地址运算符

指针是C51语言中的一个十分重要的概念,在C51语言的数据类型中专门有一种指针类型。指针为变量的访问提供了另一种方式,变量的指针就是该变量的地址,还可以定义一个专门指向某个变量的地址的指针变量。为了表示指针变量和它所指向的变量地址之间的关系,C51中提供了两个专门的运算符:

* 指针运算符;
& 取地址运算符。

指针运算符"*"放在指针变量前面,通过它实现访问以指针变量的内容为地址所指向的存储单元。例如:指针变量p中的地址为2000H,则*p所访问的是地址为2000H的存储单元 x=*p,实现把地址为2000H的存储单元的内容送给变量x。

取地址运算符"&"放在变量的前面,通过它取得变量的地址,变量的地址通常送给指针变量。例如:设变量x的内容为12H,地址为2000H,则&x的值为2000H,如有一指针变量p,则通常用p=&x,实现将x变量的地址送给指针变量p,指针变量p指向变量以后可以通过*p访问变量 x。

3.6 C51应用小结

本章介绍C51的基本数据类型、存储类型及C51对单片机内部部件的定义,并介绍了C语言基础知识,最后通过变成实例介绍了各种结构的程序设计,这些是利用C语言编写单片机程序的基础,都应该掌握并灵活应用。只有多编程,多上机,才能不断提高编程的能力。要编写出高效的C语言程序,通常应注意以下问题。

（1）定位变量

经常访问的数据对象放入片内数据 RAM 中，这可在任一种模式（COMPACT/LARGE）下用输入存储器类型的方法实现。访问片内 RAM 要比访问片外 RAM 快得多。片内 RAM 由寄存器组、数据区和堆栈构成，且堆栈与用户 data 类型定义的变量可能重叠。由于片内 RAM 容量的限制(128～256 字节,由使用的处理器决定)，必须权衡利弊，以解决访问效率与这些对象的数量之间的矛盾。

（2）尽量使用最小数据类型

51 系列单片机是 8 位机，因此对具有 char 类型的对象的操作比 int 或 long 类型的对象方便得多。建议编程者只要能满足要求，应尽量使用最小数据类型。C51 编译器直接支持所有的字节操作，因而如果不是运算符要求，就不能进行 int 类型的转换，这可用一个乘积运算来说明，两个 char 类型对象的乘积与 51 单片机操作码"MUL AB"刚好相符，如果用整型完成同样的运算，则需调用库函数。

（3）尽量使用 unsigned 数据类型

51 单片机的 CPU 不直接支持有符号数的运算，因而 C51 编译器必须产生与之相关的更多的代码，以解决这个问题。如果使用无符号类型，则产生的代码要少得多。

（4）尽量使用局部函数变量

编译器总是尝试在寄存器里保持局部变量。例如，将索引变量（如 for 和 while 循环中的计数变量）声明为局部变量是最好的，这个优化步骤只对局部变量执行。使用 unsigned char/int 类型的对象通常能获得最好的结果。

3.7　μVision3 集成开发环境

双击 Keil μVision 3 图标进入 Keil μVision 3 集成开发环境，如图 3.2 所示。

软件设计，首先需要建立用于软件工程管理的工程文件。单击"Project/NewμVision Project…"，弹出软件工程存储路径选择对话框。一般预先新建好一个工程文件夹，且一个工程对应一个文件夹。键入工程名，并保存，弹出如图 3.3 所示对话框。

选择 Atmel 公司的 AT89S52 单片机作为应用和实验对象。右侧是 Keil 环境自动给出的关于 AT89S52 的宏观描述。单击"确定"弹出提示对话框，如图 3.4 所示。

若在该工程文件夹第一次建立 C51 工程，则单击"确定"，以添加启动代码。不是第一次建立 C51 工程，或者建立汇编应用，则单击"否"即可，进入如图 3.5 所示对话框。

下面建立用以编辑汇编程序代码的汇编文件（*.asm）。单击"File/New"，然后单击"File/Save"将文件存储到对应工程文件夹。注意，文件名一定要带有汇编文件扩展名".asm"。若建立 C 程序，则文件名的扩展名为".c"。注意，扩展名一定要正确键入。

然后，在左侧"Projece Workspace"栏中的"Source Group1"项上右击鼠标选择"Add Files

第3章 单片机 Keil C51 语言程序设计基础与开发调试

图 3.2 Keil μVision 3 集成开发环境

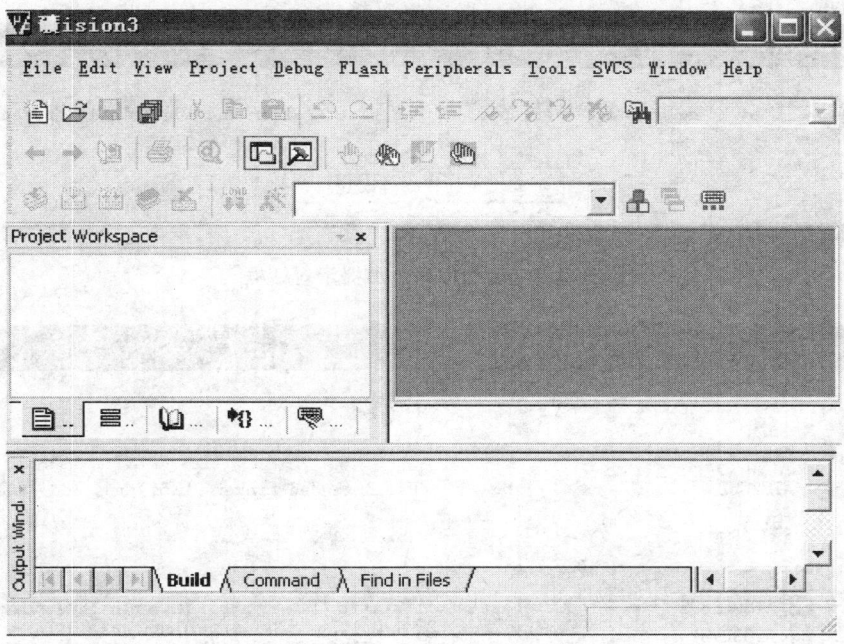

图 3.3 工程器件选择对话框

图 3.4　启动代码添加提示对话框

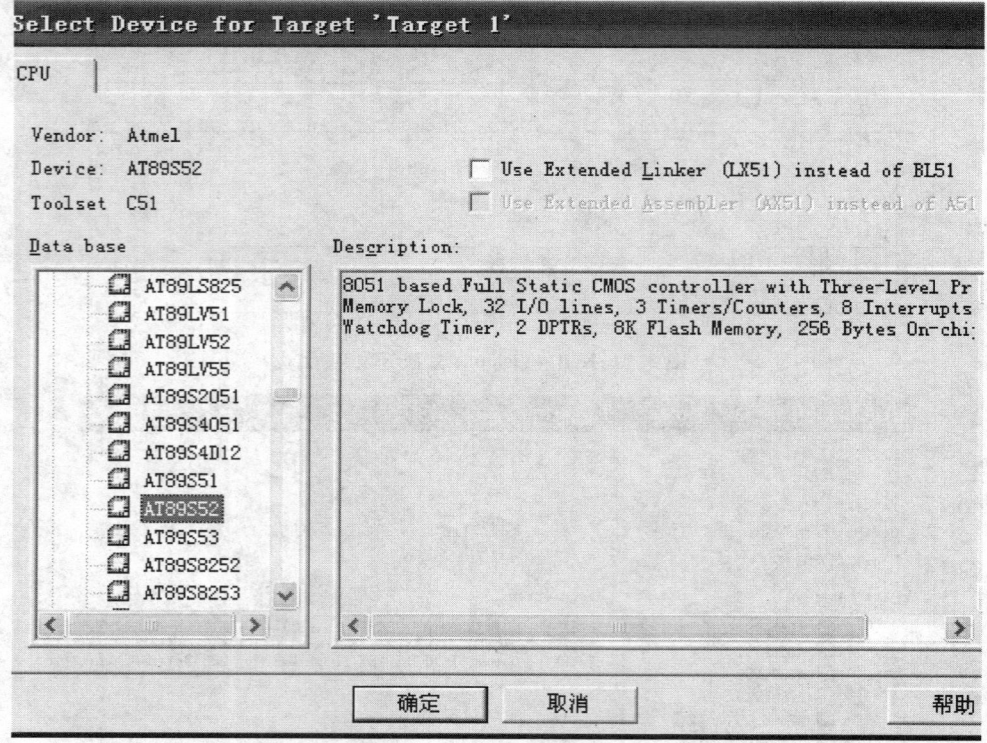

图 3.5　Keil μVision 3 建立工程后的对话框

to Group 'Source Group 1'",或在"Source Group1"项上双击进入"添加资源文件对话框",如图 3.6 所示。

文件类型选择"|Asm Source file(*.s*;*.src;*.a*)",添加".asm"文件后,单击"Close"按钮,得到如图 3.7 所示窗口,即可编辑和调试程序。

编辑软件之前,先要设定工程的一些编译条件或要求等。单击"Projece/Options for Target 'Target 1'",进入如图 3.8 所示对话框。

第 3 章　单片机 Keil C51 语言程序设计基础与开发调试

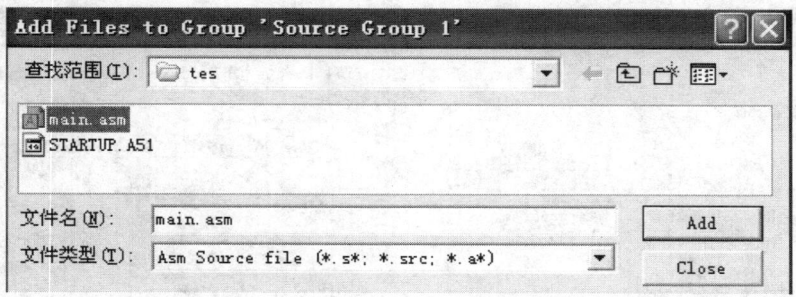

图 3.6　添加资源文件对话框

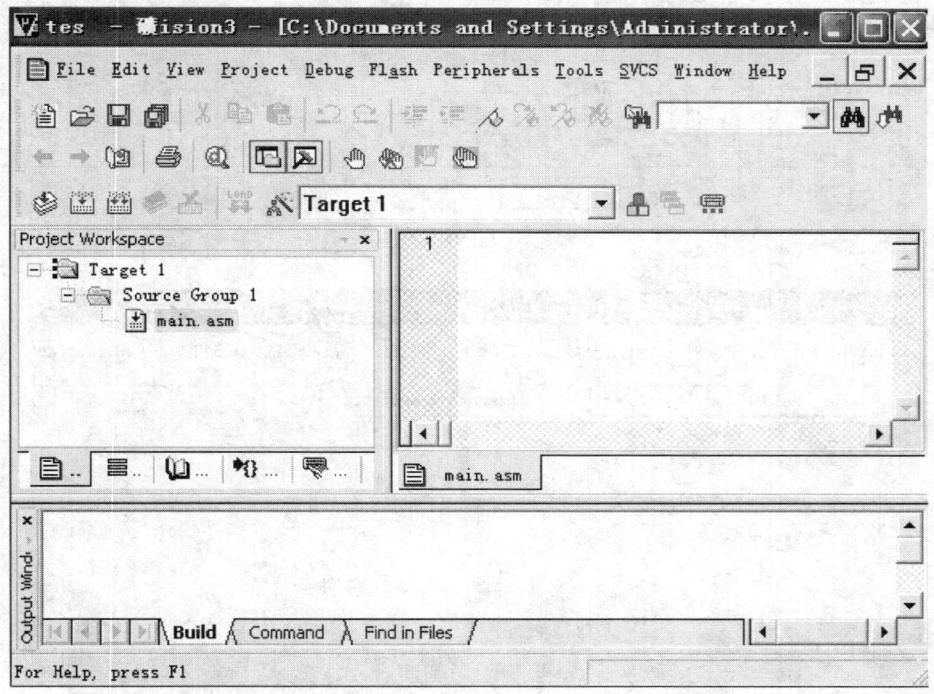

图 3.7　Keil μVision 3 软件编辑环境

其中图 3.8(b) 的生成十六进制文件，一定要选上，这样可以采用供编译生成用于下载到单片机的可执行文件 *.HEX。

下面就可以编写和编译软件了，如图 3.9 所示。

若有编译错误，双击错误信息，软件将指示编译错误行。一般从第一个错误排错开始。当排除所有错误之后，选择"Debug"→"Start/Stop Debug Session"进入仿真调试状态。当然若

单片机及应用系统设计原理与实践

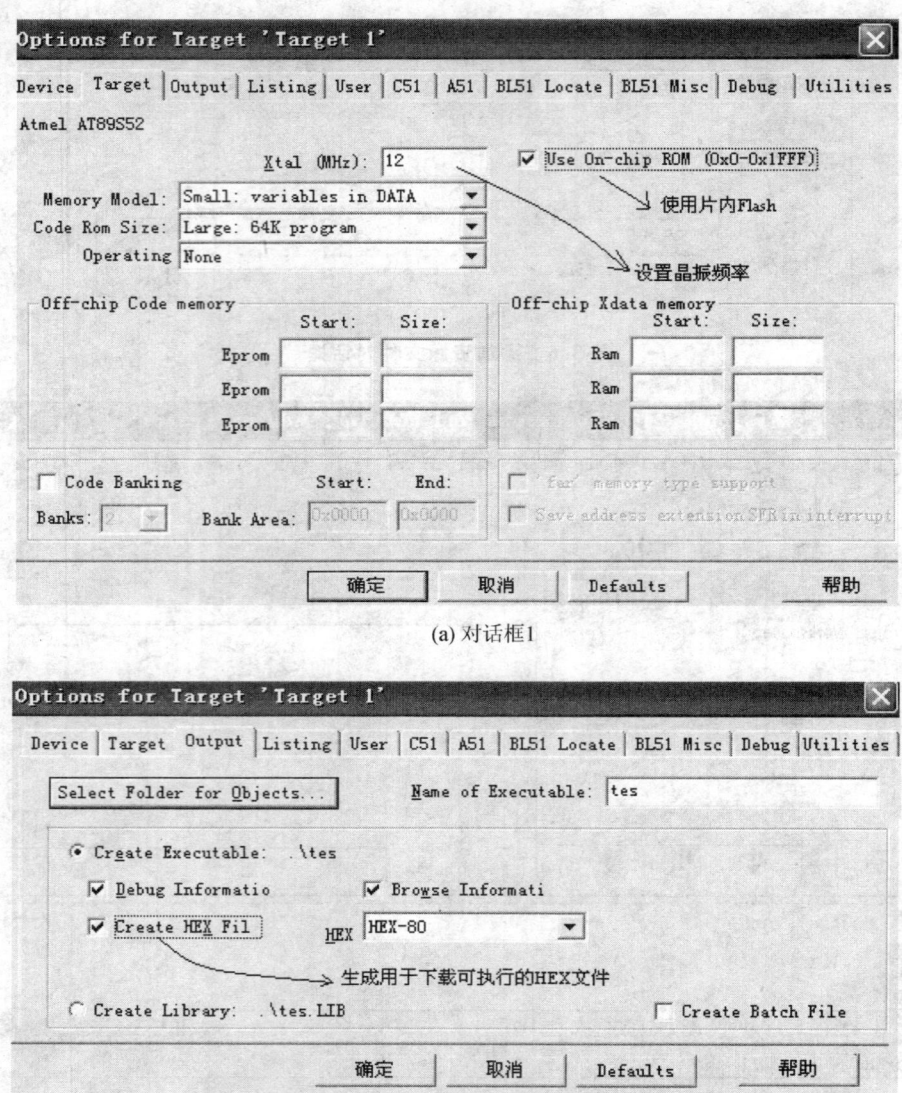

(a) 对话框1

(b) 对话框2

图 3.8 工程选项设置对话框

停止调试,也是进行相同的操作,如图 3.10 所示。

通过"单步运行"、"执行到光标处"等操作察看各寄存器状态,辅助仿真调试软件。选择"Peripherals"菜单还可以仿真模拟片上资源设备,如图 3.11 所示。

第3章 单片机 Keil C51 语言程序设计基础与开发调试

当仿真通过之后,即可将软件下载到单片机的 ROM 中。

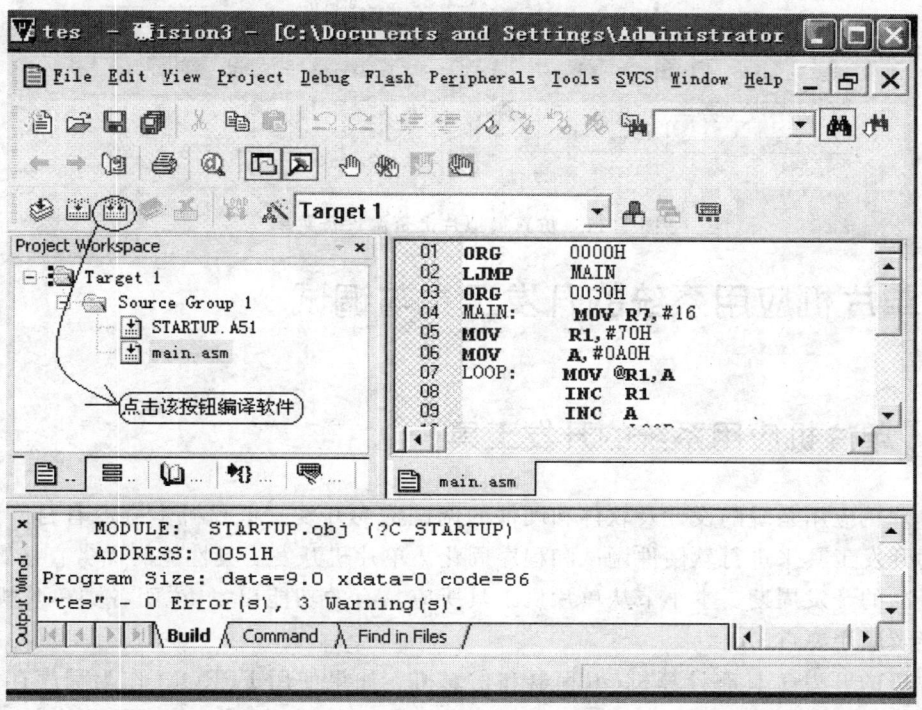

图 3.9 软件编写和编译

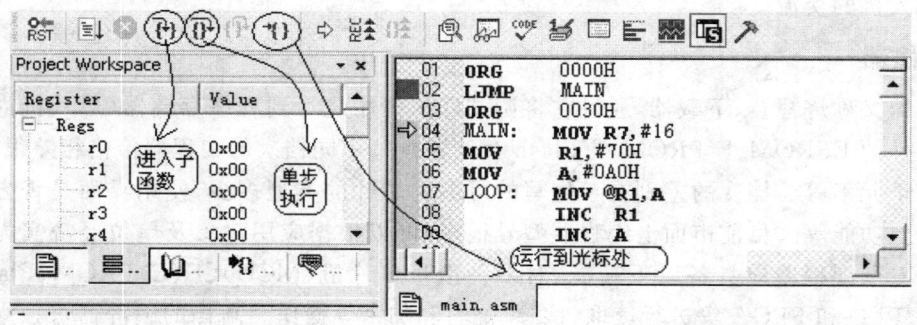

图 3.10 仿真调试

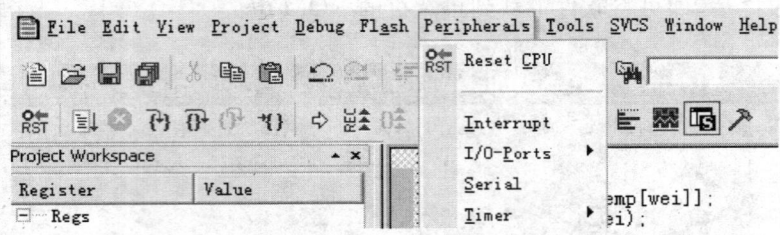

图 3.11　仿真模拟片上资源设备菜单

3.8　单片机应用系统的开发工具与调试

3.8.1　单片机应用系统的开发工具

对单片机应用系统的设计及软件和硬件的调试称为开发。单片机本身没有自开发功能，必须借助开发工具来进行软硬件调试和程序固化。单片机开发工具性能的优劣直接影响单片机应用产品的开发周期。本小节从单片机工具所应具有的功能出发，说明各类单片机开发工具的功能及应用要点。

单片机的开发工具有计算机、编程器和仿真机。如果使用 EPROM 作为程序存储器，还需一台紫外线擦除器。其中最基本的、必不可少的工具是计算机和编程器。仿真机和编程器通过串行接口和计算机的串行口 COM 或 USB 等相连，借助计算机的键盘、监视器及相应的软件完成人机的交流。

1. 编程器

编程器又称烧写器、下载器，通过它将调试好的程序烧写到程序存储器（单片机内程序存储器或片外的 EPROM、E²PROM 或 Flash 存储器）中，不同档次的编程器价格相差很大，从几百元到几千元不等。档次的差别在于烧写的可编程芯片的类型多少，使用界面是否方便及是否还有其他功能等。目前市面上编程器型号很多，可以根据应用对象及单位经济实力进行选择。通常专用编程器应具备以下功能：对多种型号单片机（MCU）、E(E)PROM、Flash 存储器、ROM、PLD 和 FPGA 等进行读取、擦除、烧写和加密等操作。高档的编程器可独立于计算机运行，编程的方法可以为脱机编程或在系统编程。

2. 仿真机与实时在线仿真调试

仿真机又称为在线仿真机，英文为 In Circuit Emulation（简称 ICE）。它是以被仿真的微处理器（MPU）或微控制器（MCU，如单片机）为核心的一系列硬件构成，使用时拔下 MPU 或

MCU，换插 ICE 插头（又称为仿真头），这样用户系统就成了 ICE 的一部分，原来由 MPU 或 MCU 执行程序改由仿真机来执行，利用仿真机的完整的硬件资源和监控程序，实现对用户目标码程序的跟踪调试，观察程序执行过程中的单片机寄存器和存储器的内容，根据执行情况随时修改程序。

仿真机的随机软件通常为集成环境，即将文件的编辑、汇编语言的汇编和连接、高级语言的编译和连接及跟踪调试集于一体，能对汇编语言程序和高级语言程序仿真调试，采用窗口和下拉菜单操作。一般仿真机提供的集成软件，既可用于硬件仿真，又可用于软件模拟仿真（仅用计算机，不连仿真机）。使用时，选择不同的工作模式或参数，既可选择硬件仿真还是软件仿真。

实时在线仿真是指开发系统中的仿真器能仿真用户目标系统中的单片机，并模拟目标系统中的 ROM、RAM 和 I/O 口，使在线仿真时用户目标系统的运行环境和运行速度与脱离仿真器后用户目标系统独立运行时的环境和运行速度完全一致。在线仿真时，开发系统应能将仿真器中的单片机完整地（包括片内的全部资源及外部可扩展的程序存储器和数据存储器）出借给目标系统，不占用任何资源，电不受任何限制，仿真单片机的电气特性也应与用户系统的单片机一致，使用户可根据单片机的资源特性进行设计；另外，在用户目标机未做好前，还可借用仿真器内的资源进行软件调试。

开发系统软硬件调试功能的强弱，直接关系到产品开发的效率。性能优良的开发系统应具有以下调试功能。

（1）运行控制功能

应能以单步、断点（多种断点条件）和连续三种方式运行程序；在各种运行方式下，用户能根据需要启动或停止程序的执行；当程序中断时，应能保持断点处的现场（包括 PC 等特殊功能寄存器、I/O 口等）。

（2）状态的读出和修改功能

用户可以读出/修改目标系统所有资源的状态，以便检查运行的结果。这些资源包括：程序存储器（仿真 RAM 或用户目标机中的 ROM）、单片机片内资源、扩展的数据存储器和 I/O 口等。

（3）跟踪功能

高性能的单片机开发系统还具有逻辑分析仪的功能。在程序运行过程中，能监视和存储目标系统总线上的地址、数据和控制信号的变化，也可显示某总线变化的波形，对于分析定位故障尤为有用。

3. 辅助设计功能

软件的辅助设计功能也是衡量单片机开发系统功能强弱的重要标志之一。软件辅助设计功能包括：

① 程序设计语言。单片机的程序设计语言有机器语言、汇编语言和高级语言。机器语言程序的输入、修改和调试都很麻烦,仅在简单的开发装置中使用;汇编语言使用灵活、程序容易优化,是单片机开发中最常用的语言;高级语言具有通用性好、功能强等特点,设计人员只要掌握该语言而无须完全掌握具体单片机的指令系统便可编制程序,且在改换单片机型号时程序的移植十分容易,特别是对习惯使用高级语言的用户更是十分方便。51 系列单片机最常用的高级语言是 C51。在程序设计时可交叉使用汇编语言和高级语言。

② 程序编辑。单片机开发系统通常提供程序编辑功能,用来编辑汇编语言和高级语言程序,提供交叉汇编程序或编译程序将源程序汇编成目标程序并生成程序清单文件。

③ 其他软件功能。一些开发系统还提供反汇编程序和实用子程序库。反汇编程序将机器码程序反汇编成汇编语言源程序,用于仿制和解剖产品;实用子程序库可由用户宏调用,以减少用户软件设计的工作量。

综上所述,一个好的单片机开发系统应能提供一个完全"透明"的,可由用户控制运行方式和修改运行现场的单片机,实时在线、完全一致地仿真用户目标系统。高性能的开发系统还具有逻辑分析仪的功能。

3.8.2 单片机应用系统的调试

当嵌入式应用系统设计安装完毕,应先进行硬件的静态检查,即在不加电的情况下用万用表等工具检查电路的接线是否正确,电源对地是否短路。加电后在不插芯片的情况下,检查各插座引脚的电位是否正常,检查无误以后,再在断电的情况下插上芯片。静态检查可以防止电源短路或烧坏元器件,然后再进行软硬件的联调。

单片机与嵌入式系统的调试有两种方式:

1. 方式一:计算机+模拟仿真软件+编程器(或 ISP 下载器)

这里有一种脱机编程的方式,即将单片机(或 E^2PROM)从用户板(又称目标板)上拔下来,插到编程器插座上,编程器通过 RS-232 插座和 PC 的串行口 COM1 或 COM2 相连,运行烧写程序,用户的程序(后缀为 .HEX 或 .BIN)就烧写进单片机内的程序存储器(或外部 E^2PROM)中,再将单片机(或外部 E^2PROM)从编程器上取下,插到用户板,上电后,就可以运行单片机中的程序。如果运行结果不对,修改程序,再将单片机(或 E^2PROM)插入编程器,擦除干净后再重新烧写。方式一的流程图如图 3.12 所示,编程器与计算机的连接如图 3.13 所示。

由图可见,这种方式是通过反复地上机试用,插、拔芯片和擦除、烧写完成开发的,对于有经验的工作人员,也可以一次烧写成功。如果在烧写前先进行软件模拟调试,待程序执行无误后再烧写,可以提高开发效率。

另一种是在系统编程(ISP),这需要使用 ISP 型的单片机。本教材采用 ISP 型的 51 单片

第 3 章 单片机 Keil C51 语言程序设计基础与开发调试

机 AT89S52。ISP 使单片机应用系统的开发逐渐脱离了编程器时代,即通过单片机自身的 I/O 口线,不脱离应用电路板,利用 ISP 下载器就可以实现 PC 端程序的下载,实现在系统烧写功能并可立即执行。而且 ISP 下载器有个极其廉价的 DIY 方法,为单片机的学习和应用系统的开发提供了良好的思路和手段,如图 3.14 所示。

ISP 下载器开发单片机应用系统的缺点是无跟踪调试功能,只适用于小系统开发,开发效率较低。

2. 方式二:计算机+在线仿真器+编程器

方式一是软件模拟仿真方法,方式二是硬件仿真。使用该方式要购买一台在线仿真器,另外还要买一台编程器。利用仿真器完整的硬件资源和监控程序,实现对用户目标码程序的跟踪调试,在跟踪调试中侦错和即时排除错误。操作方法是:

用串行电缆将在线仿真器通过 RS-232 插件和 PC 的 COM1 或 COM2 相连,在断电的情况下,拔下用户系统的单片机,代之以仿真头(如用外部 EPROM,还需拔下该 EPROM),如图 3.15 所示。运行仿真调试程序,通过跟踪执行,观察目标板的波形或执行现象,即时地发现软硬件的问题,进行修正。当调试到满足系统要求后,将调试好的程序通过编程器烧写到单片机或 EPROM 中,拔下仿真头,还原单片机或 EPROM,一个嵌入式系统就调试成功了。

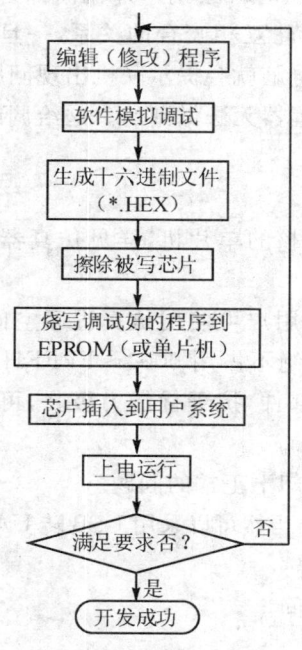

图 3.12 方式一的开发流程

图 3.13 编程器与计算机的连接

图 3.14 ISP 下载器开发单片机应用系统示意图

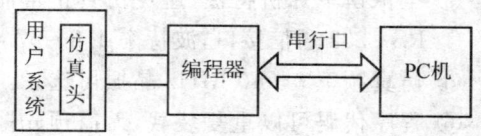

图 3.15 单片机的在线仿真

使用仿真器调试,仿真效率高,能缩短开发周期,只要有条件,应采用这种调试方式。

3.8.3 基于SST89E564自制51系列单片机仿真器

SST公司的SST89E564单片机完全兼容经典51架构,同时其Flash划分了两个区,64 KB用户区和8 KB辅助区域。SST公司设计了一个免费的固件,当该固件下载到辅助区域后,仿真主控程序就像一台电脑的操作系统一样控制仿真器的正确运转,SST89E564单片机就成了一个仿真机,简称SST仿真机。

仿真器和电脑的上位机软件(即Keil)是通过串口相连的,通过仿真器芯片的RxD和TxD端口和电脑的串行口做联机通信,RxD负责接收电脑主机发来的控制数据,TxD负责给电脑主机发送反馈信息。控制指令由Keil发出,由仿真器内部的仿真主控程序负责执行接收到的数据,并且进行正确的处理。进而驱动相应的硬件工作,这其中也包括把接收到的BIN或者其他格式的程序存放到仿真器芯片内部用来存储可执行程序的存储单元(这个过程和把程序烧写到51芯片里面是类似的,只是仿真器的擦写是以覆盖形式来做的),这样就实现了类似编程器反复烧写来试验的功能。不同的是,通过仿真主控程序可以做到让这些目标程序,做特定的运行,如单步、指定端点和指定地址等,并且通过Keil可实时观察到单片机内部各个存储单元的状态。仿真器和电脑主机联机后就像是两个精密的齿轮互相咬合的关系,一旦强行中断这种联系(如强行给仿真器手动复位或者拔去联机线等),电脑就会提示联机出现问题,这也体现了硬件仿真的鲜明特性,即"所见即所得"。这些都是编程器无法做到的。这给调试、修改以及生成最终程序创造了有力的保证,从而实现较高的效率。

(1) SST仿真机特点

① 可仿真 AT89S51、AT89S52 和 AT89C58 等 51 内核的单片机,详见仿真器支持器件列表。

② 直接支持 Keil C51 的 IDE 开发仿真环境,64 KB 用户可使用仿真程序空间(0000~FFFFH),采用顶级仿真芯片,监控程序存储在特殊空间,绝不占用 0000~FFFFH 的 64 KB 的仿真空间。工业级 64 KB 超大容量仿真芯片作为核心部件,抗干扰能力极强,可仿真次数大于或等于 100 万次。

③ 全保留单片机特性,避免仿真正常而实际烧录芯片却不正常的问题。

④ RS-232 通信接口,波特率 4.8~57.6 kbps 自适应。当然可以采用 USB 转 UART 芯片。

⑤ 仿真频率 0~40 MHz 晶振可选。

⑥ 程序代码可以重复装载,无需预先擦除用户程序空间。

⑦ 监控程序占用户的资源少,全速运行不占用资源。

⑧ 片内 64 KB 程序空间可以随时进行在线程序更新,可以调试长达几千行的楼宇智能控制大型程序和键盘控制汉字液晶显示大型程序。

第 3 章　单片机 Keil C51 语言程序设计基础与开发调试

⑨ 可单步、断点、全速,可参考变量、RAM 变量。
⑩ 支持汇编、C 语言,混合调试。支持同时最多 10 个断点。

(2) 仿真器内部硬件资源的占用

占用 T2 定时器、UART 口,用于执行仿真程序,用户不能使用。当然全速运行不占用资源。

SST 仿真机支持的芯片如表 3.6 所列。51 单片机家族有众多的兼容单片机型号,还有很多公司产品没有列出。

表 3.6　SST 仿真机支持的芯片

公司名称	芯片型号
Atmel	AT89C51、AT89C52、AT89S51、AT89S52、AT89C1051(需使用 ATX051 仿真头)、AT89C2051(需使用 ATX051 仿真头)、AT89C4051(需使用 ATX051 仿真头)、AT89LV52、AT89S53、AT89LS53、AT89C55 和 AT89LV55 等
Philips	P80C54、P80C58、P87C54、P87C58、P87C524 和 P87C528 等
Winbond	W78C54、W78C58、W78E54 和 W78E54 等
SST	SST89C54、SST89C58 等
Inter	i87C54、i87C58、i87L54、i87L58、i87C51FB 和 i87C51FC 等
Temic	80C51、80C52、83C154、83C154D、89C51 和 87C52 等
Siemens	C501-1R、C501-1E、C513A-H、C503-1R 和 C504-2R 等
ISSI	IS80C52、IS89C51 和 IS89C52 等
Dallas	DS83C520、DS87C520 等

用于制作 SST 仿真机的固件及烧录软件 SoftICE_564 可以到 SST 公司的官方网站免费下载。网址为:http://www.sst.com/products/software_utils/softice/。详细制作步骤如下:

计算机通过 COM 口与单片机连接,然后打开 SSTFlashFlex51.exe,按照图 3.16 所示步骤操作。

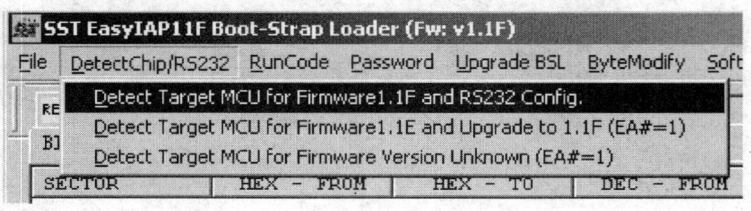

(a) 步骤1

图 3.16　SST 仿真机制作过程

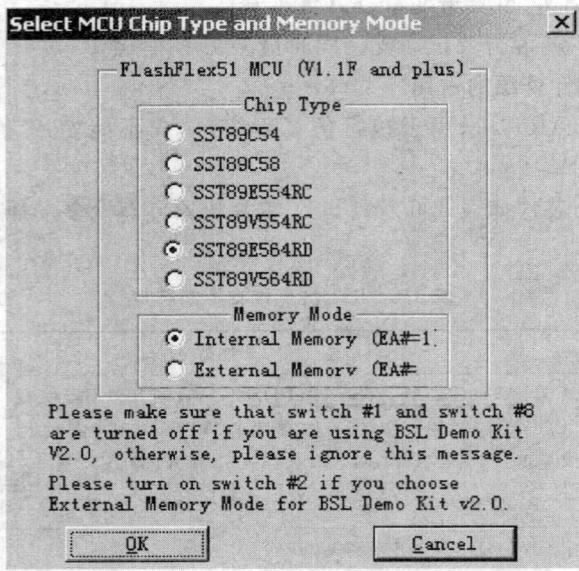

(b) 步骤2

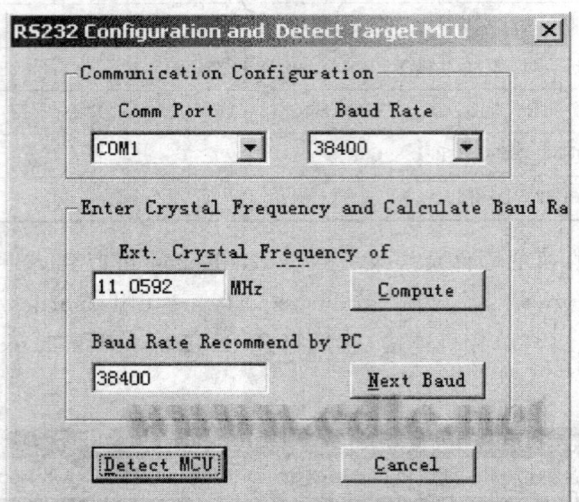

注:选择对应电路板的晶振频率。

(c) 步骤3

图 3.16　SST 仿真机制作过程(续)

第3章 单片机 Keil C51 语言程序设计基础与开发调试

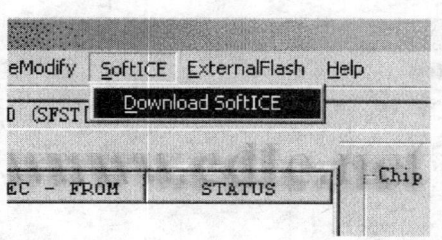

注:下载SoftICE。
(d) 步骤4

注:密码一般不用输入。
(e) 步骤5

(f) 步骤6

(g) 步骤7

图 3.16　SST 仿真机制作过程(续)

若 SST 仿真器在使用过程中不慎将监控程序冲掉导致无法联机,以 SST89E564 芯片仿真为例,则可利用一个支持 SST89E564 的编程器将 soft564.hex 烧写进入(选择 RB1 存储器 1)。这样就可以把仿真器连接 Keil μv2 或 Keil μv3 进行仿真操作了。方法及步骤如图 3.17 所示。

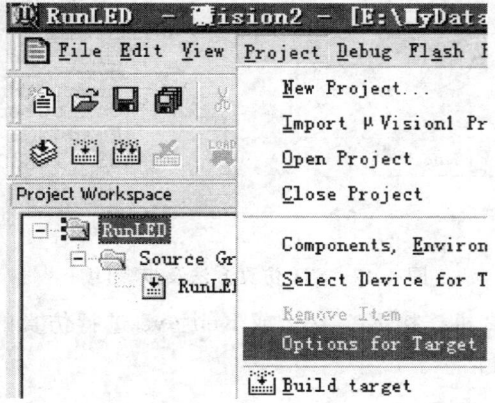

(a) 项目设置菜单

图 3.17　SST 仿真方法及步骤

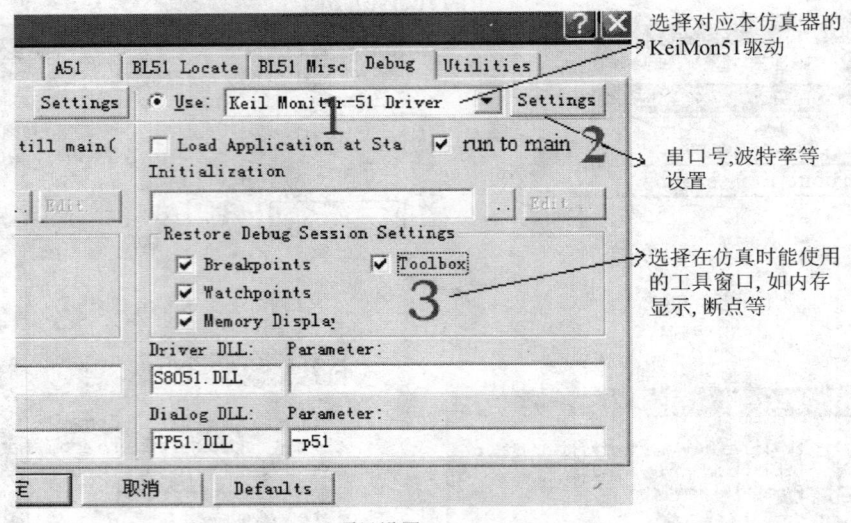

(b) 项目设置

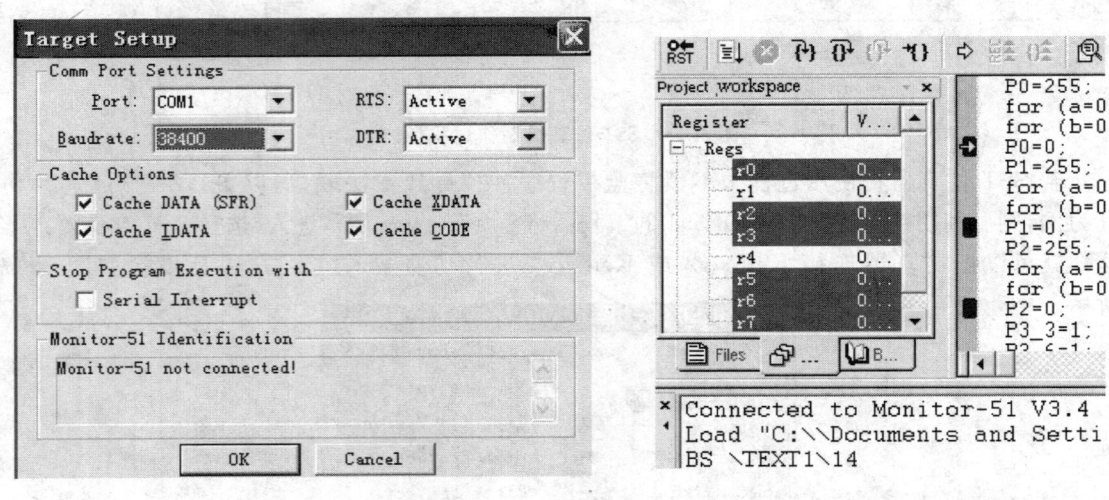

(c) 仿真器设置 (d) 仿真器连接成功并仿真

图 3.17　SST 仿真方法及步骤(续)

图 3.17 所示 SST 仿真机连接 Keil μv2 或 Keil μv3 进行仿真的方法及步骤，如连接不成功就出现如图 3.18 所示对话框。

第 3 章　单片机 Keil C51 语言程序设计基础与开发调试

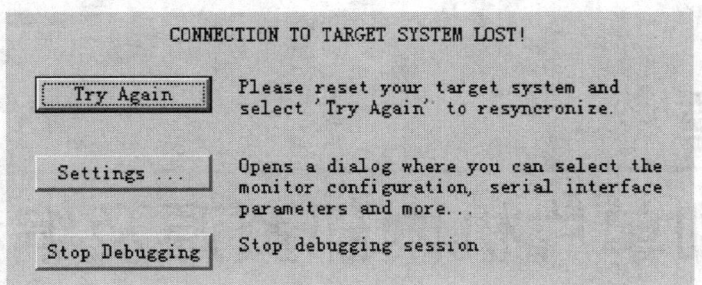

图 3.18　SST 仿真器连接不成功提示

习题与思考题

3.1　请列举出 C51 中扩展的关键字。

3.2　说明 pdata 和 xdata 定义外部变量时的区别。

3.3　试说明 C51 中 bit 和 sbit 位变量定义的区别。

3.4　试说明 static 变量的含义。

3.5　试说明 SFR 区域是否可以通过指针来访问？为什么？

第 4 章
51 系列单片机内部资源及编程

51 单片机的内部资源主要有并行 I/O 接口、定时/计数器、串行接口以及中断系统。51 单片机应用系统设计的大部分功能就是通过对这些资源的利用来实现的。下面分别对其介绍,并用汇编语言和 C 语言分别给出相应例子。

4.1　51 单片机的输入/输出(I/O)接口

4.1.1　51 单片机的 I/O 口结构

51 单片机有 4 个 8 位的并行输入/输出接口：P0、P1、P2 和 P3 口。这 4 个口既可以并行输入或输出 8 位数据,又可以按位方式使用,即每一位均能独立做输入或输出用。本节将介绍它们的结构以及编程与应用。

P0 口为三态双向口,能带 8 个 LSTTL 电路。P1、P2 和 P3 口为准双向口(在用作输入线时,口锁存器必须先写入"1",故称为准双向口),负载能力为 4 个 LSTTL 电路。P0、P1、P2 和 P3 的每个 I/O 口位结构如图 4.1 所示。

1. P0 端口功能(P0.0~P0.7、32~39 脚)

P0 口位结构,包括 1 个输出锁存器,2 个三态缓冲器,1 个输出驱动电路和 1 个输出控制端。输出驱动电路由一对场效应管组成,其工作状态受输出端的控制,输出控制端由 1 个与门、1 个反相器和 1 个转换开关 MUX 组成。P0 口既可作为输入/输出口,又可作为地址/数据总线使用。

(1) P0 口作地址/数据复用总线使用

若从 P0 口输出地址或数据信息,此时控制端应为高电平,转换开关 MUX 将地址或数据

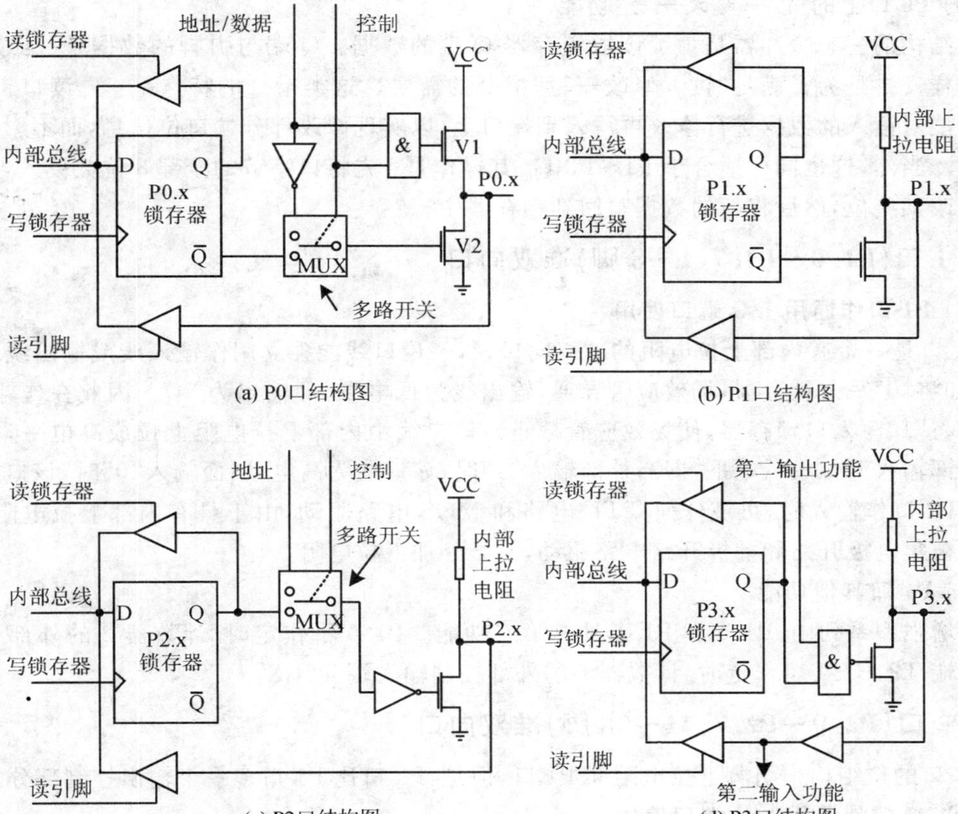

(a) P0口结构图　(b) P1口结构图　(c) P2口结构图　(d) P3口结构图

图 4.1　51 经典型单片机 I/O 口结构图

的反相输出与输出级场效应管 V2 接通，同时控制 V1 开关的与门开锁。内部总线上的地址或数据信号通过与门去驱动 V1 管，通过反相器驱动 V2 管，形成推挽结构，这时内部总线上的地址或数据信号就传送到 P0 口的引脚上。工作时低 8 位地址与数据线分时使用 P0 口。低 8 位地址由 ALE 信号的负跳变使它锁存到外部地址锁存器中，而高 8 位地址由 P2 口输出。

(2) P0 口作通用 I/O 端口使用

对于具有内部程序存储器的单片机，P0 口也可以作通用 I/O，此时控制端为低电平，转换开关把输出级与 D 触发器的 $\overline{Q}$ 端接通，同时因与门输出为低电平，输出级 V1 管处于截止状态，输出级为漏极开路电路，在驱动 NMOS 电路时应外接上拉电阻；作输入口用时，应先将锁存器写“1”，这时输出级两个场效应管均截止，可作高阻抗输入，通过三态输入缓冲器读取引脚信号，从而完成输入操作；否则 V2 常导通，引脚恒低。

(3) P0口上的"读—修改—写"功能

位结构的三态缓冲器是为了读取锁存器 Q 端的数据。Q 端与引脚的数据是一致的。结构上这样安排是为了满足"读—修改—写"指令的需要。这类指令的特点是：先读口锁存器，随之可能对读入的数据进行修改再写入到端口上，以实现修改部分端口位信息，而不影响其他位端口。当然，这也同样适合于 P1～P3 口，其操作是：先将口字节的全部 8 位数读入，再通过指令修改某些位，然后将新的数据写回到锁存器中。

2. P1 口（P1.0～P1.7、1～8 脚）准双向口

(1) P1 口作通用 I/O 端口使用

P1 口是一个有内部上拉电阻的准双向口，每一位口线能独立用作输入线或输出线。作输出时，如将"0"写入锁存器，场效应管导通，输出线为低电平，即输出为"0"。因此在作输入时，必须先将"1"写入口锁存器，使场效应管截止。该口线由内部上拉电阻上拉成高电平，同时也能被外部输入源拉成低电平，即当外部输入"1"时，该口线为高电平；而输入"0"时，该口线为低电平。P1 口作输入时，可被任何 TTL 电路和 MOS 电路驱动，由于具有内部上拉电阻，也可以直接被集电极开路和漏极开路电路驱动，不必外加上拉电阻。

(2) P1 口其他功能

在增强型系列中，P1.0 和 P1.1 具有第二功能。P1.0 可作定时/计数器 2 的外部计数触发输入端 T2，P1.1 可作定时/计数器 2 的外部控制输入端 T2EX。

3. P2 口（P2.0～P2.7，21～28 脚）准双向口

P2 口的位结构中引脚上拉电阻同 P1 口，但是，P2 口比 P1 口多一个输出控制部分。

(1) P2 口作通用 I/O 端口使用

当 P2 口作通用 I/O 端口使用时，是一个准双向口，此时转换开关 MUX 倒向下边，输出级与锁存器接通，引脚可接 I/O 设备，其输入/输出操作与 P1 口完全相同。

(2) P2 口作地址总线口使用

当系统中接有外部存储器时，P2 口用于输出高 8 位地址 A15～A8。这时在 CPU 的控制下，转换开关 MUX 倒向上边，接通内部地址总线。P2 口的口线状态取决于片内输出的地址信息。在外接程序存储器的系统中，大量访问外部存储器，P2 口不断送出地址高 8 位。例如，在 8031 构成的系统中，P2 口一般只作地址总线口使用，不再作 I/O 端口直接连外部设备。

在不接外部程序存储器和接有外部数据存储器的系统中，情况有所不同。若外接数据存储器容量为 256 B 或以内，则可使用"MOVX A,@Ri"类指令由 P0 口送出 8 位地址，P2 口上引脚的信号在整个访问外部数据存储器期间也不会改变，故 P2 仍可作通用 I/O 端口使用。若外接存储器容量较大，则需用"MOVX A,@DPTR"类指令，由 P0 口和 P2 口送出 16 位地址。在读/写周期内，P2 口引脚上将保持地址信息，但从结构可知，输出地址时，并不要求 P2 口锁存器锁存"1"，锁存器内容也不会在送地址信息时改变。故访问外部数据存储器周期结束

后,P2口锁存器的内容又会重新出现在引脚上。这样,根据访问外部数据存储器的频繁程度,P2口仍可在一定限度内作一般I/O端口使用。

4. P3口(P3.0～P3.7、10～17脚)双功能口

P3口是一个多用途的端口,也是一个准双向口,作为第一功能使用时,其功能同P1口。当作第二功能使用时,每一位功能定义如表4.1所列。P3口的第二功能实际上就是系统具有控制功能的控制线。此时相应的口线锁存器必须为"1"状态,与非门的输出由第二功能输出线的状态确定,从而P3口线的状态取决于第二功能输出线的电平。在P3口的引脚信号输入通道中有两个三态缓冲器,第二功能的输入信号取自第一个缓冲器的输出端,第二个缓冲器仍是第一功能的读引脚信号缓冲器。

表 4.1 P3口的第二功能

端口功能	第二功能	端口功能	第二功能
P3.0	RXD,串行输入(数据接收)口	P3.4	T0,定时器0外部输入
P3.1	TXD,串行输出(数据发送)口	P3.5	T1,定时器1外部输入
P3.2	$\overline{INT0}$,外部中断0输入线	P3.6	$\overline{WR}$,外部数据存储器写选通信号输出
P3.3	$\overline{INT1}$,外部中断1输入线	P3.7	$\overline{RD}$,外部数据存储器读选通信号输入

每个I/O端口内部都有一个8位数据输出锁存器和一个8位数据输入缓冲器,4个数据输出锁存器与端口号P0、P1、P2和P3同名,皆为特殊功能寄存器。因此,CPU数据从并行I/O端口输出时可以得到锁存,数据输入时可以得到缓冲。

4个并行I/O端口作为通用I/O口使用时,共有写端口、读端口和读引脚3种操作方式。写端口实际上就是输出数据,是将累加器A或其他寄存器中的数据传送到端口锁存器中,然后由端口自动从端口引脚线上输出。读端口不是真正的从外部输入数据,而是将端口锁存器中输出数据读到CPU的累加器。读引脚才是真正的输入外部数据,是从端口引脚线上读入外部的输入数据。

可以把流入I/O口的电流称为灌电流,经由上拉电阻输出高电平产生的输出电流称为拉电流。但是,由于拉电流是由上拉电阻给出,所以拉电流很弱。

例 如图4.2所示,利用单片机实现流水灯(只有一个灯轮流依次点亮)。
这是一个拉电流点亮发光二极管的应用实例,电流由上拉电阻给出,程序如下:

汇编程序:
```
MAIN: MOV   A,#01H
LOOP: MOV   P0,A
      LCALL DL1S
      RL    A
```

C51语言程序:
```
#include <reg52.h>
void delay1s(void)
{ unsigned int i,j;
  for(j=0;j<1000;j++)
```

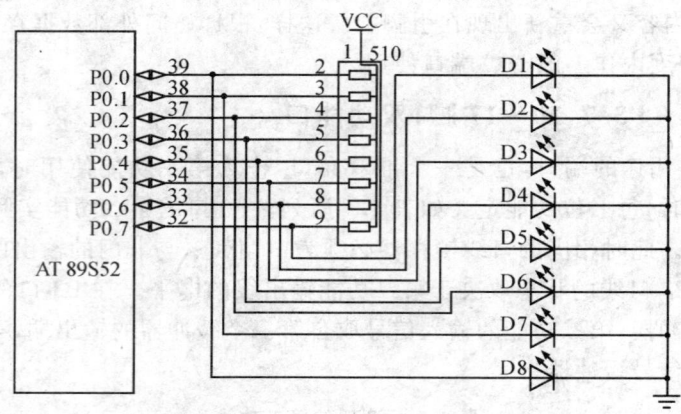

图 4.2 流水灯电路图

```
        SJMP    LOOP
DL1S:   MOV     R5,#20
D2:     MOV     R6,#200
D1:     MOV     R7,#123
        DJNZ    R7,$
        DJNZ    R6,D1
        DJNZ    R5,D2
        RET
        END
```

```c
    for(i=0;i<120;i++);
}
void main(void)
{   unsigned char i;
    while(1)
    { for(i=0;i<8;i++)
      { P0 = 1 << i;
        delay1s();
      }
    }
}
```

当然,发光二极管的驱动对于 51 单片机来讲最好为灌电流驱动,只不过逻辑是反的。详见 7.1.1 小节。

4.1.2 I/O 口与上/下拉电阻

数字电路有三种状态:高电平、低电平和高阻状态。有些应用场合不希望出现高阻状态,可以通过上拉电阻或下拉电阻的方式使其处于稳定状态,具体视设计要求而定。尤其针对 51 单片机的 OC 门 I/O 结构,掌握上拉电阻的应用技巧尤为重要。上/下拉电阻的应用原理类似,下面以上拉电阻为例说明上/下拉电阻应用要点:

① 当前端逻辑输出驱动的高电平低于后级逻辑电路输入的最低高电平时,就需要在前级的输出端接上拉电阻,以提高输出高电平的值,同时提高芯片输入信号的噪声容限增强抗干扰能力;

② 为加大高电平输出时引脚的驱动能力,有的单片机引脚上也常使用上拉电阻;

③ OC门必须加上拉电阻使引脚悬空时有确定的状态,实现"线与"功能;

④ 在CMOS芯片上,为了防止静电造成损坏,不用的引脚不能悬空,一般接上拉电阻降低输入阻抗,提供泄荷通路;

⑤ 引脚悬空比较容易受外界的电磁干扰,加上拉电阻可以提高总线的抗电磁干扰能力;

⑥ 长线传输中电阻不匹配容易引起反射波干扰,加上下拉电阻使电阻匹配,有效地抑制反射波干扰。

上拉电阻阻值的选择原则包括:

① 从节约功耗及芯片的灌电流能力考虑应当足够大。电阻大,电流小。

② 从确保足够的驱动电流考虑应当足够小。电阻小,电流大。

③ 对于高速电路,过大的上拉电阻可能边沿变平缓。因为上拉电阻和开关管漏源极之间的电容和下级电路之间的输入电容会形成RC延迟,电阻越大,延迟越大。

综合考虑以上三点,通常在 $1\sim 10$ kΩ 之间选取。上拉电阻的阻值主要是要顾及端口的低电平吸入电流的能力。例如,在 5 V 电压下,加 1 kΩ 上拉电阻,将会给端口低电平状态增加 5 mA 的吸入电流。在端口能承受的条件下,上拉电阻小一点为好。对下拉电阻也有类似原理。

同时,对上拉电阻和下拉电阻的选择应结合开关管特性和下级电路的输入特性进行设定,主要需要考虑以下几个因素:

① 驱动能力与功耗的平衡。以上拉电阻为例,一般来说,上拉电阻越小,驱动能力越强,但功耗越大,设计时应注意两者之间的均衡。

② 高低电平的设定。不同电路的高低电平的门槛电平会有不同,电阻应适当设定以确保能输出正确的电平。以上拉电阻为例,当输出低电平时,开关管导通,上拉电阻和开关管导通电阻分压值应确保在零电平门槛之下。

③ 下级电路的驱动需求。当OC门输出高电平时,开关管断开,其上拉电流要由上拉电阻来提供,上拉电阻应适当选择以能够向下级电路提供足够的电流。OC门上拉电阻值的确定要选用经过计算后与标准值夹逼相近的一个。设输入端每端口不大于 100 μA,输出口驱动电流约 500 μA,标准工作电压是 5 V,输入口的低高电平门限为 0.8 V(低于此值为低电平)和 2 V(高电平门限值),计算方法如下:

500 μA×8.4 kΩ= 4.2 V,即选大于 8.4 kΩ 时输出端能下拉至 0.8 V 以下,此为最小阻值,再小就拉不下来了。如果输出口驱动电流较大,则阻值可减小,保证下拉时能低于 0.8 V 即可。

当输出高电平时,忽略管子的漏电流,两输入口需 200 μA。200 μA×15 kΩ=3 V,即上拉电阻压降为 3 V,输出口可达到 2 V,此阻值为最大阻值,再大就拉不到 2 V 了。选 10 kΩ 可用。

上述仅仅是原理,用一句话概括为:输出高电平时要有足够的电流给后面的输入口,输出低电平要限制住吸入电流的大小。

④ 多余 I/O 的处理。输入口不要悬空,尤其是输入阻抗高的,更不能悬空。例如在 CMOS 电路中,如果输入口悬空,可能会导致输入电平处于非 0 和非 1 的中间状态,这将使输出级的上下两个推动管同时导通,从而产生很大的电流。一般的做法是通过一个电阻(如 10 kΩ 或 1 kΩ)上拉到高电平或者下拉到低电平。输出口则可以悬空。对于 I/O 口,一般是将其设置为输入口,并像上面的输入口那样处理。如果是 I/O 口内带上拉电阻的,则可使用内部上拉电阻使其电位固定。不设置成输出口,是为了防止误操作时,损坏 I/O 口。

4.1.3 开关量信号的输入与输出

单片机应用系统,尤其是智能仪器仪表在检测和控制外部装置状态时,常常需要采用许多开关量作为输入和输出信号。从原理上讲,开关信号的输入/输出比较简单。这些信号只有开和关、通和断或者高电平和低电平两种状态,相当于二进制数的 0 和 1。如果要控制某个执行器的工作状态,只须输出 0 或 1,即可接通发光二极管、继电器等,以实现诸如声光报警,阀门的开启和关闭,控制电动机的启停等。

对以单片机为核心的应用系统,其 I/O 可以直接检测和接收外部的开关量信号。但是,由于被控对象千差万别,所要求的电压和电流不尽相同,有直流的,有交流的,总之,外界的开关量信号的电平幅度必须与单片机的 I/O 电平兼容,否则必须要对其进行电平转换或搭接功率驱动等,再与单片机的 I/O 连接。

典型的开关量输入是按键,该部分请参阅 7.2 节。下面介绍中小功率开关量输出驱动接口技术。

常用于小功率负载,如发光二极管、数码管、蜂鸣器和小功率继电器等,一般要求系统具有 10~40 mA 的驱动能力,通常采用小功率三极管(如,NPN:9013、9014、8050;PNP:9012、8550)和集成电路(如,达林顿管 ULN2803、与门驱动器 75451 和总线驱动器 74HC245 等)作为驱动电路。二极管和数码管的驱动参见 7.1 节,蜂鸣器的驱动如图 4.3 所示,当然,现在很多种类的单片机的 I/O 已经可以直接驱动蜂鸣器。图 4.4 所示为三极管和 75451 驱动小功率继电器的电路,继电器旁的二极管 VD(1N4007)为钳位二极管,可防止线圈两端的反向电动势损坏驱动器。以三极管为例,当晶体管由导通变为截止时,流经继电器线圈的电流将迅速减小,这时线圈会产生很高的自感电动势与电源电压叠加后加在三极管的 c、e 两极间,会使晶体管击穿,并联上二极管后,即可将线圈的自感电动势钳位于二极管的正向导通电压,此时硅管约 0.7 V,锗管约 0.2 V,从而避免击穿晶体管等驱动元器件。并联二极管时一定要注意二极管的极性不可接反,否则容易损坏晶体管等驱动元器件。

ULN2003/ULN2008 等多路达林顿芯片,可专门用来驱动继电器的芯片,因为其在芯片内部做了一个消线圈反电动势的二极管。ULN2003 可以驱动 7 个继电器,ULN2803 驱动

8个继电器。ULN2003的输出端允许通过IC电流200 mA,饱和压降VCE约1 V,耐压BV-CEO约为36 V。用户输出口的外接负载可根据以上参数估算。采用集电极开路输出,输出电流大,故可以直接驱动继电器或固体继电器(SSR)等受控器件,也可直接驱动低压灯泡。ULN2803及其内部结构如图4.5所示。

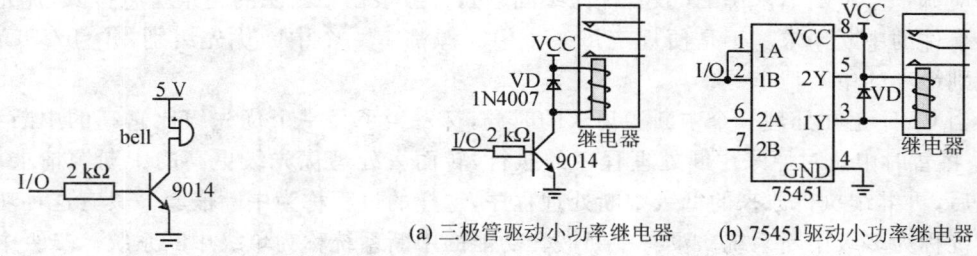

图4.3　蜂鸣器驱动电路　　　图4.4　三极管和75451驱动小功率继电器

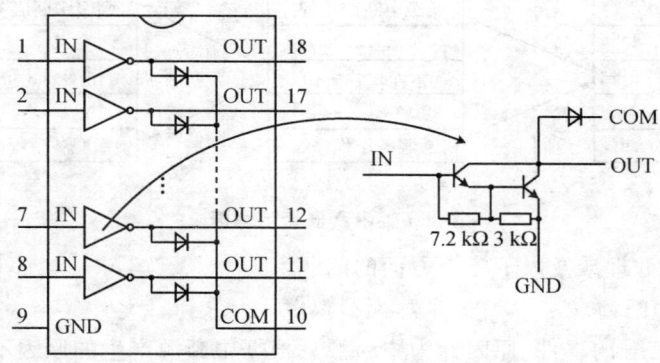

图4.5　ULN2008及其内部结构

4.2　中断系统

4.2.1　中断的基本概念

中断系统,即中断管理系统,其功能是使计算机对外界突发事件具有实时处理能力。

中断是一个过程,当中央处理器CPU在处理某件事情时,外部又发生了一个紧急事件,请求CPU暂停当前的工作而去迅速处理该紧急事件。紧急事件处理结束后,再回到原来被中断的地方,继续原来的工作。引起中断的原因或发出中断请求的来源,称为中断源。实现中断的硬件系统和软件系统称为中断系统。

中断是计算机中很重要的一个概念,中断系统是计算机的重要组成部分。实时控制、故障处理往往通过中断来实现,计算机与外部设备之间的信息传送常常采用中断处理方式。

单片机一般允许有多个中断源,当几个中断源同时向 CPU 请求中断时,就存在 CPU 优先响应哪一个中断请求源的问题(优先级问题),一般根据中断源的轻重缓急排队,优先处理最紧急事件的中断请求。于是便规定每一个中断源都有一个中断优先级别,并且 CPU 总是响应级别最高的中断请求。

当 CPU 正在处理一个中断源请求的时候,又发生了另一个优先级比它高的中断源请求,CPU 将暂时中止对原来中断处理程序的执行,转而去处理优先级更高的中断源请求,待处理完以后,再继续执行原来的低级中断处理程序,这样的过程称为中断嵌套。具有这种功能的中断系统称为多级中断系统。没有中断嵌套功能的中断系统称为单级中断系统。二级中断嵌套的中断过程如图 4.6 所示。

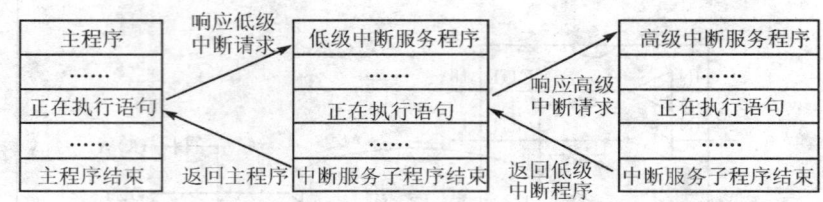

图 4.6　中断嵌套示意图

总结起来,中断处理涉及以下 4 个方面的问题:

(1) 中断源及中断请求

产生中断请求信号的事件、原因称为中断源。根据中断源产生的原因不同,一个计算机一般具有多个中断源。当中断源请求 CPU 中断时,CPU 中断一次,以响应中断请求,但是不能出现中断请求产生一次,CPU 响应多次的情况。这就要求中断请求信号及时撤除。

(2) 中断优先权控制

能产生中断的原因很多,当系统有多个中断源时,有时会出现几个中断源同时请求中断,或者正在执行中断请求时又有新的中断请求,然而 CPU 在某个时刻只能对一个中断源进行响应,响应哪一个呢?这就涉及中断优先权控制问题。在实际系统中,往往根据中断源的重要程度给不同的中断源设定优先等级。当多个中断源提出中断请求时,优先级高的先响应,优先级低的后响应。当然,同级中断请求正在执行时,新的同级中断请求会等待,即使是高级中断源。

(3) 中断允许与中断屏蔽

当中断源提出中断请求,CPU 检测到后是否立即进行中断处理呢?结果不一定。CPU 要响应中断,还受到中断系统多个方面的控制,其中最主要的是中断允许和中断屏蔽的控制。

如果某个中断源被系统设置为屏蔽状态,则无论中断请求是否提出,都不会响应;如果中断源设置为允许状态,又提出了中断请求,则 CPU 才会响应。另外,当有高优先级中断正在响应时,也会屏蔽同级中断和低优先级中断。一般单片机复位后,所有中断源都处于被屏蔽状态。

(4) 中断响应与中断返回

当 CPU 检测到中断源提出的中断请求,且中断又处于允许状态,CPU 就会响应中断,进入中断响应过程。首先,对当前的断点地址进行入栈保护,即保护现场,以待完成中断服务子程序后能正确接断点处继续运行;然后,把中断服务程序的入口地址送给程序指针 PC,转移到中断服务程序,在中断服务程序中进行相应的中断处理;最后,出栈,恢复现场,并通过中断返回指令 RETI 返回断点位置,结束中断。

4.2.2 51 单片机的中断系统

1. 中断源与中断向量

51 单片机提供 5 个(52 子系列提供 6 个)硬件中断源:2 个外部中断源 $\overline{INT0}$(P3.2)和 $\overline{INT1}$(P3.3),2 个定时/计数器 T0 和 T1 的溢出中断 TF0 和 TH1;1 个串行口发送 TI 和接收 RI 中断。52 子系列还提供定时/计数器 T2 中断源,及对应的两个中断标志 TF2 和 EXF2。

(1) 外部中断 **$\overline{INT0}$ 和 $\overline{INT1}$**

外部中断源 $\overline{INT0}$ 和 $\overline{INT1}$ 的中断请求信号从外部引脚 $\overline{INT0}$(P3.2)和 $\overline{INT1}$(P3.3)输入,主要用于自动控制、实时处理和设备故障的处理等。

外部中断请求 $\overline{INT0}$ 和 $\overline{INT1}$ 有两种触发方式:电平触发及跳变(边沿)触发。这两种触发方式可以通过对特殊功能寄存器 TCON 编程来选择。定时/计数器控制寄存器 TCON 高 4 位用于定时/计数器控制,低 4 位用于外部中断控制,特殊功能寄存器 TCON 结构如下:

	b7	b6	b5	b4	b3	b2	b1	b0
TCON	TF1	TR1	TF0	TR0	IE1	IT1	IE0	IT0

IT0(1T1):外部中断 0(或 1)触发方式控制位。IT0(或 IT1)被设置为 0,则选择外部中断为电平触发方式;IT0(或 IT1)被设置为 1,则选择外部中断为边沿触发方式。

IE0(IE1):外部中断 0(或 1)的中断请求标志位。在电平触发方式时,CPU 在每个机器周期的 S5P2 采样 P3.2(或 P3.3),若 P3.2(或 P3.3)引脚为高电平,则 IE0(IE1)清 0;若 P3.2(或 P3.3)引脚为低电平,则 IE0(IE1)置 1,向 CPU 请求中断。在边沿触发方式时,若第一个机器周期采样到 P3.2(或 P3.3)引脚为高电平,第二个机器周期采样到 P3.2(或 P3.3)引脚为低电平时,则由 IT0(或 IT)置 1,向 CPU 请求中断。

在边沿触发方式时,CPU 在每个机器周期都采样 P3.2(或 P3.3)。为了保证检测到负跳变,输入到 P3.2(或 P3.3)引脚上的高电平与低电平至少应保持 1 个机器周期。CPU 响应对应中断服务子程序后由硬件自动将 IE0(IE1)清 0。

对于电平触发方式,只要 P3.2(或 P3.3)引脚为低电平,IE0(或 IE1)就置 1,请求中断,CPU 响应后不能够由硬件自动将 IE0(IE1)清 0。如果在中断服务程序返回时,P3.2(或 P3.3)引脚还为低电平,则又会中断,这样就会发生一次请求中断多次的情况。为避免这种情况,只有在中断服务程序返回前撤销 P3.2(或 P3.3)的中断请求信号,也就是使 P3.2(或 P3.3)为高电平。通常通过外加电路来实现,外部中断请求信号通过 D 触发器加到单片机 P3.2(或 P3.3)引脚上。当外部中断请求信号使 D 触发器的 CLK 端发生正跳变时,由于 D 端接地,Q 端输出 0,向单片机发出中断请求。CPU 响应中断后,利用一根 I/O 接口线 P1.0 作应答线,如图 4.7 所示。同时,图 4.7 所示电路还可防止因 CPU 繁忙,待有时间处理电平触发外中断时,中断已经自动撤销,而丢失中断请求响应。

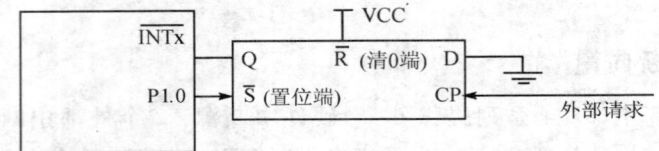

图 4.7 低电平触发外中断中断撤销电路

在中断服务程序中加以下两条指令来撤除中断请求。

```
ANL  P1.0,#0FEH
ORL  P1.0,#01H
```

第一条指令使 P1.0 为"0",而 P1 口其他各位的状态不变。由于 P1.0 与 D 触发器直接置"1"端 $\bar{S}$ 相连,故 D 触发器置"1",撤除了中断请求信号。第二条指令将 P1.0 变成"1",从而 $\bar{S}=1$,使以后产生的新的外部中断请求信号又能向单片机申请中断。

(2) 定时/计数器 T0 和 T1 中断

当定时/计数器 T0(或 T1)溢出时,由硬件置 TF0(或 TH1)为"1",向 CPU 发送中断请求,当 CPU 响应中断后,将由硬件自动清除 TF0(或 TH1)。

(3) 串行口中断

51 单片机的串行口中断源对应两个中断标志位:串行口发送中断标志位 TI 和串行口接收中断标志位 RI。无论哪个标志位置"1",都请求串行口中断。到底是发送中断 TI 还是接收中断 RI,只有在中断服务程序中通过指令查询来判断。串行口中断响应后,中断标志不能由硬件自动清 0,必须由软件对 TI 或 RI 清 0。

(4) 52 子系列的定时/计数器 T2

52 子系列的定时/计数器 T2 中断源也对应两个中断标志位:溢出中断标志 TF2 和捕获

中断标志 EXF2。同样无论哪个标志位置"1",都请求定时/计数器 T2 中断。当然,中断服务子程序需要查询判断中断标志以确定为何中断事件。中断标志也不能由硬件自动清 0,必须由软件对其清 0,否则将无法查询,也就无法判断为何种中断事件。

当中断源中断请求被响应后,CPU 将 PC 指向对应中断源的中断服务程序入口地址,该地址称为中断向量。51 单片机的每个中断源具有固定的中断向量入口地址,如表 4.2 所列。

表 4.2　51 单片机各中断源相对应的中断向量表

中断源	中断入口地址	中断源	中断入口地址
外部中断 0	0003H	定时器 T1 中断	001BH
定时器 T0 中断	000BH	串行口中断	0023H
外部中断 1	0013H	定时器 T2 中断	002BH

2. 中断允许控制

51 单片机中没有专门的开中断和关中断指令,对各个中断源的允许和屏蔽是由内部的中断允许寄存器 IE 的各位来控制的。中断允许寄存器 IE 的字节地址为 A8H,可以进行位寻址,各位的定义如下:

	b7	b6	b5	b4	b3	b2	b1	b0
IE	EA	—	ET2	ES	ET1	EX1	ET0	EX0

其中:

EA　中断允许总控制位。EA=0,屏蔽所有的中断请求;EA=1,开放中断。EA 的作用是使中断允许形成两级控制,即各中断源首先受 EA 位的控制;其次还要受各中断源自己的中断允许位控制。

ET2　定时/计数器 T2 的溢出中断允许位,只用于 52 子系列,51 子系列无此位。ET2=0,禁止 T2 中断;ET2=1,允许 T2 中断。

ES　串行口中断允许位。ES=0,禁止串行口中断;ES=1,允许串行口中断。

ET1　定时/计数器 T1 的溢出中断允许位。ET1=0,禁止 T1 中断;ET1=1,允许 T1 中断。

EX1　外部中断$\overline{INT1}$的中断允许位。EX1=0,禁止外部中断$\overline{INT1}$中断;EX1=1,允许外部中断$\overline{INT1}$中断。

ET0　定时/计数器 T0 的溢出中断允许位。ET0=0,禁止 T0 中断;ET0=1,允许 T0 中断。

EX0　外部中断$\overline{INT0}$的中断允许位。EX0=0,禁止外部中断$\overline{INT0}$中断;EX0=1,允许外部中断$\overline{INT0}$中断。

系统复位时,中断允许寄存器 IE 的内容为 00H,如果要开放某个中断源,则必须使 IE 中的总控制位和对应的中断允许位置"1"。

3. 中断优先级控制

51 单片机有 5 个中断源,为了处理方便,每个中断源有两级控制:高优先级和低优先级。通过由内部的中断优先级寄存器 IP 来设置,中断优先级寄存器 IP 的字节地址为 B8H,可以进行位寻址,各位定义如下:

	b7	b6	b5	b4	b3	b2	b1	b0
IP	—	—	PT2	PS	PT1	PX1	PT0	PX0

其中:
　　PT2　定时/计数器 T2 的中断优先级控制位,只用于 52 子系列。
　　PS　　串行口的中断优先级控制位。
　　PT1　定时/计数器 T1 的中断优先级控制位。
　　PX1　外部中断$\overline{INT1}$的中断优先级控制位。
　　PT0　定时/计数器 T0 的中断优先级控制位。
　　PX0　外部中断$\overline{INT0}$的中断优先级控制位。

如果某位被置"1",则对应的中断源被设为高优先级;如果某位被清 0,则对应的中断源被设为低优先级。对于同级中断源,系统有默认的优先权顺序,默认的优先权顺序如表 4.3 所列,决定了同级中断源同时响应时的优先级。

表 4.3　51 单片机默认的优先权顺序

中断源	同级内的中断优先级(自然优先级)
外部中断 0	最高
定时/计数器 0 溢出中断	↓
外部中断 1	↓
定时/计数器 1 溢出中断	↓
串行口中断	↓
定时/计数器 2 中断	最低

通过中断优先级寄存器 IP 改变中断源的优先级顺序可以实现两个方面的功能:改变系统中断源的优先级顺序和实现二级中断嵌套。

通过设置中断优先级寄存器 IP 能够改变系统默认的优先级顺序。例如,要把外部中断$\overline{INT1}$的中断优先级设为最高,其他的按系统默认顺序,则把 PX1 位设为 1,其余位设为 0,6 个中断源的优先级顺序就为:$\overline{INT1} \rightarrow \overline{INT0} \rightarrow T0 \rightarrow T1 \rightarrow ES \rightarrow T2$。

通过用中断优先级寄存器组成的两级优先级,可以实现二级中断嵌套。

对于中断优先级和中断嵌套,51单片机有以下三条规定:

① 正在进行的中断过程不能被新的同级或低优先级的中断请求所中断,直到该中断服务程序结束,返回了主程序且执行了主程序中的一条指令后,CPU才响应新的中断请求。

② 正在进行的低优先级中断服务程序能被高优先级中断请求所中断,实现二级中断嵌套。

③ CPU同时接收到几个中断请求时,首先响应优先级最高的中断请求。

实际上,51单片机对于二级中断嵌套的处理是通过中断系统中的两个用户不可寻址的优先级状态触发器来实现的。这两个优先级状态触发器是用来记录本级中断源是否正在中断。如果正在中断,则硬件自动将其优先级状态触发器置"1"。若高优先级状态触发器置"1",则屏蔽所有后来的中断请求;若低优先级状态触发器置"1",则屏蔽所有后来的低优先级中断,允许高优先级中断形成二级嵌套。当中断响应结束时,对应的优先级状态触发器由硬件自动清0。

51单片机的中断源和相关的特殊功能寄存器以及内部硬件线路构成的中断系统的逻辑结构如图4.8所示。

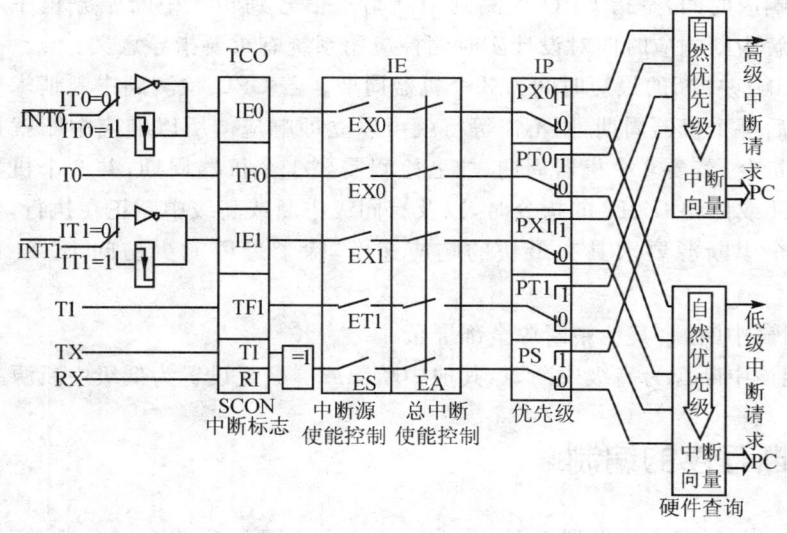

图4.8 中断系统的逻辑结构图

4. 中断响应

(1) 中断响应的条件

51单片机响应中断的条件为:中断源有请求且中断允许。51单片机工作时,在每个机器周期的S5P2期间,对所有中断源按用户设置的优先级和内部规定的优先级进行顺序检测,并在 S6 期间找到所有有效的中断请求。如有中断请求，且满足下列条件，则在下一个机器周期的 S1 期间响应中断，否则丢弃中断采样的结果。

① 无同级或高级中断正在处理。

② 现行指令执行到最后一个机器周期且已结束。

③ 若现行指令为 RETI 或访问 IE、IP 的指令时，执行完该指令且紧随其后的另一条指令也已执行完毕。

(2) 中断响应过程

51 单片机响应中断后，由硬件自动执行如下的功能操作：

① 根据中断请求源的优先级高低，对相应的优先级状态触发器置"1"。

② 保护断点，即把程序计数器 PC 的内容压入堆栈保存。

③ 清内部硬件可清除的中断请求标志位(1E0、IE1、TF0、TF1)。

④ 把被响应的中断服务程序入口地址送入 PC，从而转入相应的中断向量以执行相应的中断服务子程序。

(3) 中断响应时间

所谓中断响应时间，是指 CPU 检测到中断请求信号到转入中断服务程序入口所需要的机器周期。了解中断响应时向对设计实时测控应用系统有重要指导意义。

51 单片机响应中断的最短时间为 3 个机器周期。若 CPU 检测到中断请求信号时正好是一条指令的最后一个机器周期，则不需等待就可以立即响应。所以响应中断就是内部硬件执行一条长调用指令，需要 2 个机器周期，加上检测需要 1 个机器周期，共 3 个机器周期。若现行指令为 RETI 或访问 IE、IP 的指令时，以及有同级中断或高级中断正在执行，中断响应时间会延长。若某个中断源要求具有最快的响应速度，除了近可能少访问 IE 和 IP 外，有两种方法：

① 仅使能该中断源，其他中断源全部屏蔽；

② 仅使能该中断源为高级中断源，其他中断源或屏蔽或设置为低级中断源。

4.2.3 中断程序的编制

51 单片机复位后程序计数器 PC 的内容为 0000H，因此系统从 0000H 单元开始取指，并执行程序，它是系统执行程序的起始地址，通常在该单元中存放一条跳转指令，而用户程序从跳转地址开始存放程序。当有中断请求时，单片机自动调转中断向量处，即 PC 指向中断向量执行相应的中断服务子程序。

1. 汇编中断程序编制

含有中断应用的完整汇编框架如下：

```
        ORG     0000H
        LJMP    MAIN
        ORG     0003H
        LJMP    INT0_
        ORG     000BH
        LJMP    T0_
        ORG     0013H
        LJMP    INT1_
        ORG     001BH
        LJMP    T1_
        ORG     0023H
        LJMP    SERIAL_
        ORG     002BH
        LJMP    T2_
        ORG     0030H
MAIN:
        ⋮
LOOP:
        ⋮
        LJMP    LOOP
INT0_:
        ⋮
        RETI
T0_:
        ⋮
        RETI
INT1_:
        ⋮
        RETI
T1_:
        ⋮
        RETI
SERIAL_:
        ⋮
        RETI
T2_:
        ⋮
        RETI
```

当然,具体应用时不用的中断源代码可去除,且中断服务子程序中伴随着入栈和出栈。

2. C51 中断程序的编制

C51 使用户能编写高效的中断服务程序,编译器在规定的中断源的矢量地址中放入无条件转移指令,使 CPU 响应中断后自动地从矢量地址跳转到中断服务程序的实际地址,而无需用户去安排。

中断服务程序定义为函数,函数的完整定义如下:

返回值 函数名([参数])[模式][重入] interrupt n [using m]

其中必选项 interrupt n 表示将函数声明为中断服务函数,n 为中断源编号,可以是 0~31 之间的整数,不允许带运算符的表达式,n 通常取以下值:

0 外部中断 0;   1 定时/计数器 0 溢出中断;
2 外部中断 1;   3 定时/计数器 1 溢出中断;
4 串行口发送与接收中断; 5 定时/计数器 2 中断。

各可选项的意义如下:

using m,定义函数使用的工作寄存器组,m 的取值范围为 0~3。它对目标代码的影响是:函数入口处将当前寄存器保存,使用 m 指定的寄存器组;函数退出时,原寄存器组恢复。选择不同的工作寄存器组,可方便地实现寄存器组的现场保护。

重入,属性关键字 reentrant 将函数定义为重入。在 C51 中,普通函数(非重入的)不能递归调用,只有重入函数才可被递归调用。

中断服务函数不允许用于外部函数,它对目标代码影响如下:

① 当调用函数时,SFR 中的 ACC、B、DPH、DPL 和 PSW 在需要时入栈。
② 如果不使用寄存器组切换,中断函数所需的所有工作寄存器 Rn 都入栈。
③ 函数退出前,所有工作寄存器都出栈。
④ 函数由 RETI 指令终止。

例 对于图 4.9 所示电路,要求每按下按键一次中断一次,发光二极管显示状态取反。

```
# include <reg52.h>
sbit LED = P1^0;
main()
{   EA = 1;      //开总中断
    EX0 = 1;     //允许 INT0 中断
    IT0 = 1;     //下降沿触发中断
    while(1);    //等待中断
}
void int0() interrupt 0 using 1
{
```

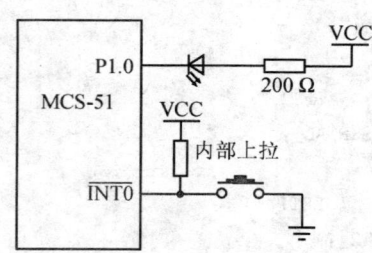

图 4.9 单键触发外中断示例

```
    LED = !LED;
}
```

主函数执行"while(1);"语句,进入死循环,等待中断。当拨动$\overline{INT0}$的开关后,进入中断函数,输出控制 LED。执行完中断,返回到等待中断的"while(1);"语句,等待下一次中断。

4.2.4　51 单片机多外部中断源系统设计

51 单片机仅有两个外中断,当需要更多中断源时,一般采用如下的中断查询方法。中断源的连接如图 4.10 所示。

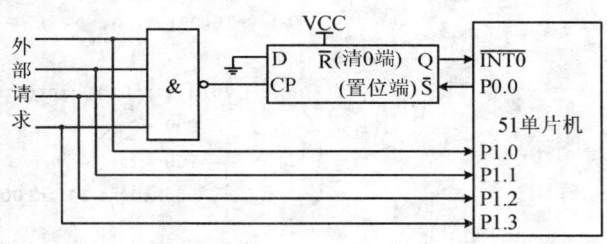

图 4.10　多外部中断源电路连接图

多外中断源扩展通过外中断$\overline{INT0}$来实现,图中把多个中断源通过"线或"接于 D 触发器的 CP 端,常态都为高电平。无论哪个中断源提出请求,CP 端都会产生上升沿而使 D 触发器输出低电平,触发$\overline{INT0}$(P3.2)引脚对应的$\overline{INT0}$中断。响应后,进入中断服务程序,在中断服务程序中通过对线的逐一检测来确定哪一个中断源提出了中断请求,进一步转到对应的中断服务程序入口位置执行对应的处理程序。线路后加了一个 D 触发器,用于中断请求撤销。若不需要中断请求撤销功能,电路可以简化为如图 4.11 所示电路。

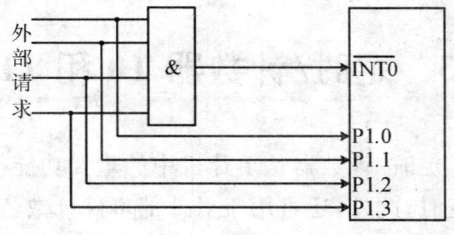

图 4.11　多外部中断源简化电路连接图

C 语言程序:

```
#include    <reg52.h>
sbit   P10 = P1^0;
sbit   P11 = P1^1;
sbit   P12 = P1^2;
sbit   P13 = P1^3;
sbit   P00 = P0^0;
```

汇编程序如下:

```
    ORG    0000H
    LJMP   MAIN
    ORG    0003H
    CLR    P0.0      ;撤销中断请求
    SETB   P0.0
    JNB    P1.0,INT00
```

```
        JNB     P1.1,INT01              main()
        JNB     P1.2,INT02              {   EA = 1;
        JNB     P1.3,INT03                  EX0 = 1 ;
        ORG     0030H                       while(1);
MAIN:                                   }
        SETB    EA                      int00( ){…
        SETB    EX0                         }
        SJMP    $                       int01( ){…
INT00:                                      }
          ⋮                             int02( ){…
        RETI                                }
INT01:                                  int03( ){…
          ⋮                                 }
        RETI                            void  int0()  interrupt  0  using 1
INT02:                                  {   P00 = 0;            //撤销中断请求
          ⋮                                 P00 = 1;
        RETI                                if(P10 == 1) int00( ); //查询调用对应的
INT03:                                                             //函数
          ⋮                                 else if  (p11 == 1) int01( );
        RETI                                else if  (P12 == 1) int02( );
                                            else if  (P13 == 1) int03( );
                                            else;
                                        }
```

4.3 定时/计数器 T0 和 T1

定时/计数器是单片机中的重要功能模块之一,在检测、控制和智能仪器等设备中经常用其定时;此外,还可用于对外部事件计数。

4.3.1 定时/计数器的主要特性

① 51 系列单片机中 51 子系列有两个 16 位的可编程定时/计数器:定时/计数器 T0 和定时/计数器 T1;52 子系列有三个,比 51 子系列多一个定时/计数器 T2。

② 每个定时/计数器既可以对系统时钟计数实现定时,也可以对外部信号实现计数功能,通过编程设定来实现。

③ 每个定时/计数器都有多种工作方式,其中 T0 有 4 种工作方式,T1 有 3 种工作方式,T2 有 3 种工作方式。通过编程可设定工作于某种方式。

④ 每个定时/计数器定时计数时间到时产生溢出,使相应的溢出位置位,溢出可通过查询或中断方式处理。

4.3.2 定时/计数器 T0、T1 的结构及工作原理

定时/计数器 T0、T1 的结构如图 4.12 所示,它由加法计数器、方式寄存器 TMOD 和控制寄存器 TCON 等组成。

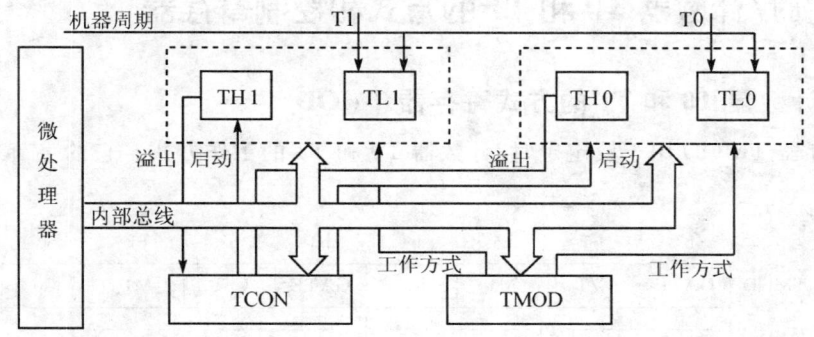

图 4.12 定时/计数器 T0 和 T1 的基本结构

定时/计数器的核心是 16 位加法计数器,在图中用特殊功能寄存器 TH0、TL0 及 TH1、TL1 表示。TH0、TL0 是定时/计数器 T0 加法计数器的高 8 位和低 8 位,TH1、TL1 是定时/计数器 T1 加法计数器的高 8 位和低 8 位。方式寄存器 TMOD 用于设定定时/计数器 T0 和 T1 的工作方式,控制寄存器 TCON 用于对定时/计数器的启动、停止进行控制。

当定时/计数器用于定时时,加法计数器对内部机器周期计数。由于机器周期时间是定值,所以对机器周期的计数就是定时,如机器周期=1 μs,计数 100,则定时 100 μs。当定时/计数器用于计数时,加法计数器对单片机芯片引脚 T0(P3.4)或 T1(P3.5)上的输入脉冲计数。每来一个输入脉冲(下降沿计数),加法计数器加 1。当计数器由全 1 再加 1 变成全 0 时产生溢出,使溢出位 TF0 或 TF1 置位。如中断允许,则向 CPU 提出定时/计数中断;如中断不允许,则只有通过查询方式使用溢出位。

加法计数器在使用时注意两个方面。

第一,由于它是加法计数器,每来一个计数脉冲,加法器中的内容加 1 个单位,当由全 1 加到全 0 时计满溢出。因而,如果要计 N 个单位,则首先应向计数器置初值为 X,且有:

$$初值 X = 最大计数值(满值)M - 计数值 N$$

在不同的计数方式下,最大计数值(满值)不一样。一般来说,当定时/计数器工作于 R 位计数方式时,它的最大计数值(满值)为 2 的 R 次幂。

第二,当定时/计数器工作于计数方式时,对芯片引脚T0(P3.4)或T1(P3.5)上的输入脉冲计数。计数过程如下:在每一个机器周期的S5P2时刻对T0(P3.4)或T1(P3.5)上信号采样一次,如果上一个机器周期采样到高电平,下一个机器周期采样到低电平,则计数器在下一个机器周期的S3P2时刻加1计数一次。因而需要两个机器周期才能识别一个计数脉冲,所以外部计数脉冲的频率应小于振荡频率的1/24。若系统晶振时钟为12 MHz,那么片外计数脉冲上限为12 MHz/24=500 kHz。

4.3.3 定时/计数器T0和T1的方式和控制寄存器

1. 定时/计数器T0和T1的方式寄存器TMOD

方式寄存器TMOD用于设定定时/计数器T0和T1的工作方式。它的字节地址为89H,格式如下:

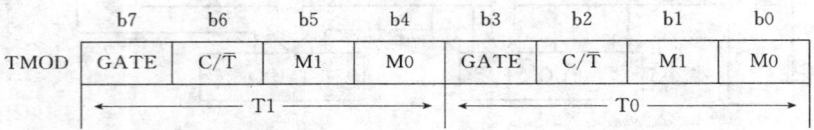

其中:

$C/\overline{T}$为定时或计数方式选择位。当$C/\overline{T}=1$时,工作于计数方式;当$C/\overline{T}=0$时,工作于定时方式。

M1、M0为工作方式选择位,用于对T0的4种工作方式,T1的3种工作方式进行选择,选择情况如表4.4所列。

表4.4 定时/计数器T0和T1工作方式选择表

M1	M0	方 式	说 明
0	0	0	13位定时/计数器
0	1	1	16位定时/计数器
1	0	2	自动重载8位定时/计数器
1	1	3	对T0分为两个8位独立计数器;对T1置方式3时停止工作

GATE为门控位,用于控制定时/计数器的启动是否受外部中断请求信号的影响。如果GATE=1,定时/计数器T0的启动还受芯片外部中断请求信号引脚$\overline{INT0}$(P3.2)的控制,定时/计数器T1的启动还受芯片外部中断请求信号引脚$\overline{INT1}$(P3.3)的控制。只有当外部中断请求信号引脚$\overline{INT0}$(P3.2)或$\overline{INT1}$(P3.3)为高电平时才开始启动计数;如果GATE=0,定时/计数器的启动与外部中断请求信号引脚$\overline{INT0}$(P3.2)和$\overline{INT1}$(P3.3)无关。GATE=1主要应

用于脉宽测量,一般情况下 GATE=0。

2. 定时/计数器的控制寄存器 TCON

控制寄存器 TCON 用于控制定时/计数器的启动与溢出,它的字节地址为 88H,可以进行位寻址。各位的格式如下:

TCON	b7	b6	b5	b4	b3	b2	b1	b0
	TF1	TR1	TF0	TR0	IE1	IT1	IE0	IT0

其中:

TF1 为定时/计数器 T1 的溢出标志位。当定时/计数器 T1 计满时,由硬件使它置位,如中断允许则触发 T1 中断。进入中断处理后由内部硬件电路自动清除。

TR1 为定时/计数器 T1 的启动位。可由软件置位或清 0,当 TR1=1 时启动;当 TR1=0 时停止。

TF0 为定时/计数器 T0 的溢出标志位,当定时/计数器 T0 计满时,由硬件使它置位,如中断允许则触发 T0 中断。进入中断处理后由内部硬件电路自动清除。

TR0 为定时/计数器 T0 的启动位。可由软件置位或清 0,当 TR0=1 时启动;当 TR0=0 时停止。

TCON 的低 4 位是用于外中断控制的,有关内容前面已经介绍,这里不再赘述。

4.3.4 定时/计数器 T0 和 T1 的工作方式

1. 方式 0

当 M1、M0 两位为 00 时,定时/计数器工作于方式 0,方式 0 的结构如图 4.13 所示。

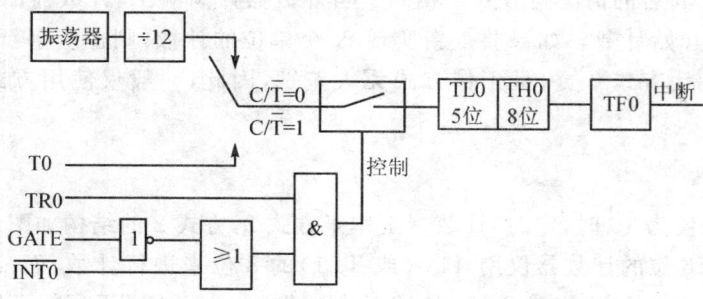

图 4.13 T0(或 T1)方式 0 时的逻辑电路结构图

在这种方式下,16 位的加法计数器只用了 13 位,分别是 TL0(或 TL1)的低 5 位和 TH0(或 TH1)的 8 位,TL0(或 TL1)的高 3 位未用。计数时,当 TL0(或 TL1)的低 5 位计满时向

TH0(或 TH1)进位,当 TH0(或 TH1)也计满时则溢出,使 TF0(或 TF1)置位。如果中断允许,则提出中断请求。另外也可通过查询 TF0(或 TF1)判断是否溢出。由于采用 13 位的定时/计数方式,因而最大计数值(满值)为 2 的 13 次幂,为 8192。若计数值为 N,则置入的初值 X 为:

$$X = 8192 - N$$

在实际中使用时,先根据计数值计算出初值,然后按位置置入到初值寄存器中。如定时/计数器 T0 的计数值为 1000,则初值为 7192。转换成二进制数为 1110000011000B,则 TH0=11100000B,TL0=00011000B。

在方式 0 计数的过程中,当计数器计满溢出时,计数器的计数过程并不会结束,计数脉冲来时同样会进行加 1 计数。只是这时计数器是从 0 开始计数,是满值的计数。如果要重新实现 N 个单位的计数,则这时应重新置入初值。

2. 方式 1

当 M1、M0 两位为 01 时,定时/计数器工作于方式 1。方式 1 的结构与方式 0 结构相同,只是把 13 位变成 16 位。

在方式 1 下,16 位的加法计数器被全部用上,TL0(或 TL1)作低 8 位,TH0(或 TH1)作高 8 位。计数时,当 TL0(或 TL1)计满时,向 TH0(或 TH1)进位;当 TH0(或 TH1)也计满时,则溢出,使 TF0(或 TF1)置位。同样可通过中断或查询方式来处理溢出信号 TF0(或 TF1)。由于是 16 位的定时/计数方式,因而最大计数值(满值)为 2 的 16 次幂,等于 65 536。若计数值为 N,则置入的初值 X 为:

$$X = 65\,536 - N$$

若定时/计数器 T0 的计数值为 1000,则初值为 65 536-1000=64 536。转换成二进制数为 1111110000011000B,则 TH0=11111100B,TL0=00011000B。

对于方式 1 计满后的情况与方式 0 相同。当计数器计满溢出,计数器的计数过程也不会结束,而是以满值开始计数。如果要重新实现 N 个单位的计数,则也应重新置入初值。由于方式 1 的计数范围比方式 0 宽,且工作方式无大差别,因此,一般仅使用方式 1,而不使用方式 0。

3. 方式 2

当 M1、M0 两位为 10 时,定时/计数器工作于方式 2,方式 2 的结构如图 4.14 所示。

在方式 2 下,16 位的计数器仅用 TL0(或 TL1)的 8 位来进行计数,而 TH0(或 TH1)用于保存初值。计数时,当 TL0(或 TL1)计满时则溢出,一方面使 TF0(或 TF1)置位,另一方面溢出信号又会触发如图 4.14 中的三态门,使三态门导通,TH0(或 TH1)的值就自动装入 TL0(或 TL1)。同样可通过中断或查询方式来处理溢出信号 TF0(或 TF1)。由于是 8 位的定时计数方式,因而最大计数值满值为 2 的 8 次幂,等于 256。若计数值为 N,则置入的初值

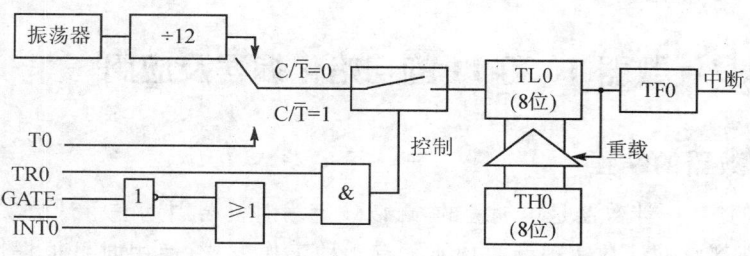

图 4.14 T0(或 T1)方式 2 时的逻辑结构图

X 为：

$$X = 256 - N$$

如定时/计数器 T0 的计数值为 100，则初值为 256－100＝156，转换成二进制数为 10011100B，则 TH0＝TL0＝10011100B。

由于方式 2 计满后，溢出信号会触发三态门自动地把 TH0(或 TH1)的值装入 TL0(或 TL1)中，因而如果要重新实现 N 个单位的计数，不用重新置入初值。因此，方式 2 为 8 位可自动重载工作方式。自动重载可以实现连续准确定时。

4. 方式 3

当 M1、M0 两位为 11 时，定时/计数器 T0 工作于方式 3。方式 3 只有定时/计数器 T0 才有，T1 设置为方式 3 时停止工作。在方式 3 下，定时/计数器 T0 被分为两个部分 TL0 和 TH0。其中，TL0 可作为定时/计数器使用，占用 T0 的全部控制位：GATE、C/T、TR0 和 TF0；而 TH0 固定只能做定时器使用，对机器周期进行计数，它占用定时/计数器 T1 的 TR1 位、TF1 位和 T1 的中断资源。因此这时定时/计数器 T1 不能使用启动控制位和溢出标志位。通常将定时/计数器 T1 设定为方式 2，定时方式作为串行口的波特率发生器，只要赋初值，设置好工作方式，它便自动启动，溢出信号直接送串行口。如要停止工作，只需送入一个把定时/计数器 T1 设置为方式 3 的方式控制字即可。在方式 3 下，计数器的最大计数值、初值的计算与方式 2 完全相同。方式 3 的结构如图 4.15 所示。

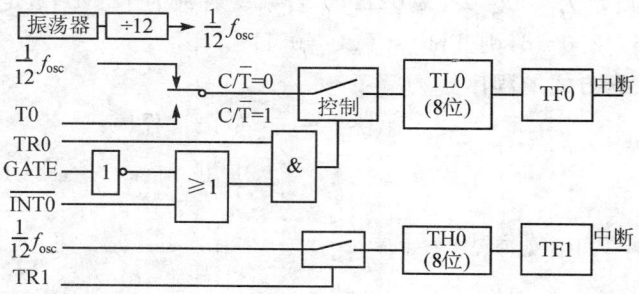

图 4.15 T0 方式 3 时的逻辑结构

4.3.5 定时/计数器 T0 和 T1 的初始化编程及应用

1. 定时/计数器的编程

51 单片机的定时/计数器是可编程的,可以设定为对机器周期进行计数实现定时功能,也可以设定为对外部脉冲计数实现计数功能。有 4 种工作方式,使用时可根据情况选择其中一种。51 单片机定时/计数器初始化过程如下:

① 根据要求选择方式,确定方式控制字,写入方式控制寄存器 TMOD。
② 根据要求计算定时/计数器的计数值,再由计数值求得初值,写入初值寄存器。
③ 根据需要开放定时/计数器中断(后面须编写中断服务程序)。
④ 设置定时/计数器控制寄存器 TCON 的值,启动定时/计数器开始工作。
⑤ 等待定时/计数时间到,则执行中断服务程序;若用查询处理则编写查询程序判断溢出标志,溢出标志等于 1,则进行相应处理。

2. 定时/计数器的应用

通常利用定时/计数器来产生周期性的波形。利用定时/计数器产生周期性波形的基本思想是:利用定时/计数器产生周期性的定时,定时时间到则对输出端进行相应的处理。例如,产生周期性的方波只需定时时间到对输出端取反一次即可。不同的方式定时的最大值不同,若定时的时间很短,则选择方式 2。方式 2 形成周期性的定时不需重置初值;若定时比较长,则选择方式 1;若时间很长,则一个定时/计数器不够用,这时可用两个定时/计数器或一个定时/计数器加软件计数的方法。

例 设系统时钟频率为 12 MHz,用定时/计数器 T0 编程实现从 P1.0 输出周期为 500 μs 的方波。

分析:从 P1.0 输出周期为 500 μs 的方波,只需 P1.0 每 250 μs 取反一次即可。当系统时钟为 12 MHz,定时/计数器 T0 工作于方式 2 时,最大定时时间为 256 μs,满足 250 μs 的定时要求,方式控制字应设定为 00000010B(02H)。若系统时钟为 12 MHz,定时 250 μs,计数值 N 为 250,初值 $X=256-250=6$,则 TH0=TL0=06H。

(1) 采用中断处理方式的程序

汇编程序:

```
        ORG   0000H
        LJMP  MAIN
        ORG   000BH   ;中断处理程序
        CPL   P1.0
        RETI
```

C 语言程序:

```
#include <reg52.h>
sbit SQ = P1^0;
void main()
{ TMOD = 0x02;
  TH0 = 0x06;TL0 = 0x06;
```

```
        ORG     0030H       ;主程序
MAIN:   MOV     TMOD,#02H
        MOV     TH0,#06H
        MOV     TL0,#06H
        SETB    EA
        SETB    ET0
        SETB    TR0
        SJMP    $
        END
```

```c
    EA = 1;
    ET0 = 1;
    TR0 = 1;
    while(1);
}
void time0_int(void) interrupt 1
{//中断服务程序
    SQ = !SQ;
}
```

(2) 采用查询方式处理的程序

汇编程序:

```
        ORG     0000H
        LJMP    MAIN
        ORG     0100H       ;主程序
MAIN:   MOV     TMOD,#02H
        MOV     TH0,#06H
        MOV     TL0,#06H
        SETB    TR0
LOOP:   JBC     TF0,NEXT    ;查询计数溢出
        SJMP    LOOP
NEXT:   CPL     P1.0
        SJMP    LOOP
        SJMP    $
        END
```

C语言程序:

```c
#include <reg52.h>
sbit SQ = P1^0;
void main()
{ unsigned char i;
    TMOD = 0x02;
    TH0 = 0x06;TL0 = 0x06;
    TR0 = 1;
    while(1)
    { if(TF0)         //查询计数溢出
        { TF0 = 0;    //清标志
            SQ = !SQ;
        }
    }
}
```

在上例中,定时的时间在 256 μs 以内,用方式 2 处理很方便。如果定时时间大于 256 μs,则此时用方式 2 不能直接处理。如果定时时间小于 8192 μs,则可用方式 0 直接处理。如果定时时间小于 65 536 μs,则用方式 1 可直接处理。处理时与方式 2 不同在于定时时间到后需重新置初值。如果定时时间大于 65 536 μs,这时用一个定时/计数器直接处理不能实现,可用两个定时/计数器共同处理或一个定时/计数器配合软件计数的方式处理。

例 设系统时钟频率为 12 MHz,编程实现从 P1.1 输出周期为 1 s 的方波。

根据上例的处理过程,这时应产生 500 ms 的周期性的定时,定时到则对 P1.1 取反即可实现。由于定时时间较长,一个定时/计数器不能直接实现,可用定时/计数器 T0 产生周期性为 10 ms 的定时,然后用一个寄存器 R1 对 10 ms 计数 50 次或用定时/计数器 T1 对 10 ms 计数 50 次实现。系统时钟为 12 MHz,定时/计数器 T0 定时 10 ms,计数值 N 为 10000,只能选方式 1,方式控制字为 00000001B(01H),初值 X 如下:

$$X = 65536 - 10000 = 55536 = 1101100011110000B$$

则 $TH0 = 55536/256 = 11011000B = D8H$，$TL0 = 55536\%256 = 11110000B = F0H$。

(1) 用寄存器 R2 作计数器软件计数的中断处理方式

汇编程序：

```
        ORG   0000H
        LJMP  MAIN
        ORG   000BH
        LJMP  INTT0    ;2 μs
        ORG   0100H
MAIN:   MOV   TMOD,#01H
        MOV   TH0,#0D8H
        MOV   TL0,#0F0H
        MOV   R2,#50
        SETB  EA
        SETB  ET0
        SETB  TR0
        SJMP  $
INTT0:  MOV   TH0,#0D8H  ;2 μs
        MOV   TL0,#0F6H  ;F0H+2+2+2
        DJNZ  R2,NEXT
        CPL   P1.1
        MOV   R2,#50
NEXT:   RETI
        END
```

C 语言程序：

```c
#include <reg52.h>
sbit SQ = P1^1;
unsigned char i;
void main()
{   TMOD = 0x01;
    TH0 = 0xD8;TL0 = 0xf0;
    EA = 1;ET0 = 1;
    i = 0;
    TR0 = 1;
    while(1);
}
void time0_int(void) interrupt 1
{   TH0 = 0xD8;
    TL0 = 0xf0 + 6; //由汇编分析需要中断补偿
    i++;
    if (i == 50)
    {   SQ = !SQ;
        i = 0;
    }
}
```

(2) 用定时/计数器 T1 计数实现

定时/计数器 T1 工作于计数方式时，计数脉冲通过 T1(P3.5) 输入。设定时/计数器 T0 定时时间到对 T1(P3.5) 取反一次，则 T1(P3.5) 每 20 ms 产生一个计数脉冲，那么定时 500 ms 只需计数 25 次。设定时/计数器 T1 工作于方式 2，初值 $X = 256 - 25 = 231 = 11100111B = E7H$，$TH1 = TL1 = E7H$。因为定时/计数器 T0 工作于方式 1，定时方式，则这时方式控制字为 01100001B(61H)。定时/计数器 T0 和 T1 都采用中断方式工作。

汇编程序：

```
        ORG   0000H
        LJMP  MAIN
        ORG   000BH
        MOV   TH0,#0D8H  ;2 μs
        MOV   TL0,#0F4H  ;F0H+2+2
```

C 语言程序：

```c
#include <reg52.h>
sbit P1_1 = P1^1;
sbit P3_5 = P3^5;
void main()
{   TMOD = 0x61;
```

第4章　51系列单片机内部资源及编程

```
        CPL    P3.5
        RETI
        ORG    001BH
        CPL    P1.1
        RETI
        ORG    0030H
MAIN:   MOV    TMOD,#61H
        MOV    TH0,#0D8H
        MOV    T10,#0F0H
        MOV    R2,#00H
        MOV    TH1,#0E7H
        MOV    TL1,#0E7H
        SETB   EA
        SETB   ET0
        SETB   ET1
        SETB   TR0
        SETB   TR1
        SJMP   $
        END
```

```c
    TH0 = 0xD8;TL0 = 0xf0;
    TH1 = 0xE7;TL1 = 0xE7;
    EA = 1;
    ET0 = 1;ET1 = 1;
    TR0 = 1;TR1 = 1;
    while(1) ;
}
void time0_int(void)  interrupt 1  using 1
{   TH0 = 0xD8;
    TL0 = 0xf0 + 4;  //由汇编分析需要中断补偿
    P3_5 = !P3_5;
}
void time1_int(void) interrupt 3 using 2
{
    P1_1 = ! P1_1;
}
```

3. 门控位的应用

当门控位 GATE 为 1 时，TRx=1、$\overline{INTx}$=1 才能启动定时器。利用这个特性，可以测量外部输入脉冲的宽度。

例　利用 T0 门控位测试 $\overline{INT0}$ 引脚上出现的方波的正脉冲宽度，已知晶振频率为 12 MHz，将所测得值的高位存入片内 71H 单元，低位存入 70H 单元。

分析：设外部脉冲由 P3.2 输入，T0 工作于定时方式 1(16 位计数)，GATE 设为 1。测试时，应在 $\overline{INT0}$ 为低电平时，设置 TR0 为 1；当 $\overline{INT0}$ 变为高电平时，就启动计数；$\overline{INT0}$ 再次变低时，停止计数。此计数值与机器周期的乘积即为被测正脉冲的宽度。f_{osc}=12 MHz，机器周期为 1 μs。

汇编程序：

```
        ORG   0000H
        MOV   TMOD,#09H   ;设 T0 为方式 1
LOOP:
        MOV   TL0,#00H    ;设定计数初值
        MOV   TH0,#00H
        JB    P3.2,$      ;等待 INT0 变低
        SETB  TR0         ;启动 T0,准备工作
```

C 语言程序：

```c
# include  <reg52.h>
sbit P3_2 = P3^2;
unsigned int T;
void  main( )
{ TMOD = 0x09;
  while(1)
  {TH0 = 0;TL0 = 0;
```

```
        JNB    P3.2,$      ;等待 INT0 变高         while(P3_2 == 1);   //等待 INT0 变低
        JB     P3.2,$      ;等待 INT0 再变低       TR0 = 1;            //启动 T0,准备工作
        CLR    TR0                                  while(P3_2 == 0);   //等待 INT0 变高
        CLR    TR0                                  while(P3_2 == 1);   //等待 INT0 再变低
        MOV    30H,TL0     ;保存测量结果           TR0 = 0;
        MOV    31H,TH0                              T = TH0 * 256 + TL0;
        LJMP   LOOP                               }
                                                 }
```

这种方案所测脉冲的宽度最大为 65 535 个机器周期。本例中,在读取定时器的计数之前,已把它停住;否则,读取的计数值有可能是错的,因为不可能在同一时刻读取 THx 和 TLx 的内容。例如先读 TL0,然后读 TH0,由于定时器在不停地运行,读 TH0 前,若恰好产生 TL0 溢出向 TH0 进位的情形,则读得的 TL0 值就完全不对了。

当然不停住也可以解决错读问题,方法是:先读 THx,后读 TLx,再读 THx,若两次读得的 THx 没有发生变化,则可确定读到的内容是正确的。若前后两次读到的 THx 有变化,则再重复上述过程,重复读到的内容就应该是正确的了。

在增强型的 52 系列单片机中,定时/计数器 T2 的捕获方式可解决此问题。

4.3.6 定时/计数器 T0 和 T1 小结

定时/计数器的应用非常广泛,定时的应用如定时采样、定时控制、时间测量、产生脉冲波形和制作日历等。利用计数特性,可以检测信号波形的频率、周期、占空比;检测电机转速、工件的个数(通过光电器件将这些参数变成脉冲)等;因此它是单片机应用技术中的一项重要技术,应该熟练掌握。

① 51 系列单片机的 2 个 16 位的定时/计数器 T0 和 T1 具有 4 种不同的工作方式。

② 使用定时/计数器要先进行初始化编程,即写方式控制字 TMOD,置计数初值于 THx 和 TLx;并要启动工作(TRx 置 1)。如果工作于中断方式,则还需开中断(EA 置 1 和 ETx 置 1)。

③ 由于定时/计数器是加 1 计数,输入的计数初值为负数,计算机中的有符号数都是以补码表示,在求补时,不同的工作方式其模值不同,且置 THx 和 TLx 的方式不同,这是应该注意的。

④ 定时和计数实质上都是对脉冲的计数,只是被计的脉冲的来源不同。定时方式的计数初值和被计脉冲的周期有关,而计数方式的计数初值只和被计脉冲的个数(由高到低的边沿数)有关,在计算计数初值时应予以区分。

⑤ 无论计数还是定时,当计满规定的脉冲个数,即计数初值回零时,会自动置位 TFx 位,可以通过查询方式监视,查询后要注意清 TFx。在允许中断情况下,定时/计数器自动进入中断,中断后会自动清 TFx。如果采用查询方式,则 CPU 不能执行别的任务;如果用中断方式,

则可提高 CPU 的工作效率。

4.4 定时/计数器 T2

在增强型的 8 位 51 单片机 52 子系列中,除了片内 RAM 和 ROM 增加一倍外,还增加了一个定时/计数器 T2。T2 与定时/计数器 T1、T0 不同,除能完成 T0 和 T1 一样的定时/计数功能外,还具有 16 位自动重载、捕获方式和加、减计数方式控制等功能。所谓捕获方式就是把 16 位瞬时计数值同时记录在特殊功能寄存器的 RCAP2H 和 RCAP2L 中;这样 CPU 在读计数值时,就避免了在读高字节时低字节的变化引起读数误差。在此,增强型单片机又增加了一个 T2 中断源,在中断标志 TF2 或 EXF2 为 1 时产生 T2 中断,中断向量地址为 002BH。

T2 采用了两个外部引脚 P1.0 和 P1.1,作用如下:

P1.0(T2) 定时/计数器 T2 的外部计数脉冲输入,定时脉冲输出。

P1.1(T2EX) 定时/计数器 T2 的捕获/重载方式中,触发和检测控制。

4.4.1 定时/计数器 T2 的寄存器

1. 16 位计数器 TH2 和 TL2

TH2、TL2 地址分别为 CDH 和 CCH,TH2 存放计数值的高 8 位,TL2 存放计数值的低 8 位。

2. 捕获寄存器 RCAP2H 和 RCAP2L

RCAP2H 和 RCAP2L 的地址分别为 CBH 和 CAH。在捕获方式时,存放捕捉时刻 TH2 和 TL2 的瞬时值;在重装方式时,存放重装初值。也就是说,当捕获事件发生时,RCAP2H = TH2,RCAP2L = TL2;当重装事件发生时,TH2 = RCAP2H,TL2 = RCAP2L。

3. 定时/计数器 2 控制寄存器 T2CON

T2CON 为 8 位寄存器,地址 C8H,用于对定时/计数器 T2 进行控制,当系统复位后其值为 00H。格式如下:

	b7	b6	b5	b4	b3	b2	b1	b0
T2CON	TF2	EXF2	RCLK	TCLK	EXEN2	TR2	C/$\overline{T}$2	CP/$\overline{RL}$2

TF2:T2 的溢出中断标志。由单片机硬件自动置位,但是中断时必须由控制软件来清 0。当 RCLK=1 或 TCLK=1 时,T2 溢出不对 TF2 置位。

EXF2:T2 捕获中断标志。当 EXEN2=1,且 T2EX 引脚上出现负跳变而造成捕获或重装载时,EXF2 置位,申请中断。这时若已允许 T2 中断,CPU 将响应中断,转向 T2 中断服务程序。EXF2 同样要靠软件清除。

RCLK:接收时钟标志。RCLK=1 时,用 T2 的溢出脉冲作为串行口(工作于方式 1 或 3 时)的接收波特率发生器;RCLK=0 时,用 T1 的溢出脉冲作为接收波特率发生器。

TCLK:发送时钟标志。TCLK=1 时,用 T2 的溢出脉冲作为串行口(工作于方式 1 或 3 时)的发送波特率发生器;TCLK=0 时,用 T1 的溢出脉冲作为发送波特率发生器。

EXEN2(T2CON.3):定时器 2 捕获引脚 T2EX 的使能位。当 EXEN2=1 时,若 T2 未用作为串行口的波特率发生器,则在 T2EX 端出现的信号负跳变时,触发 T2 捕获或重载。EXEN2=0,T2EX 端的外部信号不起作用,P1.1 (T2EX)作为通用 I/O。

TR2:T2 的运行控制位。靠软件置位或清除。TR2=1 时,启动 T2,否则 T2 不工作。

C/$\overline{T2}$:定时方式或计数方式选择位。C/$\overline{T2}$=0 时,T2 为内部定时器;C/$\overline{T2}$=1 时,T2 为计数器,计 P1.0 (T2) 引脚脉冲(负跳沿触发)。软件编写时该位写为 C_T2。

CP/$\overline{RL2}$:捕获/重装载标志。当 CP/$\overline{RL2}$=1 且 EXEN2=1 时,T2EN 端的信号负跳变触发捕获操作,TH2→RCAP2H,TL2→RCAP2L;CP/$\overline{RL2}$=0 时,若 T2 溢出或在 EXEN2=1 条件下,T2EX 端信号负跳变,都会造成自动重装载操作,RCAP2H→ TH2,RCAP2L→ TL2;当 RCLK=1 或 TCLK=1 时,该位不起作用,在 T2 溢出时,强制其自动重装载。软件编写时该位写为 CP_RL2。

4. 定时/计数器 T2 工作模式寄存器 T2MOD

T2MOD 为 8 位的寄存器,地址 C9H,但只有两位有效,复位时为 xxxxxx00。不支持位寻址。格式如下:

	b7	b6	b5	b4	b3	b2	b1	b0
T2MOD	—	—	—	—	—	—	T2OE	DCEN

T2OE:输出允许位。T2OE 为 0,禁止定时时钟从 P1.0 输出;T2OE 为 1,允许自 P1.0 输出方波。输出频率 $f_{\text{CLKout}}=f_{\text{osc}}/[4\times(65536-\text{RCAP2})]$。

DCEN:计数方式选择。DCEN=1,T2 的计数方式由 P1.1 引脚状态决定。P1.1=1,T2 减计数;P1.1=0,T2 加计数。DCEN=0,计数方式与 P1.1 无关,同 T0 和 T1 一样,采用加计数方式。

4.4.2 定时/计数器 T2 的工作方式

定时/计数器 T2 的工作方式如表 4.5 所列。

表 4.5　T2 的工作方式

RCLK|TCLK	CP/$\overline{RL2}$	TR2	工作方式	备注
0	0	1	16 位自动重载	溢出时：RCAP2H→TH2 RCAP2L→TL2
0	1	1	16 位捕获方式	捕获时：RCAP2H←TH2 RCAP2L←TL2
1	×	1	波特率发生器	—
×	×	0	T2 关闭，停止工作	—

1. 自动重载方式

定时/计数器 T2 的自动重载方式，根据控制寄存器 T2CON 中 EXEN2 标志位的不同状态有两种选择。另外，根据特殊功能寄存器 T2MOD 中的 DCEN2 位是"0"还是"1"，还可选择加 1 或者减 1 计数方式。

① 当设置 T2MOD 寄存器的 DCEN 位为 0（上电复位时默认为 0）时，T2 为加法工作方式，此时根据 T2CON 寄存器中的 EXEN2 位的状态可选择两种操作方式。

方式一：当清 0 EXEN2 标志位时，T2 计满回 0 溢出，一方面使中断请求标志位 TF2 置 1，同时又将寄存器 RCAP2L、RCAP2H 中预置的 16 位计数初值重新再装入计数器 TL2 和 TH2 中，自动地继续进行下一轮的计数操作，其功能与 T0 和 T1 的方式 2（自动再装入）相同，只是 T2 的该方式是 16 位的，计数范围大。RCAP2L 和 RCAP2H 寄存器的计数初值由软件预置。

方式二：当设置 EXEN2 为 1 时，T2 仍然具有上述功能，并增加了新的特性，当外部输入端口 T2EX(P1.1) 引脚上产生"1"→"0"的负跳变时，能触发三态门将 RCAP2L 和 RCAP2H 陷阱寄存器中的计数初值自动再装入 TL2 和 TH2 中重新开始计数，并置位 EXF2 为 1，向主机请求中断。

② 当 T2MOD 寄存器中的 DCEN 位设置为 1 时，可以使 T2 既能实现增量（加 1）计数，也可实现减量（减 1）计数，它取决于 T2EX 引脚上的逻辑电平。

当设置 DCEN 位为 1，T2EX 引脚上为"1"（高电平）时，T2 执行增量计数方式。当不断加 1 至计数溢出回 0（FFFFH→0000H）时，一方面置位 TF2 为 1，向主机请求中断；另一方面溢出信号触发三态门，将存放在陷阱寄存器 RCAP2L、RCAP2H 中的计数初值装入 TL2、TH2 计数器中继续进行加 1 计数；当 T2EX 引脚上为"0"（低电平）时，T2 执行减量（减 1）计数方式，当 TL2、TH2 计数器中的值等于寄存器 RCAP2L、RCAP2H 中的值时，产生向下溢出，一方面置位 TF2 位为 1，向主机请求中断，另一方面下溢信号触发三态门，将减量计数值 0FFFFH 装入 TL2、TH2 计数器中，继续进行减 1 计数。无论是向上还是向下溢出，TF2 位都置位。

中断请求标志位 TF2 和 EXF2 必须用软件清 0。

2. 捕获方式

"捕获"即及时捕获住输入信号发生跳变时的时刻信息。常用于精确测量输入信号的参数,如脉宽等。对捕获方式,根据 T2CON 寄存器中 EXEN2 位的不同设置也有两种选择。

① 当 EXEN2 设置为 0 时,T2 是一个 16 位定时/计数器。当设置 C/$\overline{T}$2 位为 0 时,选择内部定时方式,同样对机器周期计数;当设置 C/$\overline{T}$2 位为 1 时,选择外部事件计数方式,对 T2(P1.0)引脚上的负跳变信号进行计数。计数器计满回 0 溢出置位中断请求标志位 TF2,向主机请求中断处理。主机响应中断进入该中断服务程序后必须用软件复位 TF2 为 0,其他操作均同定时/计数器 0 和 1 的工作方式 1。

② 当 EXEN2 设置为 1 时,T2 除上述功能外,还可增加捕获功能。当在外部引脚 T2EX(P1.1)上的信号从"1"→"0"的负跳变将选通三态门控制端,将计数器 TH2 和 TL2 中计数的当前值被分别捕获进 RCAP2H 和 RCAP2L 中,同时,在 T2EX(P1.1)引脚上信号的负跳变将置位 T2CON 中的 EXF2 标志位,向主机请求中断。

这里需要说明的是 T2 引脚为 P1 口的 P1.0,T2EX 为 P1.1 引脚,因此,当选用 T2 时,P1.0 口和 P1.1 口就不能作 I/O 口用了。另外,有两个中断请求标志位,通过一个"或"门输出。因此,当主机响应中断后,在中断服务程序中应识别是哪一个中断请求分别进行处理。必须通过软件清 0 中断请求标志位。

3. 波特率发生器方式

当特殊功能寄存器 T2CON 中的 RCLK 和 TCLK 位均置成 1 或者其中某位为 1 时,串行通信进行接收/发送工作,定时/计数器 2 可工作于波特率发生器方式。

T2 的计数脉冲可以由 $f_{osc}/2$ 或 P1.1 输入。此时 RCAP2H 和 RCAP2L 中的值用作计数初值,溢出后此值自动装到 TH2 和 TL2 中。如果 RCLK 或 TCLK 中某值为 1,则表示收发时钟一个用 T2,另一个用 T1。在这种工作方式下,如果在 P1.1 检测到一个下降沿,则 EXF2 变为 1,可引起中断。

$$f_{baud}(波特率)=\frac{T2 \text{ 的溢出率}}{16}=\frac{f_{osc}}{32\times(65\,536-RCAP2)}$$

4. 时钟输出方式

当 RCLK=TCLK=0,T2OE=1,C/$\overline{T}$2=0 时,T2 处于时钟输出方式,T2 的溢出脉冲从 P1.0 输出,输出脉冲的频率 f_{CLKout} 由下式决定:

$$f_{CLKout}=\frac{f_{osc}}{4\times(65\,536-RCAP2)}$$

有了 T1、T0 的编程知识，读者不难编写 T2 的应用程序。

例 利用定时/计数器 T2 作为时钟发生器，从 P1.0 输出频率为 1 kHz 的脉冲，设 $f_{osc}=12$ MHz。

分析：根据上述公式计算计数初值。

$$1000 = \frac{12 \times 10^6}{4 \times (65536 - RCAP2)}$$

得到：RCAP2＝62536＝F448H。程序如下：

汇编程序：　　　　　　　　　　　　　C 语言程序：

```
MOV   T2MOD,#02H    ;T2OE = 1
MOV   T2CON,#00H    ;RCLK = TCLK = 0
                    ;定时(自动重载)
MOV   RCAP2H,#0F4H  ;置自动重装值
MOV   RCAP2L,#48H
SETB  TR2           ;启动
⋮
```

```
T2MOD = 0x02;        //T2OE = 1
T2CON = 0;           //RCLK = TCLK = 0
                     //定时(自动重载)
RCAP2H = 0xf4;
RCAP2L = 0x48;
TR2 = 1;
⋮
```

例 系统时钟 12 MHz，P0.0 实现 1 Hz 方波输出。

分析：定时 500 ms，取反 I/O 即可。500 ms 定时利用 50 ms 定时，10 次中断的方式获取。初值＝65536－50000＝15536，即 TH2＝15536/256＝60，TL2＝15536%256＝176，

汇编程序：　　　　　　　　　　　　　C 语言程序：

```
        ORG   0000H
        LJMP  MAIN
        ORG   002BH
        LJMP  T2_
MAIN:
        MOV   TH2,#60
        MOV   TL2,#176
        MOV   RCAP2H,#60
        MOV   RCAP2L,#176
        SETB  ET2
        SETB  EA
        SETB  TR2
        MOV   R7,#20
        SJMP  $
T2_:    JBC   EXF2,OUT
        CLR   TF2
```

```
#include <reg52.h>
sbit P1_1 = P0^0;
unsigned char times;
void main()
{   times = 0;
    TH2 = 60;TL2 = 176;
    RCAP2H = 60; RCAP2L = 176;
    EA = 1;
    ET2 = 1;
    TR2 = 1;
    while(1);
}
void T2_ISR (void) interrupt 5 using 1
{   if (EXF2)
        EXF2 = 0;
    else
```

```
            DJNZ    R7,OUT
            MOV     R7,#10
            CPL     P0.0
    OUT:    RETI
```

例 系统时钟 12 MHz,测量脉冲信号的周期(周期小于 65536 μs)。

分析:待测脉冲接 P1.1 引脚,T2 在信号下降沿捕获,若相邻两次下降沿捕获计数值时刻分别为 t1 和 t2,两次捕获间未溢出过,则捕获时刻直接作差 t2−t1 就是周期;否则,周期为 T=65536−t1+t2=(t1 的取反)+1+t2。汇编软件中,31H、30H 存放 t1,41H、40H 存放 t2,信号的周期存放于 R6 和 R5 中。采用中断方式,程序如下。

汇编程序:

```
            ORG     0000H
            AJMP    MAIN
            ORG     002BH
            AJMP    MS
            ORG     0030H
    MAIN:
            ;设 T2 为 16 位捕获方式
            MOV     T2CON,#09H
            MOV     TL2,#00H        ;设定计数初值
            MOV     TH2,#00H
            MOV     40H,#00H        ;捕获缓存清 0
            MOV     41H,#00H
            SETB    EA              ;开中断
            SETB    ET2
            SETB    TR2             ;启动 T2 计数
            CLR     F0
            SJMP    $
    MS:     JBC     EXF2,NEXT       ;为捕获中断
            CLR     TF2             ;溢出中断不处理
            SETB    F0
            RETI
    NEXT:
            MOV     30H,40H
            MOV     31H,41H
            MOV     40H,RCAP2L      ;存放计数的低字节
```

C 语言程序:

```c
#include <reg52.h>
unsigned int t1,t2,T;
void  main()
{ T2CON = 0x09;
  TH2 = 0;
  TL2 = 0;
  t2 = 0;                  //捕获缓存清 0
  EA = 1;
  ET2 = 1;
  TR2 = 1;
  while(1);
}
void T2_ISR() interrupt 5 using 1
{
  if(TF2)
    TF2 = 0;
  else
  { EXF2 = 0;
    t1 = t2;
    t2 = RCAP2H * 256 + RCAP2L;
    if(t2>t1)T = t2 - t1;
    else T = 65535 - t1 + 1 + t2;
  }
}
```

```
{if( ++times == 20)
  { P0_0 = !P0_0;
    TF2 = 0;
    Times = 0;
  }
}
}
```

```
        MOV     41H,RCAP2H      ;存放计数的高字节
        JBC     F0,MT           ;发生溢出过
        CLR     C               ;T = t2 - t1
        MOV     A,40H
        SUBB    A,30H
        MOV     R5,A
        MOV     A,41H
        SUBB    A,31H
        MOV     R6,A
        RETI
MT:     SETB    C               ;T =（t1 的取反）+
                                ;1 + t2
        MOV     A,30H
        CPL     A
        ADDC    A,40H
        MOV     R5,A
        MOV     A,31H
        CPL     A
        ADDC    A,41H
        MOV     R6,A
        RETI
        END
```

由于能引起 T2 的中断可能是 EXF2，也可能是 TF2，所以在中断服务中进行了判断，只处理 EXF2 引起的中断。

4.5 串行接口

串行通信是 CPU 与外界交换信息的一种基本方式，单片机应用于数据采集或工业控制时，往往作为前端机安装在工业现场，远离主机，现场数据采用串行通信方式发往主机并进行处理，以降低通信成本，提高通信可靠性。51 系列单片机自身有全双工的异步通信接口，实现串行通信极为方便。本节将介绍串行通信的概念、原理及 51 系列单片机串行接口的结构和应用。

4.5.1 通信的基本概念

1. 并行通信和串行通信

计算机与外界的信息交换称为通信。基本的通信方式有两种：并行通信和串行通信。两种基本通信方式如图 4.16 所示。

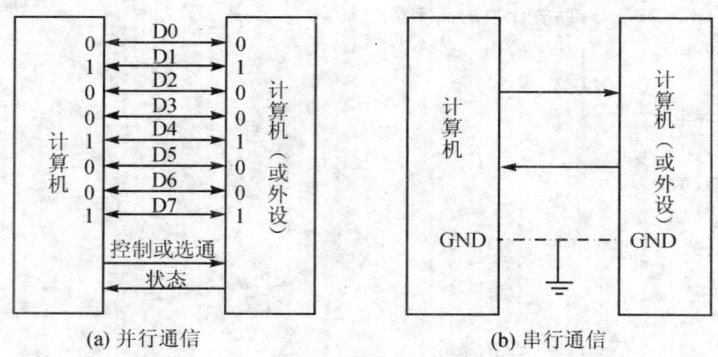

图 4.16 并行通信与串行通信

通信时一次同时传送多位数据的称为并行通信。例如，一次传送 8 位或 16 位数据。在 51 单片机中并行通信可通过并行输入/输出接口实现，一次传送 8 位。并行通信的特点是通信速度快，但传输信号线多，传输距离较远时线路复杂，成本高，通常用于近距离传输。

通信时数据是一位接一位顺序传送的称为串行通信。串行通信可以通过串行口来实现。串行通信的特点是传输线少，通信线路简单，通信速度慢，成本低，适合长距离通信。

根据信息传送的方向，串行通信可以分为单工、半双工和全双工 3 种（如图 4.17 所示）。

在串行通信中，如果某机的通信接口只能发送或接收，这种单向传送的方法称为单工传送，典型应用系统为广播。而通常数据需在两机之间双向传送，这种方式称为双工传送。

在双工传送方式中，如果接收和发送不能同时进行，只能分时接收和发送，这种传送称为半双工传送，典型应用系统为对讲机在半双工通信中，因收发使用同一根线，因此各机内还需有换向器，以完成发送、接收方向的切换；若两机的发送和接收可以同时进行，则称为全双工传送，典型应用系统为电话。

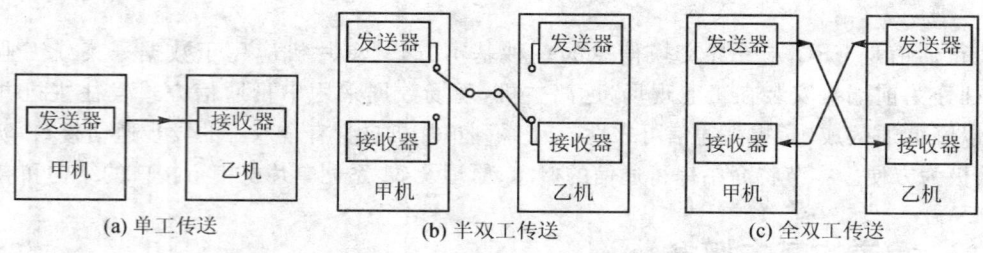

图 4.17 通信方式示意图

2. 同步通信和异步通信

串行通信按信息的格式又可分为异步通信和同步通信两种方式。

第 4 章　51 系列单片机内部资源及编程

(1) 串行异步通信方式

串行异步通信方式的特点是数据在线路上传送时是以一个字符(字节)为单位,未传送时线路处于空闲状态,空闲线路约定为高电平"1"。传送一个字符又称为一帧信息。传送时每一个字符前加一个低电平的起始位,然后是数据位,数据位可以是 5、6、7、8 或 9 位,低位在前,高位在后,数据位后可以带一个奇偶校验位,最后是停止位,停止位用高电平表示,它可以是 1 位、1 位半或 2 位。格式如图 4.18 所示。

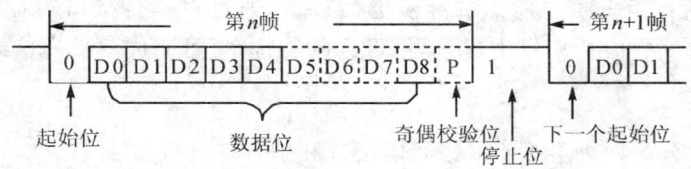

图 4.18　异步通信数据格式

异步传送时,字符间可以间隔,间隔的位数不固定。由于一次只传送一个字符,因而一次传送的位数比较少,对发送时钟和接收时钟的要求相对不高,线路简单,但传送速度较慢。

(2) 串行同步通信方式

串行同步通信方式的特点是数据在线路上传送时以字符块为单位,每次传送多个字符,传送时须在前面加上一个或两个同步字符,后面加上校验字符,格式如图 4.19 所示。

| 同步字符1 | 同步字符2 | 数据块 | 校验字符1 | 校验字符2 |

图 4.19　同步通信数据格式

同步方式时一次连续传送多个字符,传送的位数多,对发送时钟和接收时钟要求较高,往往用同个时钟源控制,控制线路复杂,传送速度快。

3. 串行通信接口的任务

CPU 只能处理并行数据,要进行串行通信必须接串行接口,完成并行和串行数据的转换,并遵从串行通信协议。所谓通信协议就是通信双方必须共同遵守的一种约定,包括数据的格式、同步的方式、传送的步骤、纠错方式及控制字符的定义等。

串行接口的基本任务如下:

(1) 实现数据格式化

因为 CPU 发出的数据是并行数据,接口电路应实现不同串行通信方式下的数据格式化任务,例如自动生成起始、终止方式的帧数据格式(异步方式)或在待传送的数据块前加上同步字符等。

(2) 进行串行数据与并行数据的转换

在发送端,接口将 CPU 送来的并行信号转换成串行数据进行传送;而在接收端,接口要将接收到的串行数据变成并行数据送往CPU,由CPU进行处理。

(3) 控制数据的传输速率

接口应具备对数据传输速率——波特率的控制选择能力,即应具有波特率发生器。

(4) 进行传送错误检测

在发送时,接口对传送的数据自动生成奇偶校验位或校验码;在接收时,接口检查校验位或校验码,以确定传送中是否有误码。

51系列单片机内有一个全双工的异步通信接口,通过对串行接口写控制字,可以选择其数据格式。接口内部有波特率发生器,提供可选的波特率,可完成双机通信或多机通信。

4. 串行通信接口

串行接口通常分为两种类型:串行通信接口和串行扩展接口。

串行通信接口 SCI(Serial Communication Interface)是指设备之间的互联接口,它们之间距离比较长,例如PC机的COM接口(COM1~COM4)和USB接口等。

串行扩展接口是设备内部器件之间的互联接口,属于板级通信接口。常用的串行扩展接口规范有SPI、I^2C等。采用串行扩展接口的芯片很多,在后面的相关章节中将会进行介绍。

数字信号的传输随着距离的增加和传输速率的提高,在传输线上的反射、衰减和共地噪声等影响将引起信号畸变,从而影响通信距离。普通的TTL电路由于驱动能力差,抗干扰能力差,因而传送距离短。国际上电子工业协会(EIA)制定了RS-232串行通信标准接口,通过增加驱动以及增大信号幅度,使通信距离增大到15 m。PC机上的COM1~COM4口使用的是RS-232串行通信标准接口。RS-232之后又推出了RS-422和RS-485等串行通信标准,其采用平衡通信接口,即在发送端将TTL电平信号转换成差分信号输出,接收端将差分信号变成TTL电平信号输入,提高了抗干扰能力,使通信距离增加到几十米甚至上千米,并且增加了多点、双向通信能力。通用串行总线USB(Universal Serial Bus)已是PC机的标配接口,它使得设备的连接简单、快捷,并且支持热插拔,易于扩展,被广泛应用于PC机和嵌入式系统上。以上标准都有专用芯片实现,这些接口芯片称为收发器。

5. 波特率与串行时钟

(1) 波特率(baud rate)

波特率是串行通信中的一个重要概念,它用于衡量串行通信速度的快慢。波特率是指串行通信中,单位时间传送的二进制位数,单位为bps。每秒传送200位二进制位,则波特率为200 bps。在异步通信中,传输速度往往又可用每秒传送多少字节来表示(Bps)。它与波特率的关系为:

$$波特率(bps) = 1个字符的二进制位数 \times 字符/秒(bps)$$

例如:每秒传送200个字符,每个字符1位起始位、8个数据位、1个校验位和1个停止位,则波特率为 2 200 bps。在异步串行通信中,波特率一般为 50～9 600 bps。

(2) 发送/接收时钟

在串行传输中,二进制数据序列是以数字波形表示的,发送时,在发送时钟的作用下将移位寄存器的数据串行移位输出;接收时,在接收时钟的作用下将通信线上传来的数据串行移入移位寄存器。所以,发送时钟和接收时钟也可称为移位时钟,能产生该时钟的电路称为波特率发生器。

为提高采样的分辨率,准确地测定数据位的上升沿或下降沿,时钟频率总是高于波特率若干倍,这个倍数称为波特率因子。在单片机中,发送/接收时钟可以由系统时钟 f_{osc} 产生,其波特因子可为 12、32 和 64,根据方式而不同。此时波特率由 f_{osc} 决定,称为固定波特率方式;也可以由单片机内定时器 T1 产生,T1 工作于自动再装入 8 位定时方式(方式 2)。由于定时器的计数初值可以人为改变,T1 产生的时钟频率也可改变,因此称为可变波特率方式。当然,也可以用 T2 作为波特率发生器。

4.5.2 51 系列单片机串行口功能与结构

1. 51 系列单片机串行口的功能

51 系列单片机的串行口是一个可编程的全双工串行通信接口,通过软件编程,它可以作为通用异步接收和发送器 UART(Universal Asynchronous Receiver/Transmitter)使用,可以同时发送、接收数据。发送、接收数据可通过查询或中断方式处理,使用十分灵活,能方便地与其他计算机或串行传送信息的外部设备(如串行打印机、CRT 终端)实现双机、多机通信。其帧格式为:1 个起始位,8 或 9 个数据位和 1 个停止位。51 系列单片机的串口也可以作为同步移位寄存器。

51 系列单片机的串行口有 4 种工作方式,分别是方式 0、方式 1、方式 2 和方式 3。其中:

方式 0,称为同步移位寄存器方式,一般用于外接移位寄存器芯片扩展 I/O 接口;

方式 1,是 8 位的异步通信方式,通常用于双机通信;

方式 2 和方式 3,是 9 位的异步通信方式,通常用于多机通信。

不同的工作方式,其波特率不一样,方式 0 和方式 2 的波特率直接由系统时钟产生,方式 1 和方式 3 的波特率由定时/计数器 T1 或 T2 的溢出率决定。

2. 51 系列单片机串行口结构

51 系列单片机串行口主要由发送数据寄存器、发送控制器、输出控制门、接收数据寄存器、接收控制器和输入移位寄存器等组成,它的结构如图 4.20 所示。

从用户使用的角度,它由三个特殊功能寄存器组成:发送数据寄存器和接收数据寄存器合用一个特殊功能寄存器 SBUF(串行口数据寄存器),串行口控制寄存器 SCON 和电源控制

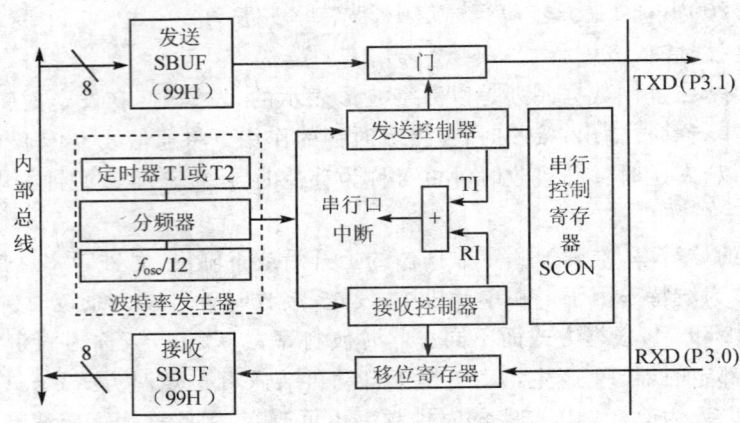

图 4.20 51 单片机串行口的结构框图

寄存器 PCON。

串行口数据寄存器 SBUF,字节地址为 99H,实际对应两个寄存器:发送数据寄存器和接收数据寄存器。当 CPU 向 SBUF 写数据时,对应的是发送数据寄存器;当 CPU 读 SBUF 时,对应的是接收数据寄存器。

特殊功能寄存器 SCON 用于存放串行口的控制和状态信息。根据对其写控制字决定工作方式,从而决定波特率发生器的时钟是来自系统时钟还是来自定时器 T1 或 T2。特殊功能寄存器 PCON 的最高位 SMOD 为串行口波特率的倍增控制位。51 单片机的串行口正是通过对上述专用寄存器的设置、检测与读取来管理串行通信的。

在进行通信时,外界的串行数据是通过引脚 RXD(P3.0)输入的。输入数据先逐位进入输入移位寄存器,再送入接收 SBUF。在此采用了双缓冲结构,这是为了避免在接收到第二帧数据之前,CPU 未及时响应接收器的前一帧的中断请求而把前一帧数据读走,造成两帧数据重叠的错误。对于发送器,因为发送时 CPU 是主动的,不会产生写重叠问题,一般不需要双缓冲器结构,为了保持最大的传送速率,仅用了 SBUF 一个缓冲器。图中 TI 和 RI 为发送和接收的中断标志,无论哪个为 1,只要中断允许,都会引起中断。

3. 51 系列单片机串口工作原理

设有两个单片机串行通信,甲机发送,乙机接收,如图 4.21 所示。

发送数据时,当执行一条向 SBUF 写入数据的指令时,把数据写入串口发送数据寄存器,就启动发送过程。串行通信中,甲机 CPU 向 SBUF 写入数据(MOV SBUF,A),启动发送过程。在发送时钟的控制下,先发送一个低电平的起始位,紧接着把 A 中的数据送入 SBUF,在发送控制器的控制下,按设定的波特率,每来一个移位时钟,数据移出一位,由低位到高位一位一位发送到电缆线上,移出的数据位通过电缆线直达乙机。最后发送一个高电平的停止位。

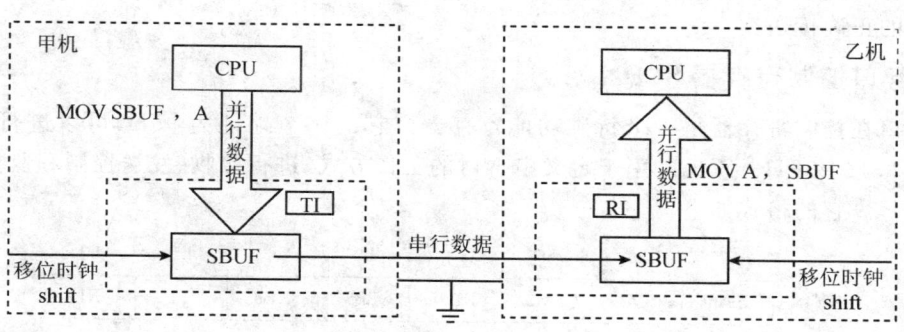

图 4.21 串行传送示意图

一个字符发送完毕,串行口控制寄存器中的发送中断标志位 T1 置位。(对于方式 2 和方式 3,当发送完数据位后,要把串行口控制寄存器 SCON 中的 TB8 位发送出去后才发送停止位)。乙机按设定的波特率,每来一个移位时钟即移入一位,由低位到高位一位一位移入到 SBUF。一个移出,一个移进,很显然,如果两边的移位速度一致,甲机移出的数据位正好被乙机移进,就能完成数据的正确传送;如果不一致,则必然会造成数据位的丢失。因此,两边的波特率必须一致。当甲机一帧数据发送完毕(或称发送缓冲器空),硬件置位发送中断标志位 T1(SCON.1),该位可作为查询标志,如果设置为允许中断,则将引起中断,甲机的 CPU 可发送下一帧数据。

作为接收方的乙机,需预先置位 REN(SCON.4),即允许接收。当 REN 位置 1,接收控制器就开始工作,对接收数据线进行采样,当采样到从"1"到"0"的负跳变时,接收控制器开始接收数据。为了减少干扰的影响,接收控制器在接收数据时,将 1 位的传送时间分成 16 等份,用当中的 7、8、9 三个状态对接收数据线进行采样,三次采样中,当两次采样为低电平,就认为接收的是"0",两次采样为高电平,就认为接收的是"1"。如果接收到的起始位的值不是"0",则起始位无效,复位接收电路;如果起始位为"0",则开始接收其他各位数据。甲方的数据按设定的波特率由低位到高位顺序进入乙机的移位寄存器。当一帧数据到齐(接收缓冲器满)后(接收的前 8 位数据依次移入输入移位寄存器,接收的第 9 位数据置入串口控制寄存器的 RB8 位中),硬件自动置位接收中断标志 RI(SCON.0),通知 CPU 来取数据。该位可作为查询标志,如果设置为允许中断,将引起接收中断,乙机的 CPU 可通过读 SBUF(MOV A,SBUF),将这帧数据读入,从而完成了一帧数据的传送。

综上所述,应该注意以下两点。

① 查询方式发送的过程:发送一个数据→查询 TI→发送下一个数据(先发后查);查询方式接收的过程:查询 RI→读入一个数据→查询 RI→读下一个数据(先查后收)。以上过程将体现在编程中。

② 无论是单片机之间,还是单片机和 PC 机之间,串行通信双方的波特率必须相同,才能

完成数据的正确传送。

4. 串行口控制寄存器 SCON

串行口在控制寄存器是一个特殊功能寄存器。它的字节地址为 98H，可以进行位寻址，位地址为 98H~9FH。SOCN 用于定义串行口的工作方式、进行接收、发送控制和监控串行口的工作过程。它的格式如下：

	b7	b6	b5	b4	b3	b2	b1	b0
SCON	SM0	SM1	SM2	REN	TB8	RB8	TI	RI

其中，SM0、SM1 是串行口工作方式选择位。用于选择 4 种工作方式，如表 4.6 所列。表中 f_{osc} 为单片机时钟频率。

表 4.6　串行口的工作方式选择

SM0	SM1	方式	功能说明
0	0	0	移位寄存器方式（用于 I/O 口扩展）
0	1	1	8 位 UART，波特率可变（T1 或 T2 作为波特率发生器）
1	0	2	9 位 UART，波特率为 $f_{osc}/64$ 或 $f_{osc}/32$
1	1	3	9 位 UART，波特率可变（T1 或 T2 作为波特率发生器）

SM2：多机通信控制位。在方式 2 和方式 3 接收数据时，当 SM2=1 时，如果接收到的第 9 位数据（RB8）为"0"，则输入移位寄存器中接收的数据不能移入到接收数据寄存器 SBUF，接收中断标志位 RI 不置"1"，接收无效；如果接收到的第 9 位数据（RB8）为"1"，则输入移位寄存器中接收的数据将移入到接收数据寄存器 SBUF，接收中断标志位 RI 置"1"，接收才有效；当 SM2=0 时，无论接收到的数据的第 9（RB8）位是"1"还是"0"，输入移位寄存器中接收的数据都将移入到接收数据寄存器 SBUF，何时接收中断标志位 RI 置"1"，接收都有效。

方式 1 时，若 SM2=1，则只有接收到有效的停止位，接收才有效。

方式 0 时，SM2 位必须为 0。

REN：允许接收控制位。若 REN=1，则允许接收；若 REN=0，则禁止接收。

TB8：发送数据的第 9 位。在方式 2 和方式 3 中，TB8 中为发送数据的第 9 位。它可以用来做奇偶校验位。在多机通信中，它往往用来表示主机发送的是地址还是数据，TB8=0 为数据，TB8=1 为地址。该位可以由软件置"1"或清"0"。

RB8：接收数据的第 9 位。在方式 2 和方式 3 中，RB8 用于存放接收数据的第 9 位。方式 1 时，若 SM2=0，则 RB8 为接收到的停止位。在方式 0 时，不使用 RB8。

TI：发送中断标志位。在一组数据发送完后被硬件置位。在方式 0 时，当发送数据第 8 位结束后，由内部硬件使 TI 置位；在方式 1、2、3 时，在停止位开始发送时由硬件置位。TI 置

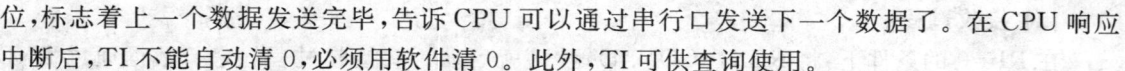

位,标志着上一个数据发送完毕,告诉 CPU 可以通过串行口发送下一个数据了。在 CPU 响应中断后,TI 不能自动清 0,必须用软件清 0。此外,TI 可供查询使用。

RI:接收中断标志位。当数据接收有效后由硬件置位。在方式 0 时,当接收数据的第 8 位结束后,由内部硬件使 RI 置位。在方式 1、2、3 时,当接收有效,由硬件使 RI 置位。RI 置位,标志着一个数据已经接收到,通知 CPU 可以从接收数据寄存器中来取接收的数据。对于 TI 标志,在 CPU 响应中断后,也不能自动清 0,必须用软件清 0。此外,RI 也可供查询使用。

另外,对于串口发送中断 TI 和接收中断 RI,无论哪个响应,都触发串口中断。到底是发送中断还是接收中断,只有在中断服务程序中通过软件来识别。

在系统复位时,SCON 的所有位都被清 0。

5. 电源控制寄存器 PCON

电源控制寄存器 PCON 是一个特殊功能寄存器。它主要用于电源控制方面。另外,PCON 中的最高位 SMOD 位,称为波特率加倍位。它用于对串行口的波特率控制,它的格式如下:

	b7	b6	b5	b4	b3	b2	b1	b0
PCON	SMOD				GF1	GF2	PD	IDL

若 SMOD 位为 1,则串行口方式 1、方式 2、方式 3 的波特率加倍。PCON 的字节地址为 87H,不能支持位寻址,只能按字节方式访问。PCON 的其他位为掉电方式控制位。

4.5.3 串行口的工作方式

51 单片机的串行口有 4 种工作方式,由串行口控制寄存器 SCON 中的 SM0 和 SM1 决定。

1. 方式 0

当 SM0 和 SM1 为 00 时,工作于方式 0。它通常用来外接移位寄存器,用作扩展 I/O 接口。方式 0 工作时波特率固定为:$f_{osc}/12$。工作时,串行数据通过 RXD 输入和输出,同步时钟通过 TXD 输出。发送和接收数据时低位在前,高位在后,长度为 8 位。

(1) 发送过程

在 TI=0 时,当 CPU 执行一条向 SBUF 写数据的指令时,如"MOV SBUF A",就启动发送过程。经过一个机器周期,写入发送数据寄存器中的数据按低位在前,高位在后从 RXD 依次发送出去,同步时钟从 TXD 送出。8 位数据(一帧)发送完毕后,由硬件使发送中断标志 TI 置位,向 CPU 申请中断。如要再次发送数据,则必须用软件将 n 清 0,并再次执行写 SBUF 指令。

(2) 接收过程

在 RI=0 的条件下,将 REN(SCON.4)置"1"就启动一次接收过程。串行数据通过 RXD 接收,同步移位脉冲通过 TXD 输出。在移位脉冲的控制下,RXD 上的串行数据依次移入移位寄存器。当 8 位数据(一帧)全部移入移位寄存器后,接收控制器发出"装载 SBUF"信号,将 8 位数据并行送入接收数据缓冲器 SBUF 中。同时,由硬件使接收中断标志 RI 置位,向 CPU 申请中断。CPU 响应中断后,从接收数据寄存器中取出数据,然后用软件使 RI 复位,使移位寄存器接收下一帧信息。

2. 方式 1

当 SM0 和 SM1 为 01 时,工作于方式 1。方式 1 为 8 位异步通信方式。在方式 1 下,一帧信息为 10 位:1 位起始位(0),8 位数据位(低位在前)和 1 位停止位(1)。TXD 发送数据端,RXD 为接收数据端。波特率可变,由定时/计数器 T1 的溢出率和电源控制寄存器 PCON 中的 SMOD 位决定。因此在方式 1 时,需对定时/计数器 T1 进行初始化。

$$波特率 = 2^{SMOD} \times (T1 的溢出率)/32$$

当然,对于 52 子系列也可以采用 T2 作为波特率发生器。

(1) 发送过程

在 TI=0 时,当 CPU 执行一条向 SBUF 写数据的指令时,如"MOV SBUF A",就启动发送过程。数据由 TXD 引脚送出,发送时钟由定时/计数器 T1 送来的溢出信号经过 16 分频或 32 分频后得到。在发送时钟的作用下,先通过 TXD 端送出一个低电平的起始位,然后是 8 位数据(低位在前),其后是一个高电平的停止位。当一帧数据发送完毕后,由硬件使发送中断标志 T1 置位,向 CPU 申请中断,完成一次发送过程。

(2) 接收过程

当允许接收控制位 REN 被置 1,接收器就开始工作,由接收器以所选波特率的 16 倍速率对 RXD 引脚上的电平进行采样。当采样到从"1"到"0"负跳变时,启动接收控制器开始接收数据。在接收移位脉冲的控制下依次把所接收的数据移入移位寄存器。当 8 位数据及停止位全部移入后,根据以下状态,进行响应操作。

① 如果 RI=0,SM2=0,则接收控制器发出"装载 SBUF"信号,将输入移位寄存器中的 8 位数据装入接收数据寄存器 SBUF,停止位装入 RB8,并置 RI=1,向 CPU 申请中断。

② 如果 RI=0,SM2=1,那么只有停止位为"1"才发生上述操作。

③ 如果 RI=0,SM2=1 且停止位为"0",则所接收的数据不装入 SBUF,数据将会丢失。

④ 如果 RI=1,则所接收的数据在任何情况下都不装入 SBUF,即数据丢失。

无论出现哪种情况,接收控制器都将继续采样 RXD 引脚,以便接收下一帧信息。

3. 方式 2 和方式 3

方式 2 和方式 3 时都为 9 位异步通信接口。接收和发送一帧信息长度为 11 位,即 1 个低电平的起始位,9 位数据位,1 个高电平的停止位。发送的第 9 位数据放于 TB8 中,接收的第 9 位数据放于 RB8 中。TXD 为发送数据端,RXD 为接收数据端。方式 2 和方式 3 的区别在于波特率不一样,其中方式 2 的波特率只有两种:$f_{osc}/32$ 或 $f_{osc}/64$;方式 3 的波特率与方式 1 的波特率相同,由定时/计数器 T1 的溢出率和电源控制寄存器 PCON 中 SMOD 位决定,即波特率 $= 2^{SMOD} \times$(T1 的溢出率)/32。在方式 1 时,也需要对定时/计数器 T1 进行初始化。

(1) 发送过程

方式 2 和方式 3 发送的数据为 9 位,其中发送的第 9 位在 TB8 中。在启动发送之前,必须把要发送的第 9 位数据装入 SCON 寄存器中的 TB8 中。准备好 TB8 后,就可以通过向 SBUF 中写入发送的字符数据来启动发送过程,发送时前 8 位数据从发送数据寄存器中取得,发送的第 9 位从 TB8 中取得。一帧信息发送完毕,置 TI 为 1。

(2) 接收过程

方式 2 和方式 3 的接收过程与方式 1 类似。当 REN 位置 1 时也启动接收过程,所不同的是接收的第 9 位数据是发送过来的 TB8 位,而不是停止位,接收到后存放到 SCON 中的 RB8 中。对接收是否有判断也是用接收的第 9 位,而不是用停止位。其余情况与方式 1 相同。

4.5.4 串行口的初始化编程及应用

在 51 单片机串行口使用之前必须先对它进行初始化编程。初始化编程是指设定串口的工作方式、波特率,启动它发送和接收数据。初始化编程过程如下:

1. 串行口控制寄存器 SCON 位的确定

根据工作方式确定 SM0、SM1 位。对于方式 2 和方式 3 还要确定 SM2 位。如果是接收端,则置允许接收位 REN 为 1;如果方式 2 和方式 3 发送数据,则应将发送数据的第 9 位写入 TB8 中。

2. 设置波特率

对于方式 0,不需要对波特率进行设置。

对于方式 2,设置波特率仅需对 PCON 中的 SMOD 位进行设置。

对于方式 1 和方式 3,设置波特率不仅需对 PCON 中的 SMOD 位进行设置,还要对定时/计数器 T1 进行设置。这时定时/计数器 T1 一般工作于方式 2,8 位自动重载方式,初值可由下面公式求得:

$$波特率 = 2^{SMOD} \times (T1 \text{ 的溢出率})/32$$
$$T1 \text{ 的溢出率} = 波特率 \times 32/2^{SMOD}$$

而 T1 工作于方式 2 的溢出率又可由下式表示:

$$T1 \text{ 的溢出率} = f_{osc}/[12 \times (256 - \text{初值})]$$

所以:

$$T1 \text{ 的初值} = 256 - f_{osc} \times 2^{SMOD}/(12 \times \text{波特率} \times 32)$$

T2 作为波特率计算方法类似。

为了方便,将常用的波特率、晶振频率、SMOD 和定时器计数初值列表,如表 4.7 所列,可供实际应用时参考。

表 4.7 常用波特率设置表

常用的波特率/bps	f_{osc}/MHz	SMOD	TH1 初值	误差/%
19 200	11.059 2	1	FDH	0
9 600	11.059 2	0	FDH	0
4 800	11.059 2	0	FAH	0
2 400	11.059 2	0	F4H	0
1 200	11.059 2	0	E8H	0
2 400	12	0	F3H	0.16
1 200	12	0	E6H	0.16

51 单片机的串行口在实际使用中通常用于三种情况:利用方式 0 扩展并行 I/O 接口;利用方式 1 实现点对点的双机通信;利用方式 2 或方式 3 实现多机通信。

4.5.5 用 51 系列单片机的串行口扩展并行口

51 单片机串行口的方式 0 可以用于 I/O 扩展。如果在应用系统中,串行口未被占用,那么将它用来扩展并行 I/O 口,既不占用片外的 RAM 地址,又节省硬件开销,是一种经济、实用的方法。

在方式 0 时,串行口为同步移位寄存器工作方式,其波特率是固定的,为 $f_{osc}/12$。数据由 RXD 端(P3.0)输入,同步移位时钟由 TXD 端(P3.1)输出。发送、接收的数据是 8 位,低位在先。实质上其为半双工 SPI 口,如图 4.22 所示。

51 单片机的串行口在方式 0 时,当外接一个串入并出的移位寄存器时,就可以扩展并行输出口;当外接一个并入串出的移位寄存器时,就可以扩展并行输入口。

1. 用 74HC165 扩展并行输入口

图 4.23 是利用 2 片 74HC165 扩展 2 个 8 位并行输入口的接口电路。

74HC165 是 8 位并行输入串行输出的寄存器。当 74HC165 的 S/$\overline{L}$ 端由高到低跳变时,

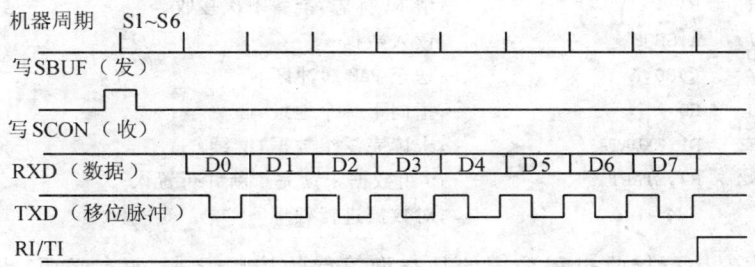

图 4.22 串行口方式 0 的收/发时序

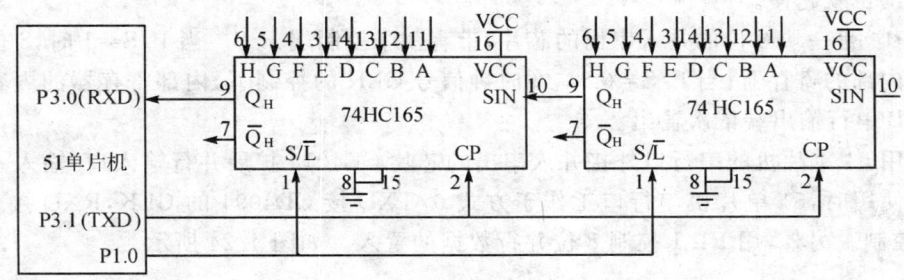

图 4.23 利用 74HC165 扩展并行输入口

并行输入端的数据被置入寄存器;当 S/$\overline{\text{L}}$＝1 且时钟禁止端(15 引脚)为低电平时,允许 TXD (P3.1)移位时钟输入,这时在时钟脉冲的作用下,数据将沿从 Q_A 到 Q_B 方向移动。

图 4.23 中,TXD(P3.1)作为移位脉冲输出与所有 75HC165 的移位脉冲输入端 CP 相连; RXD(P3.0)作为串行数据输入端与 74HC165 的串行输出端 Q_H 相连;P1.0 用来控制 74HC165 的移位与并入,与 S/$\overline{\text{L}}$ 相连;74HC165 的时钟禁止端(15 引脚)接地,表示允许时钟输入。当扩展多个 8 位数入口时,相邻两芯片的首尾(Q_H 与 SIN)相连。

串行口方式 0 数据的接收,用 SCON 寄存器中的 REN 位来控制,采用查询 RI 的方式来判断数据是否输入。

例 下面的程序是从 16 位扩展口读入 5 组数据(每组 2 B),并把它们转存到内部 RAM 20H 开始的单元。

```
        MOV    R7,#05H           ;设置读入组数
        MOV    R0,#20H           ;设置内部 RAM 数据区首址
START:  CLR    P1.0              ;并行置入数据,S/L=0
        SETB   P1.0              ;允许串行移位,S/L=1
        MOV    R1,#02H           ;设置每组字节数,即外扩 74LS165 的个数
RXDAT:  MOV    SCON,#00010000H   ;设串口方式 0,允许接收,启动接收过程
WAIT:   JNB    RI,WAIT           ;未接收完 1 帧,循环等待
```

```
        CLR    R1                    ;清 R1 标志,准备下次接收
        MOV    A,SBUF                ;读入数据
        MOV    @R0,A                 ;送至 RAM 缓冲区
        INC    R0                    ;指向下一个地址
        DJNZ   R1,RXDATA             ;未读完 1 组数据,继续
        DJNZ   R7,START              ;5 组数据未读完重新并行置入
        ...                          ;对数据进行处理
```

上面的程序对串行接收过程采用的是查询等待的控制方式,如有必要,也可改用中断方式。从理论上讲,按图 4.23 方法扩展的输入口几乎是无限的,但扩展得越多,对扩展的 I/O 口的操作速度也就越慢。

CD4014 是一块 8 位的并入串出的芯片,带有一个控制端 P/S。当 P/S=1 时,8 位并行数据置入到内部的寄存器;当 P/S=0 时,在时钟信号 CLK 的控制下,内部寄存器的内容按低位在前从 QB 串行输出端依次输出。

例 用 51 单片机的串行口外接并入串出的芯片 CD4014 扩展并行输入口,输入一组开关的信息。使用时,51 单片机串行口工作于方式 0,TXD 接 CD4094 的 CLK,RXD 接 QB,P/S 用 P1.0 控制。另外,用 P1.1 控制 8 位并行数据的置入。如图 4.24 所示。

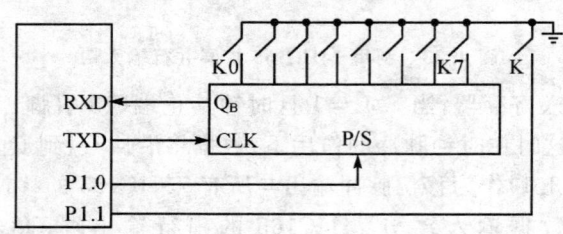

图 4.24 用 CD4014 扩展并行输入口

汇编程序: C 语言程序:

```
        ORG    0000H
        LJMP   MAIN
        ORG    0030H
MAIN:   SETB   P1.1
START:  JB     P1.1,START
        SETB   P1.0
        CLR    P1.0
        MOV    SCON,#10H
LOOP:   JNB    R1,LOOP
        CLR    R1
        MOV    A,SBUF
```

```c
#include <reg52.h>
sbit P1_0 = P1^0;
sbit P1_1 = P1^1;
void main()
{   unsigned char i;
    P1_1 = 1;
    while(P1_1 == 1);
    P1_0 = 1;
    P1_0 = 0;
    SCON = 0x10;
    while(!RI);
```

```
    RI = 0;
    i = SBUF;
    ……
}
```

2. 用 74HC164 扩展并行输出口

74HC164 是 8 位串入并出移位寄存器。图 4.25 是利用 74HC164 扩展 2 个 8 位并行输出口的接口电路。

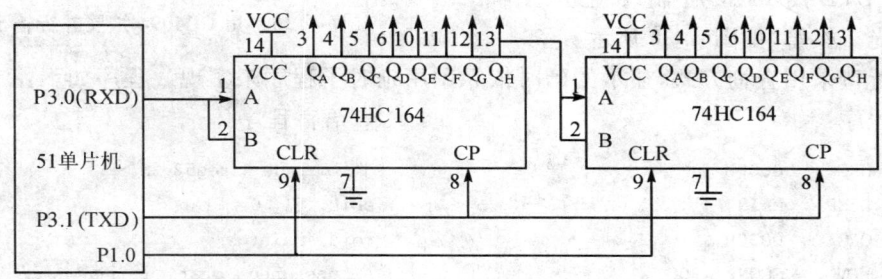

图 4.25　利用 74HC164 扩展并行输出口

当 51 单片机串行口工作在方式 0 的发送状态时，串行数据由 P3.0(RXD)送出，移位时钟由 P3.1(TXD)送出。在移位时钟的作用下，串行口发送缓冲器的数据一位一位地从 P3.0 移入 74HC164 中。需要指出的是，由于 74HC164 无并行输出控制端，因而在串行输入过程中，其输出端的状态会不断变化，故在某些应用场合，应设计输出三态门控制电路，以便保证串行输入结束后再输出数据。

例　下面是将内部 RAM 单元 30H、31H 的内容经串行口由 74HC164 并行输出子程序。

```
START: MOV   R7,#02H       ;设置要发送的字节个数
       MOV   R0,#30H       ;设置地址指针
       MOV   SCON,#00H     ;设置串行口为方式 0
SEND:  MOV   A,@R0
       MOV   SBUF,A        ;启动串行口发送过程
WAIT:  JNB   TI,WAIT       ;1 帧数据未发送完,循环等待
       CLR   TI
       INC   R0            ;取下一个数
       DJNZ  R7,SEND       ;未发送完,继续,发送完从子程序返回
       RET
```

例　用 51 单片机的串行口外接串入并出的芯片 CD4094 扩展并行输出口控制一组发光二极管,使发光二极管从左至右延时轮流显示。

CD4094 是一块 8 位的串入并出的芯片,带有一个控制端 STB。当 STB=0 时,打开串行输入控制门,在时钟信号 CLK 的控制下,数据从串行输入端 DATA 一个时钟周期移位依次输入;当 STB=1 时,打开并行输出控制门,CD4094 中的 8 位数据并行输出。使用时,51 单片机串行口工作于方式 0,TXD 接 CD4094 的 CLK,RXD 接 DATA,STB 用 P1.0 控制,8 位并行输出端接 8 个发光二极管,如图 4.26 所示。

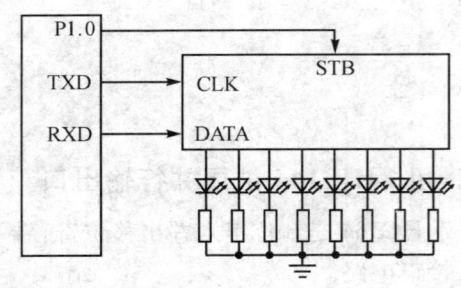

图 4.26 用 CD4094 扩展并行输出口

设串行口采用查询方式,显示的延时依靠调用延时子程序来实现。程序如下:

汇编程序:

```
            ORG     0000H
            LJMP    MAIN
            ORG     0030H
MAIN:   MOV     SCON,#00H
        MOV     A,#01H
        CLR     P1.0
START:  MOV     SBUF,A
LOOP:   JNB     TI,LOOP
        SETB    P1.0
        LCALL   DELAY
        CLR     TI
        RL      A
        CLR     P1.0
        SJMP    START
DELAY:  MOV     R7,#05H
LOOP2:  MOV     R6,#0FFH
LOOP1:  DJNZ    R6,LOOP1
        DJNZ    R7,LOOP2
        RET
        END
```

C 语言程序:

```c
#include <reg52.h>
sbit P1_0 = P1^0;
void main()
{ unsigned char i,j;
  SCON = 0x00;
  j = 0x01;
  while(1)
  {P1_0 = 0;
   SBUF = j;
   while(!TI);
   P1_0 = 0;
   TI = 0;
   for(i=0;i<255;i++);
   j = j*2;
   if(j==0x00)
      j = 0x01;
  }
}
```

4.5.6 利用方式 1 实现点对点的双机 UART 通信与 RS-232 接口

要实现甲与乙两台单片机点对点的双机通信,线路只需将甲机的 TXD 与乙机的 RXD 相连,将甲机的 RXD 与乙机的 TXD 相连,地线与地线相连以形成参考电势。软件方面选择相同的工作方式,设相同的波特率即可实现。线路连接如图 4.27 所示。

为了减轻单片机负担,一般串口接收都采用中断方式进行。可以设置一个接收缓冲区,将接收到的字符串存入,达到一定长度时再读出整段信息,以根据接收的数据决策程序的运行,这种方式一般应用于串口发送控制命令或数据。这里只给出了接收单个字符并接收后立即发送出去的程序作为演示。12 MHz 晶振,程序如下:

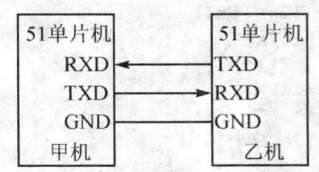

图 4.27　方式 1 双机通信线路图

汇编程序:

```
            ORG    0000H
            LJMP   MAIN
            ORG    0023H
            LJMP   UART_ISR
            ORG    0030H
MAIN:  MOV    TMOD,#20H    ;T1 设为方式 2
            MOV    TL1,#0F3H    ;4.8 kbps
            MOV    TH1,#0F3H    ;重载
            MOV    PCON,#80H    ;波特率加倍
            MOV    SCON,#50H    ;串口设为方式
                                ;1,允许收
            SETB   ES           ;开串口中断
            SETB   TR1          ;启动定时器 1
            SETB   EA           ;开总中断
            CLR    F0           ;F0 作为已经收
                                ;到数据标志
LOOP:  JNB    F0,$
            MOV    SBUF,A       ;发回收到的数据
            JNB    TI,$         ;查询发送
            CLR    TI
            CLR    F0           ;清标志
            LJMP   LOOP
UART_ISR:
            JNB    RI,OUT       ;若不是收中断
            MOV    A,SBUF       ;收数据
            SETB   F0           ;给出接收到数据
                                ;标志
            CLR    RI           ;清收中断标志
```

C 语言程序:

```c
#include<reg52.h>
unsigned char buf;          //接收数据缓存
unsigned char R_sign;       //接收到数据标志
void serial_init(void)      //串口初始化
{   TMOD = 0x20;            //T1 方式 1 用于波
                            //特率
    TH1 = 0xF3;             //波特率 4 800 bps
    TL1 = 0xF3;
    PCON |= 0x80;           //SMOD=1,波特率
                            //加倍
    SCON = 0x50;            //允许发送接收
    ES = 1;                 //允许串口中断
    EA = 1;
    TR1 = 1;
}
void send_char(char c)
{   SBUF = c;
    while(TI == 0);         //等待发送完成
    TI = 0;                 //清 TI 标志,准备下
                            //一次发送
}
void main()
{   serial_init();
    R_sign = 0;
    while(1)
    {   while(!R_sign);
        send_char(tem);     //将接收到的字符
                            //发回
```

```
OUT:   RETI
```

```
        R_sign = 0;
     }
}
void UART_ISR () interrupt 4    using 1
{   if(RI)                      //接收中断
    {RI = 0;
     buf = SBUF;
     R_sign = 1;
    }
}
```

例 甲、乙两机都选择方式1,8位异步通信方式,波特率为1200 bps。为了保持通信的畅通与准确,在通信中双机作了如下约定:通信开始时,甲机首先发送一个信号 AAH,乙机接收到后回答一个信号 BBH,表示同意接收。甲机收到 BBH 后,就可以发送数据了。假定发送10 个 ASCII 字符,数据缓冲区为 buf(地址自 80H 开始),最高位用作奇偶校验,数据发送完后发送一个校验和。乙机接收到数据后,存入乙机的数据缓冲区 buf(地址自 80H 开始)中,并用接收的数据产生校验和与接收的校验和相比较,若相同,则乙机发送 00H,回答接收正确;若不同,则发送 0FFH,请求甲机重发。

由于甲、乙两机都要发送和接收信息,所以甲、乙两机的串口控制寄存器的 REN 位都应设为1,方式控制字 SCON 都为 50H。

串口工作在方式1,波特率由定时/计数器 T1 的溢出率和电源控制寄存器 PCON 中的 SMOD 位决定,还需对定时/计数器 T1 初始化。

设 SMOD=0,甲、乙两机的振荡频率为 12 MHz,由于波特率为 1200 bps,定时/计数器 T1 选择为方式2,则初值如下:

$$初值 = 256 - f_{osc} \times 2^{SMOD}/(12 \times 波特率 \times 32)$$
$$= 256 - 12\,000\,000/(12 \times 1200 \times 32) \approx 230 = E6H$$

根据要求定时/计数器 T1 的方式控制字 TCON 为 20H。

汇编程序如下:

甲机的发送程序: 乙机接收程序:

```
    MOV   TMOD,#20H    ;串行口初始化        MOV   TMOD,#20H   ;串行口初始化
    MOV   TL1,#0E6H                        MOV   TL1,#0E6H
    MOV   TH1,#0E6H                        MOV   TH1,#0E6H
    MOV   PCON,#00H                        MOV   PCON,#00H
    SETB  TR1                              SETB  TR1
    MOV   SCON,#50H                        MOV   SCON,#50H
                                           MOV   R0,#80H     ;指向数据区首址
```

```
        MOV     R0,#80H         ;指向数据区首址
L0:
```

等待发送数据命令(可以是传感器或按键等),一旦有命令则开始发送数据

```
L1: MOV    SBUF,#0AAH       ;发送联络信号
    JNB    TI,$
    CLR    TI
    JNB    RI,$             ;等待乙机回答
    CLR    RI
    CJNE   SBUF,#0BBH,L1    ;乙未准备好,
                            ;继续联络
L2: MOV    B,#0             ;B作为校验和
    MOV    R7,#10           ;10个数
L3: MOV    A,@R0
    MOV    C,P
    MOV    A.7,C            ;加偶校验位
    MOV    SBUF,A           ;发送一个数据
    ADD    A,B              ;求校验和
    MOV    B,A
    JNB    TI,$
    CLR    TI
    INC    R0
    DJNZ   R7,L3

    MOV    SBUF,B           ;发送校验和
    JNB    TI,$
    CLR    TI

    JNB    RI,$             ;等待乙机回答
    CLR    RI
    MOV    A,SBUF
    JNZ    L2               ;应答出错,则重发
    LJMP   L0

L1: JNB    RI,$
    CLR    RI
    CJNE   SBUF,#0AAH,L1    ;判断甲机是否
                            ;请求
    MOV    SBUF,#0BBH       ;发送应答,同意
                            ;接收
    JNB    TI,$
    CLR    TI
L2: MOV    B,#0             ;B作为校验和
    MOV    R7,#10           ;10个数
    CLR    F0               ;偶校验错误标志
L3: JNB    RI,$
    CLR    RI
    MOV    A,SBUF           ;接收一个数据
    JNB    P,N1
    SETB   F0               ;偶校验报错
N1: MOV    R6,A             ;暂存
    ADD    A,B              ;求校验和
    MOV    B,A
    MOV    A,R6
    ANL    A,#7FH           ;去掉偶校验位
    MOV    @R0,A
    INC    R0
    DJNZ   R7,L3

    JNB    RI,$             ;接收甲机发送的
                            ;校验和
    CLR    RI
    MOV    A,SBUF
    CJNE   A,B,N2           ;比较校验和
    JB     F0,N2
    MOV    SBUF,#00H        ;校验成功发"0x00"
    JNB    TI,$
    CLR    TI
    LJMP   L1
N2:
    MOV    SBUF,#0FFH       ;校验错误发"0xff"
    JNB    TI,$
    CLR    TI
    LJMP   L2               ;重新接收
```

C51程序如下：

甲机的发送程序：

```c
#include <reg52.h>
unsigned char buf[10];
unsigned char pf;
void main(void)
{unsigned char i,tem;
 TMOD = 0x20;              //串行口初始化
 TL1 = 0xe6;
 TH1 = 0xe6;
 PCON = 0x00;
 TR1 = 1;
 SCON = 0x50;

 while(1)
 {
   等待发送数据命令（可以是传感器或按键等），一旦有命令则开始发送数据

   do
    {SBUF = 0xaa;            //发送联络信号
     while(TI == 0);TI = 0;
     while(RI == 0);         //等待乙机回答
     RI = 0;
    }while((SBUF^0xbb)! = 0); //乙未准备好，
                              //继续联络
   do
   {pf = 0;
    for(i = 0;i<10;i++)
     {tem = buf[i];
      A = tem;
      if(P)tem |= 0x80;       //加偶校验位
      SBUF = tem;             //发送一个数据
      pf += tem;              //求校验和
      while(TI == 0);
      TI = 0;
     }
    SBUF = pf;                //发送校验和
```

乙机的接收程序：

```c
#include <reg52.h>
unsigned char buf[10];
unsigned char pf,P_error;
void main(void)
{unsigned char i;
 TMOD = 0x20;              //串行口初始化
 TL1 = 0xe6;
 TH1 = 0xe6;
 PCON = 0x00;
 TR1 = 1;
 SCON = 0x50;
 while(1)
 {do
  {while(RI == 0);RI = 0;
  }while(SBUF! = 0xaa);     //判断甲机是否请求
  SBUF = 0xbb;              //发送应答信号
  while(TI == 0);TI = 0;
  while(1)
  {pf = 0;
   P_error = 0;
   for(i = 0;i<10;i++)
    {while(RI == 0); RI = 0;
     buf[i] = SBUF;          //接收一个数据
     pf += buf[i];           //求校验和
     ACC = buf[i];
     if(P) P_error = 1;      //偶校验报错
     buf[i] &= 0x7f;         //去掉偶校验位
    }
   while(RI == 0);           //接收甲机发送的校
                             //验和
   RI = 0;
   if(((SBUF^pf) == 0)||     //比较校验和
    (P_error == 0))
   {SBUF = 0x00;
    break;                   //校验和相同发
                             //"0x00"
```

第 4 章　51 系列单片机内部资源及编程

```
    while (TI == 0);TI = 0;
    while (RI ==0);            //等待乙机应答
    RI = 0;
   }while (SBUF! = 0);         //应答出错,则重发
  }
}
      }
      else
      {SBUF = 0xff;             //校验错误发"0xff",
                                //重新接收
       while (TI == 0);TI = 0;
      }
     }
    }
   }
```

1. RS-232 接口简介

　　串行通信的距离和传输速率与传输线的电气特性有关,传输距离随传输速度的增加而缩短。点对点的 UART 通信,由于采用 TTL 电平传输,一般仅能应用于板级通信。若要增加传输距离,则通信信号需要驱动或调制。

　　根据通信距离不同,所需的信号线的根数是不同的。如果是近距离,又不使用握手信号,只需 3 根信号线：TXD(发送线)、RXD(接收线)和 GND(地线)(如图 4.28(a)所示);如果距离在 15 m 左右,通过 RS-232 接口,提高信号的幅度,以延长传送距离(如图 4.28(b)所示);如果是远程通信,则通过电话网通信,由于电话网是根据 300～3 400 Hz 的音频模拟信号设计的,而数字信号的频带非常宽,在电话线上传送势必产生畸变,因此传送中先通过调制器将数字信号变成模拟信号,通过公用电话线传送,在接收端再通过解调器解调,还原成数字信号。现在调制器和解调器通常做在一个设备中,这就是调制解调器(Modem),该传送方式如图 4.28(c)所示。

　　注意：图中只标注了接收及发送数据线 TXD 和 RXD,没有标注握手信号。

　　RS-232 接口实际上是一种串行通信标准,是由美国 EIA(电子工业协会)和 Bell 公司一起开发的通信协议,它对信号线的功能、电气特性、连接器等都作了明确的规定,RS-232C 是广泛应用的一个版本。RS-232C 采用的是 EIA 电平,采用反逻辑,其规定如下：

- 逻辑 1(MARK)时,电压为 $-3 \sim -15$ V;
- 逻辑 0(SPACE)时,电压为 $+3 \sim +15$ V。

　　$-3 \sim +3$ V 之间的电压无意义,低于 -15 V 或高于 $+15$ V 的电压也认为无意义。因此,实际工作时,应保证电压在 $\pm(3+15)$ V 之间。可以看出,RS-232C 是通过提高传输电压来延长传输距离的,一般可以达到 15 m。

　　RS-232C 有 25 针的 D 型连接器和 9 针的 D 型连接器,目前 PC 机都是采用 9 针的 D 型连接器,因此这里只介绍 9 针 D 型连接器。9 针 D 型连接器的信号及引脚如图 4.29 所示。

　　市场上把公头(针)的接插件称为 DRx,母头(孔)的接插件称为 DBx,例如把 PC 机上的串口称为 DR9。

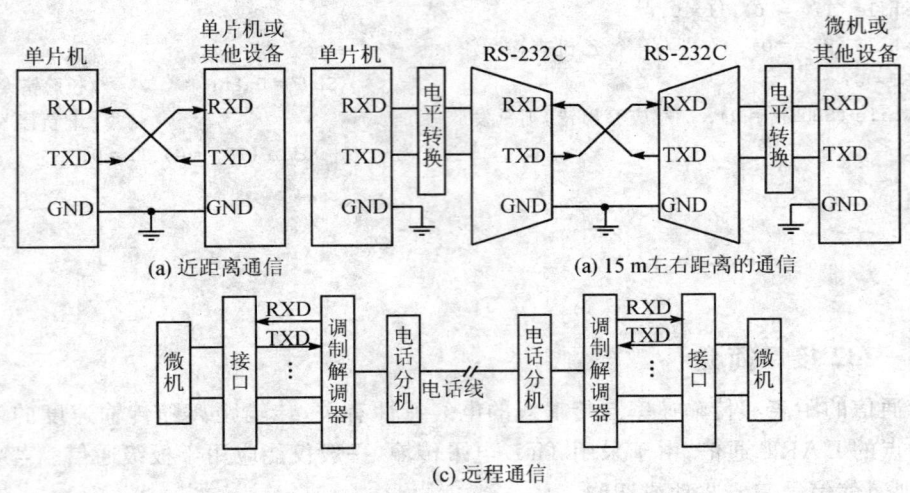

图 4.28　RS - 232 通信线的连接

RS-232C 除通过它传送数据（TXD 和 RXD）外，还对双方的互传起协调作用，这就是握手信号，9 根信号分为两类：

(1) 基本的数据传送引脚

TXD(Transmitted Data)：数据发送引脚。串行数据从该引脚发出。

RXD(Received Data)：数据接收引脚。串行数据由此输入。

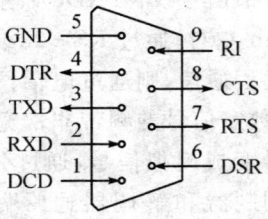

图 4.29　RS - 232C 9 针 D 型插座引脚信号

GND(Ground)：信号地线。

在串行通信中最简单的通信只需连接这 3 根线。在 PC 机与 PC 机、PC 机与单片机、单片机与单片机之间，多采用这种连接方式，如图 4.28(a) 和 4.28(b) 所示。

(2) 握手信号

RTS(request to send)：请求发送信号。输出信号。

CTS(clear to send)：清除传送。它是对 RTS 的响应信号，输入信号。

DCD(data carrier detection)：数据载波检测。输入信号。

DSR(data set ready)：数据通信准备就绪。输入信号。

DTR(data terminal ready)：数据终端就绪。输出信号，表明计算机已做好接收准备。

由于单片机的串行口不提供握手信号，因此通常采用直接 3 线数据传送方式。如果需要握手信号，可由 I/O 口编程产生所需的信号。而以上握手信号在和 Modem 连接时使用，本节不作详细介绍。

2. RS-232C 的 EIA 电平和 TTL 电平转换

很明显,RS-232 的 EIA 标准是以正负电压来表示逻辑状态,与 TTL 以高低电平表示逻辑状态的规定不同。因此,为了能够同计算机接口或终端的 TTL 器件连接,必须在 EIA 电平与 TTL 电平之间进行电平变换。目前较广泛地使用集成电路转换器件,如美国 Maxim 公司的 MAX232 芯片可完成 TTL 和 EIA 之间的双向电平转换,且只需单一的 +5 V 电源,自动产生 ±12 V 两种电平,实现 TTL 电平与 RS-232 电平的双向转换,因此获得了广泛应用。MAX232 的引脚图和连线图参见图 4.30。由该图可知,一个 MAX232 芯片可连接两对收/发线,完成两对 TTL 电平(0~5 V)与 RS-232 的电平(-12~+12 V)转换。

(1) 单片机和单片机的连接

甲机的发送端 TXD 接乙机的接收端 RXD,两机的地线相连,即可完成单工通信连接。当启动甲机的发送程序和启动乙机的接收程序时,就能完成甲机发送而乙机接收的串行通信。

如果甲机和乙机的发送端与接收端交叉连接、地线相连,就可以完成甲机和乙机的双工通信,电路如图 4.28(a)所示。

(2) 单片机和主机(PC)的连接

在 PC 机内接有 EIA-TTL 的电平转换和 RS-232C 连接器,称为 COM 口。通过 RS-232C 接口,PC 机可以连接 Modem 和电话线,进入互联网;也可以连接其他的串行通信设备,如单片机、仿真机等。由于单片机的串行发送线 TXD 和接收线 RXD 是 TTL 电平,而 PC 机的 COM1 或 COM2 等的 RS-232C 连接器(D 型 9 针插座)是 EIA 电平,因此单片机需加接 MAX232 芯片,通过串行电缆线和 PC 机相连接。单片机和 PC 机的串行通信接口电路如图 4.30 所示。

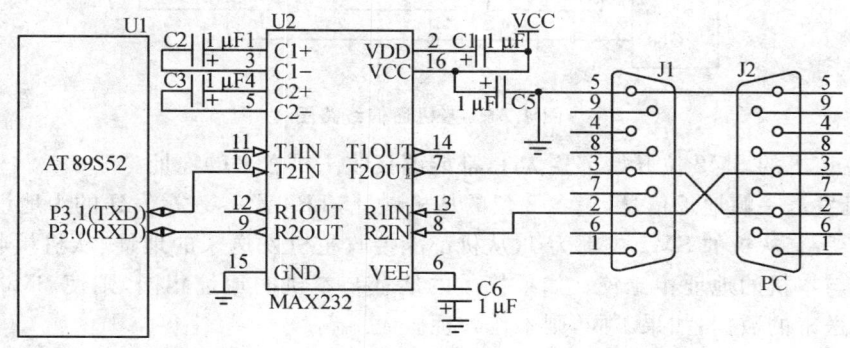

图 4.30 单片机与 PC 机的串行通信接口

通过计算机 Windows 的超级终端与单片机的串口通信互通信息可以实现单片机应用系统开发调试,以及形成互动界面。该方法是一种普适性的调试技术,适合面很广,这就要求每一位程序员要具有优秀的串行通信编程能力。

RS-232C 有效地扩展了点对点 UART 的传输距离。不过有两个缺点：一是距离仅有 15 m 左右(采用双绞线可达百米左右)；二是无法实现多机通信。RS-485 很好地解决了以上两个问题。

4.5.7 多机通信与 RS-485 总线系统

1. 多机通信原理

通过 51 单片机串行口能够实现一台主机与多台从机进行通信，主机和从机之间能够相互发送和接收信息。但从机与从机之间不能相互通信。

51 单片机串行口的方式 2 和方式 3 是 9 位异步通信。发送信息时，发送数据的第 9 位由 TB8 取得，接收信息的第 9 位放于 RB8 中，而接收是否有效要受 SM2 位影响。当 SM2=0 时，无论接收的 RB8 位是 0 还是 1，接收都有效，RI 都置 1；当 SM2=1 时，只有接收的 RB8 位等于 1 时，接收才有效，RI 才置 1。利用这个特性便可以实现多机通信。

多机通信时，主机每一次都向从机传送两字节信息，先传送从机的地址信息，再传送数据信息。处理时，地址信息的 TB8 位设为 1，数据信息的 TB8 位设为 0。

硬件线路如图 4.31 所示。多机通信过程如下：

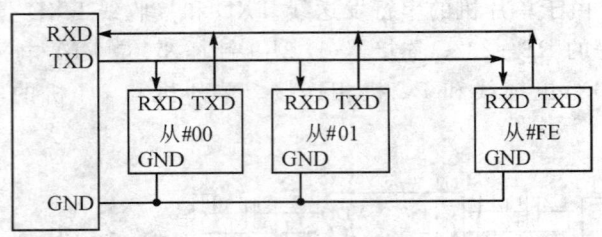

图 4.31 多机通信线路图

① 所有从机的 SM2 位开始都置为 1，都能够接收主机送来的地址。

② 主机发送一帧地址信息，包含 8 位的从机地址，TB8 置 1，表示发送的为地址帧。

③ 由于所有从机的 SM2 位都为 1，从机都能接收主机发送来的地址，从机接收到主机送来的地址后与本机的地址相比较。如果接收的地址与本机的地址相同，则使 SM0 位为 0，准备接收主机送来的数据；如果不同，则不作处理。

④ 主机发送数据，发送数据时 TB8 置为 0，表示为数据帧。

⑤ 对于从机，由于主机发送的第 9 位 TB8 为 0，那么只有 SM2 位为 0 的从机可以接收主机送来的数据。这样就实现了主机从多台从机选择一台从机进行通信。

⑥ 一次通信完成，对应从机再将 SM2 位置 1，以恢复总线识别能力，通信系统恢复到原始状态。

2. RS-485 与多机通信

鉴于 RS-232C 标准的诸多缺点,EIA 相继公布了 RS-422、RS-485 等替代标准。RS-485 以其优秀的特性、较低的实现成本在工业控制领域得到了广泛的应用。

其中,RS-422A 标准是 EIA 公布的"非平衡电压数字接口电路的电气特性"标准,这个标准是为改善 RS-232C 标准的电气特性,又考虑与 RS-232C 兼容而制定的。它采用非平衡发送器和差分接收器,电平变化范围为 12 V(-6~+6 V),允许使用比 RS-232C 串行接口更高的波特率且可传送到更远的距离(通信速率最大 10 Mbps 时,传输距离可达 120 m;通信速率为 90 kbps 时,传输距离可达 1200 m)。

RS-422A 每个通道要用两条信号线,如果其中一条是逻辑"1"状态,另一条就是逻辑"0"。RS-422A 电路由发送器、平衡连接电缆、电缆终端负载和接收器等几个部分组成。系统中规定只允许有一个发送器,可以有多个接收器,因此通常采用点对点通信方式。该标准允许驱动器输出为±(2~6) V,接收器监测到的输入信号电平可低至 200 mV。

RS-485 是 RS-422A 的变形。RS-422A 为全双工工作方式,可以同时发送和接收数据,而 RS-485 则为半双工工作方式,在某一时刻,一个发送另一个接收。在同一个 RS-485 网络中,可以有多达 32 个模块,这些模块可以是被动发送器、接收器或收发器,某些器件可以多达 256 个甚至更多。RS-485 相比 RS-232 具有以下特点,如表 4.8 所列。

表 4.8 RS-232 与 RS-485 总线性能对比

对比项目	接口	
	RS-232C	RS-485
操作方式	单端	差动方式
通信方式	全双工	半双工
最大传输距离/m	15 m(24 kbps)	1200 m(100 kbps)
最大传输速率	200 kbps	10 Mbps
最大驱动器数目	1	32(典型)
最大接收器数目	1	32(典型)

① RS-485 的电气特性:逻辑"1"以两线间的电压差为+(2~6) V 表示;逻辑"0"以两线间的电压差为-(2~6)V 表示。接口信号电平比 RS-232 降低了,就不易损坏接口电路的芯片,且该电平与 TTL 电平兼容,可方便与 TTL 电路连接。

② RS-485 的数据最高传输速率为 10 Mbps。

③ RS-485 接口是采用平衡驱动器和差分接收器的组合,抗共模干扰能力增强,即抗噪声干扰性好。

④ RS-485 接口的最大传输距离标准值为 1200 m,另外 RS-232 接口在总线上只允许

连接1个收发器,即单站能力。而 RS-485 接口在总线上是允许连接多个收发器,即具有多站能力,这样用户可以利用单一的 RS-485 接口方便地建立起设备网络。

⑤ 因为 RS-485 接口组成的半双工网络,一般只需两根连线(一般称为 AB 线),所以 RS-485 接口均采用屏蔽双绞线传输。

随着数字控制技术的发展,由单片机构成的控制系统也日益复杂。在一些要求响应速度快、实时性强、控制量多的应用场合,单个单片机构成的系统往往难以胜任。这时,由多个单片机结合 PC 机组成分布式测控系统成为一个比较好的解决方案。在这些分布式测控系统中,经常使用的是 RS-485 接口标准。RS-485 总线在工业应用中具有十分重要的地位。RS-485 协议可以看作是 RS-232 协议的替代标准,与传统的 RS-232 协议相比,其在通信速率、传输距离和多机连接等方面均有了非常大的提高,这也是工业系统中使用 RS-485 总线的主要原因。由于 RS-485 总线是 RS-232 总线的改良标准,所以在软件设计上它与 RS-232 总线基本上一致,如果不使用 RS-485 接口芯片提供的接收器、发送器选通的功能,为 RS-232 总线系统设计的软件部分完全可以不加修改直接应用到 RS-485 网络中。RS-485 总线工业应用成熟,而且大量的已有工业设备均提供 RS-485 接口。RS-232、RS-422 与 RS-485 标准只对接口的电气特性做出规定,而不涉及协议。虽然后来发展的 CAN 总线等具有数据链路层协议总线在各方面的表现都优于 RS-485,呈现出 CAN 总线取代 RS4-85 的必然趋势。但由于 RS-485 总线在软件设计上与 RS-232 总线基本兼容,其工业应用成熟,因而至今 RS-485 总线仍在工业应用中具有十分重要的地位。

RS-485 接口可连接成半双工和全双工两种通信方式。常见的半双工通信芯片有 MAX481、MAX483、MAX485 和 MAX487 等,全双工通信芯片有 MAX488、MAX489、MAX490 和 MAX491 等。下面以 MAX485 为例来介绍 RS-485 串行接口的应用。采用 MAX485 芯片构成的 RS-485 分布式网络系统如图 4.32 所示,其中,平衡电阻 R 通常为 100~300 Ω。MAX485 的封装有 DIP、SO 和 μMAX 三种,MAX485 引脚的功能如下。

RO:接收器输出端。若 A 比 B 大 200 mV,则 RO 为高电平;反之为低电平。

$\overline{RE}$:接收器输出使能端。$\overline{RE}$ 为低电平时,RO 有效;$\overline{RE}$ 为高电平时,RO 呈高阻状态。

DE:驱动器输出使能端。若 DE=1,驱动器输出 A 和 B 有效;若 DE=0,则它们呈高阻状态。若驱动器输出有效,器件作为线驱动器;反之,作为线接收器。

DI:驱动器输入端。若 DI=0,则 A=0,B=1;若 DI=1,则 A=1,B=0。

GND:接地。

A:同相接收器输入和同相驱动器输出。

B:反相接收器输入和反相驱动器输出。

VCC:电源端,一般接+5 V。

MAX485 多机网络的拓扑结构采用总线方式,传送数据采用主从站方法,单主机、多从机。上位机作为主站,下位机作为从站。主站启动并控制网上的每一次通信,每个从站有一个

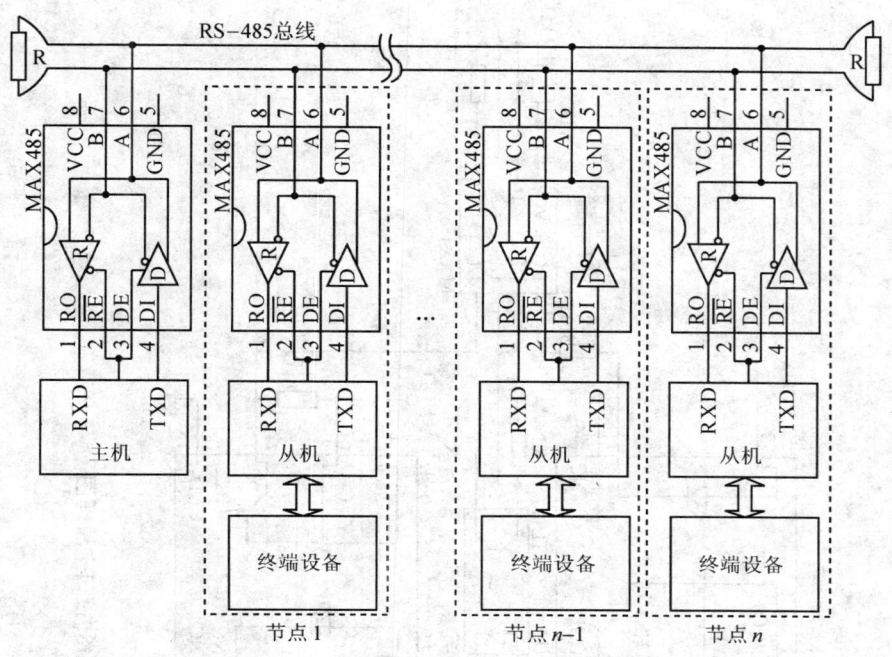

图 4.32 MAX485 构成的半双工式 RS-485 通信网络

识别地址,只有当某个从站的地址与主站呼叫的地址相同时,该站才响应并向主站发回应答数据。单片机与 MAX485 的接口电路多采用 MAX485 的 $\overline{RE}$ 与 DE 短接,再通过单片机的某一引脚来控制 MAX485 的接收或发送,其余操作同 UART 编程。

若 PC 机作为主控机,多个单片机作为从机构成的 RS-485 现场总线测控系统。PC 机需要通过 RS-232 和 RS-485 转接电路才能接入总线。单片机组成的各个节点负责采集终端设备的状态信息,主控机以轮询的方式向各个节点获取这些设备信息,并根据信息内容进行相关操作。PC 机的 RS-232/RS-485 接口卡的设计原理图如图 4.33 所示。

该接口卡主要是通过 MAX232 将 RS-232 通信电平转换成 TTL 电平,经过高速光耦 6N137 光电隔离后,再经由 MAX485 将其变为 RS-485 接口标准的差分信号。注意,系统中需要两路 5 V 电源。本设计中的接口卡最多可以同时驱动 32 个单片机构成的 RS-485 通信节点。有时,为简化电路设计,使用无源 RS-232-485 转换器,如图 4.34 所示。PC 机串口自动供电。

设备号通常是通过 DIP 拨码开关直接挂接到每个设备单片机的 I/O 上,通过 DIP 拨码开关设置设备号,这样所有的设备在没有特殊要求的情况下只需要一套程序即可。各单片机接收信息校验无误后,核对设备号,只有数据的目的地址与本机设备号相同才存储和处理等。电路如图 4.35 所示。

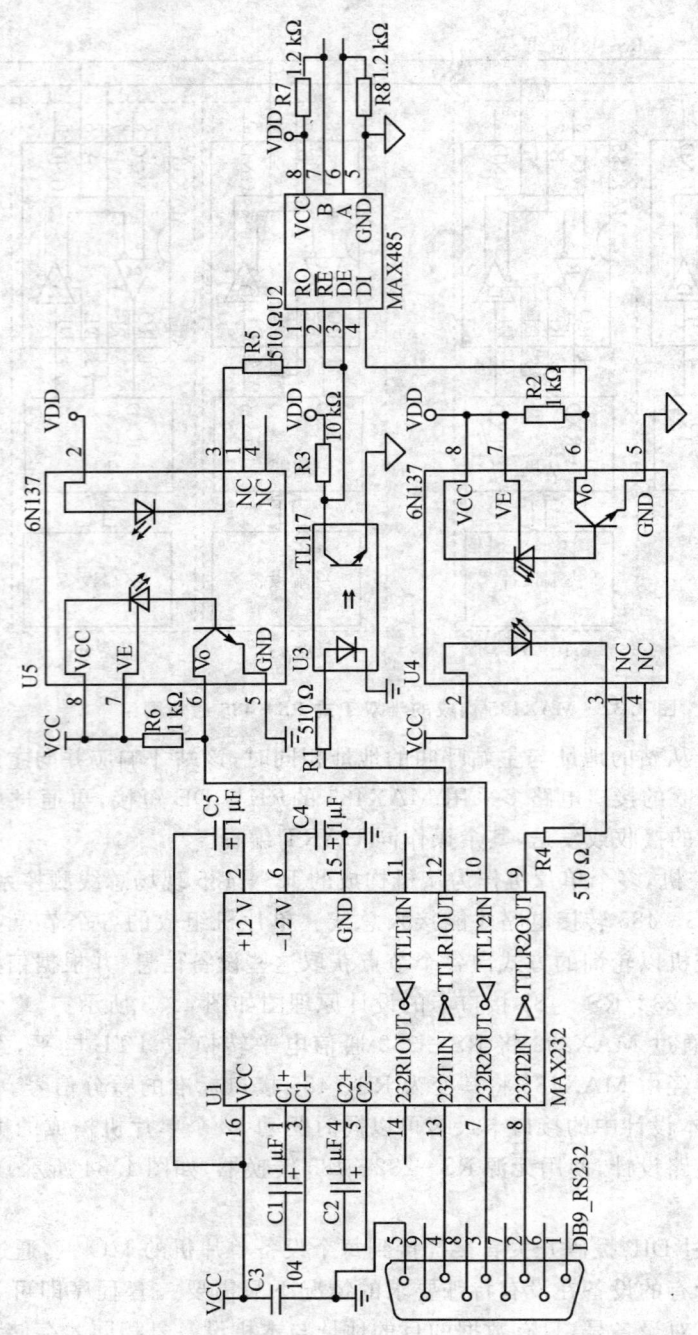

图 4-33 RS-232/RS-485接口卡原理图

第4章 51系列单片机内部资源及编程

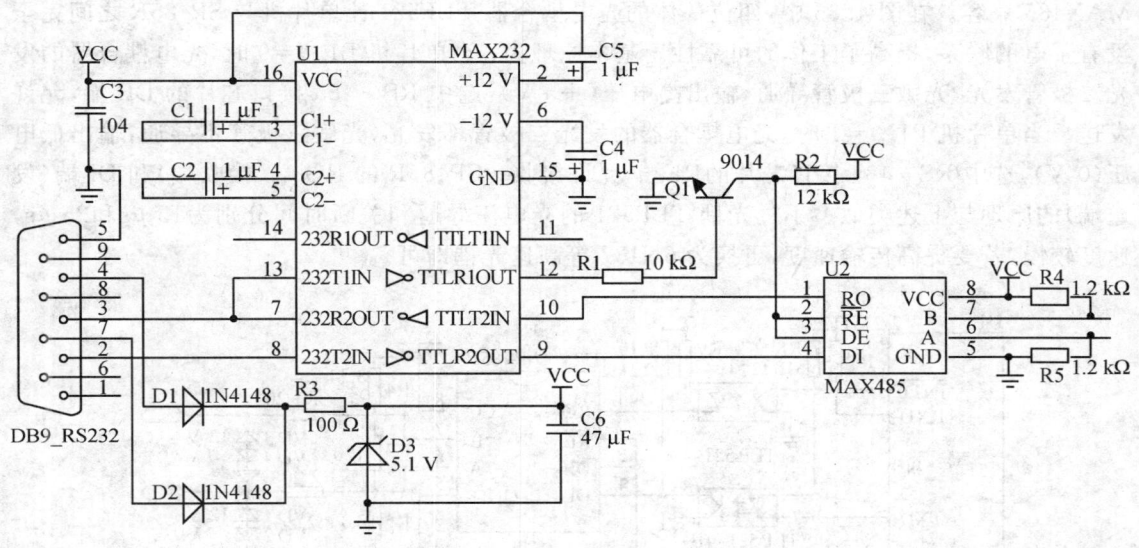

图 4.34 无源 RS-232/RS-485 转换器

3. RS-485 总线通信系统的可靠性分析及措施

在工业控制及测量领域较为常用的网络之一就是物理层采用 RS-485 通信接口所组成的工控设备网络。这种通信接口可以十分方便地将许多设备组成一个控制网络。从目前解决单片机之间中长距离通信的诸多方案分析,RS-485 总线通信模式由于具有结构简单、价格低廉、通信距离和数据传输速率适当等特点而被广泛应用于仪器仪表、智能化传感器集散控制、楼宇控制和监控报警等领域。但 RS-485 总线存在自适应、自保护功能脆弱等缺点,如不注意一些细节的处理,常出现通信失败甚至系统瘫痪等故障,因此提高 RS-485 总线的运行可靠性至关重要。RS-485 总线应用系统设计中需注意的问题如下:

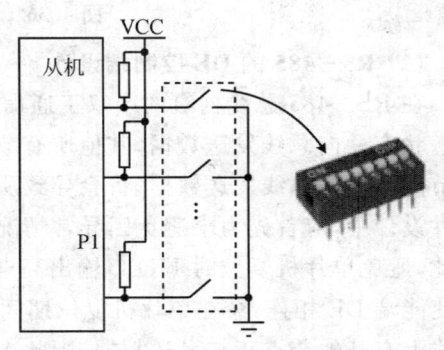

图 4.35 从机设备号设置

(1) 电路基本原理

某 RS-485 节点的硬件电路设计如图 4.36 所示。SP485R 接收器是 Sipex 半导体的 RS-485 接口芯片,具有极高的 ESD 保护,且该器件输入高阻抗可以使 400 个收发器接到同一条传输线上又不会引起 RS-485 驱动器信号的衰减。SP485R 通过使能引脚来提供关断功能,可将电源电流(ICC)降低到 0.5 μA 以下。封装为 8 脚塑料 DIP 或 8 脚窄 SOIC,引脚与

MAX485兼容。在图4.36中,四位一体的光电耦合器TLP521让单片机与SP485R之间完全没有了电的联系,提高了工作的可靠性。基本原理为:当单片机P1.0=0时,光电耦合器的发光二极管发光,光敏三极管导通,输出高电压(+5 V),选中RS-485接口芯片的DE端,允许发送。当单片机P1.0=1时,光电耦合器的发光二极管不发光,光敏三极管不导通,输出低电压(0 V),选中RS-485接口芯片的$\overline{\text{RE}}$端,允许接收。SP485R的RO端(接收端)和DI端(发送端)的原理与上述类似。不过光耦TLP521的光电流导通和关断时间分别为15 μs和25 μs,速度较慢,若要提高传输速度,更换为6N137等高速光耦即可。

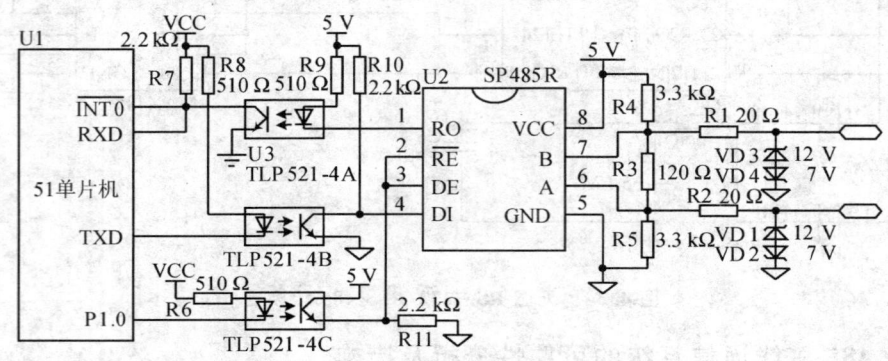

图4.36 RS-485通信接口原理图

(2) RS-485的DE控制端设计

在RS-485总线构筑的半双工通信系统中,在整个网络中任一时刻只能有一个节点处于发送状态并向总线发送数据,其他所有节点都必须处于接收状态。如果有2个节点或2个以上节点同时向总线发送数据,将会导致所有发送方的数据发送失败。因此,在系统各个节点的硬件设计中,应首先力求避免因异常情况而引起本节点向总线发送数据而导致总线数据冲突。为此,避免单片机复位时I/O口输出高电平,如果把I/O口直接与RS-485接口芯片的驱动器使能端DE相连,会在单片机复位期间使DE为高,从而使本节点处于发送状态。如果此时总线上有其他节点正在发送数据,则此次数据传输将被打断而告失败,甚至引起整个总线因某一节点的故障而通信阻塞,继而影响整个系统的正常运行。考虑到通信的稳定性和可靠性,在每个节点的设计中应将控制RS-485总线接口芯片的发送引脚设计成DE端的反逻辑,即控制引脚为逻辑"1"时,DE端为"0";控制引脚为逻辑"0"时,DE端为"1"。在图4.36中,将单片机的P1.0引脚通过光电耦合器驱动DE端,这样就可以使控制引脚为高或者异常复位时使SP485R始终处于接收状态,从而从硬件上有效避免节点因异常情况而对整个系统造成的影响。这就为整个系统的可靠通信奠定了基础。

此外,电路中要有看门狗,能在节点发生死循环或其他故障时,自动复位程序,交出RS-485总线控制权。这样就能保证整个系统不会因某一节点发生故障而独占总线,导致整个系统瘫痪。

(3) 避免总线冲突的设计

当一个节点需要使用总线时,为了实现总线通信可靠,在有数据需要发送的情况下先侦听总线。在硬件接口上,首先将 RS-485 接口芯片的数据接收引脚反相后接至 CPU 的中断引脚 $\overline{INT0}$。在图 4.36 中,$\overline{INT0}$ 是连至光电耦合器的输出端。当总线上有数据正在传输时,SP485R 的数据接收端(RO 端)表现为变化的高低电平,利用其产生的 CPU 下降沿中断(也可采用查询方式),能得知此时总线是否正"忙",即总线上是否有节点正在通信。如果"空闲",则可以得到对总线的使用权限,这样就较好地解决了总线冲突的问题。在此基础上,还可以定义各种消息的优先级,使高优先级的消息得以优先发送,从而进一步提高系统的实时性。采用这种工作方式后,系统中已经没有主、从节点之分,各个节点对总线的使用权限是平等的,从而有效避免了个别节点通信负担较重的情况。总线的利用率和系统的通信效率都得以大大提高,从而也使系统响应的实时性得到改善,而且即使系统中个别节点发生故障,也不会影响其他节点的正常通信和正常工作。这样使得系统的"危险"分散了,从某种程度上来说,增强了系统的工作可靠性和稳定性。

(4) RS-485 输出电路部分的设计

在图 4.36 中,VD1~VD4 为信号限幅二极管,其稳压值应保证符合 RS-485 标准,VD1 和 VD3 取 12 V,VD2 和 VD4 取 7 V,以保证将信号幅度限定在 -7~+12 V 之间,进一步提高抗过压的能力。考虑到线路的特殊情况(如某一节点的 RS-485 芯片被击穿短路),为防止总线中其他分机的通信受到影响,在 SP485R 的信号输出端串联了 2 个 20 Ω 的电阻 R1 和 R2,这样本机的硬件故障就不会使整个总线的通信受到影响。在应用系统工程的现场施工中,由于通信载体是双绞线,它的特性阻抗为 120 Ω 左右,所以线路设计时,在 RS-485 网络传输线的始端和末端应各接 1 个 120 Ω 的匹配电阻(如图 4.36 中的 R3),以减少线路上传输信号的反射。

(5) 系统的电源选择

对于由单片机结合 RS-485 组建的测控网络,应优先采用各节点独立供电的方案,同时电源线不能与 RS-485 信号线共用同一股多芯电缆。RS-485 信号线宜选用截面积 0.75 mm^2 以上的双绞线而不是平直线,并且选用线性电源 TL750L05 比选用开关电源更合适。TL750L05 必须有输出电容,若没有输出电容,则其输出端的电压为锯齿波形状,锯齿波的上升沿随输入电压变化而变化,加输出电容后,可以抑制此现象。

(6) 通信协议与软件编程

在数据传输过程中,每组数据都包含着特殊的意义,这就是通信协议。主、分机之间必须要有协议,这个协议是以通信数据的正确性为前提的,而数据传输的正确与否又完全决定于传输途径传输线,传输线状态的稳定与通信协议有直接联系。

SP485R 在接收方式时,A、B 为输入,RO 为输出;在发送方式时,DI 为输入,A、B 为输出。

当传送方向改变一次后,如果输入未变化,则此时输出为随机状态,直至输入状态变化一次,输出状态才确定。显然,在由发送方式转入接收方式后,如果 A、B 状态变化前,RO 为低电平,在第一个数据起始位时,RO 仍为低电平,那么单片机认为此时无起始位,直到出现第一个下降沿,单片机才开始接收第一个数据,这将导致接收错误。由接收方式转入发送方式后,D 变化前,若 A 与 B 之间为低电压,发送第一个数据起始位时,A 与 B 之间仍为低电压,A、B 引脚无起始位,那么同样会导致发送错误。避免这种后果出现的方案是:主机连续发送两个同步字,同步字要包含多次边沿变化(如 55H,0AAH),并发送两次(第一次可能接收错误而忽略),接收端收到同步字后,就可以传送数据了,从而保证正确通信。

为了更可靠地工作,在 RS-485 总线状态切换时需要适当延时,再进行数据的收发。具体的做法是在数据发送状态下,先将控制端置"1",延时 0.5 ms 左右的时间,再发送有效的数据,数据发送结束后,再延时 0.5 ms,将控制端置"0"。这样的处理会使总线在状态切换时,有一个稳定的工作过程。

多机通信系统的通信可靠性与各个分机的状态也有关。无论是软件还是硬件,一旦某台分机出现问题,都可能造成整个系统混乱。出现故障时,有两种现象可能发生:一是故障分机的 RS-485 口被固定为输出状态,通信总线硬件电路被钳位,信号无法传输;二是故障分机的 RS-485 口被固定为输入状态,在主机呼叫该号分机时,通信线路仍然有悬浮状态,还会出现噪声信号。所以,在系统使用过程中,应注意对整个系统的维护,以保证系统的可靠性。

RS-485 由于使用了差分电平传输信号,传输距离比 RS-232 更长,最多可达到 3000 m,因此很适合工业环境下的应用。但与 CAN 总线等更为先进的现场工业总线相比,其处理错误的能力还稍显逊色,所以在软件部分还需要进行特别的设计,以避免数据错误等情况发生。另外,系统的数据冗余量较大,对于速度要求高的应用场所不适宜用 R-485 总线。虽然 RS-485 总线存在一些缺点,但由于它的线路设计简单,价格低廉,控制方便,只要处理好细节,在某些工程应用中仍然能发挥良好的作用。总之,解决可靠性的关键在于工程开始施工前就要全盘考虑可采取的措施,这样才能从根本上解决问题,而不要等到工程后期再去亡羊补牢。

4. 基于 RS-485 和 Modbus 协议的分布式总线网络

工业控制已从单机控制走向集中监控、集散控制,如今已进入网络时代,工业控制器联网也为网络管理提供了方便。Modbus 协议是应用于分布式总线网络上的一种通用工业标准。通过此协议,控制器相互之间、控制器经由网络和其他设备之间可以通信。有了它,不同厂商生产的控制设备可以连成工业网络,进行集中监控。RS-485/Modbus 是现在流行的一种布网方式,其特点是实施简单方便,且支持 RS-485 的仪表众多。

(1) Modbus 协议及其两种传输模式

针对单主多从的分布式网络管理,Modbus 协议定义了一个各个控制器都能认识使用的消息结构,而不管它们是经过何种网络进行通信的。它描述了一控制器请求访问其他设备的过程,如何回应来自其他设备的请求,以及怎样侦测错误并记录。

当在一个 Modbus 网络上通信时,此协议决定了每个控制器需要预知其设备地址,识别按地址来的消息,决定要产生何种行动。如果需要回应,则控制器将生成反馈信息并用 Modbus 协议发出。

基于 RS-485 和 Modbus 协议的分布式网络定义了连接口的针脚、电缆、信号位、传输波特率和奇偶校验。

控制器通信使用主/从技术,即仅一设备(主设备)能初始化传输(查询)。其他设备(从设备)根据主设备查询提供的数据作出相应反应。主设备可单独和从设备通信,也能以广播方式和所有从设备通信。如果是单独通信,则从设备返回一消息作为回应;如果是以广播方式查询的,则不作任何回应。Modbus 协议建立了主设备查询的格式:设备(或广播)地址、功能代码、所有要发送的数据以及一个错误检测域。

从设备回应消息也由 Modbus 协议构成,包括确认要行动的域、任何要返回的数据和一个错误检测域。如果在消息接收过程中发生一错误,或从设备不能执行其命令,则从设备将建立一错误消息并把它作为回应发送出去。

查询消息中的功能代码告之被选中的从设备要执行何种功能。数据段包含了从设备要执行功能的任何附加信息。例如,功能代码 03 是要求从设备读取寄存器并返回它们的内容。数据段必须包含要告之从设备的信息:从何寄存器开始读及要读的寄存器数量。错误检测域为从设备提供了一种验证消息内容是否正确的方法。

如果从设备产生一个正常的回应,则在回应消息中的功能代码是在查询消息中的功能代码的回应。数据段包括了从设备收集的数据:寄存器值或状态。如果有错误发生,则功能代码将被修改以用于指出回应消息是错误的,同时数据段包含了描述此错误信息的代码。错误检测域允许主设备确认消息内容是否可用。

Modbus 协议主/从查询和回应周期图表如图 4.37 所示。

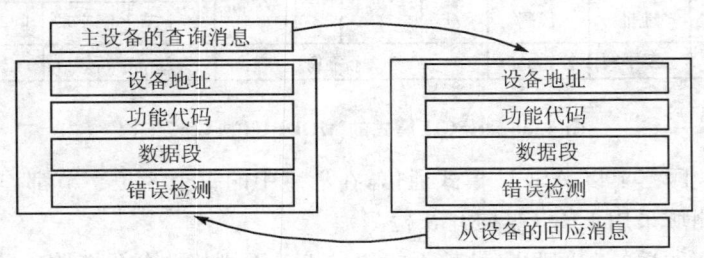

图 4.37 Modbus 协议主/从查询和回应周期图表

Modbus 协议具有两种传输方式,ASCII 模式和 RTU(远程终端单元)模式。这两种传输模式与从机 PC 通信的能力是同等的。选择时应视所用 Modbus 主机而定,每个 Modbus 系统只能使用一种模式,不允许两种模式混用。每种模式都定义了在这些网络上连续传输的消息段的每一位,以及决定怎样将信息打包成消息域和如何解码。在串口通信参数(波特率、校验方式等)一致的条件下,在一个 Modbus 网络上的所有设备都必须选择相同的传输模式和串口参数。

ASCII 模式和 RTU 模式帧中的每个字节的位结构有两种,有奇偶校验结构和无奇偶校验结构,如表 4.9 和表 4.10 所列。

表 4.9　ASCII 模式帧中每字节的位结构

有奇偶校验									
起始位	1	2	3	4	5	6	7	奇偶位	停止位
无奇偶校验									
起始位	1	2	3	4	5	6	7	停止位	停止位

表 4.10　RTU 模式帧中每字节的位结构

有奇偶校验										
起始位	1	2	3	4	5	6	7	8	奇偶位	停止位
无奇偶校验										
起始位	1	2	3	4	5	6	7	8	停止位	停止位

① ASCII 模式。

ASCII 模式的 Modbus 协议帧结构如图 4.38 所示。使用 ASCII 模式,消息以冒号(:)字符(ASCII 码 3AH)开始,以回车换行符结束(ASCII 码 0DH,0AH)。网络上的设备不断侦测":"字符,当接收到一个冒号时,每个设备都解码下个域(地址域)来判断是否发给自己。

:	设备地址	功能代码	数据数量	数据1	…	数据n	LRC校验		结束符	
							高字节	低字节	回车	换行
1个字符	2个字符	2个字符	2+n个字符				2个字符		2个字符	

图 4.38　ASCII 模式的 MODBUS 协议帧结构

当在 Modbus 网络上以 ASCII 模式通信,在消息中的每个 8 位字节都作为两个 ASCII 字符发送。错误检测域采用 LRC(纵向冗长检测)。

消息中字符间发送的时间间隔最长不能超过 1 s,否则接收的设备将认为传输错误。

② RTU 模式。

RTU 模式的 Modbus 协议帧结构如图 4.39 所示。当在 Modbus 网络上以 RTU 模式通信,在消息中的每个 8 位字节包含 8 位信息。这种方式的主要优点是:在同样的波特率下,可比 ASCII 方式传送更多的数据。错误检测域采用 CRC(循环冗长检测)。

第4章 51系列单片机内部资源及编程

起始位	设备地址	功能代码	数据1	...	数据n	CRC校验		结束符
						低字节	高字节	
T1-T2-T3-T4	8位	8位		n个8位		16位		T1-T2-T3-T4

图 4.39　RTU 模式的 MODBUS 协议帧结构

使用 RTU 模式,消息发送至少要以 3.5 个字符时间的停顿间隔开始。传输的第一个域是设备地址。网络设备不断侦测网络总线,包括停顿间隔时间内。当第一个域(地址域)接收到,每个设备都进行解码以判断是否发往自己。在最后一个传输字符之后,一个至少 3.5 个字符时间的停顿标定了消息的结束。一个新的消息可在此停顿后开始。整个消息帧必须作为一连续的流传输。如果在帧完成之前有超过 1.5 个字符时间的停顿时间,接收设备将刷新不完整的消息并假定下一字节是一个新消息的地址域。同样地,如果一个新消息在小于 3.5 个字符时间内接着前个消息开始,接收的设备将认为它是前一消息的延续。这将导致一个错误,因为在最后的 CRC 域的值不可能是正确的。

(2) Modbus 消息帧

① 地址域

消息帧的地址域包含两个字符(ASCII)或 8 位(RTU)。可能的从设备地址是 0~247(十进制)。单个设备的地址范围是 1~247。主设备通过将要联络的从设备的地址放入消息中的地址域来选通从设备。当从设备发送回应消息时,它把自己的地址放入回应的地址域中,以便主设备知道是哪一个设备作出回应。

地址 0 是用作广播地址,以使所有的从设备都能认识。当 Modbus 协议用于更高水准的网络,广播可能不允许或以其他方式代替。

② 如何处理功能域

消息帧中的功能代码域包含了两个字符(ASCII)或 8 位(RTU)。可能的代码范围是十进制的 1~255。当然,有些代码是适用于所有控制器,有些是应用于某种控制器,还有些保留以备后用。

当消息从主设备发往从设备时,功能代码域将告之从设备需要执行哪些行为。例如去读取输入的开关状态,读一组寄存器的数据内容,读从设备的诊断状态,允许调入、记录和校验在从设备中的程序等。

当从设备回应时,它使用功能代码域来指示是正常回应(无误)还是有某种错误发生(称为异议回应)。对正常回应,从设备仅回应相应的功能代码;对异议回应,从设备返回一等同于正常代码的代码,但最重要的位置为逻辑 1。

例如:一从主设备发往从设备的消息要求读一组保持寄存器,将产生如下功能代码:
００００００１１ (十六进制 03H)

对正常回应,从设备仅回应同样的功能代码。对异议回应,它返回:

1 0 0 0 0 0 1 1（十六进制 83H）

除功能代码因异议错误作了修改外，从设备将一独特的代码放到回应消息的数据域中，这能告诉主设备发生了什么错误。

主设备应用程序得到异议的回应后，典型的处理过程是重发消息，或者诊断发给从设备的消息并报告给操作员。

Modbus 网络只是一个主机，所有通信都由它发出。网络可支持 247 个之多的远程从属控制器，但实际所支持的从机数要由所用通信设备决定。采用这个系统，各设备可以和中心主机交换信息而不影响各设备执行本身的控制任务。

③ 数据域

数据域范围为 00～FFH。根据网络传输模式，它可以由一对 ASCII 字符组成或由 1 个 RTU 字符组成。体现为从设备必须用于进行执行由功能代码所定义的行为，包括从设备内部子地址、要处理项的数目和域中实际数据字节数等。

例如，如果主设备需要从设备读取一组保持寄存器（功能代码 03H），数据域指定了起始寄存器以及要读的寄存器数量。如果主设备写一组从设备的寄存器（功能代码 10H），数据域则指明了要写的起始寄存器以及要写的寄存器数量，数据域的数据字节数，要写入寄存器的数据。

如果没有错误发生，则从从设备返回的数据域包含请求的数据；如果有错误发生，则此域包含一异议代码，主设备应用程序可以用来判断采取下一步行动。

在某种消息中数据域可以是不存在的（0 长度）。例如，主设备要求从设备回应通信事件记录（功能代码 0BH），从设备不需任何附加的信息。

④ 错误检测域与错误检测方法

标准的 Modbus 网络有两种错误检测方法。错误检测域的内容视所选的检测方法而定。当选用 ASCII 模式作字符帧，错误检测域包含两个 ASCII 字符。这是使用 LRC（纵向冗长检测）方法对消息内容计算得出的，不包括开始的冒号符及回车换行符。LRC 字符附加在回车换行符前面。

当选用 RTU 模式作字符帧，错误检测域包含一个 16 位值（用两个 8 位的字符来实现）。错误检测域的内容是通过对消息内容进行 CRC 循环冗长检测方法得出的。CRC 域附加在消息的最后，添加时先是低字节然后是高字节，故 CRC 的高位字节是发送消息的最后一字节。

标准的 Modbus 串行网络采用两种错误检测方法。奇偶校验对每个字符都可用（用户可以配置控制器是奇或偶校验，或无校验），帧检测（LRC 或 CRC）应用于整个消息。它们都是在消息发送前由主设备产生的，从设备在接收过程中检测每个字符和整个消息帧。

用户要给主设备配置一预先定义的超时时间间隔，这个时间间隔要足够长，以使任何从设备都能作为正常反应。如果从设备检测到一个传输错误，消息将不会接收，也不会向主设备作出回应。这样超时事件将触发主设备来处理错误。发往不存在的从设备的地址也会产生超时。

使用 ASCII 模式,消息包括了一个基于 LRC 方法的错误检测域。LRC 域检测了消息域中除开始的冒号及结束的回车换行号外的内容。

LRC 域是一个包含一个 8 位二进制值的字节。LRC 值由传输设备来计算并放到消息帧中,接收设备在接收消息的过程中计算 LRC,并将它和接收到消息中 LRC 域中的值比较,如果两值不等,则说明有错误。LRC 方法是将消息中的 8 位的字节连续累加,丢弃了进位。

LRC 的简单函数如下:

```
static unsigned char LRC(auchMsg,usDataLen)
unsigned char * auchMsg;              //要进行计算的消息
unsigned char usDataLen;              //LRC 要处理的字节的数量
{   unsigned char uchLRC = 0;         //LRC 字节初始化
    while (usDataLen -- )             //传送消息
      uchLRC += * auchMsg ++ ;        //累加
    return uchLRC;
}
```

(3) 循环冗余校验——CRC

在数据存储和数据通信领域,为了保证数据的正确,就不得不采用检错的手段,即差错控制。在诸多检错手段中,循环冗余校验 CRC(Cyclic Redundancy Check)是最著名的一种,其特点是检错能力极强,开销小,易于用编码器及检测电路实现,且信息字段和校验字段的长度可以任意选定。从其检错能力来看,它所不能发现的错误的几率为 0.0047% 以下。从性能上和开销上考虑,均远远优于奇偶校验及算术和校验等方式。因此,在数据存储和数据通信领域,CRC 无处不在。

CRC 校验采用多项式编码方法,被处理的数据块可以看作是一个 n 阶的二进制多项式。这里,假定待发送的二进制数据段为 $g(x)$,生成多项式为 $m(x)$,得到的 CRC 校验码为 $c(x)$。

CRC 校验码的编码方法是用待发送的二进制数据 $g(x)$ 除以生成多项式 $m(x)$,将最后的余数作为 CRC 校验码。发送方发出的传输字段,包括信息字段和通过信息字段产生 CRC 的校验字段;接收方则通过接收到的信息字段使用相同的生成码进行校验,接收到的字段/生成码(二进制除法),如果能够除尽,则正确。CRC 校验码生成步骤如下:

首先,设待发送的数据块是 m 位的二进制多项式 $g(x)$,生成多项式为 r 阶的 $m(x)$。在数据块的末尾添加 r 个 0,数据块的长度增加到 $m+r$ 位,对应的二进制多项式为 $G(x)$。

然后,用生成多项式 $m(x)$ 去除 $G(x)$,求得余数为阶数是 $r-1$ 的二进制多项式 $c(x)$。此二进制多项式 $c(x)$ 就是 $g(x)$ 经过生成多项式 $m(x)$ 编码的 CRC 校验码。

注意: 这里的除法运算并非数学上的按位作差除法,而是计算机中的模 2 算法,即每个数据位与除数按位作逻辑异或运算,不存在进位或借位问题。

CRC 校验可以百分之百地检测出所有奇数个随机错误和长度小于或等于 $r(r$ 为 $m(x)$ 的

阶数)的突发错误。所以，CRC 的生成多项式的阶数越高，误判的概率就越小。CCITT 建议：2048 kbps 的 PCM 基群设备采用 CRC-4 方案，使用的 CRC 校验码生成多项式 $m(x)=x^4+x+1$。采用 16 位 CRC 校验，可以保证在 1024 位码中只含有 1 位未被检测出的错误。在 IBM 公司的同步数据链路控制规程 SDLC 的帧校验序列 FCS 中，使用 CRC-16；而在 CCITT 推荐的高级数据链路控制规程 HDLC 的帧校验序列 FCS 中，使用 CRC16-CCITT。CRC-32 出错的概率为 CRC-16 的 10^{-5}。由于 CRC-32 的可靠性，把 CRC-32 用于重要数据传输十分合适，在以太网卡芯片、MPEG 解码芯片中，也采用 CRC-32 进行差错控制。

$m(x)$ 生成多项式的系数为 0 或 1，但是 $m(x)$ 的首项系数为 1，末项系数也必须为 1。$m(x)$ 的次数越高，其检错能力越强。标准 CRC 生成多项式如表 4.11 所列。

表 4.11 标准 CRC 生成多项式

名称	生成多项式	简记式
CRC-4	x^4+x+1	0x03
CRC-8	$x^8+x^5+x^4+1$	0x31
CRC-8	x^8+x^2+x+1	0x07
CRC-8	$x^8+x^6+x^4+x^3+x^2+x$	0x5E
CRC-12	$x^{12}+x^{11}+x^3+x+1$	0x80F
CRC-16	$x^{16}+x^{15}+x^2+1$	0x8005
CRC16-ITU（前称 CRC16-CCITT）	$x^{16}+x^{12}+x^5+1$	0x1021
CRC-32	$x^{32}+x^{26}+x^{23}+x^{22}+x^{16}+x^{12}+x^{11}+x^{10}+x^8+x^7+x^5+x^4+x^2+x+1$	0x04C11DB7
CRC-32c	$x^{32}+x^{28}+x^{27}+x^{26}+x^{25}+x^{23}+x^{22}+x^{20}+x^{19}+x^{18}+x^{14}+x^{13}+x^{11}+x^{10}+x^9+x^8+x^6+1$	0x1EDC6F41

生成多项式的最高位固定为 1，故在简记式中忽略最高位 1，如 0x1021 实际是 0x11021。

非标准的 CRC 一般是为了某种用途而采用不同于标准的生成多项式，而实际的操作原理是相同的，主要用于需要 CRC 而低成本的应用，或者为了减轻计算机处理负担而又能够保证数据可靠性的折中方法，此外，部分的加密算法也是用 CRC 来生成。

① 基本算法（人工笔算）

以 CRC16-CCITT 为例进行说明，CRC 校验码为 16 位，生成多项式 17 位。假如数据流为 4 字节：BYTE[3]、BYTE[2]、BYTE[1]、BYTE[0]；

数据流左移 16 位，即补充 16 个"0"，再除以生成多项式 0x11021，做不借位的除法运算（相当于按位异或），所得的余数就是 CRC 校验码。

第 4 章 51 系列单片机内部资源及编程

发送时的数据流为 6 字节:BYTE[3]、BYTE[2]、BYTE[1]、BYTE[0]、CRC[1]、CRC[0]。

② 计算机算法 1(比特型算法)

首先,将扩大后的数据流(6 字节)高 16 位(BYTE[3]、BYTE[2])放入一个长度为 16 的寄存器;

其次,如果寄存器的首位为 1,将寄存器左移 1 位(寄存器的最低位从下一个字节获得),再与生成多项式的简记式异或;否则仅将寄存器左移 1 位(寄存器的最低位从下一个字节获得);

再次,重复第 2 步,直到数据流(6 字节)全部移入寄存器;

最后,寄存器中的值则为 CRC 校验码 CRC[1]、CRC[0]。

③ 计算机算法 2(字节型算法)

字节型算法的一般描述为:本字节的 CRC 码,等于上一字节 CRC 码的低 8 位左移 8 位,与上一字节 CRC 右移 8 位同本字节异或后所得的 CRC 码异或。

字节型算法如下:

首先,CRC 寄存器组初始化为全"0"(0x0000)。(注意:CRC 寄存器组初始化全为"1"时,最后 CRC 应取反。)

其次,CRC 寄存器组向左移 8 位,并保存到 CRC 寄存器组。

再次,原 CRC 寄存器组高 8 位(右移 8 位)与数据字节进行异或运算,得出一个指向值表的索引。

然后,索引所指的表值与 CRC 寄存器组做异或运算。

之后,数据指针加 1,如果数据没有全部处理完,则重复第 2 步。

最后,得出 CRC。

```
unsigned int cRctable_16[256];
unsigned int GetCrc_16(unsigned char * pData, int nLength)
//函数功能:计算数据流 * pData 的 16 位 CRC 校验码,数据流长度为 nLength
{ unsigned int cRc_16 = 0x0000;              //初始化
  while(nLength>0)
    {cRc_16 = (cRc_16 << 8)^cRctable_16[(((cRc_16 >> 8)^ * pData) & 0xff];
     //cRctable_16 表由函数 mK_cRctable 生成
     nLength -- ;
     pData ++ ;
    }
 return cRc_16;
}
void mK_cRctable(unsigned int gEnpoly)
//函数功能:生成 0~255 对应的 16 位 CRC 校验码,其实就是计算机算法 1(比特型算法)
//gEnpoly 为生成多项式
//注意,低位先传送时,生成多项式应反转(低位与高位互换)。如 CRC16 - CCITT 为 0x1021,
```

```
//反转后为 0x8408
{ unsigned int cRc_16 = 0;
  unsigned int i,j,k;
  for(i = 0,k = 0;i<256;i++,k++)
    { cRc_16 = i << 8;
      for(j = 8;j>0;j--)
        {if(cRc_16&0x8000)                    //反转时 cRc_16&0x0001
           cRc_16 = (cRc_16 << =1)^gEnpoly;   //反转时 cRc_16 = (cRc_16 >> =1)^gEnpoly
         else
           cRc_16 << = 1;                     //反转时 cRc_16 >> = 1
        }
      cRctable_16[k] = cRc_16;
    }
}
```

使用 RTU 模式的 Modbus 协议,消息包括了一基于 CRC 方法的错误检测域。CRC 域检测了整个消息的内容。注意,仅每个字符中的 8 位数据对 CRC 有效,起始位和停止位以及奇偶校验位均无效。

CRC 域是两字节,它由传输设备计算后加入到消息中。接收设备重新计算收到消息的 CRC,并与接收到的 CRC 域中的值比较,如果两值不同,则有误。CRC 添加到消息中时,低字节先加入,然后高字节。

很显然,按字节求 CRC 时,由于采用了查表法,大大提高了计算速度。但对于广泛运用的 8 位微处理器,代码空间有限,对于要求 256 个 CRC 余式表(共 512 字节的内存)已经显得捉襟见肘了,但 CRC 的计算速度又不可以太慢。经研究比对发现,计算本字节后的 CRC 码等于上一字节 CRC 码的低 12 位左移 4 位后,再加上上一字节余式 CRC 右移 4 位(即取高 4 位)和本字节之和后所求得的 CRC 码,如果把 4 位二进制序列数的 CRC 全部计算出来,放在一个表里,采用查表法,每个字节算两次(半字节算一次),则可以在速度和内存空间取得均衡,程序如下。*ptr 指向发送缓冲区的首字节,len 是要发送的总字节数,CRC 余式表是按 RC16-CCITT 的 0x11021 多项式求出。

```
unsigned int crc_ta[16] = { //CRC 余式表:按 0x11021 多项式求出
 0x0000,0x1021,0x2042,0x3063,0x4084,0x50a5,0x60c6,0x70e7,
 0x8108,0x9129,0xa14a,0xb16b,0xc18c,0xd1ad,0xe1ce,0xf1ef};
unsigned int Crc16(unsigned char * ptr, unsigned char len)
{ unsigned int crc;
  unsigned char da;

  crc = 0;
  while(len-- ! = 0)
    { da = crc >> 12;
```

第 4 章 51 系列单片机内部资源及编程

```
        crc <<= 4;
        crc ^= crc_ta[da^(*ptr/16)];
        da = crc >> 12;
        crc <<= 4;
        crc ^= crc_ta[da^(*ptr&0x0f)];
        ptr ++ ;
    }
    return(crc);
}
```

(4) 基于 Modbus 和 RS-485 的网络节点软件设计

在软件设计中,首先需要进行通信协议和通信信息的帧结构设计,本设计采用 Modbus 的 RTU 模式。本例中数据帧的内容包括地址字节(1 字节)、功能代码(1 字节)、数据长度字节(1 字节)、数据字节(N 字节)和 CRC 校验字节(2 字节)。

地址字节实际上存放的是从机对应的设备号,此设备号由拨动开关组予以设置,在工作时,每个设备都按规定设置好,一般不做改动,改动时重新设置开关即可。注意,设置时应避免设备号重复。

本系统的数据帧主要有 4 种,这由功能代码字节决定,它们是主机询问从机是否在位的"ACTIVE"指令(编码 0x11),主机发送读设备请求的"GETDATA"指令(编码 0x22),从机应答在位的"READY"指令(编码 0x33)和从机发送设备状态信息的"SENDDATA"指令(编码 0x44)。"SENDDATA"帧实际上是真正的数据帧,该帧中的数据字节存放的是设备的状态信息。其他 3 种是单纯的指令帧,数据字节为 0 字节,这 3 种指令帧的长度最短,仅为 5 字节。所以,通信过程中帧长小于 5 字节的帧都认为是错误帧。校验方式采用 CRC16-CCITT。整个系统的通信还需遵守下面的规则:

① 主控机(PC)主导整个通信过程。由主控机定时轮询各个从机节点,并要求这些从机提交其对应设备的状态信息。

② 主控机在发完"ACTIVE"指令后,进入接收状态,同时开启超时控制。如果接收到错误的信息则继续等待,如果在规定时间内未能接收到从机的返回指令"READY",则认为从机不在位,取消这次查询。

③ 主控机接收到从机的返回指令"READY"后,发送"GETDATA"指令,进入接收状态,同时开启超时控制。如果接收到错误的信息,则继续等待;如果规定时间内未能接受到从机的返回信息,则超时计数加 1,并且主控机重新发送"GETDATA"指令;如果超时 3 次,则返回错误信息,取消这次查询。

④ 从机复位后,将等待主控机发送指令,并根据具体的指令内容做出应答。如果接收到的指令帧错误,则会直接丢弃该帧,不做任何处理。

⑤ 采用偶校验。

整个系统软件分为主控机(PC)端和单片机端两部分。除了通信接口部分的软件以外,主控机端软件还包括用户界面、数据处理和后台数据库等。单片机端软件包括数据采集和RS-485通信程序,这两部分可以完全独立,数据采集部分可设计成一个函数,在主程序中调用即可。主控机端通信接口部分软件的流程如图4.40所示。对于从机而言,它的工作与主机密切相关,它是完全被动的,根据主机的指令执行相应的操作。从机何时去收集设备的状态信息也

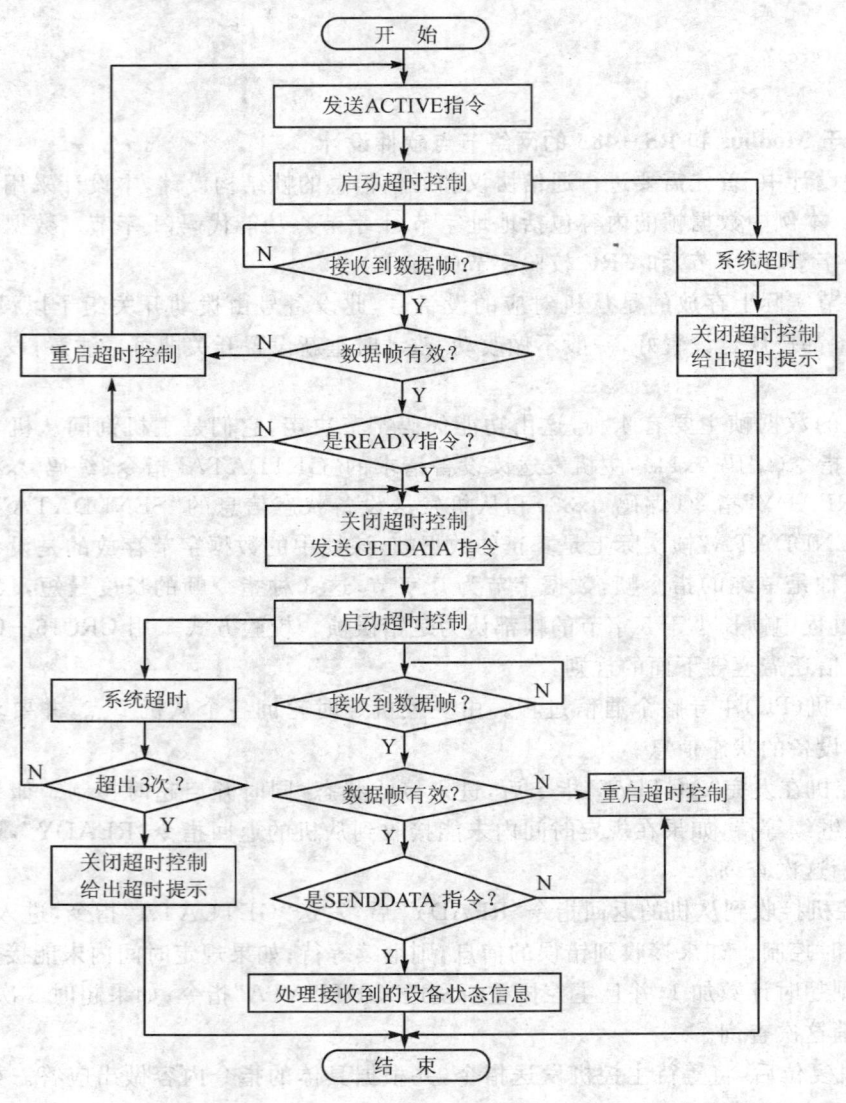

图 4.40　主控机端 RS-485 通信接口部分软件的流程

取决于主机。当从机收到主机发送读设备状态信息指令"GETDATA"时,才开始收集信息并发送"SENDDATA"上报。单片机端 RS-485 总线通信软件流程如图 4.41 所示。

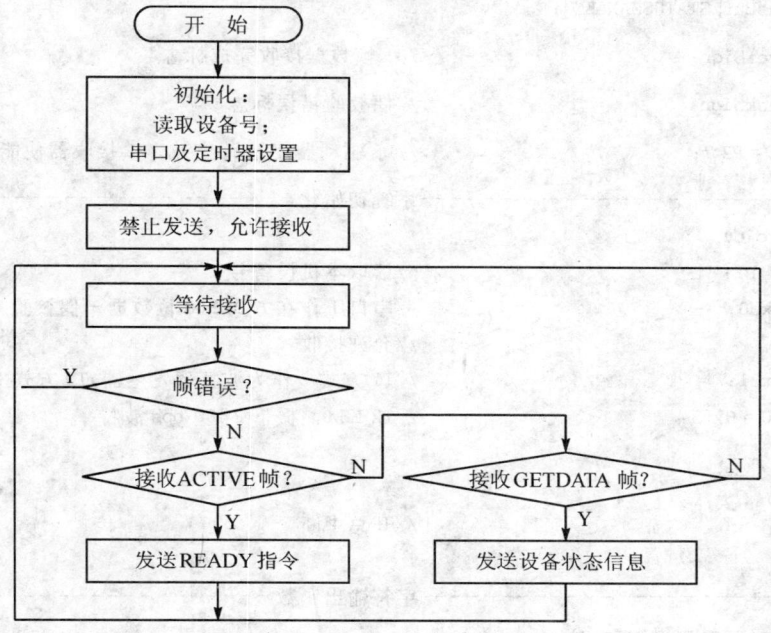

图 4.41　单片机端 RS-485 总线通信软件的流程

下面给出单片机终端从节点的 C51 通信程序(12 MHz 晶振),并通过注释加以详细说明。汇编程序过于繁琐,也不切合实际应用,这里没有给出。

```
#include <reg52.h>
#include <string.h>

#define uchar unsigned char
#define uint unsigned int

#define band              2400
#define time1_5_init      58661    //(65536-(1000000/band×11×1.5)),
                                   //1.5 个字符(11×1.5 位)时间
#define ACTIVE            0x11
#define GETDATA           0x22
#define READY             0x33
#define SENDDATA          0x44
#define RECFRMMAXLEN      20       //接收到数据帧的最大长度
```

```c
#define STATUSMAXLEN      20              //设备状态信息最大长度
uchar DevNo;                              //设备号
uchar StatusBuf[STATUSMAXLEN];
uchar RecOverSign;                        //1 帧数据接收完成标志
uchar P_CheckSign;                        //偶校验错误标志
sbit DE_nRE = P3^7;                       //DE 驱动器使能,1 有效;RE 接收器使能,0 有效。
//---------------------------系统初始化-------------------------
void init(void)
{   DevNo = P1;                           //读取本机设备号
    SCON = 0xd0;                          //串口工作在方式 3(8 位数据 + 偶校验 + 1 位 STOP 位),
                                          //允许接收
    TMOD = 0x21;                          //T1 方式 2 作为波特率发生器,T0 方式 1 定时
    TH0 = TL0 = 0xf3;                     //12 MHz 晶振下 2 400 bps 波特率
    TR1 = 1;
    ET0 = 1;
    EA = 1;                               //开总中断
}
//---------------------------字符输出函数-------------------------
void putchar(unsigned char c)
{   SBUF = c;                             //开始发送数据
    while(TI == 0);                       //等待发送完成
    TI = 0;                               //清发送完成标志
}
//---------------------------字符输入函数-------------------------
unsigned char getchar(void)
{   uchar tmp;
    TL0 = (time1_5_init) % 256;
    TH0 = time1_5_init/256;
    TR0 = 1;                              //启动定时器 0
    while(RI == 0)
       { if(RecOverSign)
          {TR0 = 0;                       //关定时器 0
           return 0;                      //仅为了返回,返回值无意义
          }
       }
    TR0 = 0;                              //关定时器 0
```

```c
    tmp = SBUF;
    ACC = tmp;
    if(P! = RB8)P_CheckSign = 1;
    return tmp;                         //返回读入的字符
}
//--------------------------------------------------------
unsigned int CRC_16(unsigned char * ptr, unsigned char len)
{unsigned int crc;
 unsigned char da;
 unsigned int crc_ta[16] = {            //CRC 余式表:按 0x11021 多项式求出
  0x0000,0x1021,0x2042,0x3063,0x4084,0x50a5,0x60c6,0x70e7,
  0x8108,0x9129,0xa14a,0xb16b,0xc18c,0xd1ad,0xe1ce,0xf1ef,};
 crc = 0;
 while(len -- ! = 0)
  {da = crc >> 12;
   crc << = 4;
   crc^ = crc_ta[da^( * ptr/16)];
   da = crc >> 12;
   crc << = 4;
   crc^ = crc_ta[da^( * ptr&0x0f)];
   ptr ++ ;
  }
 return(crc);
}
//--------------------接收数据帧函数,实际上接收的是主机的指令------------
unsigned char Recv_Data(uchar * type)
{   uchar tmp,rCount;
    uchar r_buf[RECFRMMAXLEN];          //保存接收到的帧
    uint CRC16;                         //CRC16 - CCITT 校验码
    uint tmp16;
    uchar Len;                          //信息字节长度变量
    DE_nRE = 0;                         //禁止发送,允许接收
    //接收一帧数据
    rCount = 0;
    RecOverSign = 0;
    P_CheckSign = 0;                    //开始没有奇偶校验错误
    while(1)                            //两个字符间时间间隔超过 1.5 个字符时间间隔,一帧
```

```c
                                    //数据则结束
    {   tmp = getchar();
        if(RecOverSign)break;
        r_buf[rCount ++ ] = tmp;
    }

    //计算校验和字节
    CRC16 = r_buf[rCount - 1] * 256 + r_buf[rCount - 2];
    Len = rCount - 2;
    tmp16 = CRC_16(r_buf, Len);
    //判断帧是否错误
    if (rCount<5)                       //帧过短错误,返回0,最短的指令帧为6字节
        return 0;
    if (r_buf[1]! = DevNo)              //地址不符合,错误,返回0
        return 0;
    if ((CRC16 ! = tmp16)|| P_CheckSign) //校验错误,返回0
        return 0;
    *type = r_buf[1];                   //获取指令类型
    return 1;                           //成功,返回1
}
//--------------------------发送数据帧函数--------------------------
void Send_Data(uchar type,uchar len,uchar * buf)
{   uchar i;
    uint  tmp16;

    buf [0] = DevNo;                    //设备号
    buf [1] = type;                     //功能字节
    buf [2] = len - 3;                  //发送数据长度
    tmp16 = CRC_16(buf,len);
    buf[len] = tmp16;
    buf[len + 1] = tmp16 >> 8;

    DE_nRE = 1;                         //允许发送,禁止接收

    for (i = 0;i<len + 2;i ++ )         //发送信息及2字节CRC码
    {   putchar( * buf ++ );
    }
}
//---------采集数据函数经过简化处理,取固定的10字节数据------------
```

```c
void Get_Stat(void)
{ uchar i;
    for(i=3;i<13;i++)                    //StatusBuf[0]~StatusBuf[2]为地址、功能码和数据
                                         //长度
        StatusBuf[i] = i;
}
//-----------------------清除设备状态信息缓冲区函数--------------------
void Clr_StatusBuf(void)
{   uchar i;
    for (i=0;i<STATUSMAXLEN;i++)
        StatusBuf[i] = 0;
}
//------------------------------------------------------------------
void main(void)
{   uchar type;
    init();                              //初始化
    while (1)
    {
        if (Recv_Data(&type) == 0)       //接收帧错误或者地址不符合,丢弃
            continue;
        switch (type)
        {   case ACTIVE:                 //主机询问从机是否在位
                Send_Data(READY,0,StatusBuf);    //发送 READY 指令
                break;
            case GETDATA:                //主机读设备请求
                Clr_StatusBuf();
                Get_Stat();              //数据采集函数
                Send_Data(SENDDATA,strlen(StatusBuf),StatusBuf);
                break;
            default:
                break;                   //指令类型错误,丢弃当前帧
        }
    }
}
//------------------------------------------------------------------
void T0_ISR() interrupt 1 using 1
{RecOverSign = 1;                        //1.5 个字符时间已到标志
}
```

习题与思考题

4.1 什么是中断系统？中断系统的功能是什么？

4.2 试说明中断源、中断标志和中断向量之间的关系及在中断系统运行中的作用。

4.3 51单片机响应外部中断的典型时间是多少？在哪些情况下，CPU将推迟对外部中断请求的响应？

4.4 试说明子程序和中断服务子程序在构成及调用上的异同点。

4.5 低电平外中断触发为什么一般需要中断撤销电路。

4.6 51单片机中，需要外加电路实现中断撤销的是（　　）。
　　(A) 定时中断　　　　(B) 脉冲方式的外部中断
　　(C) 外部串行中断　　(D) 电平方式的外部中断

4.7 8031单片机响应中断后，产生长调用指令LCALL，执行该指令的过程包括：首先把（　　）的内容压入堆栈，以进行断点保护，然后把长调用指令的16位地址送（　　），使程序执行转向（　　）中的中断地址区。

4.8 请说明利用定时器扩展外中断的原理。

4.9 定时/计数器 T0 和 T1 的工作方式 2 有什么特点？试分析其应用场合。

4.10 试编写周期为 400 μs，占空比为 10% 的方波发生器。

4.11 当定时/计数器 T0 和 T1 采用 GATE 位测量高脉冲宽度时，当脉冲宽度大于 65 536 个机器周期时，技术上应如何处理？

4.12 串行通信的主要优点和用途是什么？

4.13 为什么可以采用定时/计数器 T1 的方式 2 作为波特率发生器？

4.14 试说明采用 11.0592 MHz 晶振用于 UART 通信的原理。

4.15 简述利用串行口进行多机通信的原理。

第 5 章
单片机系统总线与系统扩展技术

51 系列单片机的重要特点就是系统结构紧凑，硬件设计灵活，外露系统总线，方便系统扩展。在很多复杂的应用情况下，单片机内的 RAM、ROM 和 I/O 接口数量有限，不够使用，这种情况下就需要进行扩展。因此单片机的系统扩展主要是指外接数据存储器、程序存储器或 I/O 接口等，以满足应用系统的需要。

5.1 单片机系统总线和系统扩展方法

单片机是通过地址总线、数据总线和控制总线（俗称三总线）来与外部交换信息的。数据总线传送指令码和数据信息，各外围芯片都要并接在它上面，才能和 CPU 进行信息交流。由于数据总线是信息的公共通道，各外围芯片必须分时使用才不至于产生使用总线的冲突。什么时候使用哪个芯片，是靠地址编号区分的；什么时候打开指定地址的那个芯片通往数据总线的门，是受控制信号控制的，而这些信号是通过执行相应的指令产生的，这就是计算机的工作机理。因此，单片机的系统扩展就归结到外接数据存储器、程序存储器和 I/O 接口与三总线的连接。

5.1.1 单片机系统总线信号

51 单片机的系统总线接口信号如图 5.1 所示。由图可见：

① P0 口为地址/数据线复用，分时传送数据和低 8 位地址信息。在接口电路中，通常配置地址锁存器，用 ALE 信号锁存低 8 位地址 A0～A7，以分离地址和数据信息。

② P2 口为高 8 位地址线，扩展外部存储器时传送高 8 位地址 A8～A15。

③ $\overline{PSEN}$ 为程序存储器的控制信号，$\overline{RD}$(P3.7)、$\overline{WR}$(P3.6)为数据存储器和 I/O 口的读/写控制信号，它们是在执行不同指令时，由硬件产生的不同的控制信号。由于很少扩展程序存储器，因此 $\overline{PSEN}$ 很少用。

单片机及应用系统设计原理与实践

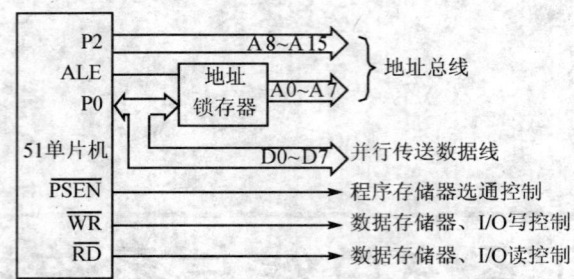

图 5.1　51 系列单片机总线

　　常用的 8 位地址锁存器有 74HC373 和 74HC573，引脚及内部结构如图 5.2 所示。74HC373 和 74HC573 都是带三态控制的 D 型锁存器，在很多经典书籍和应用中一般都采用 74HC373，不过鉴于 74HC373 引脚排列不规范，不利于 PCB 板的设计，建议锁存器采用 74HC573。

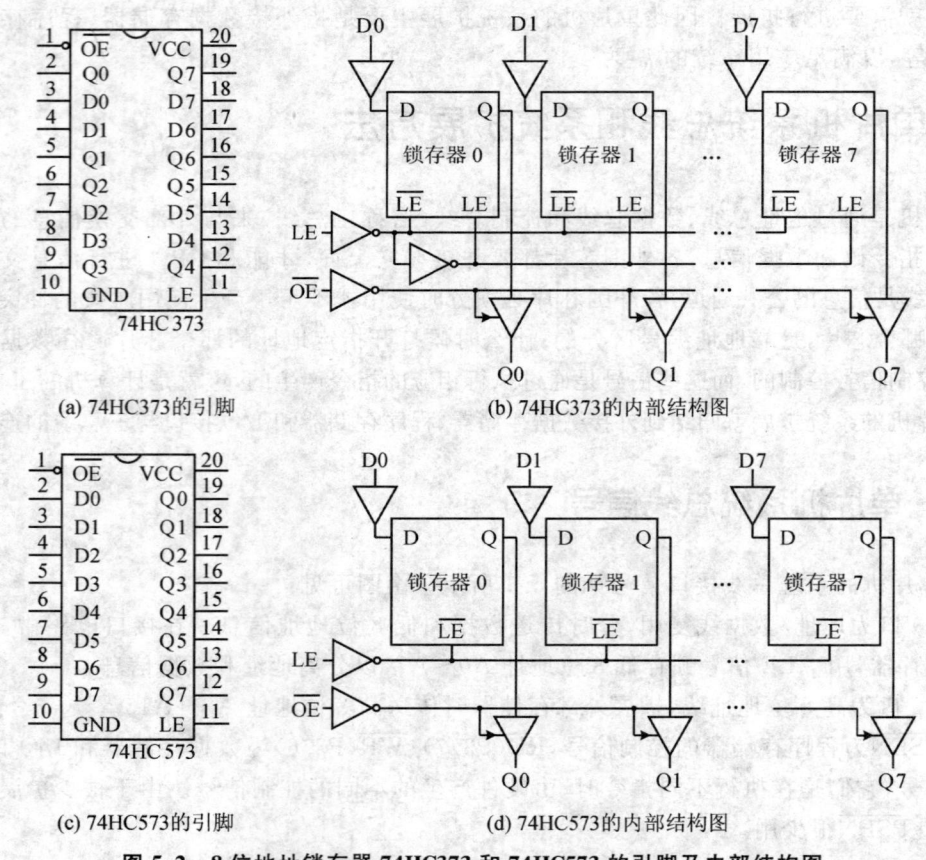

(a) 74HC373的引脚　　　　　　(b) 74HC373的内部结构图

(c) 74HC573的引脚　　　　　　(d) 74HC573的内部结构图

图 5.2　8 位地址锁存器 74HC373 和 74HC573 的引脚及内部结构图

第5章 单片机系统总线与系统扩展技术

地址锁存器使用时，LE端接至单片机的ALE引脚，$\overline{OE}$输出使能端接地。

单片机执行MOVX指令，以及系统自片外扩展的程序存储器中读取指令或执行MOVC指令时，会自动产生总线时序，完成信息的读取或存储。

5.1.2　51系列单片机读外部程序存储器及读/写外部数据存储器(I/O口)时序

1. 不执行MOVX时(片内操作)

作用：读取外部程序存储器中的指令，其时序图如图5.3所示。

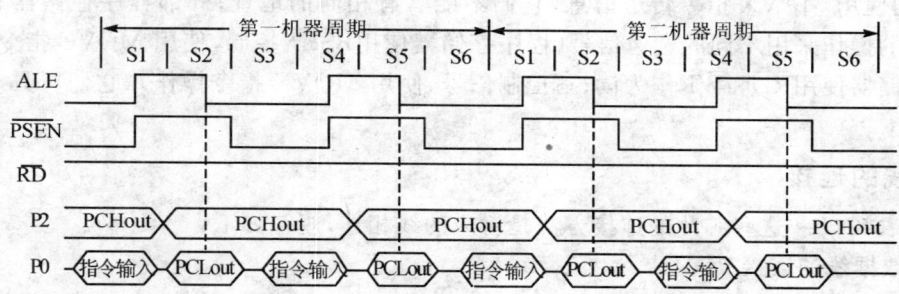

图5.3　不执行MOVX时操作时序图

2. 执行MOVX时(片外操作)

作用：读/写外部数据存储器(I/O口)，其时序图如图5.4所示。

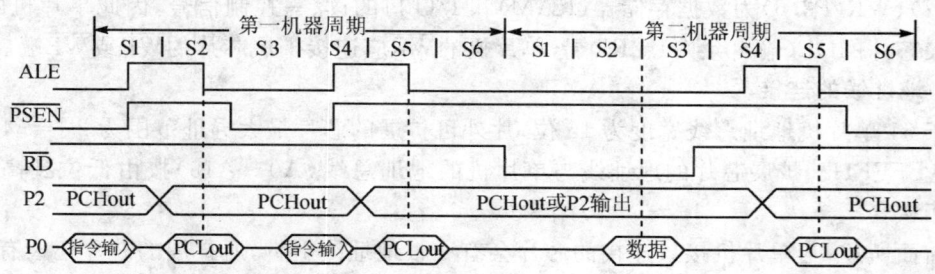

图5.4　执行MOVX时操作时序图

注意： ① 当执行"MOVX @Ri, A"或"MOVX A, @Ri"时，P2口不输出DPH而是输出P2特殊功能寄存器内容；

② 执行MOVX时，ALE被$\overline{RD}/\overline{WR}$屏蔽，一次$\overline{PSEN}$会少一个脉冲，如用ALE做定时脉冲，应注意执行MOVX指令对脉冲的影响；

③ $\overline{PSEN}$和$\overline{RD}/\overline{WR}$不会同时出现，51单片机可以独立扩展64 KB程序存储器和64 KB数据存储器。

5.1.3 基于系统总线进行系统扩展的总线连接方法

能与单片机三总线接口的芯片也具备三总线引脚,即数据线、地址线和读/写控制线,此外还有片选线。其中地址线的根数因芯片不同而不同,取决于片内存储单元的个数或 I/O 接口内寄存器(又称为端口)的个数,n 根地址线和单元的个数的关系是:单元的个数 $= 2^n$。

系统扩展中的原则是,使用相同控制信号的芯片之间,不能有相同的地址;使用相同地址的芯片之间,控制信号不能相同。例如,I/O 口和外部数据存储器,均以 $\overline{RD}$ 和 $\overline{WR}$ 作为读、写控制信号,均使用 MOVX 指令传送信息,它们不能具有相同的地址;外部程序存储器和外部数据存储器的操作采用不同的选通信号(程序存储器使用 $\overline{PSEN}$ 控制,使用 MOVC 指令操作;外部数据存储器使用 $\overline{RD}$ 和 $\overline{WR}$ 作为读、写控制信号,使用 MOVX 指令操作),它们可具有相同的地址。

1. 总线的连接

CPU、MCU 和这些芯片的连接方法是对应的线相连,规律如下:

(1) 数据线的连接

外接芯片的数据线 D0~D7 接单片机的数据线 D0~D7。对于并行接口,数据线通常为 8 位,各位对应连接即可。

(2) 控制线的连接

$\overline{PSEN}$ 为程序存储器的选通控制信号,因此单片机的 $\overline{PSEN}$ 连接 ROM 的输出允许端 $\overline{OE}$;$\overline{RD}$(P3.7)、$\overline{WR}$(P3.6)为数据存储器(RAM)和 I/O 口的读、写控制信号,因此单片机的 $\overline{RD}$ 应连接扩展芯片的 $\overline{OE}$(输出允许)或 $\overline{RD}$ 端,单片机的 $\overline{WR}$ 应连接扩展芯片的 $\overline{WR}$ 或 $\overline{WE}$ 端。

(3) 地址线的连接

由于 51 单片机地址总线宽度为 16 位,片外可扩展的芯片最大寻址范围为 $2^{16} = 64$ KB,即 0000H~FFFFH。扩展芯片的地址线与单片机的地址总线(A0~A15)按由低位到高位的顺序顺次相接。

如前面所述,与单片机接口连接的芯片会有 n 根地址线引脚,所扩展的芯片还会有 1 个片选引脚。当接入单片机的同类扩展芯片仅一片时,其芯片的片选端可直接接地。因为此类芯片仅此一片,别无选择,使它始终处于选中状态,如图 5.5(a)所示。

2. 芯片扩展的线选法与译码法

一般来说,扩展芯片的地址线数目总是少于单片机地址总线的数目,因此连接后,单片机的高位地址线总有剩余。当由于系统应用需要,需要扩展多个同类和同样的芯片时,地址总线分为两部分,即字选和片选。用于选择片内的存储单元或端口,称为字选或片内选择。为区别同类型的不同芯片,利用外围芯片的片选引脚与单片机地址总线高位直接或间接相连构成片选,即超出单芯片地址数目的剩余地址线作为片选,与扩展芯片的片选信号线$\overline{CE}$相接。一个芯片的某个单元或某个端口的地址由片选的地址和片内字选地址共同组成,因此字选和片选引脚均应接到单片机的地址线上。

> 字选:外围芯片的字选(片内选择)地址线引脚直接接单片机的从 A0 开始的低位地址线。

> 片选:片选引脚的连接有两种方法,线选法和译码法。

不同扩展芯片的片选引脚分别接至单片机用于片内寻址剩下的高位地址线上,称为线选法。线选法用于外围芯片不多的情况,是最简单、最低廉的方法,如图 5.5(b)所示。

片选引脚接至高位地址线进行译码后的输出,称为译码法。译码可采用部分译码法或全译码法。所谓部分译码,就是用片内寻址剩下的高位地址线中的几根,进行译码;所谓全译码,就是用片内寻址剩下的所有的高位地址线,进行译码。全译码法的优点是地址唯一,能有效地利用地址空间,适用于大容量多芯片的连接,以保证地址连续。译码法的缺点是要增加地址译码器,如图 5.5(c)所示。

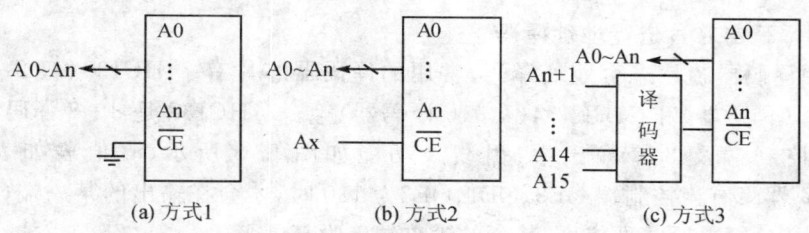

图 5.5 三总线外围芯片片选引脚的几种接法

(1) 使用逻辑门译码

设某一芯片的字选地址线为 A0～A11(4 KB 容量),使用逻辑门进行地址译码,其输出接芯片片选$\overline{CE}$,电路及芯片的地址排列如图 5.6 所示。

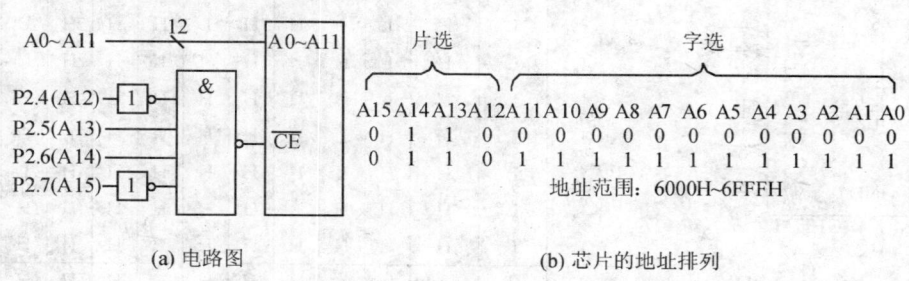

图 5.6 用逻辑门进行地址译码的电路及地址排列

在上面地址的计算中,16 位地址的字选部分是从片内最小地址(A11～A0 全为 0)到片内最大地址(A11～A0 全为 1),共 4096 个地址,16 位地址的高 4 位地址由图 5.6 中 A15～A12

的硬件电路接法决定,仅当 A15 A14 A13 A12＝0110 时,$\overline{CE}$才为低电平,选择该芯片工作。因此它的地址范围为 6000H～6FFFH。由于 16 根地址线全部接入,因此是全译码方式,每个单元的地址是唯一的。如果 A15～A12 的 4 根地址线中只有 1～3 根接入电路,即采用部分译码方式,未接入电路的地址可填 1,也可填 0,单片机中通常填 1,图 5.7 是一个用非门进行线译码的电路,$\overline{CE1}$和$\overline{CE2}$选两个不同的芯片,其地址排列见图 5.7。

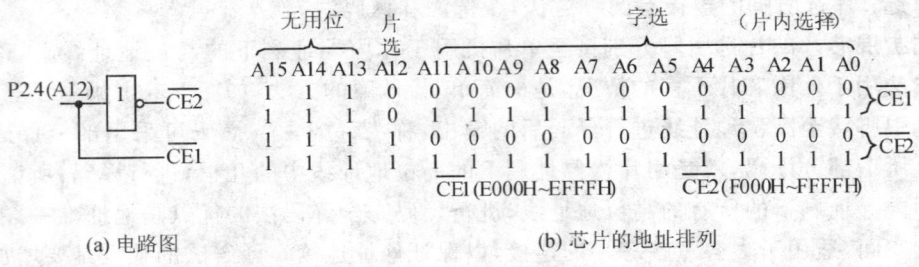

(a) 电路图　　　　　　　　　　(b) 芯片的地址排列

图 5.7　用非门进行地址译码的电路及地址排列

(2) 利用译码器芯片进行地址译码

如果利用译码器芯片进行地址译码,常用的译码器芯片有 74HC139(双 2-4 译码器)、74HC138(3-8 译码器)和 74HC154(4-16 译码器)等。74HC138 是 3-8 译码器,它有 3 个输入端、3 个控制端及 8 个输出端,引线及功能如图 5.8 所示,真值表如表 5.1 所列。74HC138 译码器只有当控制端 OE3、$\overline{OE1}$、$\overline{OE2}$为 100 时,才会在输出的某一端(由输入端 C、B、A 的状态决定)输出低电平信号,其余的输出端仍为高电平。

表 5.1　74HC138 真值表

输入						输出							
$\overline{OE1}$	$\overline{OE2}$	OE3	C	B	A	$\overline{Y0}$	$\overline{Y1}$	$\overline{Y2}$	$\overline{Y3}$	$\overline{Y4}$	$\overline{Y5}$	$\overline{Y6}$	$\overline{Y7}$
L	L	H	L	L	L	L	H	H	H	H	H	H	H
L	L	H	L	L	H	H	L	H	H	H	H	H	H
L	L	H	L	H	L	H	H	L	H	H	H	H	H
L	L	H	L	H	H	H	H	H	L	H	H	H	H
L	L	H	H	L	L	H	H	H	H	L	H	H	H
L	L	H	H	L	H	H	H	H	H	H	L	H	H
L	L	H	H	H	L	H	H	H	H	H	H	L	H
L	L	H	H	H	H	H	H	H	H	H	H	H	L
1	×	×	×	×	×	H	H	H	H	H	H	H	H
×	1	×	×	×	×	H	H	H	H	H	H	H	H
×	×	0	×	×	×	H	H	H	H	H	H	H	H

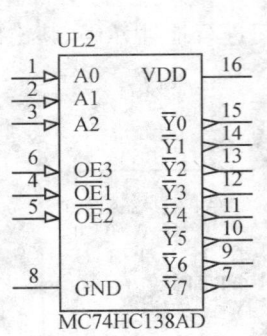

图 5.8　74HC138 引脚

例 用 8K×8 位的存储器芯片组成容量为 64K×8 位的存储器,试问:
① 共需几个芯片?共需多少根地址线寻址?其中几根为字选线?几根为片选线?
② 若用 74HC138 进行地址译码,试画出译码电路,并标出其输出线的选址范围。
③ 若改用线选法,能够组成多大容量的存储器?试写出各线选线的选址范围。

解: ① 64K÷8K=8,即共需要 8 片 8K×8 位的存储器芯片。

64K=2^{16},所以组成 64K 的存储器共需要 16 根地址线寻址。

8K=2^{13},即 13 根为字选线,选择存储器芯片片内的单元。

16-13=3,即 3 根为片选线,选择 8 片存储器芯片。

② 8K×8 位芯片有 13 根地址线,A12~A0 为字选,余下的高位地址线是 A15~A13,所以译码电路对 A15~A13 进行译码,译码电路及译码输出线的选址范围如图 5.9 所示。

③ 改用线选法,A15~A13 三根地址线各选一片 8K×8 位的存储器芯片,只能接 3 个芯片,故仅能组成容量为 24K×8 位的存储器,A15、A14 和 A13,所选芯片的地址范围分别为:6000H~7FFFH、A000H~BFFFH 和 C000H~DFFFH。

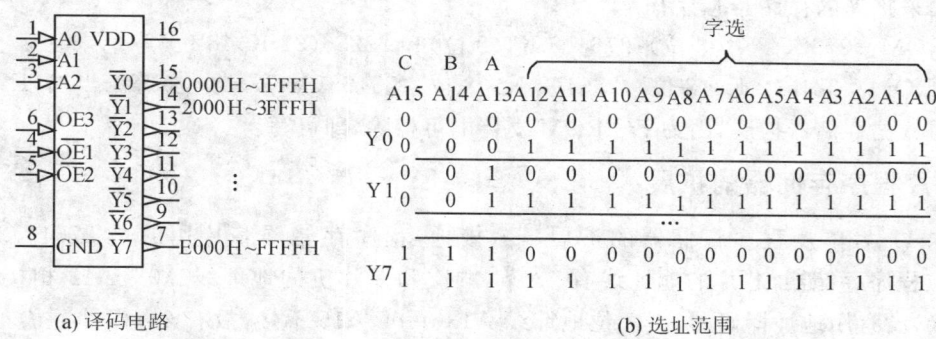

(a) 译码电路   (b) 选址范围

图 5.9 74HC138 地址译码及其选址范围

5.2 系统存储器扩展

由于 51 单片机地址总线宽度为 16 位,片外可扩展的存储器最大容量为 64KB,地址为 0000H~FFFFH。因为程序存储器和数据存储器通过不同的控制信号和指令进行访问,允许两者的地址空间重叠,所以片外可扩展的程序存储器与数据存储器都为 64KB。

5.2.1 程序存储器扩展

1. 程序存储器的扩展

当引脚 $\overline{EA}$=0 时执行单片机外接的程序存储器。单片机读取指令时,首先由 P0 口提供

PC 低 8 位(PCL)，ALE 提供 PC 低 8 位(PCL)锁存信号(供外接锁存器锁存 PCL)；P2 口提供 PC 高 8 位(PCH)；$\overline{\text{PSEN}}$提供读信号，8 位程序代码由 P0 口读入单片机。程序存储器读取指令流程如图 5.10 所示。

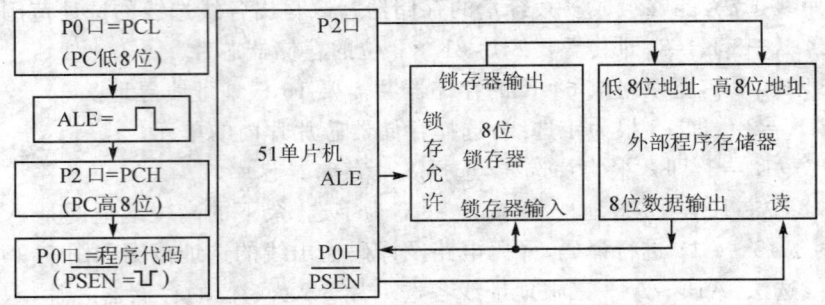

图 5.10　程序存储器扩展及时序流程

可用来扩展的存储器芯片有：
EPROM　2732(4 K×8 位)、2764(8 K×8 位)和 27256(32 K×8 位)等；
E^2PROM　2816(2 K×8 位)、2864(8 K×8 位)、28128(16 K×8 位)等。当然，E^2PROM 也可作为数据存储器扩展，因为 E^2PROM 支持电可擦除，即可写。

2. 单片程序存储器的扩展

图 5.11 为单片程序存储器的扩展，$\overline{EA}$接地，程序存储器芯片用的是 2764。2764 是 8 K×8 位程序存储器，芯片的地址线有 13 条，顺次和单片机的地址线 A0～A12 相接。由于单片连接，没有用地址译码器，高 3 位地址线 A13、A14、A15 不接，故有 $2^3=8$ 个重叠的 8 KB 地址空间。输出允许控制线$\overline{OE}$直接与单片机的$\overline{PSEN}$信号线相连。因只用一片 2764，其片选信号线$\overline{CE}$直接接地。

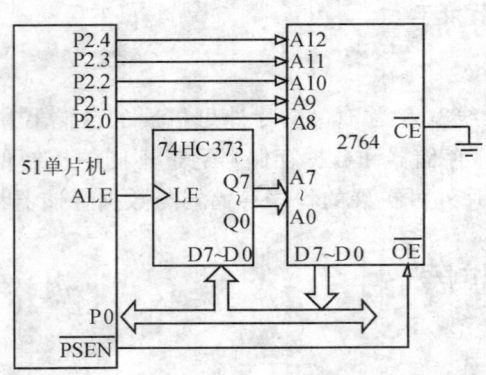

图 5.11　单片程序存储器芯片 2764 与 51 单片机的扩展连接图

其中 8 个重叠的地址范围为：

0000000000000000～0001111111111111，   即 0000H～1FFFH；
0010000000000000～0011111111111111，   即 2000H～3FFFH；
0100000000000000～0101111111111111，   即 4000H～5FFFH；
0110000000000000～0111111111111111，   即 6000H～7FFFH；
1000000000000000～1001111111111111，   即 8000H～9FFFH；
1010000000000000～1011111111111111，   即 A000H～BFFFH；
1100000000000000～1101111111111111，   即 C000H～DFFFH；
1110000000000000～1111111111111111，   即 E000H～FFFFH。

3. 多片程序存储器的扩展

多片程序存储器的扩展方法比较多，芯片数目不多时可以通过部分译码法和线选法，芯片数目较多时可以通过全译码法。

图 5.12 是通过线选法实现的两片 2764 扩展成 16 KB 程序存储器。两片 2764 的地址线 A0～A12 与地址总线的 A0～A12 对应相连，2764 的数据线 D0～D7 与数据总线 A0～A7 对应相连，两片 2764 的输出允许控制线连在一起与 51 单片机的 $\overline{PSEN}$ 信号线相连。第一片 2764 的片信号线 $\overline{CE}$ 与 51 单片机地址总线的 P2.7 直接相连，第二片 2764 的片选信号线 $\overline{CE}$ 与 8031 地址总线的 P2.7 取反后相连，故当 P2.7 为 0 时选中第一片，为 1 时选中第二片。8031 地址总线的 P2.5 和 P2.6 未用，故两个芯片各有 $2^2=4$ 个重叠的地址空间。

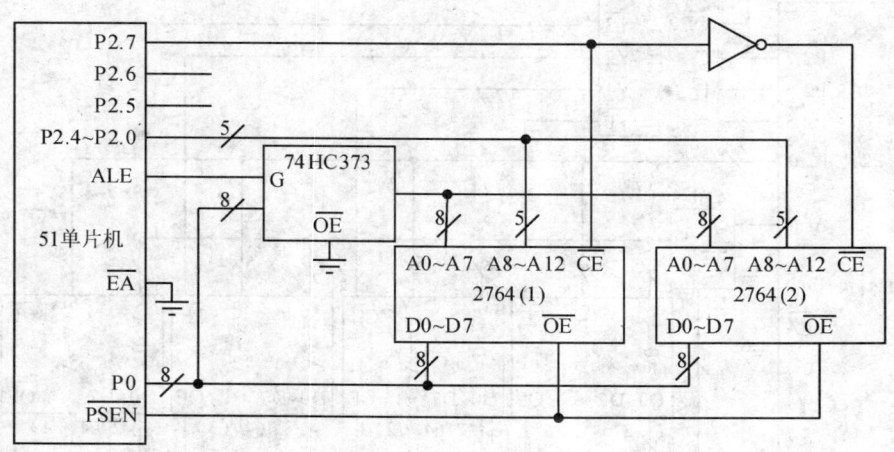

图 5.12 采用线选法实现两片 2764 与 51 单片机的扩展连接

两片 2764 的地址空间分别为：

第一片   0000000000000000～0001111111111111，即 0000H～1FFFH；

$$0010000000000000 \sim 0011111111111111，即 2000H \sim 3FFFH；$$
$$0100000000000000 \sim 0101111111111111，即 4000H \sim 5FFFH；$$
$$0110000000000000 \sim 0111111111111111，即 6000H \sim 7FFFH。$$

第二片
$$1000000000000000 \sim 1001111111111111，8000H \sim 9FFFH；$$
$$1010000000000000 \sim 1011111111111111，即 A000H \sim BFFFH；$$
$$1100000000000000 \sim 1101111111111111，即 C000H \sim DFFFH；$$
$$1000000000000000 \sim 1111111111111111，即 E000H \sim FFFFH。$$

图 5.13 为采用全译码法实现的 4 片 2764 扩展成 32 KB 程序存储器。8031 剩余的高 3 位地址总线 P2.7、P2.6、P2.5 通过 74LS138 译码器形成 4 个 2764 的片选信号，其中第一片 2764 的片选信号线 $\overline{CE}$ 与 74LS138 译码器的 $\overline{Y0}$ 相连，第二片 2764 的片选信号线 $\overline{CE}$ 与 74LS138 译码器的 $\overline{Y1}$ 相连，第三片 2764 的片选信号线 $\overline{CE}$ 与 74LS138 译码器的 $\overline{Y2}$ 相连，第四片 2764 的片选信号线 $\overline{CE}$ 与 74LS138 译码器的 $\overline{Y3}$ 相连，由于采用全译码，每片 2764 的地址空间都是唯一的。它们分别是：

$$0000000000000000 \sim 0001111111111111，即 0000H \sim 1FFFH；$$
$$0010000000000000 \sim 0011111111111111，即 2000H \sim 3FFFH；$$
$$0100000000000000 \sim 0101111111111111，即 4000H \sim 5FFFH；$$
$$0110000000000000 \sim 0111111111111111，即 6000H \sim 7FFFH。$$

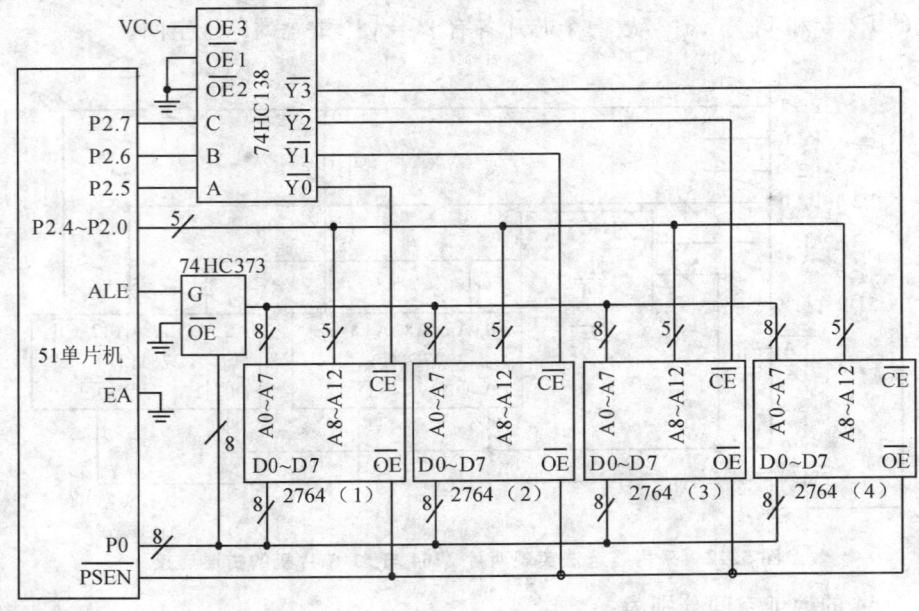

图 5.13 采用全译码法实现的 4 片 2764 与 51 单片机的扩展连接图

5.2.2 数据存储器扩展

数据存储器扩展与程序存储器扩展基本相同,只是数据存储器控制信号一般为输出允许信号$\overline{OE}$和写控制信号$\overline{WR}$,分别与单片机的片外数据存储器的读控制信号$\overline{RD}$和写控制信号$\overline{WR}$相连,其他信号线的连接与程序存储器完全相同。

外部数据指针为DPTR,首先由P0口提供DPTR低8位(DPL),ALE提供PC低8位(DPL)锁存信号(供外接锁存器锁存DPL)。P2口提供DPTR高8位(DPH)。提供读信号$\overline{RD}$,8位数据由P0口读入单片机。数据存储器扩展与MOVX指令流程如图5.14所示。

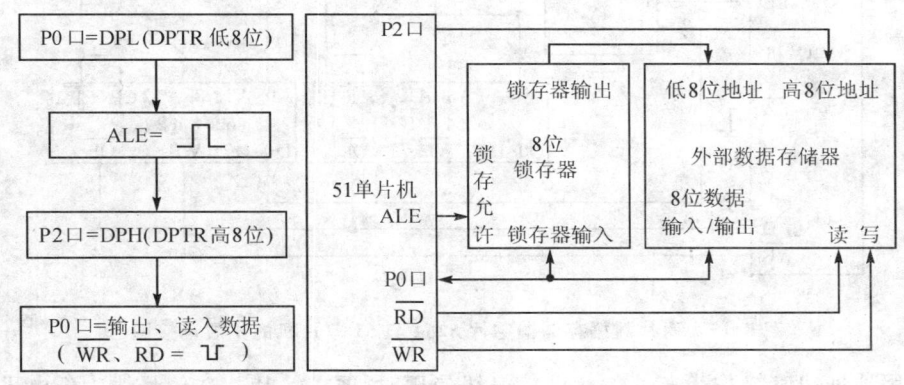

图 5.14 数据存储器扩展与 MOVX 指令流程

在单片机系统中,作为外扩数据存储器使用的大多为静态RAM,这类芯片在单片机应用系统中以6216、6264和62256使用较多,分别为2 K×8位、8 K×8位和32 K×8位RAM。

图5.15是51单片机采用线选法扩展两片数据存储器芯片6264的连接图。6264是8 K×8位的静态数据存储器芯片,有13根地址线、8根数据线、一根输出允许信号线$\overline{OE}$和一根写控制信号线$\overline{WE}$,两根片选信号线$\overline{CE1}$和$CE2$,使用时都应为低电平。扩展时6264的13根地址线与51单片机的地址总线低13位A0~A12依次相连,8根数据线与8051的数据总线对应相连,输出允许信号线$\overline{OE}$与8051读控制信号线RD相连,写控制信号线$\overline{WR}$与8051的写控制信号线WR相连,两根片选信号线$\overline{CE1}$和$CE2$连在一起,第一片与51单片机地址线A13直接相连,第二片与51单片机地址线A14直接相连,则地址总线A13为低电平0时选中第一片,地址总线A14为0时选中第二片,A15未用,可为高电平,也可为低电平。

P2.7 为低电平 0 时,两片 6264 芯片的地址空间如下:
第一片　0100000000000000~0101111111111111,即 4000H~5FFFH;
第二片　0010000000000000~0011111111111111,即 2000H~3FFFH。
P2.7 为高电平 1,两片 6264 芯片的地址空间如下:
第一片　1100000000000000~1101111111111111,即 C000H~DFFFH;
第二片　1010000000000000~1011111111111111,即 A000H~BFFFH。

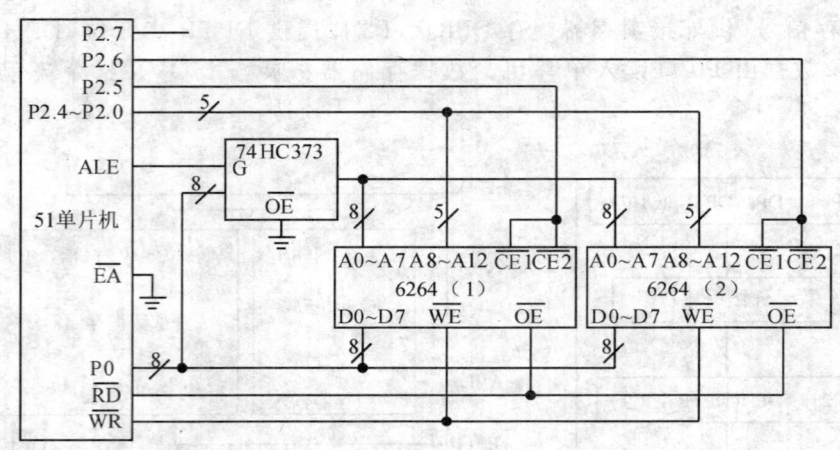

图 5.15　两片数据存储器芯片 6264 与 51 单片机的扩展连接图

分别用地址线直接作为芯片的片选信号线使用时,要求一片片选信号线为低电平,则另一片的片选信号线就应为高电平,否则会出现两片同时被选中的情况。

5.2.3　程序存储器与数据存储器综合扩展

图 5.16 是一个 51 单片机外接 16 KB 程序存储器及 32 KB 数据存储器的原理框图。其中程序存储器采用 27128,数据存储器采用 62256。由于只有一片程序存储器和一片数据存储器,故未考虑片选问题。如果有多片程序存储器或数据存储器,就需要利用高 8 位地址进行译码产生片选信号,用于选择多片程序或数据存储器中的一个芯片。如果没有片选信号,则会造成数据总线上的混乱。以扩展两片 2764 和两片 6264 为例,采用译码法进行程序存储器与数据存储器综合扩展电路如图 5.17 所示。

第 5 章 单片机系统总线与系统扩展技术

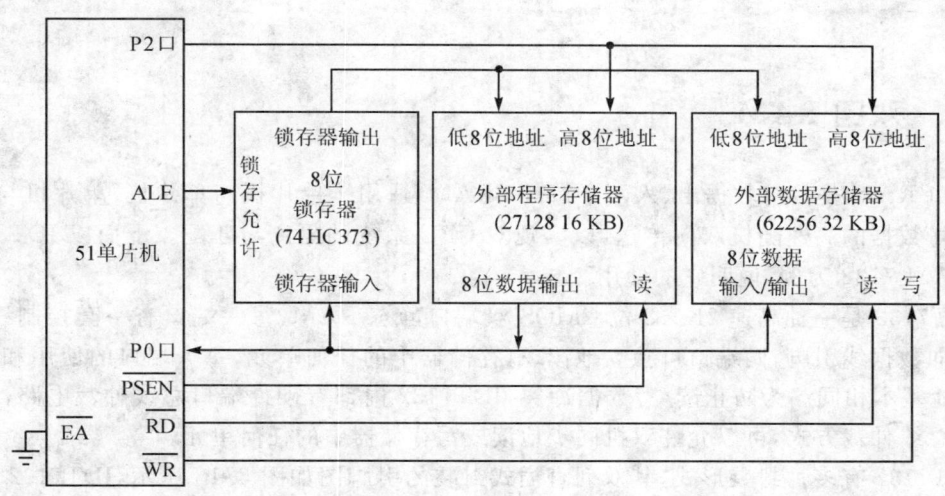

图 5.16 51 单片机外扩 16 KB 程序存储器及 32 KB 数据存储器的原理框图

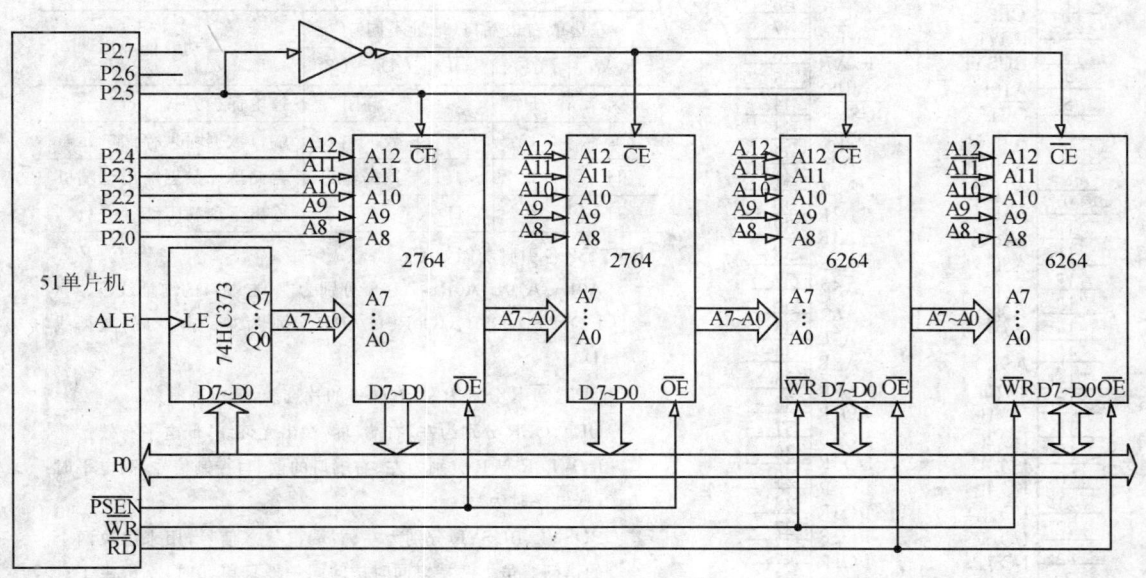

图 5.17 程序存储器与数据存储器综合扩展

5.3 双口 RAM、异步 FIFO 及其扩展

5.3.1 双口 RAM

双口 RAM 是具有数据出、入两个口的 SRAM，适用于单片机与单片机、单片机与 PC 机之间大量数据的高速随机双向传送，以实现双 CPU 系统的隔离与匹配。下面以 IDT 公司的双口 RAM 7132 为例，说明它的使用。

IDT7132 是一种高速 2K×8 位 CMOS 双端口静态 RAM，每一端口有一套控制线、地址线和双向数据线引脚，两端口可独立地读、写存储器中的任何单元，每个端口的使用和普通静态 RAM 基本相同。为防止读/写数据冲突，IDT7132 内部有硬件端口总线仲裁电路，提供了 BUSY 总线仲裁方式，可以允许双机同步地读或写存储器中的任何单元。

IDT7132 有多种封装形式，其双列直插式封装的引脚图如图 5.18 所示，IDT7132 的非竞争的读/写控制及引脚功能如表 5.2 所列。

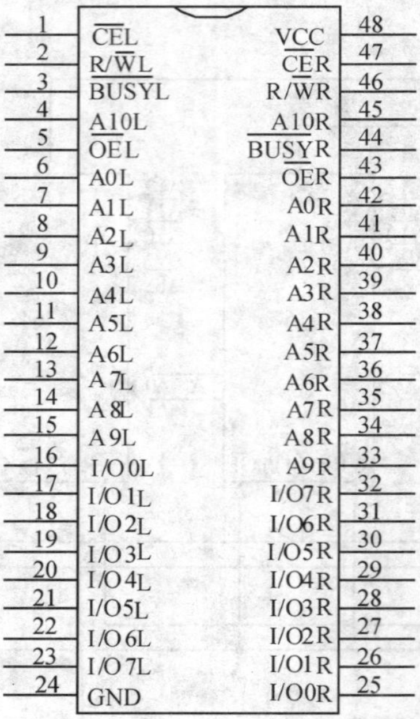

图 5.18 IDT7132 引脚图

表 5.2 IDT7132 非竞争的读/写控制及引脚功能

左边或右边端口（地址不同）				功　能
R/$\overline{W}$	$\overline{CE}$	$\overline{OE}$	D0～D7	
×	H	×	高阻	掉电保护方式
L	L	×	数据输入	端口数据写入存储单元
H	L	L	数据输出	存储单元数据输出至端口
H	L	H	高阻	输出呈现高阻态

IDT7132 各引脚功能如下：

A0L～A10L、A0R～A10R 分别为左、右端口的地址线。

I/O0L～I/O7L、I/O0R～I/O7R 分别为左、右端口的数据线 D0～D7。

$\overline{CEL}$、$\overline{CER}$ 分别为左、右端口的片选线，低电平有效。

$\overline{OEL}$、$\overline{OER}$ 分别为左、右端口的输出允许线，低电平有效。

R/$\overline{WL}$、R/$\overline{WR}$ 分别为左、右端口的读/写控制信号，高电平为读，低电平时为写。

$\overline{BUSYL}$、$\overline{BUSYR}$ 分别为左、右端口状态信号，用来解决两个端口的访问竞争。两端口同时访问同一地址单元时，就产生了竞争。竞争的解决由片内的仲裁逻辑自动完成。被仲裁为延时访问的端口的 $\overline{BUSY}$ 则呈现低电平，此时对该端口的访问是无效的。只有等到 $\overline{BUSY}$ 变为高电平后，才能对其进行操作。

5.3.2 双口 RAM 与单片机的接口

IDT7132 采用 Intel 公司的 8088 时序,可直接和 51 单片机接口。IDT7132 与两片 51 单片机构成的主从系统的接口电路如图 5.19 所示。其中,IDT7132 左、右端口的 $\overline{\text{BUSY}}$ 引脚分别接主、从单片机的中断引脚(中断方式,也可采用查询方式,接 I/O 引脚)。在发生竞争时,被仲裁为延时访问的端口所对应的单片机应暂停访问双口 RAM,待该侧 $\overline{\text{BUSY}}$ 引脚信号无效以后,再继续访问所选单元(注意,$\overline{\text{BUSY}}$ 为开漏输出,需要外接上拉电阻)。

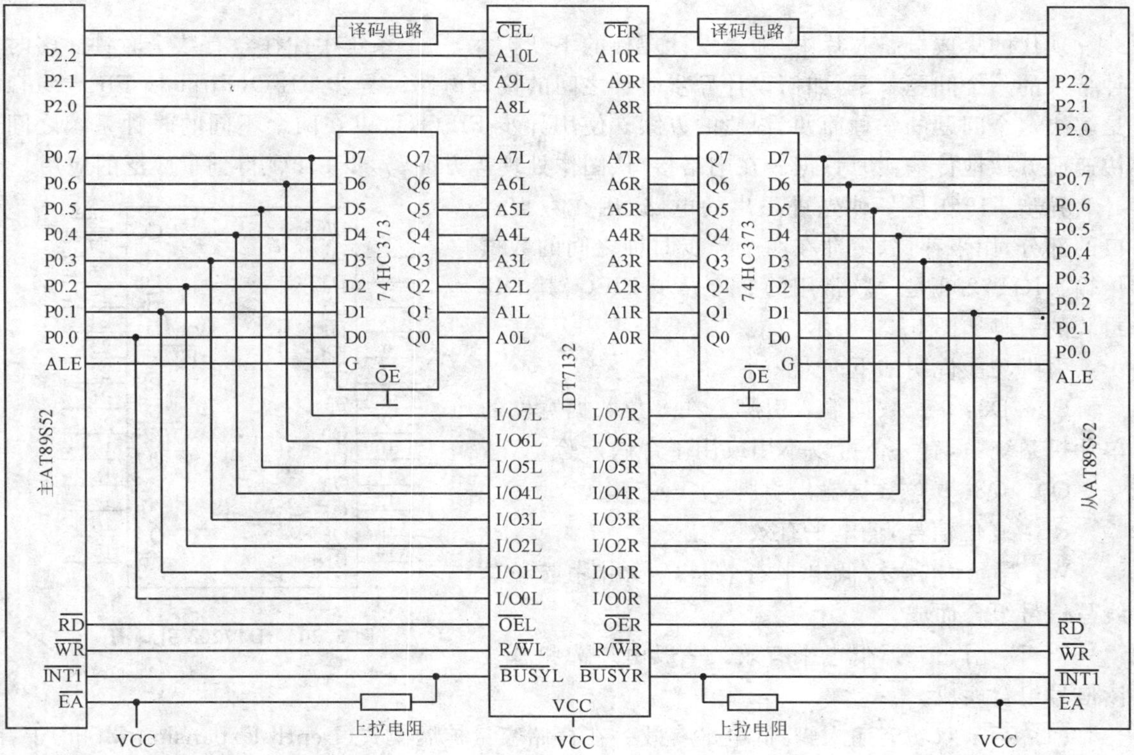

图 5.19 IDT7132 与 51 单片机的接口电路

采用查询访问方式的程序如下:

```
        MOV    DPTR, #Addr16       ;将要访问的地址单元送至 DPTR
AGAIN:  MOVX   @DPTR,A             ;写双口 REM,假设要写的数据存放在 A 中
        MOVX   A,@DPTR             ;读双口 RAM
        JB     P3.3,CONT           ;操作有效,继续执行
```

```
WAIT:   JNB    P3.3,WAIT          ;竞争延时,等待 INT1 脚为高电平
        SJMP   AGAIN              ;重新操作
CONT:          ……                ;执行后续程序
```

若以中断方式访问,则通常是成块交换数据。在主程序中访问双口 RAM,如同读/写外部数据 SRAM 一样。在中断服务程序中完成发生竞争延时出错的处理,设定出错标志位,通知主程序重新传送。程序请读者自行编写。

5.3.3 异步 FIFO

现代的集成电路芯片中,随着设计规模的不断扩大,一个系统中往往含有数个时钟。多时钟带来的一个问题就是,如何设计异步时钟之间的接口电路。异步 FIFO(First In First Out)是解决这个问题的一种简便、快捷的方案。使用异步 FIFO,可以在两个不同的时钟系统之间快速而方便地传输实时数据。在网络接口、图像处理等方面,异步 FIFO 得到了广泛的应用。

异步 FIFO 是一种先进先出的电路,用在数据接口的部分,用来存储、缓冲在两个异步时钟之间的数据传输。IDT7203 是一款常用的 9 位异步 FIFO,其 DIP 封装的引脚如图 5.20 所示。

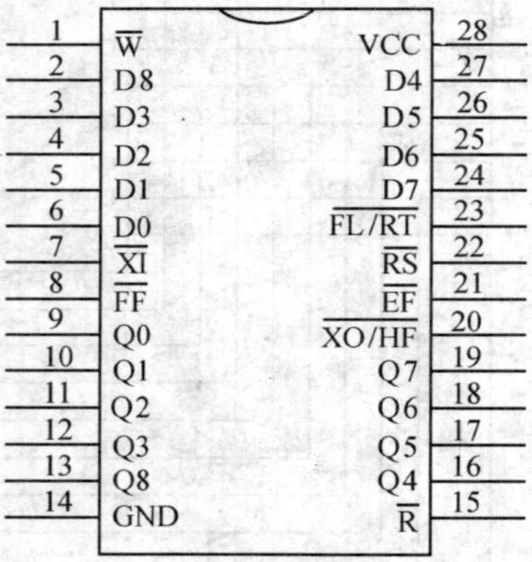

引脚功能说明如下。

D0~D8:9 位数据输入引脚。在 8 位数据宽度的单片机系统中,有一位可以不用或用于奇偶校验。

Q0~Q8:9 位数据输出引脚。

$\overline{RS}$:复位信号,低电平有效。

$\overline{W}$:写允许信号,低电平有效。一般由片选和总线写信号组合而成。

$\overline{R}$:读允许信号,低电平有效。一般由片选和总线读信号组合而成。

图 5.20 IDT7203 引脚图

$\overline{FL/RT}$:双功能输入脚,低电平有效。在存储容量扩展模式(Depth Expansion Mode)下,$\overline{FL}$为低电平时,表示第一片 FIFO;在单器件模式(Single Device Mode)下,$\overline{RT}$为低电平时,表示数据重传。

XI:双功能输入脚。在单器件模式下,该引脚接地;在存储容量扩展模式下,该引脚应该接前一 FIFO 的$\overline{XO/HF}$脚。

$\overline{FF}$:FIFO 存储器满标志信号,为输出信号,低电平有效。

$\overline{EF}$:FIFO 存储器空标志信号,为输出信号,低电平有效。

$\overline{XO/FH}$:双功能输出引脚,低电平有效。在单器件模式下为存储器的半满状态输出信

号;在存储容量扩展模式下,该引脚应该接下一 FIFO 的$\overline{XI}$脚。

IDT7203 的异步读/写操作时序如图 5.21 所示。

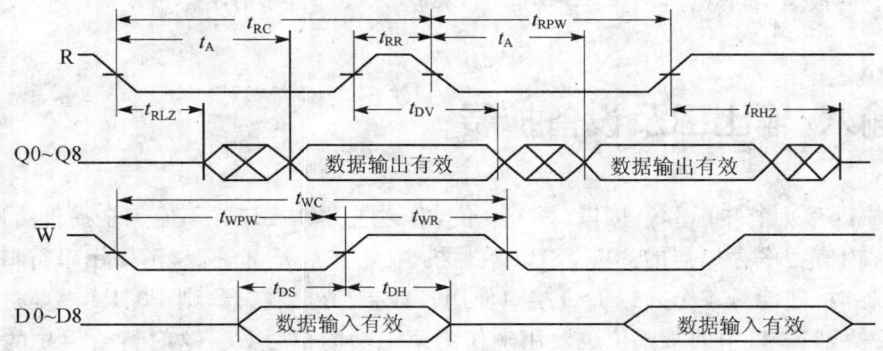

图 5.21　IDT7203 的异步读/写操作时序

5.3.4　异步 FIFO 与单片机的接口

异步 FIFO IDT7203 与 51 单片机的接口电路如图 5.22 所示。IDT7203 工作在单器件模式,1#单片机对其进行写数据,2#单片机对其进行读数据。1#机以 P2.7 作为 IDT7203 的片选信号;2#机以 P2.6 作为 IDT7203 的片选信号,低电平有效,简单的读/写程序如下。

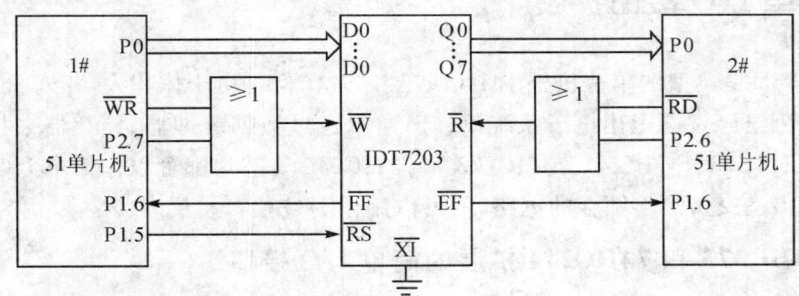

图 5.22　IDT7203 与 51 单片机的接口电路

1#机写程序：

```
        MOV   DPTR,#7FFFH    ;取 FIFO 的片选地址为 7FFFH
WAIT:   JNB   P1.6,WAIT      ;等待 FIFO 可写,为非满状态
        MOVX  @DPTR,A        ;写 FIFO,设数据在 A 中
```

2#机读程序：

```
        MOV    DPTR,#3FFFH        ;取 FIFO 的片选地址为 3FFFH
        JNB    P1.6,CONT          ;FIFO 无数据可读,执行其他程序
        MOVX   A,@DPTR            ;FIFO 非空,从 FIFO 读出 1 字节的数据,放入 A 中
CONT:          ……
```

5.4 输入/输出口及设备扩展

51 单片机有 4 个并行 I/O 接口,每个 8 位,但这些 I/O 接口并不能完全提供给用户使用,只有对于片内有程序存储器的 8051/8751 单片机,在不扩展外部资源,不使用串行口、外中断、定时/计数器时,才能对 4 个并行 I/O 接口使用。如果片外要扩展,则 P0、P2 口要被用来作为数据、地址总线,P3 口中的某些位也要用来作为第二功能信号线。这时留给用户的 I/O 线就很少了。因此,在大部分的 51 单片机应用系统中都要进行 I/O 扩展。

I/O 扩展接口种类很多,按其功能可分为简单 I/O 接口和可编程 I/O 接口。简单 I/O 扩展通过数据缓冲器、锁存器来实现,结构简单,价格便宜,但功能简单;可编程 I/O 扩展通过可编程接口芯片实现,电路复杂,价格相对较高,但功能强,使用灵活。无论是简单 I/O 接口还是可编程 I/O 接口,与其他外部设备一样都是与片外数据存储器统一编址,占用片外数据存储器的地址空间,通过片外数据存储器的访问方式访问。

5.4.1 简单 I/O 接口扩展

8155 和 8255 是典型的单片机外围 I/O 扩展芯片。但是由于体积大,相对价格高,以及占用 I/O 多等原因已经逐渐退出电子系统设计。通常通过数据缓冲器、锁存器来扩展简单 I/O 接口。例如 74HC373、74HC244、74HC273 和 74HC245 等芯片都可以作简单 I/O 扩展。实际上,只要具有输入三态、输出锁存的电路,就可以用作 I/O 接口扩展。

1. 利用 74HC373 和 74HC244 扩展的简单 I/O 接口

图 5.23 是利用 74HC373 和 74HC244 扩展的简单 I/O 接口,其中 74HC373 扩展并行输出口,74HC244 扩展并行输入口。74HC373 是一个带输出三态门的 8 位锁存器,具有 8 个输入端 D0~D7,8 个输出端 Q0~Q7。G 为数据锁存控制端,G 为高电平,则把输入端的数据锁存于内部的锁存器;$\overline{OE}$ 为输出允许端,低电平时把锁存器中的内容通过输出端输出。74HC244 是单向数据缓冲器,带两个控制端 $\overline{1G}$ 和 $\overline{2G}$,当它们为低电平时,输入端 D0~D7 的数据输出到 Q0~Q7。

图中 74HC373 的控制端 G 是由 51 单片机的写信号 $\overline{WR}$ 和 P2.0 通过或非门后相连,输出允许端 $\overline{OE}$ 直接接地,所以当 74HC373 输入端有数据来时,直接通过输出端输出。当执行向片

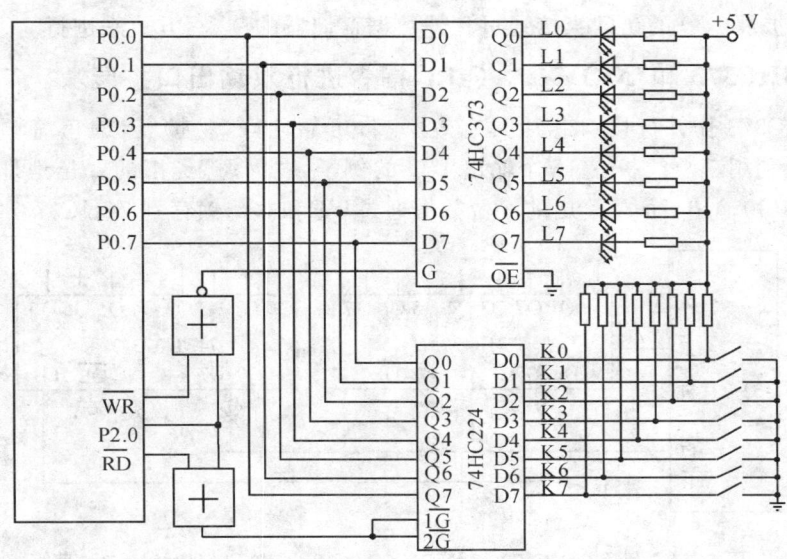

图 5.23 用 74HC373 和 74HC244 扩展并行 I/O 口

外数据存储器写的指令,指令中片外数据存储器的地址使 P2.0 为低电平,则控制端 G 有效,数据总线上的数据就送到 74HC373 的输出端。74HC244 的控制端 $\overline{1G}$ 和 $\overline{2G}$ 连在一起与 51 单片机的读信号 $\overline{RD}$ 和 P2.0 通过或门后相连,当执行从片外数据存储器读的指令,指令中片外数据存储器的地址使 P2.0 为低电平,则控制端 $\overline{1G}$ 和 $\overline{2G}$ 有效,74HC244 的输入端的数据通过输出端送到数据总线,然后传送到 51 单片机内部。

在图中,扩展的输入口接了 K0~K7 八个开关,扩展的输出口接了 L0~L7 八个发光二极管,如果要实现 K0~K7 开关的状态通过 L0~L7 发光二极管显示,则相应的汇编程序为:

```
LOOP:   MOV     DPTR,#0FEFFH
        MOVX    A,@DPTR
        MOVX    @DPTR,A
        SJMP    LOOP
```

如果用 C 语言编程,相应程序段为:

```
#include <absacc.h>
#define uchar unsigned char
    ⋮
uchar i;
i = XBYTE[0xfeff];
BYTE[0xfeff] = i;
    ⋮
```

程序中对扩展 I/O 的访问直接通过片外数据存储器的读/写方式来进行。

2. 利用 74HC373 和"MOVX A,@Ri"指令进行双输出口扩展

采用 74HC373 作并行接口芯片具有效率高,可靠性好,易扩展,编程简单等诸多优点。图 5.24 是一个利用三总线扩展 16 个输出 I/O 的例子。"@Ri"给出的 8 位地址通过 ALE 锁存到 74HC373(1)输出,而 A 给出的 8 位数据通过 $\overline{WR}$ 和非门锁存到 74HC373(2)输出。

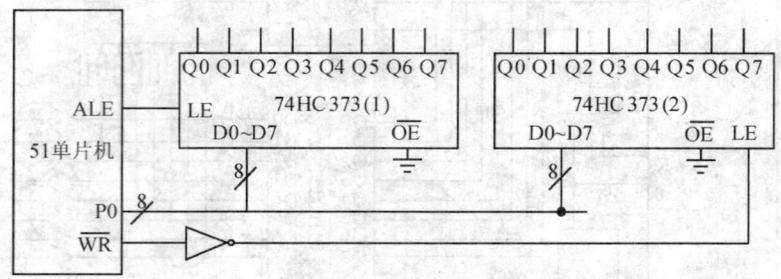

图 5.24　利用 74HC373 和"MOVX A,@Ri"指令进行双输出口扩展

使用"MOVX A,@Ri"类指令由 P0 口送出 8 位地址,P2 口上引脚的信号在整个访问外部数据存储器期间也不会改变,故 P2 口仍可作通用 I/O 端口使用。若使用"MOVX A,@DPTR"类指令,由 P0 口和 P2 口送出 16 位地址。在读/写周期内,P2 口引脚上将保持地址信息,但从 P2 口结构可知,输出地址时,并不要求 P2 口锁存器锁存"1",锁存器内容也不会在送地址信息时改变,故访问外部数据存储器周期结束后,P2 口锁存器的内容又会重新出现在引脚上。这样,根据访问外部数据存储器的频繁程度,P2 口仍可在一定限度内作一般 I/O 端口使用。本例中使用"MOVX A,@Ri"指令,将 P2 口解放出来作为它用。

当然,若放弃 MOVX 指令,而自行操作引脚模拟时序,例如以 P0 作为 8 位数据输出,P2 的 8 个引脚分别作为 8 个 74HC373 的锁存引脚,则可扩展 64 个 I/O,如图 5.25 所示。需要注意的是,此时 P0 口工作在普通 I/O 状态,必须外接上拉电阻。

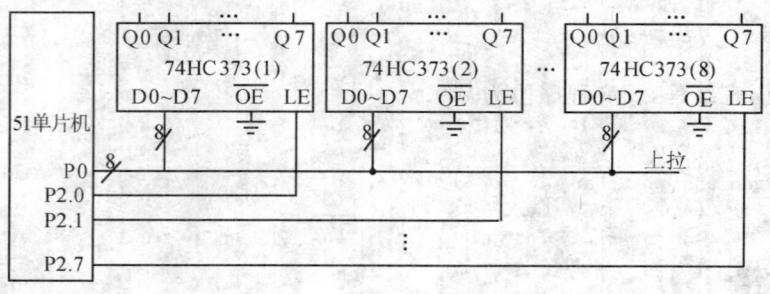

图 5.25　利用 74HC373 进行多输出口扩展

例如,74HC373(8)输出 56H,其他口状态不变,则:

```
MOV P2, #00H
   ⋮
MOV P0, #56H
SETB P2.7
CLR  P2.7
   ⋮
```

5.4.2 并行日历时钟芯片 DS12C887 与单片机接口

DS12C887 是美国 Dallas 公司推出的并行接口实时时钟芯片,由于 DS12C887 能够自动产生世纪、年、月、日、时、分和秒等时间信息,其内部设有世纪寄存器,从而利用硬件电路解决了"千年"问题。采用 DS12887 芯片设计的时钟电路无需任何外围电路和器件,且具有微功耗,外围接口简单,精度高,工作稳定可靠等优点,广泛用于各种需要较高精度的实时时钟系统中。

1. DS12C887 主要功能

① 计秒、分、时、天、星期、日、月和年,并有闰年补偿功能,带有夏令时功能;
② DS12C887 中自带晶振和锂电池,外部掉电时,其内部时间信息能够保持 10 年之久;
③ 二进制数码或 BCD 码表示时间、日历和定闹;
④ 12 小时或 24 小时制,12 小时时钟模式带有 AM 和 PM 指示区分上午和下午;
⑤ Motorola 和 Intel 总线时序选择;
⑥ DS12C887 中带有 128 字节 RAM,其中有 11 字节 RAM 用来存储时间信息,4 字节 RAM 用来存储 DS12C887 的控制信息,称为控制寄存器,113 字节通用 RAM 供用户使用,所有 RAM 单元数据都具有掉电保护功能;
⑦ 可编程方波信号输出;
⑧ 中断信号输出(1RQ)和总线兼容,定闹中断、周期性中断及时钟更新周期结束中断可分别由软件屏蔽,也可分别进行测试。

2. DS12C887 基本原理及引脚说明

DS128C87 内部由振荡电路、分频电路、周期中断/方波选择电路、14 字节时钟寄存器和控制寄存器、114 字节用户非易失 RAM、十进制/二进制累加器、总线接口电路、电源开关写保护单元和内部锂电池等部分组成。DS12C887 引脚如图 5.26 所示。

GND、VCC:直流电源,其中 VCC 接+5 V 输入,GND 接地,当 VCC 输入为+5 V 时,用户可以访问 DS12C887 内 RAM 中的数据,并可对其进行读、写操作;当 VCC 的输入小于

+4.25 V 时，禁止用户对内部 RAM 进行读、写操作，此时用户不能正确获取芯片内的时间信息；当 VCC 的输入小于 +3 V 时，DS12C887 会自动将电源转换到内部自带的锂电池上，以保证内部的电路能够正常工作。

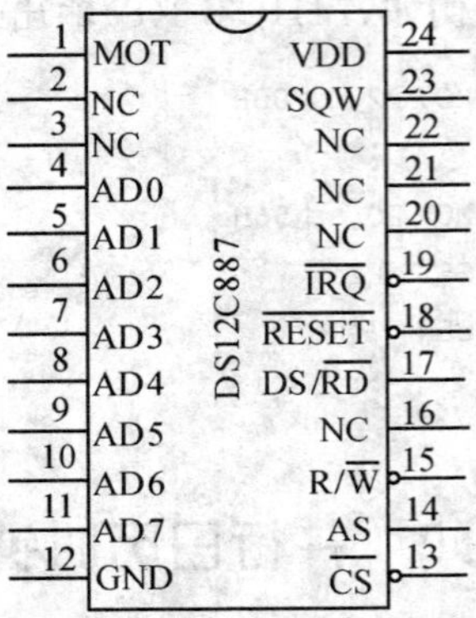

MOT（模式选择）：MOT 引脚接到 VCC 时，选择 Motorola 时序；当接到 GND 时，选择 Intel 时序。对于 Intel 公司的 51 单片机当然要设定为 Intel 时序。

SQW（方波输出信号）：SQW 引脚能从实时时钟内部 15 级分频器的 13 个抽头中选择一个作为输出信号，其输出频率可通过对寄存器 A 编程改变。

AD0～AD7（双向地址/数据复用总线接口）：该总线采用时分复用技术，在总线周期的前半部分，出现在 AD0～AD7 上的是地址信息，可用以选通 DS12C887 内的 RAM，总线周期的后半部分出现在 AD0～AD7 上的数据信息。

图 5.26 DS12C887 引脚

AS，即 ALE（地址锁存信号）：在 AS 的下降沿 AD0～AD7 输入的地址锁存在 DS12C887 内的地址锁存器。

$\overline{DS/RD}$：数据选择或读输入脚，该引脚有两种工作模式，当 MOT 接 VCC 时，选用 Motorola 工作模式，在这种工作模式中，每个总线周期的后一部分的 DS 为高电平，被称为数据选通。在读操作中，DS 的上升沿使 DS12C887 将内部数据送往总线 AD0～AD7 上，以供外部读取。在写操作中，DS 的下降沿将使总线 AD0～AD7 上的数据锁存在 DS12C887 中；当 MOT 接 GND 时，选用 Intel 工作模式，在该模式中，该引脚是读允许输入脚，即 $\overline{RD}$（Read Enable），低电平有效。

R/W：读/写输入端，该引脚也有两种工作模式。当 MOT 接 VCC 时，R/W 工作在 Motorola 模式，此时，该引脚的作用是区分进行的是读操作还是写操作，当 R/W 为高电平时为读操作，R/W 为低电平时为写操作；当 MOT 接 GND 时，该引脚工作在 Intle 模式，此时该引脚作为写允许输入，即 $\overline{WR}$（Write Enable），低电平有效。

$\overline{CS}$（片选信号）：在访问 DS12C887 的总线周期内，片选信号必须保持为低。

$\overline{IRQ}$（中断请求信号）：低电平有效，可作微处理的中断输入。没有中断的条件满足时，$\overline{IRQ}$ 处于高阻态。$\overline{IRQ}$ 线是漏极开路输入，要求外拉上拉电阻。

$\overline{PSET}$（复位信号）：当该引脚保持低电平时间大于 200 ms 时，保证 DS12887 有效复位。

3. 内部寄存器

DS12C887 的内部有 128 个存储单元，其中 11 字节存放实时时钟时间、日历和定闹的 RAM；4 字节的控制和状态特殊寄存器；113 字节的带掉电保护的用户 RAM。几乎所有的

128 字节都可直接读/写。

(1) 时间、日历和定闹单元

时间、日历和定时闹钟通过写相应的存储单元字节设置或初始化,当前时间和日历信息通过读相应的存储单元字节来获取,其字节内容可以是二进制或 BCD 形式。时间可选择 12 小时制或 24 小时制,当选择 12 小时制时,小时字节的高位逻辑"1"代表 PM,逻辑"0"代表 AM。时间、日历和定闹字节是双缓冲的,总是可访问的。每秒钟这 10 字节走时 1 秒,检查一次定时闹钟条件,如再更新时,读时间和日历可能引起错误。

3 字节的定时闹钟字节有两种使用方法。第一种,当定时闹钟时间写入相应时、分、秒定闹单元后,在定时闹钟允许位置"1"的条件下,定时闹钟中断每天准时起动一次。第二种,在 3 个定时闹钟字节中填入特殊码。特殊码是从 C0~FF 的任意十六进制数。当小时闹钟字节填入特殊码时,定时闹钟为每小时中断一次;当小时和分钟闹钟字节填入特殊码时,定时闹钟为每分钟中断一次;当 3 个定时闹钟字节都填入特殊码时,每秒中断一次。时间、日历和定闹单元的数据格式见表 5.3。

表 5.3 时间、日历和定闹单元的数据格式

地 址	功 能	取值范围 十进制数	取值范围	
			二进制	BCD 码
0	秒	0~59	00~3B	00~59
1	秒闹铃	0~59	00~3B	00~59
2	分	0~59	00~3B	00~59
3	分闹铃	0~59	00~3B	00~59
4	12 小时模式	0~12	01~0C AM, 81~8C PM	01~12AM, 81~92PM
	24 小时模式	0~23	00~17	00~23
5	时闹铃,12 小时制	1~12	01~0C AM, 81~8C PM	01~12AM, 81~92PM
	时闹铃,24 小时制	0~23	00~17	00~23
6	星期几(星期天=1)	1~7	01~07	01~07
7	日	1~31	01~1F	01~31
8	月	1~12	01~0C	01~12
9	年	0~99	00~63	00~99
10	控制寄存器 A			
11	控制寄存器 B			
12	控制寄存器 C			
13	控制寄存器 D			
50	世纪	0~99	NA	19,20

(2) 寄存器 A

寄存器 0AH 的格式如下：

	b7	b6	b5	b4	b3	b2	b1	b0
A	UIP	DV2	DV1	DV0	RS3	RS2	RS1	RS0

UIP：更新（UIP）位用来标志芯片是否即将进行更新。当 UIP 位为 1 时，更新即将开始，这时不准对时钟、日历和闹钟信息寄存器进行读/写操作；当它为 0 时，表示在至少 44 μs 内芯片不会更新，此时，时钟、日历和闹钟信息可以通过读/写相应的字节获得和设置。

UIP 位为只读位，并且不受复位信号（RISET）的影响。通过把寄存器 B 中的 SET 位设置为 1，可以禁止更新并将 UIP 位清 0。

DV0，DV1，DV2：这 3 位是用来开关晶体振荡器和复位分频器的。

当[DV0　DV1　DV2]=[010]时，晶体振荡器开启并且保持时钟运行；

当[DV0　DV1　DV2]=[11×]时，晶体振荡器开启，但分频器保持复位状态。

RS3，RS2，RS1，RS0：中断周期和 SQW 输出频率选择位。4 位编码与中断周期和 SQW 输出频率的对应关系见表 5.4。

表 5.4　4 位编码与中断周期和 SQW 输出频率的对应关系

寄存器 A 输出速率选择位				32 768 Hz 时基	
RS3	RS2	RS1	RS0	中断周期	SQWF 输出频率
0	0	0	0	无	无
0	0	0	1	3.966 25 ms	256 Hz
0	0	1	0	7.812 5 ms	128 Hz
0	0	1	1	122.07 μs	8.192 kHz
0	1	0	0	244.141 μs	4.096 kHz
0	1	0	1	488.281 μs	2.048 kHz
0	1	1	0	976.562 μs	1.024 kHz
0	1	1	1	1.953 125 ms	512 Hz
1	0	0	0	3.906 25 ms	256 Hz
1	0	0	1	7.812 ms	128 Hz
1	0	1	0	15.625 ms	64 Hz
1	0	1	1	31.25 ms	32 Hz
1	1	0	0	62.5 ms	16 Hz
1	1	0	1	125 ms	8 Hz
1	1	1	0	250 ms	4 Hz
1	1	1	1	500 ms	2 Hz

(3) 寄存器 B

寄存器 0BH 的格式如下：

	b7	b6	b5	b4	b3	b2	b1	b0
B	SET	PIE	AIE	UIE	SQWE	DM	24/12	DSE

SET：当 SET=0 时，芯片更新正常进行；当 SET=1 时，芯片更新被禁止。SET 位可读/写，并不会受复位信号的影响。

PIE：当 PIE=0 时，禁止周期中断输出到 $\overline{IRQ}$；当 PIE=1 时，允许周期中断输出到 $\overline{IRQ}$。

AIE：当 AIE=0 时，禁止闹钟中断输出到 $\overline{IRQ}$；当 AIE=1 时，允许闹钟中断输出到 $\overline{IRQ}$。

UIE：当 UIE=0 时，禁止更新结束中断输出到 $\overline{IRQ}$；当 UIE=1 时，允许更新结束中断输出到 $\overline{IRQ}$。此位在复位或设置 SET 为高时清 0。

SQWE：当 SQWE=0 时，SQW 脚为低；当 SQWE=1 时，SQW 输出设定频率的方波。

DM：当 DM=0 时，BCD 形式；当 DM=1 时，二进制形式，此位不受复位信号影响。

24/12：此位为 1，24 小时制；为 0，12 小时制。

DSE：夏令时允许标志。在四月的第一个星期日的 1:59:59AM，时钟调到 3:00:00AM；在十月的最后一个星期日的 1:59:59AM，时钟调到 1:00:00AM。

(4) 寄存器 C

寄存器 0CH 的格式如下：

	b7	b6	b5	b4	b3	b2	b1	b0
C	IRDF	PF	AF	UF	0	0	0	0

IRQF：当有以下情况中的一种或几种发生时，中断请求标志位（IRQF）置 1。PF=PIE=1 或 AF=AIE=1 或 UF=UIE=1，即 IRQF=PF·PIE+AF·AIE+UF·UIE，IRQF 一旦置 1，$\overline{IRQ}$ 引脚输出低电平，送出中断请求。所有标志位在读寄存器 C 或复位后清 0。

PF：周期中断标志。

AF：闹钟中断标志。

UF：更新中断标志。

第 0 位到第 3 位无用，不能写入，只能读出，且读出的值恒为 0。

(5) 寄存器 D

寄存器 0DH 的格式如下：

	b7	b6	b5	b4	b3	b2	b1	b0
D	VRT	0	0	0	0	0	0	0

VRT：当 VRT=0 时，表示内置电池能量耗尽，此时 RAM 中数据的正确性就不能保

证了。

第 0～6 位无用,只能读出,且读出的值恒为 0。

(6) 用户 RAM

在 DS12C887 中有 114 字节带掉电保护的 RAM,它们没有特殊功能,可以在任何时候读/写,可被处理器程序用作非易失内存,在更新周期也可访问,它的地址范围为 0DH～7FH。如果片选地址 $\overline{CS}$=0F000H,则 DS12C887 内部 128 个存储单元的地址为 0F000H～0F07FH。

4. DS12C887 与单片机的接口

图 5.27 是 8051 与 DS12C887 的接口电路,DS12C887 的片选信号接 P2.7,则 DS12C887 的片内 128 个单元的地址为 7F00H～7F7FH。下面只给出 DS12C887 的驱动程序。

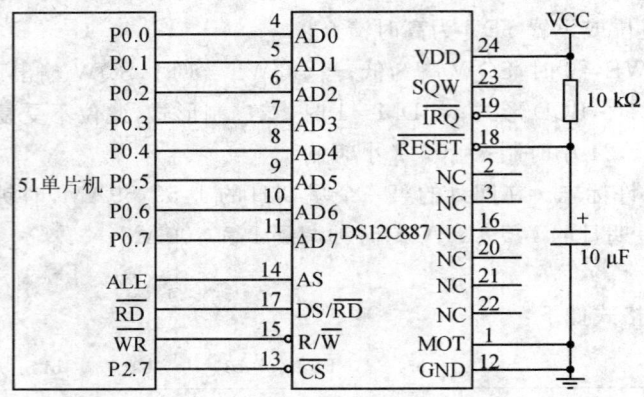

图 5.27　DS12C887 与 51 单片机接口电路

DS12C887 的处理过程为:

① 寄存器 B 的 SET 位置 1,芯片停止工作。

② 时间、日历和定闹单元置初值。

③ 读寄存器 C,以消除已有的中断标志。

④ 读寄存器 D,使片内寄存器和 RAM 数据有效。

⑤ 寄存器 B 的 SET 位清 0,启动 DSl2C887 开始工作。

DS12C887 的驱动程序如下:

汇编语言编程:

```
DS_DDR   EQU  5FH      ;定义 DS_ADDR 存放 DS12C887 的内部存储单元地址
BZ_M00   BIT  20H      ;定义一个整点标志位 BZ_M00
;**************************************************
;写时间子程序
;向 DS128C87 回写时间信息,包括年、月、日、时、分、秒;
```

```
;************************************************
WRITE_TIME:
        MOV     DS_ADDR,#0BH        ;寄存器B的SET位置1,芯片停止工作
        MOV     A,#0A2H
        LCALL   WRITE_DS
        MOV     DS_ADDR,#0          ;写秒信息,在60H和61H中
        MOV     A,61H
        ANL     A,#0FH
        SWAP    A
        ANL     60H,#0FH
        ORL     A,60H
        LCALL   WRITE_DS
        MOV     DS_ADDR,#2          ;写分信息,在62H和63H中
        ANL     62H,#0FH
        ANL     63H,#0FH
        MOV     A,63H
        SWAP    A
        ORL     A,62H
        LCALL   WRITE_DS
        MOV     DS_ADDR,#4          ;写时信息,在64H和65H中
        ANL     64H,#0FH
        ANL     65H,#0FH
        MOV     A,65H
        SWAP    A
        ORL     A,64H
        LCALL   WRITE_DS
        MOV     DS_ADDR,#6          ;写周信息,在66H中
        MOV     A,66H
        LCALL   WRITE_DS            ;写日信息,在67H和68H中
        MOV     DS_ADDR,#7
        ANL     67H,#0FH
        ANL     68H,#0FH
        MOV     A,68H
        SWAP    A
        ORL     A,67H
        LCALL   WRITE_DS
        MOV     DS_ADDR,#8          ;写月信息,在69H和6AH中
        ANL     69H,#0FH
        ANL     6AH,#0FH
```

```
        MOV     A,6AH
        SWAP    A
        ORL     A,69H
        LCALL   WRITE_DS
        MOV     DS_ADDR,#9              ;写年信息,在6BH和6CH中
        ANL     6BH,#0FH
        ANL     6CH,#0FH
        MOV     A,6CH
        SWAP    A
        ORL     A,6BH
        LCALL   WRITE_DS
        MOV     DS_ADDR,#0EH            ;写世纪信息,在6DH和6EH中
        ANL     6DH,#0FH
        ANL     6EH,#0FH
        MOV     A,6EH
        SWAP    A
        ORL     A,6DH
        LCALL   WRITE_DS
;**********以下重新启动时钟
        MOV     DS_ADDR,#0AH
        MOV     A,#2FH
        LCALL   WRITE_DS
        MOV     DS_ADDR,#0BH
        MOV     A,#42H
        LCALL   WRITE_DS
        MOV     DS_ADDR,#0CH
        LCALL   READ_DS
        MOV     DS_ADDR,#0DH
        LCALL   READ_DS
        RET
;****************************************************
;读时间信息例程,包括年、月、日、时、分、秒
;分别放入60H~6DH的内存字节中,
;一字节中只存放一位数,低位在前
;****************************************************
READ_TIME:
        MOV     DS_ADDR,#0AH
        LCALL   READ_DS
        JBC     ACC.7,READ_TIME         ;更新标志
```

第 5 章　单片机系统总线与系统扩展技术

```
        MOV     DPTR,#0           ;秒信息送 60H,61H
        MOVX    A,@DPTR
        MOV     60H,A
        SWAP    A
        MOV     61H,A
        ANL     60H,#0FH
        ANL     61H,#0FH
        MOV     DPTR,#2           ;分信息送 62H,63H
        MOVX    A,@DPTR
        MOV     62H,A
        SWAP    A
        MOV     63H,A
        ANL     62H,#0FH
        ANL     63H,#0FH
        SWAP    A
        CLR     BZ_M00            ;清整点标志
        CJNE    A,#00,RT_H10
        SETB    BZ_M00            ;整点标志
RT_H10:                           ;时信息送 64H,65H
        MOV     DPTR,#4
        MOVX    A,@DPTR
        MOV     64H,A
        SWAP    A
        MOV     65H,A
H_14:                             ;周信息送 66H
        MOV     DS_ADDR,#6
        LCALL   READ_DS
        MOV     66H,A
        ANL     66H,#0FH
        MOV     DS_ADDR,#7        ;月、日信息送 67H,68H
        LCALL   READ_DS
        MOV     67H,A
        SWAP    A
        MOV     68H,A
D_01:                             ;月计数送 69H,6AH
        MOV     DS_ADDR,#8
        LCALL   READ_DS
        MOV     69H,A
        SWAP    A
```

```
        MOV     6AH,A
        SWAP    A
        MOV     DS_ADDR,#9          ;年信息送 6BH,6CH
        LCALL   READ_DS
        MOV     6BH,A
        SWAP    A
        MOV     6CH,A
        CJNE    A,#98H,RT_1         ;世纪信息送 6DH,6EH
RT_1:   JC      RT_2
        MOV     A,#19H              ;判断世纪,大于 98 是 19,小于 98 是 20
        LJMP    RT_3
RT_2:   MOV     A,#20H
RT_3:   MOV     6DH,A
        SWAP    A
        MOV     6EH,A
        RET
;*************************************************
;从 DS12C887 中读/写数据,地址在 DS_ADDR 中
;*************************************************
READ_DS:
        MOV     DPH,#7fH
        MOV     DPL,DS_ADDR
        MOVX    A,@DPTR
        RET
WRITE_DS:
        MOV     DPH,#7fH
        MOV     DPL,DS_ADDR
        MOVX    @DPTR,A
        RET
```

日历时钟 DS12C887 的 C51 源程序:

```c
#include <reg52.h>
#include <absacc.h>

#define uchar unsigned char

//命令常量定义
#define CMD_START_DS12C887      0x20    //开启时钟芯片
#define CMD_START_OSCILLATOR    0x70    //开启振荡器,处于抑制状态
#define CMD_CLOSE_DS12C887      0x30    //关掉时钟芯片
```

第 5 章 单片机系统总线与系统扩展技术

```c
//所有的置位使用或操作,清除使用与操作
#define MASK_SETB_SET        0x80      //禁止刷新
#define MASK_CLR_SET         0x7f      //使能刷新
#define MASK_SETB_DM         0x04      //使用 HEX 格式
#define MASK_CLR_DM          0xfb      //使用 BCD 码格式
#define MASK_SETB_2412       0x02      //使用 24 小时模式
#define MASK_CLR_2412        0xfd      //使用 12 小时模式
#define MASK_SETB_DSE        0x01      //使用夏令时
#define MASK_CLR_DSE         0xfe      //不使用夏令时
//寄存器地址通道定义
xdata char chSecondsChannel _at_ 0x7f00;
/*或
#define chSecondsChannel XBYTE[0x7F00]
*/
xdata char chMinutesChannel  _at_ 0x7f02;
xdata char chHoursChannel    _at_ 0x7f04;
xdata char chDofWChannel     _at_ 0x7f06;
xdata char chDateChannel     _at_ 0x7f07;
xdata char chMonthChannel    _at_ 0x7f08;
xdata char chYearChannel     _at_ 0x7f09;
xdata char chCenturyChannel  _at_ 0x7f32;
xdata char chRegA            _at_ 0x7f0a;
xdata char chRegB            _at_ 0x7f0b;
xdata char chRegC            _at_ 0x7f0c;
xdata char chRegD            _at_ 0x7f0d;
/***************************************************************
函数功能:该函数用来启动时钟芯片工作
应用范围:仅在时钟芯片首次使用时用到一次
***************************************************************/
void StartDs12c887(void)
{    chRegA = CMD_START_DS12C887;
}
/***************************************************************
函数功能:该函数用来关闭时钟芯片
应用范围:一般用不到
***************************************************************/
void CloseDs12c887(void)
{    chRegA = CMD_CLOSE_DS12C887;
}
```

```
/****************************************************************
函数功能：该函数用来从时钟芯片读取秒字节
****************************************************************/
uchar GetSeconds(void)
{     return(chSecondsChannel);
}
/****************************************************************
函数功能：该函数用来从时钟芯片读取分字节
****************************************************************/
uchar GetMinutes(void)
{     return(chMinutesChannel);
}
/****************************************************************
函数功能：该函数用来从时钟芯片读取小时字节
****************************************************************/
uchar GetHours(void)
{     return(chHoursChannel);
}
/****************************************************************
函数功能：该函数用来从时钟芯片读取日字节
****************************************************************/
uchar GetDate(void)
{     return(chDateChannel);
}
/****************************************************************
函数功能：该函数用来从时钟芯片读取月字节
****************************************************************/
uchar GetMonth(void)
{     return(chMonthChannel);
}
/****************************************************************
函数功能：该函数用来从时钟芯片读取年字节
****************************************************************/
uchar GetYear(void)
{     return(chYearChannel);
}
/****************************************************************
函数功能：该函数用来从时钟芯片读取世纪字节
****************************************************************/
```

```c
uchar GetCentury(void)
{   return(chCenturyChannel);
}
/******************************************************************
函数功能：该函数用来设置时钟芯片的时间
入口参数：chSeconds、chMinutes、chHours 是设定时间的压缩 BCD 码
******************************************************************/
void SetTime(uchar chSeconds,uchar chMinutes,uchar chHours)
{   chRegB = chRegB | MASK_SETB_SET;         //禁止刷新
    chSecondsChannel = chSeconds;
    chMinutesChannel = chMinutes;
    chHoursChannel = chHours;
    chRegB = chRegB & MASK_CLR_SET;          //使能刷新
}
/******************************************************************
函数功能：该函数用来设置时钟芯片的日期
入口参数：chDate、chMonth、chYear 是设定日期的压缩 BCD 码
******************************************************************/
void SetDate(uchar chDate,uchar chMonth,uchar chYear)
{   chRegB = chRegB | MASK_SETB_SET;         //禁止刷新
    chDateChannel = chDate;
    chMonthChannel = chMonth;
    chYearChannel = chYear;
    chRegB = chRegB & MASK_CLR_SET;          //使能刷新
}
/******************************************************************
函数功能：该函数用来初始化芯片
应用范围：一般仅在时钟芯片首次使用时用到一次
******************************************************************/
void InitDs12c887()
{   StartDs12c887();
    chRegB = chRegB | MASK_SETB_SET;         //禁止刷新
    chRegB = chRegB & MASK_CLR_DM | MASK_SETB_2412& MASK_CLR_DSE;
                //使用 BCD 码格式,24 小时模式,不使用夏令时
    chCenturyChannel = 0x21;                 //设置为 21 世纪
    chRegB = chRegB & MASK_CLR_SET;          //使能刷新
}
/******************************************************************/
int main(void)
```

```
{ InitDs12c887();
  while(1)
    {;
    }
}
```

5.5 并行接口扩展技术及应用小结

单片机应用系统的设计中,如果片内资源不够,就需要扩展,即加接 ROM、RAM 和 I/O 接口等外围芯片。本章重点要掌握单片机扩展的方法及地址的译码。

外围芯片和单片机的连接归结为三总线(数据总线、地址总线和控制总线)的连接,因此单片机三总线的定义应十分熟悉,这是扩展的基础。

在微机系统中,控制外围芯片的数据操作有三要素:地址、类型控制(RAM、ROM)和操作方向(读、写)。三要素中有一项不同,就能区别不同的芯片。如果三项都相同,就会造成总线操作混乱。因此在扩展中应注意:

① 要扩展 ROM 程序存储器,使用 $\overline{PSEN}$ 进行选通控制;要扩展 RAM 和 I/O 接口,使用 $\overline{WR}$(写)和 $\overline{RD}$(读)进行选通控制,RAM 和 I/O 口使用相同的 MOVX 指令进行控制。如果将 RAM(或 EEPROM)既作为程序存储器又作为数据存储器使用,则应使 $\overline{PSEN}$ 和 $\overline{RD}$ 通过与门接入芯片的 $\overline{OE}$。这样无论 $\overline{PSEN}$ 或 $\overline{RD}$ 哪个信号有效,都能允许输出。

② 当一种类型的芯片只有一片时,片选端可接地。如果使用同类型控制信号和芯片较多时,则应通过选取不同的地址加以区分,注意 RAM 和 I/O 接口不能有相同的地址。

最简单的地址译码是线选法,即用片内选择剩下的某根高位地址线作片选信号,不同高位的地址线接不同芯片的片选端,此时要注意地址表的填写不能相同,也可以将这些高位地址线通过加接地址译码器进行部分译码或全译码。

市场上的存储器和 I/O 接口种类较多,应根据使用要求和性价比进行选取。对于某一容量存储器,用多片小容量存储器不如用一片大容量的存储器;用多个单功能的芯片不如用一片多功能的芯片。这样连线少,占地面积小,可靠性高。要注意尽量使用单片机的内部资源。

习题与思考题

5.1 在 51 单片机系统中,外接程序存储器和数据存储器共 16 位地址线和 8 位数据线,为何不会发生冲突?

5.2 区分 51 单片机片外程序存储器和片外数据存储器的最可靠的方法是( )。

(A) 看其位于地址范围的低端还是高端

(B) 看其离 51 芯片的远近
(C) 看其芯片的型号是 ROM 还是 RAM
(D) 看其是与$\overline{RD}$信号连接还是与$\overline{PSEN}$信号连接

5.3 在存储器扩展中,无论是线选法还是译码法,最终都是为扩展芯片的(　　)端提供信号。

5.4 起止范围为 0000H～3FFFH 的存储器的容量是(　　)KB。

5.5 在 51 单片机中,PC 和 DPTR 都用于提供地址,但 PC 是为访问(　　)存储器提供地址,而 DPTR 是为访问(　　)存储器提供地址。

5.6 11 根地址线可选(　　)个存储单元,16 KB 存储单元需要(　　)根地址线。

5.7 32 KB RAM 存储器的首地址若为 2000H,则末地址为(　　)H。

5.8 现有 8031 单片机、74LS373 锁存器、1 片 2764 EPROM 和两片 6116 RAM,请使用它们组成一个单片机应用系统,要求:
(1) 画出硬件电路连线图,并标注主要引脚;
(2) 指出该应用系统程序存储器空间和数据存储器空间各自的地址范围。

5.9 使用 AT89S52 芯片外扩 1 片 8 KB E^2PROM 2864,要求 2864 兼作程序存储器和数据存储器,且首地址为 8000H。要求:
(1) 确定 2864 芯片的末地址;
(2) 画出 2864 片选端的地址译码电路;
(3) 画出该应用系统的硬件连线图。

第 6 章
串行扩展技术

近年来,芯片间的串行数据传输技术被大量采用,串行扩展接口和串行扩展总线的设置大大简化了系统的结构。由于串行总线连接线少,总线的结构比较简单,不需要专用的插座而直接用导线连接各种芯片即可。因此,采用串行总线可以使系统的硬件设计简化,系统的体积减小,可靠性提高,同时,系统的更改和扩充极为容易。

目前,单片机应用系统中使用的串行总线主要有 I^2C 总线(Inter IC BUS)、SPI 总线(Serial Peripheral Interface BUS)和 SMBUS(System Management BUS)。这里主要对 I^2C 总线进行介绍。

6.1 SPI 总线扩展接口及应用

6.1.1 SPI 的原理

串行外设接口 SPI(Serial Peripheral Interface)总线系统是一种应用极其广泛的同步串行外设接口,允许 MCU 与各种外围设备以同步串行方式进行通信来交换信息。其外围设备种类繁多,从最简单的 TTL 移位寄存器到复杂的 LCD 显示驱动器、网络控制器等,可谓应有尽有。SPI 总线可直接与各厂家生产的多种标准外围器件直接接口,该接口一般使用 4 根线:串行时钟线 SCK、主机输入/从机输出数据线 MISO、主机输出/从机输入数据线 MOSI 和低电平有效的从机选择线 $\overline{SS}$。由于 SPI 系统总线只需 3 根公共的时钟数据线和若干根独立的从机选择线(依据从机数目而定),在 SPI 从设备较少而没有总线扩展能力的单片机系统中使用特别方便。即使在有总线扩展能力的系统中采用 SPI 设备也可以简化电路设计,省掉很多常规电路中的接口器件,从而提高了设计的可靠性。

一个典型的 SPI 总线系统结构如图 6.1 所示。在这个系统中,只允许有 1 个作为主 SPI

设备的主 MCU 和若干作为 SPI 从设备的 I/O 外围器件。MCU 控制着数据向 1 个或多个从外围器件的传送。从器件只能在主机发命令时才能接收或向主机传送数据,其数据的传输格式是高位(MSB)在前,低位(LSB)在后。当有多个不同的串行 I/O 器件要连至 SPI 上作为从设备时,必须注意两点:一是必须有片选端;二是接 MISO 线的输出脚必须有三态,片选无效时输出高阻态,以不影响其他 SPI 设备的正常工作。

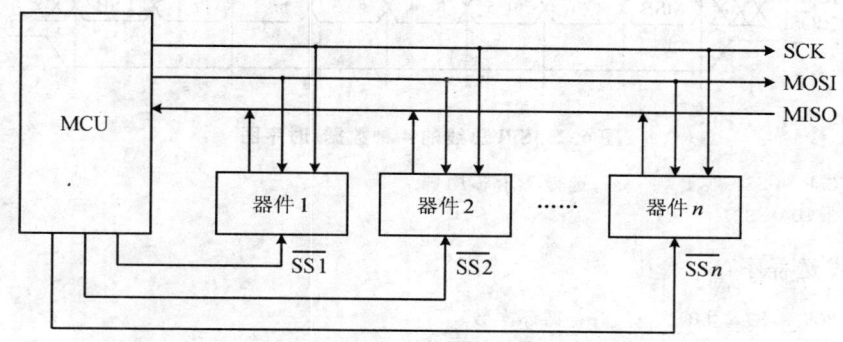

图 6.1 一个典型的 SPI 总线系统结构示意图

6.1.2 SPI 总线的软件模拟及串并扩展应用

1. SPI 总线的软件模拟

对于大多数 51 单片机而言,没有提供 SPI 接口,通常可使用软件的办法来模拟 SPI 的总线操作,包括串行时钟、数据输入和输出。需要说明的是,对于不同的串行接口外围芯片,它们的时钟时序有可能不同。按 SPI 数据和时钟的相位关系来看,通常有 4 种情况,它是由片选信号有效前的电平和数据传送时的有效沿来区分的,传送 8 位数据的 SPI 总线时序如图 6.2 所示。

现在用软件来模拟一下图 6.2 中最上面的一种情况。假定系统接有两个从器件,用 P1.7 模拟 SCK,P1.6 模拟 MOSI,P1.5 模拟 MISO,P1.4 模拟 SS1,P1.3 模拟 SS2。其模拟的程序如下:

```
        SCK   BIT   P1.7
        MOSI  BIT   P1.6
        MISO  BIT   P1.5
        SS1   BIT   P1.4
        SS2   BIT   P1.3

        CLR   SCK
```

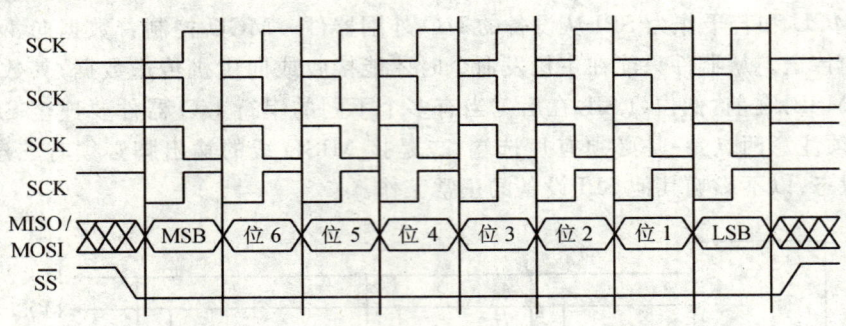

图 6.2 SPI 总线的 4 种数据/时序图

```
        CLR   SS1              ;选择 1 个芯片
        SETB  SS2
```

数据发送程序：

```
        MOV   R7,#8            ;置循环次数
SPIOUT:                        ;待发送的数据放在 A 中
        RLC   A                ;发送下一位数据(从最高位开始,MSB),A 的最高位移入 C
        MOV   MOSI,C
        SETB  SCK              ;设置有效电平,上升沿发送 1 位数据到从器件
        NOP                    ;延时,需要调整,为匹配时序要求
        CLR   SCK
        DJNZ  R7,SPIOUT
        SETB  SS1
        RET
```

数据接收程序：

```
        CLR   SCK
        CLR   SS1              ;选择 1 个芯片
        SETB  SS2
        MOV   R7,#8            ;置循环次数
        MOV   A,#00H
SPIR:   RLC   A
        MOV   C,MISO
        MOV   A.0,C            ;读入 1 位数据
        SETB  SCK              ;欲设置有效电平
        NOP                    ;延时,均可调整,为匹配时序要求
        CLR   SCK              ;下降沿触发从器件更新 1 位数据
        DJNZ  R7,SPIOUT
        SETB  SS1
        RET                    ;读取的结果在 A 中
```

第 6 章 串行扩展技术

如果接多个器件,则只需控制片选即可实现与不同器件间的通信。而且,$\overline{SS}$不但作为片选线,在很多应用中还作为从芯片的启动和停止信号。需要特别指出的是,SPI 既可以半双工通信,也可以全双工通信。上面给出的是半双工的例子,全双工及$\overline{SS}$作为从芯片的启动和停止信号的实例请参阅 10.3 节所讲述的 TLC2543 的 SPI 通信。

对于图 6.2 中的其他三种情况,只需改变初始相位条件即可模拟实现。

2. SPI 总线的串并扩展应用

在有些场合,需要较多的引脚并行完成输出操作,此时在 SPI 总线上挂接移位寄存器就可以很方便地实现串并的转换。74HC595 是被广泛应用的典型,串入并出接口芯片,采取两级锁存,芯片引脚如图 6.3 所示,引脚说明如表 6.1 所列,74HC595 内部结构如图 6.4 所示。图 6.5 所示是 I/O 扩展控制多个继电器的例子,单片机每次送出 16 位分别用于控制 16 个继电器。

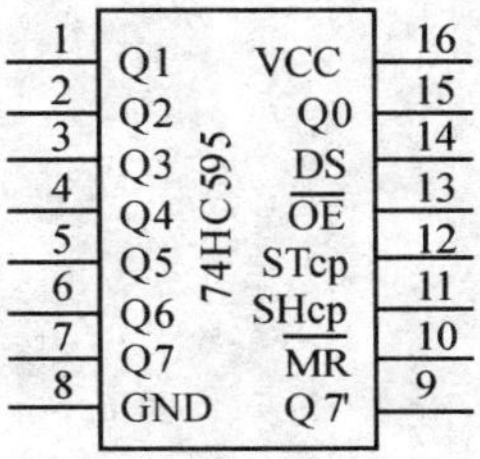

图 6.3　74HC595 引脚

表 6.1　74HC595 引脚说明

引脚名称	引脚序号	功能说明	引脚名称	引脚序号	功能说明
Q0~Q7	15、1~7	并行数据输出口	ST_{CP}	12	锁存输出时钟 load
GND	8	电源地	$\overline{OE}$	13	输出使能
Q7′	9	串行数据输出	DS	14	串行数据输入 din
$\overline{MR}$	10	复位	VCC	16	供电电源
SH_{CP}	11	移位寄存器时钟输入 clk			

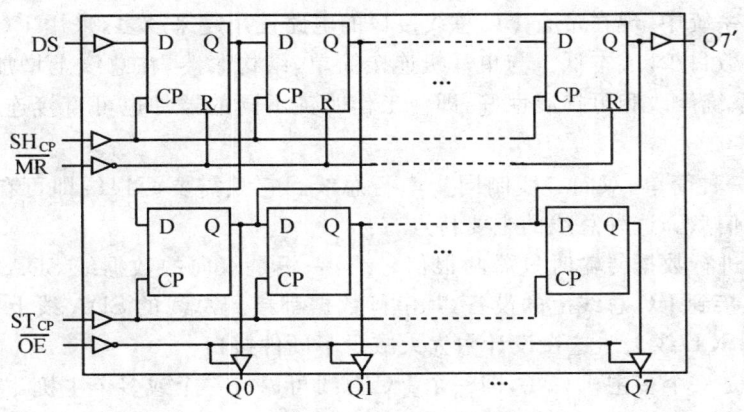

图 6.4　74HC595 内部结构

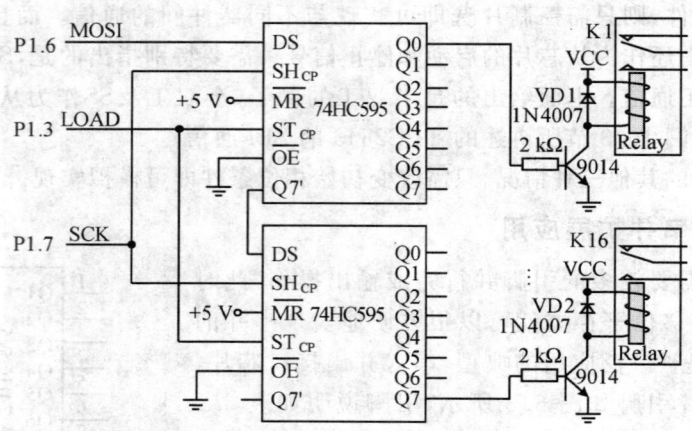

图 6.5 利用 74HC595 进行 I/O 扩展控制多个继电器的电路图

6.2 I²C 串行总线扩展技术

6.2.1 I²C 串行总线概述

I²C 总线是 Phlips 公司推出的一种高性能芯片间串行传输总线,与 SPI、MicroWire 接口不同,它仅以两根连线实现了完善的全双工同步数据传送,可以极方便地构成多机系统和外围器件扩展系统。I²C 总线采用了器件地址的硬件设置方法,通过软件寻址完全避免了器件片选线寻址的弊端,从而使硬件系统具有更简单、更灵活的扩展方法。

单片机应用系统中,现在带有 I²C 总线接口的电路使用越来越多,采用 I²C 总线接口的器件连接线和引脚数目少,成本低。与单片机连接简单,结构紧凑,在总线上增加器件不影响系统的正常工作,系统修改和可扩展性好,即使工作时钟不同的器件也可直接连接到总线上,使用起来很方便。

I²C 总线是一种简单、双向二线制同步串行总线。它只需要两根线即可在连接于总线上的器件之间传送信息。这种总线的主要特点有:

① I²C 总线进行数据传输时只需两根信号线,一根是双向的数据线 SDA,另一根是时钟线 SCL。所有连接到 I²C 总线上的设备,其串行数据都接到总线的 SDA 线上,而各设备的时钟均接到总线的 SCL 线上。这在设计中大大减少了硬件接口。

② I²C 总线是一个多主机总线,即一个 I²C 总线可以有一个或多个主机,总线运行由主机控制。这里所说的主机是指启动数据的传送(发起始信号),发出时钟信号,传送结束时发出终止信号的设备。通常,主机由各种单片机或其他微处理器担当。被主机寻访的设备叫从机,它

可以是各种单片机或其他微处理器,也可以是其他器件,如存储器、LED 或 LCD 驱动器、A/D 或 D/A 转换器、时钟日历器件等。I^2C 总线的基本结构如图 6.6 所示。

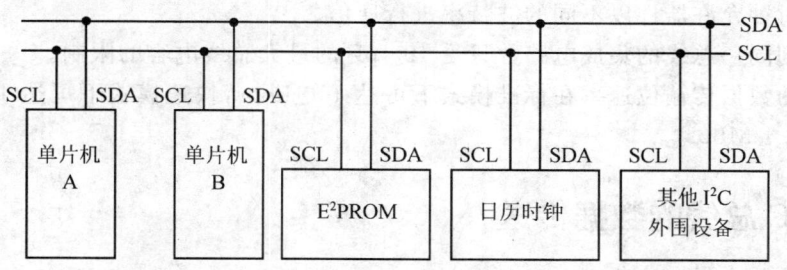

图 6.6　I^2C 总线的基本结构

每个连接到总线上的器件都有一个用于识别的器件地址,器件地址由芯片内部硬件电路和外部地址引脚同时决定,避免了片选线的连接方法,并建立了简单的主从关系,每个器件既可以作为发送器,又可以作为接收器。

③ 在多主机系统中,可能同时有几个主机企图启动总线传送数据。为了避免混乱,保证数据的可靠传送,任一时刻总线只能由某一台主机控制,所以,I^2C 总线要通过总线裁决,以决定由哪一台主机控制总线。若有两个或两个以上的主机企图占用总线,一旦一个主机送"1",而另一个(或多个)送"0",送"1"的主机则退出竞争。在竞争过程中,时钟信号是各个主机产生异步时钟信号线"与"的结果。

④ I^2C 总线上产生的时钟总是对应于主机的。传送数据时,每个主机产生自己的时钟,主机产生的时钟仅在慢速的从机拉宽低电平时加以改变或在竞争中失败而改变。

⑤ I^2C 总线为双向同步串行总线,因此 I^2C 总线接口内部为双向传输电路。总线端口输出为开漏结构,所以总线上必须有上拉电阻,如图 6.7 所示。

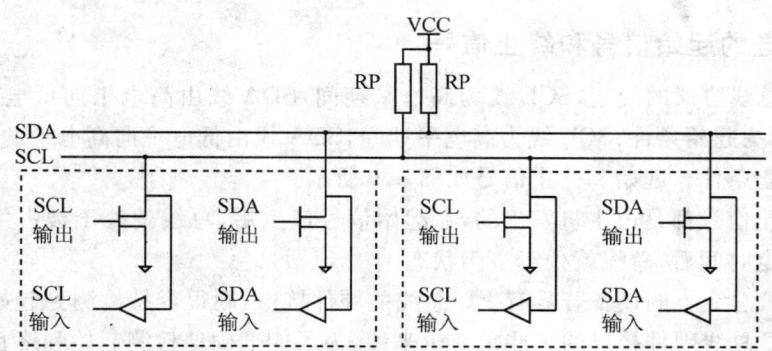

图 6.7　I^2C 总线接口电路结构

当总线空闲时,两根总线均为高电平。连到总线上的器件其输出级必须是漏极或集电极开路,任一设备输出的低电平,都将使总线的信号变低,即各设备的 SDA 及 SCL 都是线"与"的关系。

⑥ 同步时钟允许器件以不同的波特率进行通信。

⑦ 连接到同一总线的集成电路数只受 400 pF 的最大总线电容的限制。

⑧ 串行的数据传输位速率在标准模式下可达 100 kbps,快速模式下可达 400 kbps,高速模式下可达 3.4 Mbps。

6.2.2 I²C 总线的数据传送

1. 总线上数据的有效性

在 I²C 总线上,每一位数据位的传送都与时钟脉冲相对应,逻辑"0"和逻辑"1"的信号电平取决于相应的正端电源 VDD 的电压。

I²C 总线进行数据传送时,在时钟信号为高电平期间,数据线上必须保持有稳定的逻辑电平状态,高电平为数据 1,低电平为数据 0。只有在时钟线低电平期间,才允许数据线上的电平状态变化,如图 6.8 所示。

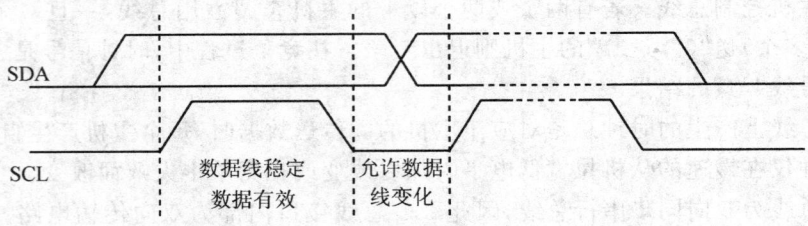

图 6.8 数据位的有效性规定

2. 数据传送的起始信号和终止信号

根据 I²C 总线协议的规定,SCL 线为高电平期间,SDA 线由高电平向低电平的变化表示起始信号,或称为起始条件;SCL 线为高电平期间,SDA 线由低电平向高电平的变化表示终止信号或称为终止条件。起始和终止信号如图 6.9 所示。

起始和终止信号都是由主机发出的,在起始信号产生后,总线就处于被占用的状态;在终止信号产生一定时间后,总线就处于空闲状态。

连接到 I²C 总线上的设备若具有 I²C 总线的硬件接口,则很容易检测到起始和终止信号。对于不具备 I²C 总线硬件接口的一些单片机来说,为了能准确地检测起始和终止信号,必须保证在总线的一个时钟周期内对数据线至少采样两次。

从机收到一个完整的数据字节后,有可能需要完成一些其他工作,如处理内部中断服务

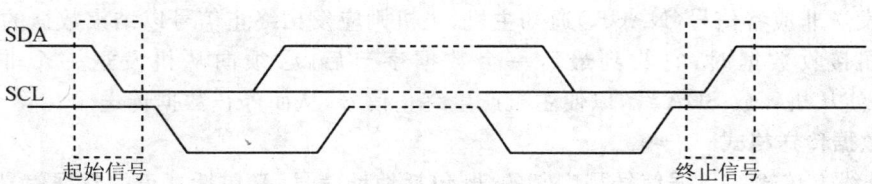

图 6.9　起始和终止信号

等,可能使它无法立刻接收下一字节。这时从机可以将 SCL 线拉成低电平,从而使主机处于等待状态,直到从机准备好可以接收下一字节时,再释放 SCL 线使之为高电平,数据传送继续进行。

3．数据传送格式

(1) 字节传送与应答

利用 I^2C 总线进行数据传送时,传送的字节数是没有限制的,但是每一字节必须保证是 8 位长度,并且首先发送的数据位为最高位,即 MSB,每传送一字节数据后接收方都会给出一位应答信号,与应答信号相对应的时钟由主机产生,主机必须在这一时钟位上释放数据线,使其处于高电平状态,以便从机在这一位上送出应答信号,如图 6.10 所示。

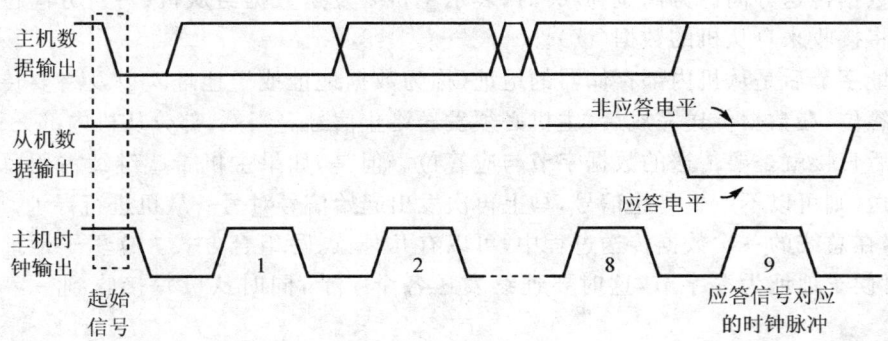

图 6.10　I^2C 总线应答时序

应答信号在主机第 9 个时钟位上出现,接收方的 SDA 在第 9 个 SCK 的高电平期间保持稳定的低电平,表示发送应答信号(ACK);接收方的 SDA 在第 9 个 SCK 的高电平期间保持稳定的高电平,表示发送非应答信号(NACK),结束接收,表示接收方不再接收数据,直至下一次启动总线并请求数据。

由于某种原因,从机不对主机寻址信号应答时(如从机正在进行实时性的处理工作而无法接收总线上的数据),它必须释放总线,将数据线置于高电平,然后由主机产生一个终止信号以结束总线的数据传送。通常,三次呼叫从机无应答后,要给出相应处理,如显示系统故障等。

如果从机对主机进行了应答,但在数据传送一段时间后无法继续接收更多的数据,则从机可以通过发送非应答信号(NACK)通知主机,主机则应发出终止信号以结束数据的继续传送。

当主机接收数据时,它收到最后一个数据字节后,必须向从机发送一个非应答信号(NACK),使从机释放 SDA 线,以便主机产生终止信号,从而停止数据传送。

(2) 数据传送格式

I^2C 总线上传输的数据信号是广义的,既包括地址信号,又包括真正的数据信号。

I^2C 总线数据传输时必须遵守规定的数据传送格式,图 6.11 为一次完整的数据传输格式。

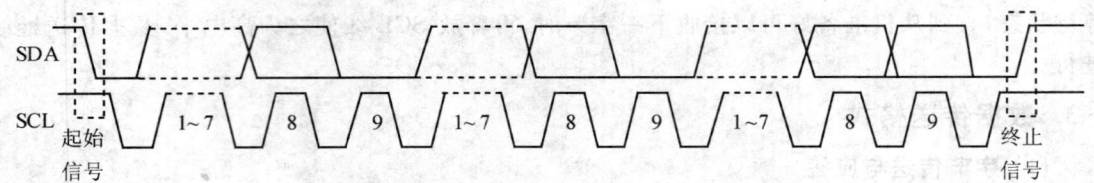

图 6.11　I^2C 总线一次完整的数据传送

按照总线规约,起始信号表明一次数据传送的开始,其后为从机寻址字节,寻址字节由高 7 位地址和最低 1 位方向位组成。高 7 位地址是被寻址的从机地址,方向位是表示主机与从机之间的数据传送方向。方向位为"0"时,表示主机要发送数据给从机(写);方向位为"1"时,表示主机将接收来自从机的数据(读)。

在寻址字节后是从机内部存储器的地址(称为数据地址或子地址),以及将要传送的数据字节与应答位,在数据传送完成后,主机必须发送终止信号。当然,部分从机内部无子地址,在寻址字节后直接就是要传送的数据字节与应答位。但是,如果主机希望继续占用总线进行新的数据传送,则可以不产生终止信号,马上再次发出起始信号对另一从机进行寻址。

因此,在总线的一次数据传送过程中,可以有几种读、写组合方式。这里子地址仅为一字节,很多时候子地址为多字节,这时要连续发送各个字节,同时从机每接收到一字节都会返回 ACK。

① 主机向从机发送 n 个数据,数据传送方向在整个传送过程中不变,其数据传送格式如下。

无子地址情况:

| 起始位 | 从机地址+0 | ACK | 数据 1 | ACK | 数据 2 | ACK | … | 数据 n | ACK/NACK | 停止位 |

有子地址情况:

| 起始位 | 从机地址+0 | ACK | 子地址 | ACK | 数据 1 | ACK | … | 数据 n | ACK/NACK | 停止位 |

其中,阴影部分表示数据由主机向从机传送,无阴影部分表示数据由从机向主机传送。

② 主机由从机处读取 n 个数据,在整个传输过程中除寻址字节外,都是从机发送、主机接

收,其数据传送格式如下。

无子地址情况：

| 起始位 | 从机地址+1 | ACK | 数据1 | ACK | 数据2 | ACK | … | 数据n | NACK | 停止位 |

有子地址情况,主机既向从机发送数据也接收数据,当需要改变传送方向时,起始信号和从机地址都被重复产生一次,两次读、写方向正好相反,其数据传送格式如下：

| 起始位 | 从机地址+0 | ACK | 子地址 | ACK | 重新起始位 | 从机地址+1 | ACK | 数据1 | ACK | … | 数据n | NACK | 停止位 |

由以上格式可见,无论哪种方式,起始信号、终止信号和地址均由主机发送,数据字节的传送方向由寻址字节中方向位规定；每字节的传送都必须有应答信号位(ACK 或 NACK)相随。

4. I²C 总线的寻址约定

I²C 总线是多主总线,总线上的各个主机都可以争用总线,在竞争中获胜者马上占有总线控制权。有权使用总线的主机如何对从机寻址呢？I²C 总线协议对此做出了明确的规定：采用7位的寻址字节,寻址字节是起始信号后的第一字节。

(1) 寻址字节的位定义

寻址字节的格式为：

b7	b6	b5	b4	b3	b2	b1	b0
×	×	×	×	×	×	×	R/$\overline{W}$

b7~b1 位组成从机的地址。b0 位是数据传送方向位,为 0 时,表示主机向从机发送(写)数据；为 1 时,表示主机由从机处读取数据。

主机发送地址时,总线上的每个从机都将这7位地址码与自己的器件地址进行比较,如果相同则认为自己正被主机寻址,根据读/写位将自己确定为发送器或接收器。

从机的地址是由一个固定部分和一个可编程部分组成。固定部分为器件的编号地址,表明了器件的类型,出厂时固定,不可更改；可编程部分为器件的引脚地址,视硬件接线而定,引脚地址数决定了同一种器件可接入到 I²C 总线中的最大数目。如果从机为单片机,则7位地址为纯软件地址。

(2) 寻址字节中的特殊地址

I²C 总线地址统一由 I²C 总线委员会实行分配,其中两组编号地址 0000 和 1111 已被保留做特殊用途,如表 6.2 所列。

① 广播地址

起始信号之后的第一个字节为"0000 0000"时称为通用广播地址。广播地址用于寻访接到 I²C 总线上的所有器件,并向它们发送广播数据。不需要广播数据的从机可以不对广播地址应答,并且对该地址置之不理；否则,接收到这个地址后必须进行应答,并把自己置为接收器方式以接收随后的各字节数据。从机有能力处理这些数据时应该进行应答,否则忽略该字节并且不做应答。广播寻址的用意是由第二字节来设定的,其格式如下:

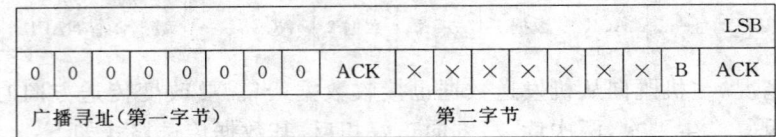

当第二字节为 0000 0110(即 06H)时,所有能响应广播地址的从机都将复位,并由硬件装入从机地址中的可编程部分。要求响应广播地址的从机在复位时不拉低 SDA 和 SCL 线,以免堵塞总线。

表 6.2 I²C 总线特殊地址表

地址位	读/写位	用途	地址位	读/写位	用途
0000 000	0	通用广播地址	0000 011	×	
0000 000	1	起始地址	0000 1××	×	待定
0000 001	×	CBUS 地址	1111 1××	×	
0000 010	×	保留做其他的总线地址	1111 0××	×	10 位从机地址

当第二字节为 0000 0100(即 04H)时,所有能响应广播地址的从机仍通过硬件来定义其可编程地址,并锁定地址中的可编程位,但不进行复位。

当第二字节的最低位 B 为 1 时,广播寻址中的两字节为硬件广播呼叫,它表示数据是由一个"硬件主机设备"发出的。所谓"硬件主机设备",就是无法事先知道送出的信息将传送给哪个从机设备,因而,不能发送所要寻访的从机地址,如键盘扫描器等。制造这种设备时无法知道信息应向哪儿传送,所以,它只能通过发送这种硬件广播呼叫和自身的地址(即第二字节的高 7 位),以使系统识别它。接在总线上的智能设备,如单片机或其他微处理器能够识别这个地址,并与之传送数据。"硬件主机设备"作为从机使用时,也用这个地址作为其从机地址。"硬件主机设备"的数据传送格式如下:

起始位	0000 0000	ACK	主机地址+1	ACK	数据	ACK	数据	ACK	停止位
通用呼叫地址			第二字节						

在一些系统中,广播寻址还可以有另外一种方式,即系统复位后,"硬件主机设备"工作在从机接收器方式,这时由系统中的主机来通知它数据应传送的地址,当"硬件主机设备"要发送数据时就可以直接向指定的从机设备发送数据了。

② 起始字节是提供给没有 I²C 总线接口的单片机查询 I²C 总线时使用的特殊字节

对于不具备硬件 I²C 总线接口的单片机,采用软件模拟 I²C 总线时序的方法,也可以接入 I²C 总线系统。当该单片机作为接收器时,它必须通过软件周期性地检测总线,以便及时地响应总线的请求。显然,单片机检测总线的周期越小,占用它的机时就越多,可用于执行自身功能的时间就越少;单片机检测总线的周期越大,对于总线上启动信号的反应就越迟钝,甚至错过对于启动信号的识别。为了解决这一矛盾,经常采用的方法是,I²C 总线上的数据传输由一个较长的起始过程加以引导,而让单片机平时采用慢扫描方式检测总线,只有当总线上出现启动信号后,才转换到快扫描方式。起始字节的引导过程如图 6.12 所示。

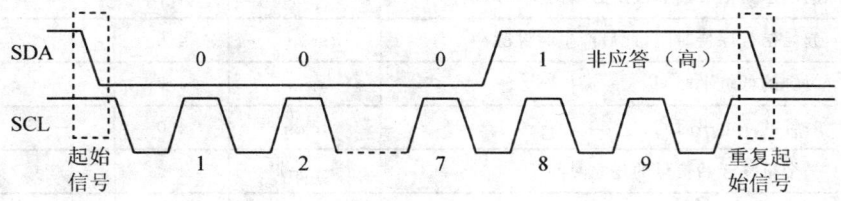

图 6.12　起始字节引导过程

引导过程由起始信号、起始字节、应答位和重复起始信号组成。

请求占用总线的主机发出起始信号后,接着发送一个起始字节(0000 0001),作为接收器的单片机可以用较低的速率检测 SDA 线,直到起始字节中的 7 个"0"中至少一个被检测到为止。随即单片机就改用较高的采样速率,以便寻找作为同步信号使用的第二个起始信号 Sr。

在收到第二个重复起始信号后,单片机即进入响应总线请求工作状态。

在起始字节后的应答时钟脉冲仅仅是为了使总线的数据处理格式保持一致,并不需要设备在这个脉冲期间做应答。

6.2.3　I²C 总线数据传送的模拟

实际应用中,多数单片机系统仍采用单主结构的形式。在这样的系统中,I²C 总线只存在着单主方式。在单主方式下,I²C 总线数据的传送状态要简单得多,没有总线的竞争与同步,只存在单片机对 I²C 总线器件节点的读(单片机接收)、写(单片机发送)操作。因此,在主节点上可以采用不带 I²C 总线接口的单片机,如 8751、80C51、AT89C2051 和 8098 等。利用这些单片机的普通 I/O 口完全可以实现 I²C 总线上主节点对 I²C 总线器件的读、写操作。采用的方法就是利用软件实现 I²C 总线的数据传送,即软件与硬件结合的信号模拟。

I²C 总线数据传送的模拟具有较强的实用意义,它极大地扩展了 I²C 总线器件的适用范围,使这些器件的使用不受系统中的单片机必须带有 I²C 总线接口的限制,因此,在许多单片机应用系统中可以将 I²C 总线的模拟技术作为常规的设计方法。

1. I²C 总线数据传送的时序要求

为了保证数据传送的可靠性,标准的 I²C 总线数据传送有着严格的时序要求,如 I²C 总线上时钟信号的最小低电平周期为 4.7 μs，最小的高电平周期为 4 μs 等。

表 6.3 给出了 I²C 总线数据传送的时序要求特性。

表 6.3　I²C 总线的时序特性表

参数说明	符　号	最小/μs	最大/μs
新的起始信号前总线所必需的空闲时间	t_{BUF}	4.7	—
起始信号保持时间，此后产生时钟脉冲	$t_{HD,STA}$	4.0	—
时钟的低电平时间	t_{LOW}	4.7	—
时钟的高电平时间	t_{HIGH}	4.0	—
一个重复起始信号的建立时间	$t_{SU,STA}$	4.0	—
数据保持时间	$t_{HD,DAT}$	5.0	—
数据建立时间	$t_{SU,DAT}$	250	—
SDA、SCL 信号的上升时间	t_R	—	1000
SDA、SCL 信号的下降时间	t_F	—	300
终止信号建立时间	$t_{SU,STO}$	4.7	—

由表 6.3 可见：除了 SDA、SCL 线的信号上升时间和下降时间规定有最大值外，其他参数只有最小值。SCL 时钟信号最小高电平和低电平周期决定了器件的最大数据传输速率，标准模式为 100 kbps。实际数据传输时可以选择不同的数据传输速率，同时也可以采取延长 SCL 低电乎周期来控制数据传输速率。

用普通的 I/O 口模拟 I²C 总线数据传送时，必须保证所有的信号定时时间都能满足表 6.3 中的要求。

根据表 6.3 的要求，当用单片机的普通 I/O 口模拟 I²C 总线的数据传送时，单片机的时钟信号都能满足 SDA、SCL 上升沿、下降沿的时间要求，因此，在时序模拟时，最重要的是保证典型信号，如起始、终止、数据发送、保持及应答位的时序要求。

I²C 总线数据传送的典型信号及其定时要求如图 6.13 所示，图中的定时参数依照表 6.3 中的数据给定。

对于一个新的起始信号，要求起始前总线的空闲时间 t_{BUF} 大于 4.7 μs；而对于一个重复的起始信号，要求建立时间 $t_{SU,STA}$ 也须大于 4.7 μs。图 6.13 中的起始信号适用于数据模拟传送中任何情况下的起始操作，起始信号到第一个时钟脉冲的时间间隔应大于 4.0 μs。

对于终止信号，要保证有大于 4.7 μs 的信号建立时间 $t_{SU,STO}$，终止信号结束时，要释放 I²C 总线，使 SDA、SCL 维持在高电平上，在大于 4.7μs 后才可以开始另一次的起始操作。在单主系统中，为了防止非正常传送，终止信号后 SCL 可以设置在低电平上。

对于发送应答位、非应答位来说，与发送数据"0"和"1"的信号时序要求完全相同。

第6章 串行扩展技术

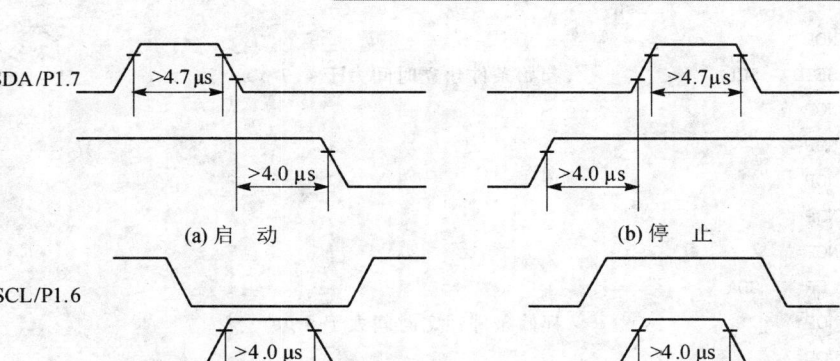

图 6.13 I²C 总线典型信号的时序要求

只要满足在时钟高电平期间，SDA 线上有确定的电平状态即可。至于 SDA 线上高、低电平数据的建立时间，在编程时加以考虑。

2. 软件模拟 I²C 实现

汇编语言编程：

```
;请注意
;程序占用内部资源:R0,R1,R2,R3,ACC,CY
;使用前须定义变量:SLA:器件从地址 , SUBA:器件子地址
;NUMBYTE:读/写的字节数 , ACK:位变量
;使用前须定义变量:SDA:数据线 , SCL:时钟线
;MTD:发送数据缓冲区首址 , MRD:接收数据缓冲区首址
;(ACK 为调试/测试位 , ACK 为 0 时表示无器件应答)
;****************************************************
SCL      BIT    P1.0          ;I²C 总线定义
SDA      BIT    P1.1
WP       BIT    P1.2          ;定义写保护位
MTD      EQU    30H           ;发送数据缓冲区首址(缓冲区 30H～3FH)
MRD      EQU    40H           ;接收数据缓冲区首址(缓冲区 40H～4FH)
SLA      EQU    1010000xB     ;定义器件地址
SUBA     EQU    10H           ;定义器件子地址
NUMBYTE  EQU    n             ;读/写的字节数变量
ACK      BIT    F0
;-----------------------------------------------------
;发开始信号子程序,启动 I²C 总线子程序
START: SETB    SDA
```

```
        NOP
        SETB   SCL              ;起始条件建立时间大于 4.7 μs
        NOP
        NOP
        NOP
        NOP
        NOP
        CLR    SDA
        NOP                     ;起始条件锁定时间大于 4 μs
        NOP
        NOP
        NOP
        NOP
        CLR    SCL              ;钳住总线,准备发数据
        NOP
        RET
;------------------------------------------------------------
;发结束信号子程序
STOP:   CLR    SDA
        NOP
        SETB   SCL              ;发送结束条件的时钟信号
        NOP                     ;结束总线时间大于 4 μs
        NOP
        NOP
        NOP
        SETB   SDA              ;结束总线
        NOP                     ;保证一个终止信号和起始信号的空闲时间大于 4.7 μs
        NOP
        NOP
        NOP
        RET
;------------------------------------------------------------
;发送应答信号子程序
NACK:   CLR    SDA              ;将 SDA 置 0
        NOP
        NOP
        SETB   SCL
        NOP                     ;保持数据时间,即 SCL 为高的时间大于 4.7 μs
```

```
        NOP
        NOP
        NOP
        NOP
        CLR     SCL
        NOP
        NOP
        RET
;------------------------------------------------------------
;发送非应答信号子程序
NNACK:  SETB    SDA             ;将 SDA 置 1
        NOP
        NOP
        SETB    SCL
        NOP
        NOP                     ;保持数据时间,即 SCL 为高的时间大于 4.7 μs
        NOP
        NOP
        NOP
        CLR     SCL
        NOP
        NOP
        RET
;------------------------------------------------------------
;检查应答位子程序
;返回值,ACK=1 时表示有应答
CACK:   SETB    SDA
        NOP
        NOP
        SETB    SCL
        CLR     ACK
        NOP
        NOP
        MOV     C,SDA
        JC      CEND
        SETB    ACK             ;判断应答位
CEND:   NOP
        CLR     SCL
        NOP
```

```asm
        RET
;------------------------------------------------------------
;发送字节子程序
;字节数据放入 ACC
;每发送一字节要调用一次 CACK 子程序,取应答位
WRBYTE: MOV     R0,#08H
WLP:    RLC     A               ;取数据位
        JC      WR1
        SJMP    WR0             ;判断数据位
WLP1:   DJNZ    R0,WLP
        NOP
        RET
WR1:    SETB    SDA             ;发送1
        NOP
        SETB    SCL
        NOP
        NOP
        NOP
        NOP
        NOP
        CLR     SCL
        SJMP    WLP1
WR0:    CLR     SDA             ;发送0
        NOP
        SETB    SCL
        NOP
        NOP
        NOP
        NOP
        NOP
        CLR     SCL
        SJMP    WLP1
;------------------------------------------------------------
;读取字节子程序
;读出的值在 ACC
;每读取一字节要发送一个应答信号
RDBYTE: MOV     R0,#08H
RLP:    SETB    SDA
        NOP
```

```
         SETB    SCL             ;时钟线为高,接收数据位
         NOP
         NOP
         MOV     C,SDA           ;读取数据位
         MOV     A,R2
         CLR     SCL             ;将 SCL 拉低,时间大于 4.7 μs
         RLC     A               ;进行数据位的处理
         MOV     R2,A
         NOP
         NOP
         NOP
         DJNZ    R0,RLP          ;未够 8 位,再来一次
         RET
;----------------------------------------------
;器件当前地址写字节数据
;入口参数:数据为 ACC、器件从地址 SLA
;占用 A、R0、CY
IWRBYTE: PUSH    ACC
IWBLOOP: LCALL   START           ;启动总线
         MOV     A,SLA
         LCALL   WR2,YTE         ;发送器件从地址
         LCALL   CACK
         JNB     ACK,RETWRB      ;无应答则跳转
         POP     ACC             ;写数据
         LCALL   WRBYTE
         LCALL   CACK
         LCALL   STOP
         RET
RETWRB:  POP     ACC
         LCALL   STOP
         RET
;----------------------------------------------
;器件当前地址读字节数据
;入口参数:器件从地址 SLA
;出口参数:数据为 ACC
;占用 A、R0、R2、CY
IRDBYTE: LCALL   START
         MOV     A,SLA           ;发送器件从地址
         INC     A
```

```
            LCALL   WRBYTE
            LCALL   CACK
            JNB     ACK,RETRDB
            LCALL   RDBYTE          ;进行读字节操作
            LCALL   NNACK           ;发送非应信号
RETRDB:     LCALL   STOP            ;结束总线
            RET
;----------------------------------------------------------------
;向器件指定地址写 N 个数据
;入口参数:器件从地址 SLA、器件子地址 SUBA、发送数据缓冲区 MTD、发送字节数 NUMBYTE
;   占用:A、R0、R1、R3、CY
IWRNBYTE:   MOV     A,NUMBYTE
            MOV     R3,A
            LCALL   START           ;启动总线
            MOV     A,SLA
            LCALL   WRBYTE          ;发送器件从地址
            LCALL   CACK
            JNB     ACK,RETWRN      ;无应答则退出
            MOV     A,SUBA          ;指定子地址
            LCALL   WRBYTE
            LCALL   CACK
            MOV     R1,#MTD
WRDA:       MOV     A,@R1
            LCALL   WRBYTE          ;开始写入数据
            LCALL   CACK
            JNB     ACK,IWRNBYTE
            INC     R1
            DJNZ    R3,WRDA         ;判断写完没有
RETWRN:     LCALL   STOP
            RET
;----------------------------------------------------------------
;从器件指定地址读取 N 个数据
;入口参数:器件从地址 SLA、器件子地址 SUBA、接收字节数 NUMBYTE
;出口参数:接收数据缓冲区 MTD
;占用:A、R0、R1、R2、R3、CY
IRDNBYTE:   MOV     R3,NUMBYTE
            LCALL   START
            MOV     A,SLA
            LCALL   WRBYTE          ;发送器件从地址
```

```
              LCALL    CACK
              JNB      ACK,RETRDN
              MOV      A,SUBA           ;指定子地址
              LCALL    WRBYTE
              LCALL    CACK
              LCALL    START            ;重新启动总线
              MOV      A,SLA
              INC      A                ;准备进行读操作
              LCALL    WRBYTE
              LCALL    CACK
              JNB      ACK,IRDNBYTE
              MOV      R1,#MRD
RDN1:         LCALL    RDBYTE           ;读操作开始
              MOV      @R1,A
              DJNZ     R3,SACK
              LCALL    MNACK            ;最后一字节发非应答位
RETRDN:       LCALL    STOP             ;结束总线
              RET
SACK:         LCALL    MACK
              INC      R1
              SJMP     RDN1
```

C 语言编程:

```
/**************************************************
此程序是 I²C 操作平台(主方式的软件平台)底层的 C 子程序,如发送数据
及接收数据,应答位发送,并提供了几个直接面对器件的操作函数,它很方便
地与用户程序连接并扩展,51 系列机型可以通用。
注意:函数是采用软件延时的方法产生 SCL 脉冲的,故对高晶振频率要做
一定的修改。(本例是 1 μs 机器周期,即晶振频率要低于 12 MHZ)
***************************************************/
#include <reg52.h>
#include <intrins.h>
/*端口位定义*/
sbit SDA = P3^7;                    /*模拟 I²C 数据传送位*/
sbit SCL = P3^6;                    /*模拟 I²C 时钟控制位*/
void Delay15us(void)                //延时等待 15 μs
{_nop_(); _nop_(); _nop_(); _nop_(); _nop_(); _nop_();
 _nop_(); _nop_(); _nop_(); _nop_(); _nop_();
```

}
/***
                    启动总线函数
函数原型：void   Start_I2C();
功能：   启动 I^2C 总线，即发送 I^2C 起始条件
简介：   当 SCL 线上是高电平时，SDA 产生一个下降沿
***/
void Start_I2C()
{
　　SDA = 1;   /* 发送起始条件的数据信号 */
　　SCL = 1;
　　nop();
　　SDA = 0;   /* 发送起始信号 */
　　nop();
　　SCL = 0;   /* 钳住 I^2C 总线，准备发送或接收数据 */
}

/***
                    结束总线函数
函数原型：void   Stop_I2C();
功能：   结束 I^2C 总线，即发送 I^2C 结束条件
简介：   当 SCL 线上是高电平时，SDA 产生一个上升沿
***/
void Stop_I2C()
{
　　SDA = 0;   /* 发送结束条件的数据信号 */
　　nop();
　　SCL = 1;   /* 发送结束条件的时钟信号 */
　　nop();
　　SDA = 1;   /* 发送 I^2C 总线结束信号 */
　　Delay15us();
}
/***
            字节数据传送函数 －－具有应答检测功能
函数原型：bit   SendByte_AndCheck(unsigned char c);
功能： 将数据 c 发送出去，可以是地址，也可以是数据，发完后等待应答，并对
        此状态位进行检测。ack＝1，发送数据正常；ack＝0，表示被控器无应答或损坏
***/
bit   SendByte_AndCheck(unsigned char c)
{unsigned char BitCnt;

第 6 章 串行扩展技术

```c
    bit ack = 0;                              /*应答状态标志位*/

    for(BitCnt = 0;BitCnt<8;BitCnt ++)        /*要传送的数据长度为8位*/
       {//此时 SCL 为 0
         if(c&0x80)SDA = 1;                   /*判断发送位*/
         else     SDA = 0;
         SCL = 1;                             /*置时钟线为高,通知被控器开始接收数据位*/
         c <<= 1;
         SCL = 0;
       }

     SDA = 1;                                 //8位发送完后释放数据线,置1作为输入口准备接收应答位
     SCL = 1;                                 //开始应答检测
     Delay15us();
     if(SDA == 0)ack = 1;                     /*判断是否接收到应答信号*/
     SCL = 0;
     Delay15us();
     return ack;
}
/*********************************************************
                    字节数据传送函数
函数原型:unsigned char  RcvByte();
功能:用来接收从器件传来的数据,并判断总线错误(不发应答信号),发完后请用应答函数。
**********************************************************/
unsigned char  RcvByte()
{ unsigned char rec = 0;
  unsigned char BitCnt;

  SDA = 1;                                    /*置数据线为输入方式*/
  for(BitCnt = 0;BitCnt<8;BitCnt ++)
     {
        SCL = 0;                              /*置时钟线为低,准备接收数据位*/
        SCL = 1;                              /*置时钟线为高,使数据线上数据有效*/
        rec = rec << 1;
        if(SDA == 1)rec = rec + 1;            /*读数据位,接收的数据位放入 retc 中 */
     }
  SCL = 0;
  return(rec);
}
/*********************************************************
                    应答子函数
```

原型：void Ack_I2C(bit a);
功能：主控器进行应答信号，可以是应答信号 a = 1，或非应答信号 a = 0。
简介：1. 发送应答位　SDA 在第 9 个 SCK 的高电平期间保持稳定的低电平。
　　　2. 发送非应答位　SDA 在第 9 个 SCK 的高电平期间保持稳定的高电平。
**/

```c
void Ack_I2C(bit a)
{
  if(a == 1)SDA = 0;              /* 在此发出应答或非应答信号 */
  else SDA = 1;
  _nop_();
  SCL = 1;
  _nop_();
  SCL = 0;                        /* 清时钟线，钳住 I²C 总线以便继续接收 */
}
#define I2C_ACK()   Ack_I2C(1)    /* 发送应答位 */
#define I2C_nACK()  Ack_I2C(0)    /* 发送非应答位 */
```

/**
　　　　　　　　　向无子地址器件发送字节数据函数
函数原型：unsigned char I2C_SendByte(unsigned char sla,ucahr c);
功能：从启动总线到发送地址、数据、结束总线的全过程，从器件地址 sla
　　　如果返回 0xff 表示操作成功，否则操作有误。
注意：使用前必须已结束总线。
***/

```c
extern unsigned char I2C_SendByte(unsigned char sla,unsigned char c);
unsigned char I2C_SendByte_AndCheck(unsigned char sla,unsigned char c)
{  bit ack;
   Start_I2C();                        /* 启动总线 */
   ack = SendByte_AndCheck(sla);       /* 发送器件地址 */
      if(ack == 0)return(1);
   ack = SendByte_AndCheck(c);         /* 发送数据 */
      if(ack == 0)return(2);
   Stop_I2C();                         /* 结束总线 */
   return(0xff);
}
```

/**
　　　　　　　　　向有子地址器件发送多字节数据函数
函数原型：unsigned char I2C_SendStr(unsigned char sla,unsigned char suba,
　　　　　　　　　ucahr * s,unsigned char no);
功能：从启动总线到发送地址、子地址、数据、结束总线的全过程，从器件地址为 sla,子地址为 suba,发送内容是 s 指向的内容,发送 no 字节。

如果返回 0xff,表示操作成功,否则操作有误。

注意：使用前必须已结束总线。

***/

```
extern unsigned char I2C_SendStr(unsigned char sla,unsigned char suba,
                    unsigned char *s,unsigned char no);
unsigned char I2C_SendStr(unsigned char sla,unsigned char suba,unsigned char *s,
            unsigned char no)
{   unsigned char i;
    bit ack;
    Start_I2C();                        /*启动总线*/
    ack = SendByte_AndCheck(sla);       /*发送器件地址*/
    if(ack == 0)return(3);
    ack = SendByte_AndCheck(suba);      /*发送器件子地址*/
    if(ack == 0)return(4);
    for(i = 0;i<no;i++)
     {ack = SendByte_AndCheck(*s++);    /*发送数据*/
      if(ack == 0)return(5);
     }
    Stop_I2C();                         /*结束总线*/
    return(0xff);
}
```

/***

向无子地址器件读字节数据函数

函数原型：unsigned char I2C_RcvByte(unsigned char sla,ucahr *c);

功能：从启动总线到发送地址、读数据、结束总线的全过程,从器件地址为 sla,返回值在 c。

如果返回 0xff,表示操作成功,否则操作有误。

注意：使用前必须已结束总线。

***/

```
extern unsigned char I2C_RcvByte(unsigned char sla,unsigned char *c);
unsigned char I2C_RcvByte(unsigned char sla,unsigned char *c)
{   bit ack;
    Start_I2C();                        /*启动总线*/
    ack = SendByte_AndCheck(sla + 1);   /*发送器件地址*/
    if(ack == 0)return(6);
    *c = RcvByte();                     /*读取数据*/
    I2C_nACK();                         /*发送非应答位*/
```

```c
    Stop_I2C();                          /*结束总线*/
    return(0xff);
}
```

/***
                向有子地址器件读取多字节数据函数
函数原型：unsigned char I2C_SendStr(unsigned char sla,unsigned char suba,
                        ucahr * s,unsigned char no);
功能：从启动总线到发送地址、子地址、读数据、结束总线的全过程,从器件
      地址为sla,子地址为suba,读出的内容放入s指向的存储区,读no字节。
      如果返回0xff,则表示操作成功,否则操作有误。
注意：使用前必须已结束总线。
***/

```c
extern unsigned char I2C_RcvStr(unsigned char sla,unsigned char suba,
                    unsigned char * s,unsigned char no);
unsigned char I2C_RcvStr(unsigned char sla,unsigned char suba,unsigned char * s,
            unsigned char no)
{   unsigned char i;
    bit ack;
    Start_I2C();                         /*启动总线*/
    ack = SendByte_AndCheck(sla);        /*发送器件地址*/
    if(ack == 0)return(7);

    ack = SendByte_AndCheck(suba);       /*发送器件子地址*/
    if(ack == 0)return(8);

    Start_I2C();
    ack = SendByte_AndCheck(sla + 1);
    if(ack == 0)return(9);

    for(i = 0;i<no - 1;i ++ )
    { * s = RcvByte();                   /*发送数据*/
      I2C_ACK();                         /*发送应答位*/
      s ++ ;
    }
    * s = RcvByte();
    I2C_nACK();                          /*发送非应答位*/
    Stop_I2C();                          /*结束总线*/
    return(0xff);
}
```

6.2.4 典型 I^2C 接口存储器的扩展

1. I^2C 总线 E^2PROM

Atmel 公司的 AT24CXX 系列和 Catalyst 公司的 CAT24WCXX 系列都是基于 I^2C 接口的 E^2PROM,且具有相同的引脚排列,如图 6.14 所示。

其中:SCL 串行时钟线。这是一个输入引脚,用于形成器件所有数据发送或接收的时钟。

SDA 串行数据线。它是一个双向传输线,用于传送地址和所有数据的发送或接收。它是一个漏极开路端,因此要求接一个上拉电阻到 VCC 端(频率为 100 kHz 时电阻为 10 kΩ;频率为 400 kHz 时电阻为 1 kΩ)。对于一般的数据传输,仅在 SCL 为低电平期间 SDA 才允许变化。SCL 为高电平期间,留给开始信号(START)和停止信号(STOP)。

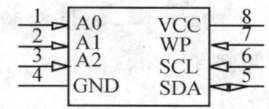

图 6.14 I^2C 总线 E^2PROM 引脚

SCI 和 SDA 输入端接有施密特触发器和滤波器电路,即使在总线上有噪声存在的情况下,它们也能抑制噪声峰值,以保证器件正常工作。

A0、A1、A2 器件地址输入端。这些输入端用于多个器件级联时设置器件地址,当这些脚悬空时默认值为 0。

WP 写保护。如果 WP 引脚连接到 VCC,所有的内容都被写保护(只能读)。当 WP 引脚连接到 VSS 或悬空,允许对器件进行正常的读/写操作。

VCC 电源线。AT24CXX 系列工作电压范围为 1.8~5.5 V,CAT24WCXX 系列工作电压范围为 1.8~6 V。

GND 地线。

两公司的 E^2PROM 芯片名称的尾数表示容量,例如 AT24C16,表示容量为 16 K 位。按字节操作,可以擦除,自动擦除及写入数据时间不超过 10 ms。擦写次数达 100 万次,且数据 100 年不丢失。

(1) 器件地址的确定

器件地址的第 1~4 位为从器件地址位(存储器为 1010)。控制字节中的前 4 位码确认器件的类型。这 4 位码由 Philips 公司的 I^2C 规程所决定。1010 码即从器件为串行 E^2PROM 的情况。串行 E^2PROM 将一直处于等待状态,直到 1010 码发送到总线上为止。当 1010 码发送到总线上时,其他非串行 E^2PROM 从器件将不会响应。

从地址的第 5~7 位为 1~8 片的片选或存储器内的块地址选择位。这 3 个控制位用于片选或者内部块选择。

当总线上连有多片芯片时,引脚 A2、A1、A0 的电平作器件选择(片选),控制字节的 A2、A1、A0 位必须与外部 A2、A1、A0 引脚的硬件连接(电平)匹配,A2、A1、A0 引脚中不连接的,为内部块选择。

也就是说,串行 E^2PROM 器件地址的高 4 位 D7~D4 固定为 1010,接下来的 3 位 D3~D1(A2、A1、A0)为器件的片选地址位或作为存储器页地址选择位,用来定义哪个器件被主器件访问。这样,同一个 I^2C 总线就可以连接多个同一型号芯片,只要它们的 A2、A1、A0 不一致,就不会出现从机地址冲突现象。

串行 E^2PROM 一般具有两种写入方式,一种是字节写入方式,另一种是页写入方式。允许在一个写周期内同时对 1 字节到一页的若干字节的编程写入,一页的大小取决于芯片内页寄存器的大小。

内部页缓冲器只能接收一页字节数据,多于一页的数据将覆盖先接收到的数据。

E^2PROM 的 A2、A1 和 A0 引脚功能,以及各器件页大小定义如表 6.4 所列。

表 6.4 E^2PROM 器件的 A2、A1 和 A0 引脚功能及各器件页的大小定义

器件	A2	A1	A0	页大小/字节	器件	A2	A1	A0	页大小/字节
AT24C01	A2	A1	A0	8	CAT24WC01	A2	A1	A0	8
AT24C02	A2	A1	A0	8	CAT24WC02	A2	A1	A0	16
AT24C04	A2	A1	NC	16	CAT24WC04	A2	A1	NC	16
AT24C08	A2	NC	NC	16	CAT24WC08	A2	NC	NC	16
AT24C16	NC	NC	NC	16	CAT24WC16	NC	NC	NC	16
AT24C32	A2	A1	A0	32	CAT24WC32	A2	A1	A0	32
AT24C64	A2	A1	A0	32	CAT24WC64	A2	A1	A0	32
AT24C128	NC	A1	A0	64	CAT24WC128	NC	NC	NC	64
AT24C256	NC	A1	A0	64	CAT24WC256	NC	A1	A0	64
AT24C512	NC	A1	A0	128	注:NC 表示不连接				
AT24C1024	NC	A1	NC	256					

(2) 写操作

① 字节写

在主器件发出开始信号以后,主器件发送写控制字节,即 1010 A2A1A00(其中 R/$\overline{W}$ 读/写控制位为低电平 0),以寻址从 I^2C 器件。由主器件发送的下一字节为子地址,将被写入到 AT24CXX 的地址指针。主器件接收来自 AT24CXX 的另一个确认信号以后,将发送数据字节,并写入到寻址的存储器地址。AT24CXX 再次发出确认信号,同时主器件产生停止条件。启动内部写周期,在内部写周期内,AT24CXX 将不产生确认信号(如图 6.15 所示)。其中子

地址对于内部多出 256 个存储单元的从机来说多于一字节,即子地址不仅仅一字节,先发子地址的高字节,后发低字节,且从机每接收到一字节都返回一个 ACK,后面的情况与此相同。

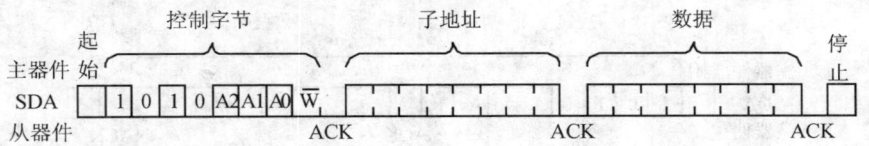

图 6.15　AT24CXX 字节写

② 页面写

如同字节写方式,先将写控制字节、字地址发送到 AT24CXX,接着发 n 个数据字节,主器件发送不多于一个页面字节的数据字节到 AT24CXX,这些数据字节暂存在片内页面缓存器中,在主器件发送停止信号以后写入到存储器。接收每一字节以后,低位顺序地址指针在内部加 1。高位顺序地址保持为常数。如果主器件在产生停止条件以前要发送多于一页字节的数据,地址计数器将会循环,并且先接收到的数据将被覆盖。与字节写操作一样,一旦停止条件被接收到,则内部写周期将开始(如图 6.16 所示)。

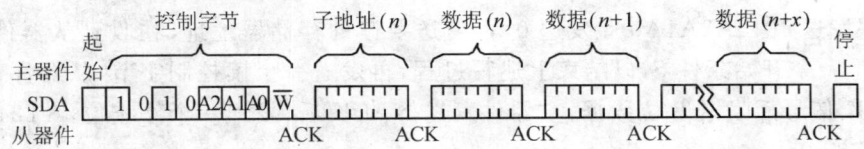

图 6.16　AT24CXX 页面写

在每一字节接收后,接收器件必须产生一个确认信号位 ACK。主器件必须产生一个与此确认位相应的额外时钟脉冲。在此时钟脉冲的高电平期间,SDA 线为稳定的低电平,即确认信号(ACK)。若不在从器件输出的最后一字节中产生确认位,则主器件必须发一个数据结束信号给从器件。在这种情况下,从器件必须保持数据线为高电平(用 NACK 表示),使得主器件能产生停止条件。

注意：如果内部编程周期(烧写)正在进行,AT24CXX 不产生任何确认位。

(3) 读操作

当从器件地址的 $R/\overline{W}$ 位被置为 1,启动读操作。存在三种基本读操作类型:读当前地址内容,读随机地址内容,读顺序地址内容。

① 读当前地址内容

AT24CXX 片内包含一个地址计数器,此计数器保持被存取的最后一个字的地址,并在片内自动加 1。因此,如果以前存取(读或者写操作均可)的地址为 n,下一个读操作从 $n+1$ 地址中读出数据。在接收到从器件的地址中 $R/\overline{W}$ 位为 1 的情况下,AT24CXX 发送一个确认位并且发送 8 位数据。主器件将不产生确认位(相当于产生 ACK),但产生一个停止条件。AT24CXX 不再继续发送(如图 6.17 所示)。

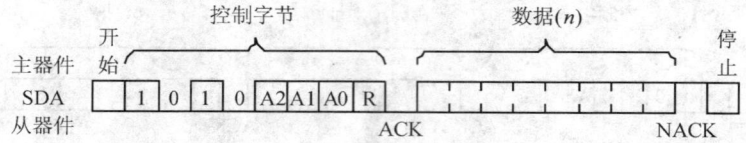

图 6.17 AT24CXX 读当前地址内容

② 读随机地址内容

这种方式允许主器件读存储器任意地址的内容,操作如图 6.18 所示。

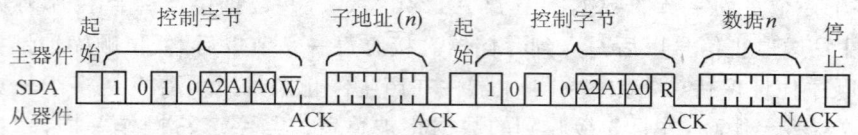

图 6.18 AT24CXX 读随机地址的内容

主器件发送 1010A2A1A0 后发送 0,再发送要读的存储器地址,在收到从器件的确认位 ACK 后产生一个开始条件 S,以结束上述写过程,再发送一个读控制字节,从器件 AT24CXX 在发送 ACK 信号后发送 8 位数据,主器件发送 NACK 后,发送一个停止位,AT24CXX 不再发送后续字节。

③ 读顺序地址的内容

读顺序地址内容的方式与读随机地址内容的方式相同,只是在 AT24CXX 发送第一个字节以后,主器件不发送 NACK 和停止信号,而是发送 ACK 确认信号,控制 AT24CXX 发送下一个顺序地址的 8 位数据,直到 x 个数据读完(如图 6.19 所示)。

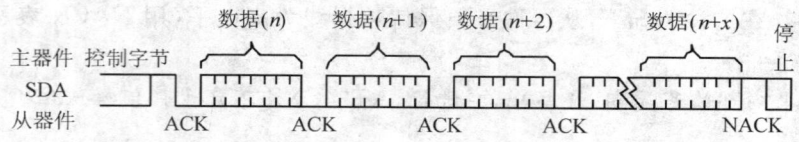

图 6.19 AT24CXX 读顺序地址的内容

2. 串行铁电 FRAM 的扩展

Ramtron 公司的铁电存储器(FRAM)技术融合了 RAM 和 ROM 的特性:具有 RAM 的读/写速度,又能掉电保持。FRAM 系列芯片写数据无延时,先进高可靠的铁电处理技术,超强的抗干扰能力,在 5 V 环境下写次数达一万亿次,在 3.3 V 环境下 FRAM 读/写次数无限次,数据保存时间可达 10～45 年,这些特性让系统稳定可靠地应用于各种场合。

为了满足产品高性价比的需求,FRAM 产品提供了多种接口(I^2C、SPI 和并行接口),多种容量(4 Kb、16 Kb、64 Kb、256 Kb、1 Mb、4 Kb),多种电压级别的产品。如表 6.5~表 6.7 所列。

表 6.5 Ramtron 公司的铁电存储器 I^2C 接口产品

型号	容量	封装	工作电压/V	待机电流/μA	数据保存年限/年	工业温度/℃	最大读/写频率/MHz
FM24C512	512 Kb(64 KB)	SOIC8	5	120	45	-40~+85	1
FM24C256	256 Kb(32 KB)	SOIC8	5	100	45	-40~+85	1
FM24CL64	64 Kb(8 KB)	SOIC8、TDFN8	2.7~3.6	1	45	-40~+85	1
FM24C64	64 Kb(8 KB)	SOIC8	5	10	45	-40~+85	1
FM24CL16(符合AEC-Q100 标准)	16 Kb(2 KB)	SOIC8、TDFN8	2.7~3.6	1	45	-40~+85	1
FM24C16A	16 Kb(2 KB)	SOIC8	5	10	45	-40~+85	1
FM24CL04	4 Kb(0.5 KB)	SOIC8	2.7~3.6	1	45	-40~+85	1
FM24C04A	4 Kb(0.5 KB)	SOIC8	5	10	45	-40~+85	1

表 6.6 Ramtron 公司的铁电存储器 SPI 接口产品

型号	容量	封装	工作电压/V	待机电流/μA	数据保存年限/年	工业温度/℃	最大读/写频率/MHz
FM25H20	2 Mb(256 KB)	TDFN8	2.7~3.6	5	10	-40~+85	40
FM25L512	512 Kb(64 KB)	TDFN8	3.0~3.6	20	10	-40~+85	20
FM25256B	256 Kb(32 KB)	SOIC8	4.0~5.5	—	10	-40~+85	20
FM25L256B	256 Kb(32 KB)	SOIC8、TDFN8	2.7~3.6	2	10	-40~+85	20
FM25CL64	64 Kb(8 KB)	SOIC8、TDFN8	2.7~3.6	1	45	-40~+85	20
FM25CL64-GA	64 Kb(8 KB)	SOIC8	3.0~3.6	15	—	-40~+125	16
FM25640	64 Kb(8 KB)	SOIC8	5	10	45	-40~+85	5
FM25640-GA	64 Kb(8 KB)	SOIC8	5	10	—	-40~+125	4
FM25C160	16 Kb(2 KB)	SOIC8	5	10	45	-40~+85	15
FM25C160-GA	16 Kb(2 KB)	SOIC8	5	10	—	-40~+125	15

续表 6.6

型 号	容 量	封 装	工作电压/V	待机电流/μA	数据保存年限/年	工业温度/℃	最大读/写频率/MHz
FM25L16	16 Kb(2 KB)	SOIC8、TDFN8	2.7～3.6	1	45	-40～+85	18
FM25040A	4 Kb(0.5 KB)	SOIC8	5	10	45	-40～+85	20
FM25040A-GA	4 Kb(0.5 KB)	SOIC8	5	10	—	-40～+125	14
FM25L04	4 Kb(0.5 KB)	SOIC8、TDFN8	2.7～3.6	1	45	-40～+85	14
FM25L04-GA	4 Kb(0.5 KB)	SOIC8	3.0～3.6	1	—	-40～+125	10

表 6.7　Ramtron 公司的铁电存储器并行 FRAM

产品	容 量	封 装	工作电压/V	静态电流/μA	访问时间/ns
FM22L16	4 Mb(512 KB)	44 脚 TSOP-II	2.7～3.6	5	55
FM21L16	2 Mb(256 KB)	44 脚 TSOP-II	2.7～3.6	5	60
FM20L08	1024 Kb(128 KB)	32 脚 TSOP	3.3+10%，-5%	—	60
FM1808	256 Kb(32 KB)	SOIC28、DIP28	5	20	70
FM18L08	256 Kb(32 KB)	SOIC28、DIP28、TSOP32	3.0～3.6	15	70
FM1608	64 Kb(8 KB)	SOIC28、DIP28	5	20	120

以 FM24C16 说明 FRAM 的应用。FM24C16 串行铁电读/写存储器是一种 2K×8 位的新型非易失性存储器，且完全没有写入延迟时间，采用 I^2C 串行总线进行通信，且其引脚与其他厂商的串行 E^2PROM 产品兼容，可以直接取代串行 E^2PROM。

FM24C16 的引脚如图 6.20 所示，与前面的 E^2PROM 引脚兼容，引脚功能如下：

SDA，串行数据/地址线。这个双向引脚用来传送地址和输入/输出的数据。这是一个开漏输出引脚，便于外接上拉电阻，把多片 I^2C 总线设备并联在串行总线上。

SCL，串行时钟输入线。当其为高电平时，数据输入/输出有效。

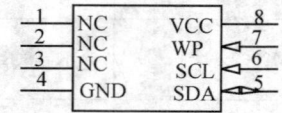

图 6.20　FM24C16 的引脚图

WP，写保护线。如果该引脚接 VCC，则写入上一半存储器的写操作就被封锁，而对下一半存储器的读/写操作可以正常工作。如果不需要写保护功能，则该引脚可以直接接地。

VCC，电源输入端，通常接+5 V。

GND,地。

NC,悬空引脚。

所有的串行 FRAM 芯片在接收到启动信号后都需要接收一个 8 位的含有芯片地址的控制字,以确定本芯片是否被选通和将进行的是读操作还是写操作。控制字格式如表 6.8 所列。

表 6.8 FM24C16 控制字格式

b7	b6	b5	b4	b3	b2	b1	b0
1	0	1	0	P2	P1	P0	R/$\overline{W}$
I^2C 从器件地址				高位(页)地址			读/写控制位

在表 6.8 中,高 4 位是统一的 I^2C 总线器件存储器的特征编码 1010,作为 I^2C 从设备的地址。最低位是读/写选择位,R/$\overline{W}$=0,表示写操作;R/$\overline{W}$=1,表示读操作。P2P1P0 是 FM24C16 的 11 位地址线中的高 3 位地址,称为页地址。FM24C16 一直在监测其总线上响应的 FRAM 的地址,如果在控制字节中所接收到的地址与 FM24C16 的特征地址相同,便会产生应答信号。主机收到应答信号后,接着将一个字地址送至总线上。这个字节加上页地址共同构成 11 位的存储器访问地址。在读操作时,字地址不需要指定。在所有的地址字节发送后,数据将在 FRAM 与主机之间传送。所有的数据和地址字节都是首先发送最高位。在一个数据字节传输应答后,主机就可以对下一字节进行读或写操作。如果发送一个停止命令,则结束这一操作;如果发送一个启动命令,则结束当前的操作,并开始一次新的操作。操作分写和读两类,分别介绍如下。

(1) 写操作

写操作帧格式如图 6.21 所示。启动一次写操作后,单片机首先向 FM24C16 发送从机地址和字地址,在收到它们的应答信号后,单片机再向 FM24C16 依次发送每一个数据。FM24C16 在收到每一字节的数据后,都发送一个应答信号。在一个写入序列中可以依次写入任意多字节的数据,其地址单元会自动加 1。在存储器的最后一字节数据被写入后,地址计数器又循环回到 000H,接着写入的数据单元是第一个存储单元。当传送的数据只有一个时,则为单字节写。当有数据传送时,则仅改变当前地址,通常为随机读操作做准备。

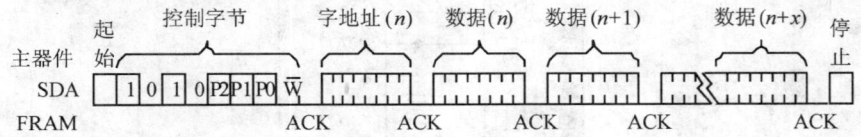

图 6.21 FM24C16 写操作帧格式

FM24C16 的写保护 WP 引脚可以对存储器内上一半存储单元(P_2=1,即 100H~1FFH)

的数据进行保护,以防止意外的改写。当引脚接 VDD 时,FM24C16 的目标从地址和字地址将仍然被应答,但是如果该地址在上一半地址范围内,其数据周期没有应答信号。此外,当向被保护的地址单元中试图写入数据时,其地址不会改变。

(2) 读操作

读操作有随机读和连续读两种方式,其帧格式分别如图 6.22 和图 6.23 所示。对随机读方式而言,需要通过用"哑"字节写操作形式对要寻址的存储单元进行定位,改变当前地址。而后续操作同连续读方式一样,启动读操作后,单片机接收到一帧 8 位数据后,用应答信号做出响应。只要 FM24C16 接收到一个应答信号,它就继续对数据存储单元的地址自动增量调整一次,并顺序串行输出字节数据。当超过存储单元最大地址发生溢出时,数据字节单元的地址将从第一个存储单元(000H)开始,继续串行输出数据帧。当需要结束读操作时,单片机在接收到最后一帧后,发送一非应答信号(高电平),接着再发送一个"停止"信号即可。

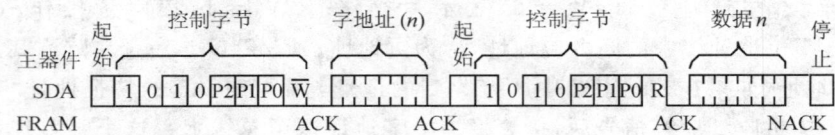

图 6.22 FM24C16 随机读操作的数据帧格式

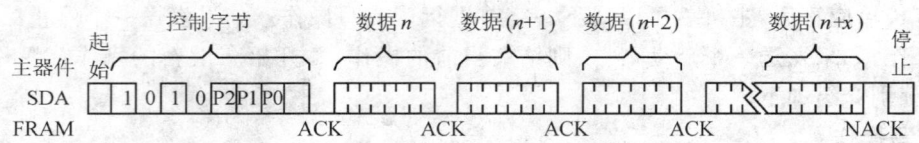

图 6.23 FM24C16 连续读操作的数据帧格式

AT89S52 与 FM24C16 的连接如图 6.24 所示。编程可参考 6.2.3 小节的内容。

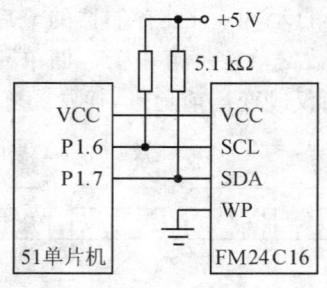

图 6.24 AT89S52 与 FM24C16 的接口电路

6.3 单总线技术与基于 DS18B20 的多点温度巡回检测仪的设计

在传统的模拟信号远距离温度测量系统中,需要很好地解决引线误差补偿问题、多点测量切换误差问题和放大电路零点漂移误差问题等技术问题,才能够达到较高的测量精度。DS18B20 是一个单线式温度采集数据传输,并直接转换数字量的温度传感器。多个 DS18B20 挂接到一条单总线上,即可构成多点温度采集系统。

1-wire 单总线是 Maxim 全资子公司 Dallas 的一项专有技术。与目前多数标准串行数据通信方式,如 SPI/I2C/MICROWIRE 不同,它采用单根信号线,既传输时钟,又传输数据,而且数据传输是双向的。它具有节省 I/O 口线资源,结构简单,成本低廉,便于总线扩展和维护等诸多优点。1-wire 单总线适用于单个主机系统,能够控制一个或多个从机设备。当只有一个从机位于总线上时,系统可按照单节点系统操作;而当多个从机位于总线上时,则系统按照多节点系统操作。

6.3.1 DS18B20 概述

- 独特的单线接口仅需一个端口引脚进行双向通信,多个并联可实现多点测温;
- 可通过数据线供电,电源电压范围为 3~5.5 V;
- 零待机功耗;
- 用户可定义的非易失性温度报警设置;
- 报警搜索命令识别并标志超过程序限定温度(温度报警条件)的器件;
- 测温范围为 −55~+125 ℃。精度为 9~12 位(与数据位数的设定有关),9 位的温度分辨率为 ±0.5 ℃,12 位的温度分辨率为 ±0.0625 ℃,默认值为 12 位;在 93.75~750 ms 内将温度值转化为 9~12 位的数字量,典型转换时间为 200 ms;输出的数字量与所测温度的对应关系如表 6.9 所列。

表 6.9 温度/数据关系

温度/℃	数据输出(二进制)	数据输出(十六进制)	温度/℃	数据输出(二进制)	数据输出(十六进制)
+125	0000 0111 1101 0000	07d0H	0	0000 0000 0000 0000	0000H
+85	0000 0101 0101 0000	0550H	−0.5	1111 1111 1111 1000	fff8H
+10.125	0000 0000 12010 0010	00a2H	−10.125	1111 1111 0101 1110	ff5eH
+0.5	0000 0000 0000 1000	0008H	−55	1111 1100 1001 0000	fc90H

从表 6.9 可知,温度以 16 位带符号位扩展的二进制补码形式读出,再乘以 0.0625,即可

求出实际温度值。

DS18B20 通过一个单线接口发送或接收信息,因此在中央微处理器和 DS18B20 之间仅需一条连接线(加上地线)。用于读/写和温度转换的电源可以从数据线本身获得,无需外部电源。而且每个 DS18B20 都有一个独特的片序列号,所以多只 DS18B20 可以同时连在一根单线总线上,这一特性在 HVAC 环境控制、探测建筑物、仪器或机器的温度以及过程监测和控制等方面非常有用。引脚说明如表 6.10 所列。

表 6.10 DS18B20 引脚说明

PR35	符号	说明
1	GND	接地
2	DQ	数据输入/输出脚。对于单线操作,漏极开路
3	VDD	可选的 VDD 引脚

6.3.2　DS18B20 的内部构成及测温原理

图 6.25 的方框图画出了 DS18B20 的主要部件。DS18B20 有三个主要数字部件:64 位激光 ROM、温度传感器和非易失性(E^2PROM)温度报警触发器 TH 和 TL。

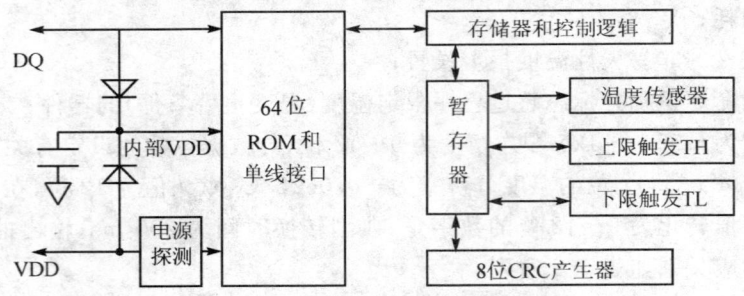

图 6.25　DS18B20 方框图

器件用如下方式从单线通信线上汲取能量:在信号线处于高电平期间,把能量储存在内部电容里;在信号线处于低电平期间,消耗电容上的电能工作,直到高电平到来再给寄生电源(电容)充电。DS18B20 也可用外部给 DS18B20 的 VDD 供电。

温度高于 100 ℃时,不推荐使用寄生电源,因为 DS18B20 在此时漏电流比较大,通信可能无法进行。在类似这种温度的情况下,要使用 DS18B20 的 VDD 引脚。

单片 DS18B20 使用时,总线接 5 kΩ 上拉电阻即可;但总线上所挂 DS18B20 超过 8 个时,就需要解决微处理器的总线驱动问题,如减小上拉电阻等。

DS18B20 以片上温度测量技术来测量温度。图 6.26 为温度测量电路方框图。DS18B20 的测温过程:用一个高温度系数的振荡器确定一个门周期,内部计数器在这个门周期内对一个低温度系数的振荡器的脉冲进行计数来得到温度值。计数器被预置到对应于-55 ℃的一个值。如果计数器在门周期结束前到达 0,则温度寄存器(同样被预置到-55 ℃)的值增加,表明所测温度大于-55 ℃。

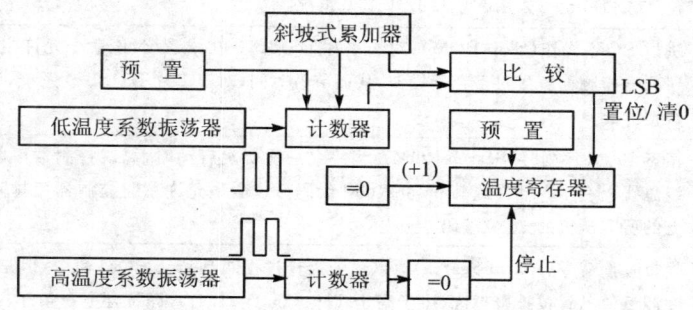

图 6.26 温度测量电路的方框图

同时,计数器被复位到一个值,这个值由斜坡式累加器电路确定,斜坡式累加器电路用来补偿感温振荡器的抛物线特性,然后计数器又开始计数直到 0。如果门周期仍未结束,将重复这一过程。

斜坡式累加器用来补偿感温振荡器的非线性,以期在测温时获得比较高的分辨力。这是通过改变计数器对温度每增加一度所需计数的值来实现的。

6.3.3 DS18B20 的访问协议

操作 DS18B20 应遵循以下顺序:初始化(复位)、ROM 操作命令、暂存器操作命令。通过单总线的所有操作都从一个初始化序列开始。初始化序列包括一个由总线控制器发出的复位脉冲和其后由从机发出的存在脉冲。存在脉冲让总线控制器知道 DS18B20 在总线上并等待接收命令。一旦总线控制器探测到一个存在脉冲,它就可以发出 5 个 ROM 命令之一,所有 ROM 操作命令都是 8 位长度(LSB,即低位在前)。ROM 操作命令如表 6.11 所列。

表 6.11 DS18B20 ROM 操作命令

操作命令	说 明
33H	读 ROM 命令(Read ROM):通过该命令主机可以读出 ROM 中 8 位系列产品代码、48 位产品序列号和 8 位 CRC 码。读命令仅用在单个 DS18B20 在线情况,当多于一个时,由于 DS18B20 为开漏输出将产生线与,从而引起数据冲突

续表 6.11

操作命令	说 明
55H	匹配 ROM 序列号命令(Match ROM):用于多片 DS18B20 在线。主机发出该命令,后跟 64 位 ROM 序列,让总线控制器在多点总线上定位一只特定的 DS18B20。只有和 64 位 ROM 序列完全匹配的 DS18B20 才能响应随后的存储器操作命令,其他 DS18B20 等待复位。该命令也可以用在单片 DS18B20 情况
CCH	跳过 ROM 操作(Skip ROM):对于单片 DS18B20 在线系统,该命令允许主机跳过 ROM 序列号检测而直接对寄存器操作,从而节省时间;对于多片 DS18B20 系统,该命令将引起数据冲突
F0H	搜索 ROM 序列号(Search ROM):当一个系统初次启动时,总线控制器可能并不知道单线总线上有多少器件或其 64 位 ROM 编码。该命令允许总线控制器用排除法识别总线上的所有从机的 64 位编码
ECH	报警查询命令(Alarm Search)。该命令操作过程同 Search ROM 命令,但是,仅当上次温度测量值已置位报警标志(由于高于 TH 或低于 TL 时),即符合报警条件,DS18B20 才响应该命令。如果 DS18B20 处于上电状态,该标志将保持有效,直到遇到下列两种情况:本次测量温度发生变化,测量值处于 TH、TL 之间;TH、TL 改变,温度值处于新的范围之间,设置报警时要考虑到 E^2PROM 中的值

DS18B20 的 RAM 暂存器结构如表 6.12 所列。

表 6.12 DS18B20 暂存寄存器

寄存器内容及意义	暂存器地址
LSB:温度最低数字位	0
MSB 温度最高数字位(该字节的最高位表示温度正负,1 为负)	1
TH/(高温限值)用户字节	2
TL/(低温限值)用户字节	3
转换位数设定,由 b5 和 b6 决定(0-R1-R0-11111): R1-R0: 00/9bit 01/10bit 10/11bit 11/12bit 至多转换时间:93.75 ms 187.5 ms 375ms 750ms	4
保留	5
保留	6
保留	7
CRC 校验	8

通过 RAM 操作命令 DS18B20 完成一次温度测量。测量结果放在 DS18B20 的暂存器里,用一条读暂存器内容的存储器操作命令可以把暂存器中的数据读出。温度报警触发器 TH

和 TL 各由一个 E^2PROM 字节构成。DS18B20 完成一次温度转换后,就拿温度值和存储在 TH 和 TL 中的值进行比较,如果测得的温度高于 TH 或低于 TL,器件内部就会置位一个报警标识,当报警标识置位时,DS18B20 会对报警搜索命令有反应。如果没有对 DS18B20 使用报警搜索命令,那么这些寄存器可以作为一般用途的用户存储器使用,用一条存储器操作命令对 TH 和 TL 进行写入,对这些寄存器的读出需要通过暂存器。所有数据都是以低有效位在前的方式(LSB)进行读/写的。6 条 RAM 操作命令如表 6.13 所列。

表 6.13 DS18B20 命令设置

命 令	说 明	单线总线发出协议后	备 注
温度转换命令			
44H	开始温度转换:DS18B20 收到该命令后立该开始温度转换,不需要其他数据。此时 DS18B20 处于空闲状态,当温度转换正在进行时,主机读总线将收到 0,转换结束为 1。如果 DS18B20 是由信号线供电,主机发出此命令后主机必须立即提供至少相应于分辨率的温度转换时间的上拉	<读温度忙状态>	接到该协议后,如果器件不是从 VDD 供电,I/O 线就必须至少保持 500 ms 高电平。这样,发出该命令后,单线总线上在这段时间内就不能有其他活动
存储器命令			
BEH	读取暂存器和 CRC 字节:用此命令读出寄存器中的内容,从第 1 字节开始,直到读完第 9 字节,如果仅需要寄存器中的部分内容,则主机可以在合适时刻发送复位命令结束该过程	<读数据直到 9 字节>	
4EH	把字节写入暂存器的地址 2~4(TH 和 TL 温度报警触发,转换位数寄存器),从第二字节(TH)开始。复位信号发出之前必须把这 3 字节写完	<写 3 字节到地址 2、3 和 4>	
48H	用该命令把暂存器地址 2 和 3 内容节复制到 DS18B20 的非易失性存储器 E^2PROM 中;如果 DS18B20 是由信号线供电,则主机发出此命令后,总线必须保证至少 10 ms 的上拉,当发出命令后,主机发出读时隙来读总线;如果转存正在进行,则读结果为 0,转存结束为 1	<读复制状态>	接到该命令若器件不是从 VDD 供电的话,I/O 线必须至少保持 10 ms 高电平。这样就要求,在发出该命令后的这段时间内单线总线上就不能有其他活动

续表 6.13

命 令	说 明	单线总线发出协议后	备 注
B8H	E^2PROM 中的内容回调到寄存器 TH、TL(温度报警触发)和设置寄存器单元；DS18B20 上电时能自动回调,因此设备上电后 TL、TL 就存有有效数据。该命令发出后,如果主机跟着读总线,则读到 0 意味着忙,读到 1 为回调结束	<读温度忙状态>	
B4H	读 DS18B20 的供电模式:主机发出该命令,DS18B20 将发送电源标志,0 为信号线供电,1 为外接电源	<读供电状态>	

6.3.4 DS18B20 的自动识别技术

在多点温度测量系统中,DS18B20 因其体积小、构成的系统结构简单等优点,应用越来越广泛。每一个数字温度传感器内均有唯一的 64 位序列号(最低 8 位是产品代码,中间 48 位是器件序列号,高 8 位是前 56 位循环冗余校验 CRC(Cyclical Redundancy Check)码,只有获得该序列号后才可能对单线多传感器系统进行一一识别。

64 位光刻 ROM   MSB   LSB

8 位 CRC 码	48 位序列号	8 位系列码(10H)

读 DS18B20 是从最低有效位开始,8 位系列编码都读出后,48 位序列号再读入,移位寄存器中就存储了 CRC 值。控制器可以用 64 位 ROM 中的前 56 位计算出一个 CRC 值,再用它和存储在 DS18B20 的 64 位 ROM 中的值或 DS18B20 内部计算出的 8 位 CRC 值(存储在第 9 个暂存器中)进行比较,以确定 ROM 数据是否被总线控制器接收无误。

在 ROM 操作命令中,有两条命令专门用于获取传感器序列号:读 ROM 命令(33H)和搜索 ROM 命令(F0H)。读 ROM 命令只能在总线上仅有一个传感器的情况下使用;搜索 ROM 命令则允许总线主机使用一种"消去"处理方法来识别总线上所有的传感器序列号。搜索过程为三个步骤:读一位,读该位的补码,写所需位的值。总线主机在 ROM 的每一位上完成这三个步骤,在全部过程完成后,总线主机便获得一个传感器 ROM 的内容,其他传感器的序列号则由相应的另外一个过程来识别。具体的搜索过程如下:

➢ 总线主机发出复位脉冲进行初始化,总线上的传感器则发出存在脉冲做出响应。
➢ 总线主机在单总线上发出搜索 ROM 命令。
➢ 总线主机从单总线上读一位。

每一个传感器首先把它们各自 ROM 中的第一位放到总线上,产生"线与",总线主机读得"线与"的结果。接着每一个传感器把它们各自 ROM 中的第一位的补码放到总线上,总线主机再次读得"线与"的结果。总线主机根据以上读得的结果,可进行如下判断:结果为 00 表明总线上有传感器连着,且在此数据位上它们的值发生冲突;结果为 01 表明此数据位上它们的值均为 0;结果为 10 表明此数据位上它们的值均为 1;结果为 11 表明总线上没有传感器连着。

➤ 总线主机将一个数值位(0 或 1)写到总线上,则该位与之相符的传感器仍连到总线上;
➤ 其他位重复以上步骤,直至获得其中一个传感器的 64 位序列号。

综上分析,搜索 ROM 命令可以将总线上所有传感器的序列号识别出来,但不能将各传感器与测温点对应起来,所以要分别标定每个传感器的测试序列号。

6.3.5 DS18B20 的单总线读/写时序

DS1B820 需要严格的协议以确保数据的完整性。协议包括几种单线信号类型:复位脉冲、存在脉冲、写 0、写 1、读 0 和读 1。所有这些信号,除存在脉冲外,都是由总线控制器发出的。与 DS18B20 间的任何通信都需要以初始化序列开始。一个复位脉冲跟着一个存在脉冲表明 DS18B20 已经准备好发送和接收数据。

由于没有其他的信号线可以同步串行数据流,因此 DS18B20 规定了严格的读/写时隙,只有在规定的时隙内写入或读出数据才能被确认。协议由单线上的几种时隙组成:初始化脉冲时隙、写操作时隙和读操作时隙。单总线上的所有处理均从初始化开始,然后主机在相应的时隙内读出数据或写入命令。

初始化要求总线主机发送复位脉冲(480~960 μs 的低电平信号,再将其置为高电平)。在监测到 I/O 脚上升沿后,DS18B20 等待 15~60 μs,然后发送存在脉冲(60~240 μs 的低电平后再置高),表示复位成功。这时单总线为高电平。时序如图 6.27 所示。

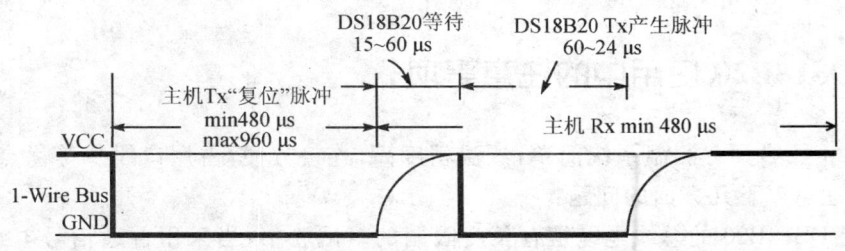

图 6.27 DS18B20 初始化时序

当主机把数据线从逻辑高电平拉到逻辑低电平的时候,写时隙开始。有两种写时隙:写 1 时隙和写 0 时隙。所有写时隙必须最少持续 60 μs,包括两个写周期间至少 1 μs 的恢复时间。

I/O线电平变低后,DS1820在一个15~60 μs的窗口内对I/O线采样。如果线上是高电平,则写1;如果线上是低电平,则写0。如此循环8次,完成一字节的写入。时序如图6.28所示。

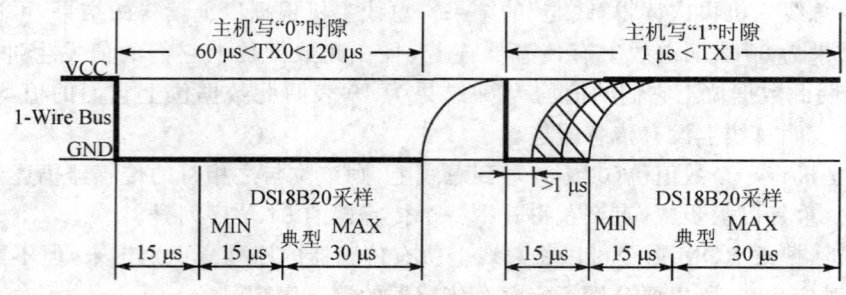

图 6.28 写 DS18B20 时序

当从 DS1820 读取数据时,主机生成读时隙。自主机把数据线从高拉到低电平开始,数据线必须保持至少 1 μs,由于从 DS1820 输出的数据在读时隙的下降沿出现后 15 μs 内有效,因此,主机在读时隙开始后必须释放总线 15 μs,以读取 I/O 脚状态。在读时隙的结尾,I/O 引脚将被外部上拉电阻拉到高电平。所有读时隙必须最少 60 μs,包括两个读周期间至少 1 μs 的恢复时间。重复 8 次完成一字节的读入。时序如图 6.29 所示。

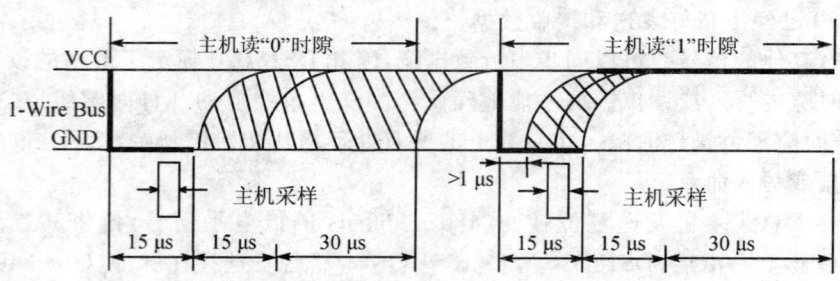

图 6.29 读 DS18B20 时序

6.3.6 DS18B20 使用中的注意事项

DS18B20 虽然具有测温系统简单,测温精度高,连接方便,占用口线少等优点,但在实际应用中也应注意以下几方面的问题:

① 连接 DS18B20 的总线电缆是有长度限制的。试验中,当采用普通信号电缆传输长度超过 50 m 时,读取的测温数据将发生错误。当将总线电缆改为双绞线带屏蔽电缆时,正常通信距离可达 150 m,当采用每米绞合次数更多的双绞线带屏蔽电缆时,正常通信距离进一步加长。这种情况主要是由总线分布电容使信号波形产生畸变造成的。因此,在用 DS18B20 进行

长距离测温系统设计时,要充分考虑总线分布电容和阻抗匹配问题。

② 在 DS18B20 测温程序设计中,向 DS18B20 发出温度转换命令后,程序总要等待 DS18B20 的返回信号,一旦某个 DS18B20 接触不好或断线,当程序读该 DS18B20 时,将没有返回信号,程序进入死循环。这一点在进行 DS18B20 硬件连接和软件设计时也要给予一定的重视。

6.3.7 单片 DS18B20 测温应用程序设计

总线上只挂一只 DS18B20 的读/写主程序流程如图 6.30 所示。

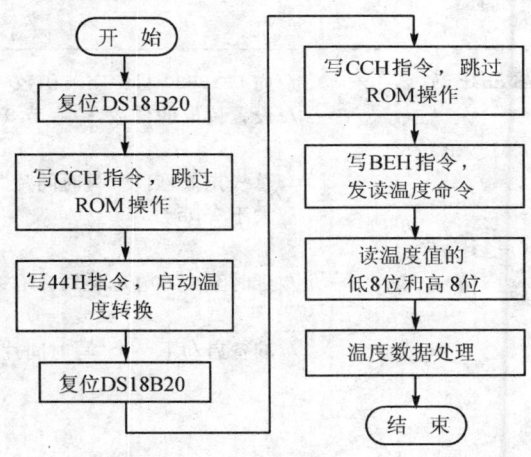

图 6.30 挂一只 DS18B20 的读/写主程序流程

```
#include <reg52.h>                    //12 MHz 晶振
#include<intrins.h>
sbit DS18B20 = P1^0;
//-----------------------------------------------------------
void delay500us(unsigned int t)
{ unsigned int i;
   for(;t>0;t--)
     for(i=0;i<59;i++);
}
//-----------------------------------------------------------
void delay60us(void)
{ unsigned char i;
   for(i=0;i<18;i++);
}
```

```c
//-----------------------------------------------------------
unsigned char Ds18b20_start ()          //返回 0,总线上 DS18B20
{ unsigned char flag;                    //定义初始化成功或失败标志
    DS18B20 = 0;                         //总线产生下降沿,初始化开始
    delay500us(1);                       //总线保持低电平在 480~960 μs
    DS18B20 = 1;                         //总线拉高,准备接收 DS18B20 的应答脉冲
    delay60us ();                        //读应答等待
    _nop_();_nop_();
    flag = DS18B20;
    while(!DS18B20);                     //等待复位成功
    return(flag);
}
//-----------------------------------------------------------
void ds18_send(unsigned char i)          //向 DS18B20 写一字节函数
{ unsigned char j = 8;                   //设置读取的位数,一字节 8 位
    for(;j>0;j--)
    {DS18B20 = 0;                        //总线拉低,启动"写时间片"
      _nop_();_nop_();                   //大于 1 μs
      if(i&0x01)DS18B20 = 1;
      delay60us ();                      //延时至少 60 μs,使写入有效
      _nop_();_nop_();
      DS18B20 = 1;                       //准备启动下一个"写时间片"
      i >> = 1;
    }
}
//-----------------------------------------------------------
unsigned char ds18_readChar()            //从 DS18B20 读 1 字节函数
{unsigned char i = 0,j = 8;
   for(;j>0;j--)
   { DS18B20 = 0;                        //总线拉低,启动读"时间片"
     _nop_();_nop_();                    //大于 1 μs
     DS18B20 = 1;                        //总线拉高,准备读取
     i >> = 1;
     if(DS18B20)i|= 0x80;                //从总线拉低时算起,约 15 μs 内读取总线数据
     delay60us ();                       //延时至少 60 μs
     _nop_();_nop_();
   }
   return(i);
}
//-----------------------------------------------------------
void Init_Ds18B20(void)                  //初始化 DS18B20
```

```c
{if(Ds18b20_start() == 0)                //复位
    { ds18_send (0xcc);                  //跳过 ROM 匹配
      ds18_send (0x4e);                  //设置写模式
      ds18_send (0x64);                  //设置温度上限 100 ℃
      ds18_send (0x8a);                  //设置温度下限 -10 ℃
      //ds18_send (0x7f);                //12 位(默认)
    }
}
//------------------------------------------------------------
unsigned int Read_ds18b20()
{ unsigned char th,tl;
    if(Ds18b20_start ())                 // Ds18b20_start ()为初始化函数
        return(0);                       //初始化失败,DS18B20 出故障,返回
    ds18_send(0xcc);                     //发跳过序列号检测命令
    ds18_send(0x44);                     //发启动温度转换命令
    delay500us (400);                    //延时 200 ms 等待转换完成。实际应用中,这 200 ms 要
                                         //用中断定时,以便让出 CPU 时间给别的任务使用
    Ds18b20_start ();                    //初始化
    ds18_send(0xcc);                     //发跳过序列号检测命令
    ds18_send(0xbe);                     //发读取温度数据命令
    tl = ds18_readChar();                //先读低 8 位温度数据
    th = ds18_readChar();                //再读高 8 位温度数据
    Ds18b20_start ();                    //不需其他数据,初始化 DS18B20 结束读取
    return(((unsigned int)th << 8)|tl);
}
//------------------------------------------------------------
int main(void)
{unsigned int tem;
    //:
tem = Read_ds18b20() * 10 >> 4;          //温度放大了 10 倍,(×0.0625 = 1/16 = >> 4)×10
    //:
}
```

习题与思考题

6.1 请说明 SPI 通信中 CLK 线的作用。

6.2 请绘出 SPI 多机通信的线路图。

6.3 请说明 I^2C 通信的特点,并与 SPI 通信进行对比。

第 7 章

人机接口技术

第 5 章和第 6 章为单片机扩展了各种功能芯片,通过扩展这些芯片,可以构成比较完善的单片机系统,但要构造一个实际的单片机系统,还必须配备相应的人机输入设备和输出设备。本章介绍在单片机中通常使用的输入设备和输出设备,即键盘和 LED(Light Emitting Diode)数码管显示器与单片机的接口。

7.1 51 系列单片机与 LED 显示器接口

在单片机应用系统中,经常用到 LED 数码管作为显示输出设备。LED 数码管显示器虽然显示信息简单,但它具有显示清晰,亮度高,使用电压低,寿命长,与单片机接口方便等特点,基本上能满足单片机应用系统的需要,所以在单片机应用系统中经常用到。

7.1.1 LED 显示器的结构与原理

LED 数码管显示器是由发光二极管按一定的结构组合起来的显示器件。在单片机应用系统中通常使用的是 8 段式 LED 数码管显示器,它有共阴极和共阳极两种,如图 7.1 所示。

图 7.1(a)为共阴极结构,8 段发光二极管的阴极端连接在一起,阳极端分开控制,使用时公共端接地。要使哪根发光二极管亮,则对应的阳极端接高电平。图 7.1(b)为共阳极结构,8 段发光二极管的阳极端连接在一起,阴极端分开控制,使用时公共端接电源。要使哪根发光二极管亮,则对应的阴极端接地。其中 7 段发光二极管构成 7 笔的字形"8",1 根发光二极管构成小数点。图 7.1(c)为引脚图,a~g 引脚输入不同的 8 位二进制编码,可显示不同的数字或字符。通常把控制发光二极管的 7(或 8)位二进制编码称为字段码。不同数字或字符其字段码不一样,对于同一个数字或字符,共阴极连接和共阳极连接的字段码也不一样,共阴极和共

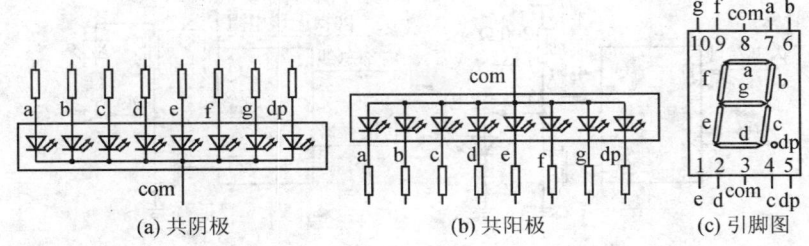

(a) 共阴极　　　　　　(b) 共阳极　　　　　　(c) 引脚图

图 7.1　8 段式 LED 数码管结构图

阳极的字段码互为反码,常见的数字和字符的共阴极和共阳极的 7 段码见表 7.1。其中 b7～b0 对应 dp、g、f、e、d、c、b 和 a。

表 7.1　常见的数字和字符的共阴极和共阳极的字段码

显示字符	共阴极字段码	共阳极字段码	显示字符	共阴极字段码	共阳极字段码
0	3FH	C0H	A	77H	88H
1	06H	F9H	B	7CH	83H
2	5BH	A4H	C	39H	C6H
3	4FH	B0H	D	5EH	A1H
4	66H	99H	E	79H	86H
5	6DH	92H	F	71H	8EH
6	7DH	82H	P	73H	8CH
7	07H	F8H	L	38H	C7H
8	7FH	80H	"灭"	00H	FFH
9	6FH	90H			

发光二极管的工作电压约 2～3 V,工作电流为 3～10 mA。因此,TTL 电平系统,不可以直接驱动发光二极管,而是要串接限流分压电阻。限流电阻的阻值范围为 200 Ω～1 kΩ。

现在知道,51 单片机的 I/O 口作为通用 I/O 口时是 OC 门结构,也就是说,作为输出口使用且输出高电平的时候,靠上拉电阻给出电流。所以,对于共阴极接法,上拉电阻就是数码管每个段选的限流电阻。以 P0 口为例,若共阴极驱动数码管,则采用约 200 Ω 的上拉电阻作为上拉和驱动电阻;若共阳极驱动数码管,则直接采用约 200 Ω 的限流电阻。虽然 P0 口作为通用 I/O 需要上拉,但是共阳极驱动数码管为灌电流,无电流输出情况,故可以省去上拉电阻,灌电流可达 10～20 mA。对于 P1、P2 和 P3 内部具有上拉电阻,所以,在加上拉驱动时与内部是并联关系,外接上拉电阻要稍大些。对于 OC 门结构 I/O 的两种发光二极管驱动电路如图 7.2 所示。

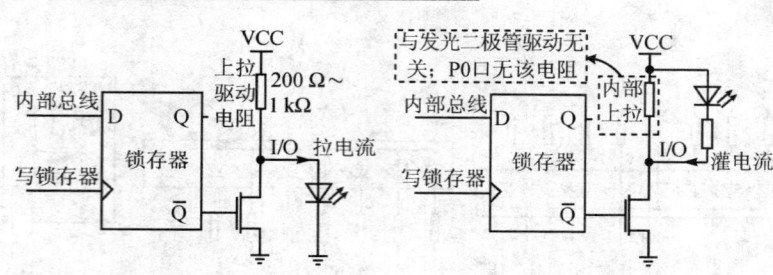

图 7.2 OC 门结构 I/O 的两种发光二极管驱动电路

7.1.2 LED 数码管显示器的译码方式

所谓译码方式是指由显示字符转换得到对应的 7 段码的方式,参见表 7.1。对于 LED 数码管显示器,通常的译码方式有两种:硬件译码方式和软件译码方式。

1. 硬件译码方式

硬件译码方式是指利用专门的硬件电路来实现显示字符到字段码的转换,这种硬件电路有很多,例如 74HC48 和 CD4511 都是共阴极一位十六进制数到 7 段码转换芯片。

硬件译码时,要显示一个数字,只须送出这个数字的 4 位二进制编码即可,软件开销较小,但硬件线路复杂,需要增加硬件译码芯片,硬件造价相对较高。

2. 软件译码方式

软件译码方式就是编写软件译码程序,通过译码程序来得到要显示的字符的字段码。译码程序通常为查表程序,软件开销较大,但硬件线路简单,在实际系统中经常使用。0~9 的共阴极 7 段码译码一般放到如下的数组中,方便程序调用:

```
unsigned char code BCDto7SEG[10] =
    {0x3f,0x06,0x5b,0x4f,0x66,0x6d,0x7d,0x07,0x7f,0x6f};//对应 0~9
```

7.1.3 LED 数码管的显示方式

n 个数码管可以构成 n 位 LED 显示器,共有 n 根位选线(即公共端)和 $8n$ 根段选线。依据位选线和段选线连接方式的不同,LED 显示器有静态显示和动态显示两种方式。

1. LED 静态显示

采用静态显示时,位选线同时选通,每位的段选线分别与一个 8 位锁存器输出相连,各位相互独立。各位显示一经输出，则相应显示将维持不变，直至显示下一字符为止。其共阳极电路原理如图 7.3 所示。静态显示方式有较高的亮度和简单的软件编程，缺点是占用 I/O 口线资源太多。当然，可以如图 5.25 所示，利用 74HC373 进行多输出口扩展，但是连线过于复杂，且占用单片机并行总线口，即占用大量的 I/O。

74HC595 是被广泛应用的典型串入并出接口芯片，采取两级锁存。采用它进行串入并出 I/O 扩展静态驱动显示多共阳数码管的典型电路如图 7.4 所示。该电路理论上仅需 3 线与单片机连接，却可以扩展无限个静态驱动数码管。

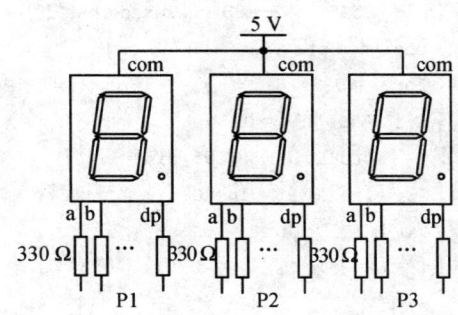

图 7.3　静态显示电路

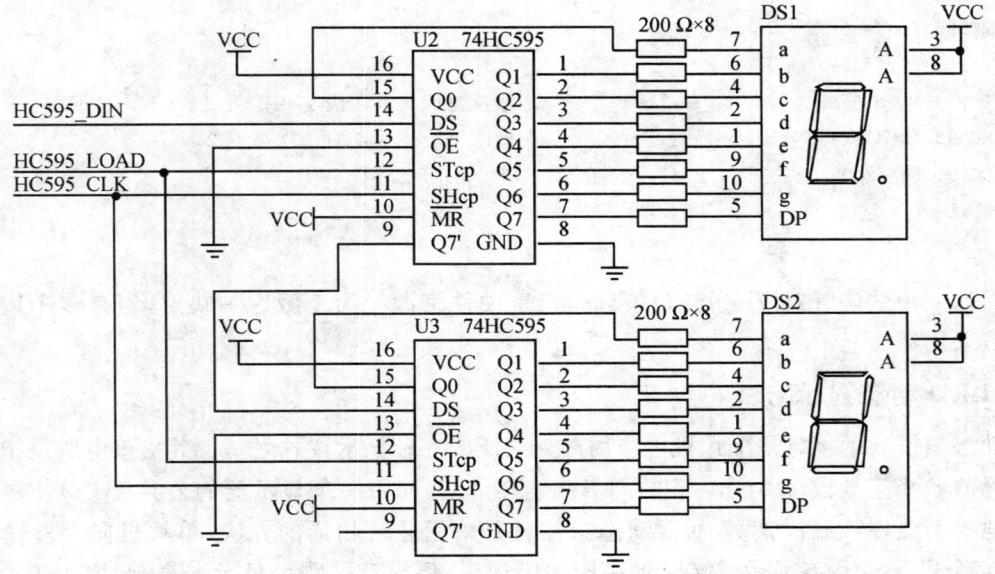

图 7.4　74HC595 一对一驱动多共阳数码管静态显示实例电路图

C51 软件如下：

```c
#include <reg52.h>
#define uchar unsigned char
sbit HC595_din = P1^0;
sbit HC595_clk = P1^1;
sbit HC595_load = P1^2;
uchar code BCDto7SEG[10] = {0x3f,0x06,0x5b,0x4f,0x66,0x6d,0x7d,0x07,0x7f,0x6f};//0~9
```

```c
void HC595_INT8_MSB(unsigned char d8)        //高位先发
{unsigned char i;
 for(i = 0;i<8;i++)
   { HC595_clk = 0;
     if(d8&0x80) HC595_din = 1;
     else HC595_din = 0;
     HC595_clk = 1;
     d8 << = 1;
   }
}
//---------------------------------------------------
main()
{unsigned char i,d[2] = {4,2};
 HC595_load = 0;
 for(i = 0;i<2;i++)
   HC595_INT8_MSB(~BCDto7SEG[d[i]]);   //取反是因为共阳极给0亮
 HC595_load = 1;                        //此时 DS2 显示 4,而 DS1 显示 2
 HC595_load = 0;
 while(1);
}
```

然而一个数码管对应一个 74HC595,浪费硬件资源。为克服这一缺点,当有多个数码管时一般采用动态显示方式。

2. LED 动态显示方式

动态扫描显示接口是单片机中应用最为广泛的一种显示方式之一。其接口电路是把所有数码管的 8 个笔划段 a,b,…,dp 的同名端连在一起,而每一个显示器的公共极 COM 是各自独立地受 I/O 线控制。其实,所谓动态扫描就是采用分时扫描的方法,单片机向字段输出口送出字形码,此时所有显示器接收到相同的字形码,但究竟是哪个显示器亮,则取决于由 I/O 控制的 COM 端。如图 7.5 所示,设有 n 各数码管,则动态显示过程如下:

单片机首先送出第一个数码管 7 段译码,然后仅让第一个数码管位选导通,其他数码管公共端截止,这样,只有第一个数码管显示单片机送出的段码信息;

显示延时一会,保证亮度,然后关闭该数码管显示,即关闭位选;

单片机再给出第二个数码管显示的 7 段译码信息,按照第一个数码管的显示方式,仅让第二个数码管导通一会儿;

依次类推,显示完最后一个数码管后,再重新动态扫描第一个数码管,使各个显示器轮流刷新点亮。

第7章 人机接口技术

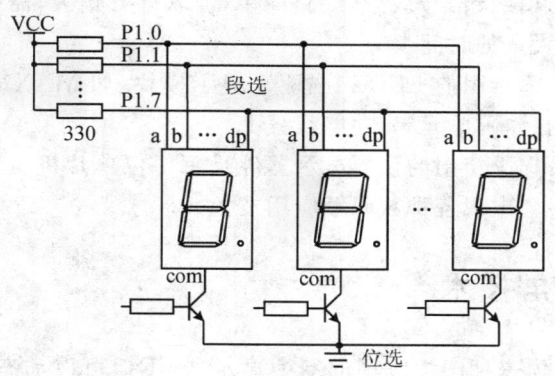

图 7.5 数码管动态显示电路

在轮流点亮扫描过程中,每位显示器的点亮时间是极为短暂的(约 1 ms),但由于人的视觉暂留现象及发光二极管的余辉效应,尽管实际上各位显示器并非同时点亮,但只要扫描的速度足够快,给人的印象就是一组稳定的显示数据,不会有闪烁感。

动态显示方式在使用时需要注意三个方面的问题。第一,显示扫描的刷新频率。每位轮流显示一遍称为扫描(刷新)一次,只有当扫描频率足够快时,对人眼来说才不会觉得闪烁。对应的临界频率称为临界闪烁频率。临界闪烁频率与多种因素相关,人的视觉反应是 25 ms,即一般当刷新频率大于 40 Hz 就不会有闪烁感。第二,数码管个数与显示亮度问题。若一位数码管显示延时为 1 ms,若扫描大于 25 位,那么时间也大于 25 ms 了,定会闪烁;然而,为了增多数码管而减少延时,会降低数码管亮度。当然,在能保证扫描频率情况下,增大延时,会增强数码管亮度。第三,LED 显示器的驱动问题。LED 显示器驱动能力的高低是直接影响显示器亮度的又一个重要的因素。驱动能力越强,通过发光二极管的电流越大,显示亮度就越高。通常一定规格的发光二极管有相应的额定电流的要求,这就决定了段驱动器的驱动能力,而位驱动电流则应为各段驱动电流之和。从理论上看,对于同样的驱动器而言,n 位动态显示的亮度不到静态显示亮度的 $1/n$。

实际的工作中,除显示外,同时在扫描间隔时间还是要做其他的事情,然而在两次调用显示程序之间的时间间隔很难控制,如果时间间隔比较长,就会使显示不连续,而且实际工作中是很难保证所有工作都能在很短时间内完成的,也就是每个数码管显示都要占用 1 ms 的时间,这在很多场合是不允许的,怎么办呢?可以借助于定时器,定时时间一到,产生中断,点亮一个数码管,然后马上返回,这个数码管就会一直亮到下一次定时时间到,而不用调用延时程序,这段时间可以留给主程序做其他的事。到下一次定时时间到则显示下一个数码管,这样就很少浪费了。但注意数码管定时时间不能很短;否则,可能会因单片机中断的频率太高,造成其他的任务出错。

动态显示所用的 I/O 接口信号线少,线路简单,但软件开销大,需要单片机周期性地对它刷新,因此会占用 CPU 大量的时间。

另外,市场上还有一些专用的 LED 扫描驱动显示模块,如 MAX7219、HD7279、ZLG7290 和 CH452 等,内部都带有译码单元等,功能很强大。

总之,数码管作为最广泛使用的仪器显示器件是每一位单片机工程师必须掌握的知识之一,具体应用对象不同将会出现各种数码管应用技术。

7.1.4　LED 点阵屏技术

LED 点阵显示屏作为一种广泛应用的新型显示器,不但可以动态显示各种信息,适用于在多种场合下的广告或宣传应用,而且具有易于安装、低功耗和低电磁辐射等特点。

LED 显示屏是由 LED 发光二极管以点阵的形式组合而成的。以 64 个发光二极管排成 8×8 的矩阵形式为例,由于具有多个 LED 而只适用于动态扫描方式,相当于行列都是公共端,即无共阴或共阳之说,如图 7.6 所示,只能用动态显示的方法。下面简单介绍一下动态显示驱动方式方案。

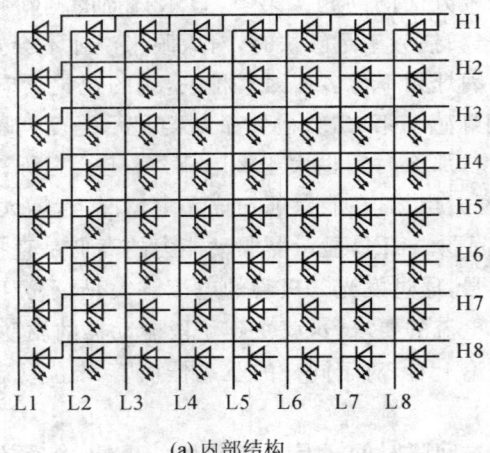

(a) 内部结构　　　　　　　　　(b) 外　形

图 7.6　单色 8×8 LED 模块内部结构和外形

当点阵屏面积较大时,一般以 8×8 点阵块按照动态扫描方式拼接扩展。半角字一般多为 16×8 点阵表示,汉字一般多为 16×16 点阵表示。为了能显示整行汉字,点阵屏的行和列数一般为 16 的整数倍。

如图 7.7 所示,要显示"你"则相应的点就要点亮。由于点阵在列线上是低电平有效,而在行线上是高电平有效,所以要显示"你"字的话,它的每个位代码信息要取反,即所有列送

(1111011101111111,0xF7,0x7F),而第一行送 1 信号,第一行亮一会,然后第一行送 0 灭。再送第二行要显示的数据（1111011101111111,0xF7,0x7F）,第二行亮一会,然后第二行送 0 灭。依此类推,只要每行数据显示时间间隔够短,利用人眼的视觉暂停作用,这样送 16 次数据扫描完 16 行后就会看到一个"你"字。

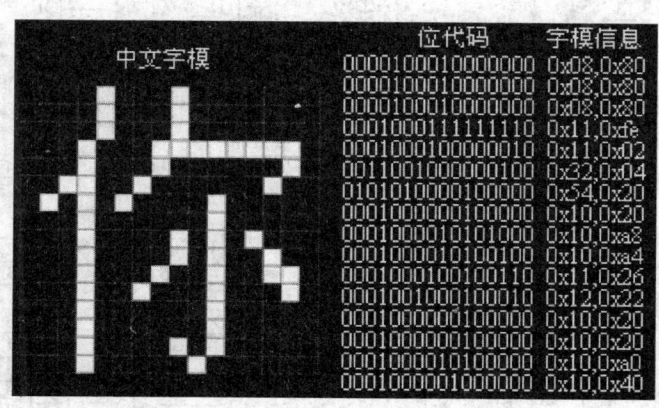

图 7.7　LED 点阵屏显示逻辑

字模信息可以通过字模软件获得。下面以 16×128 条屏为例说明点阵屏的设计。

16 行具有 16 个位选端,每个位选控制 128 个段选点,而由于段选过多,行业内多以 74HC595 串转并的方式扩展 I/O 口,1 个 74HC595 控制 8 个点,128 点共需要 16 个 74HC595。

每个位选控制 128 个段选,因此必须加驱动,本例采用 LED 点阵屏行业通常采用的共阳极驱动方法。

4953 是将双 PMOS 管封装在一起的,在点阵屏中它的作用是行选,16 行就要用 8 个 4953。它的 1 脚和 3 脚接电源,7 脚和 8 脚接在一起,5 脚和 6 脚接在一起。当行选信号使 2 脚电平降低时,1 脚就会和 7、8 脚导通从而显示一行。当行选信号使 4 脚电平降低时,3 脚就会和 5 脚、6 脚导通从而显示另一行。4953 低电平有效导通,因此,结合 2 个 74HC138 选择哪个位选行导通。16×128 条屏电路如图 7.8 所示。

单片机 3 个引脚作为 DIN、CLK 和 LOAD 引脚与 74HC595 连接输出每一行 128 点的段选数据。单片机 4 个引脚与 74HC138 的 A、B、C 和 D 连接,决定是 16 行中哪一行导通。其中,D 为低选中 U1,为高则选中 U2。同时,单片机还有一个引脚与 74HC138 的使能端 EN 连接,输出为低则 A、B、C 和 D 的控制输出有效,输出为高则所有行都截止,即显示关闭。

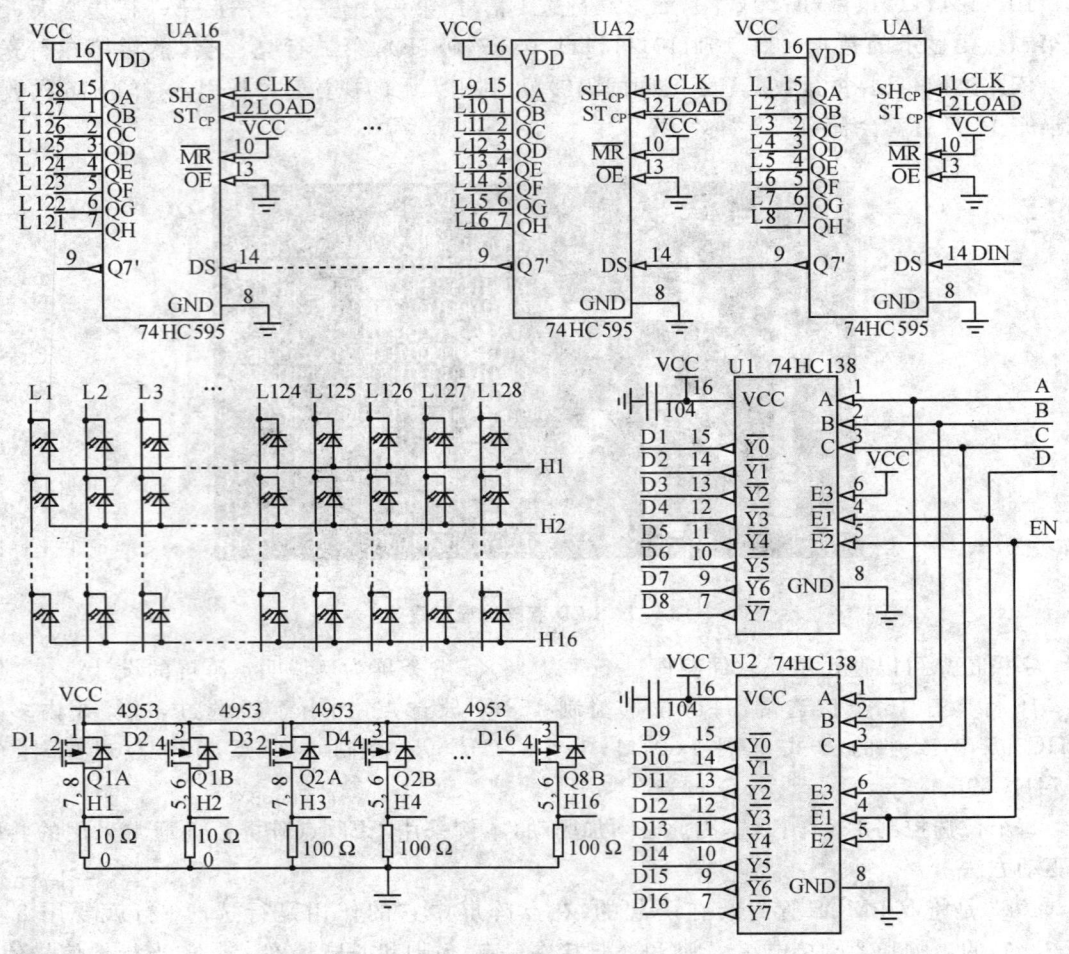

图 7.8 单色 16×128 点条屏电路图

7.2 51 单片机与键盘的接口

键盘是单片机应用系统中最常用的输入设备,在单片机应用系统中,操作人员一般都是通过键盘向单片机系统输入指令、地址和数据,实现简单的人机通信。本节对键盘设计中按键去抖、按键确认、键盘的设计方式和键盘的工作方式等问题进行讨论。

7.2.1 键盘的工作原理

键盘实际上是一组按键开关的集合,平时按键开关总是处于断开状态,当按下键时它才闭合。它的结构和产生的波形如图 7.9 所示。

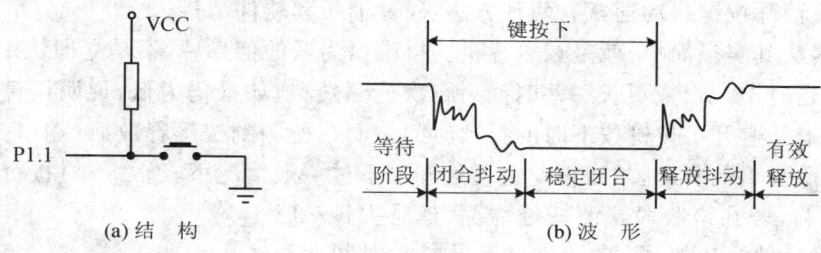

图 7.9 键盘开关的结构及波形

在图 7.9(a)中,当按键开关未按下时,开关处于断开状态,P1.1 输出为高电平;当按键开关按下时,开关处于闭合状态,P1.1 输出为低电平。通常按键开关为机械式开关,由于机械触点的弹性作用,一个按键开关在闭合时不会马上稳定地接通,断开时也不会马上断开,因而在闭合和断开的瞬间都会伴随着一串的抖动,如图 7.9(b)所示。抖动时间的长短由按键开关的机械特性决定,一般为 5~10 ms,这种抖动对于人来说是感觉不到的,但对于单片机来说,则是完全可以感应到的。过程说明如下:

① 等待阶段。此时按键尚未按下,处于空闲阶段。

② 闭合抖动阶段。此时按键刚刚按下,但信号还处于抖动状态,系统在监测时应该有个消除抖动的过程。一般为 5~10 ms。同时,消除抖动的另一个作用是可以剔除信号线上的干扰,防止误动作。

③ 有效闭合阶段。此时抖动已经结束,一个有效的按键动作已经产生。系统应该在此时执行按键功能;或将按键所对应的编号(简称"键号"或"键值")记录下来,待按键释放时再执行。

④ 释放抖动阶段。一般来说,考究一点的程序应该在这里做一次消抖延时,以防误动作。但是,如果前面"闭合抖动阶段"的消抖延时时间取值合适的话,则可以省略此阶段。

⑤ 有效释放阶段。如果按键是采用释放后再执行功能,则可以在这个阶段进行相关处理,处理完成后转到等待阶段;如果按键是采用闭合时立即执行功能,则在这个阶段可以直接切换到等待阶段。

键盘的处理主要涉及 4 个方面的内容。

1. 抖动的消除

按键时,无论按下键位还是放开键位都会产生抖动,按下键位时产生的抖动称为闭合抖动,也称为前沿抖动;松开键位时产生的抖动称为释放抖动,也称为后沿抖动。击键抖动时间对于人来说是感觉不到的,但对计算机来说,则是完全可以感应到的,因为计算机处理的速度是在微秒级,而机械抖动的时间至少是毫秒级,对计算机而言,这已是一个"漫长"的时间了。为使 CPU 能正确地读出端口的状态,对每一次按键只作一次响应,就必须考虑如何去除抖动,如果对抖动不做处理,必然会出现按一次键输入多次,为确保按一次键只确认一次,必须消除按键抖动。消除按键抖动通常有两种方法:硬件消抖和软件消抖。

软件消抖法其实很简单,就是在单片机获得端口为低的信息后,不是立即认定按键开关已被按下,而是延时 10 ms 或更长一些时间后再次检测端口,如果仍为低,说明按键开关的确按下了,这实际上是避开了按键按下时的抖动时间。而在检测到按键释放后(端口为高)再延时 5~10 ms,消除后沿的抖动,然后再对键值处理。不过一般情况下,通常不对按键释放的后沿进行处理,因为,若在该阶段检测按键情况,延时去抖动时间后已经是稳定的高电平了,自然跳过后沿抖动时间而消除后沿抖动。当然,实际应用中,对按键的要求也是千差万别,要根据不同的需要来编制处理程序,但以上是消除按键抖动的原则。软件去抖可节省硬件,处理灵活,但会消耗较多的 CPU 时间。可以利用积分电路来吸收抖动带来的干扰脉冲,如图 7.10 所示,只要选择适当的器件参数,就可获得较好的去抖效果。但是,由于使用软件去抖动,节省硬件,本书所有的按键去抖处理都采用软件去抖动方法。

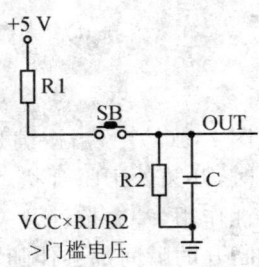

图 7.10 滤波消抖电路

2. 按键的识别

在单片机系统中,常见击键类型,也就是用户有效的击键确认方式,按照击键时间来划分,可以分为"短击"和"长击";按照击键后执行的次数来划分,可以分为"单击"和"连击";另外还用一些组合击键方法,如"双击"或"同击"等。如表 7.2 所列。

表 7.2 常用的击键类型

击键类型	类型说明	应用领域
单键单次短击 (简称"短击"或"单击")	用户快速按下单个按键,然后立即释放	基本类型,应用非常广泛,大多数地方都有用到
单键单次长击 (简称"长击")	用户按下按键并延时一定时间再释放	① 用于按键的复用 ② 某些隐藏功能 ③ 某些重要功能(如"总清"键或"复位"键),为了防止用户误操作,也会采取长击类型

第 7 章 人机接口技术

续表 7.2

击键类型	类型说明	应用领域
单键连续按下（简称"连击"）	用户按下按键不放，此时系统要按一定的时间间隔连续响应。其连击频率可自己设定，如 3 次/秒、4 次/秒等	用于调节参数，达到连加或连减等连续调节的效果（如"UP"键和"DOWN"键）
单键连按两次或多次（简称"双击"或"多击"）	相当于在一定的时间间隔内两次或多次单击	① 用于按键的复用 ② 某些隐藏功能
双键或多键同时按下（简称"同击"或"复合按键"）	用户同时按下两个按键，然后再同时释放	① 用于按键的复用 ② 某些隐藏功能
无键按下（简称"无键"或"无击"）	当用户在一定时间内未按任何按键时需要执行某些特殊功能	① 设置模式的"自动退出"功能 ② 自动进待机或睡眠模式

针对不同的击键类型，按键响应的时机也是不同的：

① 有些类型必须在按键闭合时立即响应，例如长击和连击。

② 而有些类型则需要等到按键释放后才执行，例如当某个按键同时支持"短击"和"长击"时，必须等到按键释放，排除了本次击键是"长击"后，才能执行"短击"功能。

③ 还有些类型必须等到按键释放后再延时一段时间，才能确认。例如当某个按键同时支持"单击"和"双击"时，必须等到按键释放后，再延时一段时间，确信没有第二次击键动作，排除了"双击"后，才能执行"单击"功能；而对于"无击"类型的功能，也是要等到键盘停止触发后一段时间才能被响应。

3. 键盘的工作方式

通常单片机的键盘有三种工作方式：查询、中断和定时扫描。查询和中断方式同普通的 I/O 传送是一致的。定时扫描方式是利用单片机内部定时器产生定时中断，在中断服务程序中对键盘进行扫描，以获得键值。

(1) 查询工作方式

这种方式是直接在主程序中插入键盘检测子程序，主程序每执行一次则键盘检测子程序被执行一次，对键盘进行检测一次。如果没有键按下，则跳过键识别，直接执行主程序；如果有键按下，则通过键盘扫描子程序识别按键，得到按键的编码值，然后根据编码值进行相应的处理，处理完后再回到主程序执行。键盘扫描子程序流程图如图 7.11 所示。

(2) 定时扫描工作方式

定时扫描工作方式是利用单片机内部定时器产生定时中断（如 10 ms），当定时时间到时，CPU 执行定时器中断服务程序，对键盘进行扫描。如果有键位按下，则识别出该键位，并执行相应的键处理功能程序。定时扫描方式的键盘硬件电路与查询方式的电路相同。软件处理过程如图 7.12 所示。

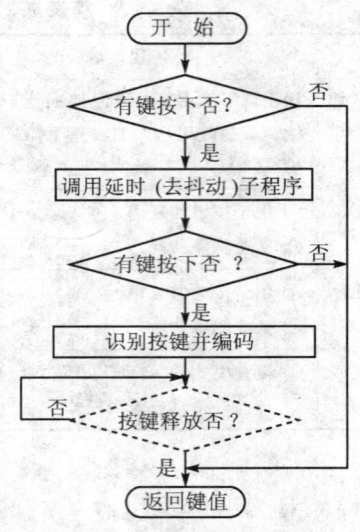 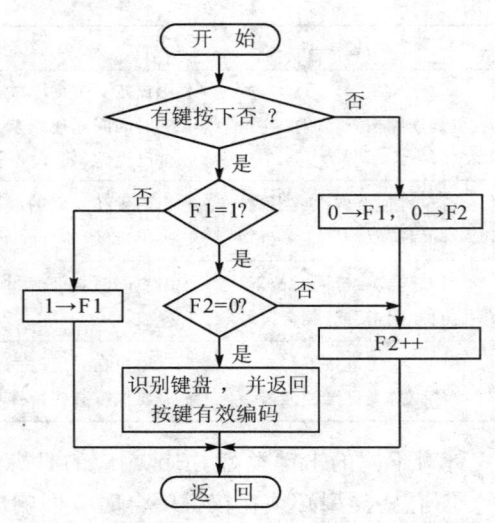

图 7.11　键盘扫描子程序流程图　　图 7.12　定时扫描方式定时器中断服务程序流程图

定时扫描方式实际上是通过定时器中断来实现处理的,为处理方便,在单片机中设置了两个标志位,第 1 个为消除抖动标志 F1,第 2 个为键处理标志变量 F2。由于定时开始一般不会有键按下,故 F1、F2 初始化为 0,定时中断扫描键盘无按键按下,也会将 F1 和 F2 清 0。而当键盘上有键按下时,先检查消除抖动标志 F1,如果 F1=0,则表示还未消除抖动,这时把 F1 置 1,直接中断返回,因为中断返回后 10 ms 才能再次中断,相当于实现了 10 ms 的延时,从而实现了消除抖动;当再次定时中断时,按键仍处于按下状态,如果 F1=1,则说明抖动已消除,再检查 F2,如果 F2=0,则扫描识别键位,求出按键的编码,并将 F2 置 1 返回;当再一次定时中断时,按键仍处于按下状态,如果检查到 F2>0,则说明当前按键已经处理了,F2 再自加 1 后直接返回,以等待按键抬起。

(3) 中断工作方式

在计算机应用系统中,大多数情况下并没有键输入,但无论是查询方式还是定时扫描方式,CPU 都在不断地对键盘进行检测,这样会大量占用 CPU 执行时间。为了提高效率,可采用中断方式,中断方式通过增加一根中断请求信号线实现(可参考图 7.14(a)),当没有按键时无中断请求,有按键时,向 CPU 提出中断请求,CPU 响应后执行中断服务程序,在中断服务程序中才对键盘进行扫描。这样在没有键按下时,CPU 就不会执行扫描程序,提高了 CPU 工作的效率。中断方式处理时须编写中断服务程序,在中断服务程序中对键盘进行扫描,具体处理与查询方式相同,可参考查询程序。

4. 键位的编码

通常在一个单片机应用系统中用到的键盘都包含多个键位,这些键都通过 I/O 线来进行连接,按下一个键后,通过键盘接口电路就得到该键位的编码,一个键盘的键位怎样编码,是键盘工作过程中的一个很重要的问题。通常有两种方法编码。

① 用连接键盘的 I/O 线的二进制组合进行编码。如图 7.13(a)所示,用 4 行、4 列线构成的 16 个键的键盘,可使用一个 8 位 I/O 线的二进制的组合表示 16 个键的编码,各键的编码值分别是:88H、84H、82H、81H、48H、44H、42H、41H、28H、24H、22H、21H、18H、14H、12H 和 11H。这种编码简单,但不连续,处理起来不方便。

② 顺序排列编码。如图 7.13(b)所示,这种编码,获得编码值时根据行线和列线进行了相应的处理。处理方法如下:编码值 = 行首编码值 X + 列号 Y。如果一行有 K 个键,则行首编码值为 $n \times K$,n 为行号,从 0 开始取。列号 Y 从 0 开始取。

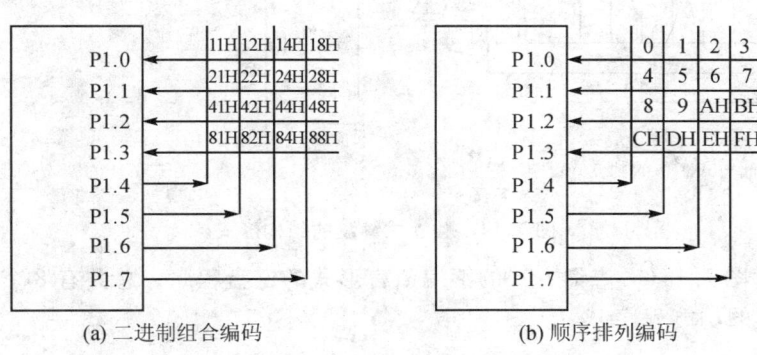

(a) 二进制组合编码　　　　　　(b) 顺序排列编码

图 7.13　键盘的编码

当没有按键按下时,也要给键位分配一个编码。本书将 FFH 作为无按键按下时的编码。

7.2.2　独立式键盘与单片机的接口

从硬件连接方式看,键盘通常可分为独立式键盘和矩阵(行列)式键盘两类。

所谓独立式键盘是指各按键相互独立,每个按键分别与单片机或外扩 I/O 芯片的一根输入线相连。通常每根输入线上按键的工作状态不会影响其他输入线的工作状态。通过检测输入线的电平就可以很容易地判断哪个按键被按下了。独立式键盘电路配置灵活,软件简单,但在按键数较多时会占用大量的输入口线。该设计方法适用于按键较少或操作速度较高的场合。

图 7.14(a)为中断方式工作的独立式键盘的结构形式,7.14(b)为查询方式工作的独立式键盘的结构形式。当没有按下键时,对应的 I/O 接口线输入为高电平;当按下键时,对应的

I/O 接口线输入为低电平。查询方式在工作时,通过执行相应的查询程序来判断有无键按下,是哪一个键按下;中断方式处理时,当有任意键按下时则请求中断,在中断服务程序中通过执行判键程序,判断是哪一个键按下。

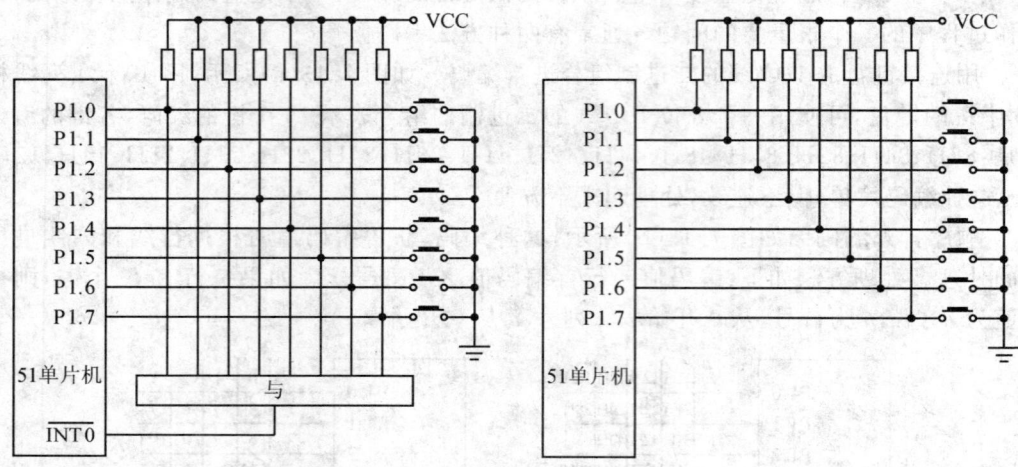

(a) 中断方式工作的独立式键盘　　　　(b) 查询方式工作的独立式键盘

图 7.14　独立式键盘的结构形式

下面是针对图 7.14(b)查询方式的汇编语言形式的键盘程序。总共有 8 个键位,KEY0～KEY7 为 8 个键的功能程序。

```
START: MOV    A,#0FFH;
       MOV    P1,A         ;置 P1 口为输入状态
       MOV    A,P1         ;键状态输入
       CPL    A
       JZ     START        ;没有键按下,则转开始
       JB     ACC.0,K0     ;检测 0 号键是否按下,按下转 K0
       JB     ACC.1,K1     ;检测 1 号键是否按下,按下转 K1
       JB     ACC.2,K2     ;检测 2 号键是否按下,按下转 K2
       JB     ACC.3,K3     ;检测 3 号键是否按下,按下转 K3
       JB     ACC.4,K4     ;检测 4 号键是否按下,按下转 K4
       JB     ACC.5,K5     ;检测 5 号键是否按下,按下转 K5
       JB     ACC.6,K6     ;检测 6 号键是否按下,按下转 K6
       JB     ACC.7,K7     ;检测 7 号键是否按下,按下转 K7
       JMP    START        ;无键按下返回,再顺次检测
K0:    AJMP   KEY0
K1:    AJMP   KEY1
```

```
       ⋮
    K7: AJMP   KEY7
  KEY0: …                        ;0号键功能程序
        JMP    START             ;0号键功能程序执行完返回
  KEY1: …                        ;1号键功能程序
        JMP    START             ;1号键功能程序执行完返回
       ⋮
  KEY7: …                        ;7号键功能程序
        JMP    START             ;7号键功能程序执行完返回
```

7.2.3 矩阵式键盘与单片机的接口

矩阵式键盘又叫行列式键盘。用 I/O 接口线组成行、列结构,键位设置在行、列的交点上。例如 4×4 的行、列结构可组成 16 个键的键盘,比一个键位用一根 I/O 接口线的独立式键盘少了一半的 I/O 接口线,而且键位越多,效果越明显。因此,在按键数量较多时,往往采用矩阵式键盘,如图 7.15 所示。

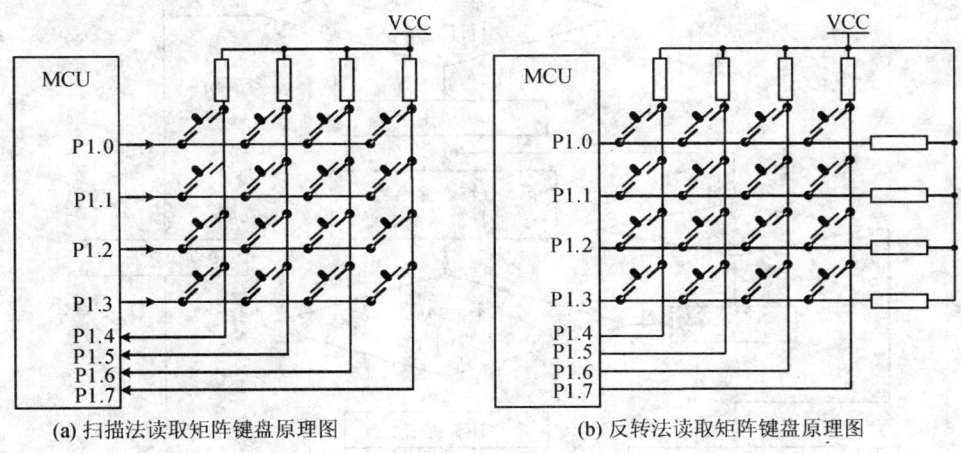

(a) 扫描法读取矩阵键盘原理图　　　　　(b) 反转法读取矩阵键盘原理图

图 7.15　矩阵式键盘电路

矩阵键盘按键的识别通常有两种方法:扫描法和反转法。

行列扫描法分为粗扫描和细扫描两步。粗扫描判断键盘是否有键按下,其方法为让所有行线输出低电平,读入各列线值,若不全为高电平,则有键按下;若有键按下,延时去抖动,再读入各列线值,若不全为高电平,接下来进行细扫描,确定按键位置。细扫描就是逐行置低电平,其余行置高电平,检查各列线电平的值,若某列对应的为低电平,则可确定该行该列交叉点处的按键被按下。P1 口接 4×4 矩阵键盘,低 4 位为行,高 4 位接列线。行输出列扫描,列上拉即可,P1 口内置上拉,无须焊接上拉电阻。矩阵键盘扫描法程序的流程图如图 7.16 所示。扫描法读取按键子函数如下。

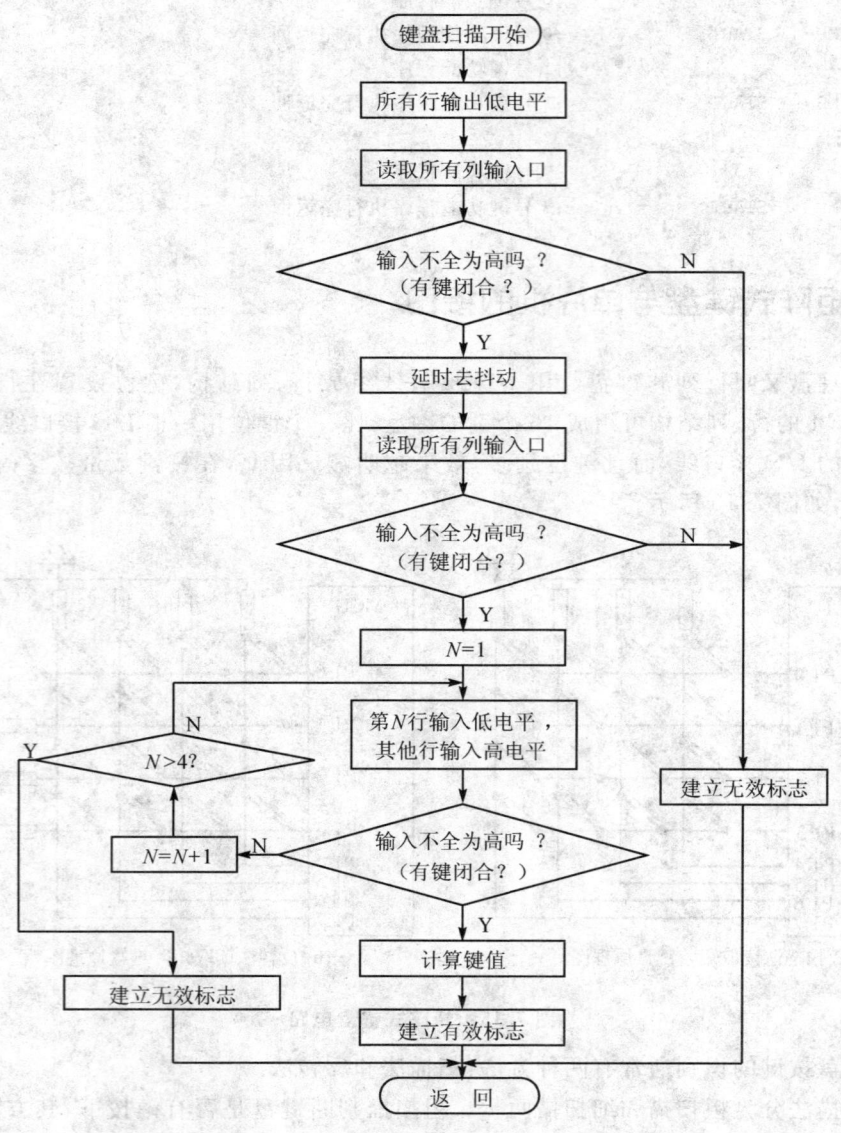

图 7.16　矩阵键盘扫描程序的流程图

汇编程序：

```
Read_key: MOV    R2,#0FFH        ;通过 R2 返回按键值 0～15,无按键返回 FFH
```

第 7 章 人机接口技术

```
            MOV     P1,#0F0H            ;行输入全为0,列给1作为输入口
            MOV     A,P1
            ANL     A,#0F0H             ;读列信息
            CJNE    A,#0F0H,KEY_C
            LJMP    Read_key_over       ;无按键返回FFH
KEY_C:      LCALL   DELAY               ;延时去抖动
            MOV     A,P1
            ANL     A,#0F0H
            CJNE    A,#0F0H,KEY_SCAN
            LJMP    Read_key_over
KEY_SCAN:                               ;行输出列扫描确定键值
            MOV     B,#0                ;按键编码,确定行号
            MOV     P1,#0FEH            ;仅第0行输出0
            MOV     A,P1
            ANL     A,#0F0H             ;读行信息
            CJNE    A,#0F0H,H_ok
            MOV     B,#1
            MOV     P1,#0FDH            ;仅第1行输出0
            MOV     A,P1
            ANL     A,#0F0H             ;读行信息
            CJNE    A,#0F0H,H_ok
            MOV     B,#2
            MOV     P1,#0FBH            ;仅第2行输出0
            MOV     A,P1
            ANL     A,#0F0H             ;读行信息
            CJNE    A,#0F0H,H_ok
            MOV     B,#3
            MOV     P1,#0F7H            ;仅第1行输出0
            MOV     A,P1
            ANL     A,#0F0H             ;读行信息
H_ok:                                   ;按键编码,确定列号
            JB      A.4,L1
            MOV     R2,#0
            LJMP    L_over
L1:         JB      A.5,L2
            MOV     R2,#1
            LJMP    L_over
L2:         JB      A.6,L3
            MOV     R2,#2
```

```
            LJMP    L_over
    L3:     MOV     R2,#3
L_over:     MOV     A,#4
            MUL     AB              ;按键编码 = 行号×4 + 列号
            ADD     A,R2
            MOV     R2,A
Read_key_over:
            RET
DELAY:
            MOV     R6,#20          ;10 ms
DY:         MOV     R7,#250
            DJNZ    R7,$
            DJNZ    R6,DY
            RET
```

C51 程序：

```c
unsigned char Read_key(void)        //扫描法,行输出列扫描
{unsigned char i,j,k;
    P1 = 0xf0;                      //行全输入 0,列给 1 作为输入口
    k = P1&0xf0;                    //读列
    if(k == 0xf0) return 0xff;      //无按键返回 0xff
    else
    { delay();                      //延时去抖动,需要另行编写函数
      k = P1&0xf0;                  //再次读列
      if(k == 0xf0) return 0xff;    //无按键返回 0xff
      else
      {for(i = 0;i<4;i++)           //行输出列扫描确定键值
       {P1 = ~(1 << i);
        k = P1&0xf0;
        if(k! = 0xf0)
        { for(j = 0;j<4;j++)
            if((k&(0x10 << j)) == 0)return i*4+j;
        }
       }
      }
    }
}
```

如图 7.15(b)所示为反转法识别矩阵键盘的原理图,单片机与矩阵键盘连接的线路也分为两组,即行和列。但是与扫描法不同的是,不再限定行和列的输入/输出属性。反转法识别

矩阵键盘原理如下：

① 首先将行全部设为输出口，并全部输出0，并把所有列设为（上拉）输入口。

② 读取所有列，若所有列全为1，则说明没有任何按键按下，读取按键结束；否则说明有按键操作。

③ 延时去抖动。

④ 读取所有列，若所有列全为1，则说明刚才处于后沿抖动，按键已经抬起，无按键按下，读取按键结束；否则开始识别按键，并把列中非1的线记下作为列号。

⑤ 将列全部设为输出口，全部输出0，并把所有行设为上拉输入口。

⑥ 读取所有行的状态，并记录下电平为0的行线作为行号。

⑦ 由列号和行号即可确定按下的按键。

反转法读取按键子函数如下。

汇编程序的实验参考程序如下：

```
Read_key:  MOV    R2,#0FFH         ;通过 R2 返回按键值 0～15,无按键返回 FFH
           MOV    P1,#0F0H         ;行输入全为0,列给1作为输入口
           MOV    A,P1
           ANL    A,#0F0H          ;读列信息
           CJNE   A,#0F0H,KEY_C
           LJMP   Read_key_over    ;无按键返回 FFH
KEY_C:     LCALL  DELAY            ;延时去抖动
           MOV    A,P1
           ANL    A,#0F0H
           CJNE   A,#0F0H,KEY_C1
           LJMP   Read_key_over
KEY_C1:    PUSH   ACC              ;保存列信息
           MOV    P1,#0FH          ;列输入全为0,行给1作为输入口
           MOV    A,P1
           ANL    A,#0FH           ;读行信息
           JB     A.0,H1           ;按键编码,确定行号
           MOV    B,#0
           LJMP   H_over
H1:        JB     A.1,H2
           MOV    B,#1
           LJMP   H_over
H2:        JB     A.2,H3
           MOV    B,#2
           LJMP   H_over
H3:        MOV    B,#3
```

```
H_over:     MOV     A,#4
            MUL     AB                      ;按键编码=行号×4+列号
            MOV     B,A
            POP     ACC                     ;按键编码,列信息出栈,确定列号
            JB      A.4,L1
            MOV     R2,#0
            LJMP    L_over
L1:         JB      A.5,L2
            MOV     R2,#1
            LJMP    L_over
L2:         JB      A.6,L3
            MOV     R2,#2
            LJMP    L_over
L3:         MOV     R2,#3
L_over:     MOV     A,B
            ADD     A,R2
            MOV     R2,A
Read_key_over:
            RET
DELAY:
            MOV     R6,#20                  ;10 ms
DY:         MOV     R7,#250
            DJNZ    R7,$
            DJNZ    R6,DY
            RET
```

C51 程序：

```c
unsigned char Read_key()             //读按键(反转法),无按键返回 0xff
{ unsigned char i,m,n,k;
  P1 = 0xf0;                         //行输入全为 0,列给 1 作为输入口
  n = P1&0xf0;                       //读列信息
  if(n == 0xf0)return 0xff;
  else
   {delay();                         //延时去抖动,需要另行编写函数
    n = P1&0xf0;
    if(n == 0xf0)return 0xff;
    else
    {P1 = 0x0f;                      //列输入全为 0,行给 1 作为输入口
     m = P1&0x0f;                    //读行信息
```

```c
    for(i = 0;i<4;i++)             //按键编码,确定行号
    {if((m&(1 << i)) == 0)
      {k = 4 * i;
       break;
      }
    }
    for(i = 0;i<4;i++)             //按键编码,确定列号
    {if((n&(0x10 << i)) == 0)return k + i;
    }
   }
  }
 }
}
```

7.3 人机接口典型应用实例——16 键简易计算器的设计

计算机是最典型的人机接口应用之一。本设计是 16 键盘简易计算器,利用一片 AT89S52 单片机,其并行口外接 4×4 矩阵式键盘和 4 位七段共阴极 LED 数码管。系统的功能是:

① 模拟的计算器能显示 4 位数字,开机运行时,只显示最低位为"0",其余不显示;

② 4×4 矩阵键盘接至 P1 口,编码为 0、1、2、3、…、15,功能分布如图 7.17 所示,包括"C" (清 0 键),"0~9"的数字键,"+、−、×、÷"(运算符键)和"="运算键;

③ 可以对计算结果小于 256 的两个无符号数进行加、减、乘、除运算。

简易计算器电路如图 7.17 所示。采用 4 位共阴极数码管,按照共态扫描接法工作,段选接 P0 口,P2.7~P2.4 作为位选(有三极管驱动)。如图 7.17 所示,P0 口作为普通 I/O 时,是 OC 门结构,需要外加上拉驱动,按照数码管的工作电流,这里采用 200 Ω 上拉。

```c
#include "reg52.h"

#define uchar unsigned char
#define uint unsigned int
//=====================按键定义(据实际情况定)=====================
#define num0           13
#define num1           8
#define num2           9
#define num3           10
#define num4           4
#define num5           5
#define num6           6
```

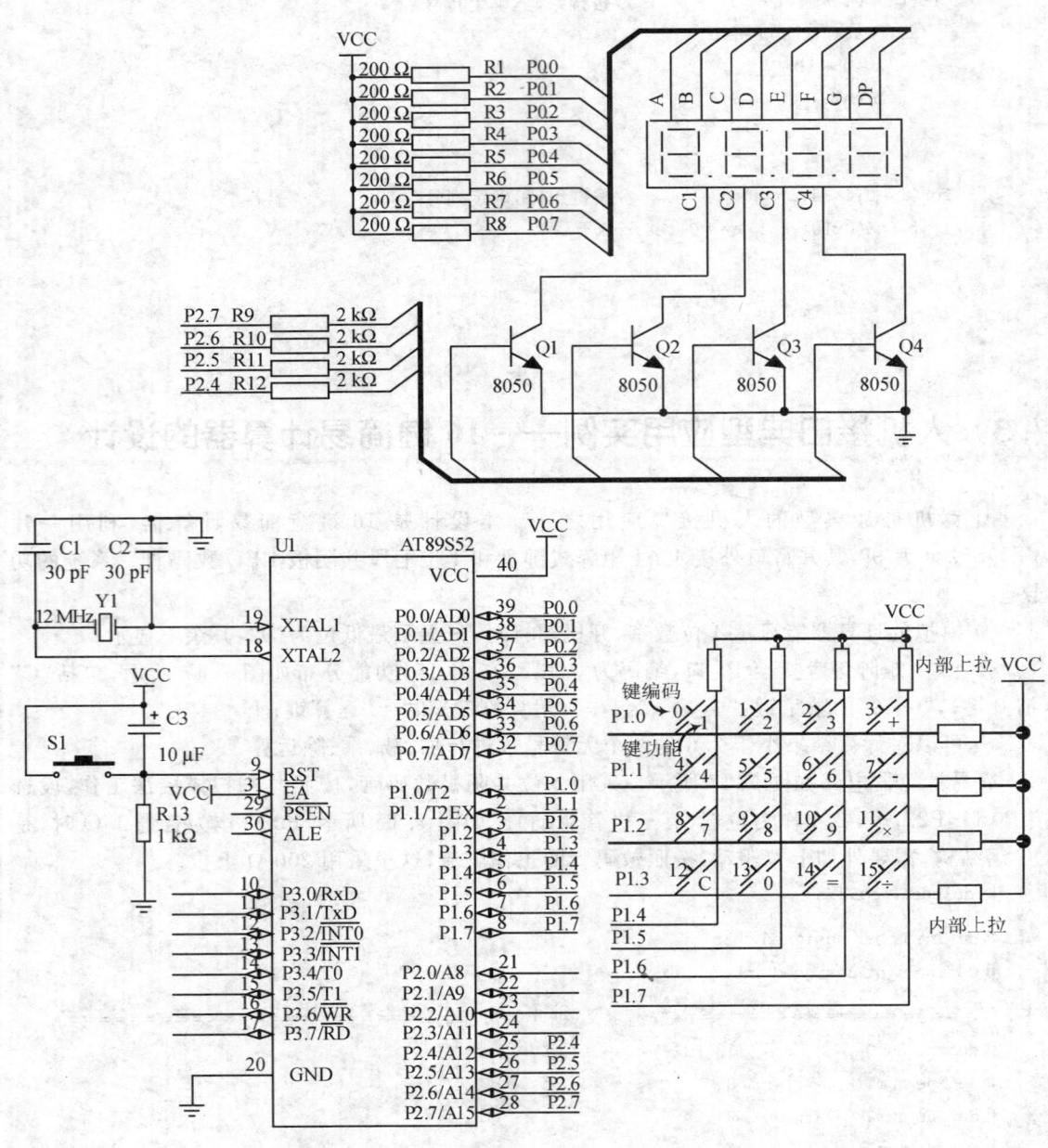

图 7.17 简易计算器电路图

```c
#define num7        0
#define num8        1
#define num9        2

#define ADD         3
#define SUB         7
#define MUL         11
#define DIV         15
#define EQU         14
#define CLR         12
//======================================
uint p,q;                           //用于运算的两个变量
uchar d[4];                         //显示缓存
void delay()
{uchar i,j;
 for(i=0;i<10;i++)
    for(j=0;j<50;j++);
}
void display(uchar t)               //循环扫描t遍,t不同则延时时间不同
{uchar i;
 uchar code BCD_7[11]={0x3f,0x06,0x5b,0x4f,0x66,0x6d,0x7d,0x07,0x7f,0x6f,0x00};
                                    //BCD_7[10]为灭的译码
 for(;t>0;t--)
 {for(i=0;i<4;i++)
  {P0 = BCD_7[d[i]];
   P2 |= 0x10 << i;                 //开显示
   delay();                         //亮一会儿
   P2 &= 0x0f;                      //关显示
  }
 }
}
uchar Read_key()                    //读按键(反转法),无按键返回0xff
{uchar i,m,n,k;
 P1 = 0xf0;                         //行输入全为0,列给1作为输入口
 n = P1&0xf0;                       //读列信息
 if(n==0xf0)return 0xff;
 else
  {delay();                         //延时去抖动
```

```c
    n = P1&0xf0;
    if(n == 0xf0)return 0xff;
    else
    {P1 = 0x0f;                              //列输入全为 0,行给 1 作为输入口
     m = P1&0x0f;                            //读行信息
     for(i = 0;i<4;i++)                      //按键编码,确定行号
      {if((m&(1 << i)) == 0)
         {k = 4 * i;
          break;
         }
      }
     for(i = 0;i<4;i++)                      //按键编码,确定列号
      {if((n&(0x10 << i)) == 0)return k + i;
      }
     }
    }
}
main()
{uchar i,k,n;
 uchar A;                                    //用作加、减、乘、除的算法指示
 uchar t;                                    //t 为每个运算输入刚输入的第一个 BCD 位标志
 uchar sign;                                 //用作输入数据指示:0 输入 p,1 输入 q
 uchar s;                                    //1 次计算结束标志
 uint r;
 uchar dis_sign;                             //运算结果高位 0 不显示标志
 while(1)
 { p = q = 0;                                //两运算数初始都为 0
   sign = 0;                                 //开始输入第一个运算数据 p
   t = 0;                                    //刚输入第一个 BCD 位标志
   s = 1;                                    //1 次计算正在进行
   for(i = 1;i<4;i++)d[i] = 10;              //初始高位全灭,最低位显示 0
   d[0] = 0;
   while(s)                                  //一次运算的循环体
   {k = Read_key();                          //读取按键到变量 k
    if(k!= 0xff)                             //有按键按下
    {display(5);                             //滤除前沿抖动
     switch(k)
       {case ADD:  A = 0;                    //算法为加法
```

```
            sign = 1;                      //开始输入第二个数
            t = 0;                         //开始输入第二个数的个位
            break;
case SUB: sign = 1;t = 0;A = 1;
            break;
case MUL: sign = 1;t = 0;A = 2;
            break;
case DIV: sign = 1;t = 0;A = 3;
            break;
case EQU:
            switch(A)
            {case 0:                       //加
              r = p + q;
              break;
             case 1:                       //减
              r = p - q;                   //假定 p 不小于 q
              break;
             case 2:                       //乘
              r = p * q;
              break;
             case 3:                       //除
              r = p/q;
              break;
             default:
              break;
            }
            dis_sign = 1;
            d[3] = r/1000 % 10;
            if(d[3] == 0)d[3] = 10;        //是 0 不显示
            else dis_sign = 0;
            d[2] = r/100 % 10;
            if((d[2] == 0) && dis_sign)d[2] = 10;    //是 0 不显示
            else dis_sign = 0;
            d[1] = r/10 % 10;
            if((d[1] == 0) && dis_sign)d[1] = 10;    //是 0 不显示
            d[0] = r % 10;
            display(1);                    //显示结果
            p = r;                         //开始新的计算,结果作为第一个数
```

```c
            q = 0;
            sign = 0;
            break;
   case CLR: s = 0;                          //破坏循环条件,结束本次计算
            break;
   default:                                  //0～9
            switch(k)
            {case num0:n = 0;break;
             case num1:n = 1;break;
             case num2:n = 2;break;
             case num3:n = 3;break;
             case num4:n = 4;break;
             case num5:n = 5;break;
             case num6:n = 6;break;
             case num7:n = 7;break;
             case num8:n = 8;break;
             case num9:n = 9;break;
             default:break;
            }
            if(sign == 0)p = p * 10 + n;     //输入第一个数
            else q = q * 10 + n;             //正在输入第二个数
            if(t == 0)                       //给出输入的数据
              {d[0] = n;
               t = 1;                        //开始输入非个位数据
               if(sign)for(i = 1;i<4;i++)d[i] = 10;  //输入第二个数,初始高位全灭
              }
            else
              {d[3] = d[2];
               d[2] = d[1];
               d[1] = d[0];
               d[0] = n;
              }
   }
  while(k! = 0xff)                           //等待按键抬起
   {k = Read_key();
    display(1);
   }
  display(5);                                //滤除后沿抖动
```

    }//if(k!=0xff)结束
    display(1);   //送显示
   } //一次完整运算 while 循环体
 }//主 while 循环体
}
```

## 7.4  1602 字符液晶及其接口技术

在日常生活中,大家对液晶显示器并不陌生。液晶显示模块已作为很多电子产品的通用器件,如在计算器、万用表、电子表及很多家用电子产品中都可以看到,显示的主要是数字、专用符号和图形。在单片机的人机交互界面中,一般的输出方式有以下几种:发光管、LED 数码管和液晶显示器。液晶显示的分类方法有很多种,通常可按其显示方式分为段式、字符式和点阵式等。除了黑白显示外,液晶显示器还有多灰度彩色显示等。如果根据驱动方式来分,可以分为静态驱动(Static)、单纯矩阵驱动(Simple Matrix)和主动矩阵驱动(Active Matrix)三种。本节重点介绍字符型液晶显示器 1602 的应用。

1602 就是一款极常用的字符型液晶,可显示 1 行 16 个字符或 2 行 16 个字符。1602 液晶模块内带标准字库,内部的字符发生存储器已经存储了 160 个 5×7 点阵字符,32 个 5×10 的点阵字符。另外还有字符生成 64 字节 RAM,供用户自定义字符。这些字符有:阿拉伯数字、英文字母的大小写、常用的符号和日文假名等。每一个字符都有一个固定的代码,这个代码就是对应字符的 ASCII 码,例如大写的英文字母"A"的代码是 01000001B(41H),显示时,只要将 41H 存入显示数据存储器 DDRAM 即可,液晶自动将地址 41H 中的点阵字符图形显示出来,就能看到字母"A"。1602 工作电压为 4.5~5.5 V,典型值为 5 V。

### 7.4.1  1602 总线方式驱动接口及读/写时序

1602 采用标准 16 引脚接口,引脚功能如表 7.3 所列,其中 8 位数据总线 D0~D7 和 RS、R/W、EN 三个控制端口,各分解时序操作速度支持到 1 MHz,并且带有字符对比度调节和背光。

表 7.3  1602 引脚使用说明

| 编号 | 符号 | 引脚说明 | 使用方法 |
| --- | --- | --- | --- |
| 1 | VSS | 电源地 | — |
| 2 | VDD | 电源 | — |
```

续表 7.3

编 号	符 号	引脚说明	使用方法
3	V0	液晶显示偏压（对比度）信号调整端	外接分压电阻，调节屏幕亮度。接地时对比度最高，接电源时对比度最低
4	RS	数据/命令选择端	高电平时选择数据寄存器，低电平时选择指令寄存器
5	RW	读/写选择端	当 RW 为高电平时，执行读操作，低电平时执行写操作
6	E	使能信号	高电平使能
7～14	D0～D7	数据 I/O	双向数据输入与输出
15	BLA	背光源正极	接到或通过 10 Ω 左右电阻接到 VDD
16	BLK	背光源负极	接到 VSS

单片机与 1602 接口如图 7.18 所示。

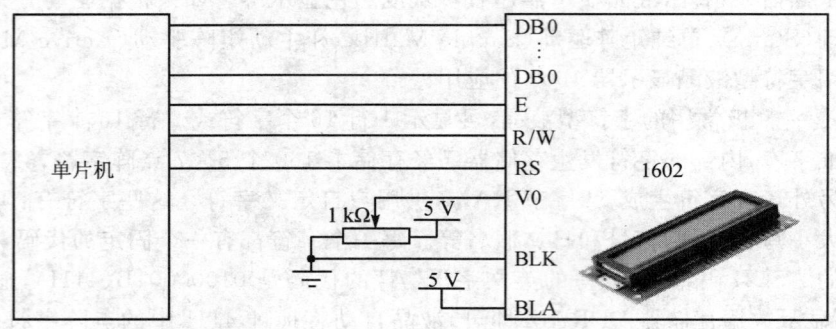

图 7.18　单片机与 SMC1602A 典型接口电路

E 为使能端，当 RW 为高电平时，E 为高电平执行读操作；当 RW 为低电平时，E 下降沿执行写操作。操作时序说明如下：

① 当 RS 和 RW 同为低电平时，可以写入指令或显示地址；
② 当 RS 为低电平，RW 为高电平时，可以读忙信号；
③ 当 RS 为高电平，RW 为低电平时，可以写入数据。

7.4.2　操作 1602 的 11 条指令详解

对 1602 显示字符控制，通过访问 1602 内部 RAM 地址实现，1602 内部控制器具有 80 字节 RAM，RAM 地址与字符位置对应关系如图 7.19 所示。

SMC1602A 的读/写操作，即显示控制，是通过 11 条控制指令实现的，详见表 7.4。

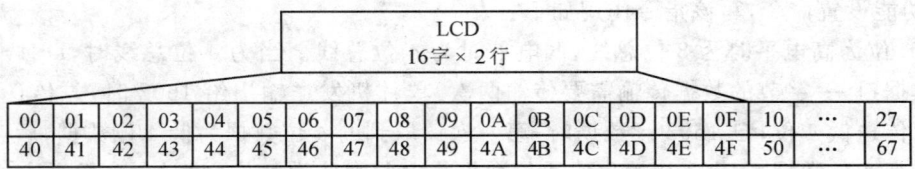

图 7.19　SMC1602A 的 RAM 地址与字符位置对应关系

表 7.4　SMC1602A 指令诠释表

序号	指　令	RS	RW	D7	D6	D5	D4	D3	D2	D1	D0
1	清显示	0	0	0	0	0	0	0	0	0	1
2	光标复位	0	0	0	0	0	0	0	0	1	—
3	光标和显示模式设置	0	0	0	0	0	0	0	1	I/D	S
4	显示开/关控制	0	0	0	0	0	0	1	D	C	B
5	光标或字符移位	0	0	0	0	0	1	S/C	R/L	—	—
6	功能设置命令	0	0	0	0	1	DL	N	F	—	—
7	字符发生器 RAM 地址设置	0	0	0	1	自定义字符发生存储器 CGRAM 地址			
8	数据存储器 RAM 地址设置	0	0	1	显示数据存储器 DDRAM 地址				
9	读忙标志或光标地址	0	1	BF	计数器地址 AC				
10	写数据到存储器	1	0	要写的数据					
11	读数据	1	1	读出的数据					

详解 SMC1602A 指令如下：

① 清显示，写该指令，所有显示清空，光标恢复到地址 00H 位置。

② 光标复位，写该指令，光标返回到地址 00H 位置。

③ 光标和显示模式设置，写该指令作用如下：

➤ I/D 为光标移动方向，高电平右移，低电平左移。

➤ S 为屏幕上所有文字是否左移或右移，高电平有效。

④ 显示开/关控制，写该指令作用如下：

➤ D 位控制整体显示的开、关，高电平开显示，低电平关显示。

➤ C 位控制光标的开、关，高电平有光标，低电平无光标。

➤ B 位控制光标是否闪烁，高电平闪烁，低电平不闪烁。

⑤ 光标或字符移位，写该指令作用如下：

➤ S/C 位为高电平移动显示的文字，低电平移动光标。

➤ R/L 位为移动方向控制，高电平右移，低电平左移。

⑥ 功能设置命令,写该指令作用如下:
- DL 位为高电平时为 8 位总线,低电平时为 4 位总线。当为 4 位总线时,DB4～DB7 为数据口,一字节的数据传输需要传输两次,单片机发送输出给 1602 时,先传送高 4 位,后传送低 4 位;自 1602 读数据时,第一次读取到的 4 位数据为低 4 位数据,后读取到的是高 4 位数据。1602 初始化成 4 位数据线之前默认为 8 位,此时命令发送方式是 8 位格式,但数据线只需接 4 位,然后改到 4 位线宽,以进入稳定的 4 位模式。
- N 位设置为高电平时双行显示,设置为低电平时单行显示。
- F 位设置为高电平时显示 5×10 的点阵字符,低电平时显示 5×7 的点阵字符。

⑦ 读忙信号和光标地址,其中 BF 为忙标志位,高电平表示忙,此时模块不能接受命令或数据,低电平表示不忙。在每次操作 1602 之前,一定要确认液晶屏的"忙标志"为低电平(表示不忙),否则指令无效。

1. 1602 初始化

正确的初始化过程如下:

① 上电并等待 15 ms 以上。
② 8 位模式写命令 0b0011×××× (后面 4 位线不用接,所以是无效的)。
③ 等待 4.1 ms 以上。
④ 同②,8 位模式写命令 0b0011×××× (后面 4 位线不用接,所以是无效的)。
⑤ 等待 100 μs 以上。

以上步骤中不可查询忙状态,只能用延时控制。从一下步骤开始可以查询 BF 状态确定模块是否忙。

⑥ 8 位模式写命令 0b0011×××× 进入 8 位模式,写命令 0b0010×××× 进入 4 位模式。后面所有的操作要严格按照数据模式操作。
⑦ 写命令 0b0010NF××。NF 为行数和字符高度设置位,之后行数和字符高度不可重设。
⑧ 写命令 0b00001000 关闭显示。
⑨ 写命令 0b00000001 清屏。
⑩ 写命令 0b000001(I/D)S 设置光标模式。

初始化完成,即可写字符。那么如何实现在既定位置显示既定的字符呢?

2. 显示字符

显示字符时要先输入显示字符地址,即将此地址写入显示数据存储器地址中,告知液晶屏在哪里显示字符,参见图 7.18。例如,要在第二行第一个字符的位置显示字母 A,首先对液晶屏写入显示字符地址 C0H(0x40+0x80),再写入 A 对应的 ASCII 字符代码 41H,字符就会在第二行的第一个字符位置显示出来了。ASCII 表见附录 B。

3. 利用 1602 的自定义字符功能显示图形或汉字

字符发生器 RAM(CGRAM)可由设计者自行写入 8 个 5×7 点阵字型或图形。一个 5×7 点阵字型或图形需用到 8 B 的存储空间,每 8 B 的 b5、b6 和 b7 都是无效位,5×7 点阵自上而下取 8 个 8 B。

将自定义点阵字符写入到 1602 液晶的步骤如下:

① 给出地址 0x40,以指向自定义字符发生存储器 CGRAM 地址;

② 按每个字型或图形自上而下 8 字节,一次性依次写入 8 个字型或图形的 64 个字符即可。

要让 1602 液晶显示自定义字型或图形,只需要在 DDRAM 写入 00H～07H 地址,即可在对应位置显示自定义资料。

7.4.3　1602 液晶驱动程序设计

具体编程时,程序开始时对液晶屏功能进行初始化,约定了显示格式。

注意:显示字符时光标是自动右移的,无需人工干涉。

AT89S52 采用 12 MHz 晶振,V0 接 1 kΩ 电阻到 GND。8 位模式 C51 程序如下:

```c
#include <reg52.h>
#define uchar unsigned char
#define uint  unsigned int
sbit    LCM_RS = P2^0;            //定义引脚
sbit    LCM_RW = P2^1;
sbit    LCM_E  = P2^2;
#define LCM_Data   P0
#define Busy       0x80           //用于检测 LCM 状态字中的 Busy 标识
unsigned char code name[] = {"1602demo test"};
unsigned char code email[] = {"sauxo@126.com"};
void Delay_ms(unsigned char t)    //t ms 延时
{unsigned int i;
 for(;t>0;t--)
   for(i=0;i<124;i++);
}
//--------------------------------------------------
unsigned char ReadDataLCM(void)   //读数据
{ LCM_RS = 1;
  LCM_RW = 1;
```

```c
    LCM_E = 0;
    LCM_E = 0;
    LCM_E = 1;
    return(LCM_Data);
}
//--------------------------------------------------------------
void ReadStatusLCM(void)                        //读状态
{LCM_Data = 0xFF;                               //输入口
 LCM_RS = 0;
 LCM_RW = 1;
 LCM_E = 0;
 LCM_E = 0;
 LCM_E = 1;
 while (LCM_Data & Busy);                       //检测忙信号
 return ;
}
//--------------------------------------------------------------
void WriteDataLCM(unsigned char WDLCM)          //写数据
{ReadStatusLCM();                               //检测忙
 LCM_Data = WDLCM;
 LCM_RS = 1;
 LCM_RW = 0;
 LCM_E = 0;                                     //若晶振速度太高可以在此后加小的延时
 LCM_E = 0;                                     //延时
 LCM_E = 1;
}
//--------------------------------------------------------------
void WriteCommandLCM(unsigned char WCLCM, unsigned char BuysC)   //写指令
{                                               //BuysC 为 0 时忽略忙检测
 if (BuysC) ReadStatusLCM();                    //根据需要检测忙
 LCM_Data = WCLCM;
 LCM_RS = 0;
 LCM_RW = 0;
 LCM_E = 0;
 LCM_E = 0;
 LCM_E = 1;
}
//--------------------------------------------------------------
void LCMInit(void)                              //LCM 初始化
```

```c
{WriteCommandLCM(0x38,0);                   //三次显示模式设置,不检测忙信号
 Delay_ms(5);
 WriteCommandLCM(0x38,0);
 Delay_ms(1);
 WriteCommandLCM(0x38,1);                   //8位总线,两行显示,开始要求每次检测忙信号
 WriteCommandLCM(0x08,1);                   //关闭显示
 WriteCommandLCM(0x01,1);                   //显示清屏
 WriteCommandLCM(0x06,1);                   //显示光标移动设置
 WriteCommandLCM(0x0C,1);                   //显示开及光标设置
}
//---------------------按指定位置显示一个字符----------------------
void DisplayOneChar(unsigned char X, unsigned char Y, unsigned char DData)
{Y &= 0x1;
 X &= 0xF;                                  //限制X不能大于15,Y不能大于1
 if (Y) X |= 0x40;                          //当要显示第二行时地址码+0x40
 X |= 0x80;
 WriteCommandLCM(X, 0);                     //这里不检测忙信号,发送地址码
 WriteDataLCM(DData);
}


//---------------------按指定位置显示一串字符----------------------
void DisplayListChar(unsigned char X, unsigned char Y, unsigned char code *DData)
{unsigned char ListLength= 0;
 Y &= 0x1;
 X &= 0xF;                                  //限制X不能大于15,Y不能大于1
 while (DData[ListLength]>= 0x20)           //若到达字串尾则退出
   {
   if (X <= 0xF)                            //X坐标应小于0xF
     { DisplayOneChar(X,Y,DData[ListLength]); //显示单个字符
      ListLength++;
      X++;
     }
   }
}
//-----------------------------------------------------------
void main(void)
{Delay_ms(20);                              //启动等待,等LCM讲入工作状态
 LCMInit();                                 //LCM初始化

 DisplayListChar(0, 0, name);
```

```c
    DisplayListChar(0, 1, email);
    while(1);
}
```

很多时候为节省 I/O 口而采用 4 位总线模式,P0 的高 4 位作为总线口,C51 需要修改的子函数如下:

```c
unsigned char ReadDataLCM(void)            //读数据
{unsigned char temp;
 LCM_Data |= 0xF0;                          //输入口
 LCM_RS = 1;
 LCM_RW = 1;
 LCM_E = 0;
 LCM_E = 0;
 LCM_E = 1;
 temp = LCM_Data >> 4;                      //先读回低 4 位
 LCM_E = 0;
 LCM_E = 0;
 LCM_E = 1;
 temp |= LCM_Data&0xf0;
 return(temp);
}
//------------------------------------------------------------
void ReadStatusLCM(void)                   //读状态
{Delay_ms(1);
}
//------------写数据线命令(四线模式数据要分两次写)-----------------
void out2_4bit(unsigned char d8)
{LCM_Data = LCM_Data&0X0f|(d8&0xf0);        //写高 4 位数据
 LCM_E = 0;
 LCM_E = 0;
 LCM_E = 1;
 LCM_Data = LCM_Data&0X0f|(d8 << 4);        //写低 4 位数据
 LCM_E = 0;
 LCM_E = 0;                                 //延时
 LCM_E = 1;
}
//------------------------------------------------------------
void WriteDataLCM(unsigned char WDLCM)     //写数据
{ReadStatusLCM();                           //检测忙
```

```
    LCM_RS = 1;
    LCM_RW = 0;
    out2_4bit(WDLCM);
}
//--------------------------------------------------
void WriteCommandLCM(unsigned char WCLCM, unsigned char BuysC)   //写指令
{                                              //BuysC 为 0 时忽略忙检测
    if (BuysC) ReadStatusLCM();                //根据需要检测忙
    LCM_RS = 0;
    LCM_RW = 0;
    out2_4bit(WCLCM);
}
//--------------------------------------------------
void LCMInit(void)                             //LCM 初始化
{   WriteCommandLCM(0x38,0);                   //三次显示模式设置,不检测忙信号
    Delay_ms (5);
    WriteCommandLCM(0x38,0);
    Delay_ms (1);

    WriteCommandLCM(0x28,1);                   //4 位总线,两行显示,开始要求每次检测忙信号
    WriteCommandLCM(0x08,1);                   //关闭显示
    WriteCommandLCM(0x01,1);                   //显示清屏
    WriteCommandLCM(0x06,1);                   //显示光标移动设置
    WriteCommandLCM(0x0C,1);                   //显示开及光标设置
}
```

7.5 ST7920(128×64 点阵)图形液晶及其接口技术

为了能够简单、有效地同屏显示汉字和图形,128×64 点阵液晶控制芯片 ST7920 内部设计有 2 MB 的中文字型 CGROM(8 192 个 16×16 点阵中文汉字)和 8×16 点阵 ASCII 字符库,还有 16×64 点阵的 GDRAM 绘图区域;同时,该模块还提供有 4 组可编程控制的 16×16 点阵造字空间;除此之外,为了适应多种微处理器和单片机接口的需要,该模块还提供了 4 位并行、8 位并行(M6800 时序)和 3 线串行多种接口方式、且采用 3.3~+5 V 供电,内置升压电路,无需负压。

7.5.1 ST7920 引脚及接口时序

ST7920 引脚如表 7.5 所列。

表 7.5　ST7920 引脚

引脚号	引脚名称	功能说明
1	VSS	模块的电源地
2	VDD	模块的电源正端
3	V0	LCD 驱动电压输入端
4	RS($\overline{CS}$)	并行的指令/数据选择信号,L—指令;串行的片选信号,低有效
5	R/W(SID)	并行的读/写选择信号;串行的数据口
6	E(CLK)	并行的使能信号;串行的同步时钟
7～14	DB0～DB7	三态 8 位总线 0～7。4 位总线时,DB7～DB4 有效,DB3～DB0 悬空
15	PSB	并/串行接口选择:H—并行;L—串行
16	NC	空脚
17	nRET	复位,低电平有效(大于 10 μs)
18	VOUT/NC	LCD 驱动电压输出端
19	LED_A	背光源正极(LED+5 V)
20	LED_K	背光源负极(LED-0 V)

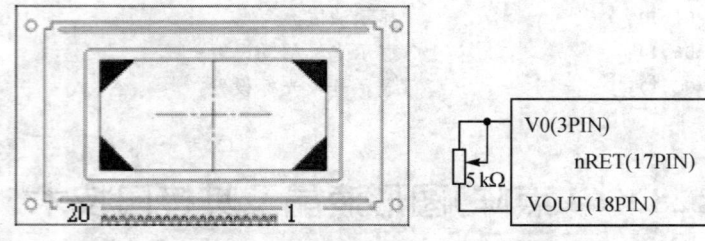

ST7920 内带倍压电路,生成 2 倍于 VCC 的电压。倍压通过 VOUT 脚引出,通过电位器调节后,从 V0 引回模块用来驱动 LCD。直接驱动 LCD 的是 V0,V0 电压越高,对比度越高。通过调节电位器来调节 V0 值以改变对比度。

某些模块没有 VOUT 脚,VOUT 电压直接通过降压处理供给 V0,对比度已经锁定。如果一定要调节对比度,可以通过 V0 对地接一可调电阻,拉低 V0 值。

ST7920 有并行和串行两种连接方法。并行连接说明如下:

① RS 和 R/W 的配合选择决定控制界面的 4 种模式,如表 7.6 所列。

忙标志 BF 提供内部工作情况。BF=1 时,表示模块在进行内部操作,此时模块不接受外部指令和数据;BF=0 时,模块为准备状态,随时可接受外部指令和数据。利用读指令可以将 BF 读到 DB7 总线,从而检验模块的工作状态。

第7章 人机接口技术

表 7.6 ST7920 的 RS、R/W 与并行接口时序

RS	R/W	功能说明
L	L	MPU 写指令到指令暂存器(IR)
L	H	读出忙标志(BF)及地址计数器(AC)的状态
H	L	单片机写入数据到数据寄存器(DR)
H	H	单片机从数据寄存器(DR)中读出数据

② E 信号为操作使能,如表 7.7 所列。

表 7.7 ST7920 的 E 引脚与并行接口时序

E 状态	执行动作	结 果
高→低	I/O 缓冲→数据寄存器 DR	配合/W 进行写数据或指令
高	数据寄存器 DR→I/O 缓冲	配合 R 进行读数据或指令
低,或者是低→高	无动作	

4 位并口模式采用 DB7～DB4 为总线,与 8 位并口不同之处只是将每字节分两次送入,第一次送入高 4 位,第二次送入低 4 位。

PSB 接低时,串口模式被选择。在该模式下,只用两根线(SID 与 SCLK)来完成数据传输。当同时使用多个 ST7920 时,CS 线被配合使用,CS 是高有效。

当多个连续的指令需要被送入时,ST7920 指令执行时间需要被考虑。必须等待上一个指令执行完毕才送入下一个指令,因为 ST7920 内部没有传送/接收缓冲区。

串行数据传送共分三字节完成,采取 MSB 方式(时钟下降沿有效)。

第一字节:串口控制——格式 11111、RW、RS、0。

① 首先送入启动字节,送入 5 个连续的"1"用来启动一个周期,此时传输计数被重置,并且串行传输被同步;

② RW 为数据传送方向控制,H 表示数据从 LCD 到 MCU,L 表示数据从 MCU 到 LCD;

③ RS 为数据类型选择,H 表示数据是显示数据,L 表示数据是控制指令;

④ 最后的第 8 位是一个"0"。

送完启动字节之后,可以送入指令或是显示数据(或是字型代码)。指令或者代码是以字节为单位的,每字节的内容(指令或数据)在被送入时分为两字节来处理:高 4 位放在第一个字节的高 4 位,低 4 位放在第二个字节的高 4 位。无关位都补"0"。

第二字节:(并行)8 位数据 B7B6…B1B0 的高 4 位——格式 B7B6B5B40000。

第三字节:(并行)8 位数据 B7B6…B1B0 的低 4 位——格式 B3B2B1B00000。

7.5.2 ST7920 显示 RAM 及坐标关系

1. 文本显示 RAM(DDRAM)

文本显示 RAM 提供 8 个×4 行的汉字空间,当写入文本显示 RAM 时,可以分别显示 CGROM、HCGROM 与 CGRAM 的字型。汉字显示坐标如表 7.8 所列。

表 7.8　汉字显示坐标

行 号	X 坐标							
Line1	80H	81H	82H	83H	84H	85H	86H	87H
Line2	90H	91H	92H	93H	94H	95H	96H	97H
Line3	88H	89H	8AH	8BH	8CH	8DH	8EH	8FH
Line4	98H	99H	9AH	9BH	9CH	9DH	9EH	9FH

ST7920A 可以显示三种字型,分别是半宽的 HCGROM 字型(即 16×8 半角英数字型)、CGRAM 字型及中文 CGROM 字型。三种字型的选择,由在 DDRAM 中写入的编码选择,在 0000H～0006H 的编码中(其代码分别是 0000、0002、0004、0006 共 4 个)将选择 CGRAM 的自定义字型,02H～7FH 的编码中将选择半角英文或数字的字型,至于 A1 以上的编码将自动的结合下一个位元组,组成两个位元组的编码形成中文字型的编码 BIG5(A140H～D75FH)、GB(A1A0H～F7FFH)。

字型产生 RAM(CGRAM)用以提供图像定义(造字)功能,可以提供 4 组 16×16 点阵的自定义图像空间,使用者可以将内部字型没有提供的图像字型自行定义到 CGRAM 中,便可和 CGROM 中的定义一样地通过 DDRAM 显示在屏幕中。

应注意以下三点:

① 欲在某一个位置显示中文字符时,应先设定显示字符位置,即先设定显示地址,再写入中文字符编码。

② 显示 ASCII 字符过程与显示中文字符过程相同。不过在显示连续字符时,只须设定一次显示地址,由模块自动对地址加 1 指向下一个字符的位置,否则,显示的字符中将会有一个空 ASCII 字符位置。

③ 当字符编码为 2 字节时,应先写入高位字节,再写入低位字节。

2. 绘图 RAM(GDRAM)

绘图显示 GDRAM 提供 16×64 字节的二维绘图缓冲空间。在更改 GDRAM 时,由扩充指令设置 GDRAM 地址为先垂直地址后水平地址(连续 2 字节的数据用来定义垂直和水平地址),再 2 字节的数据给绘图 RAM(先高 8 位后低 8 位),如图 7.20 所示。

128×64点阵		GDRAM 水平坐标 (X)				
		0	1	⋯	6	7
GDRAM垂直坐标(Y)	00	D15~D0	D15~D0	⋯	D15~D0	D15~D0
	01					
	⋮				⋮	
	30					
	31					
		8	9	⋯	14	15
	00	D15~D0	D15~D0	⋯	D15~D0	D15~D0
	01					
	⋮				⋮	
	30					
	31					

图 7.20　ST7920 图形显示坐标

整个写入绘图 RAM 的步骤如下:
① 关闭绘图显示功能(在写入绘图 RAM 期间,绘图显示必须关闭);
② 先将水平的位元组坐标(X=0~15)写入绘图 RAM 地址;
③ 再将垂直的坐标(Y=0~31)写入绘图 RAM 地址;
④ 将 D15~D8 写入到 RAM 中;
⑤ 将 D7~D0 写入到 RAM 中;
⑥ 打开绘图显示功能。

3. ICON RAM(IRAM)

ST7920 提供 240 点的 ICON 显示,它由 15 个 IRAM 单元组成,每个单元有 16 位,每写入一组 IRAM 时,需先写入 IRAM 地址,然后连续送入 2 字节的数据,先高 8 位(D15~D8),后低 8 位(D7~DD)。

4. 地址计数器 AC(Address Counter)与 DDRAM/CGRAM

地址计数器 AC 是用来贮存 DDRAM/CGRAM 之一的地址,它可由设定指令暂存器来改变。且当显示数据读取或是写入后会使 AC 改变,每个 RAM(CGRAM、DDRAM 和 IRAM)地址都可以连续读/写 2 字节的显示数据,当读/写第二字节时,地址计数器 AC 的值自动加一。

当 RS 为"0"而 R/W 为"1"时,地址计数器的值会被读取到 DB6~DB0 中。

5. 游标/闪烁控制

ST7920A 提供硬件游标及闪烁控制电路,由地址计数器 AC 的值来指定 DDRAM 中的游标或闪烁位置。

7.5.3 ST7920 指令集

ST7920 指令集包括基本指令和扩展指令两部分,分别如表 7.9 和表 7.10 所列。

表 7.9 RE=0 时的基本指令集

指令	指令码										说明	执行时间 (540 kHz)
	RS	RW	DB7	DB6	DB5	DB4	DB3	DB2	DB1	DB0		
清除显示	0	0	0	0	0	0	0	0	0	1	将 DDRAM 填满"20H"清屏,并且设定 DDRAM 的地址计数器 AC 到"00H"	4.6 ms
地址归位	0	0	0	0	0	0	0	0	1	×	设定 DDRAM 的地址计数器 AC 到"00H",并且将游标移到开头原点位置,这个指令并不改变 DDRAM 的内容	4.6 ms
进入点设定	0	0	0	0	0	0	0	1	I/D	S	设定在资料的读取与写入时,设定游标移动方向及指定显示的移位。 I/D:0,游标左移,DDRAM AC 减 1 I/D:1,游标右移,DDRAM AC 加 1 S:0,或者 DDRAM 为读状态,整体显示不位移 S:1,且 DDRAM 为写状态,I/D=0,整体显示右移 S:1,且 DDRAM 为写状态,I/D=1,整体显示左移	72 μs
显示状态开/关	0	0	0	0	0	0	1	D	C	B	D=1:整体显示 ON C=1:游标 ON B=1:游标位置反白显示 ON	72 μs
游标或显示移位控制	0	0	0	0	0	1	S/C	R/L	×	×	设定游标的移动与显示的移位控制位元;这个指令并不改变 DDRAM 的内容。 S/C, R/L: 00,游标向左移动,AC 减 1 01,游标向右移动,AC 加 1 10,显示向左移动,游标跟着,但 AC 不变 11,显示向右移动,游标跟着,但 AC 不变	72 μs

续表 7.9

指令	指令码									说明	执行时间 (540 kHz)
	RS	RW	DB7	DB6	DB5	DB4	DB3	DB2	DB1	DB0		
功能设定	0	0	0	0	1	DL	X	RE	×	×	DL:0,4 位 MPU 控制界面 DL:1,8bitMPU 控制界面 RE=1:扩充指令集动作 RE=0:基本指令集动作 同一指令不可同时更改 DL 和 RE,需要先改变 DL,再改变 RE,才可保证正确标志	72 μs
设定 CGRAM 地址	0	0	0	1	AC5	AC4	AC3	AC2	AC1	AC0	设定 CGRAM 地址到地址计数器 AC	72 μs
设定 DDRAM 地址	0	0	1	AC6	AC5	AC4	AC3	AC2	AC1	AC0	设定 DDRAM 地址到地址计数器 AC 第一行:80H~87H;第二行:90H~97H 第三行:88H~8FH;第四行:98H~9FH	72 μs
读取忙碌标志 BF 和地址	0	1	BF	AC6	AC5	AC4	AC3	AC2	AC1	AC0	读取忙碌标志 BF 可以确认内部动作是否完成,同时可以读出地址计数器 AC 的值	0 μs
写资料到 RAM	1	0	D7	D6	D5	D4	D3	D2	D1	D0	写入资料到内部的 RAM(DDRAM/CGRAM/IRAM/GDRAM)	72 μs
读出 RAM 的值	1	1	D7	D6	D5	D4	D3	D2	D1	D0	从内部 RAM 读取资料(DDRAM/CGRAM/IRAM/GDRAM)	72 μs

表 7.10 RE=1 时的扩充指令集

指令	指令码									说明	执行时间 (540 kHz)
	RS	RW	DB7	DB6	DB5	DB4	DB3	DB2	DB1	DB0		
待命模式	0	0	0	0	0	0	0	0	0	1	将 DDRAM 填满"20H"清屏,并且设定 DDRAM 的地址计数器 AC 到"00H"	72 μs
卷动地址或 IRAM 地址选择	0	0	0	0	0	0	0	0	1	SR	SR=1:允许输入垂直卷动地址 SR=0:允许输入 IRAM 地址	72 μs

续表 7.10

指令	指令码									说明	执行时间 (540 kHz)
	RS	RW	DB7	DB6	DB5	DB4	DB3	DB2	DB1	DB0		
反白选择	0	0	0	0	0	0	0	1	R1	R0	选择 4 行中的任一行作反白显示,并可决定反白与否	72 μs
睡眠模式	0	0	0	0	0	0	1	SL	×	×	SL=1：脱离睡眠模式 SL=0：进入睡眠模式	72 μs
扩充功能设定	0	0	0	0	1	1	×	1RE	G	0	RE=1：扩充指令集动作 RE=0：基本指令集动作 G=1：绘图显示 ON G=0：绘图显示 OFF	72 μs
设定 IRAM 地址或卷动地址	0	0	0	1	AC5	AC4	AC3	AC2	AC1	AC0	SR=1：AC5～AC0 为垂直卷动地址 SR=0：AC3～AC0 为 ICON IRAM 地址	72 μs
设定绘图 RAM 地址	0	0	1	AC6	AC5	AC4	AC3	AC2	AC1	AC0	设定 CGRAM 地址到地址计数器 AC	72 μs

注：① 当模块在接收指令前,单片机必须先确认模块内部处于非忙碌状态,即读取 BF 标志时 BF 需为 0,方可接收新的指令；如果在送出一个指令前不检查 BF 标志,那么在前一个指令和这个指令中间必须延迟一段较长的时间,即等待前一个指令确实执行完成,指令执行的时间请参考指令表中的个别指令说明。

② "RE"为基本指令集与扩充指令集的选择控制位元,当变更"RE"位元后,其后的指令集将维持在最后的状态,除非再次变更"RE"位元,否则使用相同指令集时,不需每次重设"RE"位元。

7.5.4 ST7920 的 C51 例程

ST7920 与单片机 8 位并行接口 C51 例程如下：

```
#include <reg52.h>
#include <intrins.h>
#include <string.h>
#define uchar unsigned char
#define uint  unsigned int

//并行位定义:DB0～DB7<=>P0.0～P0.7
sbit RS = P2^0;
sbit RW = P2^1;
sbit E  = P2^2;
sbit BUSY = P0^7;
```

```c
//控制位定义
sbit PSB = P2^3;                                //串并选择信号
sbit RST = P2^4;                                //复位信号

//字符显示每行的首地址
#define LINE_ONE_ADDRESS        0x80
#define LINE_TWO_ADDRESS        0x90
#define LINE_THREE_ADDRESS      0x88
#define LINE_FOUR_ADDRESS       0x98

//基本指令集预定义
#define DATA                    1               //数据位
#define COMMAND                 0               //命令位
#define CLEAR_SCREEN            0x01            //清屏
#define ADDRESS_RESET           0x02            //地址归零
#define BASIC_FUNCTION          0x30            //基本指令集
#define EXTEND_FUNCTION         0x34            //扩充指令集

//扩展指令集预定义
#define AWAIT_MODE              0x01            //待命模式
#define ROLLADDRESS_ON          0x03            //允许输入垂直卷动地址
#define IRAMADDRESS_ON          0x02            //允许输入IRAM地址
#define SLEEP_MODE              0x08            //进入睡眠模式
#define NO_SLEEP_MODE           0x0c            //脱离睡眠模式
#define GRAPH_ON                0x36            //打开绘图模式
#define GRAPH_OFF               0x34            //关闭绘图模式

unsigned char code Tab1[] = "[ST7920]图形液晶";     //显示在第一行
unsigned char code Tab2[] = "单片机与电子测量";     //显示在第二行
unsigned char code Tab3[] = "智能仪器仪表设计";     //显示在第三行
unsigned char code Tab4[] = " sauxo@126.com   ";   //显示在第四行
//*************************************************************
void Parallel_Check_Busy(void)                  //并行方式检查忙状态并等待
{   unsigned char temp;
    P0 = 0xff;                                  //输入前置1作为输入口
    RS = 0;                                     //指令
    RW = 1;                                     //读模式
    do
    {   E = 1;                                  //使能
        temp = P0&0x80;                         //忙状态检测(b7)
        E = 0;
    }
```

```c
        while(temp);                                    //忙等待
}
//*************************************************************
//函数功能：8位并行模式向LCD发送数据或指令
//形参说明：数据或指令的标志位，指令或数据的内容
//*************************************************************
void Parallel_Write_LCD(unsigned char A0, unsigned char ud8 )
{   Parallel_Check_Busy();
    RS = A0? 1:0;                                       //数据或指令
    RW = 0;                                             //写模式
    P0 = ud8;                                           //数据放到P0口上
    E = 1;
    _nop_();                                            //很重要
    _nop_();
    _nop_();
    E = 0;
}

//*************************************************************
uchar Parallel_Read_LCD_Data(void)                      //8位并行读LCD数据
{   unsigned char temp;
    Parallel_Check_Busy();
    P0 = 0xff;                                          //输入前置1
    RS = 1;                                             //数据
    RW = 1;                                             //读模式
    E = 1;                                              //使能
    temp = P0;                                          //P0口的内容放到变量中
    E = 0;
    return temp;
}
//*************************************************************
//函数功能：设定DDRAM(文本区)地址ucDDramAdd到地址计数器AC
//地址格式说明： RS  RW  DB7 DB6 DB5 DB4 DB3 DB2 DB1 DB0
//               0   0   1   AC6 AC5 AC4 AC3 AC2 AC1 AC0
//    使用说明：第一行地址:80H~8FH    第二行地址:90H~9FH
//              第三行地址:A0H~AFH    第四行地址:B0H~BFH
//*************************************************************
void Parallel_DDRAM_Address_Set(uchar ucDDramAdd)
{   Parallel_Write_LCD(COMMAND,BASIC_FUNCTION);         //基本指令集
    Parallel_Write_LCD(COMMAND,ucDDramAdd);             //设定DDRAM地址到地址计数器AC
```

}
//***
//函数功能:设定 CGRAM(自定义字库区)地址 ucCGramAdd 到地址计数器 AC
//具体地址范围为 40H~3FH,地址格式说明:
//   RS RW DB7 DB6 DB5 DB4 DB3 DB2 DB1 DB0
//   0   0   0   1   AC5 AC4 AC3 AC2 AC1 AC0
//***
```
void Parallel_CGRAM_Address_Set(uchar ucCGramAdd)
{   Parallel_Write_LCD(COMMAND,BASIC_FUNCTION);     //基本指令集
    Parallel_Write_LCD(COMMAND,ucCGramAdd);         //设定 CGRAM 地址到地址计数器 AC
}
```
//***
//函数功能:设定 GDRAM(图形区)地址 ucGDramAdd 到地址计数器 AC
//具体地址值格式:
//   RS RW DB7 DB6 DB5 DB4 DB3 DB2 DB1 DB0
//   0   0   1   AC6 AC5 AC4 AC3 AC2 AC1 AC0
//先设定垂直位置再设定水平位置(连续写入两字节完成垂直和水平位置的设置)
//垂直地址范围:AC6~AC0;水平地址范围:AC3~AC0
//使用说明:必须在扩展指令集的情况下使用
//***
```
void Parallel_GDRAM_Address_Set(uchar ucGDramAdd)
{   Parallel_Write_LCD(COMMAND,EXTEND_FUNCTION);    //扩展指令集
    Parallel_Write_LCD(COMMAND,ucGDramAdd);
}
```
//***
```
void Parallel_Init_LCD(void)                        //LCD 并行初始化
{   //unsigned char i;
    //RST = 0;
    //for(i=0;i<10;i++);
    RST = 1;                                        //复位后拉高,停止复位
    //PSB = 1;                                      //选择并行传输模式
    Parallel_Write_LCD(COMMAND,BASIC_FUNCTION);     //基本指令动作
    Parallel_Write_LCD(COMMAND,CLEAR_SCREEN);       //清屏,地址指针指向 00H
    Parallel_Write_LCD(COMMAND,0x06);               //光标的移动方向
    Parallel_Write_LCD(COMMAND,0x0c);               //开显示,关游标
}
```
//***
//函数功能:并行清屏函数
//使用说明:DDRAM 填满 20H,并设定 DDRAM AC 到 00H

```c
//格式说明：RS  RW  DB7 DB6 DB5 DB4 DB3 DB2 DB1 DB0
//          0   0   0   0   0   0   0   0   0   1
//*************************************************************
void Parallel_Clear_Ram(void)
{   Parallel_Write_LCD(COMMAND,BASIC_FUNCTION);   //基本指令集
    Parallel_Write_LCD(COMMAND,CLEAR_SCREEN);     //清屏
}
//*************************************************************
//函数功能：打开或关闭绘图显示
//形参说明：打开或关闭绘图显示的标志位，bSelect = 1 打开，bSelect = 0 关闭
//格式说明：RS  RW  DB7 DB6 DB5 DB4 DB3 DB2 DB1 DB0
//          0   0   0   0   1   DL  X   RE  G   X
//          DL = 0,4 位 MPU 控制界面；DL = 1,8 位 MPU 控制界面
//          RE = 0,基本指令集；RE = 1,扩充指令集
//          G = 0,绘图显示 OFF；G = 1,绘图显示 ON
//*************************************************************
void Parallel_Graph_Mode_Set(unsigned char bSelect)
{   Parallel_Write_LCD(COMMAND,EXTEND_FUNCTION);   //扩展指令集
    if(bSelect)
    {Parallel_Write_LCD(COMMAND,GRAPH_ON);         //打开绘图模式
    }
    else
    {Parallel_Write_LCD(COMMAND,GRAPH_OFF);        //关闭绘图模式
    }
}
//*************************************************************
//* 函数功能：在(文本区)ucAdd 指定的位置显示一串字符(或是汉字或是 ASCII 或是两者混合)
//* 形式参数：uchar ucAdd,uchar code * p
//* 形参说明：指定的位置,要显示的字符串
//* 地址必须是 80H~8FH,90H~9FH,88H~AFH,98H~BFH
//* 使用说明：使用之前要初始化液晶
//*************************************************************
void Parallel_DisplayStrings(unsigned char ucAdd,unsigned char code * p)
{   unsigned char i;
    i = strlen(p);
    Parallel_Write_LCD(COMMAND,BASIC_FUNCTION);   //基本指令动作
    Parallel_DDRAM_Address_Set(ucAdd);
    for(;i;i--)
    {Parallel_Write_LCD(DATA, * p++);
```

第7章 人机接口技术

```c
        }
}
//************************************************************
//函数功能:全屏显示128*64个像素的图形,图像信息横向取模,顺序存储
//形式参数:*img 指向图像数据首地址
//************************************************************
void Parallel_ImgDisplay(unsigned char code * img)
{   unsigned char i,j;
    Parallel_Graph_Mode_Set(0x00);              //先关闭图形显示功能
    for(j=0;j<32;j++)
      {
        for(i=0;i<8;i++)
          { Parallel_Write_LCD(COMMAND,0x80+j);  //设定垂直坐标
            Parallel_Write_LCD(COMMAND,0x80+i);  //设定水平坐标
            Parallel_Write_LCD(DATA,img[j*16+i*2]);     //放入数据高字节
            Parallel_Write_LCD(DATA,img[j*16+i*2+1]);//放入数据低字节
          }
      }
      for(j=32;j<64;j++)
        {
          for(i=0;i<8;i++)
            { Parallel_Write_LCD(COMMAND,0x80+j-32);
              Parallel_Write_LCD(COMMAND,0x88+i);
              Parallel_Write_LCD(DATA,img[j*16+i*2]);
              Parallel_Write_LCD(DATA,img[j*16+i*2+1]);
            }
        }
    Parallel_Graph_Mode_Set(0x01);              //最后打开图形显示功能
}
//************************************************************
//函数功能:使用绘图的方法,在(x,y)处画一个16*16点阵的图案,*img 指向图像数据首地址
//x 取值范围:0~15;y 取值范围:0~31
//************************************************************
void Parallel_ImgDisplayCharacter(uchar x,uchar y,uchar code * img)
{
    unsigned char i;
    Parallel_Graph_Mode_Set(0x01);              //先关闭图形显示功能
    Parallel_Write_LCD(COMMAND,EXTEND_FUNCTION);
    for(i=0;i<16;i++)
```

```
            { //Parallel_Write_LCD(COMMAND,0x80 + y + i);
              //Parallel_Write_LCD(COMMAND,0x80 + x);
              Parallel_GDRAM_Address_Set(0x80 + y + i);
              Parallel_GDRAM_Address_Set(0x80 + x);
              Parallel_Write_LCD(DATA,img[i * 2]);
              Parallel_Write_LCD(DATA,img[i * 2 + 1]);
            }
    Parallel_Graph_Mode_Set(0x00);                    //最后打开图形显示功能
}
//***************************************************
void main(void)
{
 Parallel_Init_LCD();
 while(1)
 {
  Parallel_DisplayStrings(0x80,Tab1);
  Parallel_DisplayStrings(0x90,Tab2);
  Parallel_DisplayStrings(0x88,Tab3);
  Parallel_DisplayStrings(0x98,Tab4);
  while(1);
 }
}
```

习题与思考题

7.1　LED 的静态显示方式与动态显示方式有何区别？各有什么优缺点？

7.2　请说明动态扫描显示数码管原理。

7.3　为什么要消除按键的机械抖动？软件消除按键机械抖动的原理是什么？

7.4　矩阵式键盘识别方法有几种？试说明各自的识别原理及识别过程。

第 8 章 单片机应用系统设计

前面介绍了单片机的基本组成、功能及其扩展电路。掌握了单片机的软、硬件资源的组织和使用。除此之外,一个实际的单片机应用系统设计还涉及很多复杂的内容与问题,例如多种类型的接口电路(如模拟电路、伺服驱动电路和抗干扰隔离电路等),软件设计,软件与硬件的配合,如何选择最优方案等。本章将对单片机应用系统的软、硬件设计,开发和调试等加以介绍,以便用户能初步掌握单片机应用系统的设计。

8.1 单片机应用系统结构

单片机的英文为 Micro - controller,与控制技术有着不可分割的联系。现代控制技术是以微控制器为核心技术,由此构成的控制系统成为当今工业控制的主流系统,各种机电设备都竞相引入单片机构成各种控制器、控制系统,以及相应的多级系统和网络系统。各种产品一旦用上了单片机,就能起到使产品升级换代的功效,常在产品名称前冠以形容词——"智能型",如智能型洗衣机等。自动检测和仪表已经成为当前发展最为迅速的学科之一。采用计算机控制可以方便实现纯时间延时及修改参数,而无需修改硬件。计算机控制运算速度快,精度高,方便应对复杂而又精确的控制算法和控制过程。随着计算机技术的发展,计算机控制逐渐取代模拟控制方法实现测控系统。现在,单片机已经深入交通、通信、工业、仪器和医疗等各行各业的诸多领域,如智能仪表、实时工控、通信设备、导航系统、家用电器、民用豪华轿车的安全保障系统、录摄像机、智能 IC 卡和医疗器械等,可以说各行各业均离不开智能测控仪表。

测控仪器仪表的种类很多,但是其中存在一些共性的技术问题。例如,智能传感器设计,自动化仪表的设计技术,仪表中的数字信号处理技术,以及一些新的测量技术。深入研究和系统介绍这些共性技术,无疑将对设计、研制和使用自动检测系统起到重要的作用,也为打算进入该领域的读者寻找到一条捷径,同时对自动检测和仪表的发展起到推动作用。

单片机测控系统是关于单片机与检测控制方面的综合系统,是单片机、控制、计算机和数字信号处理等多学科内容的集成。检测与控制技术的基本知识、单片机软硬件基础、接口技术、抗干扰技术及传感器技术等,都是本书将要讨论的重点。

大多数情况下,单片机用来构成工业测控系统,其应用系统的硬件设计不只限于计算机系统设计,还涉及多方位接口和多种类型的电路结构,如模拟电路、伺服驱动电路等。因此,单片机应用系统硬件中所涉及的问题远比计算机系统要复杂得多。以单片机为核心的智能化测控系统的基本组成如图 8.1 所示。

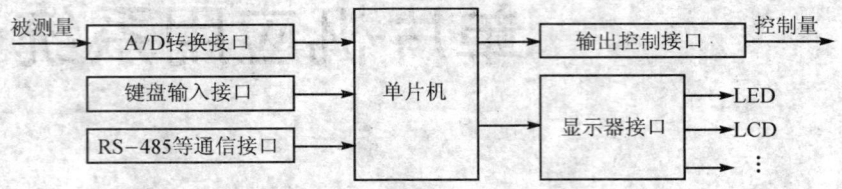

图 8.1 典型单片机系统结构

8.1.1 应用系统的结构特点

1. 单片机应用系统是一个工业测控系统

从这一观念出发,单片机应用系统应满足下列条件。

① 大量的测控接口,这些测控接口及测控功能电路配置和测控要求与测控对象密切相关。测控接口及测控功能电路配置在很大程度上决定了应用系统的技术性能,如 A/D、D/A 的精度和响应速度等。

② 必须适应现场环境要求,计算机系统及接口电路设计、配置必须考虑到应用系统安放的环境要求。例如煤矿监测系统中安放在井下的测控子站,必须按照井下的环境设计,为此,其传感器及传感器接口应尽可能采用数字系统即数字传感器。

③ 要求从事单片机应用系统研制的技术人员通晓测控技术。随着计算机芯片技术的发展,计算机硬件系统的设计难度会日渐降低,因此,单片机应用系统的研制工作会逐渐从计算机专业部门转向各个科技领域;从计算机专业人员转向各行各业的专业技术人员。计算机应用技术人员要迅速渗透到自动控制、测控技术、仪表电器、精密机械和制造工程等领域。

2. 单片机应用系统是一个模拟-数字系统

单片机应用系统中,模拟部分与数字部分的功能是硬件系统设计的重要内容,它涉及应用系统研制的技术水平及难度。例如在传感器通道中,为了提高抗干扰能力,尽可能采用数字频率信号,而为了提高响应速度,往往不得不用模拟信号的 A/D 转换接口。

在这种模拟-数字系统中,模拟电路、数字逻辑电路功能与计算机的软件功能分工设计是应用系统设计的重要内容。计算机指令系统的运算、逻辑控制功能使得许多模拟、数字逻辑电路都可以依靠计算机的软件实现。因此,必须慎重考虑模拟、数字电路的分工与配置,应用系统中硬件功能与软件功能的分工与配置。用软件实现具有成本低,电路系统简单等优点,但是响应速度慢,占 CPU 工作时间。哪些功能由软件实现,哪些功能由硬件实现并无一定之规,它与微电子技术、计算机外围芯片技术的发展水平有关,但常受到研制人员专业技术能力的影响。

要求应用系统研制人员不只是通晓计算机系统的扩展与配置,还必须了解数字逻辑电路、模拟电路及在这些领域中的新成果、新器件,以便获得最佳的模拟、数字逻辑计算机应用系统设计。

3. 物理结构灵活

单片机芯片技术的发展,使得单个芯片的计算机规模越来越大,功能越来越强,CMOS 工艺制作的芯片功耗越来越低。因此,用单片机构成应用系统越来越方便,技术难度和成本越来越低。

① 成本低,可大量配置。大量机械设备为了电子化、智能化,采用了单片机应用系统,实现了产品的升级换代而成本费用增加不多。

② 体积小,可靠性好。体积小加上低功耗的特点,使单片机应用系统可与对象结合成一体构成智能系统,如智能传感器、智能接口等。

③ 构成系统容易。单片机大多有串行接口及并行扩展接口,很容易构成各种规模的多机系统,网络系统及中、大规模的测控系统。

8.1.2 应用系统的典型通道接口

实际中,一般一个完整的单片机应用系统是由前向通道、后向通道、人机对话通道及计算机相互通道组成的,如图 8.1 所示。

前向通道和后向通道接口是两个不同的应用领域。前者延伸到了仪表测试技术、传感器技术和模拟信号处理领域,而后者延伸到了伺服驱动、电机电器、控制工程和功率器件等技术。

1. 前向通道及其特点

前向通道接口是单片机系统的输入部分,在单片机工业测控系统中它是各种物理量的信息输入通道。目前广泛应用的各种形式的传感器将物理量变换成电量,然后通过各种信号调理电路转换成单片机系统能够接受的信号形式。对于模拟电压信号可以通过 A/D 转换输入,对于频率量或开关量则可通过放大整形成 TTL 电平输入。前向通道有以下特点:

① 与现场采集对象相连,是现场干扰进入的主要通道,是整个系统抗干扰设计的重点部位。

② 由于所采集的对象不同,有开关量、模拟量和频率量等,而这些都是由安放在测量现场的传感、变换装置产生的,许多参量信号不能满足计算机输入的要求,故有大量形式多样的信号变换、调节电路,如测量放大器、I/F 变换、V/F 变换、A/D 转换、放大和整形电路等。

③ 是一个模拟-数字混合电路系统,其电路功耗低,一般没有功率驱动要求。

2. 后向通道及其特点

后向通道接口是单片机系统的输出部分,在单片机应用系统中用于对机电系统实现驱动控制。通常这些机电系统都是较大功率系统。例如输出数字信号可以通过 D/A 转换成模拟信号,再通过各种对象相关的驱动电路实现对机电系统的控制。后向通道具有以下特点:

① 是应用系统的输出通道,大多数需要功率驱动;

② 靠近伺服驱动现场,伺服控制系统的大功率负荷易从后向通道进入计算机系统,故后向通道的隔离对系统的可靠性影响极大;

③ 根据输出控制的不同要求,后向通道电路多种多样,有模拟电路、数字电路和开关电路等,还有电流输出、电压输出、开关量输出及数字量输出等。

3. 人机对话通道及其特点

单片机应用系统中的人机对话通道是用户为了对应用系统进行干预及了解应用系统运行状态所设置的通道。主要有键盘、显示器和打印机等通道接口,其特点如下。不能正常运行时,要考虑实际电路与仿真环境的差异。

① 由于通常的单片机应用系统大多是小规模系统,因此,应用系统中的人机对话通道及人机对话设备的配置都是小规模的。如微型打印机、功能键、拨盘和 LED/LCD 显示器等。若需要高水平的人机对话配置,如宽行打印机、磁盘和标准键盘等,则往往将单片机应用系统通过总线与通用计算机相连,共享通用计算机的外围人机对话资源。

② 单片机应用系统中,人机对话通道及接口大多数采用总线形式,与计算机系统扩展密切相关。

③ 人机通道接口一般都是数字电路,电路结构简单,可靠性好。

4. 相互通道接口及特点

单片机应用系统的相互通道是解决计算机系统间相互通信的接口,要组成较大的测控系统,相互通道接口是必不可少的。

① 中、高档单片机大多设有串行口,为构成应用系统的相互通道提供了方便条件。

② 单片机本身的串行口只给相互通道提供了硬件结构及基本的通信工作方式,并没有提供标准的通信规程,利用单片机串行口构成相互通道时,要配置较复杂的通信软件。

③ 很多情况下,采用扩展标准通信控制芯片来组成相互通道,例如用扩展 RS-485 和 CAN 等通信控制芯片来构成相互通道接口。

④ 相互通道接口都是数字电路系统,抗干扰能力强,但大多数都需长线传输,故要解决长线传输驱动、匹配和隔离等问题。

8.1.3 应用系统设计内容

单片机应用系统设计包含硬件设计与软件设计两部分,设计内容如下:

① 系统扩展。通过系统扩展,构成一个完整的单片机系统,它是单片机应用系统中的核心部分。系统的扩展方法、内容、规模与所选用的单片机系列,以及供应状态有关。不同系列的单片机,内部结构、外部总线特征均不相同。

② 通道与接口设计。由于这些通道大都是通过 I/O 口进行配置的,与单片机本身联系不甚紧密,故大多数接口电路都能方便地移植到其他类型的单片机应用系统中去。

③ 系统抗干扰设计。抗干扰设计要贯穿在应用系统设计的全过程。从总体方案、器件选择到电路系统设计,从硬件系统设计到软件程序设计,从印刷电路板到仪器化系统布线等,都要把抗干扰设计列为一项重要工作。

④ 应用软件设计。应用软件设计是根据单片机的指令系统功能及应用系统的要求进行的,因此,指令系统功能的好坏对应用系统软件设计影响很大。目前各种单片机指令系统各不相同,极大地阻碍了单片机技术的交流与发展。

8.2 单片机应用系统的一般设计过程

单片机虽然是一个计算机,但其本身无自主开发能力,必须由设计者借助于开发工具来开发应用软件并对硬件系统进行诊断。另外,由于在研制单片机应用系统时,通常都要进行系统扩展与配置,因此,要完成一个完整单片机应用系统的设计,必须完成下述工作:

① 硬件电路设计、组装和调试;
② 应用软件的编写、调试;
③ 完整应用软件的调试、固化和脱机运行。

8.2.1 硬件系统设计原则

一个单片机应用系统的硬件设计包括两部分:一是系统扩展,即单片机内部功能单元不能满足应用系统要求时,必须在片外给出相应的电路;二是系统配置,即按照系统要求配置外围电路,如键盘、显示器、打印机、A/D 转换和 D/A 转换等。

系统扩展与配置应遵循下列原则:

① 尽可能选择典型电路,并符合单片机的常规使用方法;

② 在充分满足系统功能要求的前提下,留有余地以便于二次开发;
③ 硬件结构设计应与软件设计方案一并考虑;
④ 整个系统相关器件要力求性能匹配;
⑤ 硬件上要有可靠性与抗干扰设计;
⑥ 充分考虑单片机的带载驱动能力。

8.2.2 应用软件设计特点

应用系统中的应用软件是根据功能要求设计的,应可靠地实现系统的各种功能。应用系统种类繁多,应用软件各不相同,但是一个优秀的应用系统的软件应具有下列特点:
① 软件结构清晰、简洁、流程合理。
② 各功能程序实现模块化、子程序化,这样既便于调试、连接,又便于移植、修改。
③ 程序存储区、数据存储区规划合理,既能节省内存容量,又使操作方便。
④ 运行状态实现标志化管理,各个功能程序运行状态、运行结果及运行要求都设置状态标志以便查询,程序的转移、运行、控制都可通过状态标志条件来控制。
⑤ 经过调试修改后的程序应进行规范化,除去修改"痕迹"。规范化的程序便于交流、借鉴,也为今后的软件模块化、标准化打下基础。
⑥ 实现全面软件抗干扰设计,软件抗干扰是计算机应用系统提高可靠性的有力措施。
⑦ 为了提高运行的可靠性,在应用软件中设置自诊断程序,在系统工作运行前先运行自诊断程序,以检查系统各特征状态参数是否正常。

8.2.3 应用系统开发过程

应用系统的开发过程应包括4部分内容:系统硬件设计、系统软件设计、系统仿真调试及脱机运行调试。

1. 系统需求与方案调研

系统需求与方案调研的目的是通过市场或用户了解用户对拟开发应用系统的设计目标和技术指标。通过查找资料,分析研究,解决以下问题:
① 了解国内外同类系统的开发水平、器材、设备水平、供应状态;对接收委托研制项目,还应充分了解对方的技术要求、环境状况、技术水平,以确定课题的技术难度。
② 了解可移植的硬、软件技术。能移植的尽量移植,以防止大量的低水平重复劳动。
③ 摸清硬、软件技术难度,明确技术主攻方向。
④ 综合考虑硬、软件分工与配合方案。在单片机应用系统设计中,硬、软件工作具有密切

的相关性。

2. 可行性分析

可行性分析的目的是对系统开发研制的必要性及可行性作明确的判定结论。根据这一结论决定系统的开发研制工作是否进行下去。

可行性分析通常从以下几个方面进行论证：
① 市场或用户的需求情况。
② 经济效益和社会效益。
③ 技术支持与开发环境。
④ 现在的竞争力与未来的生命力。

3. 系统功能设计

系统功能设计包括系统总体目标功能的确定及系统硬、软件模块功能的划分与协调关系。

系统功能设计是根据系统硬件、软件功能的划分及其协调关系，确定系统硬件结构和软件结构。系统硬件结构设计的主要内容包括单片机系统扩展方案和外围设备的配置及其接口电路方案，最后要以逻辑框图形式描述出来。系统软件结构设计主要完成的任务是确定出系统软件功能模块的划分及各功能模块的程序实现的技术方法，最后以结构框图或流程图描述出来。

4. 系统详细设计与制作

系统详细设计与制作就是将前面的系统方案付诸实施，将硬件框图转化成具体电路，并制作成电路板、软件框图或流程图用程序加以实现。

5. 系统调试与修改

系统调试是检测所设计系统的正确性与可靠性的必要过程。单片机应用系统设计是一个相当复杂的劳动过程，在设计、制作中，难免存在一些局部性问题或错误。系统调试可发现存在的问题和错误，以便及时地进行修改。调试与修改的过程可能要反复多次，最终使系统试运行成功，并达到设计要求。

6. 生成正式系统或产品

系统硬件、软件调试通过后，就可以把调试完毕的软件固化在EPROM中，然后脱机（脱离开发系统）运行。如果脱机运行正常，再在真实环境或模拟真实环境下运行，经反复运行正常，开发过程即告结束。这时的系统只能作为样机系统，给样机系统加上外壳、面板，再配上完整的文档资料，即可生成正式的系统（或产品）。

8.3 单片机应用系统的抗干扰技术

在嵌入式系统中,系统的抗干扰性能直接影响系统工作的可靠性。干扰可来自于本身电路的噪声,也可能来自工频信号、电火花和电磁波等。一旦应用系统受到干扰,程序跑飞,即程序指针发生错误,误将非操作码的数据当作操作码执行,就会造成执行混乱或进入死循环,使系统无法正常运行,严重的可能损坏元器件。

单片机的抗干扰措施有硬件方式和软件方式。

8.3.1 软件抗干扰

1. 数字滤波

当噪声干扰进入单片机应用系统并叠加在被检测信号上时,会造成数据采集的误差。为保证采集数据的精度,可采用硬件滤波,也可采用软件滤波,对采样值进行多次采样,取平均值,或用程序判断,剔除偏差较大的值。

2. 设置软件陷阱

在非程序区采取拦截措施,当 PC 失控进入非程序区时,使程序进入陷阱,通常使程序返回初始状态。例如用"LJMP ♯ 0000H"填满非程序区。

如果程序存储器空间有足够的富裕量,且对系统的运行速率要求不高,可在每条指令后加空操作指令 NOP。如果该指令字长为 n 字节,则在其后加 $n-1$ 字节的 NOP 指令,这样即使指令因干扰跑飞,只会使程序执行一次错误操作后,又回到下一条指令处。如果跑到别的指令处,因别的指令也作了如此处理,后面的指令还可以一条一条往下执行。

8.3.2 硬件抗干扰

1. 良好的接地方式

在任何电子线路设备中,接地是抑制噪声、防止干扰的重要方法,地线可以和大地连接,也可以不和大地相连。接地设计的基本要求是消除由于各电路电流流经一个公共地线,由阻抗所产生的噪声电压,避免形成环路。

单片机应用系统中的地线分为数字电路的地线(数字地)和模拟电路的地线(模拟地);如有大功率电气设备(如继电器、电动机等),还有噪声地;仪器机壳或金属件的屏蔽地。这些地线应分开布置,并在一点上和电源地相连。每单元电路宜采用一个接地点,地线应尽量加粗,以减小地线的阻抗。

模拟地跟数字地,最终都要接到一起的,那为什么还要分模拟地和数字地呢?这是因为虽然是相通的,但是距离长了,就不一样了。同一条导线,不同的点的电压可能是不一样的,特别是电流较大时。因为导线存在着电阻,电流流过时就会产生压降。另外,导线还有分布电感,在交流信号下,分布电感的影响就会表现出来。所以要分成数字地和模拟地,因为数字信号的高频噪声很大,如果模拟地和数字地混合的话,就会把噪声传到模拟部分,造成干扰;如果分开接地的话,则高频噪声可以在电源处通过滤波来隔离掉;但如果两个地混合,就不好滤波了。

2. 采用隔离技术

在单片机应用系统的输入、输出通道中,为减少干扰,普遍采用了通道隔离技术。用于隔离的器件主要有隔离放大器、隔离变压器、纵向扼流圈和光电耦合器等,其中应用最多的是光电耦合器。

光电耦合器具有一般的隔离器件切断地环路、抑制噪声的作用,此外,还可以有效地抑制尖峰脉冲及多种噪声。光电耦合器的输入和输出间无电接触,能有效地防止输入端的电磁干扰以电耦合的方式进入计算机系统。光电耦合器的输入阻抗很小,一般为 100~1 000 Ω,噪声源的内阻通常很大,因此能分压到光电耦合器输入端的噪声电压很小。

光电耦合器的种类很多,有直流输出的,如晶体管输出型、达林顿管输出型和施密特触发的输出型;也有交流输出的,如单(双)向可控硅输出型和过零触发双向可控硅型。

利用光电耦合器作为输入的电路如图 8.2 所示。

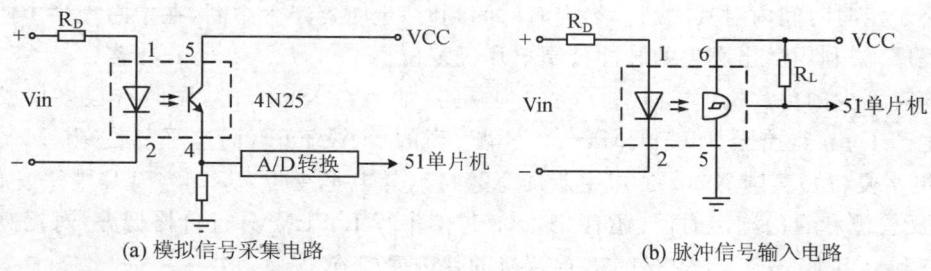

(a) 模拟信号采集电路　　　　　　　(b) 脉冲信号输入电路

图 8.2　光电耦合输入电路

图 8.2(a)是模拟信号采集,电路用光电耦合作为输入,信号可从集电极引出,也可以从发射极引出。图 8.2(b)是脉冲信号输入电路,是采用施密特触发器输出的光电耦合电路。

利用光电耦合作为输出的电路如图 8.3 所示,J 为继电器线包,图 8.3(a)中 8XX51 的并行口线输出 0,二极管导通发光,三极管因光照而导通,使继电器电流通过,控制外部电路。用光电耦合控制晶闸管的电路如图 8.3(b)所示,光耦控制晶闸管的栅极。

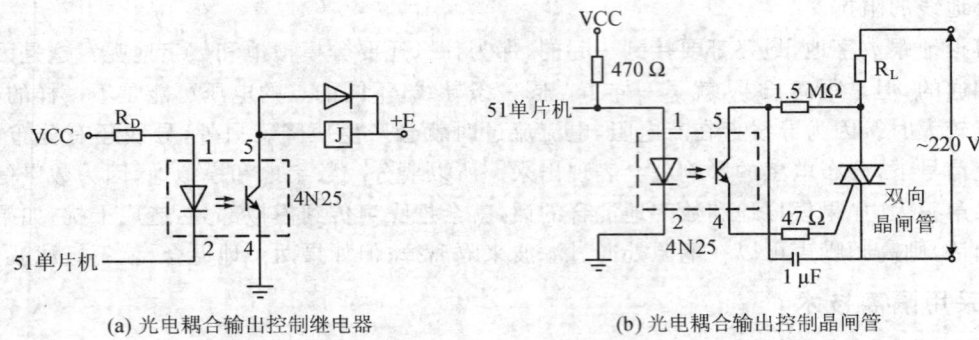

(a) 光电耦合输出控制继电器　　　　(b) 光电耦合输出控制晶闸管

图 8.3　光电耦合输出电路

8.3.3　"看门狗"技术

看门狗,英文为"Watch Dog Timer",即看门狗定时器,实质上是一个监视定时器,它的定时时间是固定不变的,一旦定时时间到,就产生中断或溢出脉冲,使系统复位。在正常运行时,如果在小于定时时间间隔内对其进行刷新(即重置定时器,称为喂狗),定时器处于不断的重新定时过程,就不会产生中断或溢出脉冲,利用这一原理给单片机加一个看门狗电路,在执行程序中在小于定时时间内对其进行重置。而当程序因干扰而跑飞时,因没能执行正常的程序而不能在小于定时时间内对其刷新。当定时时间到时,定时器产生中断,在中断程序中使其返回到起始程序,或利用溢出产生的脉冲控制单片机复位。

目前有不少的单片机内部设置了看门狗电路(如 AT89S51/52),同时有很多集成电路生产厂家生产了 μp 监控器,如美国 Maxim 公司生产的 MAX706P(高电平复位)和 MAX706R/S/T(低电平复位);美国 Xicor 公司生产的 X25043(低电平复位)、X25045(高电平复位)监控器,有电压检测和看门狗定时器,还有 512×8 位的串行 E^2PROM,且价格低廉,对提高系统可靠性很有利。下面介绍 AT89S51/52 单片机的片内看门狗。

不少单片机内带有看门狗定时器。看门狗定时器也可以用软件的方式构成,这需要单片机内有富裕的定时/计数器。由于软件运行受单片机状态的影响,其监控效果远不及硬件看门狗定时器好。软件看门狗仅在环境干扰小或对成本要求高的系统中采用。

在 Atmel 公司的 AT89S51/52 系列单片机中设有看门狗定时器,89S51 与 89C51 功能相同,指令兼容,HEX 程序无需任何转换可以直接使用。AT89S51/52 比起 AT 89C51/52 除可在线编程外,就是增加了一个看门狗功能。AT89S51/52 内的看门狗定时器是一个 14 位的计数器,每过 16 384 个机器周期看门狗定时器溢出,产生一个 $98/f_{\text{OSC}}$ 的正脉冲并加到复位引脚上,使系统复位。使用看门狗功能,需初始化看门狗寄存器 WDTRST(地址为 A6H),对其写入 1EH,再写入 E1H,即激活看门狗。在正常执行程序时,必须在小于 16383 个机器周期内进行喂狗,即对看门狗寄存器 WDTRST 再写入 1EH 和 0E1H。

看门狗具体使用方法如下。

在程序初始化中:

```
        WDTRST    EQU    A6H
        ORG       0000
        LJMP      STAR
        ⋮
STAR:   MOV       WDTRST,#1EH      ;激活看门狗,先送 1EH
        MOV       WDTRST,#0E1H     ;后送 E1H
DOG:
        ⋮
        MOV       WDTRST,#1EH      ;先送 1EH,喂狗指令
        MOV       WDTRST,#0E1H     ;后送 E1H
        LJMP      DOG
```

在 C 语言中要增加一个声明语句。

在 reg52.h 声明文件中:

```
sfr WDTRST = 0xA6;
main( )
{
    WDTRST = 0x1e;
    WDTRST = 0xe1;            //初始化看门狗
    while(1)
    {   ⋮
        WDTRST = 0x1e;
        WDTRST = 0xe1;        //喂狗指令
    }
}
```

注意事项:

① AT89S51/52 单片机的看门狗必须由程序激活后才开始工作,所以必须保证单片机有可靠的上电复位,否则看门狗也无法工作。

② 看门狗使用的是单片机的晶振,在晶振停振时看门狗也无效。

③ AT89S51/52 单片机只有 14 位计数器。在 16383 个机器周期内必须至少喂狗一次,而且这个时间是固定的,无法更改。当晶振为 12 MHz 时,每 16 ms 内需喂狗一次。

8.4 单片机应用系统的低功耗设计

嵌入式应用系统中,普遍存在功耗浪费现象。在一个嵌入式应用系统中,由于普遍存在CPU高速运行功能和有限任务处理要求的大量差异,会形成系统在时间与空间上大量的无效操作,造成大量功耗浪费。

电子工业发展总的趋势是提供更小、更轻和功能更强大的最终产品,功耗问题是近几年来人们在嵌入式系统的设计中普遍关注的难点与热点,特别是对于电池供电系统,而且大多数嵌入式设备都有体积和质量的约束。目前,单片机越来越多地应用在电池供电的手持机系统,这种手持机系统面临的最大问题,就是如何通过各种方法,延长整机连续供电时间。归纳起来,总的方法有两种:第一是选择大容量电池,但由于受到了材料及构成方式的限制,在短期内实现较大的技术突破是比较困难的;第二是降低整机功耗,在电路设计上下功夫,例如,合理地选择低功耗器件,确定合适的低功耗工作模式,适当改造电路结构,合理地对电源进行分割等。总之,低功耗已经是单片机技术的一个发展方向,也是必然趋势。

降低系统的功耗具有下面的优点:

① 对于电池供电系统,降低系统的功耗,可节能,以延长电池的寿命,降低用户更换电池的频率,提高系统性能与降低系统开销,甚至能起到保护环境的作用。

② 减小电磁干扰。系统的功耗越低,电磁辐射的能量越小,对其他设备造成的干扰越小,如果所有的电子产品都设计成低功耗的,那么电磁兼容性设计会变得容易。

目前的集成电路工艺主要有 TTL 和 CMOS 两大类,无论哪种工艺,电路中只要有电流通过,就会产生功耗。通常,集成电路的功耗分为静态功耗和动态功耗两部分:当电路的状态没有进行翻转(保持高电平或低电平)时,电路的功耗属于静态功耗,其大小等于电路的电压与流过的电流的乘积;动态功耗是电路翻转时产生的功耗,由于电路翻转时存在跳变沿,在电路的翻转瞬间,电流比较大,存在较大的动态功耗。

由于目前大多数电路采用 CMOS 工艺,静态功耗很低,可以忽略。起主要作用的是动态功耗,因此降低功耗应从降低动态功耗入手。

8.4.1 单片机应用系统的硬件低功耗设计

1. 选择低功耗的器件

选择低功耗的电子器件可以从根本上降低整个硬件系统的功耗,目前的半导体工艺主要有 TTL 工艺和 CMOS 工艺。CMOS 工艺具有很低的功耗,在电路设计上应优先选用。使用 CMOS 系列电路时,其不用的输入端不要悬空,因为悬空的输入端可能存在的感应信号会造成高低电平的转换,转换器件的功耗很高,应尽量遵循输出为高的原则。

单片机是嵌入式系统的硬件核心,消耗大量的功率,因此设计时应选用低功耗的处理器;另外,应选择低功耗的通信收发器(对于通信应用系统)、低功耗的外围电路,目前许多的通信收发器也设计成节省功耗方式,这样的器件应优先采用。

2. 选用低功耗的电路形式及工作方式

完成同样的功能,电路的实现形式有多种。例如,可以利用分立元件、小规模集成电路、大规模集成电路甚至单片实现。通常,使用的元器件的数量越少,系统的功耗越低。因此,应尽量使用集成度高的器件,减少电路中使用的元件的个数,降低整机的功耗。

因此,原则上要选择既能满足设计要求,并且还具有电源管理单元的 SOPC 级单片机。单片机全速工作时功耗最大,低功耗模式可大幅减低功耗。

单片机的功耗与时钟频率密切有关,频率越高,功耗越大。单片机的工作频率选择,不仅影响单片机最小系统的功耗,也直接影响着整机功耗,应在满足最低频率的情况下,选择最小的工作频率。

影响工作频率不能进一步降低的因素有:串行通信速率、计算器测量频率、实时运算时间和外部电路时序要求。

3. 外围数字电路器件的选择及设计原理

全部选择 CMOS 器件 4000 系列或者 74HC 系列,其中 74HC、74HCU 系列的工作电压可以降到 2 V,对进一步降低功耗大有益处。逻辑电路低功率标准被定义为每一级门电路功耗小于 1.3 μW/MHz。

应尽量减少器件输出端电平输出时间。低电平输出时,器件功耗远远大于高电平输出时的功耗,设计电路时要仔细分析各器件的低电平输出时间。例如对 $\overline{RD}$、$\overline{WR}$ 等大部分为高电平的信号,在设计电路时应尽量不使其做"非"的运算,否则这个非门的输出端就会产生一个较长时间的低电平,该非门的整体功耗就会大大增加。

遵照上述原则,对 IC 内多余门电路的处理原则为:多余的或门、与门在输入端接成高电平,使输出为高电平;多余的"非"系列门,输入端接成低电平,使输出高电平。在可靠性允许的情况下,应尽量加大上拉电阻的阻值,一般可以选 10~20 kΩ。

4. 外围模拟电路器件的选择及设计原则

(1) 单电源、低电压供电

延长电池连续供电时间,主要靠减小负载电流完成。在负载电阻一定的情况下,降低电源电压可以大幅度减小负载电流。

IC 工业正寻求多种途径来满足低功率系统要求,其中一个途径是将数字器件的工作电压从 5 V 变为 3.3 V(时功耗将减小 60%)、2.5 V、1.8 V,甚至更低(0.9 V 为电池电压的最低极限),将模拟器件的电源电压从 15 V 变为 5 V。

一些模拟电路如运算放大器等,供电方式有正负电源和单电源两种。双电源供电可以提供对地输出的信号。高电源电压的优点是可以提供大的动态范围,缺点是功耗大。例如,低功耗集成运算放大器 LM324,单电源电压工作范围为 5~30 V,当电源电压为 15 V 时,功耗约为 220 mW;当电源电压为 10 V 时,功耗约为 90 mW;当电源电压为 5 V 时,功耗约为 15 mW。可见,低电压供电对于降低器件功耗的作用十分明显。因此,处理小信号的电路可以降低供电电压。

(2) 优化电路参数
- 选择低功耗(模拟电路低功率标准被定义为小于 5 mW)、单电源运放,如 LM324 等;不能使用普通的稳压管提供 A/D 的基准,因为普通稳压管最小的稳压电流一般大于 2 mA,应该使用微电流稳压器件,如 MAX 公司的产品。
- 旁路、滤波电容选择漏电流小的电容。
- 在满足抗干扰条件的情况下,尽量将放大电路的输入阻抗做大。

5. 分区/分时供电技术

一个嵌入式系统的所有组成部分并非时刻在工作,部分电路只在一小段时间内工作,其余大部分时间不工作。基于此,可以将这部分电路的电源从主电源中分割出来,让其大部分时间不消耗电能,即采用分区/分时供电技术。

分区/分时供电技术是利用"开关"控制电源供电单元,在某一部分电路处于休眠状态时,关闭其供电电源,仅保留工作部分的电源。

可由 CPU 对被分割的电源进行控制,常用一个场效应管完成,也可以用一个漏电流较小的三极管来完成,只在需要供电时才使三极管处于饱和导通状态,其余时间处于截止状态。

需要注意的是,被分割的电路部分在上电以后,一般需要经过一段时间才能保证电源电压的稳定,因此,需要提前上电;同时在软件时序上,需要留出足够的时间裕量。

外扩系统存储器芯片也需要采用分区/分时供电技术以降低功耗。例如,外扩存储器芯片选用 CMOS 的 27C64,本身工作电流就不大,经实测为 1.8 mA(与不同的厂家、不同质量的芯片有关,测试数据均来自笔者认为功耗较低的正规芯片),经低功耗设计后,在 6 MHz 工作的频率下,工作电流降到 1.0 mA。这里关键是对 27C64 的 $\overline{OE}$ 脚和 $\overline{CE}$ 脚(片选)的处理,有些设计者为了图省事,在只有一片 EPROM 的情况下,将 CE 脚固定接地,这样,EPROM 一直被选中,自然功耗较大;另一种设计是将高位地址线利用线选方式直接接到 $\overline{CE}$ 上,EPROM 操作时,才会选中 EPROM,平均电流自然会减小,虽然只减小 0.8 mA,但是在研究降低功耗技术时,即使是 1 mA 数量级的电流节省也是不容忽视的。

6. 减小持续工作电流

在一些系统中,尽量使系统在状态转换时消耗电流,在维持工作时期不消耗电流。例如

IC卡水表、煤气表和静态电能表等，在打开和关闭开关时给相应的机构上电，开关的开和关状态通过机械机构或磁场机制保持开或关的状态，而不通过电流保持，可以进一步降低电能的消耗。

8.4.2 单片机应用系统的软件低功耗设计

1. 编译低功耗优化技术

编译技术降低系统功耗是基于这样的事实：对于实现同样的功能，不同的软件算法消耗的时间不同、使用的指令不同，因而消耗的功率不同。目前的软件编译优化方式有多种，如基于代码长度优化，基于执行时间优化等。基于功耗的优化方法目前很少，仍处于研究中。但是，如果利用汇编语言开发系统（如对于小型的嵌入式系统开发），可以有意识地选择消耗时间短的指令和设计消耗功率小的算法，降低系统的功耗。

2. 硬件软化与软件硬化

通常硬件电路一定消耗功率，基于此，可以减少系统的硬件电路，把数据处理功能用软件实现，如许多仪表中用到的对数放大电路、抗干扰电路，测量系统中用软件滤波代替硬件滤波器等。

软件处理需要时间，处理器也需要消耗功率，特别是处理大量数据的时候，需要高性能的处理器，可能会消耗大量的功率。因此，系统中某一功能用软件实现还是硬件实现，需要综合计算设计。

3. 采用快速算法

数字信号处理中的运算，采用如FFT和快速卷积等，可以节省大量运算时间，从而降低功耗；在精度允许的情况下，使用简单函数代替复杂函数作近似，也是降低功耗的一种方法。

4. 通信中采用快速通信速率

在多机通信中，尽量提高传送的波特率。提高通信速率，意味着通信时间缩短，一旦通信完成，通信电路进入低功耗状态；并且发送、接收均应采用外部中断处理方式，而不采用查询方式。

5. 数据采集系统中降低采集速率

在测量和控制系统中，数据采集部分的设计需根据实际情况，不要只顾提高采样率，因为模/数转换时功耗较大，过大的采样速率不仅功耗大，而且为了传输处理大量的冗余数据，也会额外消耗CPU的时间和功耗。

6. 利用单片机的休眠与唤醒功能降低单片机系统功耗

如果可能,尽量减少 CPU 的全速运行时间以降低系统的功耗,使 CPU 较长地处于空闲方式或掉电方式是软件设计降低系统功耗的关键。在开机时靠中断唤醒 CPU,让它尽量在短时间内完成对信息或数据的处理,然后就进入空闲或掉电方式,在关机状态下让它完全进入低功耗工作方式,用定时中断、外部中断或系统复位将它唤醒。这种设计软件的方法是所谓的事件驱动的程序设计方法。AT89S51/52 有两种可用软件编程的省电模式,它们是空闲模式和掉电工作模式。

(1) AT89S51/52 的掉电模式

掉电模式下,芯片时钟停止,调用掉电模式的指令是最后执行的指令。从掉电模式中恢复后,片内 RAM 的数据不丢失。复位时特殊功能寄存器被复位,但其他内部 RAM 的内容不改变。在 VCC 电源没有达到正常电压之前,复位不会发生。复位时芯片会自己等晶振的工作恢复正常。

进入掉电模式时,软件将位于片内 SFR 的 87H 地址的 PCON 的 PCON.1,即 PD 位置 1,此时 ALE 引脚和 $\overline{PSEN}$ 引脚都会置为 0,这是标志。在使用内部程序存储器时,P0 口~P3 口都是数据;在使用外部程序存储器时,P0 口会悬空,P1 口~P3 口都是数据。

慎重使用掉电模式,因为退出掉电方式的唯一方法是硬件复位。

(2) AT89S51/52 的空闲模式

空闲模式下 CPU 内核进入休眠,功耗下降,芯片内部的周边设备,即定时器中断、计数器中断、外部中断和串口中断仍然工作。该模式与掉电模式不同的是,空闲模式由软件调用。芯片上的 RAM 和特殊功能寄存器在该模式下保持原来的值。空闲模式可以由任何中断或者硬件复位来唤醒。

值得注意的是,当空闲模式由硬件复位来唤醒的时候,设备正常地从程序停止的地方恢复运行,内部运算器运行前要过 2 个机器周期。在该事件中,芯片上的硬件控制内部 RAM 的存取。当空闲模式被硬件唤醒时,要排除不希望的端口的写操作。在调用空闲模式的指令后面的第 1 条指令不能是写端口引脚或者是写外部内存。

进入空闲模式时,软件将位于片内 SFR 的 87H 地址的 PCON 的 PCON.0,即 IDL 位置 1,此时 ALE 引脚和 $\overline{PSEN}$ 都会被置为 0,这是标志。在使用内部程序存储器时,P0 口~P3 口都是数据;在使用外部程序存储器时,P0 口悬空,P1 口~P3 口都是数据。

7. 静态/动态显示

嵌入式系统的显示方式有两种:静态显示和动态显示。

静态显示,显示的信息通过锁存器保存,然后接到数码管上,这样一旦把显示的信息写到数码管上,在显示的过程中,处理器不需要干预,就可以进入待机方式,只有数码管和锁存器在工作。

动态显示的原理是利用 CPU 控制显示的刷新,为了使显示不闪烁,刷新的频率也有底限要求,可想而知,动态显示技术要消耗一定的 CPU 功耗。

如果动态显示需要 CPU 控制显示的刷新,那么会消耗一定的功耗;静态显示的电路复杂,虽然电路消耗一定的功率,但如果采用低功耗电路和高亮度显示器就可以得到很低的功耗。

系统设计时,采用静态显示还是动态显示,需要根据使用的电路进行计算以选择合适的方案。

8. 延时程序设计

延时程序的设计有两种方法:软件延时和硬件定时器延时。为了降低功耗,尽量使用硬件定时器延时,一方面提高程序的效率,另一方面降低功耗。原因如下:

大多数嵌入式处理器在进入待机模式时,CPU 停止工作,定时器可正常工作,定时器的功耗可以很低,所以处理器调用延时程序时,进入待机方式,定时器开始计时,时间到则唤醒 CPU。这样一方面 CPU 停止工作降低了功耗,另一方面提高了 CPU 的运行效率。

例如,定时中断和定时器延时差不多,所不同的就是开启了定时器中断功能。当定时器溢出标志 TFx(x=0,1,2)置位时触发中断,单片机进入中断服务子程序,执行中断服务子程序功能。定时器中断的好处就是,单片机在定时器计时时可以做其他的事情,可以提高单片机运行效率。如果只在单片机定时中断中完成所有任务,那么单片机可以设置进入休眠模式,以节省功耗。

这里给出的代码是通过定时器中断实现 P1 口 LED 隔 1 s 闪烁一次,其间睡眠等待。

```
#include<reg52.h>

#define   T0_INTERRUPT 1          //T0 中断向量号
#define   LED P1
//================================
typedef unsigned char uchar;
typedef unsigned int uint;

void Init_T0()
{   TMOD = 0x01;                  //16 位定时器模式
    TH0 = 0xFC;
    TL0 = 0x18;
    EA = 1;                       //开全局中断
    ET0 = 1;                      //允许 T0 中断
    TR0 = 1;                      //启动定时器
}
//================================
```

```c
void main()
{
    LED = 0xFF;                    //熄灭所有的 LED
    Init_T0();                     //初始化定时器 0
    while(1)
    {
        PCON |= 0x01;              //单片机进入休眠模式,降低功耗
    }
}
//==================================
void T0_Interrupt() interrupt T0_INTERRUPT
{
    static uint i = 0;
    TH0 = 0xFC;
    TL0 = 0x18;
    i ++ ;
    TF0 = 0;
    if(i == 1000)                  //1 s取反 LED,使之闪烁
    {   LED ^= 0xFF;
        i = 0;
    }
}
```

嵌入式系统的功耗设计涉及软件、硬件和集成电路工艺等多个方面,本节从原理和实践上探讨了系统的低功耗设计问题,并说明了低功耗系统的设计方案和原理。实际上,文中提供的方案和原理在实际系统的应用中,可以综合考虑、综合应用,以达到降低系统功耗的目的。

8.5 优良人机界面与单片机应用系统设计

界面的说法以往常见的是在人机工程学中。人机界面(Human - Machine Interface)是人与机器进行交互的操作方式,即用户与机器互相传递信息的媒介,其中包括信息的输入与输出,凡参与人机信息交流的一切领域都属于人机界面。应结合心理学、人机工程学、计算机语言学、艺术设计、智能人机界面、社会学与人类学等多学科知识对人机界面设计进行研究。其发展趋势也向着更加人性化、高科技化的方向发展。

由于受传统观念的影响,很长一段时间里,人机界面一直不为嵌入式系统开发人员所重视,认为这纯粹是为了取悦用户而进行的低级活动,没有任何实用价值。评价一个应用系统质量高低的唯一标准,就是看它是否具有强大的功能,能否顺利帮助用户完成他们的任务。近年

来,随着半导体和计算机技术的迅猛发展,系统的可操作性、简易性和舒适性等方面对系统开发提出了更高的要求和期望,除了强大的功能外,更期望产品能尽量地为他们提供一个轻松、愉快、感觉良好的操作环境。这表明,人机界面的质量已成为一个大问题,友好的人机界面设计已经成为应用系统开发的一个重要组成部分。

有学者认为,人机界面设计可分为广义的人机界面设计和狭义的人机界面设计。狭义的人机界面是计算机系统中的人机界面,又称人机接口、用户界面,它是计算机科学与心理学、图形艺术、认知科学和人机工程学的交叉研究领域,是人与计算机之间传递和交换信息的媒介,是计算机系统向用户提供的综合操作环境。从广义的人机界面角度来讲,它主要是研究人与机关系的合理性。人机界面中的"人"是指作为工作主体的人,包括操作人员、决策人员等。人的生理特征、心理特征以及人的适应能力都是重要的研究方向。人机界面中的"机"是指人所控制的一切对象的总称,包括人操作和使用的一切产品和工程系统。设计满足人的要求、符合人的特点的"机",是人机界面设计探讨的重要问题。数控机床的人机界面可分为软件人机界面和硬件人机界面。

人机界面包括正在使用、准备使用(如校对、设定和打开)、维护保持(如修理、清洁)或系统参数调整时机器的所有与人的交互界面。它既包括控制设备工作的开关、按键和旋钮等硬件,包括指示灯、显示器和视听警报等,也包括一系列的逻辑。它们指导系统如何对用户的指令做出反应,包括怎样、何时并以怎样的形式把信息反馈给用户。人机界面的一个重要方面就是哪种逻辑的信息显示和控制行为是和用户的能力、期望、最有可能的行为相一致的。

用户面板是接受用户操作输入和显示输出的人机交互接口,人机交互的重点是人与机器能准确方便地交流信息。用户面板的输入是随机的,操作次序或组合可能是很多样的,用户操作可能是错误的,如何降低用户操作的出错几率和如何降低误操作带来的风险,就是人机交互系统安全性设计考虑的问题。

首先,如何降低用户操作的出错几率呢?

考虑操作者姿势带来的疲劳,进入疲劳状态就容易引起操作失误,反应迟钝。操作者需要有舒适的姿势方便地进行人机交互。例如弯腰、探头操作极易使操作者疲劳。设计时还需要考虑操作按钮和状态指示的位置,控制面板的倾斜角度,是否允许坐姿操作,因为坐姿比站姿舒适。一句话概括就是,符合人体工程学设计。

设备的功能布局模块化,使人机界面更加合理,具有逻辑性。布局清晰,应使功能类似或安全等级相同的排列在一起。布局清晰使得操作按钮一目了然,不易失误。功能上类似的如都是调节一些参数设定,将其排列在一起,操作上方便并且由于这些同类按钮的间距较近,容易误操作,即使误操作相近的按钮,也不会有大的影响。安全等级相同的排列在一起也是同样道理,如危险开关和常用按钮最好分开足够距离,位置也应放在特殊位置。例如急停开关在特殊位置,能确保紧急情况下快速断电,正常操作时不会误断电。

状态指示应清晰、正确。对于指示灯显示状态正常或异常的可以用两种颜色显示,例如正常时显示绿色,警告或异常时显示更为敏感的黄色或红色。如果用指示灯亮/灭表示正常/异常,则有不可避免的缺陷——如果指示灯灭还可能是发光器件损坏。开机自检可以提高器件失效的可探测度,有一定的弥补作用。如果是文字指示,则应避免文字过多,文字过多反而对操作者起不到及时提示作用,应注意精简文字,对关键性文字或不同安全等级的文字附加闪烁或不同颜色加以强调,毕竟颜色信息敏感度优于文字信息。另外文字信息还需要考虑用户的语种,而图形信息可以避免这一问题,行业标准化图标对于跨国产品就显得尤为重要。

用户操作尽量简单易学,宁可让机器多运行也应让用户少操作。机器多运行往往是软件上的处理,当前的计算机技术高速发展,速度已不成问题;而用户操作步骤简洁,降低用户操作的出错几率,减少用户对系统的干预,降低系统的故障率。

操作逻辑上也需要设计,例如按钮步骤互锁或连锁,减少操作者可能的操作组合,避免无意义的操作。互锁功能是系统在使用功能 A 时就禁止功能 B,连锁指功能 B 必须在使用功能 A 的前提下。这样的设计可以保证用户操作必须符合一定的规范,对于不规范的操作直接不予接受。这就减少了系统接受用户输入的组合,并且产品测试验证的操作用例也会减少。

其次,加强对用户操作的确认和增加提示,使得用户意识到自己的操作错误。

高度的人机交互性需要系统对用户的操作给出相应的响应和提示。系统进入不同状态都应该从状态上清晰地显示出来,可以根据实际情况采用声、光状态指示,一方面操作者可以从状态反馈得知当前的操作是否成功,另一方面操作者可以根据状态指示指导下一步操作。例如家用电器中的消毒柜和微波炉在工作时的状态指示灯和声音提示给用户一个良好的状态反馈和安全警告。

如果系统有错误产生,不管是用户操作错误引起还是环境引起的,给出相应的状态指示可以帮助用户及时纠正操作或处理错误,甚至需要暂停系统工作。良好的用户接口设计,不仅需要系统具有检错或纠错能力,而且在错误出现后应让用户清楚了解其错误的性质和来源,以便用户改正错误,以免在异常状态下引发更为严重的问题。可以用 Windows 系统的文件删除操作来做例子,删除文件需要确认删除,并且先放到回收站而不是直接删除。这些操作虽然很多情况都是添加了操作步骤,但是如果没有这些安全措施,一个小孩随机敲几下键盘就可能将有用的资料从电脑上删除。手机面板设计也是如此,删除短信往往需要用户确认。另外,有的手机编辑短信时,当输入编码正常时,相应按键"嘀"的一声(设定按键有声音的时候),错误长响"嘀"的一声,这样用户可以清楚地判断文字编码的输入情况。只要有按键输入(不管操作是否有误)都有个声音提示的另一个好处是,可以轻易探测按键是否失灵。

最后,在用户误操作的情况下,如何降低危险的发生?

这需要考虑操作者误操作并且可能带来危害的情况下,如何采取安全保护措施。前面提到几点是从设计上降低用户误操作几率,但无法保证用户不误操作。例如系统在工作状态中有危险源,需用户保持一定距离,就应该有禁止用户接触的功能,如需要关上屏蔽罩才允许用户操作等。对于有辐射源、高电压、大机械力的产品这点尤为重要。例如,微波炉在工作时上锁不让用户打开柜门,避免工作时用户误开门,对人体辐射;X线机在放线时若误开门,会自动通过门开关切断射线产生;工业切割机在进料切割动作时,可以在面板上设计必须双手按控制按钮才执行切割动作,目的是防止对人体造成意外伤害。

还有一种方法是通过系统检测功能使得风险降低,如X线机的最长曝光时间限制,即使操作人员操作严重失误,并且还没意识到问题,系统已对风险做了处理,对病人在受线额度上做了限制。

还有其他的安全防护措施,可根据实际应用场合考虑是否需要。例如面板上的童锁功能,按下童锁键后,其他按键输入都暂时失效,除非解除童锁,这在一些场合有效地防止了误操作。另一种措施是分辨用户等级,给出相应的操作权限,例如管理人员由于专业技能高,操作权限最高,普通用户只能进行简单的操作,实现的办法可以是密码管理,通过输入密码获得权限;也可以是硬件锁,管理员通过专用的钥匙提高操作权限。

设计产品初期就应考虑不同类别的操作者,通过试验,调查和了解各种可能的操作情况和各种风险,再用相应的方法避免或降低风险,提高产品的可靠性和安全性。这样的设计才可能是优质产品,当然采用的方案也需要考虑产品价格,以提高产品整体竞争力。

8.6 单片机应用系统设计的思路

单片机多应用于测控仪器仪表等领域,虽然设计思想各异,所采用器件种类千差万别,但是,其中存在一些共性的技术问题。例如,智能传感器设计、自动化仪表的设计技术、仪表中的数字信号处理技术以及一些新的测量技术。深入研究和系统介绍这些共性技术,无疑将对设计、研制和使用自动检测系统起到重要的作用,也为打算进入该领域的读者寻找到一条捷径,同时对自动检测和仪表的发展起到推动作用。检测与控制技术的基本知识、单片机软硬件基础、接口技术、抗干扰技术及传感器技术等,都是本书将要讨论的重点。

1. 单片机能够测试的对象——基本电参数

基本电参数有开关量、时间、频率和电压,所以,基于单片机的检测系统应用,要构建"开关量、时间、频率和电压"接口。

2. 传感应用系统设计

传感器系统设计是通过将对应物理量的变化所体现的开关状态、电阻、电容和电感等的变化,将物理量测量转化为开关状态、电阻、电容和电感等的测量。

所以,电阻、电容和电感测量方法是传感应用系统设计的基础。

3. 如何具备和建立单片机测量应用系统的设计思路?

时间(频率)、电压和阻抗是电子测量中的三个最重要的基本电参数,同时,也是许多非电量的物理量测量的基础,因为许多物理量都可以变换为三个基本电参数之一。

　　首先灵活掌握基本电参数的测量方法,并对电阻、电容和电感等的测量具有足够的基础;其次就是了解更多的应用领域和对象,建立应用对象与开关量、时间、频率、电压、电阻、电容和电感等参数之间的函数关系,从而建立技术路线;最后就是多实践,增加经验值,尤其是调理电路设计和精密测量技巧等。

习题与思考题

8.1　试说明单片机应用系统特点。
8.2　请说明单片机应用系统的一般设计过程。
8.3　请说明单片机系统抗干扰设计的意义,并列举单片机应用系统的抗干扰措施。
8.4　请说明看门狗在单片机应用系统中的意义,并说明看门狗的工作过程。
8.5　试说明单片机应用系统的低功耗设计的工程含义及主要技术。
8.6　试说明优良人机界面与单片机应用系统设计的关系。

第 9 章
时间和频率测量及应用系统设计

时间是国际单位制中 7 个基本物理量之一,它的基本单位是秒,用 s 表示。在年历计时中,因为秒的单位太小,常用日、星期、月和年;在电子测量中,有时又因为秒的单位太大,常用毫秒(ms,10^{-3} s)、微秒(μs,10^{-6} s)、纳秒(ns,10^{-9} s)和皮秒(ps,10^{-12} s)。

时间在一般概念中有两种含义:一是指时刻,指某事件发生的瞬间,为时间轴上的 1 个时间点;二是指间隔,即时间段,两个时刻之差,表示该事件持续了多久。

周期是指同一事件重复出现的时间间隔,记为 T。频率是指单位时间(1 s)内周期性事件重复的次数,记为 f,单位是赫兹(Hz)。可见,频率和周期(时间)是从不同的角度来描述周期性现象的,两者在数学上互为倒数,即 $f=1/T$。因此,实际上,两者共用同一基准来进行比对和测量,准确度相互制约。

时间和频率是电子测量技术领域中最基本的参量,尤其是长度和电压等参数的测量也可以转化为频率的测量技术来实现,因此,对时间、时刻和频率的测量十分重要,广泛应用于各类电子应用系统中。定时器一般具有测频、测周期、测脉宽、测时间间隔和计时等多种测量功能。在电子测量和智能仪器仪表中,可以将被测信号经信号调理及电平转换电路将其转换为适合单片机处理的信号,如果待测时间适合单片机的定时器处理,则可直接利用定时器求得。本章将全面讲述基于单片机定时器技术的时间、时刻和频率的测量方法,并通过大量应用实例讲明时间、时刻和频率的测量方法、技术规律和应用领域。这些实例极具典型性,在课程设计、毕业设计和实际应用中出现频率很高。

本章要点如下:
➢ 时频关系与时频标准及频率的测量;
➢ 电子计数法测频、测周期的原理与误差分析;
➢ 时频测量及频率控制应用;
➢ PWM 技术原理及应用初步。

9.1 定时和计时器应用

定时和计时是定时器的典型应用之一，广泛应用于电子钟表、万年历、作息时间控制和各类时间触发控制系统。

9.1.1 定时器的时钟源、工作模式与精准定时

1. 定时器的时钟源

时钟源的频率稳定度直接决定着定时和计时的精度。单片机的时钟源一般是由外部晶振提供，具有较好的频率稳定性，在非钟表记录类定时应用场合广泛应用。其中，32768 Hz 晶振又称为钟表晶振，广泛应用于钟表系统，为其提供时钟源。32768 Hz 晶振的频率准确度约为 10^{-6}，可以计算出一天的走时误差为：

$$\Delta t = 60 \times 60 \times 24 \times 10^{-6} \text{ s} = 0.0864 \text{ s} \approx 0.1 \text{ s}$$

可见，时间准确度取决于频率准确度，其标准是等同的。

2. 定时器的工作模式与精确定时

一般定时器的时钟源频率都较高，以采用 12 MHz 晶振的 AT89S52 单片机应用系统来说，16 位的定时，最多计时 65.535 ms，即 $(2^{16}-1)$ μs。若系统应用需要更长时间的定时，就需要定时中断次数累计。对于非自动重载方式的定时，由于中断响应时间的影响，势必造成由定时中断引起的中断响应时间累计误差。因此，自动重载是解决累积定时误差的重要途径。51 单片机的 T0 和 T1 的工作方式 2 为 8 位自动重载方式，AT89S52 的 T2 可工作在 16 位的自动重载状态。

因此，可以通过单片机内的通用定时器的自动重载方式实现精确的定时和计时。当然，可以直接通过 RTC(Real Time Clock)芯片来实现精确定时，不过一般为"秒"级、"分"级单位定时。

——典型设计举例 E1：(作息时间控制)数字钟/万年历的设计

电子时钟具有走时准确和性能稳定等优点，已成为人们日常生活中必不可少的物品，广泛用于个人、家庭以及车站、码头、剧院和办公室等公共场所，给人们的生活、学习、工作和娱乐带来极大的方便。随着技术的发展，人们已不再满足于钟表原先简单的报时功能，希望出现一些新的功能，如日历的显示、闹钟的应用等，以带来更大的方便。电子时钟，既能作为一般的时间显示器，同时还可以根据需要衍生出其他功能。因此，研究实用电子时钟及其扩展应用，有着非常现实的意义，具有很大的实用价值。

第 9 章 时间和频率测量及应用系统设计

电子万年历作为典型的电子时钟,不仅是市场上的宠儿,也是单片机应用中一个很常用的实例。电子万年历的设计具有很好的开放性和可发挥性,在考查定时器应用技术的同时可充分锻炼人机接口技术能力。作为钟表,能够调整时间是其基本的功能,当然设定闹铃进行作息时间控制也已经成为电子钟表的标配功能。

E1.1 数字钟/万年历的方案设计

电子钟表的方案主要有两类:一是直接利用单片机的定时器实现电子钟表,二是采用专用日历时钟芯片。

1. 直接利用单片机的定时器实现电子钟表

对于电子钟表系统,一般采用 32 768 Hz 晶振(又称为钟表晶振)计时,否则也会有较大的时间累计误差。然而对于 AT89S52 单片机采用 32 768 Hz 晶振工作是不现实的,单片机速度太慢,无法完成人机界面等复杂的任务,只能采用相对高频的晶振。

时钟的最小计时单位是秒,但使用单片机定时器来进行计时,若使用 12 MHz 的晶振,即使按 16 位定时器工作,最大的计时时间也只能到 65.5 ms,所以可把每个定时时间取 50 ms,这样定时器溢出 20 次(50 ms×20=1 000 ms)就得到最小的计时单位:秒。而要实现 20 次计数,用软件方法实现是轻而易举的事情。

对于非自动重载方式的定时,由于中断响应时间的影响,势必造成由定时中断引起的中断响应时间累计误差。因此,自动重载是解决累积定时误差的重要途径。AT89S52 的 T2 可工作在 16 位的自动重载状态。

当然,也可直接采用外部由 32 768 Hz 晶振产生的标准时钟,单片机的定时器采用计数器的方式实现准确的数字钟表。

一个时钟的计时累加,要实现分、时的进位,要用到多种进制,秒、分、时中的进位是十进制,秒向分进位和分向时进位却是六十进制,而每天又有十二小时制或二十四小时制,它们分别又是十二进制和二十四进制。从秒到分和从分到小时可以通过软件累加和数值比较方法实现。当然,对于日历系统还有日进位和月进位。

在单片机的内部 RAM 中,开辟时间信息缓冲区,包括时、分、秒等。定时系统按时间进位修改缓冲器内容,显示系统读取缓冲区信息实时显示时间。

2. 采用专用日历时钟芯片实现电子钟表

实时时钟 RTC(Real Time Clock)是专用时钟集成电路,适合于一切需要低功耗及准确计时的应用,如手机、电视机和数码相机等消费电子设备,以及电表、供暖和通风等工业应用,医疗设备、办公自动化、汽车电子和测试测量领域也越来越多地采用了实时时钟。例如 5.4.2 小节介绍的 DS12C887 和 6.1.3 小节介绍的 DS1302 都是日历时钟芯片。

如何为某一特定应用选择合适的实时时钟芯片呢？设计者可以根据系统的性能要求，从接口方式、功耗、精度和功能几方面入手。对于消费电子应用，实时时钟芯片要在具有小尺寸、低功耗和低成本等特点的同时，集成系统所需的丰富功能，才能使最终产品性价比更高，上市时间更短。

采用专用日历时钟芯片实现电子钟表主要注意以下几个问题：

(1) 时钟精度

为 RTC 电路提供时钟基准的一般是低成本的石英晶体。由于石英晶体具有机电敏感性和热敏感性，其输出频率并不稳定，在极端条件下会导致系统时钟每年走快或走慢长达 100 min。

(2) 接口方式

串行接口的实时时钟芯片一般尺寸较小，成本较低，但通信速率也较低，因而比较适合数码相机和手机等便携设备。这类芯片通常包括 1-Wire(1 线)接口、2 线、3 线、4 线、I^2C 或 SPI 接口。并行接口可实现存储器的快速访问并有较大的存储容量，这类时钟芯片适合于那些对成本和尺寸要求不是很苛刻的系统。

(3) 功耗要求

消费电子产品对功耗的要求非常苛刻，尤其是电池供电的便携设备。为有效延长电池的使用寿命，实时时钟芯片追求更低的功耗，工作电流的典型值大都低于 0.5 μA，最低至 0.15 μA，最低计时工作电压普遍在 1.4 V 以下。

(4) 掉电保护

当系统断电时，实时时钟芯片也停止了工作，势必造成给电后时间需要手工重新调整的麻烦，所以一般的实时时钟芯片都具有后备电源引脚，除可以采用系统电源供电，一旦掉电自动切换到后备电池供电，甚至有些日历时钟芯片集成可充电电池。

在许多对精度要求苛刻的应用中，诸如重要事件的时标、金融交易，以及基于时间的费率或价格变化，通常需要优于 ±10 分钟/年（或者 $\pm 20 \times 10^{-6}$）的精度。手机、笔记本电脑和音视频产品等部分消费电子产品也对时钟精度有较高的要求。为此，很多实时时钟芯片都内置时钟调整功能，可以在很宽的范围内矫正石英的频率偏差。

将时钟调整功能和温度传感器相组合，可设定适应温度变化的时钟调整值，实时时钟即可利用时钟调整功能进行温度的补偿，从而针对温度偏差实现高精度的计时功能。

3. 常用日历时钟参数对比

常用日历时钟参数对比如表 9.1 所列。

表 9.1 常用日历时钟典型参数对照表

芯 片	接 口	自带锂电池	SRAM 资源
DS12C887	三总线	是	113
DS1302	两线（类 SPI）	否	31
PCF8563	I²C	是	—

E1.2 直接利用单片机的定时器实现电子钟表

数字钟实际上是一个对标准频率(1 Hz)进行计数的计数电路。由于计数的起始时间不可能与标准时间(如北京时间)一致，故需要在电路上加一个校时电路，同时标准的 1 Hz 时间信号必须做到准确稳定。通常使用石英晶体振荡器电路构成数字钟，晶体振荡器电路给数字钟提供一个频率稳定、准确的 32 768 Hz 的方波信号，分频器电路将 32 768 Hz 的高频方波信号经 2^{15} 次分频后得到 1 Hz 的方波信号供秒计数器进行计数，分频器实际上也就是计数器，一般采用多级二进制计数器来实现。常用的二进制计数器有 74HC393 等。本设计采用 CD4060 来构成分频电路，CD4060 可实现 14 级分频，相对逻辑芯片分频次数最高，14 级分频后输出为 $32768/2^{14}=2$ Hz 方波，而且 CD4060 还包含振荡电路所需的非门，使用更为方便。CD4060 芯片引脚及内部逻辑图如图 9.1 所示，CD4060 输入时钟逻辑电路如图 9.2 所示。

将 CD4060 的 Q14 接到 AT89S52 的 T0 引脚，定时/计数器 T0 工作在方式 2 的计数器模式，初值及重载值设定为 244，这样每加两次 1 系统即发生 1 s 定时中断，中断函数处理时间秒进位。秒、分、时，共 6 个数码管即可，采用 24 小时制，电路如图 9.3 所示。

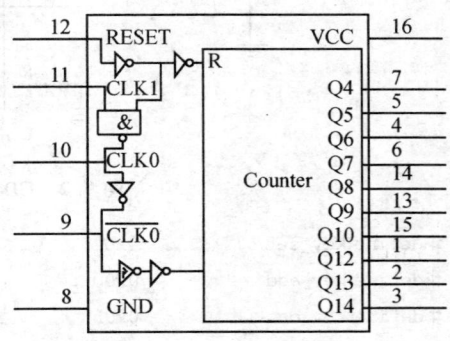

图 9.1 CD4060 芯片引脚及内部逻辑图

数字钟设置了 4 个按键，分别为"设定"、"加 1"、"减 1"和"确定"键，用于调整时间。按"设定"键开始重新设定时间，并且秒闪烁，此时通过"加 1"和"减 1"键即可调整秒。秒设定完成后，再次按"设定"键，分闪烁，此时通过"加 1"和"减 1"键即可调整分钟，以此类推，小时设定完成后，再次按"设定"键，秒闪烁，直至按"确定"键，设定时间完成。软件如下：

```
#include "reg52.h"

#define uchar unsigned char
#define uint unsigned int
//=====================按键定义（据实际情况定）=====================
```

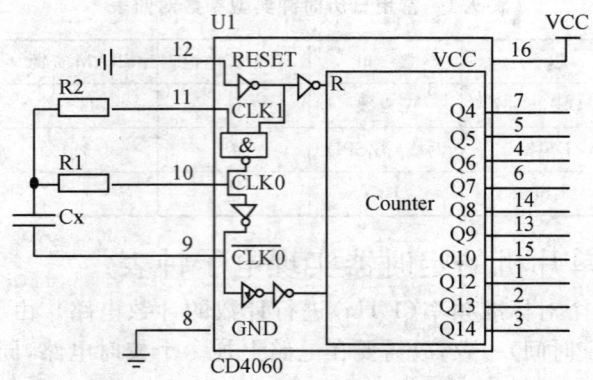

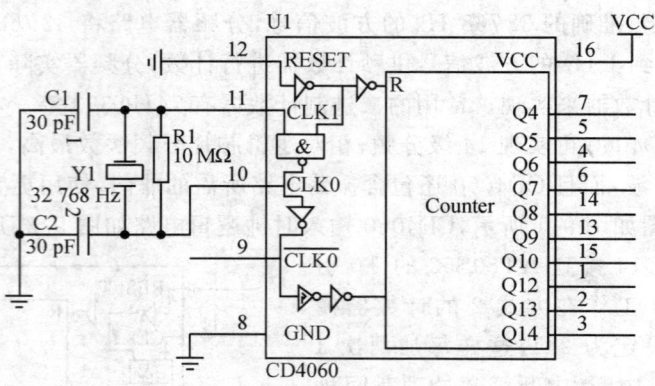

图 9.2 CD4060 输入时钟逻辑电路

```
#define key_set          0x0e
#define key_add          0x0d
#define key_dec          0x0b
#define key_ok           0x07
//========================全局变量定义==========================
uchar second,minute,hour;          //时间变量
uchar sign_set;                    //设定时间标志
uchar d[6];                        //显示缓存
//=============================================================
void delay()
{uchar i;
 for(i=0;i<20;i++)
  {d[0] = hour/10;
```

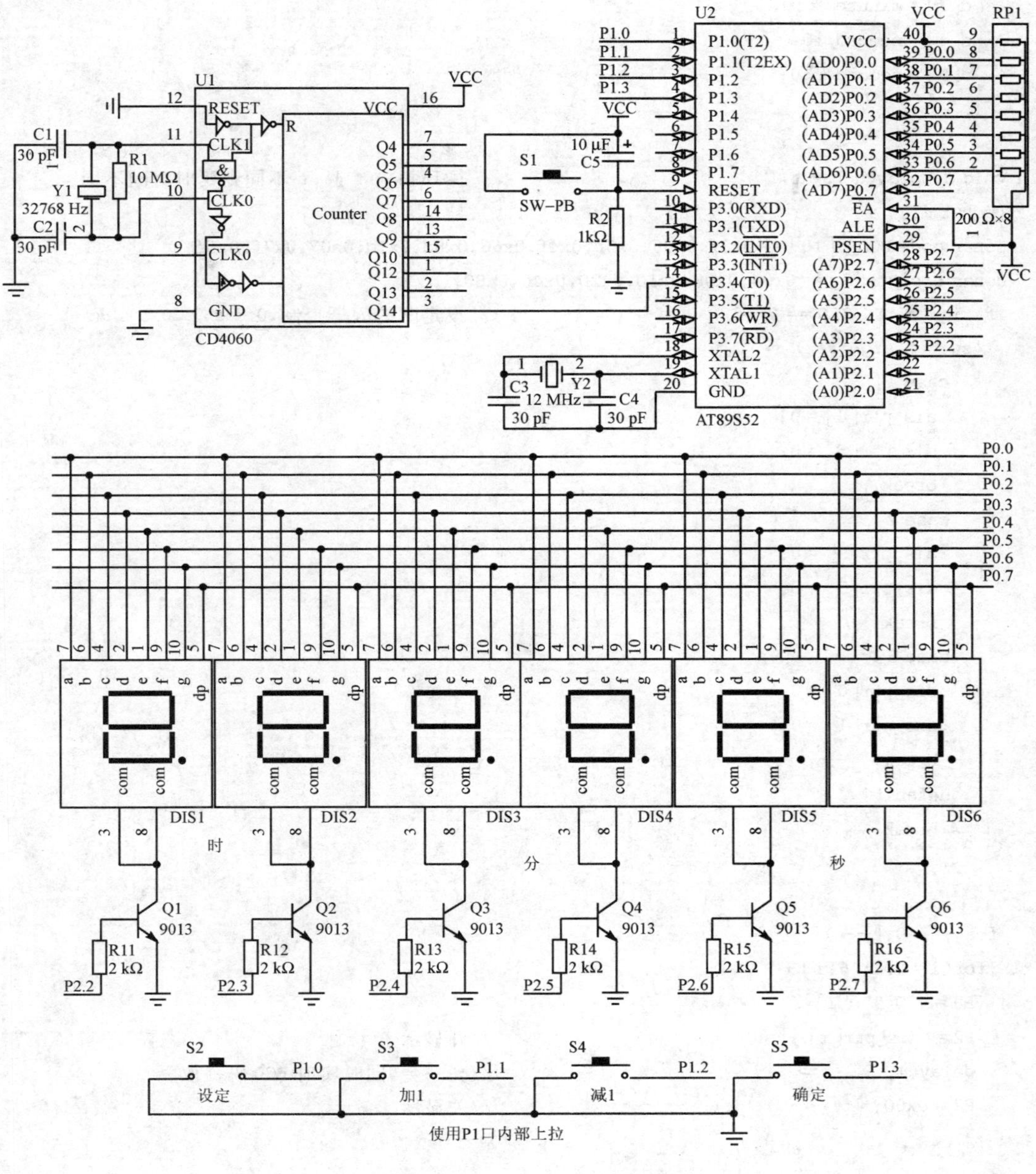

第 9 章 时间和频率测量及应用系统设计

图 9.3 基于单片机的数字钟电路

```c
      d[1] = hour % 10;
      d[2] = minute/10;
      d[3] = minute % 10;
      d[4] = second/10;
      d[5] = second % 10;
    }
}
void display(uchar t)                          //循环扫描 t 遍,t 不同则延时时间不同
{uchar i;
uchar code BCD_7[10] = {0x3f,0x06,0x5b,0x4f,0x66,0x6d,0x7d,0x07,0x7f,0x6f};
uchar dis_ptr[6] = {0x04,0x08,0x10,0x20,0x40,0x80} ;
if(sign_set&&(TL0 == 0xff))                    //设定时的闪烁控制,0.5 s 亮,0.5 s 灭
   {switch(sign_set)
      {case 1:
          dis_ptr[4] = 0;
          dis_ptr[5] = 0;
          break;
        case 2:
          dis_ptr[2] = 0;
          dis_ptr[3] = 0;
          break;
        case 3:
          dis_ptr[0] = 0;
          dis_ptr[1] = 0;
          break;
        default:
          break;
      }
   }
 for(;t>0;t--)
 {for(i = 0;i<6;i++)
  {P0 = BCD_7[d[i]];
   P2 = dis_ptr[i] ;                           //开显示
   delay();                                    //亮一会,同时实时 BCD 码提取
   P2 = 0x00;                                  //关显示
  }
 }
}
uchar Read_key()                               //读按键,无按键返回 0xff
```

第9章 时间和频率测量及应用系统设计

```
{uchar n;
 P1|=0x0f;                              //低4位给1作为输入口
 n = P1&0x0f;                           //读按键
 if(n==0x0f)return 0xff;
 else
   { return n;
   }
}
main()
{ uchar i,k;
  TMOD = 0x06;                          //T0 方式2,计数器
  TH0 = 254;
  TL0 = 254;
  ET0 = 1;
  EA = 1;
  TR0 = 1;
  second = 0;
  minute = 0;
  hour = 12;
  for(i = 2;i<6;i++)d[i] = 0;
  d[0] = 1;d[1] = 2;
  sign_set = 0;
  while(1)
  { k = Read_key();                     //读取按键到变量k
   if(k! = 0xff)                        //有按键按下
    {display(5);                        //滤除前沿抖动
     switch(k)
       {case key_set:
           if(sign_set<3)sign_set++;    //选择设定对象:秒/分/时
           else sign_set = 1;
           break;
        case key_ok:
           sign_set = 0;
           break;
        case key_add:
           switch(sign_set)
             {case 1:
                if(second<59)second++;
```

```c
                    else second = 0;
                    break;
                case 2:
                    if(minute<59)minute ++ ;
                    else minute = 0;
                    break;
                case 3:
                    if(hour<23)hour ++ ;
                    else hour = 0;
                    break;
                default:
                    break;
                }
            break;
        case key_dec:
            switch(sign_set)
             {case 1:
                    if(second>0)second -- ;
                    else second = 59;
                    break;
                case 2:
                    if(minute>0)minute -- ;
                    else minute = 59;
                    break;
                case 3:
                    if(hour>0)hour -- ;
                    else hour = 23;
                    break;
                default:
                    break;
                }
            break;
        default:
            break;
        }
    while(k! = 0xff)                                    //等待按键抬起
     {k = Read_key();
      display(1);
     }
```

```
        display(5);                    //滤除后沿抖动
     }
   display(1);
  }
}
void T0_ISR() interrupt 1 using 1
{if(second<59) second ++ ;
 else
  {second = 0;
   if(minute<59)minute ++ ;
   else
    {minute = 0;
     if(hour<23)hour ++ ;
     else hour = 0;
    }
  }
}
```

E1.3 采用专用日历时钟芯片 DS1302 实现电子钟表

DS1302 是 Dallas 公司推出的涓流充电时钟芯片,内含一个实时时钟/日历逻辑,通过简单的串行接口与单片机进行通信,实时时钟/日历电路提供秒、分、时、日、日期、月、年的信息,每月的天数和闰年的天数可自动调整,广泛应用于电话传真、便携式仪器及电池供电的仪器仪表等产品领域中。

1. DS1302 的主要性能指标

① DSl302 实时时钟具有能计算 2100 年之前的秒、分、时、日、日期、星期、月和年的能力,还有闰年调整的能力。

② 内部含有 31 字节静态 RAM,可提供用户访问。

③ 采用串行数据传送方式,使得引脚数量最少,简单 3 线接口。

④ 时钟或 RAM 数据的读/写有两种传送方式:单字节传送和多字节传送。

⑤ 工作电流:2.0 V 时,小于 300 nA。

⑥ 工作电压范围宽:2.0~5.5 V。

⑦ 采用 8 脚 DIP 封装或 SOIC 封装。

⑧ 与 TTL 兼容,VCC=5 V。

⑨ 可选工业级温度范围:—40~+85 ℃。

⑩ 具有涓流充电能力。

⑪ 采用主电源和备份电源双电源供电。

⑫ 备份电源可由电池或大容量电容实现。

2. 引脚功能

DS1302 的引脚如图 9.4 所示。

引脚说明如下：

X1、X2　32.768 kHz 晶振接入引脚。

GND　地。

$\overline{\text{RST}}$　复位引脚,低电平有效。

I/O　数据输入/输出引脚,具有三态功能。

SCLK　串行时钟输入引脚。

VCC1　工作电源引脚。

VCC2　备用电源引脚。

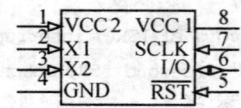

图 9.4　DS1302 引脚图

3. DS1302 的寄存器及片内 RAM

DS1302 有一个控制寄存器、12 个时钟/日历寄存器和 31 个 RAM。

(1) 控制寄存器

控制寄存器用于存放 DS1302 的控制命令字,DS1302 的 $\overline{\text{RST}}$ 引脚复位完成回到高电平后写入的第一个字就为控制命令。它用于对 DSl302 的读/写过程进行控制,它的格式如下:

b7	b6	b5	b4	b3	b2	b1	b0
1	RAM/$\overline{\text{CK}}$	A4	A3	A2	A1	A0	RD/$\overline{\text{W}}$

其中:

① D7　固定为 1。

② D6　RAM/$\overline{\text{CK}}$ 位,片内 RAM 或日历、时钟寄存器选择位。当 RAM/$\overline{\text{CK}}$=1 时,对片内 RAM 进行读/写;当 RAM/$\overline{\text{CK}}$=0 时,对日历、时钟寄存器进行读/写。

③ D5～D1　地址位,用于选择进行读/写的日历、时钟寄存器或片内 RAM。对日历、时钟寄存器或片内 RAM 的选择见表 9.2。

④ D0　读/写位,当 RD/$\overline{\text{W}}$=1 时,对日历、时钟寄存器或片内 RAM 进行读操作;当 RD/$\overline{\text{W}}$=0 时,对日历、时钟寄存器或片内 RAM 进行写操作。

(2) 日历、时钟寄存器

DS1302 共有 12 个寄存器,其中有 7 个与日历、时钟相关,存放的数据为 BCD 码形式。日历、时钟寄存器的格式见表 9.3。

第 9 章 时间和频率测量及应用系统设计

表 9.2 DS1302 日历、时钟寄存器的选择

寄存器名称	D7	D6	D5	D4	D3	D2	D1	D0
	1	RAM/$\overline{CK}$	A4	A3	A2	A1	A0	RD/$\overline{W}$
秒寄存器	1	0	0	0	0	0	0	0 或 1
分寄存器	1	0	0	0	0	0	1	0 或 1
小时寄存器	1	0	0	0	0	1	0	0 或 1
日寄存器	1	0	0	0	0	1	1	0 或 1
月寄存器	1	0	0	0	1	0	0	0 或 1
星期寄存器	1	0	0	0	1	0	1	0 或 1
年寄存器	1	0	0	0	1	1	0	0 或 1
写保护寄存器	1	0	0	0	1	1	1	0 或 1
慢充电寄存器	1	0	0	1	0	0	0	0 或 1
日历时钟连续传输模式	1	0	1	1	1	1	1	0 或 1
RAM0	1	1	0	0	0	0	0	0 或 1
…	1	1	…	…	…	…	…	0 或 1
RAM30	1	1	1	1	1	1	0	0 或 1
RAM 连续传输模式	1	1	1	1	1	1	1	0 或 1

表 9.3 DS1302 日历、时钟寄存器的格式

寄存器名称	取值范围	D7	D6	D5	D4	D3	D2	D1	D0
秒寄存器	00～59	CH	秒的十位			秒的个位			
分寄存器	00～59	0	分的十位			分的个位			
小时寄存器	01～12 或 00～23	12/24	0	A/P	HR	小时的个位			
日寄存器	01～31	0	0	日的十位		日的个位			
月寄存器	01～12	0	0	0	1 或 0	月的个位			
星期寄存器	01～07	0	0	0	0	0	星期几		
年寄存器	01～99	年的十位				年的个位			
写保护寄存器		WP	0	0	0	0	0	0	0
慢充电寄存器		TCS	TCS	TCS	TCS	DS	DS	RS	RS

说明:

① 数据都以 BCD 码形式表示。

② 小时寄存器的 D7 位为 12 小时制/24 小时制的选择位,当为 1 时选 12 小时制,当为 0 时选 24 小时制。当 12 小时制时,D5 位为 1 是上午,D5 位为 0 是下午,D4 为小时的十位;当 24 小时制时,D5、D4 位为小时的十位。

③ 秒寄存器中的 CH 位为时钟暂停位,当为 1 时,时钟暂停;当为 0 时,时钟开始启动。

④ 写保护寄存器中的 WP 为写保护位,当 WP=1 时,写保护;当 WP=0 时,未写保护。当对日历、时钟寄存器或片内 RAM 进行写时,WP 应清 0;当对日历、时钟寄存器或片内 RAM 进行读时,WP 一般置 1。

⑤ 慢充电寄存器的 TCS 位为控制慢充电的选择,当它为 1010 时才能使慢充电工作。DS 为二极管选择位,DS 为 01,选择一个二极管;DS 为 10,选择两个二极管;DS 为 11 或 00,充电器被禁止,与 TCS 无关。RS 用于选择连接在 VCC2 与 VCC1 之间的电阻,RS 为 00,充电器被禁止,与 TCS 无关,电阻选择情况见表 9.4。

(3) 片内 RAM

DS1302 片内有 31 个 RAM 单元,对片内 RAM 的操作有两种方式:单字节方式和多字节方式。当控制命令字为 C0H～FDH 时,为单字节读/写方式,命令字中的 D5～D1 用于选择对应的 RAM 单元,其中奇数为读操作,偶数为写操作。当控制命令字为 FEH、FFH 时,为多字节操作(表 9.2 中的 RAM 操作模式),多字节操作可一次把所有的 RAM 单元内容进行读/写。FEH 为写操作,FFH 为读操作。

表 9.4　RS 对电阻的选择情况表

RS 位	电阻器	阻值/kΩ
00	无	无
01	R1	2
10	R2	4
11	R3	8

(4) DS1302 的输入/输出过程

DS1302 通过 $\overline{RST}$ 引脚驱动输入/输出过程,当 $\overline{RST}$ 置高电平启动输入/输出过程,在 SCLK 时钟的控制下,首先把控制命令字写入 DS1302 的控制寄存器,其次根据写入的控制命令字,依次读/写内部寄存器或片内 RAM 单元的数据,对于日历、时钟寄存器,根据控制命令字,一次可以读/写一个日历、时钟寄存器;也可以一次读/写 8 字节,对所有的日历、时钟寄存器(表 9.2 中的时钟操作模式),写的控制命令字为 0BEH,读的控制命令字为 0BFH;对于片内 RAM 单元,根据控制命令字,一次可读/写一千字节,一次也可读/写 31 字节。当数据读/写完后,RST 变为低电平结束输入/输出过程。无论是命令字还是数据,一字节传送时都是低位在前,高位在后,每一位的读/写发生在时钟的上升沿,按 LSB 方式传送数据。

4. DS1302 与单片机的接口

DS1302 与单片机的连接仅需要 3 条线:时钟线 SCLK、数据线 I/O 和复位线 $\overline{RST}$。连接图如图 9.5 所示。时钟线 SCLK 与 P1.0 相连,数据线 I/O 与 P1.1 相连,复位线 RST 与 P1.2 相连。

第 9 章 时间和频率测量及应用系统设计

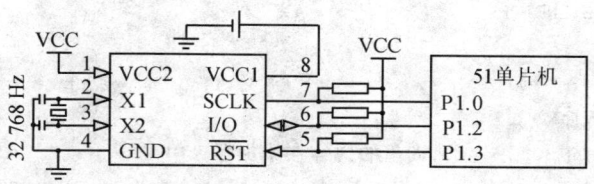

图 9.5 DS1302 与单片机的接口电路图

图中,在单电源与电池供电的系统中,VCC1 提供低电源并提供低功率的备用电源。双电源系统中,VCC2 提供主电源,VCC1 提供备用电源,以便在没有主电源时能保存时间信息以及数据,DS1302 由 VCC1 和 VCC2 两者中较大的供电。DS1302 的驱动程序如下。

汇编语言编程:

```
        T_CLK   Bit   P1.0        ;DS1302 时钟线引脚
        T_IO    Bit   P1.1        ;DS1302 数据线引脚
        T_RST   Bit   P1.2        ;DS1302 复位线引脚
;40h~46h 存放"秒、分、时、日、月、星期、年",格式按寄存器中
;***************************************************
        ORG     0000H
        LJMP    MAIN
        ORG     0030H
MAIN:   MOV     40H,#00          ;秒赋初值
        MOV     41H,#05          ;分赋初值
        MOV     42H,#11          ;时赋初值
        MOV     43H,#23          ;日赋初值
        MOV     44H,#05          ;月赋初值
        MOV     45H,#00          ;星期赋初值
        MOV     46H,#04          ;年赋初值
        LCALL   SET1302          ;调用初值设定子程序
        SJMP    $
;WRITE 子程序
;功能:写 DS1302 一字节,写入的内容在 B 寄存器中
;***************************************************
WRITE:  MOV     50H,#8           ;一字节有 8 个位,移 8 次
INBIT1: MOV     A,B
        RRC     A                ;通过 A 移入 CY
        MOV     B,A
        MOV     T_IO,C           ;移入芯片内
        SETB    T_CLK
        CLR     T_CLK
```

```
                DJNZ    50H,INBIT1
                RET
                ;************************************************************
                ;READ 子程序
                ;功能:读 DS1302 一字节,读出的内容在累加器 A 中
                ;************************************************************
READ:           MOV     50H,#8              ;一字节有8个位,移8次
OUTBIT1:        MOV     C,T_IO              ;从芯片内移到 CY
                RRC     A                   ;通过 CY 移入 A
                SETB    T_CLK
                CLR     T_CLK
                DJNZ    50H,OUTBIT1
                RET
                ;************************************************************
                ;SET1302 子程序名
                ;功能:设置 DS1302 初始时间,并启动计时
                ;调用:WRITE 子程序
                ;入口参数:初始时间:秒、分、时、日、月、星期、年在 40h~46h 单元
                ;影响资源:A  B  R0  R1  R4  R7
                ;************************************************************
SET1302:CLR     T_RST
                CLR     T_CLK
                SETB    T_RST
                MOV     B,#8EH              ;控制命令字
                LCALL   WRITE
                MOV     B,#00H,              ;写操作前清写保护位 W
                LCALL   WRITE
                SETB    T_CLK
                CLR     T_RST
                MOV     R0,#40H             ;秒、分、时、日、月、星期、年数据在 40h~46h 单元
                MOV     R7,#7               ;共7字节
                MOV     R1,#80H             ;写秒寄存器命令
S13021:         CLR     T_RST
                CLR     T_CLK
                SETB    T_RST
                MOV     B,R1                ;写入写秒命令
                LCALL   WRITE
                MOV     A,@R0               ;写秒数据
                MOV     B,A
```

第9章 时间和频率测量及应用系统设计

```
        LCALL   WRITE
        INC     R0                      ;指向下一个写入的日历、时钟数据
        INC     R1                      ;指向下一个日历、时钟寄存器
        INC     R1
        SETB    T_CLK
        CLR     T_RST
        DJNZ    R7,S13021               ;未写完,继续写下一个
        CLR     T_RST
        CLR     T_CLK
        SETB    T_RST
        MOV     B,#8EH                  ;控制寄存器
        LICALL  WRITE
        MOV     B,#80H                  ;写完后打开写保护控制,WP置1
        LCALL   WRITE
        SETB    T_CLK
        CLR     T_RST                   ;结束写入过程
        RET
;*************************************************************
;GET1302 子程序名
;功能:从DS1302读时间
;调    用:WRITE 写子程序,READ 子程序
;入口参数:无
;出口参数:秒、分、时、日、月、星期、年保存在40h~46h单元
;影响资源:A  B  R0  R1  R4  R7
;*************************************************************
GET1302:MOV     R0,#40H;
        MOV     R7,#7
        MOV     R1,#81H                 ;读秒寄存器命令
G13021: CLR     T_RST
        CLR     T_CLK
        SETB    T_RST
        MOV     B,R1                    ;写入读秒寄存器命令
        LCALL   WRITE
        LCALL   READ
        MOV     @R0,A                   ;存入读出数据
        INC     R0                      ;指向下一个存放日历、时钟的存储单元
        INC     R1                      ;指向下一个日历、时钟寄存器
        INC     R1
        SETB    T_CLK
```

```
            CLR     T_RST
            DJNZ    R7,G13021              ;未读完,读下一个
            RET
            END
```

C语言编程:

```c
# include   <reg52.h>
# define  uchar  unsigned  char
sbit   T_CLK = P1^0;                    //DS1302 时钟线引脚
sbit   T_IO = P1^1;                     //DS1302 数据线引脚
sbit   T_RST = P1^2;                    //DS1302 复位线引脚
//============================================================
void WriteB(uchar ucDa)                 //往 DS1302 写入 1 B 数据
{    uchar   i;
     for(i = 0;i<8;i++)
       {if(ucDa&0x01)T_IO = 1;
        else T_IO = 0;
        T_CLK = 1;
        T_CLK = 0;
        ucDa >> = 1;
        }
}
//============================================================
uchar ReadB(void)                       //从 DS1302 读取 1 B 数据
{uchar i,tem;
 T_IO = 1;                              //输入口
 for(i = 0;  i<8;i++)
   { tem >> = 1;
     if(T_IO)tem |= 0x80;
     T_CLK = 1;
     T_CLK = 0;
     }
  return tem;
}
//============================================================
void v_W1302(uchar ucAddr,uchar ucDa)   //向 DS1302 某地址写入命令/数据
{T_RST = 0;
 T_CLK = 0;
 T_RST = 1;
```

第 9 章 时间和频率测量及应用系统设计

```
   WriteB (ucAddr);                    //地址,命令
   WriteB (ucDa);                      //写1B数据
   T_CLK = 1;
   T_RST = 0;
}
//=========================================================
uchar uc_R1302(uchar ucAddr)           //读取DS1302某地址的数据,
{                                      //可直接用于读取DS1302当前某一时间寄存器
   uchar  ucDa;
   T_RST = 0;
   T_CLK = 0;
   T_RST = 1;
   WriteB(ucAddr);                     //写地址
   ucDa = ReadB( );                    //读1B命令/数据
   T_CLK = 1;
   T_RST = 0;
   return (ucDa);
}
//=========================================================
void Set1302_time(uchar time_addr,uchar time)  //设置秒/分/时/日/月/星期/年中某一时间
{uchar  i;
   v_W1302(0x8e,0x00);                 //控制命令,WP=0,写操作
   v_W1302(time_addr,time);            //修改秒/分/时/日/月/星期/年中某一时间
   v_W1302(0x8e,0x80);                 //控制命令,WP=1,写保护
}
//=========================================================
void v_BurstW1302T(uchar * pSecDa)     //往DS1302写入时钟数据(多字节方式)
{   //输入:pSecDa:指向时钟数据地址格式为:秒、分、时、日、月、星期、年
   uchar  i;
   v_W1302(0x8e,0x00);                 //控制命令,WP=0,写操作
   T_RST = 0;
   T_CLK = 0;
   T_RST = 1;
   WriteB(0xbe);                       //0xbe:时钟多字节写命令
   for (i = 0;i<7;i++)                 //8B=7B时钟数据+1B控制
     {WriteB( * pSecDa);               //写1B数据
      pSecDa ++ ;
     }
   WriteB(0x80);                       //控制命令,WP=1,写保护
```

```c
    T_CLK = 1;
    T_RST = 0;
}
//========================================================
void v_BurstR1302T(uchar * pSecDa)          //读取 DS1302 时钟数据(时钟多字节方式)
{       //输入:pSecDa:时钟数据地址格式为:秒、分、时、日、月、星期、年
    uchar  i;
    T_RST = 0;
    T_CLK = 0;
    T_RST = 1;
    WriteB(0xbf);                            //0xbf:时钟多字节读命令
    for (i = 0;i<7;i++)
      { * pSecDa = ReadB( );                 //读 1 B 数据
        pSecDa ++ ;
      }
    T_CLK = 1;
    T_RST = 0;
}
//========================================================
void v_BurstW1302R(uchar * pReDa,uchar num) //往 DS1302 的 RAM 写入数据(多字节方式)
{      //输入:pReDa:指向存放数据的 RAM 首地址;num 为要写入的字节数
    uchar i;
    v_W1302(0x8e,0x00);                      //控制命令,WP = 0,写操作
    T_RST = 0;
    T_CLK = 0;
    T_RST = 1;
    WriteB(0xfe);                            //0xbe:时钟多字节写命令
    for (i = 0;i<num;i++)                    //num B 数据
      {WriteB( * pReDa);                     //写 1 B 数据
        pReDa ++ ;
      }
    T_CLK = 1;
    T_RST = 0;
}
//========================================================
void v_BurstR1302R(uchar * pReDa,uchar num) //读取 DS1302 的 RAM 数据(SAM 多字节方式)
{  //输入:pReDa:指向存放读出 RAM 数据的地址;num 为要写入的字节数
    uchar  i;
    T_RST = 0;
```

第9章 时间和频率测量及应用系统设计

```
    T_CLK = 0;
    T_RST = 1;
    WriteB(0xff);                    //0xbf:时钟多字节读命令
    for(i = 0;i<num;i++)             //num B 数据
      { * pReDa ReadB( );            //读 1 B 数据
         pReDa ++ ;
      }
    T_CLK = 1;
    T_RST = 0;
}
//============================================================
void Initial_DS1302(void)
{
    unsigned char S;
    S = uc_R1302(0x80|0x01);
    if(S&0x80)
     Set1302_time(0x80,0);
}
//============================================================
void main(void)
{
    unsigned char   time[7] = {0x00,0x46,0x20,0x22,0x08,0x03,0x07};
                                    //秒、分、时、日、月、星期、年
    Initial_DS1302();
    while(1)
    {
      ;
    }
}
```

——典型设计举例 E2：赛跑电子秒表的设计

随着电子技术的发展,电子技术在各个领域的应用也越来越广泛。秒表作为比赛中一种常用的工具,电子秒表具有较高的实用性。

电子秒表由显示、按键和电源等组成。设计采用 AT89S52 单片机,4 位共阴数码管动态扫描显示,P0 口作为段选,P2.4～P2.7 作为位选(三极管驱动),系统设置 6 个按键,分别接至 P1.0～P1.5,依次为开始键 start、暂停键 pause、清除键 clr、停止测量键 stop、即时保存键 save 和翻页查看键 look,电路如图 9.6 所示。

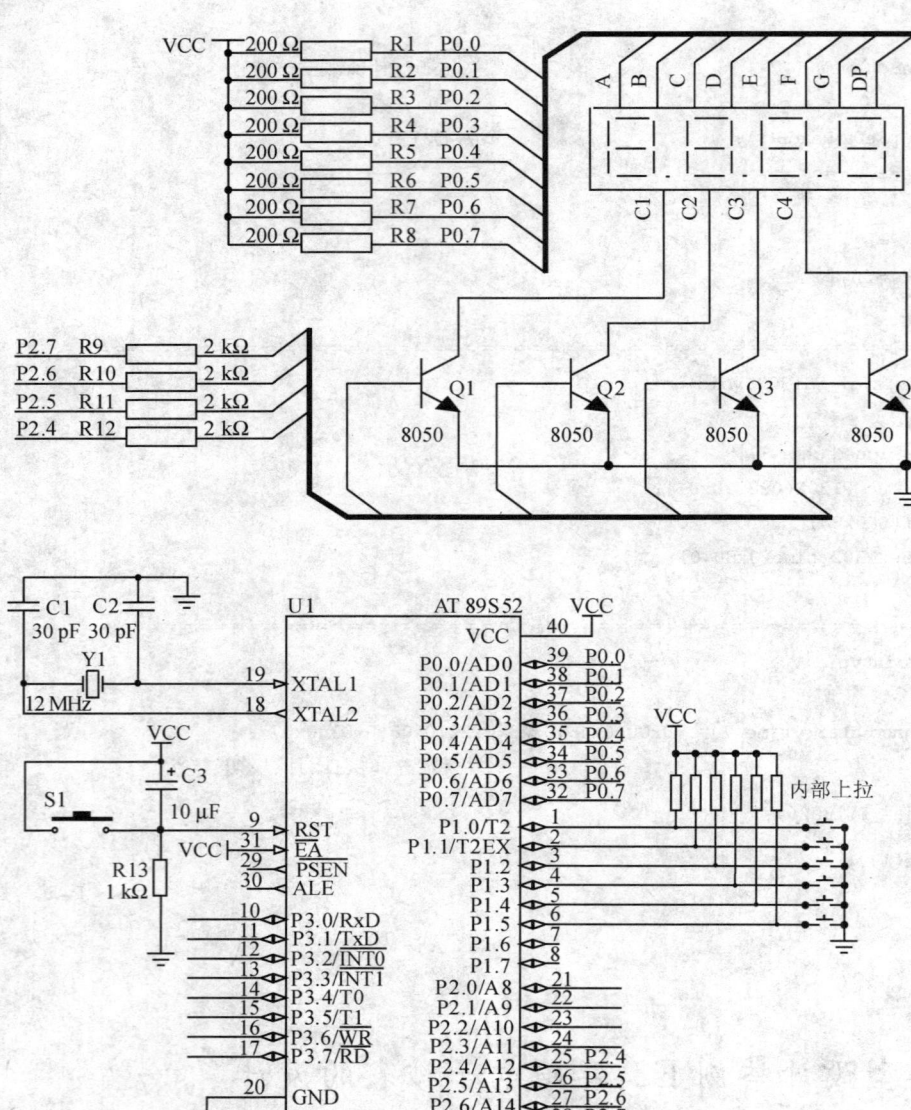

图 9.6　基于单片机的电子秒表电路图

① 开始测量前,先按 clr 键,秒表恢复到开始测量的最初状态,4 位数码管实现 00.00;

② 按 start 键则计时开始,秒表开始计时,每 10 ms 计时刷新一次;

③ 计时过程中,按 pause 键则停止计时,再按 start 键则计时继续;

第9章　时间和频率测量及应用系统设计

④ 终点计时，按照运动员先后到达终点的次序，连续按 save 键记录成绩；

⑤ 全部到达终点后，按 stop 键结束，这时再按 look 键则开始查看第一名到最后一名的成绩。

C51 程序如下：

```c
#include "reg52.h"
#define uchar unsigned char
#define uint  unsigned int
//==================按键定义（据实际情况定）=====================
#define start          0xfe
#define pause          0xfd
#define clr            0xfb
#define stop           0xf7
#define save           0xef
#define look           0xdf
//===========================================================
uint        times_10ms;
idata uint  s[12];                      //用于存储成绩
uchar       s_ptr;                      //存储成绩指针序号
uchar       d[4];                       //显示缓存
//===========================================================
void delay()
{uchar i,j;
 for(i=0;i<10;i++)
    for(j=0;j<50;j++);
}
//===========================================
void display(uint t)                    //循环扫描 t 遍
{uchar i;
 uchar code BCD_7[11]={0x3f,0x06,0x5b,0x4f,0x66,0x6d,0x7d,0x07,0x7f,0x6f,0x00};
                                        //BCD_7[10]为灭的译码
 for(;t>0;t--)
 {for(i=0;i<4;i++)
   {P0 = BCD_7[d[i]];
    if(i==2)P0|=0x80;                   //加小数点
    P2|=0x10<<i;
    delay();
    P2&=0x0f;
```

```c
      }
    }
  }
//=========================================
uchar Read_key()                          //读按键,无按键返回 0xff
{uchar k;
 P1 = 0xff;                               //设置为输入口
 k = P1;
 if(k == 0xff)return 0xff;
 else
  {delay();
   k = P1;
   if(k == 0xff)return 0xff;
   else return k;
  }
}
//=========================================
main()
{uchar i,k;
 uint  tem;
 uchar run_sign;
 TH2 = RCAP2H = (65536 - 10000)/256;      //设定 10 ms 定时及重载值
 TL2 = RCAP2L = (65536 - 10000) % 256;
 EA = 1;
 ET2 = 1;                                 //使能 T2 中断
 times_10ms = 0;
 s_ptr = 0;
 for(i = 0;i<12;i++)s[i] = 0;
 for(i = 0;i<4;i++)d[i] = 0;
 while(1)
 { k = Read_key();
   if(k! = 0xff)
    {switch(k)
     {case start:
        run_sign = 1;
        TR2 = 1;                          //开始或继续计时
```

第9章 时间和频率测量及应用系统设计

```
      break;
  case pause:
      TR2 = 0;                              //暂停计时
      break;
  case stop:
      TR2 = 0;                              //停止计时
      s_ptr = 0;                            //为从第一次保存开始查看结果
      run_sign = 0;                         //不显示时间运行,而是显示要查询的存储值
      break;
  case clr:                                 //清除测量信息,准备重新测量
      TR2 = 0;
      times_10ms = 0;
      TH2 = (65536 - 10000)/256;            //10 ms 定时
      TL2 = (65536 - 10000) % 256;
      s_ptr = 0;
      for(i = 0;i<12;i++)s[i] = 0;
      for(i = 0;i<4;i++)d[i] = 0;
      break;
  case save:
      s[s_ptr++] = times_10ms;
      display(5);                           //去按键前沿抖动
      while(k! = 0xff)                      //等待按键抬起
       {k = Read_key();
        display(1);
       }
      display(5);                           //去按键后沿抖动
      break;
  case look:                                //停止后查看
      tem = s[s_ptr++];
      d[3] = tem/1000;
      d[2] = tem/100 % 10;
      d[1] = tem/10 % 10;
      d[0] = tem % 10;
      display(2);                           //去按键前沿抖动
      while(k! = 0xff)                      //等待按键抬起
       {k = Read_key();
        display(1);
       }
```

```
            display(5);                    //去按键后沿抖动
            break;
          default:
            break;
        }
    }
    if(run_sign)
     {tem = times_10ms;
      d[3] = tem/1000;
      d[2] = tem/100 % 10;
      d[1] = tem/10 % 10;
      d[0] = tem % 10;
     }
    display(1);
  }
}
//============================================
void t2_overFlow(void) interrupt 5 using 3
{if(TF2)
 {TF2 = 0;
  times_10ms ++ ;
 }
 EXF2 = 0;
}
```

同类典型应用设计、分析与提示

篮球计时计分牌的设计

体育比赛的计时计分系统是对体育比赛过程中所产生的时间、比分等数据进行快速采集记录和处理的信息系统。篮球比赛是根据运动队在规定的比赛时间里得分多少来决定胜负的,因此,篮球比赛的计时计分系统是一种得分类型的系统。篮球比赛的计时计分系统由计时器、计分器等多种电子设备组成,同时,根据目前高水平篮球比赛的要求,完善的篮球比赛计时计分系统设备应能够与现场成绩处理、现场大屏幕、电视转播车等多种设备相连,以便实现高比赛现场感,表演、娱乐效果等功能。当然这里仅以数码管来演示计时计分效果。

本篮球计时计分牌就是以 AT89S52 单片机为核心实现计时计分功能,系统由计时器、计分器、综合控制器和 24 秒控制器等组成。利用 14 个 7 段共阳 LED 作为显示器件,其中 6 个用于记录甲、乙两队的分数,每队 2 个 LED 显示器显示范围可达 0~999 分,足够满足赛程需要;另外 4 个 LED 显示器则用来记录赛程时间,其中 2 个用于显示分钟,2 个用于显示秒钟;

第9章 时间和频率测量及应用系统设计

再用 4 个进行 24 秒倒计时,显示格式为 XX. XX 秒。其中,赛程时间和 24 秒控制器都输入计时问题。

其次,为了配合计时器和计分器校正、调整时间和比分,本设计中设立了 11 个按键,用于设置、交换场地、启动和暂停、加分和扣分等功能。

9.1.2 数控方波频率发生技术与频率控制应用

1. 频率控制应用分类

① 通过 F-V 器件实现 D/A 应用。

② 作为载波。例如,红外遥控器是以 38 kHz 作为载波,以提高抗干扰能力;超声波测距时,发射超声波则是以 40 kHz 的载波断续发出。

③ 器件工作驱动时钟。ADC0809 和 ICL7135 等器件在工作时需要外加驱动时钟脉冲,应用 PWM 是一个简易、可控且有效的选择。

④ 产生乐音。不同的频率产生不同的声调,在时间轴上控制频率的变化,即可实现乐音,例如音乐门铃和简易电子琴等。

2. 基于 AT89S52 的数控方波发生器设计途径

方法 1:定时器定时中断取反;

方法 2:T2 的波形输出功能;

方法 3:利用 D/A 和 V-F 接口实现数控方波发生器。V-F 器件详见 10.5 节。

——典型设计举例 E3:基于单片机的简易电子琴的设计

电子琴是现代电子科技与音乐结合的产物,是一种新型的键盘乐器,它在现代音乐中扮演着重要的角色。一首音乐是由许多不同的音阶组成的,而每个音阶对应着不同的频率,这样就可以利用不同的频率组合,构成所想要的音乐,即音乐是由音符组成,不同的音符是由相应的频率的振动产生的。

1. 单片机产生音调的基础知识

(1) 音频脉冲的产生

众所周知,声音的频谱范围约在几十到几千赫兹,要产生音频脉冲,只要算出某一音频的周期(1/频率),然后将此周期除以 2,即为半周期的时间。利用定时器计时这半个周期时间,每当计时到后就将输出脉冲的 I/O 反相,就可以在 I/O 端上得到此脉冲。

利用 51 单片机的内部定时器使其工作在方式 1 下,改变计数值 TH0 及 TL0 以产生不同频率的方法。

例如，频率为 523 Hz，周期 $T=1/523=1912$ μs，因此，只要令计数器计时 956 μs/1 μs= 956，在每计数 956 次时将 I/O 反相，就可得到中音 DO(523 Hz)。计数脉冲值与频率的关系如下：

$$N = F_i \div 2 \div F_r$$

式中：N——计数值；

F_i——内部计时一次为 1 μs，故其频率为 1 MHz；

F_r——要产生的频率。

其计数值的求法如下：

$$T = 65536 - N = 65536 - F_i \div 2 \div F_r$$

例如，设 $K=65536$，$F=1000000=F_i=1$ MHz，求低音 DO(261 Hz)，中音 DO(523 Hz)，高音 DO(1046 Hz)的计数值。

$$\begin{aligned} T &= 65536 - N \\ &= 65536 - F_i \div 2 \div F_r \\ &= 65536 - 1000000 \div 2 \div F_r \\ &= 65536 - 500000 \div F_r \end{aligned}$$

- 低音 DO 的 $T=65536-500000/261=63620$；
- 中音 DO 的 $T=65536-500000/523=64580$；
- 高音 DO 的 $T=65536-500000/1046=65058$。
- C 调各频率与定时初值 T 之间的对照表如表 9.5 所列。

表 9.5　C 调音符频率与计数值 T 的对照表

音　符	频率/Hz	简谱码(T 值)	音　符	频率/Hz	简谱码(T 值)
低 1DO	262	63628	低 7SI	494	64524
#1DO#	277	63731	中 1DO	523	64580
低 2RE	294	63835	#1DO#	554	64633
#2RE#	311	63928	中 2RE	587	64684
低 3M	330	64021	#2RE#	6222	64732
低 4FA	349	64103	中 3M	659	64777
#4FA#	370	64185	中 4FA	698	64820
低 5SO	392	64260	#4FA#	740	64860
#5SO#	415	64331	中 5SO	748	64898
低 6LA	440	64400	#5SO#	831	64934
#6	466	64463	中 6LA	880	64968

续表 9.5

音 符	频率/Hz	简谱码(T 值)	音 符	频率/Hz	简谱码(T 值)
♯6	932	64 994	高 4FA	1397	65 178
中 7SI	988	65 030	♯4FA♯	1480	65 198
高 1DO	1046	65 058	高 5SO	1568	65 217
♯1DO♯	1109	65 085	♯5SO♯	1661	65 235
高 2RE	1175	65 110	高 6LA	1760	65 252
♯2RE♯	1245	65 134	♯6	1895	65 268
高 3M	1318	65 157	高 7SI	1967	65 283

2. 简易电子琴的设计

根据音乐产生的原理,可设计出由 4×4 个按键组成的简易电子琴,设计成 16 个音。可随意弹奏想要表达的音乐。简易电子琴硬件电路及其按键排列如图 9.7 所示。音乐自单片机的 P2.0 输出。

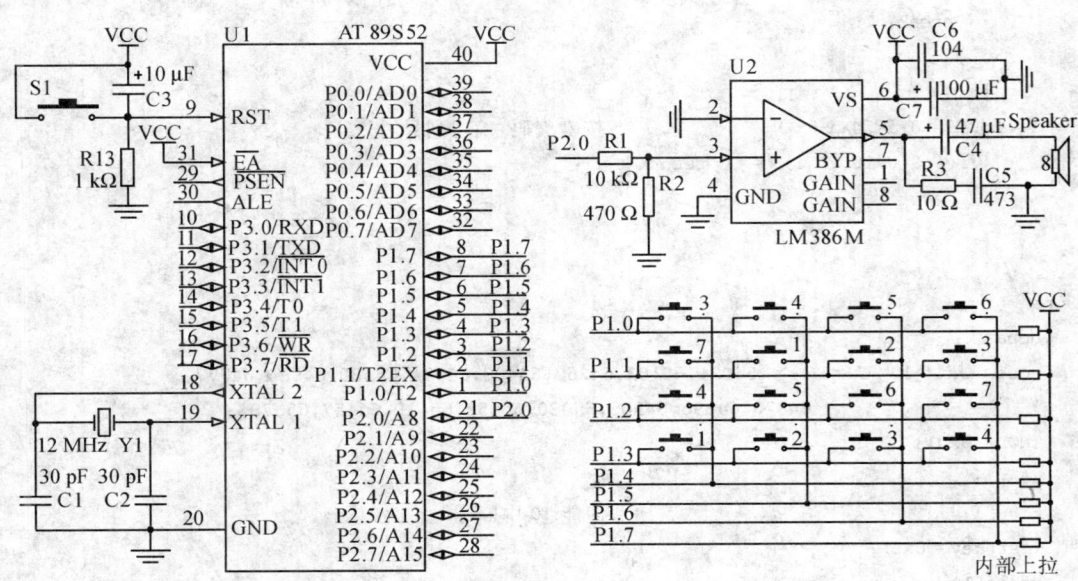

图 9.7 简易电子琴硬件电路

C51 程序如下：

```c
#include "reg52.h"
#define uchar unsigned char
#define uint unsigned int
uchar temp_high,temp_low;
uchar last_key;
sbit speaker = P2^0;
uchar Read_key()                    //读按键(反转法),无按键返回 0xff
{unsigned char i,m,n,k;
  P1 = 0xf0;                        //行输入全为 0,列给 1 作为输入口
  n = P1&0xf0;                      //读列信息
  if(n == 0xf0)return 0xff;
  else
   { P1 = 0x0f;                     //列输入全为 0,行给 1 作为输入口
     m = P1&0x0f;                   //读行信息
     for(i = 0;i<4;i++)             //按键编码,确定行号
      {if((m&(1 << i)) == 0)
        {k = 4 * i;
         break;
        }
      }
     for(i = 0;i<4;i++)             //按键编码,确定列号
      {if((n&(0x10 << i)) == 0)return k + i;
      }
   }
}
main()
{uchar k;
 code uint f_hT_TAB[16] = {64021,64103,64260,64400,64524,64580,64684,64777,
                64820,64898,64968,65030,65058,65110,65157,65178};
 TMOD = 0x01;
 EA = 1;
 ET0 = 1;                           //使能 T0 中断
 last_key = 0xff;
 while(1)
 { k = Read_key();
   if(k == 0xff)TR0 = 0;
   else
   {if(k! = last_key)
```

```
        {temp_high = f_hT_TAB[k]/256;
         temp_low = f_hT_TAB[k]%256;
         TH0 = temp_high;
         TL0 = temp_low;
         last_key = k;
        }
        TR0 = 1;
        }
    }
}
void T0_ISR(void) interrupt 1 using 1
{TH0 = temp_high;                    //重载初值
 TL0 = temp_low;
 speaker = ! speaker;
}
```

当然,若使用 T2 的 16 位自动重载功能,声音会更加准确。

同类典型应用设计、要求、分析与提示

基于单片机的音乐门铃设计

本设计是以 AT89S52 单片机为基础设计的电子音乐门铃。由于电子音乐门铃具有铃声悦耳动听,价格低廉,耗电少等优点,在现代家居中越来越流行。有了电子音乐门铃,在有客人来拜访时,听到的将不再是单调的提示等候音,而是不同凡响的流行音乐旋律、特效音等个性化的电子音乐。本设计介绍了一个基于 AT89S52 单片机最小系统,再加上一片 LM386 做小功放音频,输出到扬声器,实现音乐门铃。

音调的产生与简易电子琴的方式一致,即通过改变 I/O 口频率来改变声音,按一定规律的频率变化就可以产生简单的音乐。

每个音符使用一字节,字节的高 4 位代表音符的高低,低 4 位代表音符的节拍,表 9.6 为节拍与节拍码的对照。如果 1 拍为 0.4 s,1/4 拍是 0.1 s,只要设定延迟时间就可求得节拍的时间。假设 1/4 拍为 1 DELAY,则 1 拍应为 4 DELAY,依此类

表 9.6 节拍与节拍码对照

节拍码	节拍数	节拍码	节拍数
1	1/4 拍	1	1/8 拍
2	2/4 拍	2	1/4 拍
3	3/4 拍	3	3/8 拍
4	1 拍	4	1/2 拍
5	1 又 1/4 拍	5	5/8 拍
6	1 又 1/2 拍	6	3/4 拍
8	2 拍	8	1 拍
A	2 又 1/2 拍	A	1 又 1/4 拍
C	3 拍	C	1 又 1/2 拍
F	3 又 3/4 拍		

推。所以,只要求得 1/4 拍的 DELAY 时间,其余的节拍就是它的倍数,表 9.7 为 1/4 和 1/8 节拍的时间设定。

表 9.7 各调节拍的时间设定

1/4 节拍的时间设定		1/8 节拍的时间设定	
曲调值	DELAY/ms	曲调值	DELAY/ms
调 4/4	125	调 4/4	62
调 3/4	187	调 3/4	94
调 2/4	250	调 2/4	125

下面说明建立音乐铃声的方法:
① 先把乐谱的音符找出,然后由表 9.8 建立 T 值的顺序。

表 9.8 简谱对应的简谱码、T 值及节拍数

简 谱	发 音	简谱码	T 值	节拍码	节拍数
5	低音 SO	1	64 260	1	1/4 拍
6	低音 SI	2	64 400	2	2/4 拍
7	低音 TI	3	64 524	3	3/4 拍
1	中音 DO	4	64 580	4	1 拍
2	中音 RE	5	64 684	5	1 又 1/4 拍
3	中音 MI	6	64 777	6	1 又 1/2 拍
4	中音 FA	7	64 820	8	2 拍
5	中音 SO	8	64 898	A	2 又 1/2 拍
6	中音 LA	9	64 968	C	3 拍
7	中音 TI	A	65 030	F	3 又 3/4 拍
1	高音 DO	B	65 058		
2	高音 RE	C	65 110		
3	高音 MI	D	65 157		
4	高音 FA	E	65 178		
5	高音 SO	F	65 217		
	不发音	0			

② 把 T 值建立在 TABLE1,构成发音符的计数值放在"TABLE"。
③ 简谱码(音符)为高位,节拍(节拍数)为低 4 位,音符节拍码放在程序的"TABLE"处。

第9章 时间和频率测量及应用系统设计

硬件电路如图9.8所示。其中,k即为门铃按键。

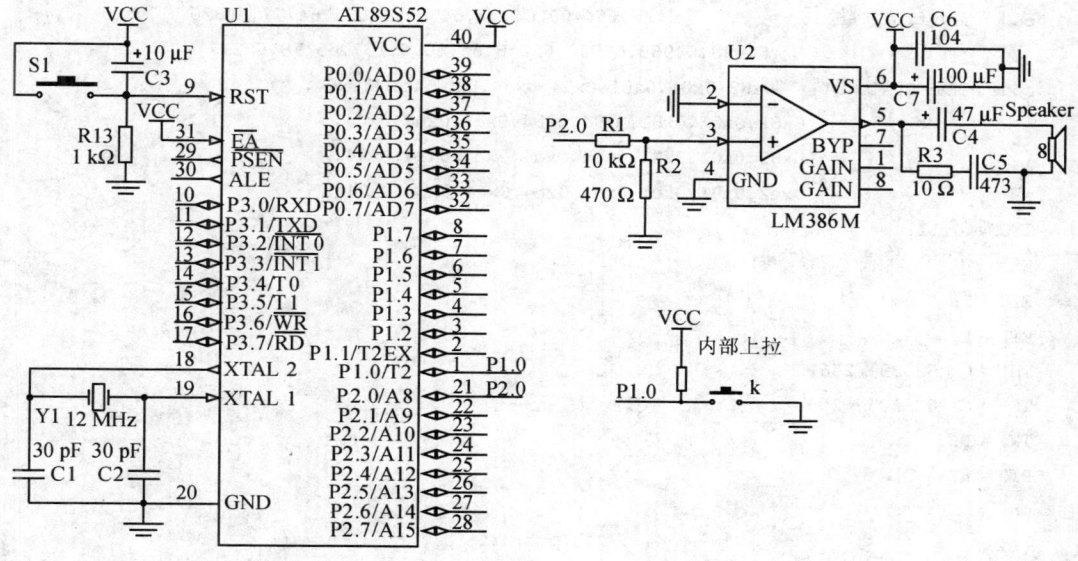

图9.8 音乐门铃的硬件电路

以《生日快乐歌》为例设计如下。T0发出频率,T1产生C3/4的187 ms延时。

C3/4 生日快乐歌

| 5·5 6 5 | 1̇ 7 - | 5·5 6 5 | 2̇ 1̇ - |

| 5·5 5 3 | 1̇ 7 6 | 4·4 3 1 | 2̇ 1̇ - |

```
#include "reg52.h"
#define uchar unsigned char
#define uint  unsigned int
uchar temp_high,temp_low;
uchar times;              //62.3 ms×3 = 187 ms
uchar RHYTHMs;            //节拍
sbit speaker = P2^0;
sbit key = P1^0;
uchar Read_key()          //读按键,无按键返回0xff
{key = 1;                 //给1作为输入口
 if(key)return 0xff;
 else return 0;
}
```

```c
main()
{uchar k,i,tem,gamut;
 code uint f_hT_TAB[16] = {0,     64260,64400,64524,64580,64684,64777,64820,
                           64898,64968,65030,65058,65110,65157,65178,65217};
 code uchar music[64] = {0x82,0x01,0x81,0x94,0x84,0xb4,0xa4,0x04,
                         0x82,0x01,0x81,0x94,0x84,0xc4,0xb4,0x04,
                         0x82,0x01,0x81,0xf4,0xd4,0xb4,0xa4,0x94,
                         0xe2,0x01,0xe1,0xd4,0xb4,0xc4,0xb4,0x04};
 TMOD = 0x11;
 EA = 1;
 ET0 = 1;
 ET1 = 1;
 TH1 = (-62333)/256;
 TL1 = (-62333)%256;
 TR1 = 1;
 PT0 = 1;
 while(1)
 { do{                                //等待按门铃
     k = Read_key();
   }while(k == 0xff);
   TR0 = 1;
   for(i = 0;i<64;i++)
   {tem = music[i];                   //取简谱和节拍
    gamut = tem >> 4;
    RHYTHMs = tem&0x0f;
    if(gamut)
     {temp_high = f_hT_TAB[gamut]/256;
      temp_low = f_hT_TAB[gamut]%256;
      TH0 = temp_high;
      TL0 = temp_low;
     }
    while(RHYTHMs);
   }
   TR0 = 0;
  }
}
void T0_ISR(void) interrupt 1 using 1
{TH0 = temp_high;                     //重载初值
 TL0 = temp_low;
```

```
  speaker = ! speaker;
}
void T1_ISR(void) interrupt 3 using 2
{TH1 = ( - 62333)/256;                    //重载初值
 TL1 = ( - 62333) % 256;
 if( ++ times＞2)
  {times = 0;
   RHYTHMs -- ;
  }
}
```

9.1.3 基于时间触发模式的软件系统设计

电子控制系统一般都是实时系统,常需处理许多并发事件,这些事件的到来次序和几率通常是不可预测的,而且还要求系统必须在事先设定好的时限内做出相应的响应。在工程中一般采用基于中断的事件触发模式来解决多并发事件,但是在很大程度上会增加系统的复杂性,导致庞大的代码结构,中断丢失与事件触发系统的开销是人们经常忽略和头疼的问题。这样的代码长度及复杂性不适合普通开发人员构建,而商业实时操作系统往往价格昂贵,并且需要很大的操作系统开销。不过电子控制系统运行的任务绝大多数是周期性任务(如周期性的数据采集任务、LED 显示刷新任务等),并且任务的就绪时间、开始时间、执行时间和截止期限等信息均可预先知道。因此,对于控制系统的复杂行为,电子控制系统的开发最终会走向时间触发结构。

时间触发合作式软件通常通过一个定时器来实现,所有的任务都是由时间触发的,这也意味着除了定时器中断以外,一般再也没有其他形式的中断。定时器将被设置为产生一个周期中断信号,这个中断信号的频率约为 1 kHz,当然,根据具体项目要求定时周期可具体调整。

时间触发合作式软件调度器的主要功能,就是唤醒在预先确定好时间执行的任务。在工作时间,调度器检查静态的任务链表,根据任务的周期判断是否有任务需执行,如果有则立即执行任务;任务执行完后继续检查任务链表,重复上一个过程。完成链表检查后,由于节能的关系,CPU 进入休眠状态,直到下一个时钟节拍的到来。其任务调度机制如图 9.9 所示。

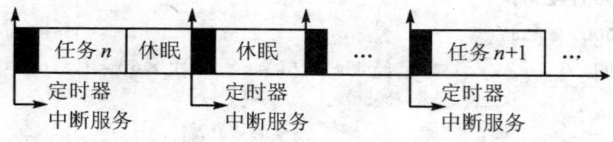

图 9.9 时间触发合作式调度器任务调度图

下面以一个环境监测仪系统说明时间触发合作式控制系统的软件设计。假定实际环境需要监测的物理量有:温度、湿度和烟感信息。要求每隔 2 min 检测一次烟感信号,每隔 10 min 检测一次温度值,每隔 15 min 检测一次湿度值,12 MHz 晶振。AT89S52 时间触发合作式软件架构如下:

```c
#include "reg52.h"
unsigned int times;                    //中断次数计数器
unsigned char minute1, minute2, minute3;
main()
{ minute1 = minute2 = minute3 = 0;
TMOD = 0x01;
TH0 = (65536 - 50000)/256;             //50 ms 定时
TL0 = (65536 - 50000) % 256;
EA = 11;
ET0 = 1;
TR0 = 1;
while(1)
 { if(minute1 == 2)                    //每隔 2 min 检测一次烟感信号
  { minute1 = 0;
     此处调用或直接编写检测烟感信号的软件,并做出相应的处理
  }
  if(minute2 == 10)                    //每隔 10 min 检测一次温度值
  { minute2 = 0;
     此处调用或直接编写检测温度的软件,并做出相应的处理
  }
  if(minute3 == 15)                    //每隔 15 min 检测一次湿度值
  { minute3 = 0;
     此处调用或直接编写检测湿度的软件,并做出相应的处理
  }
 }
}
void T0_() interrupt 1 using 1
{ TH0 = (65536 - 50000)/256;
  TL0 = (65536 - 50000) % 256;
  if( ++times>1199)                    //已经 1 min(50 ms × 20 次 × 60 = 1 min,中断 20 次 × 60 = 1200 次)
    {times = 0;
     minute1 ++ ;
     minute2 ++ ;
     minute3 ++ ;
```

　　　　}
　　}

时间触发合作式调度器可靠而且可预测的主要原因是在任一时刻只有一个任务是活动的,这个任务运行直到完成,然后再由调度器来控制。时间触发合作式调度器具有简单,可减小系统开销,容易测试等优点。

9.2　时间间隔和时刻的测量及应用

9.2.1　时间间隔和时刻的测量及应用概述

时间间隔和时刻的测量,包括一个周期信号波形上同相位两点间的时间间隔测量(即测量周期),对同一信号波形上两个不同点之间的时间间隔的测量,用于准确测量两个事件间的时间差,以及两个信号波形上两点之间的时间间隔的测量,是单片机定时器及智能仪器仪表的典型应用。它包括两个基本应用:

1. 脉冲宽度测量

脉冲宽度测量包括测量周期和占空比,以及读取双积分 A/D 转换结果。

2. 相位测量

基本时间间隔测量模式的一个应用实例就是相位差的测量。这种测量,实际上是测量两个正弦波形上两个相应点之间的时间间隔。图 9.10 是同频正弦信号间相位差测量图示,两个正弦波形过零点之间的时间间隔(t1 或 t2)就是相位。

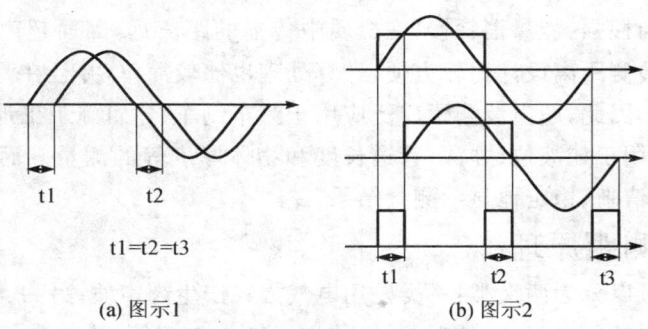

图 9.10　同频正弦信号相位测量

具体实现方法为:先通过过零比较器将两路同频信号分别转换为相应的脉冲信号,然后将两路方波相"异或"得到一等脉宽的脉冲波形,其脉宽 t0 即为两信号的相位差。

9.2.2 T0/T1 的 GATE 与时刻和时间段测量

T0 和 T1 的门控位 GATE 为 1,当 TRx=1,且 $\overline{\text{INTx}}$=1 时,才能启动定时器。利用该特性,可以测量外部输入脉冲的宽度。详见 4.3 节。

9.2.3 T2 的捕获功能与时间和时刻的测量

"捕获"即及时捕捉住输入信号发生跳变时的时刻信息。常用于精确测量输入信号的参数,如脉宽等。T2 具有捕获功能。当设置 C/$\overline{\text{T2}}$ 位为 0 时,选择内部定时方式,且 EXEN2 设置为 1,同时 CP/$\overline{\text{RL2}}$ 设置为捕获工作方式时,T2 就工作在捕获工作方式。此时,在外部引脚 T2EX(P1.1)上的信号从"1"→"0"的负跳变,将选通三态门控制端,将计数器 TH2 和 TL2 中计数的当前值被分别"捕获"进 RCAP2H 和 RCAP2L 中,同时,在 T2EX(P1.1)引脚上信号的负跳变将置位 T2CON 中的 EXF2 标志位,向主机请求中断。

这里需要说明的是 T2 有两个中断请求标志位,通过一个"或"门输出。因此,当主机响应中断后,在中断服务程序中应识别是哪一个中断请求,分别进行处理。必须通过软件清 0 中断请求标志位。

当然也可以基于外中断和定时器完成时间段的测量。外中断 0 端口出现下降沿中断启动定时器开始定时,外中断 0 端口再次出现下降沿中断停止计数,读出计数值就是两时刻差所对应的时间段。但是,由于中断响应时间的影响,误差加大,一般不采用。

——典型设计举例 E4:超声波测距仪的设计

由于超声波指向性强,能量消耗慢,在介质中传播的距离远,因而超声波经常用于距离的测量。利用超声波检测距离设计比较方便,计算处理也比较简单,并且在测量精度方面也能达到日常使用的要求。因此,超声波测距广泛应用于汽车倒车、建筑施工工地以及一些工业现场的位置监控,也可以用于如液位、井深、管道长度和物体厚度等的测量。而且测量时与被测物体无直接接触,能够清晰、稳定地显示测量结果。

E4.1 超声波测距原理

超声波发生器可以分为两大类:一类是用电气方式产生超声波;另一类是用机械方式产生超声波。电气方式包括压电型、电动型等;机械方式有加尔统笛、液哨和气流旋笛等。它们所产生的超声波的频率、功率和声波特性各不相同,因而用途也各不相同。目前在近距离测量方面较为常用的是压电式超声波换能器。

超声波是声波,限制该系统的最大可测距离存在 4 个因素:超声波的幅度、反射的质地、反

第9章 时间和频率测量及应用系统设计

射和入射声波之间的夹角以及接收换能器的灵敏度。接收换能器对声波脉冲的直接接收能力将决定最小的可测距离。为了扩大所测量的覆盖范围、减小测量误差,可采用多个超声波换能器分别作为多路超声波发射/接收的设计方法。由于超声波属于声波范围,其声速与温度有关。表 9.9 列出了几种不同温度下的超声波声速。

表 9.9 不同温度下超声波声速表

温度/℃	−30	−20	−10	0	10	20	30	100
声速 m/s	313	319	325	323	338	344	349	386

图 9.11 示意了超声波测距的原理,即超声波发生器 T 在某一时刻发出一个超声波信号,当这个超声波信号遇到被测物体时反射回来,就会被超声波接收器 R 接收到,此时只要计算出从发出超声波信号到接收到返回信号所用的时间,就可算出超声波发生器与反射物体的距离。该距离的计算公式为:

$$d = s/2 = (v \times t)/2$$

其中,d 为被测物体与测距器的距离;s 为声波往返的路程;v 为声速;t 为声波往返所用的时间。

在测距时由于温度变化,可通过温度传感器自动探测环境温度,确定计算距离时的波速 v,较精确地得出该环境下超声波经过的路程,提高了

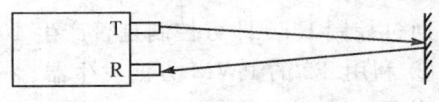

图 9.11 超声波测距原理图

测量精确度。波速确定后,只要测得超声波往返的时间 t,即可求得距离 d。其系统原理框图如图 9.12 所示。

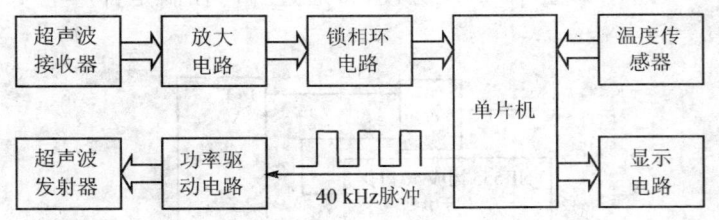

图 9.12 超声波测距系统原理框图

采用中心频率为 40 kHz 的超声波传感器。单片机发出短暂(200 μs)的 40 kHz 信号,经放大后通过超声波换能器输出;反射后的超声波经超声波换能器作为系统的输入,锁相环对此信号锁定,产生锁定信号启动单片机中断程序,得出时间 t;再由系统软件对其进行计算、判别后,相应的计算结果被送至 LED 显示电路进行显示,若测得的距离超出设定范围,系统将提示声音报警电路报警。

E4.2 基于单片机的超声波测距仪设计

1. 40 kHz 方波发生器的设计

40 kHz 方波信号用于触发发射 40 kHz 超声波,因此 40 kHz 方波发生器的设计尤为重要。对于 AT89S52 单片机,有 3 种方法获取 40 kHz 方波信号。AT89S52 单片机采用 12 MHz 晶振。

① AT89S52 通过 T0 或 T1 的方式 2 实现外部某引脚,如 P1.0 输出脉冲宽度为 25 μs、载波为 40 kHz 的超声波脉冲串,中断函数如下:

```
sbit s40hHz = P1^0;
void T0_ISR() interrupt 1 using 1
{if(TH0 == (256 - 12)) TH0 = 256 - 13;      //半周期 12 μs,半周期 13 μs
 else TH0 = 256 - 12;
 s40hHz = !s40hHz;
}
```

通过控制 ET0 即可控制是否产生 40 kHz 的方波。

② 利用 T2 的 PWM 方波发生器。

当 T2MOD 的 T2OE 位置 1 时,在 T2(P1.0)引脚就会输出方波,方波频率为:

$$f_{CLKout} = f_{osc} / [4 \times (65536 - RCAP2)]$$

即:40 kHz=12 MHz/[4×(65536−RCAP2)],得到 RCAP2 初值为 65461。

通过控制 TR2 即可控制是否产生 40 kHz 的方波。

③ 利用 NE555 电路等产生 40 kHz 方波,再通过与门控制是否产生 40 kHz 的方波,如图 9.13 所示。

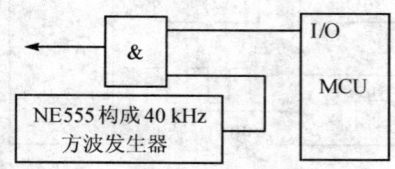

图 9.13 基于 NE555 的 40 kHz 方波发生器与控制

2. 超声波发射驱动电路

40 kHz 方波经功率放大推动超声波发射器发射出去。超声波接收器将接收到的反射超声波送到放大器进行放大,然后用锁相环电路进行检波,经处理后输出低电平,送到单片机。

超声波发射电路原理图如图 9.14 所示。发射电路主要由反相器 74HC04 和超声波换能器构成,单片机 P1.0 端口输出的 40kHz 方波信号一路经一级反向器后送到超声波换能器的

第 9 章 时间和频率测量及应用系统设计

一个电极,另一路经两级反相器后超声波换能器的另一个电极,用这种推挽形式将方波信号加到超声波换能器两端可以提高超声波的发射强度。输出端采用两个反向器的并联,以提高驱动能力。上拉电阻 R2、R3 一方面可以提高反向器 74HC04 输出高电平的驱动能力;另一方面可以增加超声波换能器的阻尼效果,以缩短其自由振荡的时间。当然,也可以采用功率放大器驱动,如 ULN2003 多个达林顿管同时驱动方式。

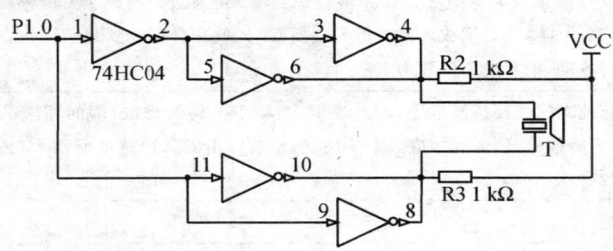

图 9.14 采用反相器的超声波发射电路原理图

3. 超声波接收电路设计

接收电路的关键有二,即信号"检测—放大—整形"电路和 40 kHz 锁相环电路。主要有以下几种方法。

(1) 采用 CX20106A 红外检波接收和超声波接收芯片

集成电路 CX20106A 是一款红外线检波接收和超声波接收的专用芯片,常用于电视机红外遥控接收器,通过外接电阻可以调整检波频率,如图 9.15 所示。实验证明,用 CX20106A 接收超声波具有很高的灵敏度和较强的抗干扰能力。R4 决定检波频率,220 kΩ 时为 38 kHz。适当地更改 C4 的大小,可以改变接收电路的灵敏度和抗干扰能力。使用 CX20106A 集成电路对接收探头受到的信号进行放大、滤波,其总放大增益 80 dB,CX20106A 电路说明如表 9.10 所列。

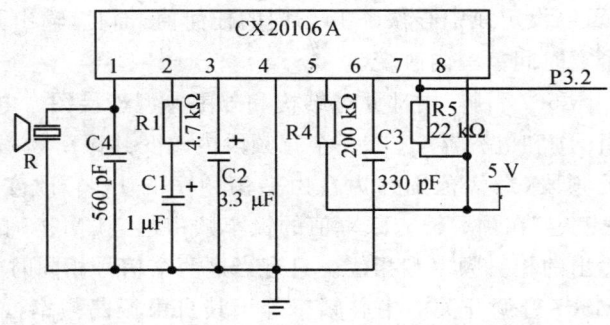

图 9.15 基于 CX20106A 的超声波检测接收电路原理图

表 9.10　CX20106A 引脚说明

引脚号	说　明
1	超声信号输入端,该脚的输入阻抗约为 40 kΩ
2	该脚与地之间连接 RC 串联网络,它们是负反馈串联网络的一个组成部分,改变它们的数值能改变前置放大器的增益和频率特性。增大电阻 R1 或减小 C1,将使负反馈量增大,放大倍数下降,反之则放大倍数增大。但 C1 的改变会影响到频率特性,一般在实际使用中不必改动,推荐选用参数为 R1＝4.7 Ω,C1＝1 μF
3	该脚与地之间连接检波电容,若电容量大,则为平均值检波,瞬间相应灵敏度低;若容量小,则为峰值检波,瞬间相应灵敏度高,但检波输出的脉冲宽度变动大,易造成误动作,推荐参数为 3.3 μF
4	接地端
5	该脚与电源间接入一个电阻,以设置带通滤波器的中心频率 f_0,阻值越大,中心频率越低。例如,若取 R＝200 kΩ 时,则 $f_0 \approx 42$ kHz;若取 R＝220 kΩ,则中心频率 $f_0 \approx 38$ kHz
6	该脚与地之间接一个积分电容,标准值为 330 pF,如果该电容取得太大,会使探测距离变短
7	遥控命令输出端,它是集电极开路输出方式,因此该引脚必须接上一个上拉电阻到电源端,推荐阻值为 22 kΩ,没有接收信号时该端输出为高电平,有信号时则产生下降
8	电源正极,4.5～5.5 V

(2) 采用单音频锁相环芯片 LM567

单音频锁相环芯片 LM567 的基本工作状况尤如一个低压电源开关,当其接收到一个位于所选定的窄频带内的输入音调时,开关就接通,用做可变波形发生器或通用锁相环电路。换句话说,LM567 可做精密的音调控制开关,主要用于振荡、调制、解调和遥控编、译码电路,如电力线载波通信、对讲机亚音频译码和遥控等。检测的中心频率可以设定为 0.1～500 kHz 内的任何值,检测带宽可以设定在中心频率 14% 内的任何值;而且,输出开关延迟可以通过选择外电阻和电容在一个宽时间范围内改变。

如图 9.16 所示为 LM567 引脚、内部原理结构和外围典型连接图。电流控制的 LM567 振荡器可以通过外接电阻 R1 和电容器 C1 在一个宽频段内改变其振荡频率,但通过引脚 2 上的信号只能在一个很窄的频段(最大范围约为自由振荡频率的 14%)改变其振荡频率。因此,LM567 锁相电路只能"锁定"在预置输入频率值的极窄频带内。LM567 的积分相位检波器比较输入信号和振荡器输出的相对频率和相位。只有当这两个信号相同时(即锁相环锁定)才产生一个稳定的输出,LM567 音调开关的中心频率等于其自由振荡频率,而其带宽等于锁相环的锁定范围。

图 9.17 为 LM567 解调控制电路。LM567 的 5、6 脚外接的电阻和电容决定了内部压控

第 9 章 时间和频率测量及应用系统设计

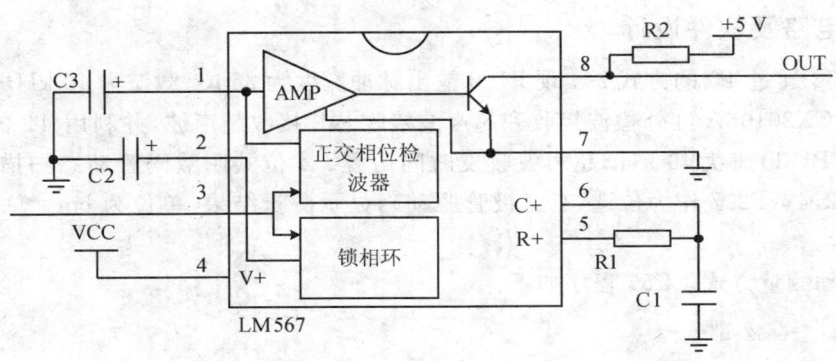

图 9.16　LM567 引脚、内部原理结构和外围典型连接图

振荡器的中心频率 f_0，$f_0 \approx 1/(1.1RC)$，5 脚输出对应频率的方波。其 1、2 脚通常分别通过一个电容器接地，形成输出滤波网络和环路单级低通滤波网络。2 脚所接电容决定锁相环路的捕捉带宽：电容值越大，环路带宽越窄；容量越小，捕捉带宽越宽。但使用时，不可为增大捕捉带宽而一味减小电容容量，否则，不但会降低抗干扰能力，严重时还会出现误触发现象，降低整机的可靠性。1 脚所接电容的容量应至少是 2 脚电容的 2 倍。3 脚是输入端，要求输入信号 $\geqslant$ 25 mV。8 脚是逻辑输出端，其内部是一个集电极开路的三极管，允许最大灌电流为 100 mA。LM567 的工作电压为 4.75～9 V，工作频率从直流到 500 kHz，静态工作电流约 8 mA。LM567 的内部电路及详细工作过程非常复杂，这里仅将其基本功能概述如下：当 LM567 的 3 脚输入幅度 $\geqslant$ 25 mV、频率在其带宽内的信号时，8 脚由高电平变成低电平，2 脚输出经频率-电压变换的调制信号；如果在器件的 2 脚输入音频信号，则在 5 脚输出受 2 脚输入调制信号调制的调频方波信号。在图 9.17 所示的电路中仅利用 LM567 接收到相同频率的载波信号后 8 脚电压由高变低这一特性，来形成对控制对象的控制，且信号持续输入时 8 脚保持低电平。

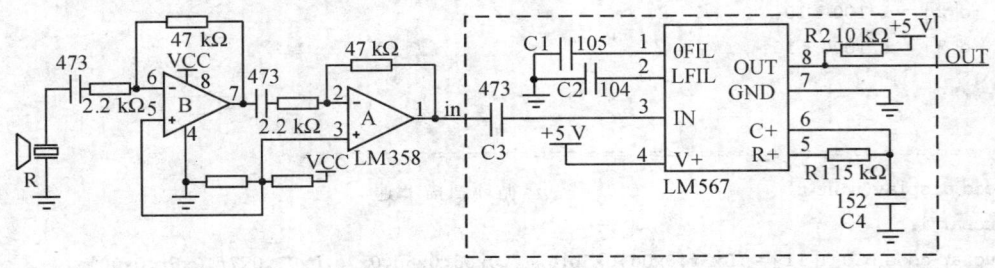

图 9.17　LM567 解调控制电路

(3) 放大并通过比较器整形

该方法调试较困难，且无选频效果，一般较少用。

4. 总体电路及软件设计

AT89S52 通过 T0 的方式 2 实现 P1.0 输出脉冲宽度为 25 μs、载波为 40 kHz 的超声波脉冲串。采用 CX20106A 红外检波接收和超声波接收芯片接收超声波,并利用 T2 的捕获功能,通过 T2EX(P1.1)捕获 40 kHz 超声波收发时间历程。4 位共阴数码管动态扫描显示,P0 口作为段选,P2.4~P2.7 作为位选(有三极管驱动),显示测量结果,单位为 cm。总体电路图如图 9.18 所示。

采用自动测量方式。C51 程序如下:

```c
#include "reg52.h"
#define uchar unsigned char
#define uint  unsigned int
sbit s40hHz = P1^0;
//==============================================================
uint    s,t;                    //s 为测量距离(单位:mm),t 为测量时间(单位:μs)
uchar   d[4];                   //显示缓存
uchar   temperature;            //当前温度值,单位为摄氏度
uchar   ultrasonic_counter;     //发送超声波的周期数寄存器
uchar   sign_failure;           //测量失败标志
uchar   sign_complete;          //测量完成标志
//==============================================================
void delay()
{ uchar i;
  for(i=0;i<4;i++)
  {d[0] = s%10;
   d[1] = s/10%10;
   d[2] = s/100%10;
   d[3] = s/1000%10;
  }
}
//========================================
void display(uint t)                       //循环扫描 t 遍
{uchar i;
 uchar code BCD_7[11] = {0x3f,0x06,0x5b,0x4f,0x66,0x6d,0x7d,0x07,0x7f,0x6f,0x00};
                                           //BCD_7[10]为灭的译码
 for(;t>0;t--)
 {for(i=0;i<4;i++)
  {P0 = BCD_7[d[i]];
   P2 |= 0x10 << i;
```

第 9 章 时间和频率测量及应用系统设计

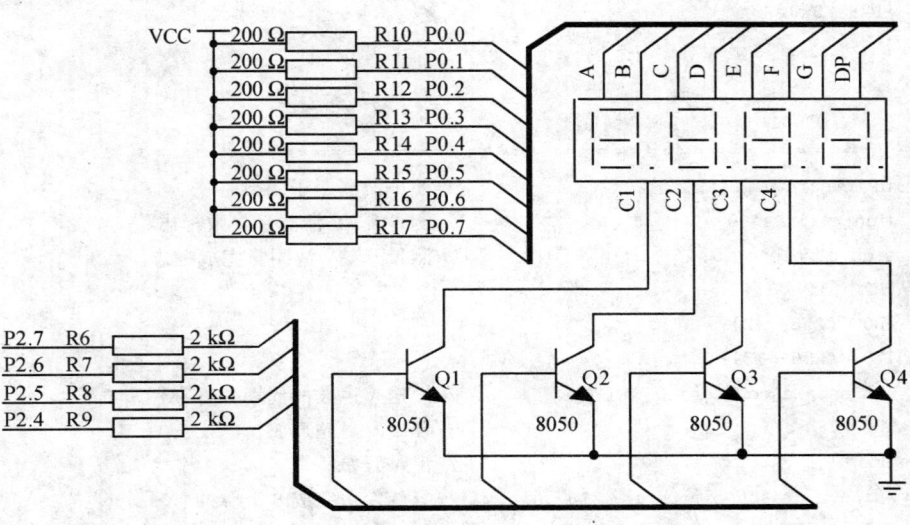

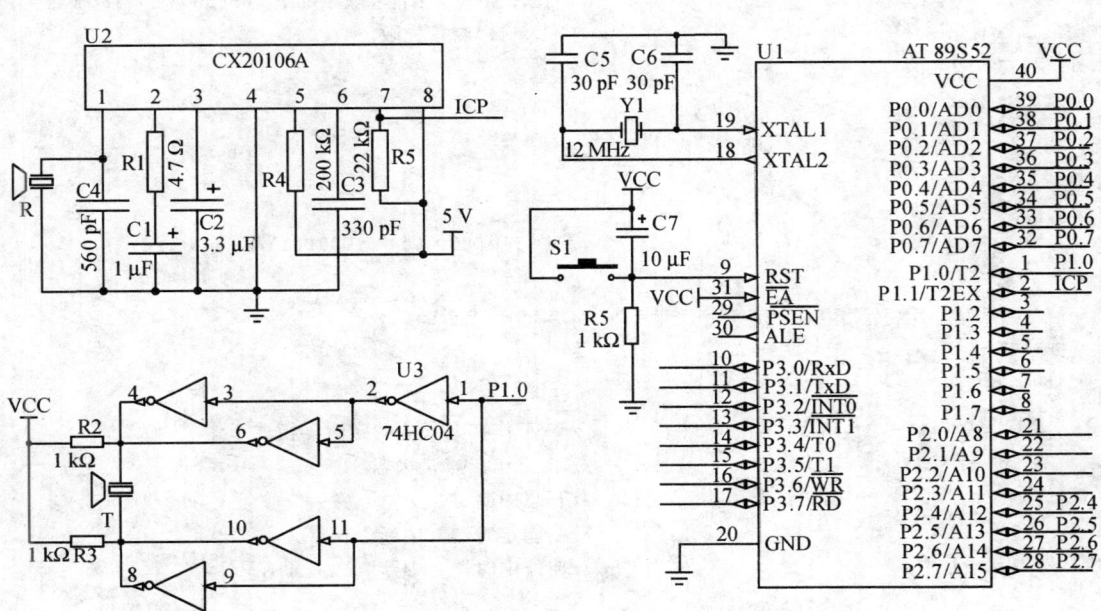

图 9.18 超声波测距仪总电路图

```c
    delay();
    P2&=0x0f;
   }
  }
}
//========================================
void measure()                           //超声波测距子函数
{ sign_failure = 0;                      //测量开始,清测量失败标志
  sign_complete = 0;                     //测量开始,清测量完成标志
  TH2 = TL2 = 0;
  TH0 = (256 - 12);
  TL0 = (256 - 13);
  ultrasonic_counter = 0;                //发送超声波的周期数寄存器清0
  TR0 = 1;                               //开始发射超声波
  TR2 = 1;                               //计时开始
  while(ultrasonic_counter <16);         //等待发送完成8个脉冲
  TR0 = 0;                               //关闭T0
  while(sign_complete == 0)              //等待测量完成
   {if(sign_failure)                     //若T2溢出也未能检测到回波(65.536 ms×314 m/s =
                                         //20.5 m),测量失败
     { TR2 = 0;
       return ;
     }
   }
  TR2 = 0;
  s = t * 0.157;                         // s = 314000×(t×0.000001)/2;
}
//========================================
main()
{uchar i;
  TMOD = 0x02 ;                          //T0工作在方式2的定时器模式
  T2CON = 0x09;                          //T2工作在捕获状态
  EA = 1;                                //开总中断
  ET0 = 1;                               //使能定时器0中断
  ET2 = 1;                               //使能定时器2中断
  s = 0;
  for(i = 0;i<4;i ++)d[i] = 0;
  while(1)
  { measure();
```

第9章 时间和频率测量及应用系统设计

```
       display(120);
    }
}
//=========================================
void T0_ISR() interrupt 1 using 1
{if(TH0==(256-12)) TH0=256-13;        //半周期12 μs,半周期13 μs
 else TH0=256-12;
 s40hHz=!s40hHz;
 ultrasonic_counter++;                 //发送超声波的周期数寄存器自增
}
//=========================================
void T2_ISR () interrupt 5 using 1
{if(TF2)
{TF2=0;
 sign_failure=0;                       //置测量失败标志
}
 else
 { EXF2=0;
   t=RCAP2H*256+RCAP2L;
   sign_complete=1;                    //测量结束,置测量完成标志
 }
}
```

实测范围为 0.08～5.4 m,且误差最大为 1 cm。若加强超声波发送驱动能力,则测量范围会更大。本例中没有加入温度传感器部分,关于温度传感器可以参阅相关章节,加强设计的适用范围。

同类典型应用设计、分析与提示

利用单摆测重力加速度

月亮围绕地球转,地球围绕太阳转;上抛物体自由返回地面,树上的果实熟了,自然落到地面。这些现象的形成是地球引力作用的结果。

16 世纪 80 年代,意大利物理学家伽利略首先用实验的方法得出落体规律,成为世界上第一个发现落体规律的物理学家。17 世纪末,英国力学家牛顿对落体规律及天体力学又作出了科学的论证,他把落体规律及天体力学的关系称为:力=质量×加速度,并在总结天体力学开普勒三大定律基础上发现了"万有引力定律"。准确测量地球各点的绝对重力加速度值,对国防建设、经济建设和科学研究有着十分重要的意义。例如,远程洲际弹道导弹、人造地球卫星和宇宙飞船等都在地球重力场中运动。在设计太空飞行器时,也要首先知道准确的重力场数

据。为提高导弹射击准确度,必须准确测量导弹发射点和目标的位置,同时也必须准确掌握地球形状和重力资料。据有关资料表明,1万公里射程的洲际导弹在发射点若有 2×10^{-6} 米/秒^2 (0.2毫伽)的重力加速度误差,则将造成 50 m 的射程误差;发射卫星最后一级火箭速度若有千分之二的相对误差,卫星就会偏离预定轨道近百公里,甚至导致发射失败。在地震预报中,如果地壳上升或下降 10 mm,将引起 3×10^{-8} m/s^2(3微伽)的重力加速度变化。

单摆的研究是一个经典的实验,许多著名的物理学家(如伽利略、牛顿和惠更斯)都对单摆进行过细致的研究,伽利略从中发现的"摆的等时性"原理为后来惠更斯设计的摆钟奠定了基础,它将计时精度提高了近 100 倍。下面研究基于单摆进行重力加速度测量的方法。

如图 9.19(a)所示,一根长为 l 的不可伸长的细线,上端固定,下端悬挂一个质量为 m 的小球。当细线质量比小球的质量小很多,而且小球的直径又比细线的长度小很多时,摆角 $\theta\leqslant 5°$,空气阻力不计,此种装置称为单摆。单摆在摆角 $\theta<5°$(摆球的振幅小于摆长的 1/12 时,$\theta<5°$)时,可近似为简谐运动,其固有周期为

$$T = 2\pi\sqrt{\frac{l}{g}\left(1+\frac{1}{4}\sin^2\frac{\theta}{2}\right)} \approx \pi\sqrt{\frac{l}{g}}, \theta<5°$$

所以,在已知摆长为 l 时,只要能测得周期 T,就可以算出重力加速度。

若在中线处安装光电开关,如图 9.19(b)所示。当小球未处于中线处时,光电开关导通,OUT 输出低电平;而当小球处于中线处时,光电开关被遮挡,OUT 输出高电平。OUT 输出两次下降沿(或上升沿)的时刻差就是半个周期,同样属于测量时间段问题。在满足摆角 $\theta<5°$ 的情况下,多次测量取平均值可以较准确地测量出当地的重力加速度 g。

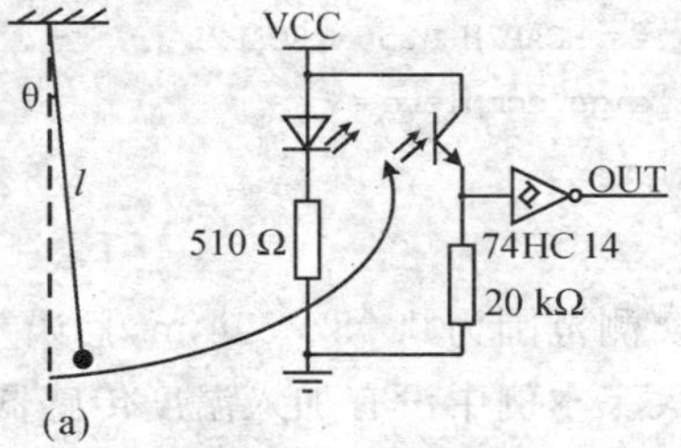

(扭摆法)转动惯量测试仪的设计

转动惯量是表征转动物体惯性大小的物理量,是

(a) 单摆　　(b) 中线处安装光电开关

图 9.19　单摆测量重力加速度

工程技术中重要的力学参数,广泛应用于工农业生产的各个领域,对研究机械转动性能,包括飞轮、钟表摆轮和精密电表动圈的体形、枪炮的弹丸、发动机叶片、电机转子和卫星外形的设计工作都有重要意义。转动惯量的大小除与物体质量有关外,还与转轴的位置和质量分布(即形状、大小和密度)有关。如果刚体形状简单,且质量分布均匀,可直接计算出它绕特定轴的转动惯量。但在工程实践中,会碰到大量形状复杂,且质量分布不均匀的刚体,理论计算将极为复杂,通常采用实验方法来测定。转动惯量的测量,一般都是使刚体以一定的形式运动,通过表征这种运动特征的物理量与转动惯量之间的关系,进行转换测量。扭摆法是常用的转动惯量测试方法。本设计以单片机作为系统核心,通过光电技术、定时技术和中断技术等测量物体转动和摆动的周期等参数,进而间接实现转动惯量的测量。

如图 9.20 所示,扭摆运动具有角简谐振动的特性,周期为:

$$T = 2\pi \sqrt{\frac{I}{K}}$$

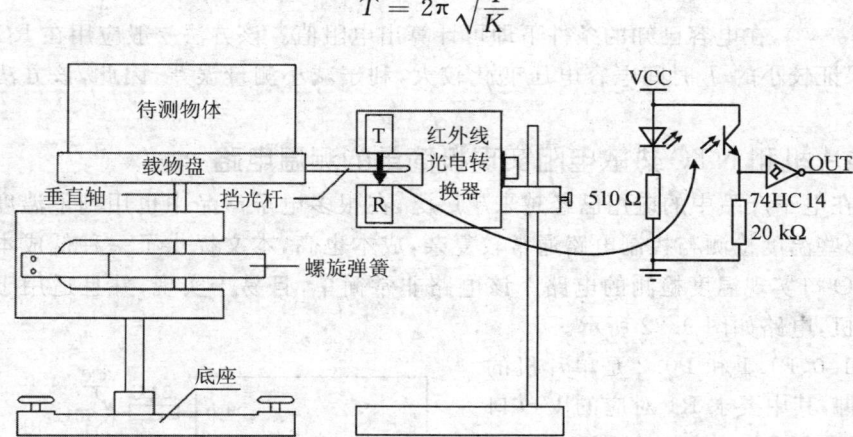

图 9.20　扭摆法测量转动惯量

本设计先用几何形状规则、密度均匀的物体来标定弹簧的扭转常数 K,即先由它的质量和几何尺度算出转动惯量,再结合测出的周期算出扭转常数 K。然后,通过标定的 K 值,计算形状不规则、密度不均匀的物体的转动惯量。测量周期 T 即可获知转动惯量,同样属于测量时间段问题。

基于 RC 一阶电路的阻容参数测试仪的设计

对于高阻值电阻(阻值>100 kΩ)和电容,一般可利用 RC 时间常数法,即利用 RC 电路充放电法来进行测量。如图 9.21 所示,以充电电路(零状态响应)为例说明如下。

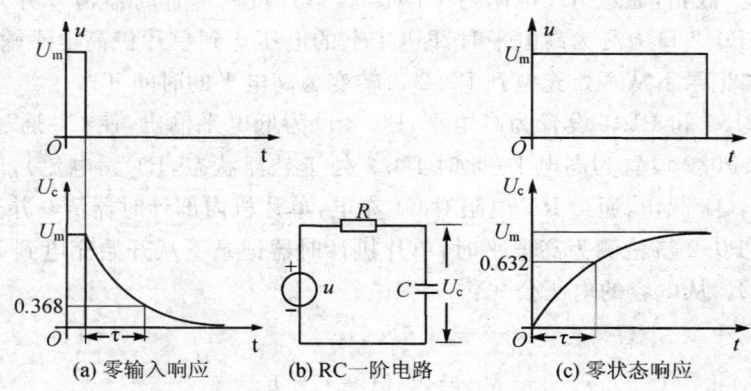

(a) 零输入响应　　(b) RC 一阶电路　　(c) 零状态响应

图 9.21　RC 一阶电路工作曲线

利用充电电路测电阻,即如同零状态响应曲线,在电容完全放电之后,RC 电路加上恒定电压 U_m,并定时 T 时长,当定时时间到时,通过 A/D 测得电容两端的电压 U_c,最后利用公式 $U_c=U_m(1-e^{-\frac{T}{RC}})$,在电容已知的条件下即可计算出电阻值。该方法一般应用在 RC 时间常数较大时,即保证较小的 T 时间电容电压变化较大,利于减小测量误差,因此,该方法适合较大电阻的测量。

利用单片机和 NTC 热敏电阻实现极简单的测温电路

单片机在电子产品中的应用已经越来越广泛,在很多电子产品中也用到了温度检测和温度控制,但那些温度检测与控制电路通常较复杂,成本也高,本文提供了一种低成本的利用单片机多余 I/O 口实现温度检测的电路。该电路非常简单,且易于实现,并且适用于几乎所有类型的单片机,电路如图 9.22 所示。

图中,P1.0、P1.1 和 P0.2 是单片机的 3 个 I/O 引脚,其中要求 R1 对应的 I/O 口可悬浮,这里采用 P0 口的 P0.2;RK 为 100 kΩ 的精密电阻;RT 为 100 kΩ,精度为 1% 的热敏电阻;R1 为 100 Ω 的普通电阻;C1 为 0.1 μF 的瓷片电容。

其工作原理如下:

① 先将 P1.0 和 P1.1 设置为高电平,P0.2 设为低电平输出,使 C1 通过 R1 放电至放完;

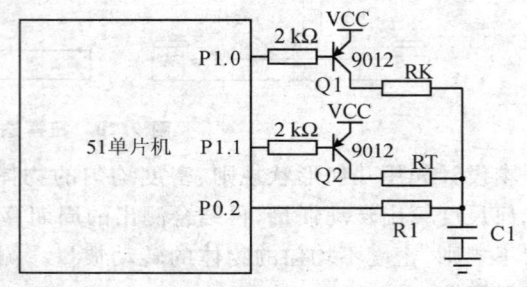

图 9.22 基于一阶电路原理的 NTC 热敏电阻测温电路

② 将 P1.1、P0.2 设置为高电平(此时 P0.2 处于悬浮状态,R1 无电流),P1.0 设为低电平输出,Q1 导通,Q2 截止,通过 RK 电阻对 C1 充电,单片机内部计时器清 0 并开始计时,检测 P0.2 口状态,当 P0.2 口检测为高电平时,即 C1 上的电压达到单片机高电平输入的门槛电压时,单片机计时器记录下从开始充电到 P0.2 口转变为高电平的时间 T1;

③ 再先将 P1.0 和 P1.1 设置为高电平,P0.2 设为低电平输出,使 C1 通过 R1 放电至放完,然后将 P1.0、P0.2 设置为高电平(此时 P0.2 处于悬浮状态,R1 无电流),P1.1 设为低电平输出,Q2 导通,Q1 截止,通过 RT 电阻对 C1 充电,单片机内部计时器清 0 并开始计时,检测 P1.2 口状态,当 P0.2 口检测为高电平时,单片机计时器记录下从开始充电到 P0.2 口转变为高电平的时间 T2。从电容的电压公式:

$$V_c = V_0(1-e^{-\frac{T}{RC}})$$

可以得到:T1/RK=T2/RT,即 RT=T2×RK/T1。通过单片机计算得到热敏电阻 RT 的阻值,并通过查表法可以得到温度值。

综上所述，该测温电路的误差来源于单片机的定时器精度、RK 电阻的精度和热敏电阻 RT 的精度，而与单片机的输出电压值、门槛电压值和电容精度无关。因此，适当选取热敏电阻和精密电阻的精度，单片机的工作频率够高，就可以得到较好的测温精度。当单片机选用 4 MHz 工作频率，RK、RT 均为 1‰精度的电阻时，温度误差可以小于 1 ℃。单片机工作的程序流程图如图 9.23 所示。

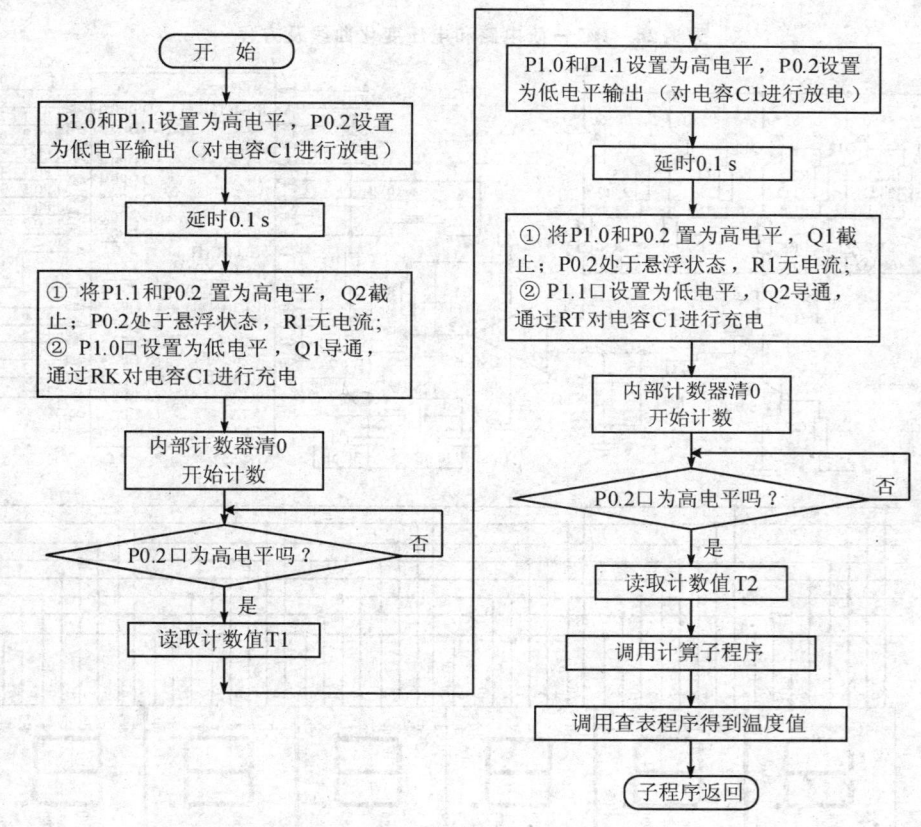

图 9.23　单片机测温电路子程序流程图

基于 RC 一阶电路的电容测试仪的设计

如图 9.24(a)为 RC 一阶电路。当开关由地接至电源时，电容两端的电压变化曲线及方程如图 9.24(b)所示。

利用一阶电路的充电曲线可以测量电容，即当电阻 R、VCC、U_c 和对应时刻 t 已知时，即可计算出电容值。为实现多个量程测量，设计电路如图 9.25 所示。电容测量范围为 1 pF～9999.99 μF，最小分辨力为 1 pF，分为 5 个量程，自动切换量程。

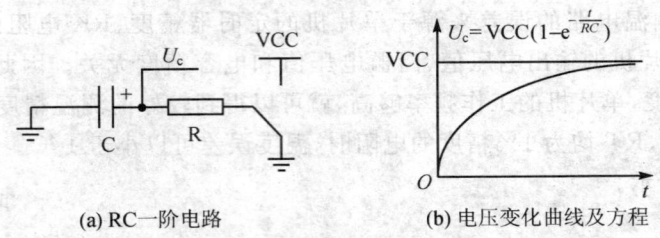

(a) RC一阶电路　　(b) 电压变化曲线及方程

图 9.24　RC一阶电路和电压变化曲线及方程

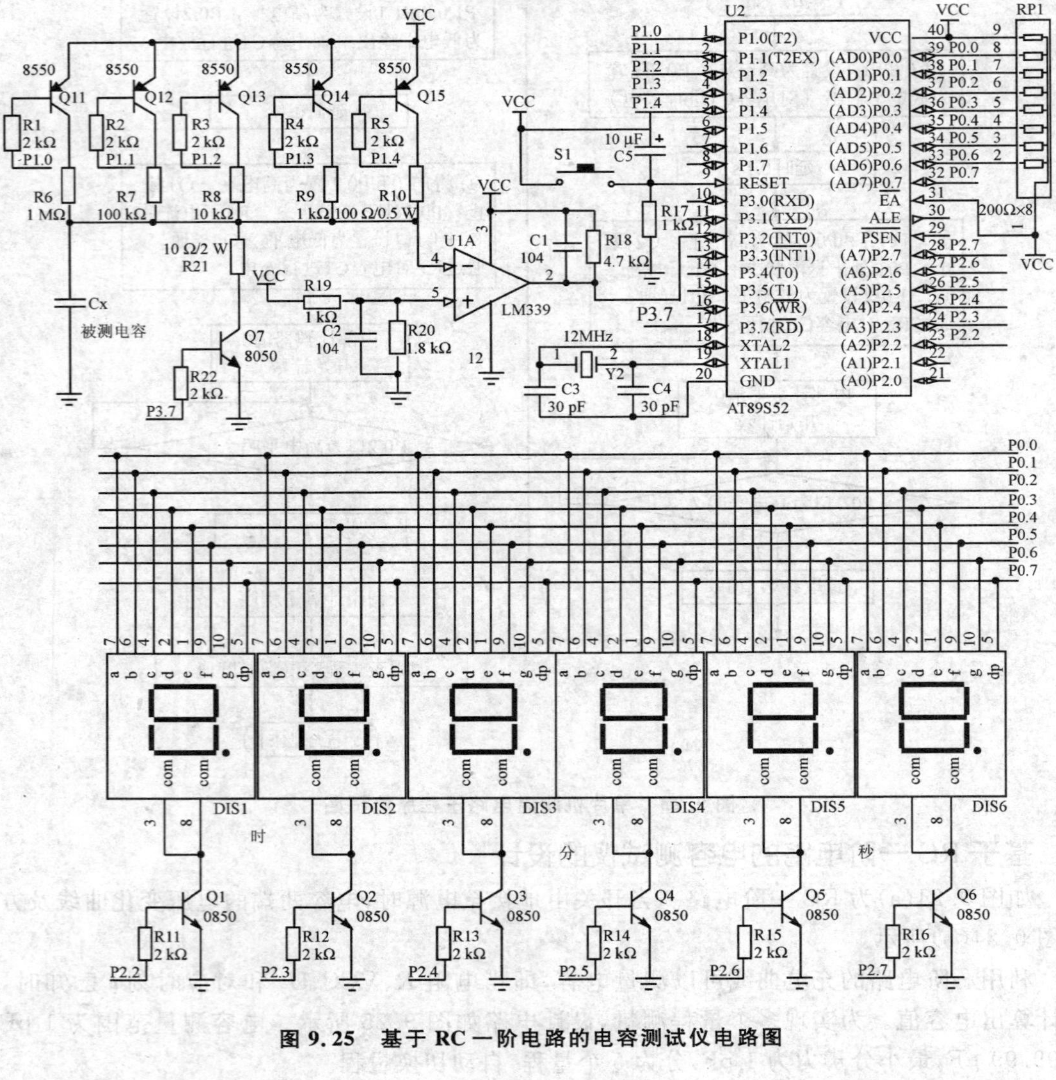

图 9.25　基于 RC一阶电路的电容测试仪电路图

工作过程如下：首先，通过单片机选通放电三极管 Q7，将电容上的电放掉，放电完毕之后，选通 Q11～Q15 中的一个三极管，经过一定的电阻，对电容进行充电；同时，打开单片机的计数器 0，开始计数。然后，单片机等待外部中断 0 的发生。当电容充电达到参考电压值时，比较器翻转，发出充电完成信号到中断 0 端口，单片机响应中断，停止计数器 0，并关闭充电电路，接通放电电路。接着，读出计数器 0 的值，进行计算，适当的调整后，输出显示。然后又开始一次新的测试，如此循环。当然，采用 T2 的捕获功能，测量精度会进一步提高。

9.3 频率测量及应用

频率测量是电子测量技术中最基本的测量参数之一，直接或间接地广泛应用于计量、科研、教学、航空航天、工业控制和军事等诸多领域。工程中很多测量，如用振弦式方法测量力、时间测量、速度测量和速度控制等，都涉及频率测量，或可归结为频率测量。频率测量方法的精度和效能常常决定了这些测量仪表或控制系统的性能。频率作为一种最基本的物理量，其测量问题等同于时间测量问题，因此频率测量的意义更加显著。

频率的测量方法取决于所测频率范围和测量任务，但是频率的测量原理是不变的。仪器仪表中的频率测量技术主要有直接测量法、测周期法（组合法）、倍频法、F-V 法和等精度法等。各种方法并不孤立，需要配合使用才能准确测量频率。本节讲述以单片机为核心的频率测量系统的设计方法。

9.3.1 频率的直接测量方法——定时计数法

根据频率的定义，若某一信号在 t 秒时间内重复变化了 n 次，则可知其频率为 $f=n/t$。直接测量法就是基于该原理，即在单位闸门时间内测量被测信号的脉冲个数，简称为"定时计数"法。

$$f = \frac{n(\text{闸门时间内脉冲的个数})}{t(\text{闸门时间})}$$

如图 9.26 所示为直接频率测量的基本电路，被测信号经信号调理电路转换为同频的标准方波，供单片机测量使用。例如，正弦波经过零比较器即可转换为方波。

图 9.26 直接频率测量的基本电路框图

在测量中，误差分析计算是不可少的。理论上讲，不管对什么物理量的测量，不管采用什么样的测量方法,只要进行测量,就可能有误差存在。误差分析的目的就是要找出引起误差的主要原因,从而有针对性地采取有效措施,减小测量误差,提高测量的精度。虽然定时计数法测频原理直观且易于操作,对于单片机来讲需要有两个定时器,一个设定闸门时间,一个计数。但这种测量方法也存在着测量误差,闸门时间的设定是直接测量法测量精度的决定性因素。详细分析如下:

在测频时,闸门的开启时刻与计数脉冲之间的时间关系是不相关的,即它们在时间轴上的相对位置是随机的,边沿不能对齐。这样,即使是相同的闸门时间,计数器所计得的数却不一定相同,如图 9.27 所示。

当然,闸门的起始时间可以做到可控,例如可以是被测信号的上升沿作为起始时刻,但是由于被测信号的频率未知,闸门结束时刻不可控。这样,当闸门结束时,闸门并未闸在被测信号的上升沿,这样就产生了一个舍弃误差。从而导致频率越低,周期越大,对于

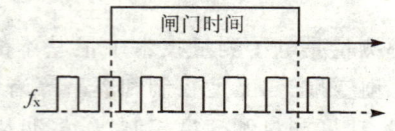

图 9.27 "定时计数"法测频误差分析图

固定 1 s 闸门定时来讲,计数个数越少,1 个周期的舍弃误差就越大。因此,基于直接测量法的频率计的测量精度将随被测信号频率的下降而降低。当然可以通过延长闸门时间来提高测量精度,然而却延长了测量时间,实时性差;此外,若被测信号频率很高,则很可能超出计数器计数范围,出现错误结果,这时还要扩展计数器并与单片机的计数器串接,例如十进制计数器 74HC160。

解决的方法如下:首先给出一个较小的闸门时间,粗略地测出被测信号的频率,然后根据所测量的结果重新给出适当的闸门时间作为测量结果。不过如果根据粗测结果信号频率很低,则一般不再采用直接法,因为不能无限制地延长闸门时间,那样会增加测量时间。事实上,无论用哪种方法进行频率测量,其主要误差源都是由于计数器只能进行整数计数而引起的±1误差。

由于直接测频法在被测信号频率较高时测量精度高,故可以将被测信号分为几个频段,在不同的频段采用不同的倍频系数,将低频信号转化成高频信号,从而提高测量精度。这种方法亦即为倍频法。

当被测信号的频率较高时,有可能单片机的速度不能支持计数器正常工作,AT89S 系列单片机,被测信号频率上限为 $f_{osc}/24$,即 12 MHz 晶振下,被测信号频率上限为 500 kHz。此时,可以采用图 9.28 所示的电路,将被测信号经过一个针对高频信号的预处理电路后,先进入一个分频器(如 10 分频),然后再进入单片机计数端,选择合适的分频系数可处理较高的频率信号。不过,以 10 分频为例,此时存在着 $\pm(2^{10}-1)$ 误差。

当信号频率很低时,通常采用测周期来计算出频率的方法。

第 9 章 时间和频率测量及应用系统设计

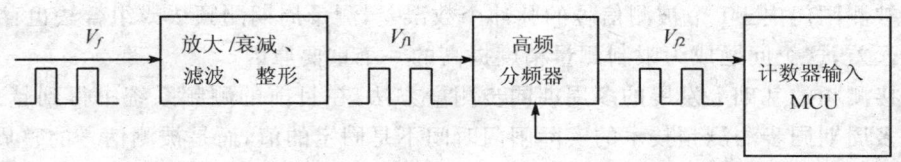

图 9.28　高频频率测量电路原理框图

9.3.2　通过测量周期测量频率

通过测量周期测量频率的方法是根据频率是周期的倒数的原理设计的,即
$$f = 1/T$$
与分析直接法测频的误差类似,这里周期 $T=nT_b$,T_b 为标准时钟,频率为 f_b,对于单片机来讲就是机器周期,如图 9.29 所示。在测周期时,被测信号经过 1 次分频后的高电平时间就是其周期,其作为闸门截取信号 f_b 仍是不相关的,即它们在时间轴上的相对位置也是随机的,边沿不能对齐,引起 ±1 个机器周期的误差。

运用该方法,一般是采用多次测量取平均值的方法,因为被测信号不一定是一个波形十分规整的方波信号;或者采用多周期测量,以减小误差。

当被测信号频率较低时,通过直接测量周期可提高精度。当然,一旦信号的频率很高,也就是

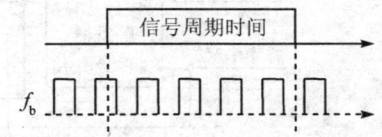

图 9.29　$f=1/T$ 测频误差分析图

周期很小时,一个周期内定时/计数器中的值较小,造成测量误差会很大。这时需要采用直接法测量,从而产生组合法测量频率的方法,即:

当被测信号频率较高时,采用直接测频;而当被测信号频率较低时,采用先测量周期,然后换算成频率的方法,就称为组合测量法。测频与测周期误差相等时,对应的频率即为中介频率,它成为测频与测周的分水岭。这种方法可在一定程度上弥补直接测量方法的不足,提高测量精度。

9.3.3　等精度测频法

直接测频法就是在给定的闸门信号中填入脉冲,通过必要的计数电路,得到填充脉冲的个数,从而算出待测信号的频率或周期。基于直接测量法的频率计的测量精度将随被测信号频率的下降而降低,而测量周期的间接测频法仅适用测量低频信号,致使以上方法在实用中有较大的局限性。直接测频法、测量周期测频法和组合法都存在 ±1 个字的计数误差问题:直接测

频法存在被测闸门内±1个被测信号的脉冲个数误差,测量周期测频法或组合法也存在±1个字的计时误差,这个问题成为限制测量精度提高的一个重要原因。

在直接测频的基础上发展的多周期同步测量方法,在目前的测频系统中得到越来越广泛的应用。多周期同步法测频技术的实际闸门时间不是固定的值,而是被测信号的整周期倍,即与被测信号同步,因此消除了对被测信号计数时产生的±1个字误差,测量精度大大提高,而且达到了在整个测量频段的等精度测量,故多周期同步法测频技术又称为等精度测频法。

等精度频率计频率测量方法的主要测量控制框图如图9.30所示,将框图所示视为一个独立的器件,受单片机控制。器件设计两个32位计数器,如图,预置门控信号GATE由单片机发出,GATE的时间宽度对测频精度影响较小,可以在较大的范围内选择,32位计数器在计100 MHz信号时不溢出即可。实际应用,一般在0.1~10 s间选择,即在高频段时,闸门时间较短,低频时闸门时间较长。这样依据被测频率的大小自动调整闸门时间宽度T_c测频,从而实现量程的自动转换,扩大了测频的量程范围,实现了全范围等精度测量,减小了低频测量的误差。

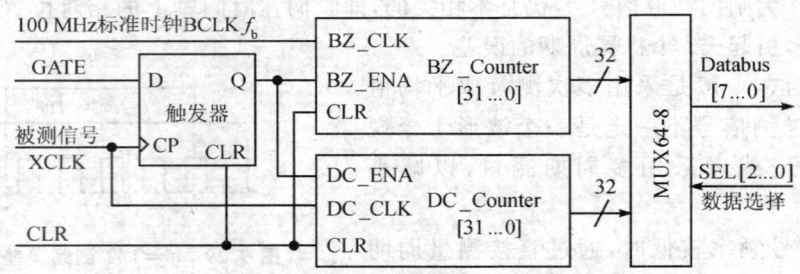

图9.30 等精度频率计的设计框图

图中,2个32位高速计数器BZ_Counter和DC_Counter可控,BZ_ENA和DC_ENA分别是它们的计数允许信号端,高电平有效。基准频率信号从BZ_Counter的时钟输入端BZ_CLK输入,设其频率为F_b;待测信号经前端放大、限幅和整形后,从与BZ_Counter相似的32位计数器DC_Counter的时钟输入端DC_CLK输入,测量频率为F_x。

测量开始,首先单片机发出一个清0信号CLR,使2个32位的计数器和D触发器置0,然后单片机再发出允许测频命令,即使预置门控信号GATE为高电平,这时D触发器要一直等到被测信号的上升沿通过时,Q端才被置1,从而使BZ_ENA和DC_ENA同时为1,启动计数器BZ_Counter和DC_Counter分别对被测信号和标准频率信号同时计数,系统进入计算允许周期。当T_c秒过后,预置门控信号被单片机置为低电平,但此时2个32位的计数器仍然没有停止计数,一直等到随后而至的被测信号的上升沿到来时,才通过D触发器将这2个计算器同时关闭,即被测信号频率测量是从其上升沿开始的,也是在其上升沿结束的,计数使能信号允许计数的周期总是恰好等于待测信号XCLK的完整周期,这正是确保XCLK在任何频率条件下都能保持恒定测量精度的关键。在时频测量方法中,多周期同步法是精度较高的一种,但仍然未解决±1个字的误差总题,这主要是因为实际闸门边沿与标频填充脉冲边沿并不同步。因为,此时 GATE 的宽度 T_c 改变以及随机的出现时间造成的误差最多只有基准时钟 BCLK 信号的一个时钟周期,由于 BCLK 的信号是由高稳定度的 100 MHz 晶体振荡器发出的,所以任何时刻的绝对测量误差只有 $1/10^8$ s,这也是系统产生的主要误差。

设在某一次预置门控时间 T_c 中对被测信号计数值为 N_x,对标准频率信号的计数值为 N_b,则根据闸门时间相等,可计算出实测频率:

$$N_x/F_x = N_b/F_b$$

即

$$F_x = F_b \times N_x/N_b$$

图 9.30 中的 MUX64-8 是多路选择器,通过 SEL 引脚的选择将两个 32 位计数器每次 8 位,分 8 次读出。

图 9.30 中"器件"可以采用可编程器件实现。例如可采用 Altera 公司的 EPM240 芯片。随着电子技术的不断发展与进步,电子系统的设计方法发生了很大变化,基于 EDA 技术的 CPLD 和 FPGA 已全面进入电子设计领域,它们可以通过软件的方式实现硬件结构,设计过程方便快捷,大大缩短了开发时间。同时由于具备可重复编程特性,为系统升级提供了便利。应用标准化的硬件描述语言 VHDL 对复杂的数字系统进行逻辑设计并用计算机仿真,逐步完善后进行自动综合生成符合要求的、在电路结构上可实现的数字逻辑,再下载到可编程逻辑器件中,即可完成设计任务。

但目前基于单片机的电子系统设计仍然是电子系统设计的主流。这是因为:
① 单片机及其相关的外围电路已经非常成熟,可以适应大部分电子系统的设计;
② 在单片机领域,有丰富的资料可供设计者参考;
③ 高级语言的支持使得单片机系统的设计变得更快捷;
④ 长期稳定的发展使得单片机的性价比非常高。

单片机与 CPLD/FPGA 在功能和性能上具有互补性。使用单片机+CPLD/FPGA 的设计方式,不但可以简化电路结构,降低干扰,而且可以发挥单片机在数据处理上的优越性和 CPLD/FPGA 高速稳定的优点,从而使系统达到实时性强,控制方便,高效稳定的目的。

下面给出该图 9.30"器件"的 VHDL 描述源程序:

```
LIBRARY IEEE;
USE IEEE.STD_LOGIC_1164.ALL;
USE IEEE.STD_LOGIC_UNSIGNED.ALL;
ENTITY f_cnt IS
    PORT (BCLK  : IN STD_LOGIC; --标准频率时钟信号
          XCLK  : IN STD_LOGIC; --待测频率时钟信号
```

```vhdl
            CLR   : IN STD_LOGIC;    --清零和初始化信号
            GATE  : IN STD_LOGIC;    --预置门控信号
            SEL   : IN STD_LOGIC_VECTOR(2 DOWNTO 0);
                           --两个32位计数器,计数值分8位读出多路选择控制
            DATABUS : OUT STD_LOGIC_VECTOR(7 DOWNTO 0)  --8位数据读出
        );
END f_cnt;
ARCHITECTURE behav OF f_cnt IS
    SIGNAL BZ_Counter: STD_LOGIC_VECTOR(31 DOWNTO 0); --标准计数器
    SIGNAL DC_Counter: STD_LOGIC_VECTOR(31 DOWNTO 0); --测频计数器
    SIGNAL BZ_ENA,DC_ENA: STD_LOGIC;                  --计数使能
    BEGIN
    PROCESS (SEL)
    BEGIN
    case SEL(2 DOWNTO 0) is
      when "000" => DATABUS <= BZ_Counter(31 DOWNTO 24);
      when "001" => DATABUS <= BZ_Counter(23 DOWNTO 16);
      when "010" => DATABUS <= BZ_Counter(15 DOWNTO 8);
      when "011" => DATABUS <= BZ_Counter(7 DOWNTO 0);
      when "100" => DATABUS <= DC_Counter(31 DOWNTO 24);
      when "101" => DATABUS <= DC_Counter(23 DOWNTO 16);
      when "110" => DATABUS <= DC_Counter(15 DOWNTO 8);
      when "111" => DATABUS <= DC_Counter(7 DOWNTO 0);
      when others => NULL;
    end case;
    end PROCESS;
BZH : PROCESS(BCLK, CLR)     --标准频率测试计数器,标准计数器
    BEGIN
    IF CLR = '1' THEN BZ_Counter <= ( OTHERS => '0' );
    ELSIF BCLK'EVENT AND BCLK = '1' THEN
        IF BZ_ENA = '1' THEN BZ_Counter <= BZ_Counter + 1; END IF;
    END IF;
END PROCESS;
TF : PROCESS(XCLK, CLR)     --待测频率计数器,测频计数器
    BEGIN
    IF CLR = '1' THEN DC_Counter <= ( OTHERS => '0' );
    ELSIF XCLK'EVENT AND XCLK = '1' THEN
        IF DC_ENA = '1' THEN DC_Counter <= DC_Counter + 1; END IF;
    END IF;
```

```
        END PROCESS;
        PROCESS(XCLK,CLR)       ---计数控制使能触发器
           BEGIN
           IF CLR = '1' THEN DC_ENA <= '0' ;
           ELSIF XCLK'EVENT AND XCLK = '1' THEN DC_ENA <= GATE ;
           END IF;
        END PROCESS;
           BZ_ENA <= DC_ENA;
     END ARCHITECTURE;
```

9.3.4 频率-电压(F-V)转换法测量频率

频率-电压(F-V)转换器是一类专门实现频率-电压线性变换的器件,这样通过A/D测量电压就可得知被测信号的频率。该方法和测量周期测量频率的方法都属于频率测量的间接测量法。同样,利用V-F也可以实现电压的测量,详见10.5节。

——典型设计举例E5:(组合法)频率计的设计

数字频率计是计算机、通信设备和音频视频等科研生产领域不可缺少的测量仪器。它是一种用十进制数字显示被测信号频率的数字测量仪器。它的基本功能是测量正弦信号、方波信号及其他各种单位时间内变化的物理量。在进行模拟、数字电路的设计、安装及调试过程中,由于其使用十进制数显示,测量迅速,精确度高,显示直观,经常要用到频率计。在电子系统中,频率测量具有重要地位。近几年来,频率测量技术所覆盖的领域越来越广泛,测量精度越来越高,与不同学科的联系也越来越密切。与频率测量技术紧密相连的领域有通信、导航、空间科学、仪器仪表、计量技术、电子技术、天文学、物理学和生物化学等。

常用数字频率测量方法有直接测频法、测量周期测频法和组合法(综合运用前两种方法)。直接测频法是在给定的闸门时间内测量被测信号的脉冲个数,进行换算得出被测信号的频率。这种测量方法的测量精度取决于闸门时间和被测信号频率。当被测信号频率较低时,将产生较大误差,除非闸门时间取得很大,所以这种方法比较适合测量高频信号的频率。测量周期测频法是通过测量被测信号的周期,然后换算出被测信号的频率。这种测量方法的测量精度取决于被测信号的周期和计时精度,当被测信号频率较高时,对计时精度的要求就很高。这种方法比较适合测量频率较低的信号。组合法具以上两种方法的优点,它通过测量被测信号数个周期的时间然后换算得出被测信号的频率,可兼顾低频与高频信号,提高了测量精度。本设计是以单片机AT89S52为核心,采用组合法设计的一种频率计。在设计中应用单片机的内部定时器/计数器和中断系统完成频率的测量。当被测信号频率较高时采用直接测频,而当被测信号频率较低时采用先测量周期,然后换算成频率。下面演绎组合法测量频率的设计及实现。

对于直接测量法的实现，基于 AT89S52 单片机，可以采用 T1 定时，T0 计数的方法从而测得频率。

对于周期的测量，可以借助 GATE 位，通过 D 触发器分频器来实现。如图 9.31 所示，信号从 D 触发器 CLK 输入，从 Q 端输出，此时，Q 端每个高电平时间即为原信号的周期。

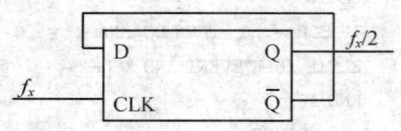

图 9.31 D 触发器分频器

组合法测量频率的电路图如图 9.32 所示。4 位共阴数码管动态扫描显示，P0 口作为段选，P2.7～P2.4 作为位选（有三极管驱动）。

该电路只能测量方波信号的频率，若测量正弦波或三角波信号频率，则需将信号首先整形为方波，然后再测量。无论方波，还是整形转换后得到的同频方波，为提高测量精度，一般还要通过一个施密特特性门（如与非门 74HC132、非门 74HC14 等）电路进行频率测量，一是保证边沿足够陡，二是保证方波的电平。

关于软件实现，高频采取 $f=n/t$ 的方法，以 1000 Hz 为限，根据 T0 引脚输入频率最大值为 $f_{osc}/24=500$ kHz，即频率在 1～500 kHz 范围采用直接法测量；低频采取 $f=1/T$ 的方法，即频率在 0～1000 Hz 范围采用测量周期的方法测量。

当然，本例只连接了 4 个数码管，测量范围为 0～9999 Hz。若需要扩大测量范围，再增加数码管，软件结构很清晰，极易修改，请读者自行尝试。

```
#include"reg52.h"
#define uchar unsigned char
#define uint  unsigned int
//========================================================
uchar d[4];                    //显示缓存
uchar times;                   //中断次数计数器
unsigned long  f;              //测得频率
sbit G = P3^2;                 //INT0 引脚
uchar code BCD_7[10] = {0x3f,0x06,0x5b,0x4f,0x66,0x6d,0x7d,0x07,0x7f,0x6f};
//========================================================
void delay()
{ uchar j,k;
  for(j=0;j<4;j++)
    for(k=0;k<50;k++);
}
void display(uint t)           //用于动态扫描数码管显示,共扫描 t 遍
{uchar i;
 for(;t>0;t--)
```

第9章 时间和频率测量及应用系统设计

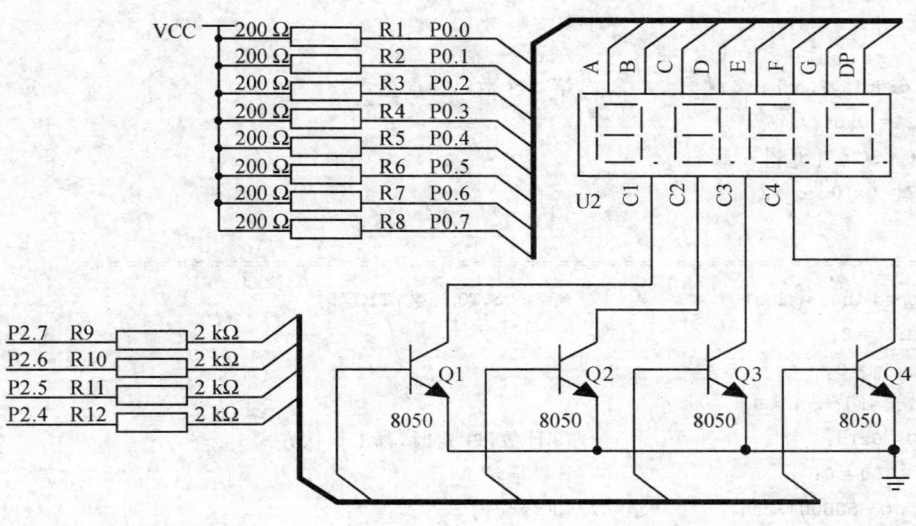

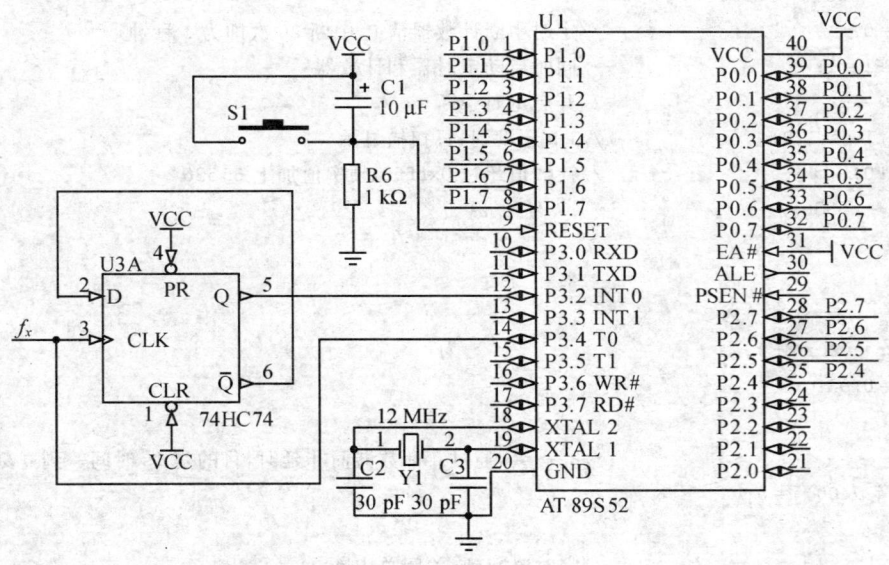

图 9.32 组合法测频原理图

```
{for(i = 0;i<4;i++)          //共 4 个数码
 {P0 = BCD_7[d[i]];          //给出译码后的段选
  P2|= 0x10 << i;            //给出位选
  delay();                   //亮一会
  P2&= 0x0f;                 //灭
 }
}
```

```c
    }
}
void display2(uchar i)              //第 i 个数码管点亮
{   P2&=0x0f;
    P0 = BCD_7[d[i]];
    P2|=0x10 << i;
}
//========================================================
unsigned long using1()              //f = n/t,T0 计数/T1 定时
{uchar i = 0;
 uint  j = 0;
 unsigned long n = 0;
 TMOD = 0x15;                       //T0 计数,T1 定时,都工作在方式 1
 TH0 = TL0 = 0;                     //计数器清 0
 TH1 = (-50000)/256;                //50 ms 定时
 TL1 = (-50000)%256;
 times = 0;                         //定时中断计数器清 0,中断 20 次即为 1 秒钟
 TR0 = TR1 = 1;                     //同时启动定时器和计数器
 EA = ET1 = 1;                      //开启定时中断
 while(times<20)                    //1 s 还没到,只扫描显示
  {if(TF0)                          //计数值超过 0xffff,频率值加上 65536
   {n+=65536;
    TF0 = 0;
   }
   if(j++ == 0)
   {display2(i++);
    i&=0x03;
   }
   else                             //亮一会,通过 J 计数器而非延时,目的是 1s 时间一到立刻响应
    if(j>400)j = 0;
  }
 EA = 0;                            //定时时间到,关闭总中断
 return n+(256*TH0+TL0);            //返回 1 s 时间内计数器的计数值,即频率值
}
void T1_() interrupt 3 using 1
{ TH1 = (-50000)/256;
  TL1 = (-50000)%256;               //定时初值重载
  if(++times>19)TR0 = TR1 = 0;
}
```

第 9 章 时间和频率测量及应用系统设计

```c
//===================================================
uint using2()                //f = 1/T
{uchar i = 0;
 uint  j = 0;
 times = 0;
 TMOD = 0x09;                //T0 的 GATE = 1,方式 1 定时
 TH0 = TL0 = 0;
 while(G == 1)               //INT0 引脚为高,先避过去,因为此为非完整高电平,只是扫描显示
  {if( ++ j == 1)
    {display2(i ++);
     i& = 0x03;
    }
   else                      //亮一会儿
    if(j>400)j = 0;
  }
 TR0 = 1;                    //启动定时器,等待 INT0 引脚高电平,启动定时器进行周期测量
 while(G == 0)               //INT0 引脚为低,扫描显示等待
 {if( ++ j == 1)
   {display2(i ++);
    i& = 0x03;
   }
  else
   if(j>400)j = 0;
 }
 while(G == 1)               //INT0 引脚为高,开始测量,扫描显示等待
 {if(TF0)                    //定时值超过 0xffff,周期值加上 65536
   {times ++;
    TF0 = 0;
   }
  if( ++ j == 1)
   {display2(i ++);
    i& = 0x03;
   }
  else
   if(j>400)j = 0;
 }
 TR0 = 0;                    //测量结束,关闭定时器
 return 1000000/(TH0 * 256 + TL0 + 65536 * times);   //返回频率值,极低频时取整误差较大
```

```
    }
//========================================================
main()
{
 while(1)
 { while(1)
   { f = using1();              //f = n/t
     d[3] = f/1000;
     d[2] = f/100 % 10;
     d[1] = f/10 % 10;
     d[0] = f % 10;
     display(1);
     if(f<=1000)break;          //频率低于1000 Hz 转向方法2测量
   }
   while(1)
   {f = using2();                //f = 1/T
    d[3] = f/1000;
    d[2] = f/100 % 10;
    d[1] = f/10 % 10;
    d[0] = f % 10;
    display(1);
    if(f>1000)break;            //频率高于1000 Hz 转向方法1测量
   }
 }
}
```

同类典型应用设计、分析与提示

多谐振荡器测电阻或电容

由 NE555 构成的多谐振荡器如图 9.33 所示。

若 R1 和 R2 已知,那么 Cx 决定了 OUT 的输出频率,从而测定 OUT 的输出频率即可反算出电容 Cx 的值。这里涉及两个问题:

① 量程切换,为了在 OUT 处输出较高或较低频率,以提高频率的测量精度,需要能切换 R1 或 R2 的阻值;

② OUT 输出的方波,低电平不为 0,甚至在 2 V 左右,达到了高电平的阈值,所以必须对其进行整形,可以借助三极管开关或模拟比较器进一步整形为标准的方波,这点尤为重要。

心率计的设计

心率计是常用的医学检查设备。实时、准确的心率测量在病人监控、临床治疗及体育竞赛

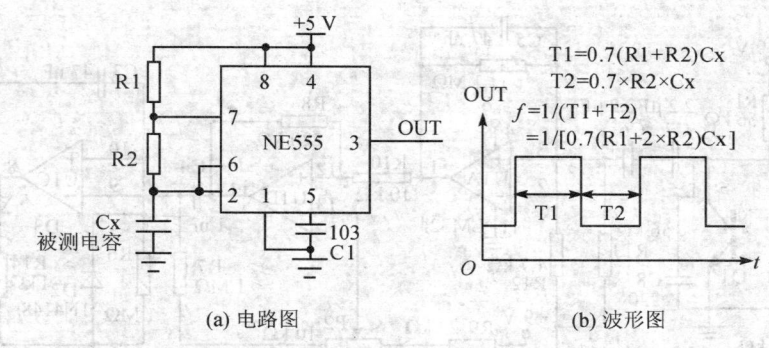

图 9.33 NE555 构成的多谐振荡器

等方面都有着广泛的应用。心率计是 1 min 内心跳的次数,是典型的测频率应用。其最关键的问题就是传感器部分的设计,可以利用声音和光等检测心跳。

本心率计采用红外光学检测法,摒弃了不便于运动状态下测量脉搏的听诊器和吸附在人体上的电极等老式测量方法。检测的基本原理是:随着心脏的搏动,人体组织半透明度随之改变。当血液送到人体组织时,组织的半透明度减小;当血液流回心脏时,组织的半透明度增大。这种现象在人体组织较薄的手指尖、耳垂等部位最为明显。因此,本心率计将红外发光二极管产生的红外线照射到人体的上述部位,并用装在该部位另一侧或旁边的红外光电管来检测机体组织的透明度并把它转换成电信号。由于此信号的频率与人体每分钟的脉搏次数成正比,故只要把它转换成脉冲并进行整形、计数和显示,即可实时地测出脉搏的次数。且使用方便,只需将手指端轻轻放在传感器上,即可实时显示出每分钟脉搏次数。

取样整形电路

取样整形电路如图 9.34 所示。D1 和 Q1 组成红外发射和接收传感装置,Q1 工作在放大态。因传感器输出信号的频率很低(如脉搏 50 次/min 为 0.78 Hz,200 次/min 为 3.33 Hz),故该信号要先经 R1、C8 低通滤波,去除高频干扰。当传感器检测到较强的干扰光线时,其输出端的直流电压信号会有很大变化。为避免干扰信号传到 U1A 输出端,造成错误指示,用 C6、C7 组成的双极性耦合电容将其隔离。运放 U1A 将信号放大 200 倍,并与 R11、C5 组成截止频率为 10 Hz 左右的低通滤波器,进一步滤除残留的干扰。

U1A 输出的是叠加有噪声的脉动正弦波信号,此信号由比较器 U1D 转换成方波。用 P2 可将该比较器的阈值调节在正弦波的幅值范围之内。U1D 的输出信号经 C4、R7 组成的微分电路微分后,将正、负相间的尖脉冲加到单稳多谐振荡器 U1C 的反相输入端。

当有输入信号时,U1C 在比较器输入信号的每个后沿到来时输出高电平,使 C3 通过 R6 充电,约 20 ms 后,因 C3 充电电流减小而使 U1C 同相输入端的电位降低,当其低于反相输入端的电位时(尖脉冲已过去很久),U1C 改变状态并再次输出低电平。该 20 ms 长的脉冲信号

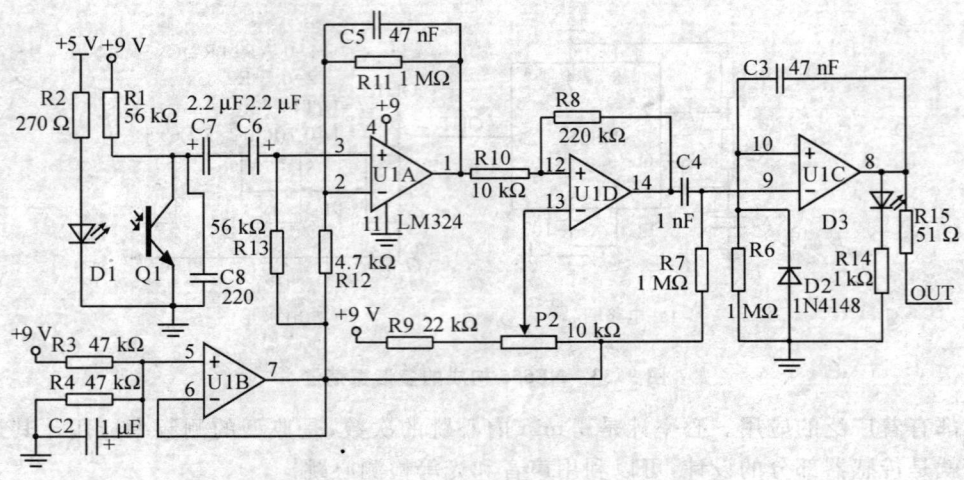

图 9.34 红外心率计取样整形电路

与脉动同步,并通过红色发光二极管 D3 闪烁显示。该脉冲信号通过 R15 送单片机 T0 口进行计算,得到每分钟的脉搏次数并送显示。

9 V 电源电压由 R3、R4 分压后得到 4.5 V 电压,经 U1B 缓冲后用作 U1A、U1B 和 U1C 的参考电压。

里程表、计价器和速度表的设计(光电编码盘、霍尔元件)

在出租车行业推广税控计价器是国家金税工程的重要组成部分。搞好此项工作,对规范出租车行业管理和税收征管工作具有十分重要的意义。系统设计框图如图 9.35 所示。

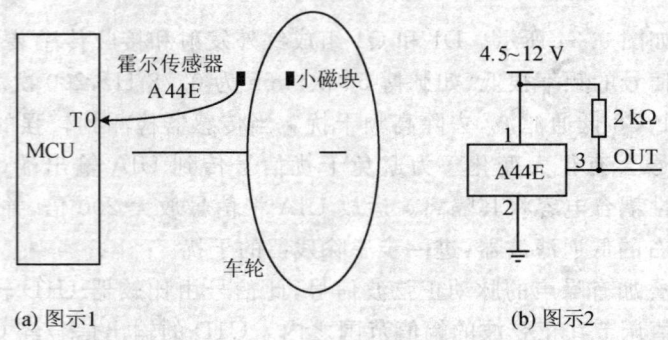

(a) 图示1　　　　　　　　　　　(b) 图示2

图 9.35 出租车计价器原理示意图

开关型霍尔器件当有磁块接近时就会产生脉冲,这样将小磁块固定到车轮上随轮旋转,开关型霍尔器件固定在车体上。这样,车轮每转一圈,小磁块经过开关型霍尔器件时就会产生一个脉冲,测量该脉冲的频率和起始时间就可以得到速度、里程和费用等信息。

图中,A44E 属于开关型的霍尔器件,其工作电压范围比较宽(4.5~18 V),其输出的信号符合 TTL 电平标准,可以直接接到单片机的 I/O 端口上,而且其最高检测频率可达到 1 MHz。

注意: 其输出为 OC 门结构,必须加上拉电阻。

习题与思考题

9.1 利用定时器测量时间段的方法有哪些?并说明各自的测量过程。
9.2 请说明频率测量的各主要测量方法,并给出各自的误差分析。

第 10 章
A/D、D/A、PWM 与测控系统设计

当单片机用于实时控制和智能仪表等应用系统中时,经常会遇到连续变化的模拟量,如温度、压力和速度等物理量,这些模拟量必须先转换成数字量才能送给单片机处理,当单片机处理后,也常常需要把数字量转换成模拟量后再送给外部设备。若输入的是非电信号,还需要经过传感器转换成模拟电信号。实现模拟量转换成数字量的器件称为模/数转换器(A/D),数字量转换成模拟量的器件称为数/模转换器(D/A)。本章将介绍 A/D 转换器、D/A 转换器和 PWM 技术,以及与 51 单片机的接口技术。

10.1 D/A 原理、接口技术及应用要点

D/A 转换器实现把数字量转换成模拟量,在单片机应用系统设计中经常用到它,单片机处理的是数字量,而单片机应用系统中控制的很多控制对象都是通过模拟量控制,单片机输出的数字信号必须经 D/A 转换器转换成模拟信号后,才能送给控制对象进行控制。本节将介绍 D/A 转换器与单片机的接口问题。

10.1.1 D/A 转换器概述

1. D/A 变换的基本原理

(1) 权电阻网络 D/A 变换器

4 位权电阻网络 D/A 变换器原理如图 10.1 所示。它由权电阻网络、4 个模拟开关和 1 个求和放大器组成,根据反相加法器的原理工作,分析如下:

第 10 章 A/D、D/A、PWM 与测控系统设计

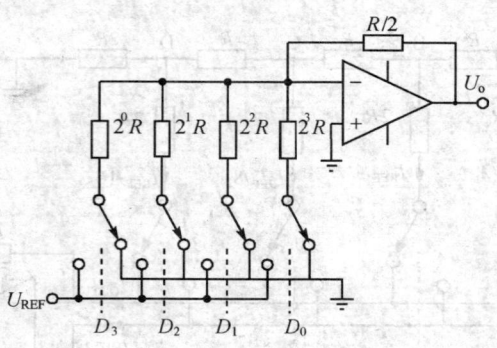

图 10.1 权电阻 D/A 原理图

$$U_O = -\frac{R}{2} \times \frac{1}{2^3 R} \times D_0 U_{REF} - \frac{R}{2} \times \frac{1}{2^2 R} \times D_1 U_{REF} - \frac{R}{2} \times \frac{1}{2^1 R} \times D_2 U_{REF} - \frac{R}{2} \times \frac{1}{2^0 R} \times D_3 U_{REF}$$

$$= -\frac{1}{2} U_{REF} \left(\frac{1}{2^3} D_0 + \frac{1}{2^2} D_1 + \frac{1}{2^1} D_2 + \frac{1}{2^0} D_3 \right)$$

$$= -\frac{U_{REF}}{2^4} (2^3 D_3 + 2^2 D_2 + 2^1 D_1 + 2^0 D_0)$$

$$= -\frac{U_{REF}}{2^4} D$$

其中,$D = 2^3 D_3 + 2^2 D_2 + 2^1 D_1 + 2^0 D_0$。

权电阻网络 D/A 变换器结构比较简单,所用的电阻元件数很少。但是,权电阻网络 D/A 变换器的各个电阻阻值相对较大,尤其在输入信号的位数较多时,这个问题更加突出。要想在极为宽广的阻值范围内保证每个电阻都有很高的精度是十分困难的,尤其对制作集成电路更加不利。

(2) R－2R T 型电阻网络 D/A 转换器

R－2R T 型电阻网络 D/A 转换器原理图如图 10.2 所示。按照运放的虚短特性,I_{out1} 是虚地的,即图中的开关无论接入哪一测都接入零电势。其中,D、C、B 和 A 节点右侧的等效电阻都为 R,所以,总电流 $I_{REF} = V_{REF}/R$,各个支路的电流分别为 $I_{REF}/2$、$I_{REF}/4$、$I_{REF}/8$ 和 $I_{REF}/16$。

由运放的虚断特性,每个支路电流直接流入地还是经由电阻 R_b 由 4 个模拟开关决定,倒置 T 型网络 D/A 转换器的转换过程计算如下:

$$U_O = -I_{OUT1} \cdot R_b$$

$$I_{OUT1} = \frac{1}{2} I_{REF} D_3 + \frac{1}{4} I_{REF} D_2 + \frac{1}{8} I_{REF} D_1 + \frac{1}{16} I_{REF} D_0$$

$$U_O = \frac{I_{REF}}{2^4} (2^3 D_3 + 2^2 D_2 + 2^1 D_1 + 2^0 D_0)$$

$$= -\frac{V_{REF} R_b}{2^4 R} D$$

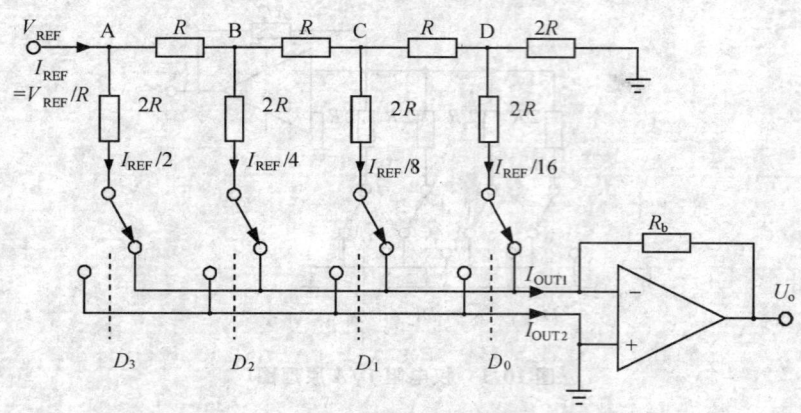

图 10.2　R-2R T 型电阻网络 D/A 原理图

对于 n 位,则有：

$$U_o = -\frac{V_{REF}R_b}{2^n R}D \quad (D\text{ 为 }n\text{ 位二进制数})$$

$$= -\frac{V_{REF}}{2^n}D \quad (R_b = R)$$

倒 T 型电阻网络的特点是：电阻种类少,只有 R、$2R$,其制作精度提高。电路中的开关在地与虚地之间转换,不需要建立电荷和消散电荷的时间,因此在转换过程中不易产生尖脉冲干扰,可减小动态误差,提高了转换速度,应用最广泛。

倒 T 型电阻网络使用时需要注意的是,由于运放输出电压为负,所以,运放必须采用双电源供电。

2. D/A 转换器的输出类型

D/A 转换器品种繁多、性能各异。按输入数字量的位数可以分为 8 位、10 位、12 位和 16 位等；按输入的数码可以分为二进制方式和 BCD 码方式；按传送数字量的方式可以分为并行方式和串行方式；按输出形式可以分为电流输出型和电压输出型,电压输出型又有单极性和双极性之分；按与单片机的接口可以分为带输入锁存的和不带输入锁存的。以倒置 T 型网络 D/A 转换器为例说明电流型和电压型 D/A 如下：

数字量转化的是虚地点的电流 I_{OUT1},即电流型输出；若接反馈电阻,则电流流经反馈电阻后形成负电压输出,即电压型输出。

3. D/A 转换器的性能指标

在设计 D/A 转换器与单片机接口之前,一般要根据 D/A 转换器的技术指标选择 D/A 转换器芯片。因此,这里先介绍一下 D/A 转换器的主要性能指标。

第10章 A/D、D/A、PWM 与测控系统设计

（1）分辨率

分辨率是指 D/A 转换器所能产生的最小模拟量的增量，是数字量最低有效位（LSB）所对应的模拟值。这个参数反映 D/A 转换器对模拟量的分辨能力。分辨率的表示方法有多种，一般用最小模拟值变化量与满量程信号值之比来表示。例如 8 位的 D/A 转换器的分辨率为满量程信号值的 1/256，12 位 D/A 转换器的分辨率为满量程时信号值的 1/4096。

（2）精　度

精度用于衡量 D/A 转换器在将数字量转换成模拟量时，所得模拟量的精确程度。它表明了模拟输出实际值与理论值之间的偏差。精度可分为绝对精度和相对精度。绝对精度指在输入端加入给定数字量时，在输出端实测的模拟量与理论值之间的偏差。相对精度指当满量程信号值校准后，任何输入数字量的模拟输出值与理论值的误差，实际上是 D/A 转换器的线性度。决定输出精度的主要因素就是参考电压。

（3）线性度

线性度指 D/A 转换器实际的转换特性与理想的转换特性之间的误差。一般来说 D/A 转换器的线性误差应小于 ±1/2 LSB。

（4）温度灵敏度

这个参数表明 D/A 转换器具有受温度变化影响的特性。

（5）建立时间

建立时间指从数字量输入端发生变化开始，到模拟输出稳定在额定值的 ±1/2 LSB 时所需要的时间。它是描述 D/A 转换器转换速率快慢的一个参数。

（6）输出极性及范围

D/A 转换器输出范围与参考电压有关。对电流输出型，要用转换电路将其转换成电压，故输出范围与转换电路有关。输出极性有双极性和单极性两种。

4. D/A 转换器与单片机的连接

不同的 D/A 转换器，与单片机的连接具有一定的差异，主要有三总线结构连接和 SPI 总线连接两种。三总线结构的连接方法涉及数据线、地址线和控制线的连接。

（1）数据线的连接

D/A 转换器与单片机的数据线的连接主要考虑两个问题：一是位数，当高于 8 位的 D/A 转换器与 8 位数据总线的 51 单片机接口时，51 单片机的数据必须分时输出，这时必须考虑数据分时传送的格式和输出电压的"毛刺"问题；二是 D/A 转换器有无输入锁存器的问题，当 D/A 转换器内部没有输入锁存器时，必须在单片机与 D/A 转换器之间增设锁存器或 I/O 接口。最常用也是最简单的连接是 8 位带锁存器的 D/A 转换器和 8 位单片机的接口，这时只要将单片机的数据总线直接和 D/A 转换器的 8 位数据输入端一一对应连接即可。

（2）地址线的连接

一般的 D/A 转换器只有片选信号，而没有地址线。这时单片机的地址线采用全译码或部

分译码,经译码器输出来控制 D/A 转换器的片选信号,也可以由某一位 I/O 线来控制 D/A 转换器的片选信号。也有少数 D/A 转换器有少量的地址线,用于选中片内独立的寄存器或选择输出通道(对于多通道 D/A 转换器),这时单片机的地址线与 D/A 转换器的地址线对应连接。

(3) 控制线的连接

D/A 转换器主要有片选信号、写信号及启动转换信号等,一般由单片机的有关引脚或译码器提供。一般来说,写信号多由单片机的 $\overline{WR}$ 信号控制;启动信号常为片选信号和写信号的合成。

10.1.2　51 单片机与 DAC0832 的接口技术

1. DAC0832 芯片

DAC0832 是一个采用倒置 T 型网络的 8 位数/模转换器芯片。DAC0832 与单片机接口方便,转换控制容易,价格低,在实际工作中使用广泛。DAC0832 是一种电流型 D/A 转换器,需要外扩运放形成电压型 D/A。数字输入端具有双重缓冲功能,可以双缓冲、单缓冲或直通方式输入,它的内部结构如图 10.3 所示。

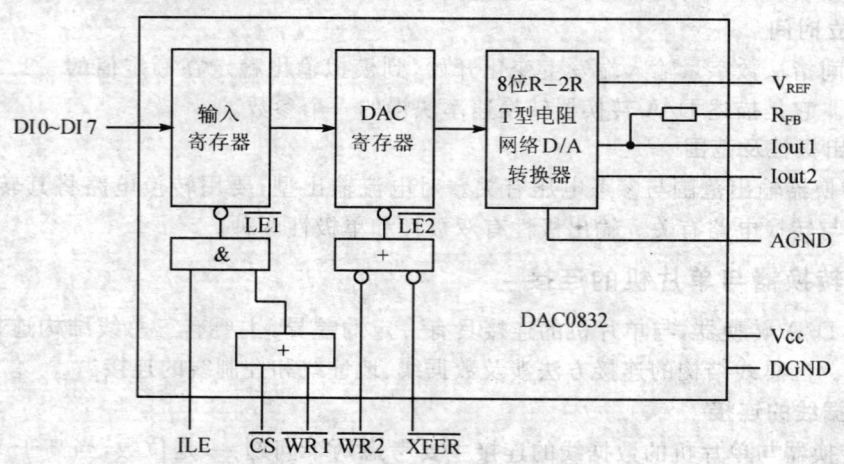

图 10.3　DAC0832 的内部结构图

DAC0832 内部主要由 8 位输入寄存器、8 位 DAC 寄存器、8 位 D/A 转换器和控制逻辑电路组成。8 位输入寄存器接收从外部发送来的 8 位数字量,锁于内部的锁存器中,8 位 DAC 寄存器从 8 位输入寄存器中接收数据,并能把接收的数据锁于它内部的锁存器,8 位 D/A 转换器对 8 位 DAC 寄存器发送来的数据进行转换,转换的结果通过 I_{OUT1} 和 I_{OUT2} 输出。8 位输入寄存器和 8 位 DAC 寄存器分别都有自己的控制端 $\overline{LE1}$ 和 $\overline{LE2}$,$\overline{LE1}$ 和 $\overline{LE2}$ 通过相应的控

第10章 A/D、D/A、PWM 与测控系统设计

制逻辑电路控制，通过它们 DAC0832 可以很方便地实现双缓冲、单缓冲或直通方式处理。

2. DAC0832 的引脚

DAC0832 有 20 个引脚，采用双列直插式封装，如图 10.4 所示。

其中：

DI0～DI7（DI0 为最低位） 8 位数字量输入端。

ILE 数据允许控制输入线，高电平有效，同 $\overline{CS}$ 组合选通 $\overline{WR1}$。

$\overline{CS}$ 数据寄存器的选通信号，低电平有效，同 ILE 组合选通 $\overline{WR1}$。

$\overline{WR1}$ 输入寄存器写信号，低电平有效，在 $\overline{CS}$ 与 ILE 均有效时，$\overline{WR1}$ 为低，则 $\overline{LE1}$ 为高，将数据装入输入寄存器，即为"透明"状态。当 $\overline{WR1}$ 变高或是 ILE 变低时数据锁存。

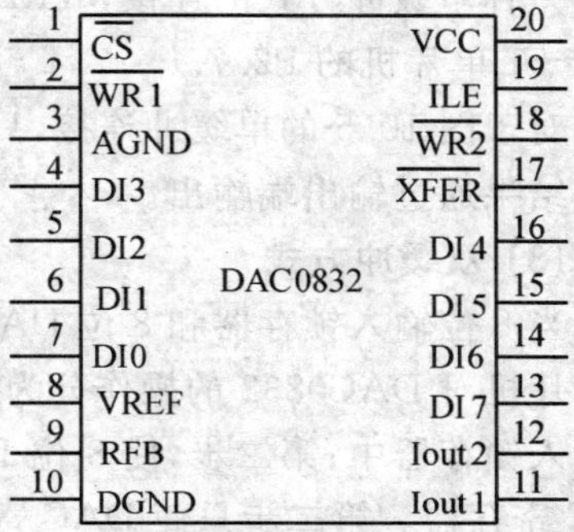

图 10.4 DAC0832 引脚图

$\overline{WR2}$ DAC 寄存器写信号，低电平有效，当 $\overline{WR2}$ 和 $\overline{XFER}$ 同时有效时，$\overline{LE2}$ 为高，将输入寄存器的数据装入 DAC 寄存器。$\overline{LE2}$ 负跳变锁存装入的数据。

$\overline{XFER}$ 数据传送控制信号输入线，低电平有效，用来控制 $\overline{WR2}$ 选通 DAC 寄存器。

Iout1 模拟电流输出线 1，它是数字量输入为"1"的模拟电流输出端。

Iout2 模拟电流输出线 2，它是数字量输入为"0"的模拟电流输出端，采用单极性输出时，IOUT2 常常接地。

RFB 片内反馈电阻引出线，反馈电阻制作在芯片内部，用作外接的运算放大器的反馈电阻。

VREF 基准电压输入线。电压范围为 $-10\sim+10$ V。

VCC 工作电源输入端，可接 $+5\sim+15$ V 电源。

AGND 模拟地。

DGND 数字地。

3. DAC0832 的工作方式

通过改变控制引脚 ILE、$\overline{WR1}$、$\overline{WR2}$、$\overline{CS}$ 和 $\overline{XFER}$ 的连接方法。DAC0832 具有单缓冲方式、双缓冲方式和直通方式 3 种工作方式。

(1) 直通方式

当引脚 $\overline{WR1}$、$\overline{WR2}$、$\overline{CS}$ 和 $\overline{XFER}$ 直接接地时，ILE 接电源，DAC0832 工作于直通方式下。此时，8 位输入寄存器和 8 位 DAC 寄存器都直接处于导通状态，当 8 位数字量一到达 DI0～DI7 时，立即进行 D/A 转换，从输出端得到转换的模拟量。这种方式处理简单，但 DI0～DI7 不能直接和 51 单片机的数据线相连，只能通过独立的 I/O 接口来连接。

(2) 单缓冲方式

通过连接 ILE、$\overline{WR1}$、$\overline{WR2}$、$\overline{CS}$ 和 $\overline{XFER}$ 引脚，使得两个锁存器中的一个处于直通状态，另一个处于受控制状态，或者两个同时被控制，DAC0832 就工作于单缓冲方式。例如，图 10.5 就是一种单缓冲方式的连接，$\overline{WR2}$ 和 $\overline{XFER}$ 直接接地。ILE 接电源，$\overline{WR1}$ 接 51 单片机的 $\overline{WR}$，$\overline{CS}$ 接 51 单片机的 P2.7。

对于图 10.5 的单缓冲连接，只要数据 DAC0832 写入 8 位输入锁存器，就立即开始转换，转换结果通过输出端输出。

(3) 双缓冲方式

当 8 位输入锁存器和 8 位 DAC 寄存器分开控制导通时，DAC0832 工作于双缓冲方式，此时单片机对 DAC0832 的操作分为两步：第一步，使 8 位输入锁存器导通，将 8 位数字量写入 8 位输入锁存器中；第二步，使 8 位 DAC 寄存器导通，8 位数字量从 8 位输入锁存器送入 8 位 DAC 寄存器。第二步只使 DAC 寄存器导通，在数据输入端写入的数据无意义。图 10.6 就是一种双缓冲方式的连接。

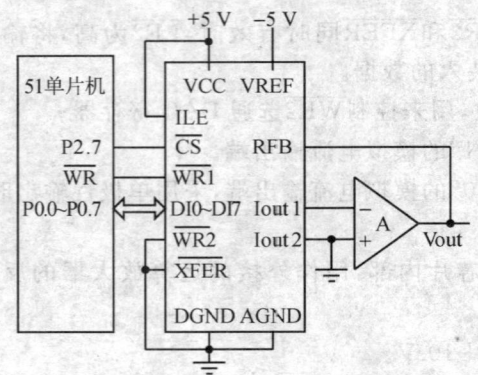

图 10.5 单缓冲方式的连接图

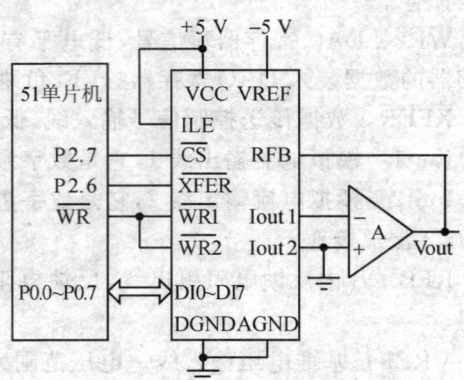

图 10.6 双缓冲方式的连接图

4. 输出极性的控制

(1) 单极性输出

如图 10.7 和 10.8 中，电压输出为 $-\text{VREF} \times D/2^8$，是负电压，称为单极性输出。很多时候还需要正负对称范围的双极性输出。

(2) 双极性输出

如图 10.7 所示有：

$$U_\circ = -V_{\text{REF}} - 2U_{01} = -V_{\text{REF}} + 2\frac{V_{\text{REF}}}{2^8}D = \left(\frac{D}{2^7} - 1\right)V_{\text{REF}} = \frac{D-128}{2^7}V_{\text{REF}}$$

当 $D \geqslant 128$ 时，$U_\circ > 0$；

当 $D < 128$ 时，$U_\circ < 0$。

第10章 A/D、D/A、PWM 与测控系统设计

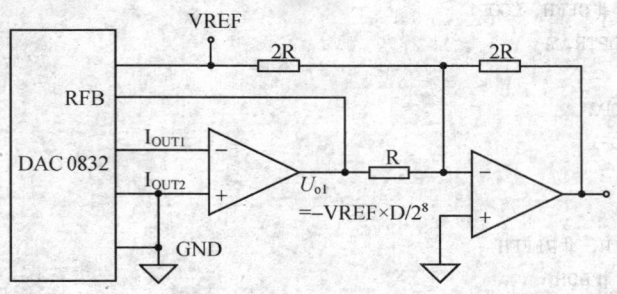

图 10.7 DAC0832 双极性输出应用示意图

5. DAC0832 的应用

D/A 转换器在实际中经常作为波形发生器使用,通过它可以产生各种各样的波形。它的基本原理如下:利用 D/A 转换器输出模拟量与输入数字量成正比这一特点,通过程序控制 CPU 向 D/A 转换器送出随时间呈一定规律变化的数字,则 D/A 转换器输出端就可以输出随时间按一定规律变化的波形。

例 根据图 10.5 编程,DAC0832 的口地址为 7FFFH。从 DAC0832 输出端分别产生锯齿波、三角波和方波,如图 10.8 所示。

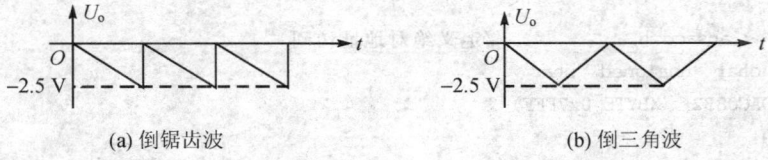

(a) 倒锯齿波　　　　　　　　　　(b) 倒三角波

图 10.8 DAC0832 波形输出示例

汇编语言编程:
锯齿波:

```
        MOV     DPTR,#7FFFH
        CLR     A
LOOP:   MOVX    @DPTR,A
        INC     A
        SJMP    LOOP
```

三角波:

```
        MOV     DPTR,#7FFFH
        CLR     A
LOOP1:  MOVX    @DPTR,A
        INC     A
```

```
        CJNE    A,#0FFH,LOOP1
LOOP2:  MOVX    @DPTR,A
        DEC     A
        JNZ     LOOP2
        SJMP    LOOP1
```

方　波：

```
        MOV     DPTR,#7FFFH
LOOP:   MOV     A,#00H
        MOVX    @DPTR,A
        ACALL   DELAY
        MOV     A,#FFH
        MOVX    @DPTR,A
        ACALL   DELAY
        SJMP    LOOP
DELAY:  MOV     R7,#0FFH
        DJNZ    R7,$
        RET
```

C 语言编程：

锯齿波：

```c
#include   <absacc.h>           //定义绝对地址访问
#define uchar  unsigned char
#define DAC0832   XBYTE[0x7FFF)
void main()
{ uchar i;
  while(1)
   {for(i=0;i<0xff;i++)
     DAC0832=i;
   }
}
```

三角波：

```c
#include  <absacc.h>            //定义绝对地址访问
#define uchar  unsigned char
#define DAC0832   XBYTE[0x7FFF]
void main()
{ uchar i;
  while(1)
   {for(i=0;i<0xff;i++)DAC0832=i;
    for(i=0xff;i>0;i--)DAC0832=i;
```

方 波:

```
#include    <absacc.h>          //定义绝对地址访问
#define  uchar   unsigned   char
#define  DAC0832    XBYTE[0x7FFF]
void delay( )                   //延时函数
{ uchar i;
   for   (i = 0;i<0xff;i++){;}
}
void main()
{ uchar i;
   while(1)
     { DAC0832 = 0;              //输出低电平
       delay( );                 //延时
       DAC0832 = 0xff;           //输出高电平
       delay( );                 //延时
     }
}
```

10.1.3 基于 TL431 的基准电压源设计

基准电压源是 D/A 和 A/D 转换精度的决定性要素。TL431 是一个有良好的热稳定性能的三端可调分流基准源,其等效内部结构、电路符号和典型封装如图 10.9 所示。

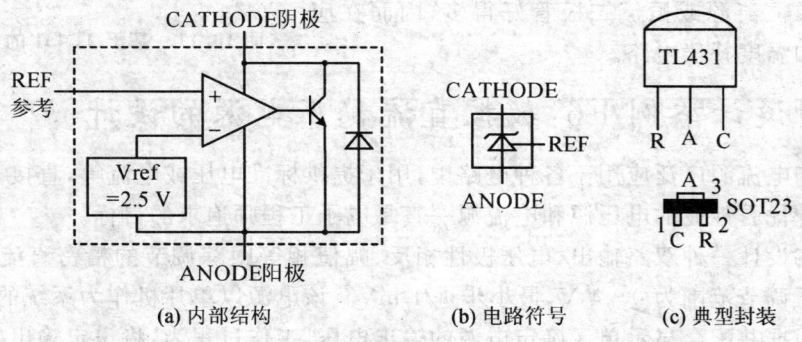

(a) 内部结构   (b) 电路符号   (c) 典型封装

图 10.9 TL431 等效内部结构、电路符号和典型封装

由图可以看到,Vref 是一个内部的 2.5 V 基准源(其实,参考电压的出厂典型值为 2.495 V,

最小为 2.440 V,最大为 2.550 V),接在运放的反相输入端。由运放的特性可知,REF 端(同相端)的电压相对阳极为 2.5 V,且具有虚断特性。

它的输出电压用两个电阻就可以任意地设置从 Vref(2.5 V)到 36 V 范围内的任何值。该器件的典型动态阻抗为 0.2 Ω,在很多应用中可以用它代替齐纳二极管。例如,数字电压表、运放电路、可调压电源、开关电源等。2.5~36 V 恒压电路和 2.5 V 应用分别如图 10.10(a)和图 10.10(b)所示。图 10.10(b)中,当 R1=R2 时,输出电压即为 5 V。需要注意的是,当 TL431 阴极电流很小时,无稳压作用,通常流过其阴极电流必须在 1 mA 以上(1~500 mA),且当把 TL431 阴极对地与电容并联时,电容不要在 0.01~3 μF 之间,否则会在某个区域产生振荡。

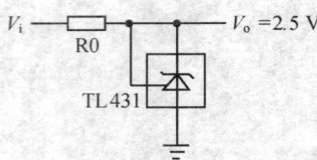 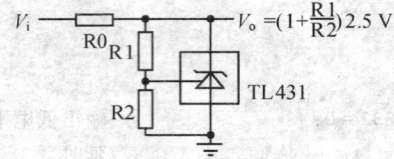

(a) 基于TL431的2.5 V参考电压源　　(b) 基于TL431的2.5~36 V参考电压源

图 10.10　TL431 的恒压电路

恒流源是电路中广泛使用的一个组件。基于 TL431 的恒流源电路如图 10.11 所示。

两个电路分别输出和吸入恒定电流,通过 REF 引脚的虚断特性很容易分析。其中的三极管替换为场效应管,可以得到更高的精度。值得注意的是,TL431 的温度系数为 $3.0 \times 10^{-5}/\text{℃}$,所以输出恒流的温度特性要比普通镜像恒流源或恒流二极管好得多,因而在应用中无需附加温度补偿电路。

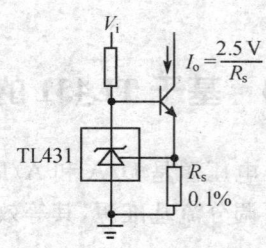

图 10.11　基于 TL431 的恒流源电路

——典型设计举例 E6:数控直流稳压电源的设计

电压源和电流源广泛应用于各种电路中,用于提供标准电压或电流等,直接决定电路的工作性能。设计优秀性能的电压源和电流源一直是电子工程师追求的目标。

本部分将设计一种双路输出、电压极性相反、幅值相等跟踪调节的精密直流电压源,对称等幅输出电压调节范围为 0~4 V,最小步进 1 mV。该电源以单片机作为系统的控制核心,通过接收按键数据并配合显示单元确定电源的输出电压,工作过程为:将设定输出的电压处理后发送至 D/A 输出电压。D/A 芯片将数字信号转换为模拟电压信号,后级通过功率放大单元带动负载,完成设计。同时,当输出电流过大时,限流保护模块向单片机发出报警信号,单片机向D/A芯片发送数据,使D/A芯片输出的电压为零,从而起到对电路的保护作用。系统工作框图如图10.12所示。

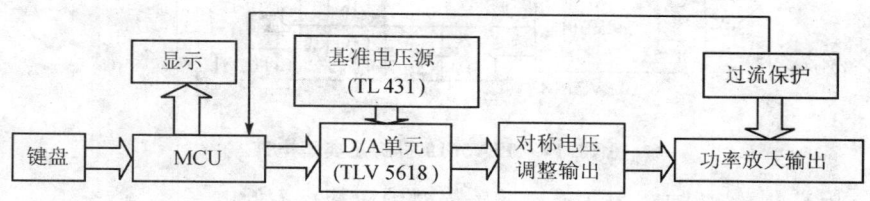

图10.12 数控稳压电源原理框图

该设计的重点有两个:一是对称电压信号的输出和数控调节;二是功率放大输出单元的设计。

1. 对称双极性数控电压源及功率驱动电路设计

本电源的设计思想是通过D/A实现电源电压输出实现数控。TLV5618是带有缓冲基准输入的双路12位电压输出型D/A。输出电压范围是基准电压的两倍,且其输出是单调变化的。若TLV5618的基准电压为2.048 V,那么数字输入每增加1输出正好步进1 mV。单片机通过SPI三线串行总线对TLV5618实现数字控制,TLV5618接收用于模拟输出的16位字产生对应的电压输出。

12位的D/A,其电压输出步进级别为4096(即2^{12})级,所以,如果D/A的参考电压选取为2.048 V,再加上TLV5618输出电压范围为基准电压的两倍,其输入数据每步进1输出则输出步进为1 mV,也就是说,一个2.048 V的电压参考源会使软件应用避免了繁杂计算。

REF191是8脚2.048 V电压参考源芯片,精度高,其典型电路如图10.13所示。注意,该器件的输出脚在应用时必须对地接1 μF电容后才能正常输出参考电压。

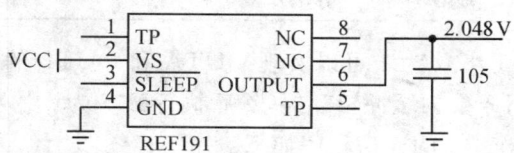

图10.13 基于REF191的2.048 V电压参考源典型电路

不过,REF191价格是比较昂贵的,通常可以采取如图10.14所示电路实现2.048 V参考源。

TLV5618采取SPI通信方式,每次通信16位。通信协议要点如下,这是成功使用TLV5618的基础。

① 在片选$\overline{CS}$为低电平时,输入数据由时钟定时最高有效位在前(MSB)的方式写入16位移位寄存器。SCLK输入的下降沿把数据移入输入寄存器。

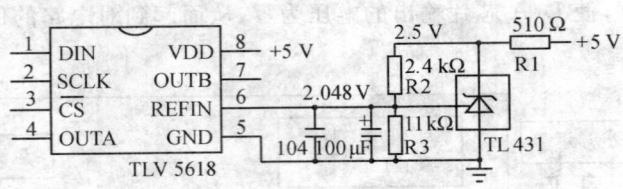

图 10.14 TLV5618 引脚及典型电路

② 当 $\overline{CS}$ 为高电平时,加在 SCLK 端的输入时钟应禁止为低电平。

③ $\overline{CS}$ 的跳变应当发生在 SCLK 输入为低电平时。

TLV5618 除了 16 位的移位寄存器外,还有 12 位的数据缓冲锁存器,用于 OUTA 输出的锁存器 A 和用于 OUTB 输出的锁存器 B。串行通信的低 12 位为待输出的对象,受 TLV5618 的可编程数据位 B12~B15 的控制,意义如表 10.1 所列。

表 10.1 TLV5618 的可编程数据位 B12~B15 的意义

编程位				器件功能
B15	B14	B13	B12	
1	×	×	×	把 12 位数据写入锁存器 A,输出并将数据缓冲锁存器的内容写入锁存器 B
0	×	×	0	写锁存器 B 和双缓冲锁存器,锁存器 A 不受影响
0	×	×	1	仅写数据缓冲锁存器,OUTA 和 OUTB 输出不变化
×	1	×	×	15 μs 建立时间
×	0	×	×	3 μs 建立时间
×	×	0	×	上电(power-up)操作
×	×	1	×	断电(power-down)方式

由表 10.1 可知,通过 B15 位为 1 可以实现 OUTA 和 OUTB 的同时输出,当然首先需要将 OUTB 要输出的数据写入数据缓冲锁存器,然后执行 B15 为 1 的写 OUTA 的命令。

软件模拟 SPI 与 TLV5618 的通信程序如下:

```
sbit TLV5618_DIN = P1^0;
sbit TLV5618_CLK = P1^2;
sbit TLV5618_cs  = P1^3;
void DA_TLV5618(unsigned char ch,unsigned int data)
{                   //ch 表示通道,ch = 0 表示 OUTB,ch = 1 表示 OUTA
    unsigned int nc;
    unsigned char i;
    nc = data;      //防止高 4 位有误输入的数据
```

```
        if(ch)nc|= 0x8000;
    TLV5618_CLK = 1;
    TLV5618_cs = 0;
    for(i = 0;i<16;i++)
      {TLV5618_CLK = 1;
       if(nc&0x8000)TLV5618_DIN = 1;
       else TLV5618_DIN = 0;
       TLV5618_CLK = 0
       nc << = 1;
      }
    TLV5618_cs = 1;
    TLV5618_CLK = 1;
}
```

  TLV5618 输出电压需要功率驱动。电压驱动的一个典型设计原理如图 10.15 所示。

  由运放的虚短特性知道,输出 V_o 始终等于 V_i,而负载的电流却是由功率管提供,从而使负载恒压工作。功率管可以是三极管、达林顿复合管,也可以是 MOS 管。

  对称双极性数控电压源及功率驱动电路如图 10.16 所示。该设计对电压精度的要求很高,因此要合理地选用基准电压源的芯片。考虑性能及成本因素,TL431 电压基准源芯片是一种不错的选择。此芯片采取类三极管封装,TL431 的 1、3 两脚相连,串电阻限流后接到电源正极,在 2 脚和 3 脚就会产生 2.5 V 的稳定电压,通过 Rd 电位器分得 2.048 V 的稳定电压,即可作为 TLV5618 的基准电压。

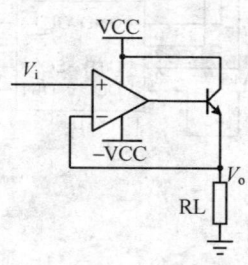

图 10.15 功率型数控电压源典型电路

  模拟电路中的运放是 TL08x 系列,精度高,具有自动调零功能,价格低。图中,IC3A 是电压跟随器,起到隔离的作用,防止后面电路对 TLV5618 的干扰。

  实际应用中,TLV5618 给全零数据时,输出为 5 mV 左右,并非 0 V,即 TLV5618 的输出全程有一个固定的偏差。本设计采用反向加法器加以修正,以 IC3B 为中心,通过调节 Ra 电位器,在输出电压上加-5 mV 的电压,从而使输出为零。另外,运放输出的电压为负,为负输出级提供数控电压源信号。Rb 为比例系数调节电位器,通过调节 Rb 来满足输出电压满度时的精度要求。

  IC3C 接法为反向比例放大器,它将 IC3B 输出的负电压反向为正电压,为正输出级提供数控电压源信号,从而保证对称幅度输出。Rc 为比例系数调节电位器,用于校正输出的正电压值,来满足输出正负电压精度及对称度要求。

  正电压功率驱动的输出级由 IC4A、9013 和 TIP122 构成,其输出电压与输入电压相等,但

单片机及应用系统设计原理与实践

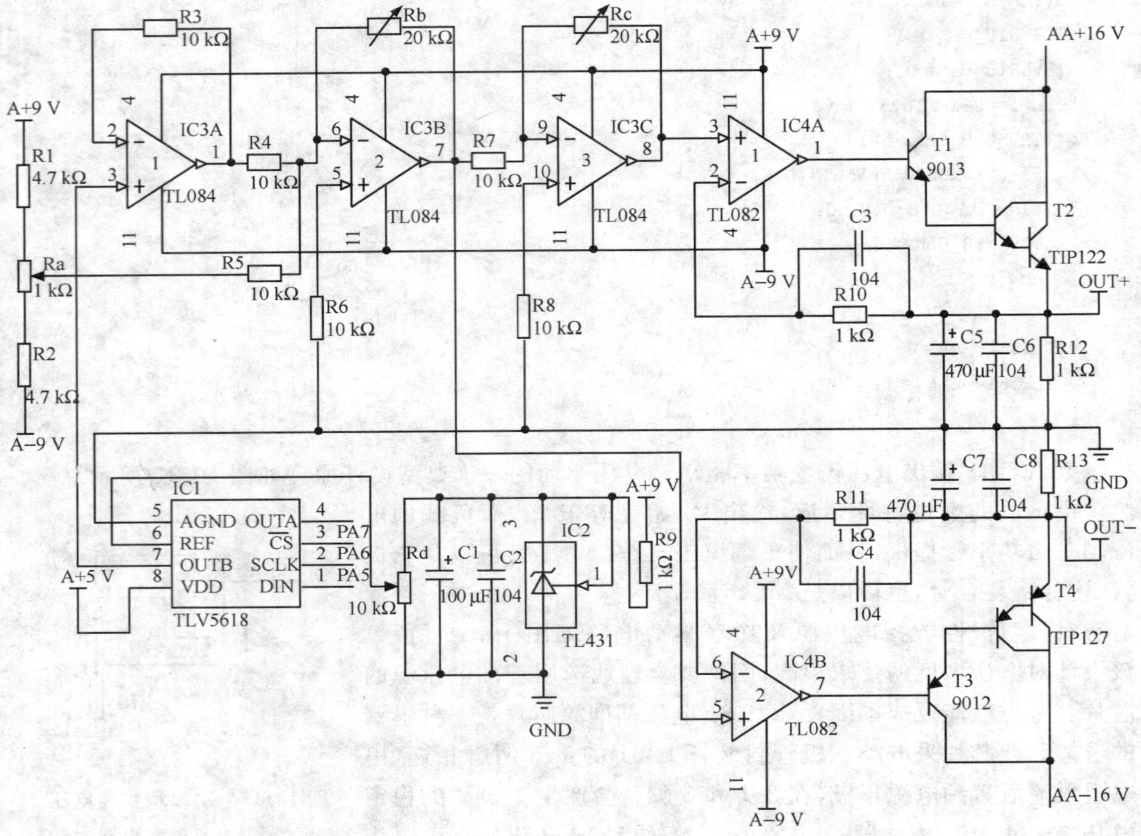

[图：对称双极性数控电压源及功率驱动电路示意图]

图 10.16 对称双极性数控电压源及功率驱动电路

却能通过 TIP122 给出大电流。客观上,运算放大器同样存在输入电流,只是非常小。但应用到毫伏级的精度时,此因素必须考虑到。当压控源输出电压增大后出现功率输出电压小于压控源输入电压的现象,这主要是反馈电阻 R10 和运放不能保证绝对严格的虚短特性造成的,其线路中微小的电流导致电压衰减。这里尤为重要的一点就是,TIP122 达林顿管的放大倍数虽然很大,但在毫伏级范围内略显不足,体现在当输出电流很大时,输出电压会有很大程度的衰减。因此加入三级管 9013 构成三级达林顿输出来增强对电流的控制能力。这样在增强了带负载能力的同时,也解决了当负载不对称时,输出电压的对称问题。

此时通过示波器就会发现末级输出中带有很大的纹波成分,主要为高频纹波,原因是此级强烈的负反馈导致寄生振荡。IC4A 的输出端与 9013 三极管基极之间的连线等效看成一个电感,三极管的 be 结可看成一个小电容,寄生振荡频率即为谐振。这就要求 IC4A 输出与 9013 基极间的距离一定要小而直,一般不能超过 1 cm,从而避免了寄生电感,也就避免了寄生振

第10章 A/D、D/A、PWM与测控系统设计

荡。同时加入 C3、C5 和 C6 来抑制振荡。C5 对输出电压中低频纹波部分加以滤除,C6 对输出电压中高频纹波部分加以滤除。C3 为积分电容,对电压中寄生振荡所产生的高频纹波加以积分,从而降低其幅度,形成低通滤波。

负电压的输出级原理与正电压的输出级原理相似,此处不再赘述。

该电路参数调整主要为三项:基准电压调整、零点调整和满度调整。

① 基准电压调整:调整 Rd 电位器,使 TLV5618 的基准电压为 2.048 V。

② 零点调节:将 D/A 设定为 0.000 V 输出,调节 Ra 电位器,使正负两路的输出为 0.000 V。

③ 满度调节:将输出级分别接 100 Ω 的电阻,将 D/A 设定为 3.999 V 输出。先调节 Rb 可变电阻,使负电压输出为 -3.999 V,再调节 Rc 可变电阻,使正电压输出为 3.999 V。

此部分电路的电阻全是普通的金属膜电阻,但却实现了高精度,大大降低了成本。

2. 过流保护单元电路的设计

过流保护电路的设计有很多难点。对电流的测定通常是在主干路中串入一小阻值大功率电阻,通过测其两端电压来判断电流大小。此电源为毫伏级电源,在输出线路中串入多么小的电阻也是不允许的。例如,串入 0.1 Ω 的电阻,当输出电流达到 200 mA 时,其压降为 20 mV,远远超出了范围。因此,这个小电阻只能串入调整管的集电极线路中,由于集电极电流约等于发射级电流,因此通过判断集电极电流的大小便知输出电流。但是这又带来了一个问题,由于是过流保护模块,对其供电的电源必须独立于对模拟电路供电的电源,即用另一套电源去监控,具体电路中采用的是数字电路供电的电源 D+5 V,所以监控电路中的运放要采取单电源运放,因此它对电压的处理范围为 0~5 V。由于调整管的集电极的电压为 ±16 V,如何对 ±16 V 的电压线路中的电流进行检测,成为本单元一大难点,电路如图 10.17 所示。

图 10.17 中,R1、R2 将 RS1 两端正 16 V 的电压降至 5 V 以内,调整 IC1A 3 脚的电压大小,让它比 2 脚电压低一些,此时运放输出 0 V,即逻辑"0"。当通过 RS1 的电流过大时,其两端电压也过大,导致 ICA3 脚的电压高于 2 脚电压,使运放输出 5 V,即逻辑"1"。因此适当调整 R1、R2,即可改变报警时通过 RS1 的电流值。D1 为一稳压二极管,提供一个 3.3 V 的稳定电压。R3、R4 负责将 -16 V 的电压升到 0 V 以上。适当调整 R3 和 R4,即可改变报警时通过 RS2 的电流值。将两个运放的输出端连接数字门电路,即可输出报警信号。考虑到用电器一般有大容量滤波电容,接通电源瞬间,电源向电容器充电,输出电流会很大,形成瞬间过流状态。为防止错误报警,加入 Re、C5 和 R5,通过调节 Re,使当输入报警信号达到 0.2 s 时,输出端跳变为低电平,防止误报。

输出电流过大时,此模块向单片机发出中断信号,单片机通过声光信号向人们报警,同时 TLV5618 输出的电压为零,从而保护电路不被烧毁。

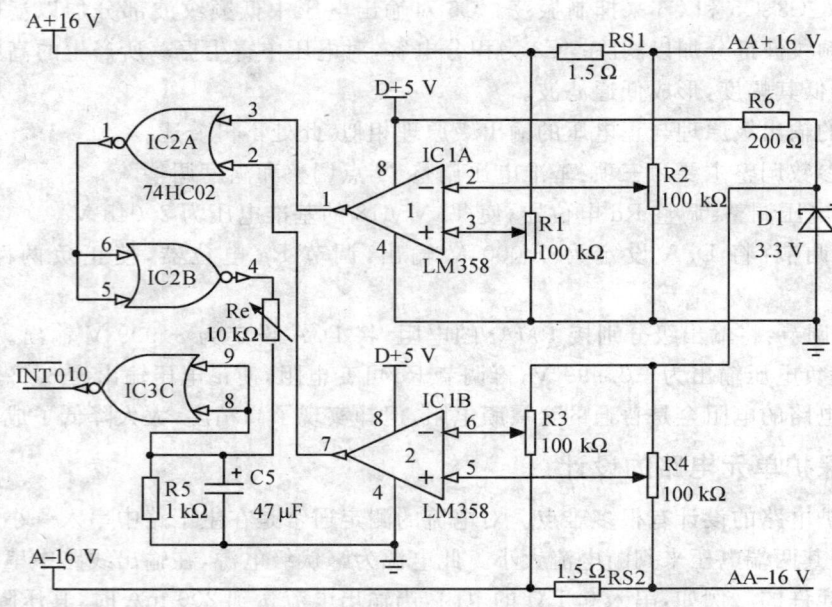

图 10.17 过流保护电路

3. 系统供电电源设计

电源部分是采用两套独立的电源,两者共地,如图 10.18 所示。一套用于数字电路,电压为+5 V,标记为 D+5 V,提供给数字电路的芯片及过流保护模块。另一套用于模拟电路,输出±16 V,标记为 A+16 V 和 A−16 V,通过过流保护电路的检测提供给调整管;±9 V,供给模拟部分的运放器件及基准电压电路;单路+5 V,供给模拟电路的 D/A 器件。LM337 是可调集成三端稳压电源,其作用是保证正负输出电压在数值上完全一致,从而使运放工作在最佳状态。

数字电路负载的跳变电压很大,会造成电源的波纹增大,此现象会严重地影响数/模转换器件 TLV5618 的工作状态,造成输出电压上下跳动,使输出的电压精确度下降,纹波加重,影响电源质量。因此采用两路电源,将模拟和数字供电分开,减少两者相互影响。

一般意义上将数字电路与模拟电路分开的方式是采用光耦,将两者在电器上完全隔离,电源也是完全独立的,即数字地与模拟地完全分开,但这种方式比较复杂。本电路与模拟电路是共地的,但两者供电是分开的,再配备一些去耦电路,也能起到数模隔离的效果。

大容量电解电容为低频滤波电容,小容量独石电容为高频滤波电容,78xx 和 LMxx 为最常用的三端稳压器系列,具有价格低廉,使用方便的特点,被大量应用。

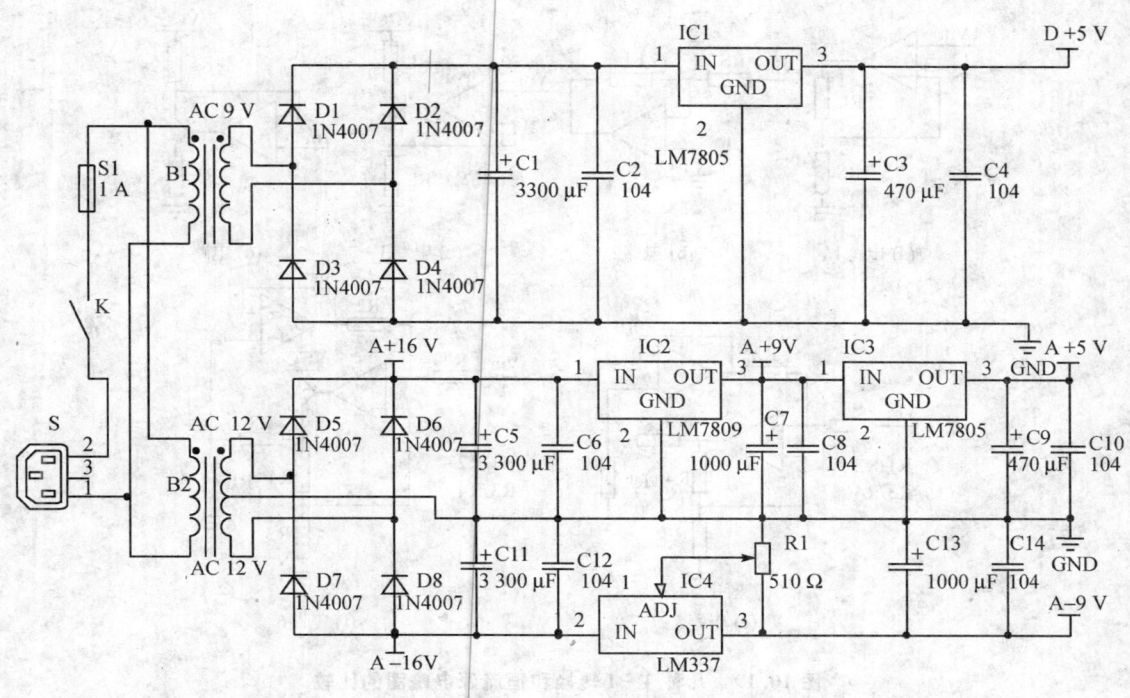

图 10.18 系统供电电源电路

同类典型应用设计、分析与提示

精密数控恒流源设计

电流源分为流出(Current Source)和流入(Current Sink)两种形式,广泛应用于各种电路中。本部分将根据电压控制的电流源原理,通过单片机程控电压输出,从而给定输出电流,实现从毫安级电流到安培级电流输出的精密数控电流源。

几种 V-I 转换和恒流源电路图的比较

恒流源一般是利用电压基准在定值电阻上形成恒定电流的。图 10.19 的几种电路都可以在负载电阻 RL 上获得恒流输出,$I=V_{in}/R_S$。

图 10.19(a)由于 RL 浮地,一般很少用。图 10.19(b)RL 是虚地,也不大使用。

图 10.19(c)虽然 RL 浮地,但是 RL 一端接正电源端,比较常用。不过驱动管一般要采用 MOS 管,以消除三极管基极电流的影响,为扩大电流甚至采用复合管,如图 10.20(a)所示。图 10.19(d)是对地负载的 V-I 转换电路,同样,驱动管要采用 MOS 管,以消除三极管基极电流的影响,如图 10.20(b)所示。

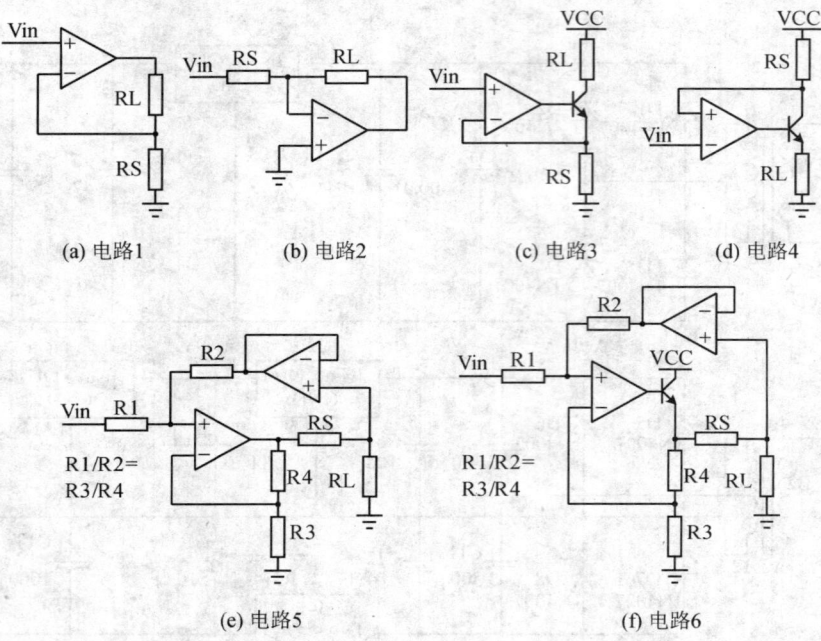

图 10.19　几种 V-I 转换和恒流源电路图的比较

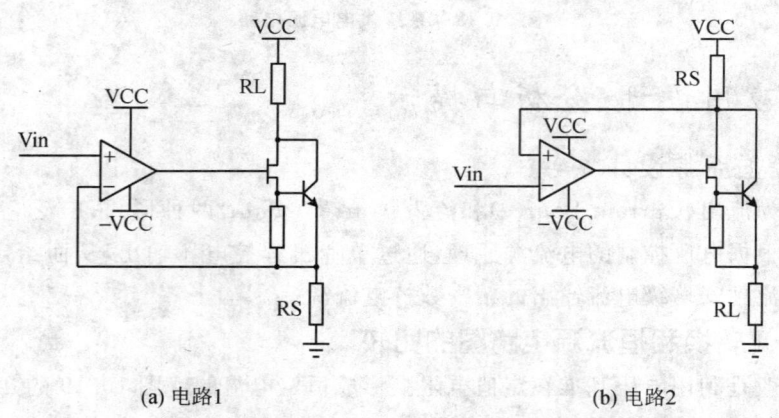

图 10.20　恒流源电路

图 10.19(e)是正反馈平衡式,由于负载 RL 接地而受到人们的喜爱。图 10.19(f)和图 10.19(e)原理相同,只是扩大了电流的输出能力,人们在使用中常常把电阻 R2 取得比负载 RL 大得多,而省略了跟随器运放。

对比几种 V-I 电路,凡是没有三极管的单向器件,都可以实现交流恒流,加了三极管之后就只能做单向直流恒流了。当然还可以用功率放大器扩展输出电流。

数控宽范围调整、大电流输出的恒流源核心电路方案

本文设计以两种宽范围调整、大电流输出的恒流源核心电路方案,如图 10.21 所示。

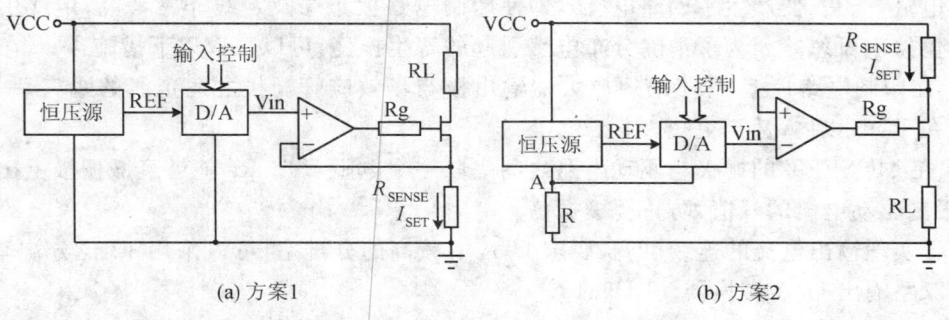

图 10.21 宽范围调整、大电流输出的恒流源核心电路方案

两种方案都是通过 D/A 与精密运算放大器一起设定流过场效应管的电流 I_{SET},恒定电压源为 D/A 提供恒定参考电压,这样,只要当场效应管工作在其线性区域内,就可根据所加的栅极电压来控制负载电流,原理如下:

图 10.21(a)方案 1,V_{IN+} 相对于 D/A 输出电压变化而变化,而参考电压又相对于地保持稳定,由运算放大器的虚短特性可知,R_{SENSE} 两端的电压等于 V_{IN+},即 R_{SENSE} 两端的电压差受 D/A 输出控制,从而,只要 D/A 输出不变化,R_{SENSE} 两端的电压不变化,流过 R_{SENSE} 的电流就恒定,这样负载的电流也就恒定。也就是说,调整 D/A 输出即可调整流过 R_{SENSE} 的电流,实现电流数控。

图 10.21(b)方案 2,由运算放大器的虚短特性可知,运放两个输入端电压相等,也就是说,D/A 输出相对 A 点电压变化,B 点电压随之变化,然而由于恒定电压源的作用,V_{cc} 与 A 点的电压差保持恒定。也就是说,调整 D/A 输入即可调整 R_{SENSE} 两端的电压差,且随 D/A 输入增大,R_{SENSE} 两端的电压差减小,负载电流减小,只要 D/A 输入不变化,流过 R_{SENSE} 的电流就恒定,这样负载的电流也就恒定。

显而易见,保持恒定电流源的精密度和稳定性,主要取决于恒定参考电压源和 R_{SENSE} 的综合精度和稳定性。

两个电路的优点就是输出电流大,采用高分辨率 D/A 便于输出电流的小步进调整,但关键在于场效应管的选择,放大器以及高精度 R_{SENSE} 电阻类型的确定和阻值确定。

本文以 10.21(a)图为设计对象,为了实现电流大范围调整,R_{SENSE} 的压降不能大,本文采用 $R_{SENSE}=1\ \Omega$ 的大功率精密电阻,放大器采用低成本 TL084 放大器(注意要正负电源供电,以实现电压从 0 调整),场效应管采用 N 沟道 MOS 管 60N60。当流过 60N60 的电流较大时,其发热量巨大,经计算和实际测试,确定其加散热片,并配风扇效果更好。

在实际应用中,要设计防止由外部寄生参数引起的驱动电流振荡,这里的寄生参数指场效应管栅极电容和回路电感。回路电感是栅极驱动电路中的电流所产生的电感(在闭合回路中,电流的变化会在回路中产生磁场,根据楞次定律,在磁场变化时,驱动电路中会产生阻止磁场变化的电流,于是,便产生单回路电感),即使印制电路板布局及走线非常考究,走线引起的分布电感仍然不可忽略。为了消除分布电感引起的寄生振荡,可以采取以下措施:

① 在印制电路板上,尽量缩短放大器输出极与场效应管栅极之间走线的距离,一般要严格控制在 1 cm 以内,甚至更短。

② 在 MOSFET 的栅极与驱动电路之间串联一个电阻 Rg。Rg 能够衰减栅极上出现的振荡,以限制驱动电流的峰值,防止栅极振荡。

为了实现输出电流的连续可调,要求 D/A 有较高的分辨率,可以采用 12 位分辨率的 SPI 通信的双路输出 D/A 转换器 TLV5618。

为实现电流源输出电流的设定、调整以及显示实际电流值等,系统需要设计良好的人机交互界面。

系统软件程序流程如图 10.22 所示。

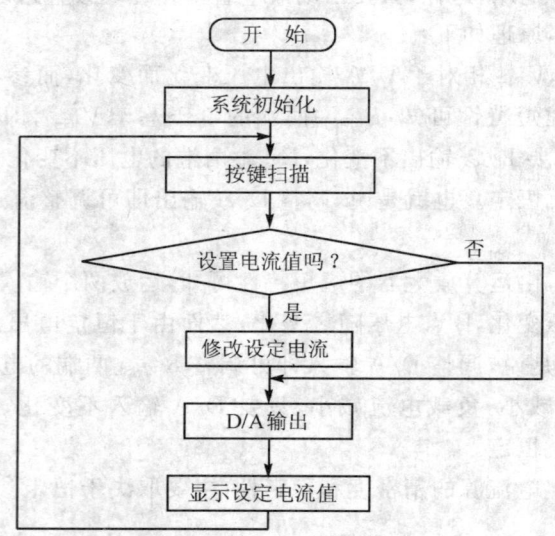

图 10.22 系统软件流程

理论用于实践,本身就是一次很大的挑战,即使书本学得很好,实际应用又是另外一回事。例如数模器件的零输出偏移问题、寄生振荡导致的纹波问题、电解电容的寄生电感问题和市售电阻阻值为离散量的问题,这些都是书上被忽略但恰恰又是实际制作中最重要的问题。像"电容越大,交流电的频率越高,电抗就越小"这些理论很容易形成人们的一种固定思维,可大容量电解电容器存在着寄生电感的问题却常常被人忽略。有些人在设计电源模块时,经常因没有采用高频滤波电容(独石电容或瓷片电容)加以滤波,而导致电路整个全振荡起来。电阻的阻值计算完了,市场上又买不到,只能买到一些固定的数值。公式可用于一切范围,而对应到器件上却又只能适用于一定范围,可能在伏级范围内误差很小,到毫伏级范围又会误差很大,这些是人们在客观实际应用中所必须面对的。学东西不能学"死",在注重理论知识的同时,加强对自己实践能力的培养,才能真正学好知识。

——典型设计举例 E7:基于 DDS 技术的低频正弦信号发生器的设计

直接数字合成 DDS(Direct Digital Synthesize)技术是 D/A 的重要应用领域。

DDS 技术,即对于一个周期正弦波连续信号,可以沿其相位轴方向,以等量的相位间隔对其进行相位/幅度抽样,得到一个周期性的正弦信号的离散相位的幅度序列,并且对模拟幅度进行量化,量化后的幅值采用相应的二进制数据编码。这样就把一个周期的正弦波连续信号转换成为一系列离散的二进制数字量,然后通过一定的手段固化在只读存储器 ROM 中,每个存储单元的地址即是相位取样地址,存储单元的内容是已经量化了的正弦波幅值。这样的一个只读存储器就构成了一个与 2π 周期内相位取样相对应的正弦函数表,它存储的是一个周期的正弦波波形幅值,因此又称其为正弦波形存储器。这样在一定频率定时周期下,通过一个线性的计数时序发生器所产生的取样地址对已得到的正弦波波形存储器进行扫描,进而周期性地读取波形存储器中的数据,其输出通过数/模转换器及低通滤波器就可以合成一个完整的、具有一定频率的正弦波信号。图 10.23 为 DDS 的原理框图。

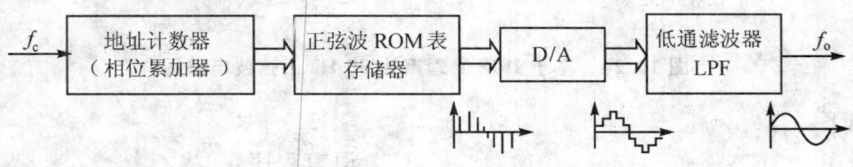

图 10.23 DDS 原理框图

DDS 正弦波发生器的设计存在两个问题:

1. 正弦表的生成

正弦表的生成一般借助于 MATLAB 工具来实现。这里关键问题有三个:

① 对于 8 位的 D/A,输入数字范围为 0~255,且为整数,所以对于[-1,+1]的正弦波取点要加 1 后,再放大 255/2 倍,以适应 D/A 输入范围;

② 要对数据取整,这里四舍五入的取整方式较合理;

③ 为了软件书写,各数据间要自动加逗号。

以一个完整周期 256 点为例,具体方法如下:

```
n = 0:255;y = sin(2 * pi/256 * n);
y = y + 1;y = y * (255/2);
y = round(y);          % 四舍五入取整(fix 为舍小数式取整,ceil 为向上取整)
fid = fopen('exp.txt','wt');fprintf(fid,',%1.0f',y);fclose(fid);% 数间加逗号
```

2. 定时周期的计算

以一个周期 256 采样点的 50 Hz 正弦波发生器设计为例。1s 内总共通过 D/A 输出 256 点×50＝12800 点，所以定时时间间隔为 10^6 μs/12800＝78.125 μs，当然对于 12 MHz 晶振，该例只能定时 78 μs，电路如图 10.24 所示。

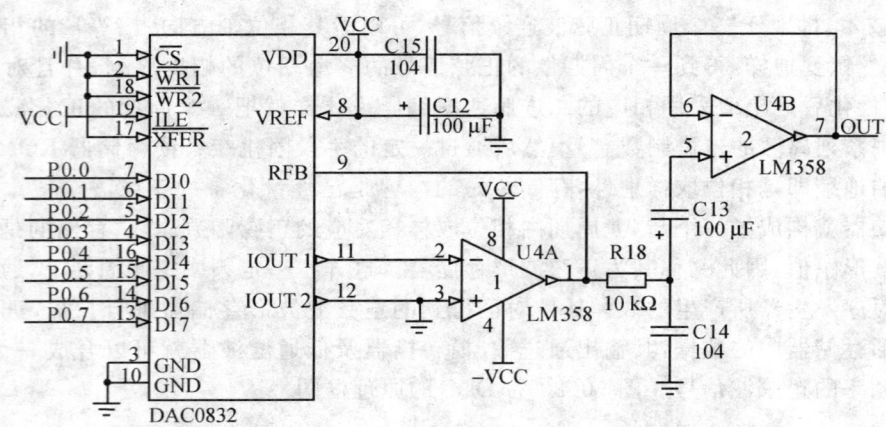

图 10.24　基于 DDS 原理产生 50 Hz 正弦波电路图

例程如下：

汇编程序：　　　　　　　　　　　　　　C51 语言程序：

```
        ORG   0000H
        LJMP  MAIN
        ORG   000BH
        LJMP  T0_ISR
        ORG   0030H
MAIN:   MOV   DPTR,#TAB
        MOV   TMOD,#02H   ;方式 2
        MOV   TH0,#178    ;256 - 78 = 178
        MOV   TL0,#178
        SETB  ET0
```

```c
#include <reg51.h>
#define uchar unsigned char
uchar ptr;
void main(void)
{unsigned char i;
 TMOD = 0x02;   //方式 2
 TH0 = 178;
 TL0 = 178;
 ET0 = 1;
 EA = 1;
 TR0 = 1;
```

第10章 A/D、D/A、PWM 与测控系统设计

```
         SETB  EA
         SETB  TR0
         SJMP  $
T0_ISR:  PUSH  ACC
         MOVC  A,@A+DPTR
         MOV   P1,A
         POP   ACC
         INC   A
         RETI
TAB:
DB 128,131,134,137,140,143,146,149,152
DB 155,158,162,165,167,170,173,176,179
DB 182,185,188,190,193,196,198,201,203
DB 206,208,211,213,215,218,220,222,224
DB 226,228,230,232,234,235,237,238,240
DB 241,243,244,245,246,248,249,250,250
DB 251,252,253,253,254,254,254,255,255
DB 255,255,255,255,255,254,254,254,253
DB 253,252,251,250,250,249,248,246,245
DB 244,243,241,240,238,237,235,234,232
DB 230,228,226,224,222,220,218,215,213
DB 211,208,206,203,201,198,196,193,190
DB 188,185,182,179,176,173,170,167,165
DB 162,158,155,152,149,146,143,140,137
DB 134,131,128,124,121,118,115,112,109
DB 106,103,100,97,93,90,88,85,82,79,76
DB 73,70,67,65,62,59,57,54,52,49,47,44,42
DB 40,37,35,33,31,29,27,25,23,21,20,18,17
DB 15,14,12,11,10,9,7,6,5,5,4,3,2,2,1,1,
   1,0
DB 0,0,0,0,0,0,1,1,1,2,2,3,4,5,5,6,7,9,
   10,11
DB 12,14,15,17,18,20,21,23,25,27,29,31,33
DB 35,37,40,42,44,47,49,52,54,57,59,62,65
DB 67,70,73,76,79,82,85,88,90,93,97,100
DB 103,106,109,112,115,118,121,124
```

```c
  while (1);
}
void T0_ISR() interrupt 1 using 1
{code uchar sin_ROM[256] = {
128,131,134,137,140,143,146,149,152,
155,158,162,165,167,170,173,176,179,
182,185,188,190,193,196,198,201,203,
206,208,211,213,215,218,220,222,224,
226,228,230,232,234,235,237,238,240,
241,243,244,245,246,248,249,250,250,
251,252,253,253,254,254,254,255,255,
255,255,255,255,255,254,254,254,253,
253,252,251,250,250,249,248,246,245,
244,243,241,240,238,237,235,234,232,
230,228,226,224,222,220,218,215,213,
211,208,206,203,201,198,196,193,190,
188,185,182,179,176,173,170,167,165,
162,158,155,152,149,146,143,140,137,
134,131,128,124,121,118,115,112,109,
106,103,100,97,93,90,88,85,82,79,76,
73,70,67,65,62,59,57,54,52,49,47,44,
42,40,37,35,33,31,29,27,25,23,21,20,
18,17,15,14,12,11,10,9,7,6,5,5,4,3,2,2,
1,1,1,0,0,0,0,0,0,1,1,1,2,2,3,4,5,5,
6,7,9,10,11,12,14,15,17,18,20,21,23,
25,27,29,31,33,35,37,40,42,44,47,49,
52,54,57,59,62,65,67,70,73,76,79,82,
85,88,90,93,97,100,103,106,109,
112,115,118,121,124};
P0 = sin_ROM[ptr ++ ];
}
```

10.2 A/D 原理、接口技术及应用要点

10.2.1 A/D 转换器概述

1. A/D 转换器的类型及原理

A/D 转换器(ADC)的作用是把模拟量转换成数字量,以便于计算机进行处理。

随着超大规模集成电路技术的飞速发展,现在有很多类型的 A/D 转换器芯片,不同的芯片其内部结构不一样,转换原理也不同。各种 A/D 转换芯片根据转换原理可分为计数型、逐次逼近型、双重积分型和并行式 A/D 转换器等;按转换方法可分为直接 A/D 转换器和间接 A/D 转换器;按其分辨率可分为 4~16 位的 A/D 转换器。

(1) 计数型 A/D 转换器

计数型 A/D 转换器由 D/A 转换器、计数器和比较器组成。工作时,计数器由 0 开始计数,每计一次数后,计数值送往 D/A 转换器进行转换,并将生成的模拟信号与输入的模拟信号在比较器内进行比较,若前者小于后者,则计数值加 1,重复 D/A 转换及比较过程。依此类推,直到当 D/A 转换后的模拟信号与输入的模拟信号相同时,则停止计数。这时,计数器中的当前值就为输入模拟量对应的数字量。这种 A/D 转换器结构简单、原理清楚,但它的转换速度与精度之间存在矛盾:当提高精度时,转换的速度就慢;当提高速度时,转换的精度就低,所以在实际中很少使用。原理如图 10.25 所示。

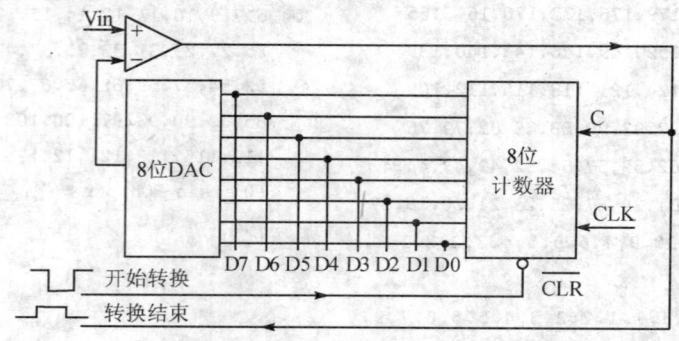

图 10.25 计数型 A/D 转换器原理示意图

(2) 逐次逼近型 A/D 转换器

逐次逼近型 A/D 转换器是由一个比较器、D/A 转换器、寄存器及控制电路组成。与计数型相同,也要进行比较以得到转换的数字量,但逐次逼近型 A/D 转换器是用一个寄存器从高位到低位依次开始逐位试探比较。转换过程如下:开始时寄存器各位清 0,转换时,先将最高

位置 1，送 D/A 转换器转换，转换结果与输入的模拟量比较：如果转换的模拟量比输入的模拟量小，则 1 保留；如果转换的模拟量比输入的模拟量大，则 1 不保留。然后从第二位依次重复上述过程直至最低位，最后寄存器中的内容就是输入模拟量对应的数字量。一个 n 位的逐次逼近型 A/D 转换器转换只需要比较 n 次，转换时间只取决于位数和时钟周期。逐次逼近型 A/D 转换器转换速度快，在实际中广泛使用。

(3) 双积分型 A/D 转换器

双积分型 A/D 转换器将输入电压先变换成与其平均值成正比的时间间隔，然后再把此时间间隔转换成数字量，它属于间接型转换器。它的转换过程分为采样和比较两个过程。采样即用积分器对输入模拟电压进行固定时间的积分，输入模拟电压值越大，采样值越大，比较就是用基准电压对积分器进行反向积分，直至积分器的值为 0，由于基准电压值固定，所以采样值越大，反向积分时积分时间越长，积分时间与输入电压值成正比，最后把积分时间转换成数字量，则该数字量就为输入模拟量对应的数字量。由于在转换过程中进行了两次积分，因此称为双积分型。双积分型 A/D 转换器转换精度高，稳定性好，测量的是输入电压在一段时间的平均值，而不是输入电压的瞬间值，因此它的抗干扰能力强，但是转换速度慢，双积分型 A/D 转换器在工业上应用也比较广泛。

2. A/D 转换器的主要性能指标

(1) 分辨率

分辨率是指 A/D 转换器能分辨的最小输入模拟量。通常用转换的数字量的位数来表示，如 8 位、10 位、12 位和 16 位等。位数越大，分辨率越高。

(2) 转换时间

转换时间是指 A/D 转换完成一次所需要的时间，指从启动 A/D 转换器开始到转换结束并得到稳定的数字输出量为止的时间。一般来说，转换时间越短，转换速度越快。

(3) 量　程

量程是指所能转换的输入电压范畴。

(4) 转换精度

分为绝对精度和相对精度。绝对精度是指实际需要的模拟量与理论上要求的模拟量之差。相对精度是指当满刻度值校准后，任意数字量对应的实际模拟量（中间值）与理论值（中间值）之差。

10.2.2　ADC0809 与 51 单片机的接口

1. ADC0809 芯片

ADC0809 是 CMOS 单片型逐次逼近型 A/D 转换器，具有 8 路模拟量输入通道，有转换启停控制,模拟输入电压范围为 0~+5 V,转换时间为 100 μs,它的内部结构如图 10.26 所示。

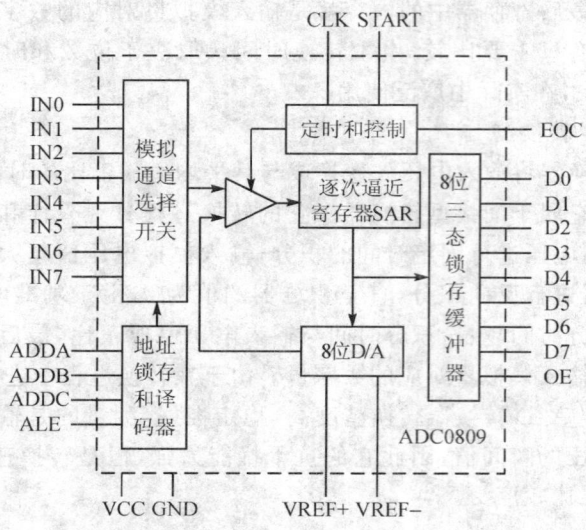

图 10.26 ADC0809 的内部结构图

ADC0809 由 8 路模拟通道选择开关、地址锁存与译码器、比较器、8 位开关树型 D/A 转换器、逐次逼近型寄存器、定时与控制电路和三态输出锁存器等组成。其中,8 路模拟通道选择开关实现从 8 路输入模拟量中选择一路送给后面的比较器进行比较;地址锁存与译码器用于当 ALE 信号有效时,锁存从 ADDA、ADDB 和 ADDC 3 根地址线上送来的 3 位地址,译码后产生通道选择信号,从 8 路模拟通道中选择当前模拟通道;比较器、8 位开关树型 D/A 转换器、逐次逼近型寄存器、定时与控制电路组成 8 位 A/D 转换器,当 START 信号有效时,就开始对输入的当前通道的模拟量进行转换,转换完成后,把转换得到的数字量送到 8 位三态锁存器,同时通过 EOC 引脚送出转换结束信号。3 态输出锁存器保存当前模拟通道转换得到的数字量,当 OE 信号有效时,把转换的结果通过 D0~D7 送出。

2. ADC0809 的引脚

ADC0809 芯片有 28 个引脚,采用双列直插式封装,如图 10.27 所示。各引脚说明如下:

IN0~IN7 8 路模拟量输入端。

D0~D7 8 位数字量输出端。

ADDA、ADDB、ADDC 3 位地址输入线,用于选择 8 路模拟通道中的一路,选择情况见表 10.2。

ALE 地址锁存允许信号,输入高电平有效。

第 10 章　A/D、D/A、PWM 与测控系统设计

START　A/D 转换启动信号,输入高电平有效。

EOC　A/D 转换结束信号,输出。当启动转换时,该引脚为低电平;当 A/D 转换结束时,该引脚输出高电平。

OE　数据输出允许信号,输入高电平有效。当转换结束后,如果从该引脚输入高电平,则打开输出三态门,输出锁存器的数据从 D0～D7 送出。

CLK　时钟脉冲输入端。要求时钟频率不高于 640 kHz。

REF+、REF−　基准电压输入端。

VCC　电源,接+5 V 电源。

GND　地。

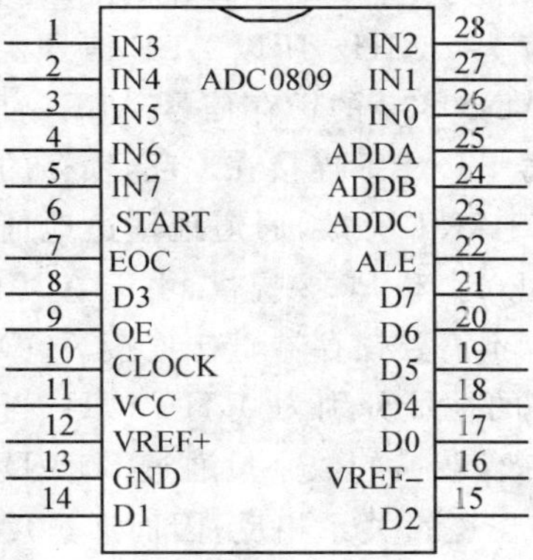

表 10.2　ADC0809 通道地址选择表

ADDC	ADDB	ADDA	选择通道
0	0	0	IN0
0	0	1	IN1
0	1	0	IN2
0	1	1	IN3
1	0	0	IN4
1	0	1	IN5
1	1	0	IN6
1	1	1	IN7

图 10.27　ADC0809 的引脚图

3. ADC0809 的工作流程

ADC0809 的工作时序如图 10.28 所示。

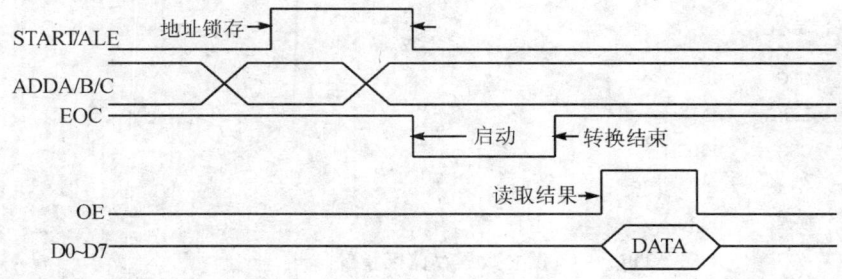

图 10.28　ADC0809 的工作时序图

① 输入 3 位地址,并使 ALE=1,将地址存入地址锁存器中,经地址译码器译码,从 8 路模拟通道中选通一路模拟量送到比较器。

② 送 START 一高脉冲，START 的上升沿使逐次逼近寄存器复位，下降沿启动 A/D 转换，并使 EOC 信号为低电平。

③ 当转换结束时，转换的结果送入到输出三态锁存器中，并使 EOC 信号回到高电平，通知 CPU 已转换结束。

④ 当 CPU 执行一读数据指令时，使 OE 为高电平，则从输出端 D0~D1 读出数据。

4. ADC0809 与 51 单片机的接口

(1) 硬件连接

图 10.29 是 ADC0809 与 51 单片机的一个接口电路图。图中，ADC0809 的转换时钟由 51 单片机的 ALE 信号提供。因为 ADC0809 的最高时钟频率为 640 kHz，ALE 信号的频率是晶振频率的 1/6，如果晶振频率为 12 MHz，则 ALE 的频率为 2 MHz，所以 ALE 信号要分频后再送给 ADC0809。51 单片机通过读、写信号线来控制 ADC0809 的锁存信号 ALE、启动信号 START 和输出允许信号 OE，锁存信号 ALE 和启动信号 START 连接在一起，锁存的同时启动。当写信号为低电平时，锁存信号 ALE 和启动信号 START 有效，通道地址送地址锁存器锁存，同时启动 ADC0809 开始转换。通道地址由 P0.0、P0.1 和 P0.2 提供，由于 ADC0809 的地址锁存器具有锁存功能，所以 P0.0、P0.1 和 P0.2 可以不需要锁存器直接连接 ADDA、ADDB 和 ADDC。根据图中的连接方法，8 个模拟输入通道的地址分别为 00H~07H；当要读取转换结果时，只要读信号为低电平，输出允许信号 OE 有效，转换的数字量通过 D0~D7 输出。转换结束信号 EOC 与 51 单片机的外中断 $\overline{INT0}$ 相连，由于逻辑关系相反，因而通过反相器连接，那么转换结束则向 51 单片机送中断请求，CPU 响应中断后，在中断服务程序中通过读操作来取得转换的结果。

(2) 软件编程

设图 10.29 接口电路用于一个 8 路模拟量输入的巡回检测系统，使用中断方式采样数据，把采样转换所得的数字量按序存于片内 RAM 的 30H~37H 单元中，采样一遍后停止采集。

汇编语言编程：

```
        ORG     0000H
        LJMP    MAIN
        ORG     0003H
        LJMP    INT0_ISR
        ORG     0030H          ;主程序
MAIN:   MOV     R0,#30H        ;设立数据存储区指针
        MOV     R2,#08H        ;设置 8 路采样计数值
        SETB    IT0            ;设置外部中断 0 为边沿触发方式
        SETB    EA             ;CPU 开放中断
        SETB    EX0            ;允许外部中断 0 中断
```

第 10 章 A/D、D/A、PWM 与测控系统设计

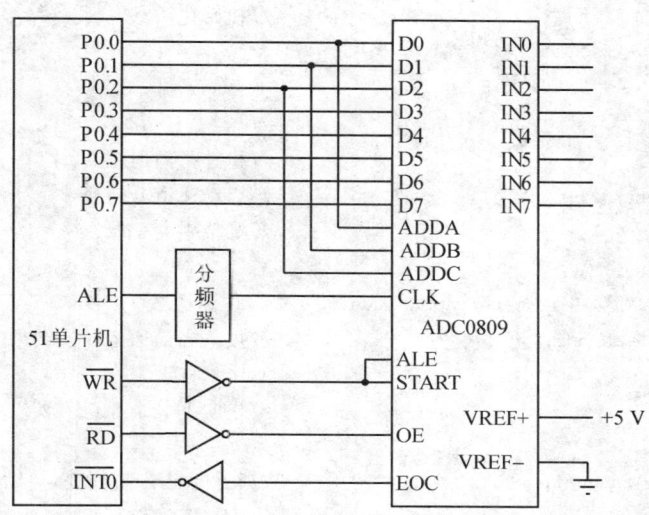

图 10.29　ADC0809 与 51 单片机的一个接口电路图

```
              MOV    R1,#00H      ;送入口地址并指向通道 IN0
LOOP:         MOVX   @R1,A        ;启动 A/D 转换,A 的值无意义
HERE:         SJMP   HERE         ;等待中断
INT0_ISR:     MOVX   A,@R1        ;读取转换后的数字量
              MOV    @R0,A        ;存入片内 RAM 单元
              INC    R1           ;指向下一模拟通道
              INC    R0           ;指向下一个数据存储单元
              DJNZ   R2,NEXT      ;8 路未转换完,则继续
              CLR    EA           ;已转换完,则关中断
              CLR    EX0          ;禁止外部中断 0 中断
              RETI                ;中断返回
NEXT:         MOVX   @R1,A        ;再次启动 A/D 转换
              RETI                ;中断返回
```

C51 语言编程：

```
#include  <req52.h>
#include  <absacc.h>                    //定义绝对地址访问
#define  uchar  unsigned  char
#define  IN0  PBYTE[0x00]               //定义 IN0 为通道 0 的地址
static  uchar  data  x[8];              //定义 8 个单元的数组,存放结果
uchar  xdata  *ad adr;                  //定义指向通道的指针
uchar  channel;
void  main(void)
```

```
{   IT0 = 1;                                    //初始化
    EX0 = 1;
    EA = 1;
    channel = 0;
    ad_adr = &IN0;                              //指针指向通道 0
    * ad_adr = channel;                         //启动通道 0 转换
    while(1) ;                                  //等待中断
}
void i INT0_ISR_ADC(void)   interrupt 0   using 1   //中断函数
{   x[channel] = * ad_adr;                      //接收当前通道转换结果
    channel ++ ;
    ad_adr ++                                   //指向下一个通道
    if (channel<8)
      * ad_adr = channel;                       //8 个通道未转换完,启动下一个通道返回
    else
      { EA = 0;EX0 = 0;                         //8 个通道转换完,关中断返回
      }
}
```

当然,可以不采用总线结构操作 ADC0809,而是直接软件模拟时序,请读者自行尝试编写软件。

10.3 常用 A/D 和 D/A

10.3.1 目前常用的 A/D 和 D/A 芯片简介

目前生产 A/D 和 D/A 的主要厂家有 ADI、TI、BB、NXP 和 FREECALE 等。

1. AD 公司的 A/D 和 D/A 器件

AD 公司生产的各种模/数转换器(ADC)和数/模转换器(DAC)(统称数据转换器)一直保持市场领导地位,包括高速、高精度数据转换器和数/模混合 SOC 单片机等。

(1) 带信号调理、1 mW 功耗、双通道 Σ-Δ 型 16 位 A/D 转换器:AD7705

AD7705 是 AD 公司出品的适用于低频测量仪器的 AD 转换器。它能将从传感器接收到的很弱的输入信号直接转换成串行数字信号输出,而无需外部仪表放大器。采用 Σ-Δ 的 ADC,实现 16 位无误码的良好性能,片内可编程放大器可设置输入信号增益。通过片内控制寄存器调整内部数字滤波器的关闭时间和更新速率,可设置数字滤波器的第一个凹口。在

+3 V电源和 1 MHz 主时钟时,AD7705 功耗仅是 1 mW。AD7705 是基于微控制器(MCU)、数字信号处理器(DSP)系统的理想电路,能够进一步降低成本、缩小体积、降低系统的复杂性。

(2) 微功耗 8 通道 12 位 A/D 转换器:AD7888

AD7888 是高速、低功耗的 12 位 AD 转换器,单电源工作,电压范围为 2.7~5.25 V,转换速率高达 125 ksps,输入跟踪-保持信号宽度最小为 500 ns,单端采样方式。AD7888 包含 8 个单端模拟输入通道,每一通道的模拟输入范围均为 0~Vref。该器件转换满功率信号可至 3 MHz。AD7888 具有片内 2.5 V 电压基准,可用于模/数转换器的基准源,引脚 REF in/REF out 允许用户使用这一基准,也可以反过来驱动这一引脚,向 AD7888 提供外部基准,外部基准的电压范围为 1.2 V~VDD。CMOS 结构确保正常工作时的功率消耗为 2 mW(典型值),省电模式下为 3 μW。

(3) 微功耗、满幅度电压输出、12 位 D/A 转换器:AD5320

AD5320 是单片 12 位电压输出 D/A 转换器,单电源工作,电压范围为+2.7~5.5 V。片内高精度输出放大器提供满电源幅度输出,AD5320 利用一个 3 线串行接口,时钟频率可高达 30 MHz,能与标准的 SPI、QSPI、MICROWIRE 和 DSP 接口兼容。AD5320 的基准来自电源输入端,因此提供了最宽的动态输出范围。该器件含有一个上电复位电路,保证 D/A 转换器的输出稳定在 0 V,直到接收到一个有效的写输入信号。该器件具有省电功能以降低器件的电流损耗,5 V 时典型值为 200 nA。在省电模式下,提供软件可选输出负载。通过串行接口的控制,可以进入省电模式。正常工作时的低功耗性能,使该器件很适合手持式电池供电的设备。5 V 时功耗为 0.7 mW,省电模式下降为 1 μW。

(4) 数/模混合 SOC 单片机

ADuC824 是 AD 公司新推出的高性能单片机,它在内部集成了高分辨率的 A/D 转换器,是目前片内资源最丰富的单片机之一。它将 8051 内核、两路 24 位+16 位 Σ-$\triangle$A/D、12 位 D/A、Flash、WDT、μP 监控电路、温度传感器、SPI 和 I^2C 总线接口等丰富资源集成于一体,体积小,功耗低,非常适合用于各类智能仪表、智能传感器、变送器和便携式仪器等领域。

2. TI 公司的 AD/DA 器件

美国德州仪器公司是全球最大的半导体产品供应商之一,其 DSP 产品和模拟产品位于全球首位。

(1) TLC548/549

TLC548 和 TLC549 是以 8 位开关电容逐次逼近 A/D 转换器为基础而构造的 CMOS A/D 转换器。它们设计成能通过三态数据输出与微处理器或外围设备的串行接口。TLC548 和 TLC549 仅用输入/输出时钟和芯片选择输入作数据控制。TLC548 的最高 I/O CLOCK 输入频率为 2.048 MHz,而 TLC549 的 I/O CLOCK 输入频率最高可达 1.1 MHz。

TLC548 和 TLC549 的使用与较复杂的 TLC540 和 TLC541 非常相似;不过,TLC548 和

TLC549 提供了片内系统时钟,它通常工作在 4 MHz 且不需要外部元件。片内系统时钟使内部器件的操作独立于串行输入/输出端的时序,并允许 TLC548 和 TLC549 像许多软件和硬件所要求的那样工作。I/O CLOCK 和内部系统时钟一起可以实现高速数据传送,对于 TLC548 为每秒 45 500 次转换,对于 TLC549 为每秒 40 000 次的转换速度。

TLC548 和 TLC549 的其他特点包括通用控制逻辑,可自动工作或在微处理器控制下工作的片内采样-保持电路,具有差分高阻抗基准电压输入端,易于实现比率转换(ratio metric conversion)、定标(scaling)以及与逻辑和电源噪声隔离的电路。整个开关电容逐次逼近转换器电路的设计允许在小于 17 μs 的时间内以最大总误差为 ±0.5 最低有效位(LSB)的精度实现转换。

(2) TLV5616

TLV5616 是一个 12 位电压输出数/模转换器(DAC),带有灵活的 4 线串行接口,可以无缝连接 TMS320、SPI、QSPI 和 Microwire 串行口。数字电源和模拟电源分别供电,电压范围 2.7～5.5 V。输出缓冲是 2 倍增益 rail-to-rail 输出放大器,输出放大器是 AB 类以提高稳定性和减少建立时间。rail-to-rail 输出和关电方式非常适宜单电源、电池供电应用。通过控制字可以优化建立时间和功耗比。

TLV5618 在 TLV5616 之上具有两路 D/A 输出。

(3) TLV5580

TLV5580 是一个 8 位 80 Msps 高速 A/D 转换器。以最高 80 MHz 的采样频率将模拟信号转换成 8 位二进制数据。数字输入和输出与 3.3 V TTL/CMOS 兼容。由于采用 3.3 V 电源和 CMOS 工艺改进的单管线结构,功耗低。该芯片的电压基准使用非常灵活,有片内和片外部基准,满量程范围是 1～1.6 Vpp,取决于模拟电源电压。使用外部基准时,可以关闭内部基准,降低芯片功耗。

10.3.2 TLC1543/TLC2543

1. TLC1543/TLC2543 的特性与引脚说明

TLC2543 是美国德州仪器公司于近年推出的开关电容逐次逼近式 12 位具有 11 通道串行模拟输入的 A/D 转换器。供电电压为 4.5～5.5 V,转换时间为 10 μs(有转换结束输出 EOC),采样率达 66 kbps,线性误差为 ±1 LSBmax,3 路内置自测试方式用于校正等,且具有单、双极性输出控制。

TLC2543 有 4 个控制输入端:片选($\overline{CS}$)、输入/输出时钟(CLK)、数据输出(DOUT)以及地址输入端(DIN),可以通过一个串行的三态输出口以 SPI 方式与主处理器或其他外围器件串口通信(可编程的 MSB 或 LSB,可编程输出数据长度)。TLC2543 采用 DIP20 和 TOP20 封装,其引脚及功能如表 10.3 所列。

表 10.3 TLC2543 引脚功能

引脚号	名 称	I/O	功 能
1~9,11,12	AIN0~1AIN10	输入	多路模拟输入端。注意,驱动源阻抗必须小于或等于 50 Ω,而且用 60 pF 电容来限制模拟输入电压的斜率
15	$\overline{CS}$	输入	片选端
17	DIN	输入	串行数据输入端
16	DOUT	输出	A/D 转换输出端
19	EOC	输出	A/D 转换结束端
18	CLK	输入	输入/输出时钟端
14	REF+	输入	正基准电压端
13	REF−	输入	负基准电压端
20	VCC		正电压端(5 V)
10	GND		负电源端

串行输出线 DOUT:是推挽串行数据输出引脚,读周期内数据从此引脚上移出,数据由串行时钟的下降沿同步输出。数据从外部芯片到单片机。

串行输入线 DIN:是串行数据输入引脚。通道地址选择在此引脚上输入,数据由串行时钟的上升沿锁存。数据从单片机到外部芯片。

串行时钟 CLK:串行时钟是 DOUT 和 DIN 的同步脉冲,每个 CLK 将确定 DOUT 和 DIN 线上一位(BIT)的传送。一般 CLK 由单片机发出,快慢由 CLK 的脉宽决定。

当片选 $\overline{CS}$ 为高电平时,DOUT 输出处于高阻状态,$\overline{CS}$ 为低电平时选中该芯片。$\overline{CS}$ 不仅仅是选通,而且还充当启停信号,当 $\overline{CS}$ 从高到低跳变时(下降沿),表示操作开始,接下来的每个 CLK 脉冲将代表 1 个有效位(BIT);当 $\overline{CS}$ 从低到高跳变(上升沿)时,表示操作结束。TLC2543 收到第 4 个时钟信号后,通道号也已收到,因此,此时 TLC2543 开始对选定通道的模拟量进行采样,并保持到第 12 个时钟的下降沿。在第 12 个时钟下降沿,EOC 变低,开始对本次采样的模拟量进行 A/D 转换,转换时间约需 10 μs,转换完成 EOC 变高,转换的数据在输出数据寄存器中,待下一个工作周期输出。此后,可以进行新的工作周期。

关于 EOC 引脚,为 A/D 转换结束端。硬件设计中,EOC 引脚存在是否需要连接的问题。EOC 引脚由高变低是在第 12 个时钟的下降沿,它标志 TLC2543 开始对本次采样的模拟量进行 A/D 转换,转换完成后 EOC 变高,标志转换结束。从理论上讲,应该通过 EOC,判断是否可以进行新的周期以便从 TLC2543 中取出已转换的 A/D 数据,但是,正如前面介绍,TLC2543 的一次 A/D 转换时间约为 10 μs,而一般情况下,一个工作周期后,单片机的后续处理工作已大于 10 μs,因此,除非特别需要,一般可以不接 EOC。

TLC2543 采取 MSB(即高先发的方式)串行方式进行通信,若设置为 12 位 A/D 采集,可以采取两种形式:12 位数据输出格式和 16 位数据输出格式。一开始,片选$\overline{CS}$为高,CLK 和 DIN 被禁止,DOUT 为高阻态状态。$\overline{CS}$变低,开始转换过程,CLK 和 DIN 使能,并使 DOUT 脱离高阻态状态。8 位输入数据流从 DIN 端输入,在 CLK 的上升沿存入输入寄存器。在传送这个数据流的同时,输入/输出时钟的下降沿也将前一次转换的结果从输出数据寄存器移到 DOUT 端。CLK 端接收的时钟长度取决于输入数据寄存器中的数据长度选择位。输入数据是一个 8 位数据流(MSB),格式如表 10.4 所列。通过表 10.4 可以看出,TLC2543 支持 8 位和 12 位的 A/D,由输入数据的 D3 和 D2 位决定,这里采用 12 位 AD,即 D3 和 D2 位要输入"00"。

表 10.4　TLC2543 的前 8 位输入数据格式含义

功能选择	地址位				输出数据长度控制		输出 MSB/LSB	BIP
	D7 MSB	D6	D5	D4	D3	D2	D1	D0 LSB
输入通道选择:								
AIN0	0	0	0	0				
AIN1	0	0	0	1				
⋮		⋮						
AIN10	1	0	1	0				
参考电压选择:								
$(V_{REF+}+V_{REF-})/2$	1	0	1	1				
V_{REF-}	1	1	0	0				
V_{REF+}	1	1	0	1				
Softwarepower down	1	1	1	0				
输出数据长度:								
8 位					0	1		
12 位					×	0		
16 位(高 12 位有效)					1	1		
输出数据格式:								
MSB							0	
LSB							1	
单极性								0
双极性								1

2. 关于单极性和双极性的说明

一般对于 REF− 和 REF+ 两个参考电压引脚,REF− 接地,V_{REF+} 即为实际参考电压,这也就是所谓的单极性输入。

若 REF− 没有接地,那么 V_{REF+} 与 V_{REF-} 的差作为参考电压,且以 V_{REF-} 为参考基点。当输入信号等于 V_{REF-} 时,A/D 结果为 0,当输入信号大于或小于 V_{REF-} 时,按照输入信号与 V_{REF-} 的电压差作为 A/D 输入对象进行 A/D 转换,即 A/D 结果为:

$$(V_{in} - V_{REF-})/(V_{REF+} - V_{REF-}) \times 2^{12}$$

即为双极性输入。

注意: 此时的 A/D 结果为补码形式。

TLC2543 与单片机接口电路如图 10.30 所示。参考电压采用 4.096 V,通过 TL431 实现,目的是对应 12 位 A/D 读回的数据是多少,对应模拟输入就是多少毫伏。

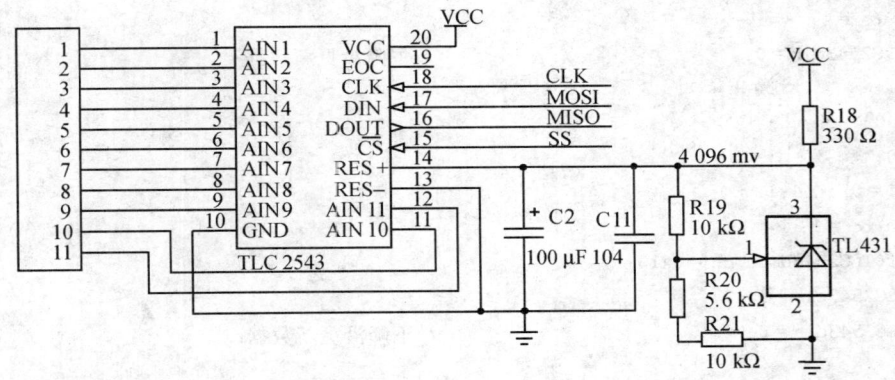

图 10.30　TLC2543 与单片机接口电路

TLC2543 在 12 位输出下,需要软件模拟 SPI 口的时序,因为硬件 SPI 口的循环移位寄存器是 8 位的,SPI 的 I/O 时钟无法实现 12 个时钟脉冲,要么 8 位,要么 16 位。

需要说明的是,进行一次 A/D 转换需要读取两次 TLC2543 A/D 结果,第二次才是真正结果,因为第一次读取只是为了给出片选、送通道号并采样保持,读取结束后 TLC2543 才启动 A/D 转换,10 μs 后转换完成,再次读取才是上次结果。TLC2543 的 C51 驱动程序如下:

```
#include <reg52.h>
sbit TLC2543clk = P1^7;
sbit TLC2543din = P1^6;
sbit TLC2543dout = P1^5;
sbit TLC2543_cs = P1^4;
unsigned int Rd_TLC2543(unsigned char n)    //模/数转换,n 为通道选择 0~10
```

```c
{ unsigned char i,ch = 0;
  union{uchar ch[2];
        unsigned int  i;
       }u;
  TLC2543clk = 0;
  TLC2543dout = 1;                    //输入口
  TLC2543_cs = 0;                     //选中 TLC2543,并开始 A/D 转换
  n << 4;
  for(i = 0;i<8;i++)
    {if(n&0x80) TLC2543din = 1;       //MSB
     else TLC2543din = 0;
     ch << = 1;
     if(TLC2543dout)ch|= 0x01;
     TLC2543clk = 1;                  //上升沿发送数据
     n << 1;
     TLC2543clk = 0;                  //下降沿更新数据
    }
  u.ch[0] = ch;
  ch = 0;
  for(i = 0;i<4;i++)
    {ch << = 1;
     if(TLC2543dout)ch|= 0x10;
     TLC2543clk = 1;
     TLC2543clk = 0;                  //下降沿更新数据
    }
  u.ch[1] = ch;
  u.i >> = 4;
  TLC2543_cs = 1;
  return u.i;
}
main(void)
{unsigned int ad;
 while(1)
 { Rd_TLC2543(0);
   ad = Rd_TLC2543(0);
   //A/D结果处理函数…
 }
}
```

TLC1543 与 TLC2543 的引脚和用法一致,区别在于 TLC1543 是 10 位的 A/D,所以一次

通信为 10 位。下面是 TLC1543 的汇编驱动程序：

```
            CLOCK   EQU    P2.0;
            D_IN    EQU    P2.1;
            D_OUT   EQU    P2.2;
            CS      EQU    P2.3;
READ1543:                          ;从 TLC1543 读取采样值，通道号在 A 中
                                   ;返回值在 R3 和 R4 中，R4 为高 2 位
            CLR     CLOCK
            SETB    D_OUT          ;输入口
            CLR     _CS
            SWAP    A              ;通道号放到高 4 位
            MOV     R7,#4          ;把通道号打入 TLC1543
PORT1543:   RLC     A
            MOV     D_IN,C;
            SETB    CLOCK
            MOV     C,D_OUT
            MOV     ACC.0,C
            CLR     CLOCK
            DJNZ    R7,PORT1543
            PUSH    ACC
            RR      A
            RR      A              ;读到的高 4 位 A/D 结果，高两位在 A 的低两位
            ANL     A,#03H         ;提取高两位结果
            MOV     R4,A
            POP     ACC
            ANL     A,#03H         ;屏蔽到 A/D 结果的 b9 和 b8
            MOV     R7,#6          ;读取低 6 位
L_6TIMES:   SETB    CLOCK
            RL      A
            MOV     C,D_OUT
            MOV     ACC.0,C
            CLR     CLOCK
            DJNZ    R7,L_6TIMES
            MOV     R3,A
            SETB    _CS
            RET
```

10.3.3　4$\frac{1}{2}$位双积分型 A/D——ICL7135 及其接口技术

ICL7135 是高精度 4$\frac{1}{2}$位 CMOS 双积分型 A/D 转换器，提供±20000（相当于 14 位 A/D）

的计数分辨率(转换精度±1)。具有双极性高阻抗差动输入、自动调零、自动极性、超量程判别和输出为动态扫描 BCD 码等功能。ICL7135 对外提供 6 个输入、输出控制信号(RUN/$\overline{\text{HOLD}}$,BUSH,STB,POL,OVR,UNR),因此除用于数字电压表外,还能与异步接收/发送器、微处理器或其他控制电路连接使用,且价格低。

ICL7135 一次 A/D 转换周期分为 4 个阶段:自动调零(AZ)、被测电压积分(INT)、基准电压反积分(DE)和积分回零(ZI)。ICL7135 的工作时序如图 10.31 所示。

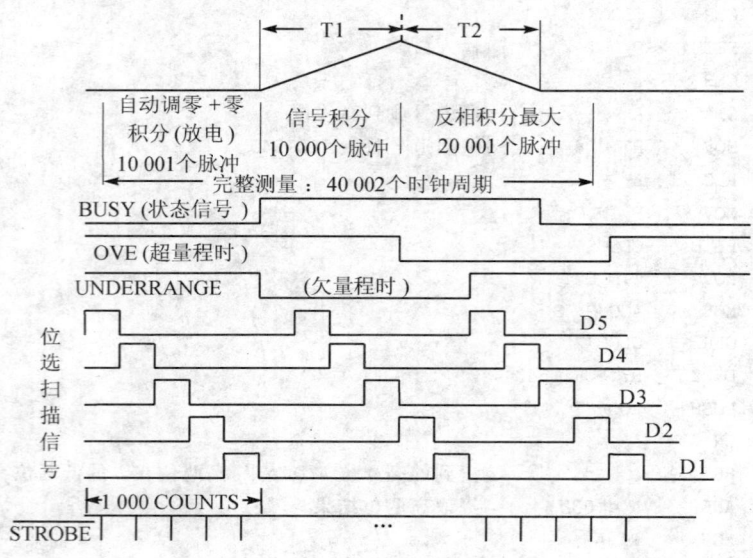

图 10.31 ICL7135 的时序图

① 自动调零阶段:至少需要 9 800 个时钟周期。此阶段外部模拟输入通过电子开关于内部断开,而模拟公共端介入内部并对外接调零电容充电,以补偿缓冲放大器、积分放大器和比较器的电压偏移。

② 信号积分 SI(Signal – Integrate)阶段:需要 10 000 个时钟周期。调零电路断开,外部差动模拟信号接入进行积分,积分器电容充电电压正比于外部信号电压和积分时间。此阶段信号极性也被确定。

③ 反向积分阶段:最大需要 20 001 个时钟周期。积分器接到参考电压端进行反向积分,比较器过零时锁定计数器的计数值,它与外接模拟输入 V_{in} 及外接参考电压 V_{ref} 的关系为:

$$\text{计数值} = 10\,000 \times V_{in}/V_{ref}$$

即若能获取该计数值,则可求出输入电压,得到 A/D 结果。为便于计算,一般调整 $V_{ref}=1\text{ V}$。

④ 零积分(放电)阶段:即放电阶段,一般持续 100~200 个脉冲周期,使积分器电容放电。

第10章 A/D、D/A、PWM 与测控系统设计

当超量程时,放电时间增加到 6 200 个脉冲周期以确保下次测量开始时,电容完全放电。

ICL7135 各引脚参见图 10.32,说明如下:

VCC———负 5 V 电源端;

REF——外接基准电压输入端,要求相对于模拟公共端 ANLGCOM 是正电压。

ANLGCOM——模拟公共端(模拟地)。

INT OUT——积分器输出,外接积分电容(C_{int})端;

AUTO ZERO——外接调零电容(C_{az})端;

BUF OUT——缓冲器输出,外接积分电阻(R_{int})端;

CREF+、CREF-——外接基准电压电容端;

IN-、IN+——被测电压(低、高)输入端;

VCC+——+5 V 电源端。

D5、D4、D3、D2 和 D1——位扫描选通信号输出端,其中 D5(MSD)对应万位数选通,其余依次为 D4、D3、D2、D1(LSD,个位)。每一位驱动信号分别输出一个正脉冲信号,脉冲宽度为 200 个时钟周期。在正常输入情况下,D5～D1 输出连续脉冲。当输入电压过量程时,D5～D1 在 AZ 阶段开始时只分别输出一个脉冲,然后都处于低电平,直至 DE 阶段开始时才输出连续脉冲。利用这个特性,可使得显示器件在过程时产生一亮一暗的直观现象。

B8、B4、B2 和 B1——BCD 码输出端,采用动态扫描方式输出。当位选信号 D5="1"时,该四端的信号为万位数的内容,当 D4="1"时为千位数内容,其余依次类推。在个、十、百、千四位数的内容输出时,BCD 码范围为 0000～1001,对于万位数只有 0 和 1 两种状态,所以其输出的 BCD 码为"0000"和"0001"。当输入电压过量程时,各位数输出全部为零,这一点在使用时应注意。

BUSY——指示积分器处于积分状态的标志信号输出端。在双积分阶段,BUSY 为高电平,其余时为低电平。因此利用 BUSY 功能,可以实现 A/D 转换结果的远距离双线传送,其方法是在 BUSY 的高电平期间对 CLK 计数,再减去 10001 就可得到转换结果。

CLK——工作时钟信号输入端。

DGNG——数字电路接地端。

RUN/$\overline{\text{HOLD}}$——转换/保持控制信号输入端。当 RUN/$\overline{\text{HOLD}}$="1"(该端悬空时为"1")时,ICL7135 处于连续转换状态,每 40 002 个时钟周期完成一次 A/D 转换。若 RUN/$\overline{\text{HOLD}}$由"1"变"0",则 ICL7135 在完成本次 A/D 转换后进入保持状态,此时输出为最后一次转换结果,不受输入电压变化的影响。因此利用 RUN/$\overline{\text{HOLD}}$端的功能可以使数据有保持功能。若把 RUN/$\overline{\text{HOLD}}$端用作启动功能时,只要在该端输入一个正脉冲(宽度>300 ns),转换器就从 AZ 阶段开始进行 A/D 转换。

注意:第一次转换周期中的 AZ 阶段时间为 9001～10001 个时钟脉冲,这是由于启动脉冲和内部计数器状态不同步造成的。

STB(STROBE)——选通信号输出端,主要用来控制将转换结果向外部锁存器或微处理器等进行传送。每次 A/D 转换周期结束后,STB 端在 5 个位选信号正脉冲的中间都输出 1 个负脉冲,ST 负脉冲宽度等于 1/2 时钟周期,第一个 STB 负脉冲在上次转换周期结束后 101 个时钟周期产生。因为每个选信号(D5~D1)的正脉冲宽度为 200 个时钟周期(只有 AZ 和 DE 阶段开始时的第一个 D5 的脉冲宽度为 201 个 CLK 周期),所以 STB 负脉冲之间相隔也是 200 个时钟周期。需要注意的是,若上一周期为保持状态(RUN/$\overline{\text{HOLD}}$="0"),则 STB 无脉冲信号输出。

OVR——过量程信号输出端。当输入电压超出量程范围(20000)时,OVR 将会变高。该信号在 BUSY 信号结束时变高,在 DE 阶段开始时变低。

UNR——欠量程信号输出端。当输入电压等于或低于满量程的 9%(读数为 1800)时,则当 BUSY 信号结束,UNR 将会变高。该信号在 INT 阶段开始时变低。

POL——该信号用来指示输入电压的极性。若输入电压为正,则 POL 等于"1",反之则等于"0"。该信号 DE 阶段开始时变化,并维持一个 A/D 转换调期。

VCC+ = +5 V,VCC− = −5 V,T=25 ℃,时钟频率为 120 kHz 时,每秒可转换 3 次。

通常情况下,设计者都是通过查询 ICL7135 的位选引脚进而读取 BCD 码的方法并行采集 ICL7135 的数据,该方法占有大量单片机 I/O 资源,软件上也耗费较大。下面介绍利用 BUSY 引脚一线串行方式读取 ICL7135 的方法。原理如下:

如图 10.31 所示,在信号积分 T1 开始时,ICL7135 的 BUSY 跳变到高电平并一直保持,直到去积分 T2 结束时才跳回低电平。在满量程情况下,这个区域中的最多脉冲个数为 30002 个。其中去积分 T2 时间的脉冲个数反映了转换结果,这样将整个 T1+T2 的 BUSY 区间计数值减去 10001 即是转换结果,最大到 20001。按照"计数值=10000×V_{in}/V_{ref}"可得:

$$计数值 \times V_{ref}/10000 = V_{in}$$

若参考电压 V_{ref} 设计为 1.000 V,则上式在使用时一般不除以 10000,而是将输入电压 V_{in} 的分辨率直接定义到 0.1 mV。

一线接口设计如下:

① 125 kHz 的 ICL7135 时钟的产生。为了简化电路设计和产生精确的 125 kHz 方波,采用 AT89S52 作为系统核心,并以 12 MHz 晶振作为系统时钟源,通过设定定时/计数器 T2 使外部 T2(P1.0)引脚产生 125 kHz 的 PWM 方波。

② 读取 BUSY 高电平时,即积分期间的总计数次数。采用定时/计数器 T0 的 GATE 功能,将 $\overline{\text{INT0}}$(P3.2)引脚连至 BUSY 引脚。通过 GATE 记录 BUSY 引脚的上升和下降沿时刻定时器总计数。

ICL7135 典型电路如图 10.32 所示。

其中:

第 10 章 A/D、D/A、PWM 与测控系统设计

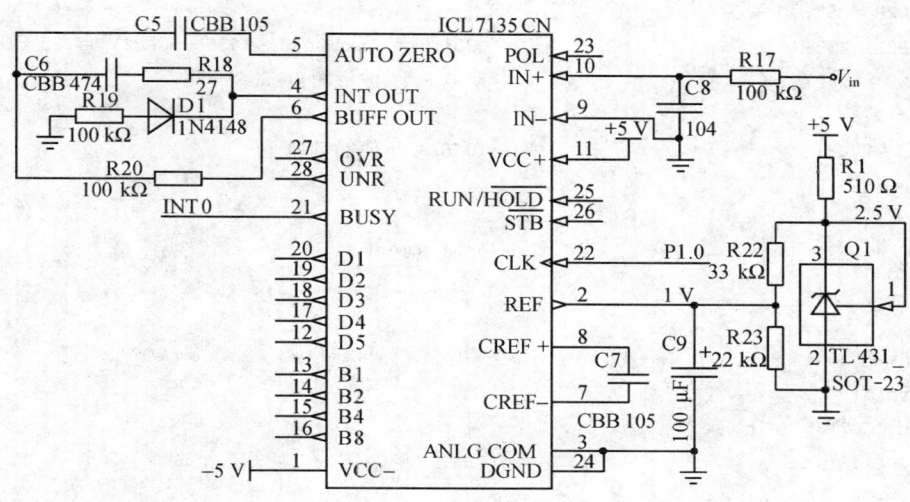

图 10.32 ICL7135 典型电路

① 积分电阻 Rint 一般选取为：Rint=最大输入电压/20 μA。典型值是参考电压为 1 V 时的 100 kΩ。最大输入电压为参考电压 2 倍。

② 积分电容 Cint 的选择：Cint=10 000×时钟周期×20 μA/3.5 V。当时钟为 125 kHz 时，Cint 为 0.46 μF，故选 0.47 μF。

为了提高积分电路的线性度，Rint 和 Cint 必须选取高性能器件，其中 Cint 一般选取聚丙烯或聚苯乙烯 CBB 电容。

③ 其他元件的选择：参考电容 Cref 一般选择聚苯乙烯或多元酯电容；选择较大的自动调零电容 Caz 可以降低系统噪声，典型接入值都为 1μF。

④ 时钟频率选择：一般选取 250 kHz、166 kHz、125 kHz 和 100 kHz，单极性输入时最大可以到 1 MHz。其典型值为 125 kHz，此时 ICL7135 转换速度为 3 次/秒。

⑤ −5 V 电源可以通过 ICL7660 专用芯片产生，如图 10.33 所示。

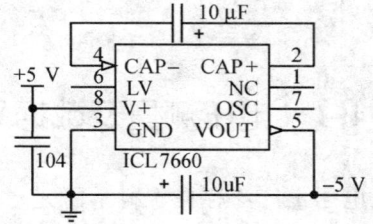

图 10.33 基于 ICL7660 的 −5 V 电路

AT89S52 采用 12 MHz 时钟，C51 程序如下：

```
# include <reg52.h>
sfr T2MOD = 0xC9;
unsigned int AD;
/*******************************************/
void Read_ICL7135_init(void)
```

```
{   RCAP2H = 255;
    RCAP2L = 232;                          //fCLKout = fosc/[4×(65536 – RCAP2)] = 125 kHz
    T2MOD = 0x02;                          //使能 P1.0 波形输出
    TR2 = 1;
    TMOD = 0x09;                           //T0 方式 1,使能 GATE 位
    TR0 = 1;
    EX0 = 1;
    IT0 = 1;                               //使能 INT0 中断
    EA = 1;
}
/*************************************************************/
main(void)
{   Read_ICL7135_init ();
    while(1)
    {;// :
    }
}
/*************************************************************/
void nINT0_ISR(void) interrupt 0 using 1   //INT0 中断
{   AD = TH0 * 256 + TL0;
    TH0 = 0;
    TL0 = 0;
    AD – = 10000;
}
```

10.4 电压测量与检测技术

10.4.1 电压测量及数据采集系统的基本构成

电压量广泛存在于科学研究与生产生活中,电压测量是许多电测量与沸点测量的基础,是电子测量的重要内容。

在电子测量领域,电压、电流和功率是表征电信号能量的三个基本参数,而电流和功率又往往通过电压进行间接测量。在集中参数电路中,电子电路及电子设备的各种工作状态和特性都可以通过电压量表现出来。例如,电路的饱和与截止状态、线性工作范围、电路中的控制信号和反馈信号等,以及频率特性、控制度、失真性和敏感度等,所以,电压测量是电量测量中最基本、最常见的一种测量。

第10章　A/D、D/A、PWM 与测控系统设计

在非电监测中,许多物理量(如温度、压力、振动、速度和加速度等)都可通过传感器转换成电压,通过电压测量即可方便地实现对这些物理量的测量。所以,电压测量也是非电量测量的基础。电压的测量作为数据采集系统的核心,是电子测量的重要内容。

数据采集系统一般由信号调理电路、多路切换电路、采样保持电路、A/D 以及单片机等部分组成,如图 10.34 所示。

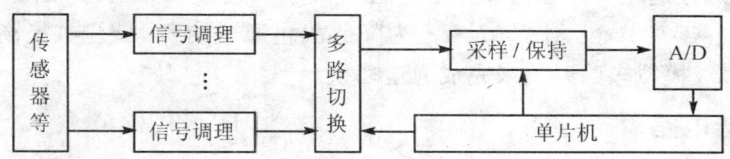

图 10.34　计算机信号采集电路构成

1. 信号调理电路

信号调理电路用于对待处理信号进行调理与放大,包括:阻抗匹配、放大电路、隔离电路和滤波等电路。

① 阻抗匹配:放大电路与传感器之间往往存在阻抗不匹配的现象,信号要进入 A/D 转换器也存在阻抗匹配问题。阻抗不匹配会使信号在传输过程中严重畸变,导致严重检测误差。调理过程中必须十分注意阻抗匹配问题,一般阻抗匹配可以由运算放大器组成的跟随器完成。

② 信号放大电路:是信号调理电路的核心,一般传感器输出的物理信号量值很小,需要通过放大调理电路来提高分辨率和敏感性,将输入信号放大为 A/D 转换所需要的电压范围。为了获得尽量高的精度,应将输入信号放大至与 A/D 量程相当的程度。

③ 信号隔离电路:隔离是指使用变压器、光电耦合或电容耦合等方法在被测系统中与测试系统之间传输信号,避免直流的电流或电压的物理连接的一种手段。第一,数据采集系统所监测的设备可能会有高压瞬变现象,足以使计算机与数据采集板损坏,隔离可使传感器信号与计算机隔离开,使系统安全得到保障。第二,保证数据采集各个环节间不受参考地电位的影响,从而影响测试精度,这是因为在采集信号时,都需要以"地"为基准,如果在两"地"之间存在电位差,就可能导致地环路产生,从而导致所采集的信号再现不准确。若这一电位差太大,则可能危及测量系统的安全,利用隔离电路的信号模块可以消除地环路,并保证准确的采集信号。模拟信号的隔离比数字信号的隔离难度大得多,成本高,常用的方法是,采用线性光耦或两个特性几乎完全接近的普通光耦用特殊的电路实现,另外,可直接采用具有隔离作用的仪表放大器。

④ 信号滤波:几乎所有的数据采集系统都会不同程度地受到来自电源线或机械设备的 50 Hz 噪声干扰,因此大多数信号调理电路包含低通滤波器,以最大限度地剔除 50 Hz 或 60 Hz 的噪声。交流信号(如振动)则往往需要防混淆滤波器,防混淆滤波器是一种低通滤波器,具有非常陡峭的截止频率,几乎可以将高于采集板输入信号带宽的频率信号全部剔除;若不除去,则这些信号将会错误地显示为数据采集系统输入带宽内的信号。

2. 多路切换电路

多路切换电路通常被检测的物理量有很多个,如果每一通道都要有放大和 A/D 几个环节就很不经济,而且电路也复杂。采用模拟多路开关就可以使多个通路共用一个放大器和 A/D,采用时间分割法使几个模拟开关通道轮流接通。这样既经济,又使电路简单。模拟多路开关的选择主要考虑导通电阻的要求,截止电阻的要求和速度要求。常用的模拟多路开关有 CD4501、CD4066、AD7501 和 AD7507 等。为降低截止通道的负载影响,提高开关速度,降低通道串扰,采用多级模拟多路开关来完成通道切换。

3. 采样/保持电路

采用保持电路是为了保持模拟信号高精度转换为数字信号的电路。在模拟数字转换电路中,如果变换期间输入电压是变化的,那么就可能产生错误的数字信号输出。采样/保持电路就是将快速变化的模拟信号进行"采样"与"保持",以保证在 A/D 转换过程中模拟信号保持不变。采样/保持器的选择要综合考虑捕获时间、孔隙时间、保持时间和下降率等参数。常用的采样/保持器有:AD582、AD583 和 LF398 等。加采样/保持电路的原则一般情况下直流和变化非常缓慢的信号可以不用采样/保持电路,其他情况都要加采样/保持电路。

4. 模/数转换器(A/D)

A/D 是计算机同外界交换信息所必需的接口器件,它需要考虑的指标有:分辨率、转换时间、精度、电源和输入电压范围等。

5. 单片机

单片机完成系统数据读取、处理,逻辑控制及数据传输任务等,是该系统的核心单元。

10.4.2 智能化测量系统

随着微电子技术的不断发展,微处理器芯片的集成度越来越高,已经可以在一块单片机芯片上同时集成 CPU、存储器、定时/计数器、接口和 A/D 等外设,单片机的出现,引起了仪器仪表结构的根本性变革,以单片机为主体取代传统仪器仪表的常规电子线路,可以容易地将计算技术与测量控制技术结合在一起,组成新一代的所谓"智能化测量仪表"。这种新型的智能仪表在测量过程自动化,测量结果的数据处理以及功能的多样化方面,都取得了巨大的发展。目前在研制高精度、高性能、多功能的测量控制仪表时,几乎都考虑采用单片机使之成为智能仪表。在测量控制仪表中采用单片机技术使之成为智能仪表后,能够解决许多传统仪表不能或不易解决的难题,同时还能简化仪表电路,提高仪表的技术指标,以及提高仪表的可靠性,降低仪表的成本以及加快新产品的开发速度。这类仪表的设计重点已经从模拟和逻辑电路的设计转向专用的单片机模板或功能部件、接口电路以及输入/输出通道的设计,通用或专用软件程序的开发。

1. 传统测量仪表存在的不足及智能仪器的相对优势

传统测量仪表对于输入信号的测量准确性完全取决于仪表内部各功能部件的精密性和稳定性水平。例如,一台普通数字电压表,滤波器、衰减器、放大器、A/D 转换器以及参考电压源的温度漂移电压和时间漂移电压都将反映到测量结果中去。如果仪表所采用器件的精密性高些,则这些漂移电压会小些,但从客观上讲,这些漂移电压总是存在的。另外,传统仪表对于测量结果的正确性也不能完全保证,即无法保证仪表是在其各个部件完全无故障的条件下进行测量的。智能化测量控制仪表的出现使上述两个问题的解决有了突破性的进展,与传统仪器仪表相比,具有以下功能特点:

① 操作自动化。仪器的整个测量过程,如键盘扫描、量程选择、开关启动闭合、数据的采集、传输与处理以及显示打印等都用单片机或微控制器来控制操作,实现测量过程的全部自动化。

② 具有自测功能,包括自动调零、自动校准及量程自动转换等。智能仪表能自动检测功能,充分体现了智能特性。

③ 具有数据处理功能,这是智能仪器的主要优点之一。智能仪器由于采用了单片机或微控制器,使得许多原来用硬件逻辑难以解决或根本无法解决的问题,现在可以用软件非常灵活地加以解决。例如,传统的数字万用表只能测量电阻、交直流电压和电流等,而智能型的数字万用表不仅能进行上述测量,而且还具有对测量结果进行诸如零点平移、取平均值、求极值和统计分析等复杂的数据处理功能,不仅使用户从繁重的数据处理中解放出来,也有效地提高了仪器的测量精度。智能化测量仪表,可以充分利用单片机的强大数据处理能力,最大限度地消除仪表的随机误差和系统误差。例如,数字滤波可以消除随机误差,采用自动校准可以消除系统误差。

④ 具有友好的人机对话能力。智能仪器使用键盘代替传统仪器中的切换开关,操作人员只需通过键盘输入命令,就能实现某种测量功能。与此同时,智能仪器还通过显示屏将仪器的运行情况、工作状态以及对测量数据的处理结果及时告诉操作人员,使仪器的操作更加方便直观。

⑤ 具有可程控操作能力。一般智能仪器都配有 RS-232、RS-485 等标准的通信接口,可以很方便地与 PC 和其他仪器一起组成用户所需要的多种功能的自动测量系统,来完成更复杂的测试任务。

2. 智能化测量仪表与自动校准技术

众所周知,任何仪表都必须进行周期性的校准,以保证其额定精度的合法性。传统仪表的校准通常是采用与更高一级的同类仪表进行对比测量来实现的。这种校准方法费时、费力,而且校准后,在使用时还要反复查对、核定部门给出的误差修正值表,给用户造成很大的不便。

智能化测量仪表可以采用自动校准技术来消除仪表内部所产生的漂移电压。自动校准是智能化测量控制仪表的一大功能特点，它可降低仪表对于内部器件（如衰减器、放大器等）稳定性的要求，这点对于仪表的设计和制造有重大意义。

结合以上论述确定智能化多路数据采集系统如图 10.35 所示。在每次进行实际测量之前，单片机首先将开关 K 接地，此时仪表的输入为零，仪表的测量值即是仪表内部器件（滤波器、衰弱器、放大器和 A/D 转换器等）所产生的零点漂移值，将此值存入单片机的内部数据存储器 RAM 中；然后单片机发出指令使开关 K 接入被测电压进行实际测量。由于漂移的存在，实际测量值中包括零点漂移值，因此只要将测量值与零点漂移值相减，即可获得准确的被测电压值。

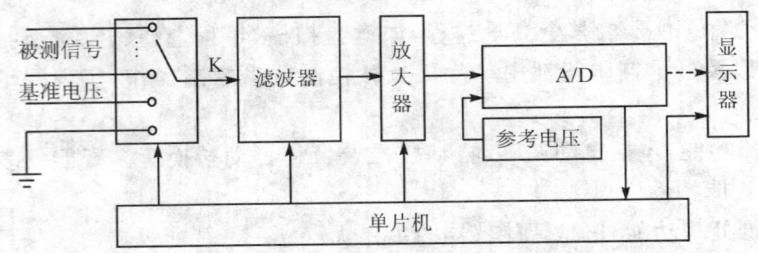

图 10.35　智能化多路信号采集系统原理框图

图 10.35 所示的智能化多路数据采集系统方案充分体现了智能的特点，除了具备以上论述的抑制零点漂移的功能，还具有自动消除误差功能。

设定滤波器及放大器对单频信号的总增益为 K，并假设被测信号 V_i 经过 A/D 后获得的结果为 N_i，对 V_{ref} 进行 A/D 转换后对应结果为 N_{ref}，对参考地进行 A/D 转换后对应结果为 N_g，则：

$$N_i = K_t \cdot K(V_i + V_s) + N' \tag{10.1}$$

同理，

$$N_{ref} = K_t \cdot K(V_{ref} + V_s) + N' \tag{10.2}$$

$$N_g = K_t \cdot K(V_g + V_s) + N' \tag{10.3}$$

式中，N'——因为中断延时等导致的计数误差；

K_t——计数值与采样的电压值之比值，为一固定系数；

V_s——一切折算到多路开关输入端的零漂及共模干扰等干扰电压。

所以结合式(10.1)～式(10.3)得：

$$V_i = \frac{N_i - N_{ref}}{N_{ref} - N_g}(V_{ref} - V_g) + V_{ref} \tag{10.4}$$

由式(10.1)～式(10.4)可见，N' 在分子和分母中因为两个计数值相减均被抵消了，而且 V_i 和 K、K_t、V_s 均无关，即从根本上消除了多路开关的导通电阻和电路中的其他零漂、时漂对测量的影响，又因为 $V_g=0$，上式可以进一步化简：

$$V_i = \frac{N_i - N_g}{N_{ref} - N_g} V_{ref} \tag{10.5}$$

经过三次采样获得 N_i、N_{ref} 和 N_g，即可求出待测电压 V_i 的大小。这里体现了与 A/D 的参考电压是否已经准确的标定无关，只要稳定即可；也体现了调理电路放大倍数无关性，只要精度高即可，且自动调零。该电路体现出了智能的特点，消除了中断响应的延时以及电路的零漂、共模干扰等因素的影响。

——典型设计举例 E8：简易多路数字电压表的设计

数字电压表简称 DVM，它是采用数字化测量技术，把连续的模拟量（直流输入电压）转换成数字形式并加以显示的仪表。数字电压表相比模拟仪表精度高，且采用先进的数显技术，使测量结果一目了然。

简易多路数字电压表要求至少有 2 路输入，测量范围为 0～5 V，采用 3 位共阴 7 段数码管显示测量结果（单位：伏，两位小数），1 位数码管指示路数，路数能够通过数码管切换。

A/D 转换器是数字电压表的核心。多路输入，可以采用 ADC0809 和 TLC1543 等具有多通道输入的 A/D 转换器。ADC0809 片内带有锁存功能的 8 路模拟信号输入开关，可对 8 路输入模拟信号分时转换，具有多路开关的地址译码和锁存电路、8 位 A/D 转换器和三态输出锁存器等。由单片机选择控制不同通道模拟信号输入，给 ALE（地址锁存端）选择信号一个正脉冲，对地址信号进行锁存，开始 A/D 模/数转换，当 A/D 转换结束后，EOC 端输出高电平，单片机开始读取 A/D 转换后的数据。单片机进行数据处理并显示电压值。但是 8 位分辨率的 ADC0809 分辨率低，需要外部提供时钟，占用单片机 I/O 多，实际应用中已经较少使用。可以高性价比的 11 通道 10 位开关电容式 A/D 转换器 TLC1543 实现简易多路电压表的设计。对于简易的多路电压表来说，采用 SPI 串行接口的 A/D TLC1543 与单片机连接，接口简单，且忽略 A/D 转换器输入高低端的非线性误差，以及采用 5 V 电源直接作为 A/D 转换器的参考电压源。电路如图 10.36 所示。两个按键用来加、减切换通道。

简易多路数字电压表 C51 软件如下：

```
#include "reg52.h"
#define uchar unsigned char
#define uint unsigned int

sbit TLC1543clk = P1^7;
sbit TLC1543din = P1^6;
sbit TLC1543dout = P1^5;
sbit TLC1543_cs = P1^4;
//====================按键定义(据实际情况定)=====================
#define chanel_add              0x80
```

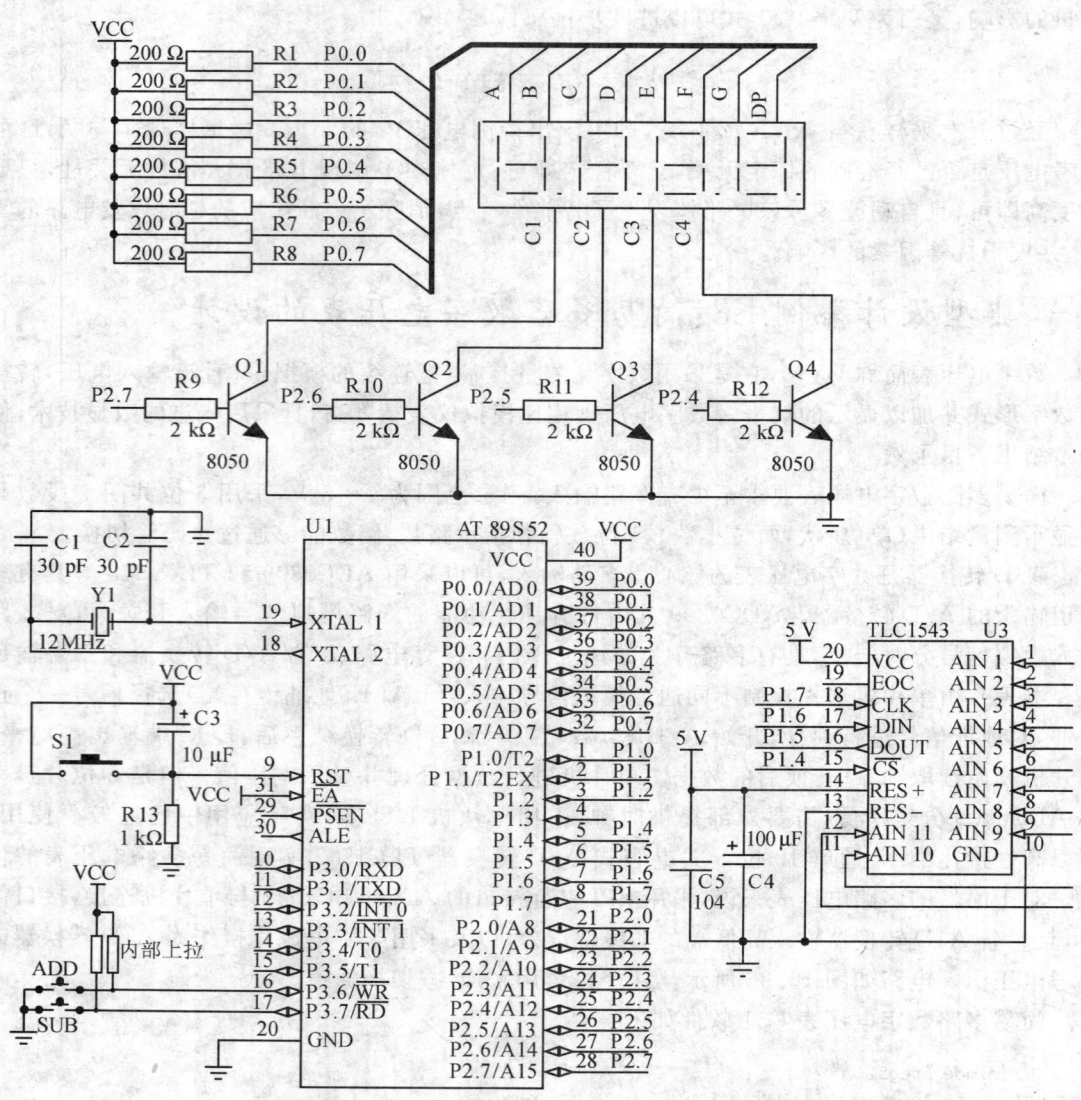

图 10.36 基于单片机的简易多路数字电压表电路图

```
#define chanel_sub        0x40
//================================================================
uchar chanel;                    //通道
uchar d[4];                      //显示缓存

void delay()
```

```c
{uchar i,j;
 for(i = 0;i<10;i++)
   for(j = 0;j<50;j++);
}
void display(uchar t)                 //循环扫描 t 遍,t 不同则延时时间不同
{uchar i;
 uchar code BCD_7[10] = {0x3f,0x06,0x5b,0x4f,0x66,0x6d,0x7d,0x07,0x7f,0x6f};
 for(;t>0;t--)
 {for(i = 0;i<4;i++)
  {P0 = BCD_7[d[i]];
   if(i == 2)P0 |= 0x80;              //加小数点
   P2 |= 0x10 << i;                   //开显示
   delay();                           //亮一会
   P2 &= 0x0f;                        //关显示
  }
 }
}
uchar Read_key()                      //读按键,无按键返回 0xff
{uchar k;
 P3 |= 0xc0;                          //行输入全为 0,列给 1 作为输入口
 k = P3&0xc0;                         //读按键
 if(k == 0xc0)return 0xff;
 else
  {delay();                           //延时去抖动
   k = P3&0xc0;                       //再次读按键
   if(k == 0xc0)return 0xff;
   else return k;
  }
}
unsigned int Rd_TLC1543(unsigned char n)   //模/数转换,n 为通道选择 0~10
{ unsigned char i,ch = 0;
  union{uchar ch[2];
        unsigned int  i;
       }u;
  TLC1543clk = 0;
  TLC1543dout = 1;                    //输入口
  TLC1543_cs = 0;                     //选中 TLC1543,并开始 A/D 转换
  n <<= 4;
  for(i = 0;i<4;i++)
```

```c
   {if(n&0x80) TLC1543din = 1;
    else TLC1543din = 0;
    ch <<= 1;
    if(TLC1543dout)ch |= 0x01;
    TLC1543clk = 1;                    //上升沿发送数据
    n <<= 1;
    TLC1543clk = 0;                    //下降沿更新数据
   }
   u.ch[0] = ch;
   ch = 0;
   for(i = 0;i<6;i++)
    {ch <<= 1;
     if(TLC1543dout)ch |= 0x04;         //这里操作的不是 b0 位,目的是两字节 A/D 转换结果的衔接
     TLC1543clk = 1;
     TLC1543clk = 0;                    //下降沿更新数据
    }
   u.ch[1] = ch;
   u.i >>= 2;
   TLC1543_cs = 1;
   return u.i;
}
main()
{ uchar i,k;
  uint  ad;
  chanel = 0;                           //初始通道为 0 通道
  while(1)
  {k = Read_key();                      //读取按键到变量 k
   if(k! = 0xff)                        //有按键按下
    {if(k == chanel_add)
      {if(chanel<9)chanel++;             //一个数码管只能显示 0~9 共 10 个通道
       d[3] = chanel;                    //一个数码管显示通道号
      }
     if(k == chanel_sub)
      {if(chanel>0)chanel--;
       d[3] = chanel;                    //一个数码管显示通道号
      }
     Rd_TLC1543(chanel);
     while(k! = 0xff)
     {ad = Rd_TLC1543(chanel);
```

第10章 A/D、D/A、PWM 与测控系统设计

```
    ad = (unsigned long)ad * 500/1024;    //尺度变换,并扩大100倍
    d[2] = ad/100 % 10;
    d[1] = ad/10 % 10;
    d[0] = ad % 10;
    display(1);                            //显示通道及结果
    k = Read_key();
   }
   display(5);                             //滤除后沿抖动
  }
  ad = Rd_TLC1543(chanel);
  ad = (unsigned long)ad * 500/1024;       //尺度变换,并扩大100倍
  d[2] = ad/100 % 10;
  d[1] = ad/10 % 10;
  d[0] = ad % 10;
  for(i = 0;i<25;i++)                      //显示通道及结果,并延时,避免快速A/D转换并显示而
                                           //导致的花屏
  {display(1);
   k = Read_key();
   if(k!= 0xff)break;
  }
 }
}
```

不过,前面设计的简易电压表高低端存在非线性误差,且参考源干扰很大。作为优良的电压测试系统,参考源的设计极其重要,这里 A/D 的参考电压为 2.5 V。大家知道,两边的约 0.25 V 区域 A/D 结果具有较大的非线性,因此应该将输入电压调理到 0.25~2.25 V。这里采用反相比例加法器进行信号调理。电路如图 10.37 所示。

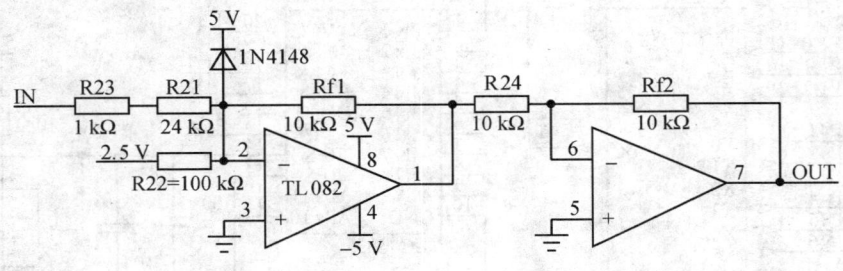

图 10.37 直流电压表输入调理电路

反相比例加法器通过 2.5 V 输入和 R22 与 Rf1 构成的 $-1/10$ 倍反相比例放大器,形成固定 -0.25 V 偏置;同时 0~5 V 的输入电压通过 R21+R23 和 Rf1 形成的 -0.4 倍反相比例放

大器，电压输出范围为 0～−2 V，再加上固定的偏置−0.25 V，运放 1 脚电压范围为−0.25～−2.25 V，该负电压再通过−1 倍的反相比例放大器，运放 7 脚输出 0.25～2.25 V 符合 A/D 转换器精准测量输入范围电压。当然，对于 A/D 转换器的结果首先要减去 0.25 V 所对应的偏移量($0.25\ \text{V}/2.5\ \text{V}\times 2^{10}\approx 102$)，然后得到的数字量经 $D/2^{10}\times 2.5\ \text{V}/0.4$ 运算即可得知被测电压。若采用智能化测量，就不必采用该运算过程，不过需要一个参考，详见 10.4.2 小节。其中，二极管 1N4148 位保护二极管，防止输入电压超过 5 V+0.7 V，以保护后级电路。

但是，为了实现准确测量，不能直接利用 TLC1543 片上的 11 路通道实现多路电压测量，而是要采用模拟开关，以构建智能化多路采集系统。多路输入及切换电路设计如下。

多路模拟信号输入及切换电路一般可采用继电器和模拟开关等实现。继电器体积相对庞大，具有电磁辐射，在精密模拟信号传感系统应用中很少被采用，一般采用模拟开关，如 CD4051 实现多路模拟信号输入及切换。电路如图 10.38 所示，CD4051 相当于一个单刀八掷开关(约 80 Ω 导通电阻)，开关接通哪一通道，由输入的 3 位地址码 A、B 和 C 来决定，除去参考电势和参考电压输入引脚，该电路最多支持 6 路信号输入，其地址如表 10.5 所列。"INH"是禁止端，当"INH"=1 时，各通道均不接通。此外，CD4051 还设有另外一个电源端 VEE，以作为电平位移时使用，从而使得通常在单组电源供电条件下工作的 CMOS 电路所提供的数字信号能直接控制这种多路开关，并使这种多路开关可传输峰-峰值达 15 V 的交流信号。

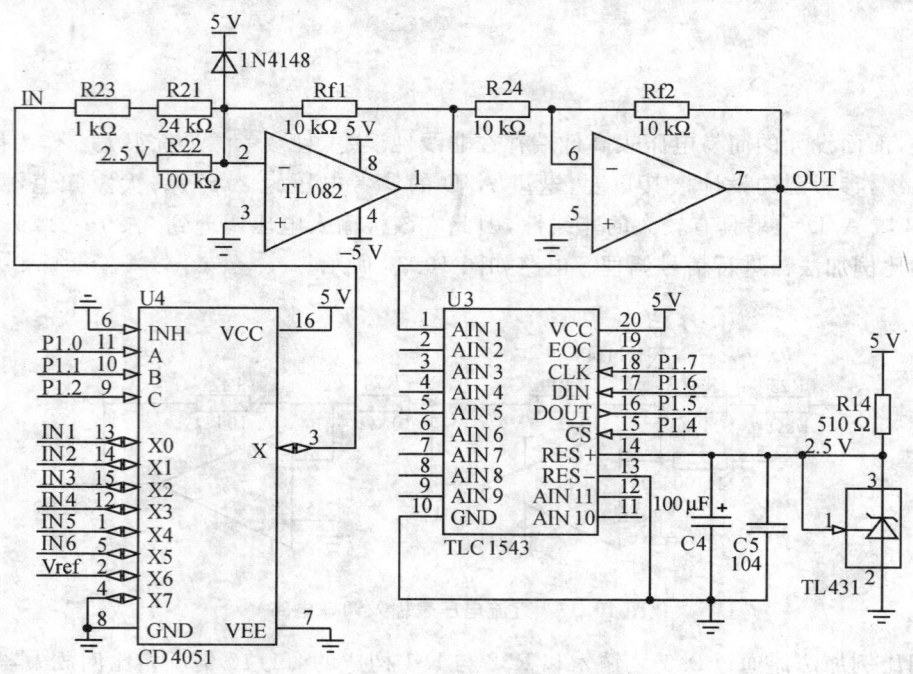

图 10.38　多路电压表输入及切换电路

第 10 章 A/D、D/A、PWM 与测控系统设计

表 10.5 CD4051 工作状态表

输入状态				开启通道	输入状态				开启通道
INH	C	B	A		INH	C	B	A	
0	0	0	0	0	0	1	0	1	5
0	0	0	1	1	0	1	1	0	6
0	0	1	0	2	0	1	1	1	7
0	0	1	1	3	1	—	—	—	均不接通
0	1	0	0	4					

同类典型应用设计、分析与提示

基于 LM35 的数显温度计设计

LM35 系列精密集成温度传感器,其输出电压与摄氏温度线性成比例(0 ℃时输出 0 V,+10.0 mV/℃比例因数),因而 LM35 有优于用开尔文标准的线性温度传感器,无需外部校准或微调来提供±1/4 ℃的常用室温精度(在+25 ℃时保证 0.5 ℃的精度),在-55~+150 ℃温度范围内为±3/4 ℃,LM35 的额定工作温度范围为-55~+150 ℃(LM35 和 LM35A 应用于-55~+150 ℃,LM35C 和 LM35CA 应用于-40~+110 ℃,LM35D 应用于 0~+100 ℃)。

LM35 系列适合用密封的 TO-46 晶体管封装,而 LM35C 也适合塑料 TO-92 晶体管封装;工作在 4~30 V;小于 60 μA 的漏泄电流;低阻抗输出,1 mA 负载时 0.1 Ω。如图 10.39 所示。

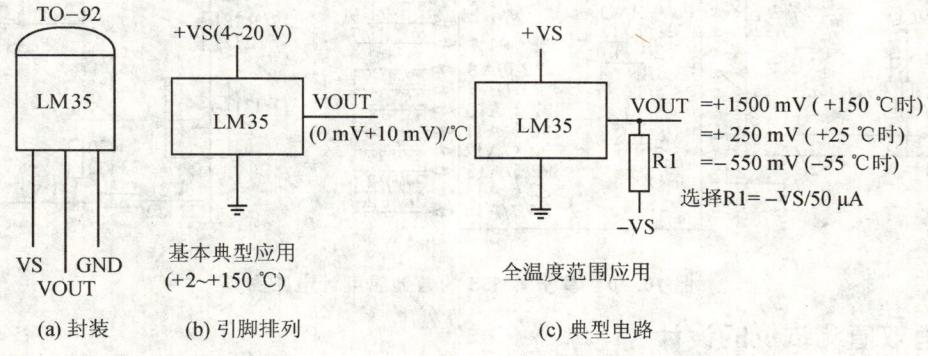

图 10.39 LM35 封装、引脚及典型电路

结合典型设计举例 E8 简易电压表电路,设计基于 LM35 的数显温度计电路,如图 10.40 所示,测量范围为 2~100 ℃。

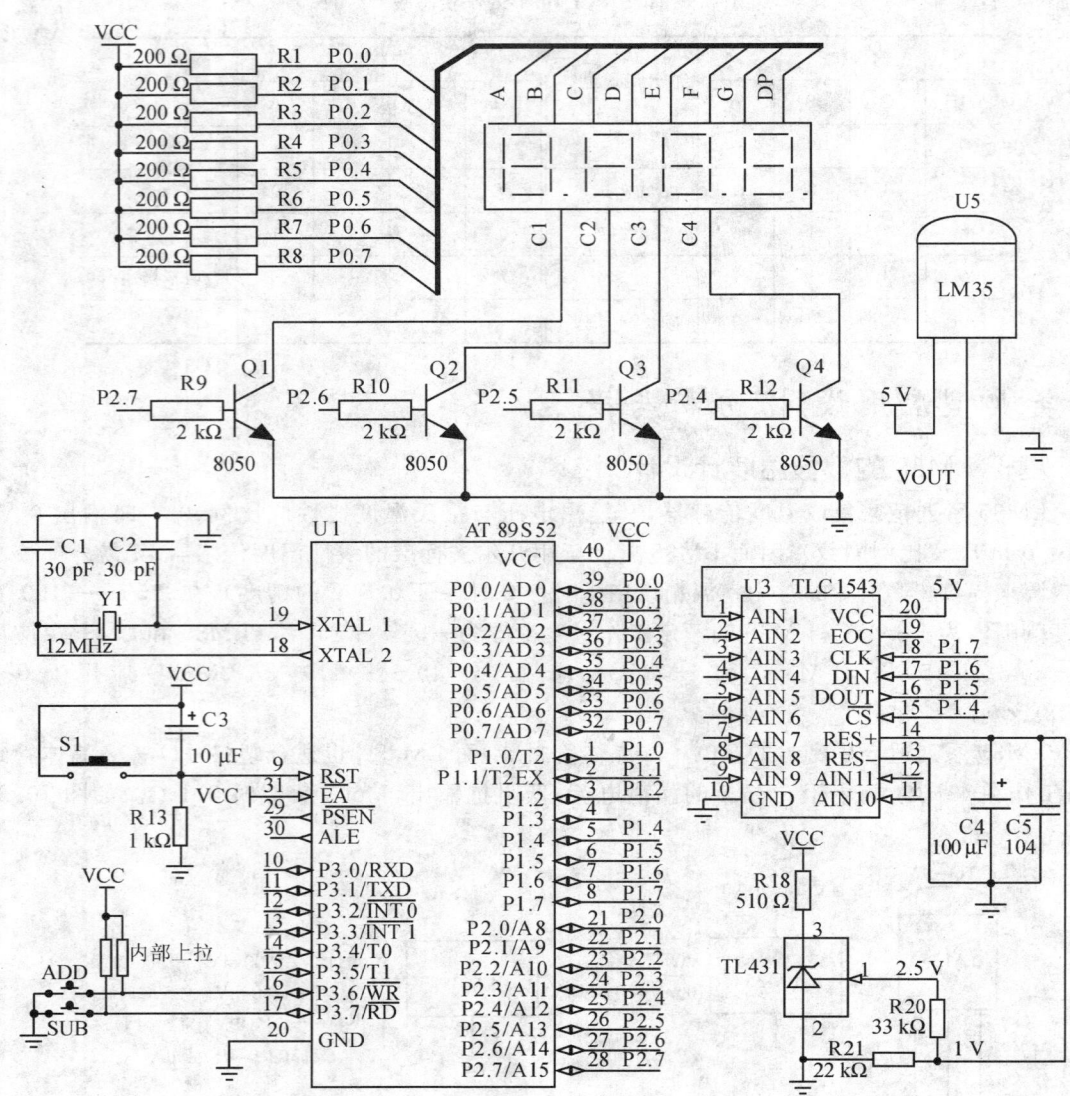

图 10.40　基于 LM35 的数显温度计电路图

真有效值测试仪的设计

峰值、平均值和有效值是表征交流电压的三个基本电压参量。但是,对于峰值或平均值相等的不同波形,其有效值可能不同。波峰因数和波形因数用来表征交流电压三个基本参量间的关系。波峰因数定义为峰值与有效值的比值,一般用 K_P 表示;波形因数定义为有效值与平均值的比值,一般用 C 表示。对于理想正弦波,其 $K_P=\sqrt{2}$,$C=1.11$。

在电子测量技术和自动控制系统中,通常要测量正弦波、矩形波和三角波等波形的交变电压有效值和微弱信号中的噪声。随着微机化数字测量技术的日益普及,数字式有效值测量技术的应用已日益广泛。数字式交流有效值测量表产品已遍布电测量领域的各个方面。尤其在随机过程测量中,只要能准确测出各个窄频带内与被测波形无关的有效值,就可以得到该随机过程的功率谱密度函数,进行频谱分析和过程控制,而且电压有效值也是电力系统中一个十分重要的参数。

目前市场上的万用表大多采用简单的整流加平均电路来完成交流信号的测量,因此这些仪表在测量 RMS 值时要首先校准,而且用这种电路组成的万用表只能用于指定的波形如正弦波和三角波等,如果波形一变,那么测出的读数就不准确了,且准确度不太高,频率范围不大。真有效值直流变换则不同,它可以直接测得输入信号的真实有效值,并和输入波形无关。因此,交流真有效值的测量是电子测量领域内一个重要的研究课题。

(1) 真有效值测量的四种途径

真有效值仪表的核心是 TRMS/DC 转换器。有以下几种途径实现:

途径一:一个交变信号的有效值定义为:

$$V_{RMS} = \sqrt{\frac{1}{T}\int_0^T [V^2(t)]dt}$$

利用高速 A/D 对电压进行采样,将一周期内的数据输入单片机并计算其均方根值,即可得出电压有效值:

$$U = \sqrt{\frac{1}{N}\sum_{i=1}^{n} U_i^2}$$

此方案具有抗干扰能力强,设计灵活,精度高等优点,低频时广泛使用,但是应用于高频输入时满足奈奎斯特采样困难,成本高,而且计算量大。

途径二:一个交变信号的变化情况可用波峰因数 C(Crest Factor)来表示,波峰因数定义为信号的峰值和 RMS 的比值:$C=$VPEAK/VRMS。不同的交变信号,它的波峰因数也就可能不同,许多常见的波形,如正弦波和三角波,它们的 C 比较小,一般小于 2,而一些占空比的信号和 SCR 信号,它们的峰值因数就比较大。要想获得精确的 RMS 测量结果,如果使用取平均电路,设计者要事先知道信号的波形,并测得其波峰因数。目前,市场上的万用表大多采用简单的整流加平均电路来完成交流信号的测量,即对信号进行精密整流并积分,得到电压的平均值,再进行 A/D 采样,利用平均值和有效值之间的简单换算关系,计算出有效值显示。只用了简单的整流滤波电路和单片机就可以完成交流信号有效值的测量。但此方法对非正弦波的测量会引起较大的误差。对于标准正弦波,有

$$V_{RMS} = CV,$$

其中,C 为正弦波的波形因数,其值为 1.111。

途径三：采用集成 RMS-DC 真有效值变换芯片，直接输出被测信号的真有效值。从而无需知道波形特性就能直接测出各种波峰因数的交变信号的有效值，以实现对任意波形的有效值测量。

综上所述，集成真有效值变换芯片真有效值测量的良好选择。本文将以有效值直流变换器 AD736 为核心测量芯片讲述真有效值的测量。

(2) 单片真有效值/直流转换器 AD736

虽然 RMS-DC 变换器可以测出任意波形交变信号的有效值，但是不同型号的 RMS-DC 变换器可以测量的交流信号最大有效值、最大波峰因数也不相同，到目前为止还没有一种能适用于任何场合的 RMS-DC 变换器，在实际应用中要尽量地选择和应用场合适应的型号，这样就能对精度、带宽、功耗、输入信号电平、波峰因数和稳定时间因素综合考虑。

AD637 可测量的信号有效值可高达 7 V，是 AD 公司 RMS-DC 产品中精度最高，带宽最宽的，对于 1 V RMS 的信号，它的 3 dB 带宽为 8 MHz，并且可以对输入信号的电平以 dB 形式指示，另外，AD636 还具有电源自动关断功能，使得静态电流从 3 mA 降至 45 μA。

AD736 和 AD737 主要用于便携测试仪表，它的静态功耗电流小于 200 μA，可接受的信号有效值为 0～200 mV（如加上衰减器，可增大测量范围，后面详述）。AD737 也有一个电源关断(Power-down)输入，允许用户把电流从 160 μA 降至 40 μA，从而降低功耗，可以看出，AD637 的性能更好，它的精度、动态范围、波峰因数和稳定时间等参数都很好，而且退频带最宽。

如果要求精度高，对大幅度信号和变化快信号的响应速度快，则应选择 AD637。AD637 的响应时间和信号幅度无关，而 AD736、AD737 的响应时间在平均电容器电容值恒定的条件下，直接取决于信号电平。信号幅度愈小，响应时间愈长；信号幅度愈大，响应时间愈短。

尽管 AD736、AD737 的带宽比 AD637 要小，但是对于小信号(10 mV)，它们的性能更好，而且功耗低。它们也可作为一种通用器件去代替加权平均方案中的运放电路和整流器电路。

① AD736 概况

为进行数字式测量，需把交流电压的真有效值转换成相应的直流值，这里采用美国模拟器件公司（Analog Devices，简称 AD 公司）推出的低价格真有效值/直流（TRMS/DC）变换器 AD736。AD736 的真有效值直流变换可以直接测得各种波形的真实有效值，它不是采用整流加平均测量技术，而是采用信号平方后积分的平均技术，即通过"平方→求平均值→开平方"的运算而得到的。AD736 能处理的信号波峰因数为 5。

AD736 是经过激光修正的单片精密真有效值 AC/D 转换器。其主要特点是准确度高，灵敏性好（满量程为 200 mV RMS），测量速率高，频率特性好（工作频率范围为 0～460 kHz），输入阻抗高，输出阻抗低，电源范围宽(+2.8(-3.2)～±16.5 V)且功耗低，最大的电源工作电流为 200 μA。用它来测量正弦波电压的综合误差不超过±3%（AD736 经外部电路调整时可达 0.1%）。

第 10 章 A/D、D/A、PWM 与测控系统设计

AD736 的引脚参见图 10.41。它主要由输入放大器、全波整流器、有效值单元(又称有效值芯子 RMS CORE)、偏置电路和输出放大器等组成。芯片的 2 脚为被测信号 VIN 输入端,工作时,被测信号电压加到输入放大器的同相输入端,而输出电压经全波整流后送到 RMS 单元并将其转换成代表真有效值的直流电压,然后再通过输出放大器的 Vo 端输出。偏置电路的作用是为芯片内部各单元电路提供合适的偏置电压。

AD736 采用双列直插式 8 脚封装,其引脚排列如图 10.41 所示。各引脚的功能如下:

+Vs　正电源端,电压范围为 2.8～16.5 V。

−Vs　负电源端,电压范围为 −3.2～−16.5 V。

Cc　低阻抗输入端,用于外接低阻抗的输入电压(≤200 mV),通常被测电压需经耦合电容 Cc 与此端相连,通常 Cc 的取值范围为 10～20 μF。当此端作为输入端时,第 2 脚 VIN 应接到 COM。

VIN　高阻抗输入端,适合于接高阻抗输入电压,一般以分压器作为输入级,分压器的总输入电阻可选 10 MΩ,以减小对被测电压的分流。该端有两种工作方式可选择:第一种为输出 AC+DC 方式,该方式将 1 脚(Cc)与 8 脚(COM)短接,其输出电压为交流真有效值与直流分量之和;第二种方式为 AC 方式,该方式是将 1 脚经隔直电容 Cc 接至 8 脚,这种方式的输出电压为真有效值,它不包含直流分量。

COM　公共端。

Vo　输出端。

CF　输出端滤波电容,一般取 10 μF。

CAV　平均电容。它是 AD736 的关键外围元件,用于进行平均值运算。其大小将直接响应到有效值的测量精度,尤其在低频时更为重要,多数情况下可选 33 μF。

② AD736 典型应用电路

AD736 有多种应用电路形式。图 10.41 为双电源供电时的典型应用电路,该电路中的 +Vs 与 COM、−Vs 与 COM 之间均应并联一只 104(0.1 μF)的独石电容,以便滤掉该电路中的高频干扰。Cc 起隔直作用,若将其短接而使 Cc 失效,则所选择的就是 AC+DC 方式;去掉短接线,即为 AC 方式。R 为限流电阻,D1、D2 为双向限幅二极管,起过压保护作用,可选 1N4148 高速开关二极管。

图 10.42 为采用 9 V 电池的供电电路。R1、R2 为均衡电阻,通过它们可使 VCOM=E/2=4.5 V。C1、C2 为电源滤波电容。图 10.41 和图 10.42 电路均为高阻抗输入方式,适合于接高阻抗的分压器。

图 10.43 和图 10.44 分别为低阻抗输入方式时,用双电源供电和采用 9 V 单电源供电时的典型应用电路。

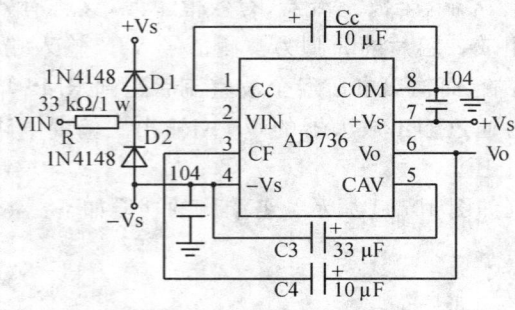
图 10.41　AD736 双电源高阻抗应用电路

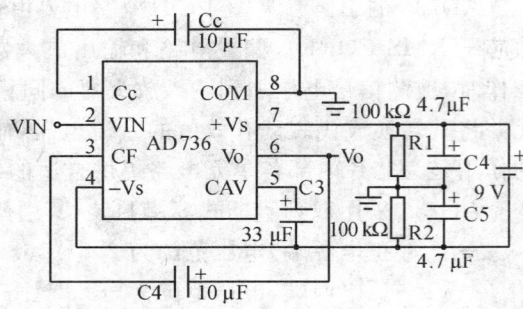
图 10.42　9 V 电池供电的 AD736 高阻抗应用电路

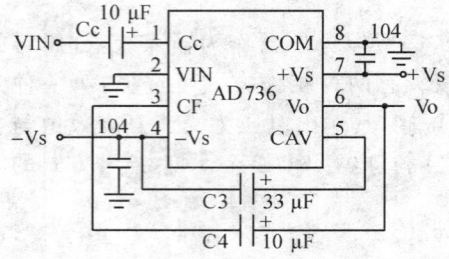
图 10.43　AD736 双电源低阻抗应用电路

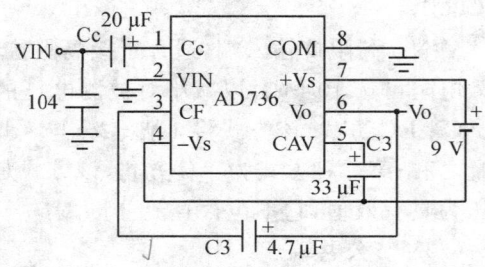
图 10.44　AD736 9 V 电池供电低阻抗应用电路

(3) 真有效值仪表的智能仪表设计

下面将以单片机为系统核心单元设计一个真有效值(RMS)数字电压表，频率范围较宽(45 Hz～10 kHz)，波形适应性强。

其实，对于真有效值的测量，只要将交流信号通过 AD736 转换为直流电压后，后续的处理就是测直流电压问题了，电路结构相似。

需要注意的是，AD736 输入被测交流电压必须在 200 mV RMS 以内，超量程将导致错误的结果。

10.5　V-F(电压-频率转换)接口

在数字测量控制领域中，两种最基本、最重要的信号便是电压量和频率量。电压量通过 A/D 转换而成为数字量，频率量通过计数器计数而成为数字量。计数器通常是单片机内必不可少的一部分，采用单片机直接测量频率量有着许多应用优势。频率量输入不但接口极为简单、灵活，一根口线即可输入一路频率信号，而且频率量较电压量有着十分优越的抗干扰性能，特别适合远距离传输。它还可以调制在射频信号上，进行无线传播，实现遥测。因此，在一些

第 10 章　A/D、D/A、PWM 与测控系统设计

非快速的场合,越来越倾向使用 V-F 转换来代替通常的 A/D 转换。专用的 V-F 集成电路芯片有不少,如 AD651、LMX31 和 VFC32 等。此外,利用锁相环完成 F/M 的转换也是通信中常见的方法,如 NE564 和 CC4046 等。LM331 是一款常用的高性价比的 V-F 转换器。下面以 LM331 为例来说明 V-F 转换的原理。

LM331 是美国国家半导体公司生产的一种高性能、低价格的单片集成 V-F 转换器。由于芯片在设计上采用了新的温度补偿能隙基准电源,所以芯片能够达到通常只有昂贵的 V-F 转换器才有的高的温度稳定性。该器件在量程范围内具有高线性度、较宽的频率输出范围、4～40 V 的直流工作电源电压范围以及输出频率不受电源电压变化影响等诸多优点,因此往往成为使用者的首选器件。LM331 的内部结构如图 10.45 所示。它由基准电源、开关电流源、输入比较器、单稳定时器、输出驱动及保护电路等构成。

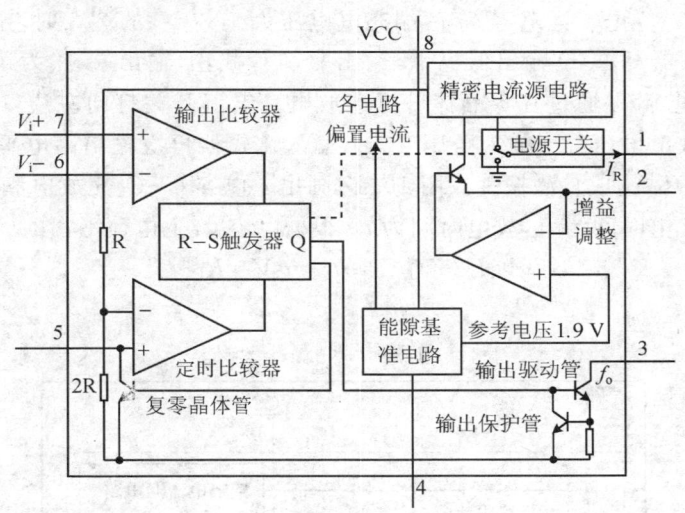

图 10.45　LM331 内部结构图

各部分的功能如下。

基准电源:向电路各单元提供偏置电流并向电流泵提供稳定的 1.9 V 直流电压送到 2 脚,当 2 脚外接电阻 R_S 后,形成基准电流 $i=1.9\text{ V}/R_S$。

开关电流源:由精密电流源、电流开关等组成。它在单稳定时器的控制下,向 1 脚提供 135 μA 的恒定电流,向 2 脚提供 1.9 V 的恒定直流电压。

输入比较器:输入比较器的一个输入端 7 脚接待测输入电压,另一端为阈值电压端。比较器将输入电压与阈值电压比较,当输入电压大于阈值电压时,比较器输出为高电平,启动单稳定时器并导通频率输出驱动晶体管和开通电流源。

单稳定时器:它由 RS 触发器、定时比较器和复零晶体管组成。加上简单的外围元件后,

可获得定时周期信号。

输出驱动及保护电路:由集电极开路输出驱动管和输出保护管组成。正常输出时需外接上拉电阻,其输出电流最大为 50 mA。输出保护管用来保护输出驱动管。

10.5.1 电压-频率(V-F)转换原理

图 10.46 是由 LM331 组成的电压-频率转换电路。外接电阻 R_t、C_t 与定时比较器、复零晶体管和 R-S 触发器等构成单稳定时电路。当输入端 V_i 输入一正电压时,输入比较器输出高电平,使 R-S 触发器置位,Q 输出高电平,使输出驱动管导通,输出端 f_o 为逻辑低电平;同时,电流开关打向右边,电流源 I_R 对电容 C_L 充电。此时由于复零晶体管截止,电源 VCC 也通过电阻 R_t 对电容 C_t 充电。当电容 C_t 两端充电电压大于 VCC 的 2/3 时,定时比较器输出一高电平,使 RS 触发器复位,Q 输出低电平,输出驱动管截止,输出端 f_o 为逻辑高电平;同时,复零晶体管导通,电容 C_t 通过复零晶体管迅速放电。电流开关打向左边,电容 C_L 对电阻 R_L 放电。当电容 C_L 放电电压等于输入电压 V_i 时,输入比较器再次输出高电平,使 R-S 触发器置位。如此反复循环,构成自激振荡。图 10.47 画出了电容 C_t、C_L 充放电和输出脉冲 f_o 的波形。设电容 C_L 的充电时间为 t_1,放电时间为 t_2,根据电容 C_L 上电荷平衡的原理,有

$$(I_R - V_L/R_L)t_1 = t_2 V_L/R_L$$

而 $R_L \approx V_i$,故可得

$$f_o = V_i R_L I_R t_1$$

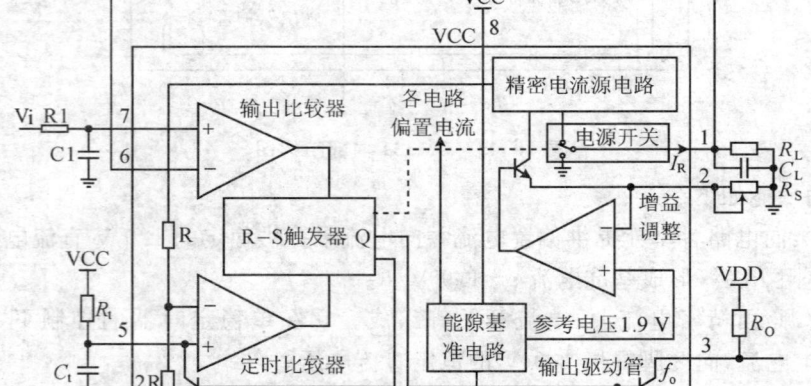

图 10.46　LM331 V-F 转换原理图

可见，输出脉冲频率与输入电压成正比，从而实现了电压-频率转换。

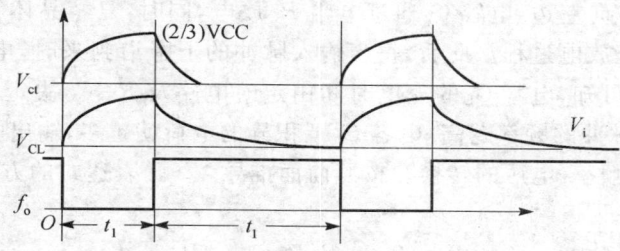

图 10.47　LM331 V－F 波形图

10.5.2　频率-电压(F－V)转换原理

一般的集成 V－F 转换器同时具有 F－V 的转换功能。下面还是以 LM331 为例来说明频率－电压转换原理。

如图 10.48 所示，输入脉冲 f_i 经 R1、C1 组成的微分电路加到输入端。输入比较器的同相输入端经电阻 R2、R3 分压而加有约 2/3 VCC 的直流电压，反相输入端经电阻 R1 加有 VCC 的直流电压。当输入脉冲的下降沿到来时，经微分电路 R1、C1 产生一负尖脉冲叠加到反相输入端的 VCC 上。当负向尖脉冲大于 VCC/3 时，输入比较器输出高电平，使触发器置位，此时电流开关打向右边，电流源 I_R 对电容 C_L 充电，同时因复零晶体管截止而使电源 VCC 通过电阻

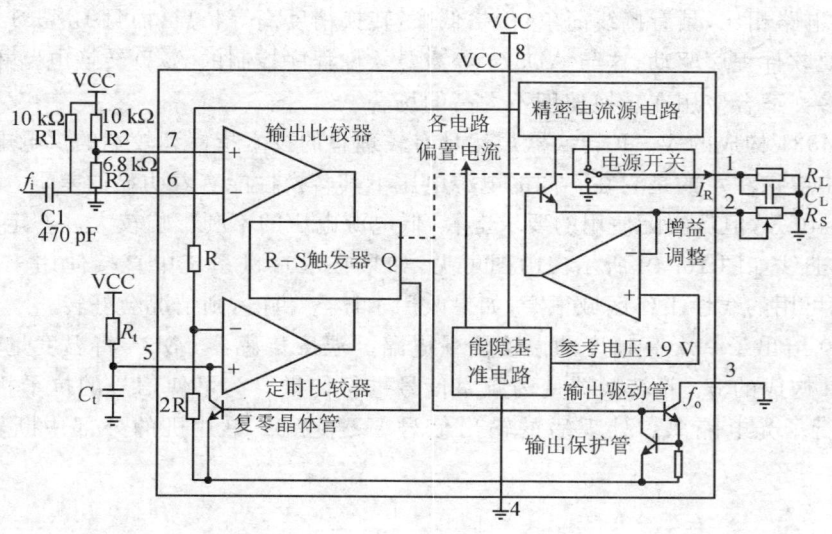

图 10.48　LM331 F－V 转换原理图

R_t，对电容 C_t 充电。当电容 C_L 两端电压达到 2/3 VCC 时，定时比较器输出高电平，使触发器复位，此时电流开关打向左边，电容 C_L 通过电阻 R_L 放电，同时，复零晶体管导通，定时电容 C_t 迅速放电，完成一次充放电过程。此后，每当输入脉冲的下降沿到来时，电路重复上述的工作过程。从前面的分析可知，电容 C_L 的充电时间由定时电路及 R_t、C_t 决定，充电电流的大小由电流源 I_R 决定，输入脉冲的频率越高，电容 C_L 上积累的电荷就越多，输出电压（电容 C_L 两端的电压）就越高，实现了频率-电压的转换。按照前面推导 V-F 表达式的方法，可得到输出电压 V_o 与 f_i 的关系为：

$$V_o = 2.09\, R_L R_t C_t f_i / R_s$$

可见，输出电压与输入脉冲频率成正比，从而实现了频率-电压转换。

10.5.3 V-F 转换器 LM331 在模/数转换电路中的应用

数据的采集与处理广泛地应用在自动化领域中，由于应用的场合不同，对数据采集与处理所要求的硬件也不相同。在控制过程中，有时要对几个模拟信号进行采集与处理，这些信号的采集与处理对速度要求不太高，一般采用 AD574 或 ADC0809 等芯片组成的 A/D 转换电路来实现信号的采集与模/数转换，而 AD574 和 ADC0809 等 A/D 转换器价格较高，线路复杂，从而提高了产品价格和项目的费用。下面，从实际应用出发，给出了一种应用 V-F 转换器 LM331 芯片组成的 A/D 转换电路，V-F 转换器 LM331 芯片能够把电压信号转换为频率信号，而且线性度好，通过计算机处理，再把频率信号转换为数字信号，就完成了 A/D 转换。它与 AD574 等电路相比，具有接线简单，价格低廉，转换精度高等特点，而且 LM331 芯片在转换过程中不需要软件程序驱动，这与 AD574 等需要软件程序控制的 A/D 转换电路相比，使用起来方便了许多。适合应用在转换速度不太高的场合。

单片 LM331 构成的 V-F 转换器虽然具有较理想的技术指标和较宽的供电电压范围，但在实际应用中应该注意的是它在不同的电源电压下其转换性能有着明显的差别。尽管允许电源电压为 4～40 V，但从实际使用的要求上看，低电源电压的不利影响较大。一定电源电压下的电压-频率曲线如图 10.49 所示。由图可见，如果在单片机系统中直接使用 +5 V 电源供电，那么实际可用的线性工作区域很窄；如果改用 +15 V 供电，则情况会好转。

图 10.50 给出了一个高精度的温度测量电路。温度传感器 LM35 将温度量转变为电压量，经 LM331 构成的 V-F 转换器变为频率信号进行传送。为了使信号的抗干扰能力增强，在接收端进行了光电隔离。处理后的输出信号 V_o 送至 51 单片机的外部中断输入端进行测量。

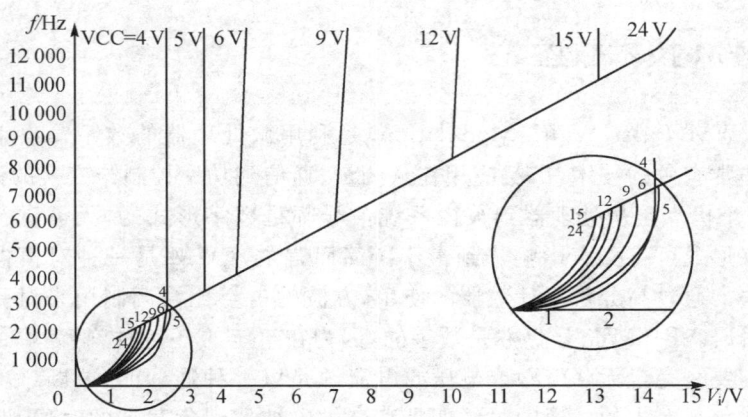

图 10.49　特定电源电压下的电压-频率转换曲线

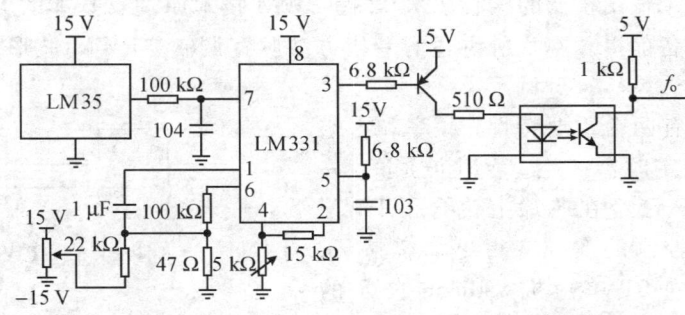

图 10.50　LM35 与 LM331 构成的温度传感电路

10.6　PWM 技术及应用系统设计

模拟信号的值可以连续变化,其时间和幅度的分辨率都没有限制。模拟电压和电流可直接用来进行控制,如对汽车收音机的音量进行控制。在简单的模拟收音机中,音量旋钮被连接到一个可变电阻。拧动旋钮时,电阻值变大或变小,流经这个电阻的电流也随之增大或减小,从而改变了驱动扬声器的电流值,使音量相应变大或变小。尽管模拟控制看起来可能直观而简单,但它并不总是非常经济或可行的。其中一点就是,模拟电路容易随时间漂移,因而难以调节。能够解决这个问题的精密模拟电路可能非常庞大、笨重和昂贵。模拟电路还有可能严重发热,其功耗相对于工作元件两端电压与电流的乘积成正比。模拟电路还可能对噪声很敏感,任何扰动或噪声都肯定会改变电流值的大小。通过以数字方式控制模拟电路,可以大幅度降低系统的成本和功耗,PWM 是最典型的数字方式控制模拟电路的方法。

10.6.1 PWM 技术概述

脉宽调制 PWM(Pulse Width Modulation)是利用微处理器的数字输出来对模拟电路进行控制的一种非常有效的技术,广泛应用在从测量、通信到功率控制与变换的许多领域中。

PWM 的一个优点是从处理器到被控系统信号都是数字形式的,无需进行数/模转换,让信号保持为数字形式可将噪声影响降到最小。简而言之,PWM 是一种对模拟信号电平进行数字编码的方法。通过高分辨率计数器的使用,方波的占空比被调制用来对一个具体模拟信号的电平进行编码。PWM 信号仍然是数字的,因为在给定的任何时刻,满幅值的直流供电要么完全有(ON),要么完全无(OFF)。电压或电流源是以一种通(ON)或断(OFF)的重复脉冲序列被加到模拟负载上去的。通的时候即是直流供电被加到负载上的时候;断的时候即是供电被断开的时候。只要带宽足够,任何模拟值都可以使用 PWM 进行编码,PWM 技术已经逐步成为现代电子技术输出控制的核心技术,掌握 PWM 技术原理及基本的应用方法是嵌入式测控系统应用的必备前提。本章所讲述的专指方波脉宽调制。PWM 波形如图 10.51 所示,占空比为 T1/T。

PWM 方波具有两个重要特性:频率和占空比。单片机是通过定时器产生 PWM 波形的,许多微控制器和 DSP 已经在芯片上包含了 PWM 控制器,这使数字控制的实现变得更加容易了。例如,STC12C 系列 51 单片机,Silicon 公司的

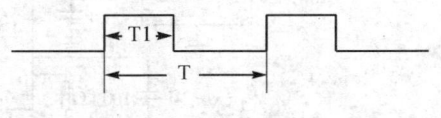

图 10.51 PWM 波

C8051F 系列 51 单片机都内含多个 PWM 控制器,每一个都可以选择接通时间和周期,从而设定占空比。对于 AT89S52,利用 C/T2 可以实现输出频率可控的方波,但是,占空比不可控,不过可以通过软件实现占空比可控的较低频率的 PWM 信号输出。

根据 PWM 方波的两个重要特性,从而决定其有两个大方面的应用:
① 频率控制应用,详见 9.1.2 小节;
② 通过占空比实现功率控制。

10.6.2 PWM 的功率控制应用

PWM 的功率控制应用是指通过控制占空比来控制输出功率。可以将 PWM 控制器的输出连接到电源与制动器之间的一个开关。要产生更大的制动功率,只需通过软件加大 PWM 输出的占空比就可以了。如果要产生一个特定大小的控制量,则需要通过测量等方法来确定占空比和控制量之间的数学关系。

1. 调占空比调光

如图 10.52 所示,TTL 方波的占空比越大,发光二极管的亮度就越强。

2. 调 速

如图 10.53 所示,TTL 方波的占空比越小,三极管导通时间越长,其转速就越快。

双向驱动 PWM 调速电路如图 10.54 所示。当 STOP 为高电平时,启动电机,DIR 控制转向,PWM 占空比控制转速;而当 STOP 和 DIR 同时为低时,仅有两个 NPN 型三极管导通,两个 PNP 型三极管截止,直流电机无工作电压差,停止工作。当需要电机急停,在电机运行时,给个瞬间反相(DIR 取反后再取反)即可。

图 10.52　PWM 调光应用举例电路图

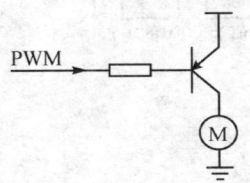

图 10.53　简易低压直流电机调速电路

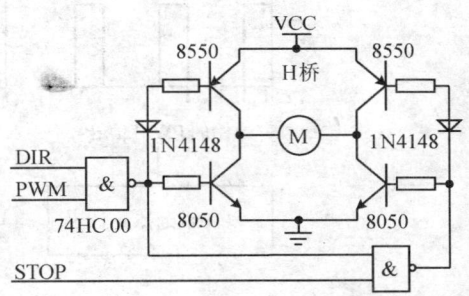

图 10.54　双向驱动 PWM 调速电路

3. 调 压

如图 10.55 所示,PWM 信号经低通滤波器后即可实现直流电压输出,即 PWM 作 D/A 转换器使用。

图 10.55　PWM 作 D/A 转换器原理框图

10.6.3　基于 PWM 实现 D/A 转换

在电子和自动化技术的应用中,单片机和 D/A(数/模转换器)是经常需要同时使用的,然而许多单片机内部并没有集成 D/A 转换器,即使有些单片机内部集成了 D/A 转换器,D/A 转换器的分辨率和精度也往往不高,在一般的应用中外接昂贵的 D/A 转换器,这样就增加了成本。但是,几乎所有的单片机都提供定时器,甚至直接提供 PWM 输出功能。如果能应用单片机的 PWM 输出(或者通过定时器和软件一起来实现 PWM 输出),再加上简单的外围电路及对应的软件设计,实现对 PWM 的信号处理,得到稳定、精确的模拟量输出,以实现 D/A 转换器,这将大大降低电子设备的成本,减小体积,并容易提高精度。本节在对 PWM 到 D/A 转换关系的理论分析的基础上,设计一个 PWM 型 D/A 转换器。

1. 应用 PWM 实现 D/A 转换的理论分析

应用周期一定而高低电平的占空比可以调制的 PWM 方波信号,实现 PWM 信号到 D/A 转换输出的理想方法是:采用模拟低通滤波器滤掉 PWM 输出的高频部分,保留低频的直流分量,即可得到对应的 D/A 转换输出,如图 10.56 所示。低通滤波器的带宽决定了 D/A 转换输出的带宽范围。

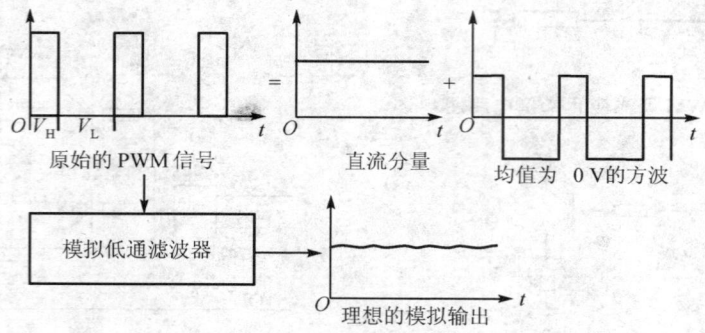

图 10.56 PWM 输出实现 D/A 转换原理示意图

图 10.56 的 PWM 信号可以用分段函数表示为:

$$f(t) = \begin{cases} V_H, & kNT \leqslant t \leqslant nT + kNT \\ V_L, & kNT + nT \leqslant t \leqslant NT + kNT \end{cases} \tag{10.6}$$

其中:T 是单片机中计数脉冲的基本周期,即单片机每隔 T 时间记一次数(计数器的值增加或者减少 1),N 是 PWM 波一个周期的计数脉冲个数,n 是 PWM 波一个周期中高电平的计数脉冲序号,V_H 和 V_L 分别是 PWM 波中高低电平的电压值,k 为整个周期波序号,t 为时间。为了对 PWM 信号的频谱进行分析,以下提供了一个设计滤波器的理论基础。傅里叶变换理论指出,任何一个周期为 T 的连续信号,都可以表达为频率是基频的整数倍的正、余弦谐波分量之和。把式(10.6)所表示的函数展开成傅里叶级数,得到式(10.7):

$$f(t) = \left[\frac{n}{N}(V_H - V_L) + V_L\right] + 2\frac{V_H - V_L}{\pi}\sin\left(\frac{n}{N}\pi\right)\cos\left(\frac{2\pi}{NT}t - \frac{n\pi}{N}k\right) + \sum_{k=2}^{\infty} 2\frac{V_H - V_L}{\pi}\left|\sin\left(\frac{n\pi}{N}k\right)\right|\cos\left(\frac{2\pi}{NT}kt - \frac{n\pi}{N}k\right) \tag{10.7}$$

从式(10.7)可以看出,式中第 1 个方括弧为直流分量,第 2 项为 1 次谐波分量,第 3 项为大于1次的高次谐波分量。式(10.7)中的直流分量与n成线性关系,并随着n从0到N,直流分量在$V_L \sim V_L + V_H$变化,这正是电压输出的D/A转换器所需要的。因此,如果能把式(10.7)中除直流分量的谐波过滤掉,则可以得到从PWM波到电压输出D/A转换器的转换,即PWM波可以通过一个低通滤波器进行解调。式(10.7)中的第2项的幅度和相角与n有关,频率为$1/(NT)$,该频率是设计低通滤波器的依据。如果能把1次谐波很好地过滤掉,则高次谐波就应该基本不存在了。

根据上述分析可以得到如图10.57所示的从PWM到D/A转换器输出的信号处理方块图,根据该方块图可以有许多电路实现方法,在单片机的应用中还可以通过软件的方法进行精度调整和误差的进一步校正。

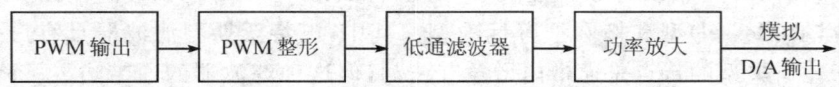

图10.57　从PWM到D/A转换器输出的信号处理方块图

2. D/A转换器分辨率及误差分析

PWM到D/A转换器输出的误差来源受两方面制约:决定D/A转换器分辨率的PWM信号的基频和没有被低通滤波器滤除的纹波。

在D/A转换器的应用中,分辨率是一个很重要的参数,分辨率计算直接与N和n的可能变化有关,计算公式如下:

$$\text{分辨率 } R_{\text{Bits}} = \text{lb}\left(\frac{N}{n \text{ 的最小变化量}}\right) \tag{10.8}$$

可以看出,N越大D/A转换器的分辨率越高,但是NT也越大,PWM的周期也就越大,即PWM的基频降低。以20 MHz的PWM为例,产生一个20 kHz的PWM信号,意味着每产生一个周期的PWM信号,要计数1000个时钟,即所得的直流分量的最小输出为1个时钟产生的PWM信号,等于5 mV(5 V/1000),刚好小于10位的D/A转换器的最小输出4.8 mV(5 V/1024)。如果将PWM信号的频率从20 kHz降到10 kHz,则直流分量输出的最小输出为2.5 mV(5 V/2 000),接近于11位的分辨率。因此,理想情况下,PWM信号的频率越低,所得的直流分量就越小,D/A转换器转换的分辨率也就相应越高。但是,基频降低,式(10.7)中的1次谐波周期也越大,相当于1次谐波的频率也越低,就会有更多的谐波通过相同带宽的低通滤波器,需要截止频率很低的低通滤波器,造成输出的直流分量的纹波更大,导致D/A转换器转换的分辨率降低,D/A转换器输出的滞后也将增加。所以,单纯降低PWM信号的频率不能获得较高的分辨率。一种解决方法就是使T减小,即减小单片机的计数脉冲宽度(这往往需要提高单片机的工作频率),在不降低1次谐波频率的前提下提高精度。在实际中,T的减小受到单片机时钟和PWM后续电路开关特性的限制。如果在实际中需要微秒级的T,

则后续电路需要选择开关特性较好的器件,以减少PWM波形的失真。这里,后续电路是指PWM输出经两个具有施密特特性的非门(如74HC14,该芯片原则上采用单独的稳定电源供电)作为整形后的PWM输出,这是因为前级的PWM高低电平不稳定会影响D/A转换器精度。

通过以上分析可知,基于PWM输出的D/A转换器转换输出的误差,取决于通过低通滤波器的高频分量所产生的纹波和PWM信号的高电平稳定度这两个方面。为获得最佳的D/A转换器效果,在选取PWM信号的频率时要适当地折衷,太小,分辨率高,但滤波器需要更低的截止频率,同时限制了输入PWM信号的变化频率;太大,则分辨率下降。

3. PWM到DAC电压输出的滤波电路实现

滤波器按不同的频域或时域特性要求,有巴特沃斯(Butterworth)型、切比雪夫(Chebyshev)型、贝赛尔(Bessel)型和椭圆型等标准型。其中,巴特沃斯型滤波器具有最平坦的通带幅频特性;切比雪夫型的特点是通带内增益有波动,但这种滤波器的通带边界下降快;贝赛尔型的通带边界下降较为缓慢,其相频特性接近线性;椭圆型的滤波特性很好,但模拟电路复杂,元件选择较为困难,实现难度大,通常不被采用。本设计要求通带尽量平坦,而且过渡带和截止带衰减尽量快,因此,只考虑巴特沃斯型滤波器。

考虑到实际情况,设计模拟低通滤波器的阶数一般不超过三阶,否则会增大系统的复杂性,增加系统的成本。下面以二阶巴特沃斯低通滤波器设计为例说明。

图10.58所示,是二阶巴特沃斯低通滤波器(最平幅值滤波器)的一种实现电路,其传递函数为

$$A_u(s) = \frac{A_{up}(s)}{1 + [3 - A_{up}(s)]sRC + (sRC)^2}$$

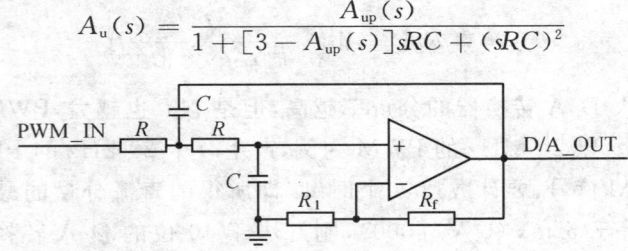

图10.58 二阶巴特沃斯低通滤波器电路

式中,$A_{up}(s) = 1 + (R_f/R_1)$,只有当$A_{up}(s)$小于3时,即分母中$s$的一次项系数大于0时,电路才能稳定工作,而不产生自激振荡即$R_f/R_1 < 2$。

另$s = j\omega$,$f_0 = 1/(2\pi RC)$,则电压放大倍数:

$$A_u = \frac{A_{up}}{1 - \left(\frac{f}{f_0}\right)^2 + j(3 - A_{up})\frac{f}{f_0}}$$

f_0就是截止频率。定义$f = f_0$时,电压放大倍数A_u与通带放大倍数A_{up}之比为Q,有$Q = 1/(3 - A_{up})$。当$2 < A_{up} < 3$时,$A_u|_{f=f_0} > A_{up}$,但Q值不能过大,一般不超过10;当$f \gg f_0$时,

幅频曲线按-40 dB/十倍频下降。

总之,PWM 经济、节约空间、抗噪性能强,是一种值得广大工程师在许多设计应用中使用的有效技术。

习题与思考题

10.1 对于电流输出的 D/A 转换器,为了得到电压的转换结果,应使用(　　)。

10.2 请说明 D/A 转换器应用要点及工程意义。

10.3 请说明电压的测量技术要点及工程意义。

10.4 D/A 转换器和 A/D 转换器的主要技术指标中,量化误差、分辨率和精度有何区别?

10.5 判断下列说法是否正确?

(A)"转换速度"这一指标仅适用于 A/D 转换器,D/A 转换器不用考虑"转换速度"这一问题。

(B) ADC0809 可以利用"转换结束"信号 EOC 向 51 单片机发出中断请求。

(C) 输出模拟量的最小变化量称为 A/D 转换器的分辨率。

(D) 对于周期性的干扰电压,可使用双积分的 A/D 转换器,并选择合适的积分元件,可以将该周期性的干扰电压带来的转换误差消除。

10.6 目前应用较广泛的 A/D 转换器主要有哪几种类型?它们各有什么特点?

10.7 请说明 F-V 器件应用要点及工程意义。

10.8 请说明 PWM 技术应用要点及工程意义。

第 11 章 电阻的测量与应用

11.1 电阻的测量与应用概述

11.1.1 电阻的应用

在电子产品中电阻器主要用作分压、分流、限流、降压和传感。

1. 电阻的分压和分流应用

在如图 11.1 所示的分压电路中有：

$$U_\text{o} = \frac{R_2}{R_1+R_2} U_\text{i}$$

在如图 11.2 所示的分流电路中，电阻 R_1、R_2、R_3 为分流电阻。

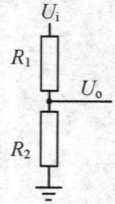

图 11.1 电阻分压电路

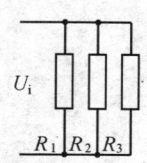

图 11.2 电阻分流电路

可以看出，串联电阻分压，并联电阻分流。

2. 电阻型传感器及应用

利用特殊电阻随温度、光通、电压、机械力、磁通、湿度和气敏变化的特性可以构成能检测相应物理量的传感器。如可见光光敏电阻器主要用于各种光电控制系统、光电自动开关门户、声光控照明系统和报警器等方面;正温度系数热敏电阻(PTC)一般用于电冰箱压缩机启动电路、彩色显像管消磁电路、电动机过电过热保护电路、限流电路和恒温加热电路等方面;负温度系数热敏电阻器(NTC)一般用于各种电子产品温度补偿、温度控制和稳压电路等方面。因此,电阻的测量具有重要的意义。

3. 采样电阻与电流测量及反馈

在许多工业应用领域,如电池管理系统、电磁系统、液压系统、电机控制系统和汽车电气控制等系统中,都需要高性能电流检测和控制。在这些应用系统中,大都需要在高共模电压情况下检测小差分电压以实现对电流的监控。

在以往的电流监控系统设计中,电流的检测可采用电流互感器、霍尔电流传感器等隔离型电流传感器来实现,这种方法简单可靠,但成本高,且传感器后一般还需要进行信号调理,电路设计较为复杂。另一种方法是用采样电阻器与负载串联,将负载电流经过采样电阻器转换成电压后进行放大等处理。由于高共模电压的存在,负载电流在采样电阻器上产生的小差分电压的高精度测量比较困难,且检测电路的设计很复杂。因此,如何在高共模电压情况下进行小差分电压检测,是实现高精度电流源控制的前提。以实现电流检测及反馈控制等。

11.1.2 电阻的测量

电阻的测量有伏安法、电桥法和 RC 时间常数法三种方法,根据各自的测量特点适用于不用的应用领域。

用伏安法测量电阻时,因有接入误差的影响,需要技术处理,否则不能实现精测电阻。

直流电桥是一种精密的电阻测量仪器,具有重要的应用价值。按电桥的测量方式可分为平衡电桥和非平衡电桥。平衡电桥是把待测电阻与标准电阻进行比较,通过调节电桥平衡,从而测得待测电阻值,如单臂直流电桥(惠斯顿电桥)、双臂直流电桥(开尔文电桥)。平衡电桥只能用于测量具有相对稳定状态的物理量,而在实际工程和科学实验中,很多物理量是连续变化的,只能采用非平衡电桥才能测量;非平衡电桥的基本原理是通过桥式电路来测量电阻,根据电桥输出的不平衡电压,再进行运算处理,从而得到引起电阻变化的其他物理量,如温度、压力和形变等。电桥法具有灵敏度高,工作频率宽,测量准确(10^{-4})等特点,能在很大程度上消除或减弱系统误差的影响,已被广泛地应用于电工技术和非电量电测中。

电阻按其值大小可分为高电阻(100 kΩ 以上)、中值电阻(1 Ω~100 kΩ)和低值电阻(1 Ω 以下)三种。为了减小测量误差,不同阻值的电阻,其测量方法不尽相同。例如,惠斯顿电桥通常用于测量中值电阻。而对于测量金属的电阻率、分流器的电阻、电机和变压器绕组的电阻以及其他低值阻值的电阻,由于接线电阻和接触电阻(数量级为 $10^{-2} \sim 10^{-3}$ Ω)的存在,为消除和减小这些电阻对测量结果的影响,常采用开尔文电桥。而对于高阻值电阻,一般可利用 RC 时间常数法,即利用 RC 电路充放电法来进行测量。

11.2 基于恒流源、A/D 转换和欧姆定律测电阻

11.2.1 伏安法测电阻分析

伏安法测电阻的理论依据是欧姆定律,即 $R=U/I$,其测量原理如图 11.3 所示。具体方法是直接测量被测电阻的端电压和流过的电流,即可计算出电阻值。该方法原理简单,但要准确测量,需要根据误差要求,恰当选用器件,如图 11.3(a)要求电压表内阻要大,图 11.3(b)要求电流表内阻要小,否则会给测量带来较大误差。对于图 11.3 所示电路,通常在直流状态下测电阻,在低频状态下测量误差小。

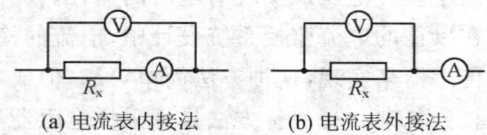

(a) 电流表内接法　　(b) 电流表外接法

图 11.3　伏安法测量直流电阻

11.2.2 基于恒流源、A/D 转换和欧姆定律测电阻原理

伏安法测电阻,电压和电流的测量都是变量,且都会产生误差,尤其在具体应用电路中电流的测量需要引入新的器件。若按照电流表外接法,采用恒流源电路,则只须通过 A/D 转换器测量电阻的电压,再利用欧姆定律即可测得电阻,如图 11.4(a)所示。当然,要求 A/D 转换器的输入阻抗足够大,若 A/D 转换器阻抗不足,则可以采用如图 11.4(b)所示电路。

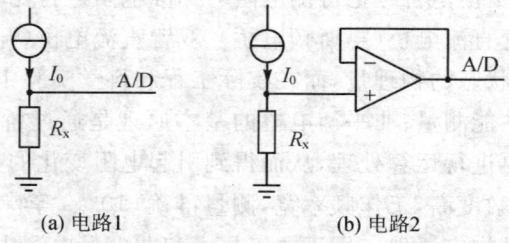

(a) 电路1　　(b) 电路2

图 11.4　基于恒流源、A/D 和欧姆定律测电阻的方法

当用恒流法测电阻时,参考电流的误差会直接反映到测量值中,尤其是因测试线电阻(典型值为 0.5~2 Ω)产生的额外误差,需要引起注意。

图 11.5 给出了数字万用表中测量电阻的电路原理示意图,利用运放组成一个多值恒流

源,实现多量程电阻测量。该电路的核心是反相比例放大器,恒流 I 通过被测电阻 R_x 形成电压输出 U_x,由欧姆定律有 $R_x=U_x/I$。

该电路实质是将电阻值转化为电压值实现电阻测量,是基于恒流源、A/D 和欧姆定律测电阻的一个典型应用实例。当然要求所选用运放具有较高输入阻抗,方能实现精确测量。

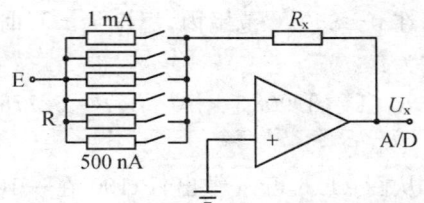

图 11.5 多量程电阻数字化测量

——典型设计举例 E9:
基于 Pt100 的双恒流源高精度测温传感电路的设计

温度是表征物体冷热程度的物理量,它可以通过物体随温度变化的某些特性(如电阻、电压变化等特性)来间接测量。温度传感器应用广泛,热电阻是中低温区最常用的一种温度检测器。它的主要特点是测量精度高,性能稳定。热电阻测温是基于金属导体的电阻值随温度的升高而增加这一特性来进行温度测量的。热电阻大都由纯金属材料制成,目前应用最多的是铂和铜,此外,现在已开始采用镍、锰和铑等材料制造热电阻。利用金属铂(Pt)的电阻值随温度变化而变化的物理特性制成的传感器称为铂电阻温度传感器。Pt 电阻温度传感器由于精度高,稳定性好,可靠性强,寿命长,所以广泛应用于气象、农林、化纤、食品、汽车、家用电器、工业自动化测量和各种实验仪器仪表等领域。然而随着产量的增加,其生产过程中产品的测试问题成为影响产品产量和质量的关键问题,研制开发高性能价格比的测试系统,不仅可为生产商提供必要的测试工具,还可为温度传感器的可靠性研究提供有效的手段。本节基于恒流源、A/D 和欧姆定律测电阻的方法,通过测量电压来确定 Pt 电阻的阻值,从而实现温度传感。

E9.1 铂电阻温度传感器

按 IEC751 国际标准,铂电阻的温度系数 $\mathrm{TCR}=0.003\,851$,Pt100($R_0=100\ \Omega$)、Pt1000 ($R_0=1000\ \Omega$)为统一设计型铂电阻,

$$\mathrm{TCR}=(R_{100}-R_0)/(R_0\times 100)$$

即,Pt100 温度传感器零度阻值为 100 Ω,100 ℃时阻值为 138.51 Ω,Pt1000 零度阻值为 1000 Ω,100 ℃时阻值为 1385.1 Ω,电阻变化率均为 0.3851 Ω/℃。铂电阻温度传感器精度高,稳定性好,应用温度范围广,是中低温区(−200∼650 ℃)最常用的一种温度检测器,不仅广泛应用于工业测温,而且被制成各种标准温度计(涵盖国家和世界基准温度)供计量和校准使用,铂电阻温度传感器是目前精度最高的传感器。Pt100 的温度特性曲线如图 11.6 所示。下面是 Pt100 的阻值与温度的关系。

在−200∼0 ℃范围内,温度为 t ℃时的阻值 R_t 表达式为:

$$R_t = R_0[1+3.9083\times 10^{-3}\times t - 5.775\times 10^{-7}\times t^2 - 4.183\times (t-100)\times t^3], R_0=100\ \Omega$$

在 0~850 ℃ 范围内,温度为 t ℃时的阻值 R_t 表达式为:

$R_t = R_0(1 + 3.9083 \times 10^{-3} \times t - 5.775 \times 10^{-7} \times t^2)$,
$R_0 = 100 \ \Omega$

从图 11.6 可以看出,Pt100 在 -100~200 ℃具有良好的线性特性,斜率为 $(138.51 - 100) \ \Omega/(100 - 0) ℃ = 0.13851$。当铂电阻应用到该温度范围内进行工作时,即可采取该斜率常数根据电阻值计算出对应的温度。

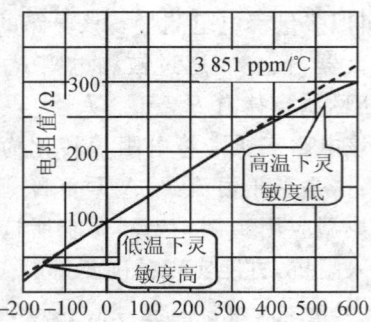

图 11.6 Pt100 的温度特性曲线

在设计铂电阻测温电路时,尤其要注意的是,当流经 Pt100 铂电阻的电流达到 2 mA 时,其本身的发热量就足以干扰其测量精度,一般取其流经 Pt100 的电流为 1~1.25 mA 左右以满足精度。Pt1000 则须流经更小的电流才不会发生本身的发热量干扰其测量精度的情况。

E9.2 铂电阻测温的基本电路

电阻式传感器测量电路有两线式测量、三线式测量和四线式测量三种连接方式。分别介绍如下:

1. 两线式测量

传感器电阻变化值与连接导线电阻值共同构成传感器的输出值,由于导线电阻带来的附加误差使实际测量值偏高,用于测量精度要求不高的场合,并且导线的长度不宜过长,如图 11.7 所示。

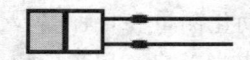

图 11.7 铂电阻两线式测量

2. 三线式测量

要求引出的三根导线截面积和长度均相同,测量铂电阻的电路一般是不平衡电桥,铂电阻作为电桥的一个桥臂电阻,将一根导线接到电桥的电源端,其余两根分别接到铂电阻所在的桥臂及与其相邻的桥臂上,当桥路平衡时(压差为 0),通过计算可知,$R_t = R_1 \times R_3/R_2 + R_1 \times r/R_2 - r$,当 $R_1 = R_2$ 时,导线电阻的变化对测量结果没有任何影响,这样就消除了导线线路电阻带来的测量误差,但是必须为全等臂电桥,否则不可能完全消除导线电阻的影响,但分析可见,采用三线制会大大减小导线电阻带来的附加误差,工业上一般都采用三线制接法,如图 11.8 所示。本节下面还要介绍双恒流源三线制测量方法。

3. 四线式测量

当测量电阻数值很小时,测试线的电阻可能引入明显误差,四线测量用两条附加测试线提供恒定电流,另两条测试线测量未知电阻的电压降,在电压表输入阻抗足够高的条件下,电流几乎不流过电压表,这样就可以精确测量未知电阻上的压降,通过计算得出电阻值。这种方式的测量方法,铂电阻的连线可以达到十几米,而不受分布式电阻的影响,如图11.9所示,采用同质等长导线。

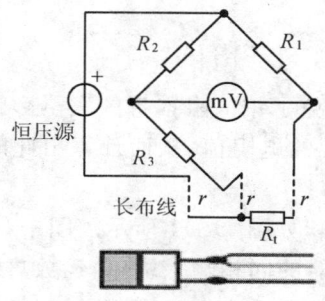

图11.8 基于恒压源铂电阻三线式测量

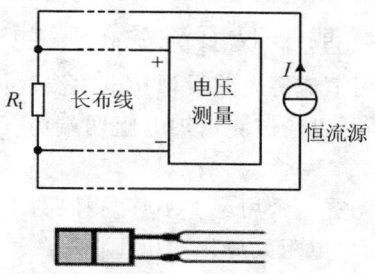

图11.9 铂电阻的电流源四线式测量

E9.3 Pt100三线制桥式测温电路

三线制桥式测温的典型应用电路如图11.10所示。电路采用 TL431 和电位器 VR1 调节产生 4.096 V 的参考电源;采用 R_1、R_2、VR2、Pt100 构成测量电桥(其中 $R_1=R_2$,VR2 为 100 Ω 精密电阻),当 Pt100 的电阻值和 VR2 的电阻值不相等时,电桥输出一个 mV 级的压差信号,这个压差信号经过运放 TL084 放大后输出期望大小的电压信号,该信号可直接连接 A/D 转换芯片。差动放大电路中 $R_3=R_4$、$R_5=R_6$,放大倍数 $A=R_5/R_3$。

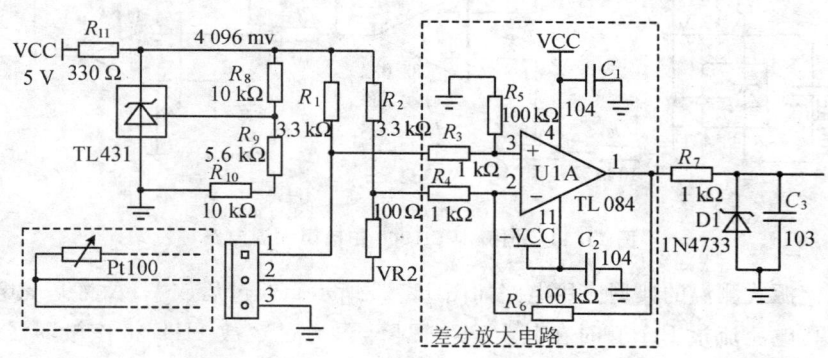

图11.10 三线制接法桥式测温电路

设计及调试注意点:

① 同幅度调整 R_1 和 R_2 的电阻值可以改变电桥输出的压差大小。

② 改变 R_5/R_3 的比值即可改变电压信号的放大倍数,以满足设计者对温度范围的要求。

③ VR2 若为电位器,则可以调节电位器阻值大小,改变温度的零点校准和设定。例如,Pt100 的零点温度为 0 ℃,即 0 ℃时电阻为 100 Ω,当电位器阻值调至 109.885 Ω 时,温度的零点就被设定在 25 ℃。测量电位器的阻值时须在没有接入电路时调节,这是因为接入电路后测

量的电阻值发生了改变。

④ 电桥的正电源必须接稳定的参考基准,因为如果直接 VCC,则当网压波动造成 VCC 发生波动时,运放输出的信号也会发生改变。

E9.4　基于双恒流源的三线式铂电阻测温探头设计

采用恒流源电路设计铂电阻温度传感器,一是彻底避免了铂电阻本身的发热影响测量精度,二是可以通过测量铂电阻两端电压来反映其电阻此刻的电阻值,从而计算出此时环境温度值。

首先看一个用于 Pt1000 测温的 1.25 mA 恒流源电路,如图 11.11 所示。图中,2.5 V 恒压源在 R_3 电阻处分压输出 1.25 V 直接连接到运算放大器的同相输入端,由运放虚短得知 6 脚的反相输入端也是 1.25 V,所以流经 R_1 电阻的电流为 (2.5 V − 1.25 V)/R_1 = 1.25 mA,由运算放大器的虚断可知这 1.25 mA 的电流全部流经 R_4,从而实现 Pt1000 的电流 1.25 mA 恒定。当温度为 0 ℃时,Pt1000 的电阻为 1000 Ω 时,Pt1000 的压降为 1.25 V,此时运放 7 脚输出 0 V;当温度升高时,Pt1000 的阻值增大,其压降变大,运放 7 脚输出向负向增大,所以后级又连接了一个反相放大器,以备后续处理。但是该电路传感器在放大器的反馈环节,不利于电路稳定,同时,不能进行长距离测量。

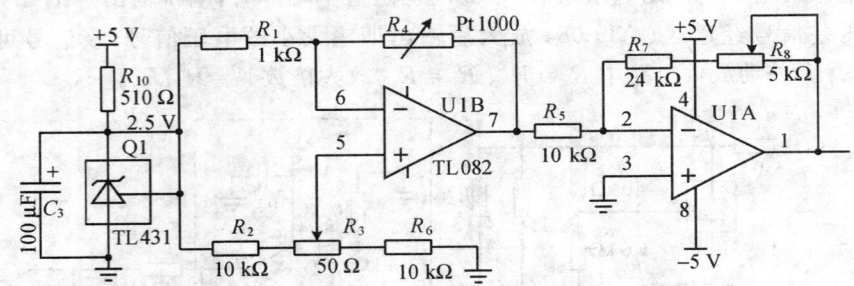

图 11.11　恒流源 Pt1000 铂电阻测温电路

Pt100 恒流源式测温的典型应用电路如图 11.12 所示。通过运放 U1A 将基准电压 4.096 V 转换为恒流源,电流流过 Pt100 时在其上产生压降,再通过运放 U1B 将该微弱压降信号放大(图中放大倍数为 10),即输出期望的电压信号,该信号可直接连接 A/D 转换芯片。

根据虚地概念"工作于线性范围内的理想运放的两个输入端同电位",运放 U1A 的"+"端和"−"端电位 $V_+ = V_- = 4.096$ V。假设运放 U1A 的输出脚 1 对地电压为 V_o,根据虚断概念,$(0 - V_-)/R_1 + (V_o - V_-)/R_{Pt100} = 0$,因此电阻 Pt100 上的压降 $V_{Pt100} = V_o - V_- = V_- \times R_{Pt100}/R_1$,因 V_- 和 R_1 均不变,因此图 11.12 虚线框内的电路等效为一个恒流源流过一个 Pt100 电阻,电流大小为 4.096 V/R_1 = 1.241 mA,Pt100 上的压降仅和其自身变化的电阻值有关。

设计及调试注意点:

第 11 章 电阻的测量与应用

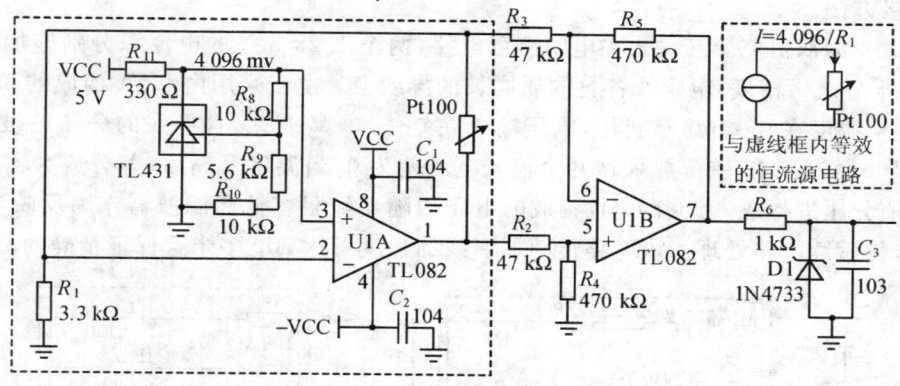

图 11.12 恒流源式测温电路

① 电压基准源可以采用 TL431,按如图 11.12 所示的电路产生。

② 等效恒流源输出的电流不能太大,以不超过 1.5 mA 为准,以免电流大使得 Pt100 电阻自身发热造成测量温度不准确,试验证明,电流大于 1.5 mA 将会有较明显的影响。

③ 运放采用单一的 5 V 电源供电,如果测量的温度波动比较大,则将运放的供电改为 ±15 V 双电源供电会有较大改善。

④ 电阻 R_2、R_3 的电阻值取得足够大,以增大运放的 U1B 的输入阻抗。

但是上面两个电路的传感器在放大器的反馈环节,不利于电路稳定,同时,不能进行长距离测量。

如图 11.13 所示电路是一个广泛应用于 Pt100 测温的 1.25 mA 恒流源电路。图中 TL431 提供 2.5 V 电压参考源,与该电路中的电阻 R_i 的阻值共同决定电流源的电流输出值,即调整其中任何一个都可调整电流源输出电流的大小。由于该电路可以输出更大的功率,而且 Pt100 传感器不在放大器的反馈电路中,有利于电路稳定,因而被广泛应用于 Pt100 测温电路。

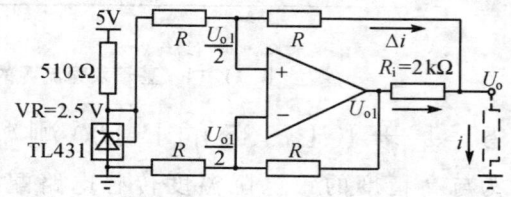

图 11.13 1.25 mA 恒流源电路

经分析计算:

$$U_{o1} - U_o = \text{VR} = 2.5 \qquad \Delta i = \frac{\text{VR} - U_{o1}/2}{R} = \frac{\text{VR} - U_o}{2R}$$

若 $R = 100$ kΩ 较大电阻,则 $\Delta i \approx 0$。

$$i = \text{VR}/R_i + \Delta i \approx \text{VR}/R_i = 1.25 \text{ mA}$$

用热电阻测温时,工业设备距离计算机较远,引线很长,容易引进干扰,并在热电阻的电桥中产生长引线误差。解决方法有采用热电阻温度变换器、智能传感器加通信方式连接或采用三线制连接方法。

图 11.14 为双恒流源三线式铂电阻测温电路,两个 1.25 mA 的电流源分别施加给 Pt100 和 100 Ω(千分之一精度)电阻及各自同质同长的导线上。由于采用由 U1A 构成的 39 倍差分放大电路,使温度在 0～100 ℃变化,电压输入在 0～1.9 V 变化,且导线的分压已被消除,即 0 ℃时 Pt100 为 100 Ω,差分放大器两个输入电压差为 0,当温度升高后,差分放大器将 Pt100 变化的阻值分压进行放大。由 U1B 构成的电压跟随器经阻容低通滤波器作为反映当前温度的电压值,待后续电路处理。该电路传感器引线的长度可达 300 多米且保证精确的测量。

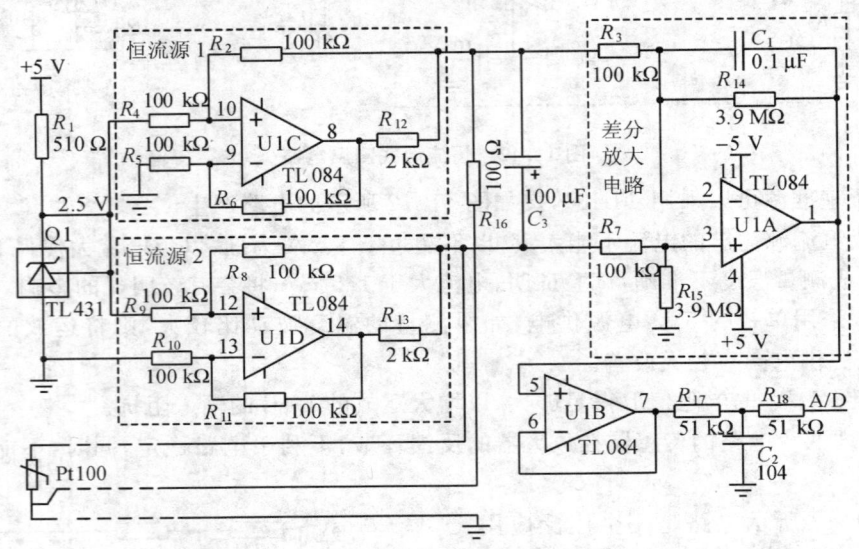

图 11.14 基于双恒流源的三线铂电阻测温探头电路

E9.5 基于 ICL7135 的 Pt100 测温系统设计

为与高精度的铂电阻温度传感电路配合,采用 ICL7135 实现温度的数字化测量。ICL7135 与单片机的两线接口技术及与 Pt100 测温电路接口如图 11.15 所示。

需要注意的是,其中 R_{16}、R_{12} 和 R_{13} 需要选择 1‰ 精度电阻,C_5、C_6 和 C_7,尤其是 C_6 必须选取高性能的 CBB 电容。其中,−5 V 电源的产生也是电路的重要组成部分。通常系统电源直接设计出 ±5 V 电源,其实大可不必这样,可以采用专用芯片完成设计。ICL7660 是开关电容型电压转换芯片,输入 1.5～10 V,输出直接反相为 −1.5～−10 V。

通常,智能测温仪表是指仪表要具有校准和自检等功能,利用 E^2PROM 可以方便实现校准功能。在进行仪表设计时设计用于自动校准的两个按键,其一为 0 ℃校准键,按下后启动自动校准功能,即首先将传感器放置到冰水混合物中,稍等片刻按一下该自动校准键,此时单片机通过 ICL7135 采集一次传感结果,并将该结果存入片内 a 地址的两字节 E^2PROM 存储单元。

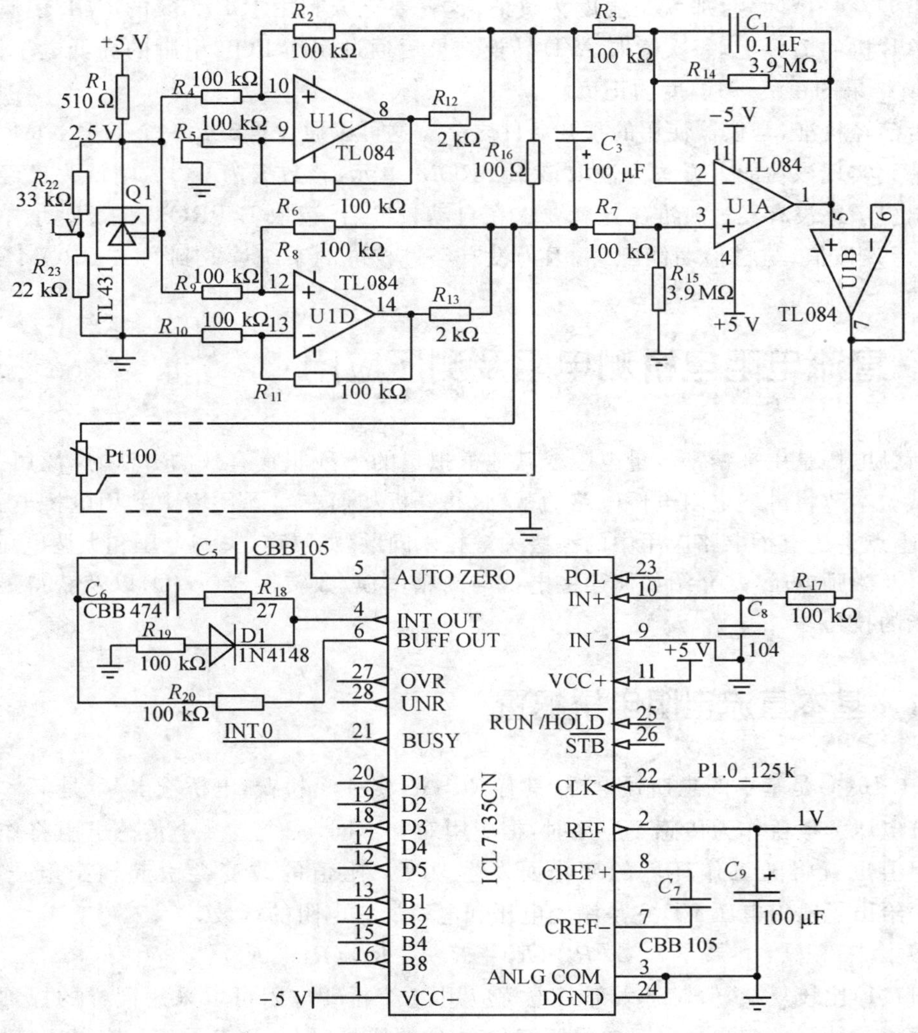

图 11.15　ICL7135 与单片机的两线接口技术及与 Pt100 测温电路接口电路

还有一个 100 ℃校准键，操作方法同上。首先将传感器放置到沸水中，稍等片刻按一下该自动校准键，此时单片机通过 ICL7135 采集一次传感结果，并将该结果存入片内相应的 b 地址的两字节 E^2 PROM 存储单元。当然也可以采用精密电阻箱校准。

也就是说，每次单片机开机的时候，首先要从 E^2 PROM 中读取数据，a 地址数据作为 0 ℃参考值，每一次 A/D 转换结果减去该值后所对应的温度值才是真实温度；而 b 地址数据与 a 地址数据的差值作为计算的参考，所以每次 A/D 转换结果（设为 r）反映出的实际温度值计算为：

$$温度\ T = 100 \times (r-a)/(b-a)$$

这里涉及一个问题，那就是温度为负值，这就要充分利用 ICL7135 的 POL 引脚，将该引脚接到单片机的 I/O 上，每次读取 A/D 转换结果后通过判断 POL 引脚的高低电平即可知道 A/D 转换结果的正负，即温度的正负。

是否已经校准，是仪器使用的预知条件之一。这可以通过再定义一个 E^2PROM 单元 c 作为标志单元实现该功能。方法为读取该 E^2PROM 单元，若数据为 0x55，则认为已经校准过，否则给出提示还没有经过校准。这就要求在自动校准后，读取 E^2PROM 的 c 地址单元，若非 0x55，则写入该值，与自检功能配合，因为没有经过校准的系统读取到的 E^2PROM 数据是没有意义的。

11.3 直流电阻电桥测电阻及测压应用

惠斯顿电桥是用来精密测量电阻或其他模拟量的一种非常有效的方法，广泛用于传感器检测领域。本节将讲述电阻电桥电路的基础，并分析如何在实际环境中利用电桥电路进行精确测量，重点讲述电桥电路应用中的一些关键技术问题，如噪声、失调电压和失调电压漂移、共模电压以及激励电压，并介绍如何连接电桥与高精度模/数转换器（A/D）以及获得最高模/数转换性能的技巧。

11.3.1 基本直流电阻电桥配置

图 11.16(a) 是基本的惠斯顿电桥，具有 $R_1 \sim R_4$ 共 4 个桥臂，电桥输出 V_o 是 V_{o+} 和 V_{o-} 之间的差分电压。电桥作为传感器应用时，据应用对象不同，一个或多个传感电阻将作为桥臂，它们的阻值也就将随工作环境的变化而发生改变。阻值的改变会引起输出电压的变化，式(11.1)给出了输出电压 V_o，它是激励电压和电桥所有电阻的函数。

$$V_o = V_e[R_2/(R_1+R_2) - R_3/(R_3+R_4)] \tag{11.1}$$

式(11.1)比较复杂，但对于大部分电桥应用，4 个桥臂电阻可以采用同样的标称值 R，这就大大简化了计算。待测量引起的阻值变化由 R 的增量，即 ΔR 表示。具有 ΔR 特性的电阻称为传感电阻。当 V_{o+} 和 V_{o-} 等于 V_e 的 1/2 时，电桥输出对电阻的改变非常敏感。在下面四种情况下，所有电阻具有同样的标称值 R，1 个、2 个或 4 个电阻为传感电阻，且所有传感电阻具有相同的 ΔR 值。推导这些公式时，假定 ΔR 为正值，如果实际阻值减小，则用 $-\Delta R$ 表示。

1. 4 个传感元件

电阻桥的一个常用应用是带有 4 个传感元件的测压单元。将工程构件上的应变，即尺寸变化转换成为电阻变化的变换器称为电阻应变片，简称为应变计。4 个应变计按照电桥方式配置并固定在一个刚性结构上，在该结构上施加压力时会发生轻微变形，即两个阻值会增大，

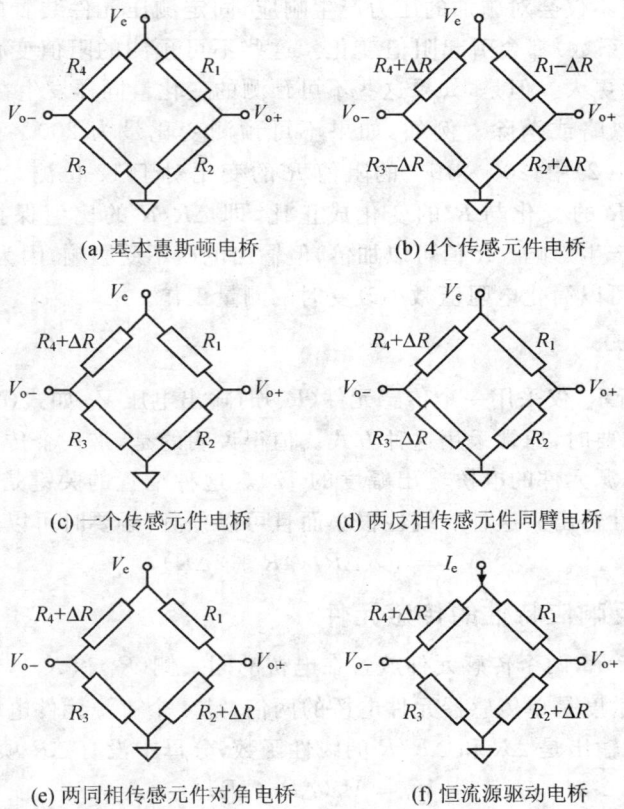

图 11.16 惠斯顿电桥配置

而另外两个阻值会减小。如图 11.16(b)所示，4 个电桥电阻都是传感元件，且工艺上 R_2 和 R_4 的阻值随着待测量的增大而增大，R_1 和 R_3 的阻值则相应减小。施加压力时，应变计的物理方向决定数值的增大或减小，式(11.2)给出了这种配置下可以得到的输出电压 V_o 与电阻变化量 ΔR 的关系，呈线性关系。这种配置能够提供最大的输出信号，值得注意的是：输出电压不仅与 ΔR 呈线性关系，还与 $\Delta R/R$ 呈线性关系。

$$V_o = V_e(\Delta R/R) \tag{11.2}$$

ΔR 的改变很小，在 1 V 激励电压下，测压单元的满幅输出是 2 mV。从式(11.2)可以看出 ΔR 满幅输出相当于阻值满幅变化的 0.2%。如果测压单元的输出要求 12 位的测量精度，则必须能够精确检测到 0.5×10^{-6}（$10^6/2^{12} \times 0.2\% = 0.49$）的阻值变化。直接测量 0.5×10^{-6} 变化阻值需要 21 位（因为 $10^6/2^{21} = 0.48$）的 A/D 转换器。除了需要高精度的 A/D 转换器，A/D 转换器的基准还要非常稳定，它随温度的改变不能够超过 0.5×10^{-6}。这是采用电桥组建传感测量系统的主要原因，除此之外，还有一个更重要的原因，分析如下。

测压单元的电阻不仅会对施加的压力产生响应,固定测压元件装置的热膨胀和压力计材料本身的 TCR(温度系数)都会引起阻值变化。这些不可预测的阻值变化因素可能会比实际压力引起的阻值变化更大。但是,如果这些不可预测的变化量同样发生在所有的电桥电阻上,它们的影响就可以忽略或消除。例如,如果不可预测变化量为 200×10^{-6},则相当于满幅 2 mV 的 10%。式(11.2)中,200×10^{-6} 的阻值 R 的变化对于 12 位测量来说低于 1 个 LSB。很多情况下,阻值 ΔR 的变化与 R 的变化成正比,即 $\Delta R/R$ 的比值保持不变,因此 R 值的 200×10^{-6} 变化不会产生影响。R 值可以加倍,但输出电压不受影响,因为 ΔR 也会加倍。

可见,采用电桥可以简化电阻值微小改变时的测量工作。

2. 一个传感元件

如图 11.16(c)所示,仅采用一个传感元件(R_4)时输出电压 V_o 如式(11.3)所示,当成本或布线比信号幅度更重要时,通常采用这种方式。值得说明的是,带一个传感元件的电桥输出信号幅度只有带 4 个有源元件的电桥输出幅度的 1/4。这种配置的关键是在分母中出现了 ΔR 项,所以会导致非线性输出。这种非线性很小而且可以预测,必要时可以通过软件校准。

$$V_\text{o} = V_\text{e}(\Delta R/(4R + 2\Delta R)) \tag{11.3}$$

3. 具有两个相反响应特性的传感元件

如图 11.16(d)所示,两个传感元件放置在电桥的同一侧(R_4 和 R_3),但是阻值变化特性相反(ΔR 和 $-\Delta R$)。灵敏度是单传感器元件电桥的两倍,是 4 个有源元件电桥的一半。这种配置下,如式(11.4)所示,输出是 ΔR 和 $\Delta R/R$ 的线性函数,分母中没有 ΔR 项。

$$V_\text{o} = V_\text{e}(\Delta R/(2R)) \tag{11.4}$$

在上述第二种和第三种情况下,只有一半电桥处于有效的工作状态;另一半仅仅提供基准电压,电压值为 V_e 电压的一半。因此,4 个电阻实际上并不一定具有相同的标称值,重要的是电桥左侧及右侧的两个电阻要匹配。

4. 两个相同的传感元件

如图 11.16(e)所示,两个传感元件具有相同的响应特性,位于电桥的对角位置(R_2 和 R_4),且它们的阻值同时增大或减小。输出如式(11.5),式中的分母中含 ΔR 项,即非线性。

$$V_\text{o} = V_\text{e}(\Delta R/(2R + \Delta R)) \tag{11.5}$$

这种配置的缺点是存在非线性输出,不过,这个非线性是可以预测的,而且,可以通过软件或通过电流源(而不是电压源)驱动电桥来消除非线性特性。如图 11.16(f)所示,若将 V_e 改为恒流源 I_e,则输出为式(11.6)所示。值得注意的是,式(11.6)中的 V_o 仅仅是 ΔR 的函数,而不是上面提到的与 $\Delta R/R$ 成比例。

$$V_\text{o} = I_\text{e}(\Delta R/2) \tag{11.6}$$

了解上述 4 种不同传感元件配置下的结构非常重要。但很多时候传感器内部可能存在配置未知的电桥。这种情况下,了解具体的配置不是很重要,制造商会提供相关信息,如灵敏度的线性误差、共模电压等。

11.3.2 电阻电桥应用电路的几个关键技术

在测量低输出信号的电桥时,需要考虑很多因素。其中最主要的因素有 5 个,即激励电压、共模电压、失调电压、失调漂移和噪声。

1. 激励电压

式(11.1)表明任何桥路的输出都直接与其供电电压成正比。因此,电路必须在测量期间保持桥路的供电电压恒定(稳压精度与测量精度相一致),必须能够补偿电源电压的变化。补偿供电电压变化的最简单方法是从电桥激励获取 A/D 转换器的基准电压。如图 11.17 所示,A/D 转换器的基准电压由桥路电源分压后得到,可表达为 αV_e,其中 α 为分压系数。因此,A/D 转换器的结果为 $[V_o/(\alpha V_e)] \times 2^n$,其中 n 为 A/D 转换器的分辨率,可以看出,A/D 转换器的结果与 V_e 无关,也就与激励电压的波动无关。

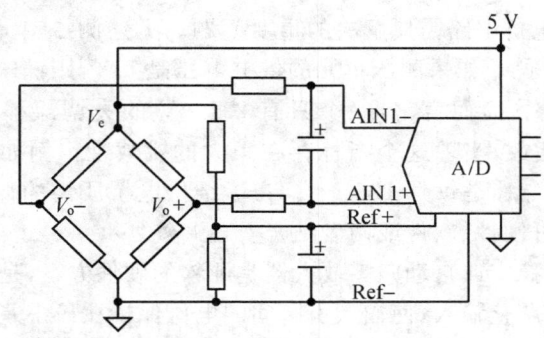

图 11.17 用于自动消除 V_e 变化误差的传感电路

另外一种方法是使用 A/D 转换器的一个额外通道测量电桥的供电电压,通过软件补偿电桥电压的变化。式(11.7)所示为修正后的输出电压(V_{oc}),它是测量输出电压(V_{om})、测量的激励电压(V_{em})以及校准时激励电压(V_{eo})的函数。

$$V_{oc} = V_{om} \times V_{eo}/V_{em} \tag{11.7}$$

2. 共模电压

电桥电路的一个缺点是,它的输出是差分信号和电压等于电源电压一半的共模电压。通常,差分信号在进入 A/D 转换器前必须经过电平转换,使其成为以地为参考的信号。如果这一步是必需的,则须注意系统的共模抑制比以及共模电压受 V_e 变化的影响。以四传感电阻的测压电路为例,如果用仪表放大器将电桥的差分信号转换为单端信号,则须考虑 V_e 变化的影响。如果 V_e 容许的变化范围是 2‰,则电桥输出端的共模电压将改变 V_e 的 1‰。如果共模电压偏差限定在精度指标的 1/4,那么放大器的共模抑制必须等于或高于 98.3 dB。($20\lg[0.01V_e/(0.002V_e/(4096))] = 98.27$)。这样的指标虽然可以实现,但却超出了很多低成本或分立式仪表放大器的能力范围。

3. 失调电压

电桥和测量设备的失调电压会将实际信号拉高或拉低。只要信号保持在有效测量范围内,对这些漂移的校准将很容易。如果电桥差分信号转换为以地为参考的信号,则电桥和放大器的失调很容易产生低于地电位的输出。这种情况发生时,将会产生一个死点。在电桥输出变为正信号并足以抵消系统的负失调电压之前,A/D 输出保持在零电位。为了防止出现这种情况,电路内部必须提供一个正偏置。该偏置电压保证即使电桥和设备出现负失调电压时,输出也在有效范围内。偏置带来的一个问题是降低了动态范围。如果系统不能接受这一缺点,则需要更高质量的元件或失调调节措施。失调调整可以通过机械电位器、数字电位器,或在 A/D 转换器的 GPIO(通用输入/输出接口)外接电阻实现。

4. 失调漂移

失调漂移和噪声是电桥电路需要解决的重要问题。上述测压单元中,电桥的满幅输出是 2 mV/V,要求精度是 12 位。如果测压单元的供电电压是 5 V,则满幅输出为 10 mV,测量精度必须是 2.5 μV 或更高。简而言之,一个只有 2.5 μV 的失调漂移会引起 12 位转换器的 1 LSB 误差。对于传统运放,实现这个指标存在很大的挑战性。例如 OP07,其最大失调 TC 为 1.3 μV/℃,最大长期漂移是每月 1.5 μV。为了维持电桥所需的低失调漂移,需要一些有效的失调调整。可以通过硬件、软件或两者结合实现调整。

硬件失调调整:斩波稳定或自动归零放大器是纯粹的硬件方案,是集成在放大器内部的特殊电路,它会连续采样并调整输入,使输入引脚间的电压保持在最小差值。由于这些调整是连续的,所以随时间和温度变化产生的漂移成为校准电路的函数,并非放大器的实际漂移。MAX4238 和 MAX4239 的典型失调漂移是 10 nV/℃ 和 50 nV/1000 小时。

软件失调调整:零校准或皮重测量是软件失调校准的例子。在电桥的某种状态下,例如没有载荷的情况,测量电桥的输出,然后在测压单元加入负荷,再次读取数值。两次读数间的差值与激励源有关,取两次读数的差值不仅消除了设备的失调,还消除了电桥的失调。这是个非常有效的测量方法,但只有当实际结果基于电桥输出的变化时才可以使用。如果需要读取电桥输出的绝对值,则这个方法将无法使用。

硬件/软件失调调整:在电路中加入一个双刀模拟开关可以在应用中使用软件校准。图 11.18 所示电路中,开关用于断开电桥一侧与放大器的连接,并短路放大器的输入。保留电桥的另一侧与放大器输入连接可以维持共模输入电压,由此消除由共模电压变化引起的误差。短路放大器输入可以测量系统的失调,从随后的读数中减去系统失调,即可消除所有的设备失调。但这种方法不能消除电桥的失调。

这种自动归零校准已广泛用于当前的 A/D 转换器,对于消除 A/D 转换器失调特别有效。但是,它不能消除电桥失调或电桥与 A/D 之间任何电路的失调。

一种形式稍微复杂的失调校准电路,是在电桥和电路之间增加一个双刀双掷开关,如图 11.19 所示。将开关从 A 点切换至 B 点,将反向连接电桥与放大器的极性。如果将开关在 A 点时的 A/D 转换器读数减去开关在 B 点时的 A/D 转换器读数,结果将是 2(V_o×增益),此时没有失调项。这种方法不仅可以消除电路的失调,还可以将信噪比提高两倍。

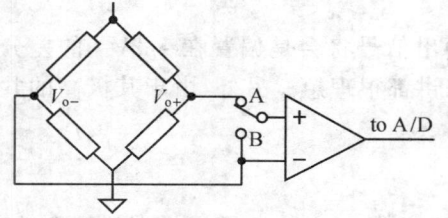

图 11.18 增加一个开关实现软件校准　　图 11.19 增加一个双刀、双掷开关,增强软件校准功能

交流电桥激励:这种方式不常使用,但在传统设计中,电阻电桥交流激励是在电路中消除直流失调误差的常用、有效的方法。如果电桥由交流电压驱动,则电桥的输出将是交流信号。这个信号经过电容耦合、放大和偏置电路等,最终信号的交流幅度与电路的任何直流失调无关。通过标准的交流测量技术可以得到交流信号的幅度。采用交流激励时,通过减小电桥的共模电压变化就可以完成测量,大大降低了电路对共模抑制的要求。

5. 噪　声

综上所述,在处理小信号输出的电桥时,抑制噪声是个很大的难题。另外,许多电桥应用的低频特性意味着必须考虑"闪烁"或 $1/f$ 噪声。设计中需要考虑的抑制噪声源方法如下:

① 将噪声阻挡在系统之外(良好接地、屏蔽及布线技术);
② 减少系统内部噪声(结构、元件选择和偏置电平);
③ 降低电噪声(模拟滤波、共模抑制);
④ 软件补偿或 DSP(利用多次测量提高有效信号,降低干扰信号)。

近几年发展起来的高精度 Σ-Δ 转换器在很大程度上简化了电桥信号数字化的工作。下面将介绍这些转换器解决上述 5 个问题的有效措施。

11.3.3　高精度 Σ-Δ A/D 转换器与直流电桥

目前,具有低噪声 PGA 的 24 位和 16 位 Σ-Δ ADC 对于低速应用中的电阻电桥测量提供了一个完美的方案,解决了量化电桥模拟输出时的主要问题。

1. 激励电压的变化，V_e

缓冲基准电压输入简化了比例系统的构建。得到一个跟随 V_e 的基准电压，只需一个电阻分压器和噪声滤波电容（见图 11.17）。在比例系统中，输出对 V_e 的微小变化不敏感，无需高精度的电压基准。

如果没有采用比例系统，则可选择多通道 A/D。利用一个 A/D 通道测量电桥输出，另一个输入通道用来测量电桥的激励电压，利用式(11.7)可以校准 V_e 的变化。

2. 共模电压

如果电桥和 A/D 转换器由同一电源供电，电桥输出信号将会是偏置在 $1/2V_{DD}$ 的差分信号。这些输入对于大部分高精度 $\Sigma-\Delta$ A/D 转换器来讲都很理想。另外，由于其极高的共模抑制（高于 100 dB），无需担心较小的共模电压变化。

3. 失调电压

当电压精度在亚微伏级时，电桥输出可以直接与 A/D 输入对接。假定没有热耦合效应，唯一的失调误差来源是 A/D 转换器本身。为了降低失调误差，大部分转换器具有内部开关，利用开关可以在输入端施加零电压并进行测量。从后续的电桥测量数值中减去这个零电压测量值，就可以消除 A/D 转换器的失调。许多 A/D 转换器可以自动完成这个归零校准过程，否则，需要用户控制 A/D 转换器的失调校准。失调校准可以把失调误差降低到 A/D 转换器的噪底，小于 1 μV_{P-P}。

4. 失调漂移

对 A/D 进行连续地或频繁地校准，使校准间隔中温度不会有显著改变，即可有效消除由于温度变化或长期漂移产生的失调变化。需要注意的是，失调读数的变化可能等于 A/D 转换器的噪声峰值。如果目的是检测电桥输出在较短时间内的微小变化，那么最好关闭自动校准功能，因为这会减少一个噪声源。

5. 噪声

处理噪声有三种方法，比较显著的方法是应用内部数字滤波器。这个滤波器可以消除高频噪声的影响，还可以抑制电源的低频噪声，电源抑制比的典型值可以达到 100 dB 以上。第二种方法依赖于高共模抑制比，典型值高于 100 dB。高共模抑制比可以减小电桥引线产生的噪声，并降低电桥激励电压的噪声影响。最后，连续的零校准能够降低校准更新频率以下的闪烁噪声或 $1/f$ 噪声。

11.3.4 电阻电桥实际应用技巧

电阻电桥对于检测阻值的微小变化并抑制干扰源造成的阻值变化非常有效。新型模/数转换器(ADC)大大简化了电桥的测量。增加一个此类 A/D 转换器即可获得桥路检测 A/D 转换器的主要功能：差分输入、内置放大器、自动零校准、高共模抑制比以及数字噪声滤波器，有助于解决电桥电路的关键问题。但是将电桥的输出与高精度的 Σ-Δ A/D 转换器输入直接相连并不能解决所有问题。有些应用中，需要在电桥输出和 A/D 转换器输入之间加入匹配的信号调理器，信号调理器主要完成三项任务：放大、电平转换以及差分到单端的转换。性能优异的仪表放大器能够完成所有三项功能，但可能很昂贵，并可能缺少对失调漂移的处理措施。下面电路可以提供有效的信号调理，其成本低于仪表放大器。

1. 单运算放大器

如果只需要放大功能，图 11.20 所示简单电路即可满足要求。该电路看起来似乎不是最好的选择，因为它不对称，并对电桥增加了负载。但是，对于电桥来说这一负荷并不存在问题（虽然不鼓励这样做）。许多电桥为低阻输出，通常为 350 Ω。每路输出电阻是它的一半或 150 Ω。增加电阻 R_1 后，150 Ω 电阻只会轻微降低增益。当然，考虑 150 Ω 电阻的容限和电阻的温度系数(TCR)，电阻 R_1 和 R_2 的 TCR 并不能精确地与之匹配。补偿这个额外电阻很简单，只要选择 R_1 的阻值远远高于 150 Ω 即可。图 11.20 所示电路包括了一个用于零校准的开关。

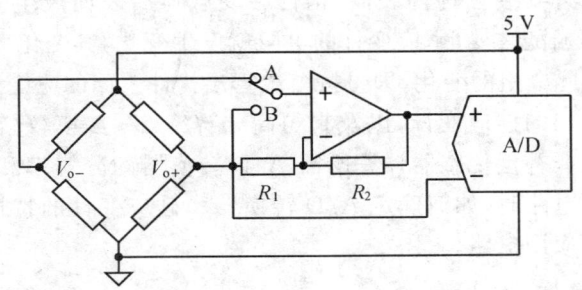

图 11.20 连接低阻电桥的例子

对于很多应用，可以用差分放大器取代仪表放大器。不仅可以降低成本，还可以减少噪声源和失调漂移的来源。对于上述放大器，必须考虑电桥阻值和 TRC。

2. 双电源供电

图 11.21 所示电路结构非常简单，电桥输出只用了两个运算放大器和两个电阻即完成了放大、电平转换，并输出以地为参考的信号。另外，电路还使电桥电源电压加倍，使输出信号也加倍。但这个电路的缺点是需要一个负电源，并在采用有源电桥时具有一定的非线性。如果只有某一侧电桥使用有源元件，则将电桥的非有源侧置于反馈回路可以产生 $-V_e$，从而可避免线性误差。

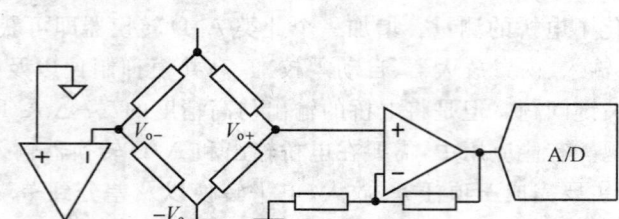

图 11.21 与低阻电桥连接的替代电路

11.3.5 硅应变计

前面主要论述了为什么要使用电阻电桥,电桥的基本配置,以及一些具有小信号输出的电桥,例如粘贴丝式或金属箔应变计。下面介绍如何实现具有较大信号输出的硅应变计与 A/D 转换器的接口。特别是 $\Sigma\text{-}\Delta$ A/D 转换器,当使用硅应变计时,它是一种实现压力变送器的低成本方案。

能将工程构件上的应变,即尺寸变化转换成为电阻变化的变换器(又称电阻应变片),简称为应变计。将电阻应变计安装在构件表面,构件在受载荷后表面产生的微小变形(伸长或缩短),会使应变计的敏感栅随之变形,应变计的电阻就发生变化,其变化率和安装应变计处构件的应变 ε 成比例。测出此电阻的变化,即可按公式算出构件表面的应变,以及相应的应力。

下面重点介绍高输出的硅应变计,以及它与高分辨率 $\Sigma\text{-}\Delta$ 模/数转换器良好的适配性。举例说明如何为给定的非补偿传感器计算所需 A/D 转换器的分辨率和动态范围。下面介绍在构建一个简单的比例电路时,如何确定 A/D 转换器和硅应变计的特性,并给出了一个采用电流驱动传感器的简化应用电路。

1. 硅应变计的背景知识

硅应变计的优点是高灵敏度。硅材料中的应力引起体电阻的变化。相比那些仅靠电阻的尺寸变化引起电阻变化的金属箔或粘贴丝式应变计,其输出通常要大一个数量级。这种硅应变计的输出信号大,可以与较廉价的电子器件配套使用。但是,这些小而脆的器件的安装和连线非常困难,并增加了成本,因而限制了它们在粘贴式应变计中的使用。然而,硅应变计却是 MEMS(微机电结构)应用的最佳选择。利用 MEMS,可将机械结构建立在硅片上,多个应变计可以作为机械构造的一部分一起制造。因此,MEMS 工艺为整个设计问题提供了一个强大的、低成本的解决方案,而不需要单独处理每个应变计。

MEMS 器件最常见的一个实例是硅压力传感器,它是从 20 世纪 70 年代开始流行的。这些压力传感器采用标准的半导体工艺和特殊的蚀刻技术制作而成。采用这种特殊的蚀刻技术,从晶圆片的背面选择性地除去一部分硅,从而生成由坚固的硅边框包围的、数以百计的方形薄片。而在晶片的正面,每一个小薄片的每个边上都制作了一个压敏电阻。用金属线把每个小薄片周边的4个电阻连接起来就形成了一个全桥工作的惠斯顿电桥。然后使用钻锯从晶片上锯下各个传感器。这时,传感器功能就完全具备了,但还需要配备压力端口和连接引线方可使用。这些小传感器便宜而且相对可靠。但也存在缺点,如受温度变化影响较大,而且初始偏移和灵敏度的偏差很大。

2. 压力传感器实例

在此用一个压力传感器来举例说明,但所涉及的原理适用于任何使用相似类型的电桥作为传感器的系统。式(11.8)给出了一个原始的压力传感器的输出模型。式中变量的幅值及其范围使V_{OUT}在给定压力(p)下具有很宽的变化范围。不同传感器在同一温度下,或者同一传感器在不同温度下,其V_{OUT}都有所不同。要提供一个一致的、有意义的输出,每个传感器都必须进行校正,以补偿器件之间的差异和温度漂移。长期以来都是使用模拟电路进行校准的。然而,现代电子学使得数字校准比模拟校准更具成本效益,而且数字校准的准确性也更好。利用一些模拟"窍门",可以在不牺牲精度的前提下简化数字校准。

$$V_{OUT} = V_B \times (p \times S_0 \times (1 + S_1 \times (T - T_0)) + U_0 + U_1 \times (T - T_0)) \quad (11.8)$$

式中,V_{OUT}为电桥输出,V_B是电桥的激励电压,p是所加的压力,T_0是参考温度,S_0是T_0温度下的灵敏度,S_1是灵敏度的温度系数(TCS),U_0是在无压力时电桥在温度T_0输出的偏移量(或失衡),而U_1则是偏移量的温度系数(OTC)。式(11.8)使用一次多项式来对传感器进行建模。有些应用场合可能会用到高次多项式、分段线性技术或者分段二次逼近模型,并为其中的系数建立一个查寻表。无论使用哪种模型,数字校准时都要对V_{OUT}、V_B和T进行数字化,同时要采用某种方式来确定全部系数,并进行必要的计算。式(11.9)由式(11.8)整理并解出p。从式(11.9)可以更清楚地看到,为了得到精确的压力值,数字计算(通常由微控制器(μC)执行)所需的信息。

$$p = (V_{OUT}/V_B - U_0 - U_1 \times (T - T_0))/(S_0 \times (1 + S_1 \times (T - T_0))) \quad (11.9)$$

11.3.6 电压驱动硅应变计

图11.22所示电路中的电压驱动方式使用一个高精度A/D转换器来对V_{OUT}(AIN1/AIN2)、温度(AIN3/AIN4)和VB(AIN5/AIN6)进行数字化。这些测量值随后被传送到μC,在那里计算实际的压力。电桥直接由电源驱动,这个电源同时也为A/D转换器、电压基准和μC供电。电路图中标有R_t的电阻式温度检测器用来测量温度。通过A/D转换器内的输入复用器同时测量电桥、RTD和电源电压。为确定校准系数,整个系统(或至少是RTD和电桥)被放到温箱里,向电桥施加校准过的压力,并在多个不同温度下进行测量。测量数据通过测试系统进行处理,以确定校准系数。最终的系数被下载到μC并存储到非易失性存储器中。

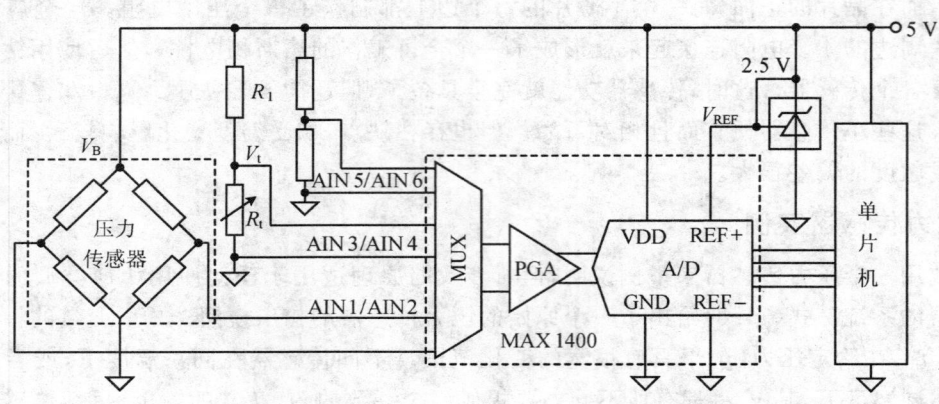

图 11.22　直接测量计算实际压力所需的变量(激励电压、温度和电桥输出)的电路

设计该电路时主要应考虑的是动态范围和 A/D 转换器的分辨率,最低要求取决于具体应用和所选的传感器和 RTD 的参数。为了举例说明,使用下列参数。

系统规格：

满量程压力　100 psi；

压力分辨率　0.05 psi；

温度范围　$-40 \sim 85$ ℃；

电源电压　$4.75 \sim 5.25$ V。

压力传感器规格：

S_0(灵敏度)　$150 \sim 300$ μV/V/psi；

S_1(灵敏度的温度系数)　最大 -2.5×10^{-3}/℃；

U_0(偏移)　$-3 \sim +3$ mV/V；

U_1(偏移的温度系数)　$-15 \sim +15$ μV/V/℃；

R_B(输入电阻)　4.5 kΩ；

TCR(电阻温度系数)　1.2×10^{-3}/℃；

RTD　PT100(α：3.85×10^{-3}/℃(ΔR/℃ = 0.385,Ω 额定值)；-40℃时值为 84.27 Ω；0 ℃时值为 100 Ω；85 ℃时值为 132.80 Ω。)

1. 电压分辨率

能够接受的最小电压分辨率可根据能够检测到的最小压力变化所对应的 V_{OUT} 得到。极端情况为使用最低灵敏度的传感器,在最高温度和最低供电电压下进行测量。

注意：式(11.8)中的偏移项不影响分辨率,因为分辨率仅与压力响应有关。

使用式(11.8)以及上述假设：

$$\Delta V_{\text{OUT min}} = 4.75 \text{ V}(0.05 \text{ psi/count } 150 \text{ }\mu\text{V/V/psi} \times (1 + (-2.5 \times 10^{-3}/\text{°C}) \times (85\text{°C} - 25\text{°C}))$$
$$\approx 30.3 \text{ }\mu\text{V/count}$$

所以，A/D 转换器最低分辨率为 30 μV/count。

2. 输入范围

输入范围取决于最大输入电压和最小或者最负的输入电压。根据式(11.8)，产生最大 V_{OUT} 的条件是：最大压力(100 psi)、最低温度(-40 °C)、最大电源电压(5.25 V)和 3 mV/V 的偏移，-15 μV/V/°C 的偏移温度系数，$-2.5 \times 10^{-3}/$°C 的 TCS 以及最高灵敏度的芯片(300 μV/V/psi)。最负信号一般都在无压力($p=0$)，电源电压为 5.25 V，-3 mV/V 的偏移，-40 °C 的温度以及 OTC 等于 $+15$ μV/V/°C 的情况下出现。

再次使用式(11.8)以及上述假设：

$$V_{\text{OUT max}} = 5.25 \text{ V} \times (100 \text{ psi} \times 300 \text{ }\mu\text{V/V/psi} \times (1 + (-2.5 \times 10^{-3}/\text{°C}) \times (-40\text{°C} - 25\text{°C})) +$$
$$3 \text{ mV/V} + (-0.015 \text{ mV/V/°C}) \times (-40 \text{ °C} - 25 \text{ °C})) - 204 \text{ mV}$$
$$V_{\text{OUT min}} = 5.25 \times (-3 \text{ mV/V} + (0.015 \text{ mV/V/°C} \times (-40 \text{ °C} - 25 \text{ °C}))) - 21 \text{ mV}$$

因此，A/D 转换器的输入范围为 $-21 \sim +204$ mV。

3. 分辨位数

适用于本应用的 A/D 转换器应具有 $-21 \sim +204$ mV 的输入范围和 30 μV/count 的电压分辨率。该 A/D 转换器的编码总数为(204 mV + 21 mV)/(30 μV/count) = 7 500 counts，或稍低于 13 位的动态范围。如果传感器的输出范围与 A/D 转换器的输入范围完全匹配，那么一个 13 位的转换器就可以满足需要。由于 $-21 \sim +204$ mV 的量程与通常的 A/D 转换器输入范围都不匹配，因此需要或者对输入信号进行电平移动和放大，或者选用更高分辨率的 A/D 转换器。幸运的是，现代的 Σ-Δ A/D 转换器的分辨率高，具有双极性输入和内部放大器，使高分辨率 A/D 转换器的使用变为现实。这些 Σ-Δ A/D 转换器提供了一个更为经济的方案，而不需要增加其他元器件。这不仅缩小了电路板尺寸，还避免了放大和电平移位电路所引入的漂移误差。

工作于 5 V 电源的典型 Σ-Δ A/D 转换器，采用 2.5 V 参考电压，具有±2.5 V 的输入电压范围。为了满足用户对于压力传感器分辨率的要求，这种 A/D 转换器的动态范围应当是：(2.5 V-(-2.5 V))/(30 μV/count) = 166 667 counts。这相当于 17.35 位，很多 ADC 都能满足该要求，例如 18 位的 MAX1400。如果选用 SAR A/D，则是相当昂贵的，因为这是将 18 位转换器用于 13 位应用，且只产生 11 位的结果。然而，选用 18 位(17 位加上符号位)的 Σ-Δ A/D 转换器更为现实，尽管三个最高位其实并没有使用。除了廉价外，Σ-Δ A/D 转换器还具有高输入阻抗和很好的噪声抑制特性。

18 位 A/D 转换器可以使用带内部放大器的更低分辨率的转换器来代替，例如 16 位的 MAX1416。8 倍的增益相当于将 A/D 转换结果向高位移了 3 位。从而利用了全部的转换位，

4. 温度测量

如果测量温度仅仅是为了对压力传感器进行补偿,那么,温度测量不要求十分准确,只要测量结果与温度的对应关系具有足够的可重复性即可。这样将会有更大的灵活性和较宽松的设计要求。有三个基本的设计要求:避免自加热,具有足够的温度分辨率,保证在 A/D 转换器的测量范围之内。

使最大 V_t 电压接近于最大压力信号有利于采用相同的 A/D 转换器和内部增益来测量温度和压力。本例中的最大输入电压为 +204 mV。考虑到电阻的误差,最高温度信号电压可保守地选择为 +180 mV。将 R_t 上的电压限制到 +180 mV 也有利于避免 R_t 的自加热问题。一旦最大电压选定,根据在 85 ℃(R_t=132.8 Ω),V_B=5.25 V 的条件下产生该最大电压可以计算得到 R_1。R_1 的值可通过式(11.10)进行计算,式中的 V_{tmax} 是 R_t 上所允许的最大压降。温度分辨率等于 A/D 转换器的电压分辨率除以 V_t 的温度敏感度。式(11.11)给出了温度分辨率的计算方法。

注意:本例采用的是计算出的最小电压分辨率,是一种较为保守的设计,也可以使用实际的 A/D 转换器无噪声分辨率。

$$R_1 = R_t \times (V_B/V_{tmax} - 1) \tag{11.10}$$

$$= 132.8\ \Omega \times (5.25\ \text{V}/0.18\ \text{V} - 1) \approx 3.7\ \text{k}\Omega$$

$$T_{RES} = V_{RES} \times (R_1 + R_t)^2 / (V_B \times R_1 \times R_t/℃) \tag{11.11}$$

其中,T_{RES} 是 A/D 转换器所能分辨的摄氏温度测量分辨率。

$$T_{RES} = 30\ \mu\text{V/count} \times (3700 + 132.8)^2/(4.75\ \text{V} \times 3700 \times 0.38/℃) \approx 0.07℃/\text{count}$$

0.07 ℃ 的温度分辨率足以满足大多数应用的要求。如果需要更高的分辨率,有以下几种选择:使用一个更高分辨率的 A/D 转换器;将 RTD 换成热敏电阻;将 RTD 用于电桥,以便在 A/D 转换器中能够使用更高的增益。

注意:要得到有用的温度结果,软件必须对供电电压的变化进行补偿。另外一种代替方法是将 R_1 连接到 V_{REF},而不是 V_B。这样可使 V_t 不依赖于 V_B,但也增加了参考电压的负载。

5. 优化的电压驱动

硅应变计和 A/D 转换器的一些特性允许图 11.22 电路进一步简化。从式(11.8)可以看出,电桥输出与供电电压(V_B)直接成正比。具有这种特性的传感器称为比例传感器。式(11.12)为适用于所有具有温度相关误差的比例传感器的通用表达式。在式(11.8)中,将 V_B 右边的所有部分用通用表达式 $f(p,t)$ 代替便是式(11.12)。这里,p 是被测物理量的强度,而 t 则为温度。

$$V_{\text{OUT}} = V_B \times f(p,t) \tag{11.12}$$

A/D 转换器也具有比例属性,它的输出与输入电压和参考电压直接成比例。式(11.13)描述了一般的 ADC 的数据读取值(D)与输入信号(V_s)、参考电压(V_{REF})、满量程读数(FS)以及比例因子(K)之间的关系。该比例因子与具体的转换器架构以及内部放大倍数有关。

$$D = (V_s/V_{\text{REF}})\text{FS} \times K \tag{11.13}$$

将式(11.13)中的 V_s 用式(11.12)中的 V_{OUT} 表达式代换,A/D 转换器对于性能的影响就会显现出来,结果见式(11.14):

$$D = (V_B/V_{\text{REF}}) \times f(p,t) \times \text{FS} \times K \tag{11.14}$$

由式(11.14)可见,对于测量结果而言,更为重要的是 V_B 和 V_{REF} 的比值,而非它们的绝对值。因此,图 11.22 电路中的电压基准源可以不用。A/D 转换器的参考电压可以取自一个简单的电阻分压器,只要保持恒定的 V_B/V_{REF} 之比即可。这一改进不仅省去了电压基准,也免去了对 V_B 的测量,以及补偿 V_B 变化所需的所有软件。这种技术适用于所有比例传感器。R_t 和 R_1 串联构成的温度传感器也是比例型的,因此,温度检测也不需要电压基准。该电路如图 11.23 所示,压力传感器的输出、RTD 电压以及 A/D 转换器参考电压均与供电电压直接成正比。该电路无需绝对电压基准,同时简化了确定实际压力时所必需的计算。

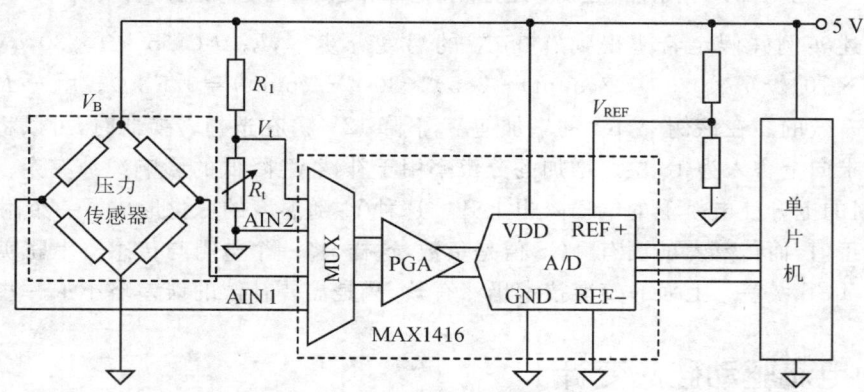

图 11.23 比例测量电路示例

硅基电阻对温度十分敏感,根据这种特性,可用电桥电阻作为系统的温度传感器。这不仅降低了成本,而且会有更好的效果。因为它不再受 RTD 和压敏电桥之间温度梯度的影响。正像前面所提到的,温度测量的绝对精度并不重要,只要温度测量是可重复的和唯一的。这种唯一性要求限定了这种温度检测方法只能用于施压后桥路电阻保持恒定的电桥。幸运的是,大多数硅传感器采用全工作桥,能够满足该要求。

图 11.24 所示电路中,在电桥低压侧串联一个电阻(R_1),从而得到一个温度相关电压。增加这个电阻会减小电桥电压,从而减小其输出。减小的幅度一般不是很大,况且只需略微增加增益或减小参考电压就足以对其加以补偿。式(11.15)可用于计算 R_1 的保守值。对于大

多数应用,当 $R_1 < R_B/2$ 时,电路能很好地工作。

$$R_1 = (R_B \times V_{RES})/(V_{DD} \times TCR \times T_{RES} - 2.5 \times V_{RES}) \tag{11.15}$$

其中,R_B 是传感器电桥的输入电阻,V_{RES} 是 ADC 的电压分辨率,V_{DD} 是供电电压,TCR 为传感器电桥的电阻温度系数,而 T_{RES} 是所期望的温度分辨率。

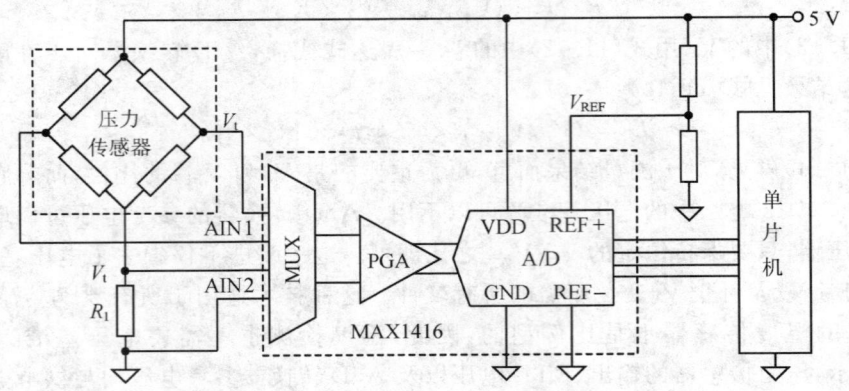

图 11.24 用电桥输出测量压力和用电桥电阻测量温度的比例电路实例

继续上述实例并假定希望得到 0.05 ℃ 的温度分辨率,$R_1 = (4.5\ k\Omega \times 30\ \mu V/count)/((5\ V \times 1.2 \times 10^{-3}/℃ \times 0.05\ ℃/count) - 2.5) \times 30\ \mu V/count) = 0.6\ k\Omega$。由于 $R_1 < R_B/2$,这一结果是有效的。在该例中,R1 的增加使 V_B 下降 12%。在选择转换器时,可以将 17.35 位的分辨率要求向上舍入为 18 位。增加的分辨率用于补偿 V_B 降低的影响绰绰有余。温度上升时,电桥电阻的上升使电桥上的电压降也上升。这种 V_B 随温度的变化形成了一个附加的 TCS 项。该值为正值,而传感器的固有 TCS 值是负数,这样,将一个电阻与传感器串联实际会减小未经补偿的 TCS 误差。上面的校准技术仍然有效,只是需要补偿的误差略小了一些。

11.3.7 电流驱动硅应变计

有一类特殊的压阻式传感器被称为恒流传感器或电流驱动传感器。这些传感器经过特殊处理,当它们采用电流源驱动时,灵敏度在温度变化时保持恒定(TCS≈0)。电流驱动传感器经常增加附加电阻,可以消除或者显著降低偏移误差和 OTC 误差。这实际上是一种模拟的传感器校准技术。这可以将设计者从繁杂的工作中解放出来,不必对每个传感器在不同温度和压力下进行测量。这种传感器在宽温范围内的绝对精度通常不如数字校准的传感器好。数字技术仍然能用于改善这些传感器的性能,通过测量电桥上的电压很容易获得温度信息,其灵敏度通常大于 2×10^{-3}/℃。图 11.25 所示是一种电流驱动的电桥电路。该电路使用同一个电压基准源来建立恒定电流和为 A/D 转换器提供基准电压。

第 11 章 电阻的测量与应用

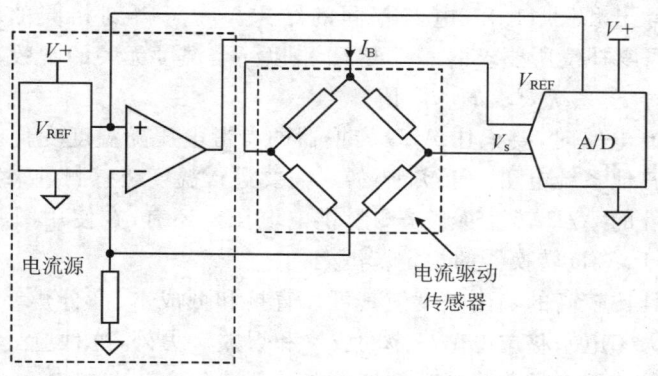

图11.25 使用一个电流驱动传感器并采用传统的电流源电路驱动的电路

1. 省去电流源

理解了电流驱动式传感器如何对 STC 进行补偿,就可以采用图 11.26 电路在不带电流源的情况下达到与图 11.25 电路相同的效果。电流驱动传感器仍具有一个激励电压(V_B),只是 V_B 并不固定于电源电压。V_B 由电桥阻抗和流过电桥的电流来决定。如前所述,硅电阻具有正温度系数。这样,当电桥由电流源供电时,V_B 将随温度的升高而增加。如果电桥的 TCR(阻抗温度系数)与 TCS 幅值相等而符号相反,那么,V_B 将随着温度以适当的比率增加,对灵敏度的降低进行补偿。在某个有限的温度范围内,TCS 将接近零。

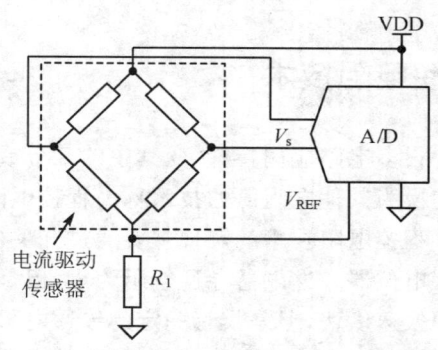

图 11.26 采用电流驱动传感器,但无需电流源和电压参考电路

从式(11.14)出发,将其中的 V_B 用 $I_B \times R_B$ 来代换,即可得到图 11.26 电路中的 A/D 转换器输出方程。可得到公式(11.16),其中,R_B 是电桥的输入电阻,I_B 是流经电桥的电流。

$$D = (I_B \times R_B/V_{REF}) \times f(p,t) \times FS \times K \tag{11.16}$$

图 11.26 电路能够提供与图 11.25 电路相同的性能,而不需要电流源或电压参考。这可以通过比较两个电路的输出来说明。图 11.26 中的 A/D 转换器输出可由式(11.14)出发得到,将其中的 V_B 和 V_{REF} 替代为相应的表达式即可,即对于图 11.26 电路:$V_B = V_{DD} \times R_B/(R_1+R_B)$ 和 $V_{REF} = V_{DD} \times R_1/(R_1+R_B)$,将它们代入式(11.14)可得到式(11.17):

$$D = (R_B/R_1) \times f(p,t) \times FS \times K \tag{11.17}$$

如果选择 R_1 等于 V_{REF}/I_B,那么式(11.16)和式(11.17)是完全相同的,这就表明,

图 11.26 电路也会得出和图 11.25 电路相同的结果。为了得到相同的结果，R_1 必须等于 V_{REF}/I_B，但这不是温度补偿所要求的。只要 R_B 乘以一个温度无关的常数，就可以实现温度补偿。R_1 可选择最适合于系统要求的电阻值。

当使用图 11.26 电路时，要记住 A/D 转换器的参考电压随温度变化。这使得 A/D 转换器不适合用来监测其他系统电压。事实上，如果需要进行温度敏感测量来实现额外的补偿，那么可以使用一个额外的 A/D 转换通道来测量供电电压。还有，在使用图 11.26 电路时，必须注意要确保 V_{REF} 位于 A/D 转换器的规定范围之内。

硅压阻式应变计比较高的输出幅度使其可以直接和低成本、高分辨率 $\Sigma-\Delta$ A/D 转换接口。这样避免了放大和电平移位电路带来的成本和误差。另外，这种应变计的热特性和 A/D 转换器的比例特性可被用来显著降低高精度电路的复杂程度。

11.4 程控电阻技术、数字电位器及应用

程控电阻技术

很多电路应用，当改变其中的某个或多个电阻的阻值时，其输出特性就会改变，现在把能够切换为其他电阻值的技术称为程控电阻技术。

程控电阻技术的实现主要通过开关器件实现，广泛应用的程控开关是继电器、模拟开关和数字电位器。继电器导通电阻为零，但是工作电流大，切换速度慢，且易引入电磁干扰；模拟开关切换速度快，但是具有一定的导通电阻，适合应用于高阻抗输入。图 11.5 演绎的就是一个程控电阻以切换量程应用的实例，其实质就是一个程控放大器。

数字电位器是一种固态电位器，它与传统的模拟电位器的工作原理、结构和外形完全不同，它取消了活动件，是一个半导体集成电路，其优点是没有噪声，有极长的工作寿命。下面以 DS1666 为例介绍数字电位器的基本工作原理及应用。

图 11.27(a) 是内部结构框图，主要由电阻阵列 R、128 选 1 模拟开关 S、滑臂位置译码器、7 位计数器及起始滑臂位置设定器组成。电阻阵列 R 由 127 个电阻构成串联的阵列，每个电阻的两端有引线，分别与相应的开关连接，它的高端为 RH，低端为 RL。RH、RL 是电位器的两个工作端。128 选 1 模拟开关由 7 位二进制数字来控制(0000000～1111111)，使 128 个开关中有一个开关处于接通状态。开关一端是连接在一起的，即是电位器的滑臂 RW。当 1 位二进制数字从最低位(0000000)向最高位(1111111)变化时，滑臂位置亦从低到高变化了 128 个不同的位置。滑臂位置译码器接收 7 位计数器送来的信号，将它变成相应的二进制信号用来控制滑臂的位置。7 位计数器是一种可预置的可逆计数器，它由 $\overline{CS}$、INC 和 $U/\overline{D}$ 三个控制信号控制。表 11.1 列出了其控制功能。

第 11 章 电阻的测量与应用

表 11.1 DS1666 控制

$\overline{CS}$	$\overline{INC}$	U/$\overline{D}$	计数器输出
0	↘	1	上升
0	↘	0	下降
↗	1	×	保持

图 11.27(b) 是引脚排列,采用 14 脚双列直插式封装,各脚功能如下:RH 为电位器高端;RL 为电位器低端;RW 为电位器滑臂;U/$\overline{D}$ 为电位器阻值升/降控制信号;INC 为滑臂移动控制信号;$\overline{CS}$ 为片选信号;VB 为 0～5 V(基片偏置电压)。

图 11.27(c) 是 DS1666 典型应用电路,它作为一个可变的分压器,与固定增益的放大器连接,只要改变分压器的分压比,即可改变放大器的输出电压。

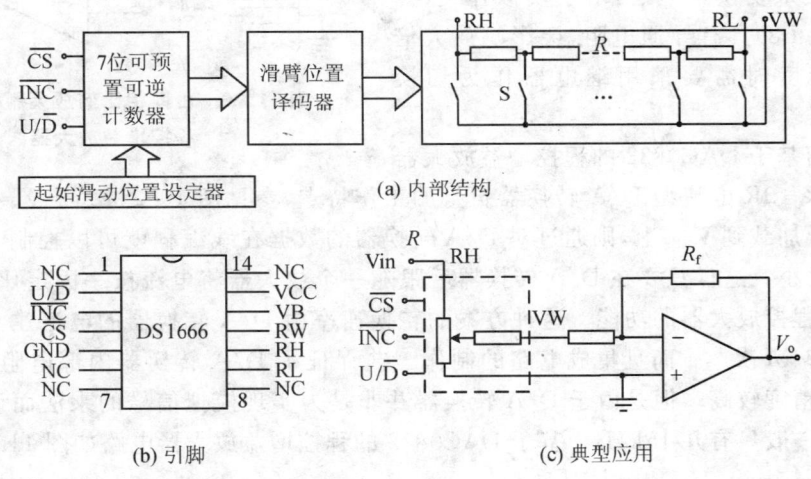

图 11.27 DS1666 内部结构、引脚及典型应用

数字电位器的应用非常广泛,某些特定情况下可能需要增加元件以配合电路调整。例如,数字电位器的端到端电阻一般为 10～200 kΩ,而调整 LED 亮度时通常需要非常低的阻值。针对这个问题,可以选用 DS3906。当 DS3906 外部并联一个固定 105 Ω 的电阻时,可以提供 70～102 Ω 的等效电阻,这种结构能够按照 0.5 的步进值精确调节 LED 的亮度。

——典型设计举例 E10:程控增益放大器的设计

随着数字化技术的不断发展,各类测量仪表越来越趋于采取数字化和智能化方向的发展。这些设备一般由前端的传感器、放大器电路和后端的数据处理电路组成。对于前端电路,由于传感器输出信号的幅度和驱动能力均比较微弱,必须加接高精度的测量放大器以满足后端电路的要求；另一方面，传感器在不同测试中输出信号的幅度可能相差很多，传统的处理方法是对放大器增加手动档位调节以保证与后端的 A/D 采集的参考电压保持在一定幅度内，从而保证整个仪表的测量精度。人工档位调节增加了仪表操作的复杂性，影响了数据测量的实时性，同时档位调节通常采用机械转扭增加了仪器的不可靠性和接触电阻对测量精度的影响。是否可由单片机自动选择量程档位呢？答案是肯定的，传统的方法是采用可软件设置增益的放大器，如 AD8321 芯片。但该类放大器价格较高，选择档位较少（如 TI 公司的 PGA103 等仅 3～4 档）。为了克服以上缺点，可以采用程控电阻与放大器共同组成的高精度、多档位、低成本的程控增益放大器。

由同相比例放大器构成的程控增益放大器如图 11.28 所示。通过切换电阻 R 值，从而改变放大倍数 $A=1+R_f/R$。R 的切换可以通过继电器和模拟开关来切换。但是，由于模拟开关（如 CD4051，详见 E8）具有导通电阻，会影响放大倍数 A，要求精度时需要采用继电器作为切换开关。

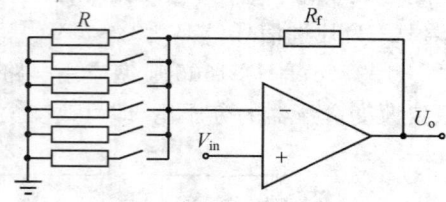

图 11.28　由同相比例放大器构成的程控增益放大器

下面介绍基于 DAC0832 的程控增益放大器设计。利用 R-2R 电流型 D/A 转换器自身的工作特点，参见图 10.2，$I_{out1}=V_{REF}/R \times D/2^8$。若将输入信号加载到 V_{REF} 上，则通过对 D/A 转换器的数据在线编程就可以控制 D/A 转换器输出电流的大小。这样只要在 D/A 转换器后跟随一个放大器将电流按一固定比例转化为电压，就实现了程控放大器的功能。这种方案的转换速率由 D/A 转换器的电流建立时间决定，DAC0832 为 1 M 次/s。而且集成电路的制作工艺保证了 D/A 转换器内部电阻阻值的对称性，所以控制精度较高。但是由于 D/A 转换器并非是为实现模拟信号的乘法而设计的，其工作带宽有限，一般只有几十 kHz。基于 DAC0832 的程控增益放大器电路如图 11.29 所示。

有
$$V_o = -I_{out1} \times (R_{fb}+R_A) = V_i/R \times D/2^8 \times (R_{fb}+R_A)$$
即，数字量 D 决定了增益 $A=-D/2^8 \times (R_{fb}+R_A)/R$。

同类典型应用设计、分析与提示

基于 LM317 的程控直流稳压电源的设计

直流稳压电源是电子设备的主要供电设备之一。本设计以单片机为核心，基于常用的三端可调直流稳压器 LM317，按照常规线性直流稳压电源原理，通过降压整流滤波电路和稳压电路，并结合数控电阻网络实现数控直流稳压电源。

LM317 是美国国家半导体公司的三端可调正稳压器集成电路，是使用极为广泛的一类串联集成稳压器。LM317 的可调整输出电压低至 1.20 V，保证 1.5 A 输出电流，它的典型线性

第 11 章 电阻的测量与应用

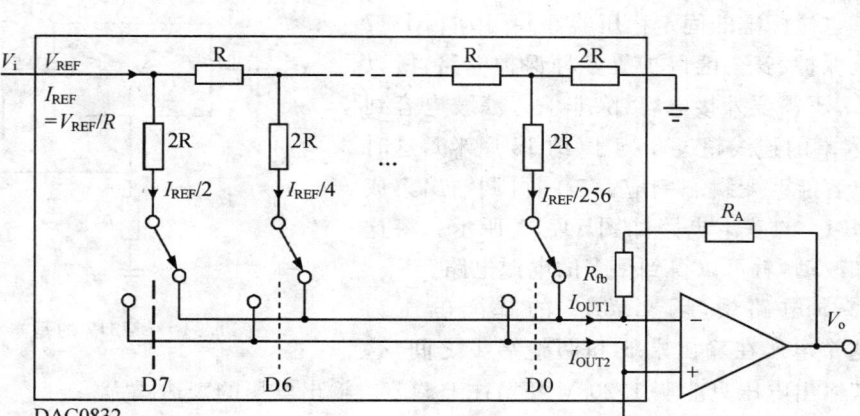

图 11.29 基于 DAC0832 的程控增益放大器电路

调整率为 0.01%，典型负载调整率为 0.1%，具有 80 dB 纹波抑制比，具有输出短路保护、过流和过热保护，输入、输出最小压差降为 0.2 V，并且 LM317 的输出电压从 1.20 V 至 37 V 连续可调。LM317 封装及内部等效电路如图 11.30 所示。三端可调式稳压器 LM317 内部由恒流源、基准电压、比较放大器、调整管和保护电路等组成。V_{REF} 是一个内部的 1.2～1.25 V 基准源，接在运放的反向输入端，由运放的特性可知，只有当输入端的电压非常接近 V_{REF} 时，三极管中才会有一个稳定的非饱和电流通过，进而输出端才会有一个稳定的电压输出，并且随着输入端电压的微小变化，流过三极管的电压也会相应发生变化。

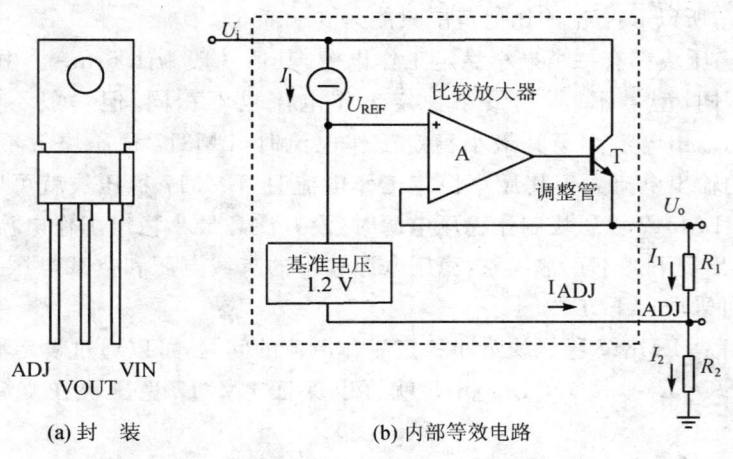

(a) 封　装　　　　　　(b) 内部等效电路

图 11.30　LM317 封装及内部等效电路

LM317 的使用非常简单，仅需两个外接电阻来设置输出电压。此外，它的线性调整率和负载调整率也比标准的固定稳压器好。因为 LM317 内置有过载保护、安全区保护等多种保护电路,所以通常 LM317 不需要外接电容,除非输入滤波电容到 LM317 输入端的连线超过 6 英寸(约 15 厘米),这时使用输出电容能改变瞬态响应。三端可调输出集成稳压器 LM317 的基本电路如图 11.31 所示。将这个电路稍加改动,就可以得到很多的电源电路。

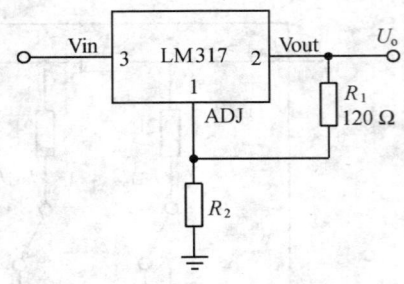

图 11.31　LM317 的基本电路

在该基本电路中,因 LM317 的基准电压为 1.20 V。这个电压在输出端 3 和调整端 1 之间,这就决定了其输出电压只能从 1.20 V 开始往上调节。输出电压的表达式为

$$U_\circ = 1.2 \times \left(1 + \frac{R_2}{R_1}\right) + 50 \times 10^{-6} \times R_2$$

上式中的第二项,是表示从 LM317 调整端流出的经过电阻 R_2 的电流为 50 μA。它的变化很小,一般在 1% 左右(约为 0.5 μA)。在电阻 R_2 值较小时,第二项可以忽略不计,有

$$U_\circ = 1.2\left(1 + \frac{R_2}{R_1}\right)$$

因此,只要改变电阻 R_1、R_2 就可以很方便地调节稳压电源的输出电压。使用 LM317 的技术概要如下:

① 仅仅从公式本身看,R_1、R_2 的电阻值可以随意设定。然而作为稳压电源的输出电压计算公式,R_1 和 R_2 的阻值是不能随意设定的。由于 LM317 稳压块的输出电压变化范围是 $U_\circ = 1.20 \sim 37$ V,所以 R_2/R_1 的比值范围只能为 $0 \sim 28.6$。

② LM317 稳压块都有一个最小稳定工作电流,其值一般为 1.5 mA。由于 LM317 稳压块的生产厂家不同、型号不同,其最小稳定工作电流也不相同,但一般不大于 5 mA。当 LM317 稳压块的输出电流小于其最小稳定工作电流时,LM317 稳压块就不能正常工作;当 LM317 稳压块的输出电流大于其最小稳定工作电流时,LM317 稳压块就可以输出稳定的直流电压。如果用 LM317 稳压块制作稳压电源时,没有注意最小稳定工作电流,那么所制作的稳压电源可能会出现下述不正常现象:稳压电源输出的有载电压和空载电压差别较大。为了解决上述问题,可采取以下方法。

方法一:要解决 LM317 稳压块最小稳定工作电流的问题,可以通过设定 R_1 和 R_2 阻值的大小,只要保证 $U_\circ/(R_1+R_2) > 1.5$ mA,就可以保证 LM317 稳压块在空载时能够稳定地工作。

方法二:为保证稳压器在空载时也能正常工作,则流过电阻 R_1 的电流不能太小。一般取 $I_{R_1} = 5 \sim 10$ mA,故 $R_1 = V_{REF}/I_{R_1} = 1.2/[(5 \sim 10) \times 10^{-3}]\ \Omega \approx 120 \sim 240\ \Omega$,又因为 R_2/R_1 的最大值为 28.6,所以 R_2 的取值范围为 $R_2 \approx 3.43 \sim 6.86$ kΩ。在使用 LM317 稳压块的输出电

压计算公式计算其输出电压时，必须保证 R_1 为 120~240 Ω，R_2 为 3.43~6.86 kΩ 时，才能保证 LM317 稳压块在空载时能够稳定地工作。

那么选取 $R_1 = 120$ Ω，有

$$U_\circ \approx 1.20\left(1 + \frac{R_2}{R_1}\right) = 1.2 + 0.01 R_2$$

③ LM317 稳压块的输入至少要比输出高 2 V，否则不能调压。输入电压最高不能超过 40 V，输出电流不超过 1 A。若输入 12 V，则输出最高就是 10 V 左右。由于它内部还是线性稳压，因此功耗比较大。当输入电压差比较大且输出电流也比较大时，注意 LM317 稳压块的功耗不要过大。一般加散热片后功耗也不超过 20 W。

因此，若实现 3.3 V、5 V、12 V 的程控电压输出，即可计算得到对应的 3 个 R_2。考虑到采用低成本的 NPN 型三极管作为切换器件，饱和导通电压为 0.3 V，那么，程控输出电压有一个固定的偏置 0.3 V，所以，$U_\circ$ 取 3 V、4.7 V 和 11.7 V，对应 R_2 分别为 180 Ω、350 Ω 和 1 050 Ω，电路如图 11.32 所示。对应三极管饱和导通则形成程控电压输出。

为获得较高的输出电压值，LM317 稳压器的调节端与地之间的电阻 R_2 值及其压降往往较大，在 R_2 两端并接一个小于 0.1 μF 的电容 C_1，可有效地抑制输出端的纹波。当输入端或输出端发生短路时，电容 C_1 的放电将在 R_1 上产生冲击电压，会危及稳压器的基准电压电路，因此需在 R_1 两端并接二极管 D1 以保护稳压器。稳压器的输出端不加电容亦能工作，由于稳压器在 1:1 的深度负反馈下工作，当输出端负载为容性的某一值时，稳压器有可能出现自激现象。因此，在稳压器的输入端接入 0.1 μF 的电容 C_2，

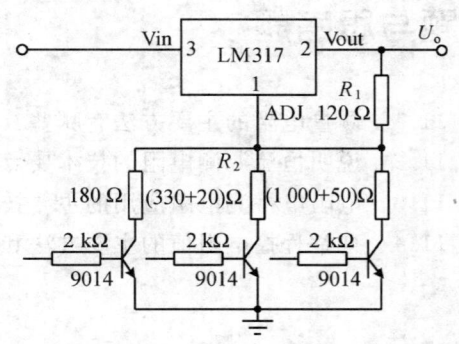

图 11.32　基于 LM317 的程控电源原理模型

输出端接入大容量电解电容 C_3，提供足够的电流供给，同时可以防止可能发生的自激振荡以及减小高频噪声和改善负载的瞬态响应。当输入端发生短路时，C_3 通过稳压器的调整管放电，若 C_3 值较大，则放电时的冲击电流很大，电压会通过稳压器内部的输出晶体管放电，可能造成输出晶体管发射结反向击穿。为此，在稳压器两端并接二极管 D2，输入端短路时 C_3 通过 D2 放电，保护稳压器。如图 11.33 所示为带有保护的 LM317 程控稳压电路。

程控滤波器设计

在电子电路中，滤波器是不可或缺的部分，其中有源滤波器更为常用。一般有源滤波器由运算放大器和 RC 元件组成，RC 参数决定了滤波器的截止频率。因此，程控电阻可实现滤波器截止频率的程控调整。

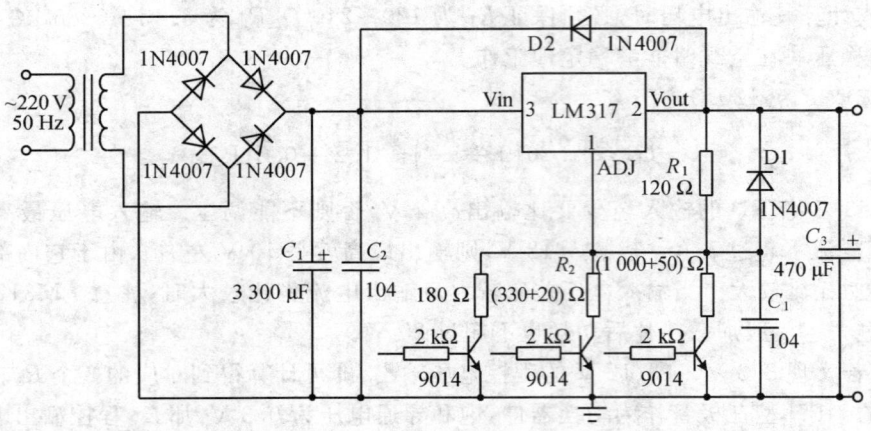

图 11.33 带有保护的 LM317 程控稳压电源

习题与思考题

11.1 测量电阻的主要方法有哪些?它们各有什么特点?
11.2 说明恒流源测电阻的技术要点和主要电路形式。
11.3 电阻电桥测电阻应用的主要技术要点有哪些?
11.4 列举程控电阻值的主要方法和应用领域。

第 12 章
阻抗特性测量与线性网络分析技术及应用

12.1 阻抗测量与应用概述

阻抗测量一般是电阻、电容、电感及相关的 Q 值、损耗角、电导等参数的测量。其中，电阻表示电路中能量的损耗，电容和电感则分别表示电场能量和磁场能量的存储。在电子技术中，随着频率及电路形式的不同，可分为集总参数电路和分布参数电路。本章核心内容之一就是讨论频率在数百兆赫以下的集总参数电路元件（如电感线圈、电容器和电阻器等）的阻抗模型，以及基于单片机技术实现阻抗测量的基本技术。

12.1.1 阻抗定义及表示

阻抗表示对流经器件或电路电流的总抵抗能力，是电子元器件和电路系统的基本工作参数。对于一个线性网络，阻抗定义为加在端口上的电压 $\dot{U}$ 和流进端口的同频电流 $\dot{I}$ 之比。在直流条件下，线性二端器件的电阻，由欧姆定律来定义。在交流情况下，电压和电流的比值是复数。如图 12.1 所示，阻抗 Z 可以表示为

$$Z = \frac{\dot{U}}{\dot{I}} = R + \mathrm{j}X = |Z| e^{\mathrm{j}\varphi} = |Z|(\cos\varphi + \mathrm{j}\sin\varphi)$$

式中：Z 为复数阻抗；$\dot{U}$ 为复数电压；$\dot{I}$ 为复数电流；R 为复数阻抗的实部（即电阻分量）；X 为复数阻抗的虚部（即电抗）；Z 为复数阻抗的绝对值（或模值），$|Z| = \sqrt{R^2 + X^2}$；φ 为复数阻抗的相角（即电压 $\dot{U}$ 与电流 $\dot{I}$ 之间的相位差），$\varphi = \arctan(X/R)$。

在集总参数系统中，电阻、电容以及电感是根据它们发生的电磁现象从理论上定义的。在一般的工程应用中，要严格分析这些元件内的电磁现象是十分困难的，因此为了简便，往往把

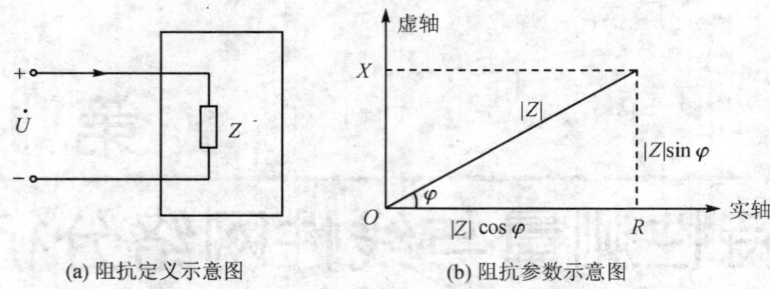

(a) 阻抗定义示意图　　(b) 阻抗参数示意图

图 12.1　阻抗定义示意图及阻抗参数关系图

这些参数看作常量。实际上,阻抗元件决不会以纯电阻、纯电容或纯电感特性出现,而是这些阻抗成分的组合。测量的具体条件改变可能会引起被测阻抗特性的改变。例如,过大的电流使阻抗元件表现出非线性;不同的温度和湿度使阻抗表现为不同的值;不同的工作频率下,阻抗变化很大,甚至同一元件表现的阻抗性质相反。因此,测量环境的变化会造成同一元件测量结果的差异。

导纳 Y 是阻抗 Z 的倒数,即

$$Y = \frac{1}{Z} = \frac{1}{R+\mathrm{j}X} = \frac{R}{R^2+X^2} + \mathrm{j}\frac{-X}{R^2+X^2} = G + \mathrm{j}B$$

式中,G 和 B 分别为导纳的电导分量和电纳分量。导纳的极坐标形式为

$$Y = G + \mathrm{j}B = |Y|\mathrm{e}^{\mathrm{j}\varphi}$$

式中,$|Y|$ 和 φ 分别为导纳的幅度和导纳角。

12.1.2　R、L、C 阻抗元件的基本特性及电路模型

在某些特定条件下,电路元件可近似地看成理想的纯电阻或纯电抗。但是,严格地说,任何实际的电路元件都存在着寄生电容、寄生电感和损耗,而且其数值一般都随所加的电流、电压、频率及环境温度、机械冲击等而变化。特别是当频率较高时,各种分布参数的影响将变得十分严重。这时,电容器可能呈现感抗,而电感线圈也可能呈现容抗。下面分析电感线圈、电容器和电阻器随频率而变化的情况。

1. 电感线圈

电感线圈的主要特性为电感 L,但不可避免地还包含损耗电阻 r_L 和分布电容 C_f。在一般情况下,r_L 和 C_f 的影响较小。将电感线圈接于直流电源并达到稳态时,则可视为电阻。如接于频率不高的交流电源时,则可视为理想电感 L 和损耗电阻 r_L 的串联;当频率继续增高时,仍可将其视为 L 和 r_L 的串联,但因 C_f 的作用,等效的 r_L 和 L 将随频率而变;当频率很高时,C_f 的

作用显著,可视为电感和电容的并联。由此可见,在某一频率范围内,电感线圈可由若干理想元件组成的等效电路近似表示。近似的准确度越高,适应的频率范围越宽,电路的形式也越复杂。当研究某一频率范围内的元件特性时,在满足准确度要求的前提下,可用简单的等效电路表示。图 12.2 所示为电感线圈的高频等效电路。

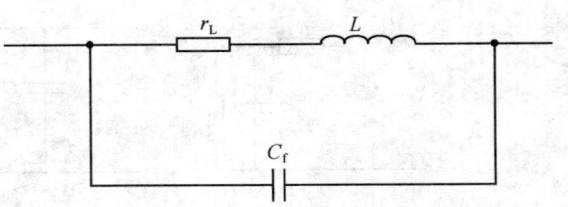

图 12.2　电感线圈的高频等效电路

由图 12.2 可知电感线圈的等效阻抗为

$$Z_{dx} = \frac{(r_L + j\omega L)\frac{1}{j\omega C_f}}{r_L + j\left(\omega L - \frac{1}{\omega C_f}\right)} = \frac{r_L + j\omega L}{j\omega C_f r_L + (1 - \omega^2 L C_f)}$$

$$\approx \frac{r_L}{(\omega C_f r_L)^2 + (1 - \omega^2 L C_f)^2} + j\omega \frac{L(1 - \omega^2 L C_f)}{(\omega C_f r_L)^2 + (1 - \omega^2 L C_f)^2}$$

$$= R_{dx} + j\omega L_{dx}$$

式中,R_{dx} 为等效电阻,L_{dx} 为等效电感。

令 $\omega_{0L} = 1/\sqrt{LC_f}$ 为其固有谐振角频率,并设 $r_L \ll \omega L \ll 1/(\omega C_f)$,则上式可简化为

$$Z_{dx} = R_{dx} + j\omega L_{dx} \approx \frac{r_L}{\left[1 - \left(\frac{\omega}{\omega_{0L}}\right)^2\right]^2} + j\omega \frac{L}{1 - \left(\frac{\omega}{\omega_{0L}}\right)^2}$$

可见,当 $f < f_{0L} = \omega_{0L}/(2\pi) = 1/(2\pi\sqrt{LC_f})$ 时,L_{dx} 为正值,这时电感线圈呈感抗;当 $f > f_{0L}$ 时,L_{dx} 为负值,这时呈容抗;当 $f \approx f_{0L}$ 时,$L_{dx} = 0$,这时为一纯电阻 $L/(r_L C_f)$,由于 C_f 及 r 均很小,故为高阻;当 $f \ll f_{0L}$ 时,R_{dx} 及 L_{dx} 均随频率的增高而增高。

2. 电容器

电容器的等效电路如图 12.3(a)所示,其中,除理想电容 C 外,还包含介质损耗电阻 R_C,由引线、接头、高频趋服效应等产生的损耗电阻 R,以及在电流作用下因磁通引起的电感 L_0。当频率较低时,R 和 L_0 的影响可以忽略,电容器的等效电路可以简化为如图 12.3(b)所示的电路;当频率很高时,R_C 的影响比 R 的影响小很多,L_0 的影响不可忽略,这时的等效电路如图 12.3(c)所示,相当于一个 LC 串联谐振电路。令 $f_{0C} = 1/(2\pi\sqrt{L_0 C})$ 为固有串联谐振频率,可以看出:当 $f < f_{0C}$ 时,电容器呈容抗,其等效电容随频率的升高而增加;当 $f = f_{0C}$ 时,电容器呈纯电阻;当 $f > f_{0C}$ 时,电容器呈感抗。

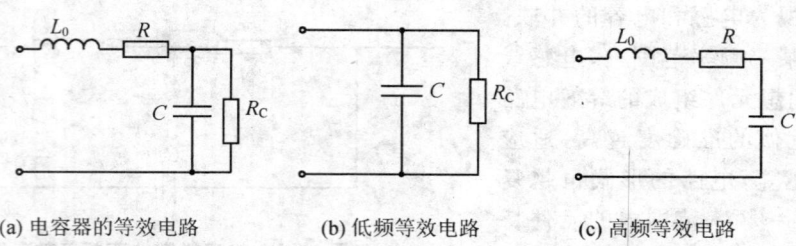

(a) 电容器的等效电路　　(b) 低频等效电路　　(c) 高频等效电路

图 12.3　电容器的等效电路

3. 电阻器

电阻器的等效电路如图 12.4 所示，其中，除理想电阻 R 外，还有串联分布电感 L_R 及并联分布电容 C_f。令 $f_{0R}=1/(2\pi\sqrt{L_R C_f})$ 为其固有谐振频率，当 $f<f_{0R}$ 时，等效电路呈感性，电阻与电感皆随频率的升高而增大；当 $f>f_{0R}$ 时，等效电路呈容性。

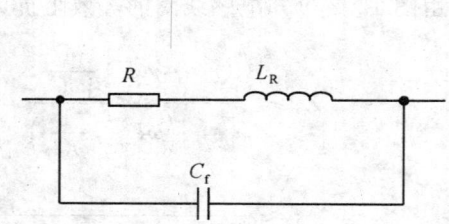

图 12.4　电阻器的等效电路

4. Q 值

通常用品质因数 Q 衡量电感、电容及谐振电路的质量，从能量上来说，其定义为

$$Q=2\pi\frac{\text{一个周期内存储的磁能和电能的总和}}{\text{一个周期内消耗的能量}}$$

从谐振频率和通带来说，Q 值越高，谐振曲线越尖锐，回路对频率的选择作用就越明显，通带随 Q 值增大而减小；从相频特性来说，Q 值越大，回路相频特性在谐振频率点附近变化就越快。通频带 B 与谐振频率 ω_0 和品质因数 Q 的关系为：$B=\omega_0/Q$，表明，Q 大则通频带窄，Q 小则通频带宽。

Q 值是衡量电感器件的主要参数，是指电感器在某一频率的交流电压下工作时所呈现的感抗与其等效损耗电阻之比。电感器的 Q 值越高，其损耗越小，效率越高，即：

$$Q=\frac{\omega L}{r_L}=\frac{2\pi fL}{r_L}$$

电感器品质因数的高低与线圈导线的直流电阻、线圈骨架的介质损耗及铁芯、屏蔽罩等引起的损耗等有关。在一些无线电设备中，常利用谐振的特性，提高微弱信号的幅值。也有人把电感的 Q 值特意降低，目的是避免高频谐振/增益过大，以防止过大 Q 值引起电感烧毁、击穿和电路振荡等。降低 Q 值的方法是增加绕组的电阻或使用功耗比较大的磁芯。

对于电容器，若仅考虑介质损耗及漏泄因数，品质因数为

$$Q=\omega CR=2\pi fCR$$

第 12 章　阻抗特性测量与线性网络分析技术及应用

在实际应用中,常用损耗角 δ 和损耗因数 D 来衡量电容器的质量。损耗因数定义为 Q 的倒数,即

$$D = \frac{1}{Q} = \frac{1}{R\omega C} = \tan\delta \approx \delta$$

对于无损耗理想电容器,$\dot{U}$ 与 $\dot{I}$ 的相位差为 $\theta = 90°$,而有损耗时则 $\theta < 90°$。损耗角 $\delta = 90° - \theta$,电容器的损耗越大,则 δ 也越大,其值由介质的特性所决定,一般 $\delta < 1°$,故 $\tan\delta \approx \delta$。

表 12.1 分别给出了电阻器、电容器和电感器在考虑各种因素时的等效电路模型。其中,R_0、R'_0、L_0 和 C_0 均表示等效分布参量。

表 12.1　电阻器、电容器和电感器的等效电路模型

元件类型	组　成	等效电路模型	等效阻抗
电容器	理想电阻	—[R]—	$Z = R$
	考虑引线电感	—⌇L_0— [R]—	$Z = R + j\omega L_0$
	考虑引线电感和分布电容	—⌇L_0— [R]—‖C_0—	$Z = \dfrac{R + j\omega L_0\left[1 - \dfrac{C_0}{L_0}(R^2 + \omega^2 L_0^2)\right]}{(1 - \omega^2 L_0 C_0)^2 + \omega^2 C_0^2 R^2}$
电容器	理想电容	—‖ C ‖—	$Z = 1/(j\omega C)$
	考虑漏泄和介质损耗等	$C \parallel R_0$	$Z = \dfrac{R_0}{1 + \omega^2 R_0^2 C^2} - j\dfrac{\omega C R_0^2}{1 + \omega^2 R_0^2 C^2}$
	考虑漏泄、引线电阻和电感	L_0—R'_0—($C \parallel R_0$)	$Z = \left(R'_0 + \dfrac{R_0}{1 + \omega^2 R_0^2 C^2}\right) + j\left(\omega L_0 - \dfrac{\omega C R_0^2}{1 + \omega^2 R_0^2 C^2}\right)$
电感器	理想电感	—⌇ L —	$Z = j\omega L$
	考虑导线损耗	—⌇L—[R_0]—	$Z = R_0 + j\omega L$
	考虑导线损耗和分布电容	—⌇L—[R_0]—‖C_0—	$Z = \dfrac{R_0 + j\omega L\left[1 - \dfrac{C_0}{L}(R_0^2 + \omega^2 L^2)\right]}{(1 - \omega^2 L C_0)^2 + \omega^2 C_0^2 R_0^2}$

电子系统设计时经常在一个大的电容上还并联一个小电容,这是为什么呢?因为大电容由于容量大,所以体积一般也比较大,且通常使用多层卷绕的方式制作(动手拆过铝电解电容应该会很有体会),这就导致了大电容的分布电感比较大(也叫等效串联电感,英文简称ESL)。大家知道,电感对高频信号的阻抗是很大的,所以,大电容的高频性能不好。而一些小容量电容则相反,由于容量小,因此体积可以做得很小(缩短了引线,就减小了ESL),而且常使用平板电容的结构,这样小容量电容就有很小的ESL,这样它就具有了很好的高频性能,但由于容量小的缘故,对低频信号的阻抗大。所以,如果为了让低频、高频信号都可以很好地通过,那么就采用一个大电容再并上一个小电容的方式。常使用的小电容为104(0.1 μF)的瓷片电容,当频率更高时,还可并联更小的电容,例如几pF或几百pF的电容。而在数字电路中,一般要给每个芯片的电源引脚上并联一个104的电容到地(此电容称为耦电容,当然也可以理解为电源滤波电容,它越靠近芯片的位置,效果越好),因为在这些地方的信号主要是高频信号,使用较小的电容滤波即可。

12.2 阻抗测量技术

12.2.1 阻抗测量的特点

元件阻抗的测量值与多种测量条件有关,例如测量信号频率和温度等。对于采用不同材料和制作工艺的元件,各种因素的影响程度也各不相同。以下是对影响测量结果的一些典型因素。

1. 频率

寄生参数的存在使频率对实际元件都有影响。当主要元件的阻抗值不同时,主要的寄生参数也会有所不同。表12.2给出了实际的电阻器、电感器和电容器的典型频率响应,测试信号(AC)电平对电容器和铁芯电感器的影响及陶瓷电容器的温度相关性和老化相关性。其中,R_0、L_0和C_0均表示等效分布参量,"0"为参考点。

2. 测量信号电平

对于某些元件,施加的测量信号(AC)可能会影响测量结果。例如,得两信号电压对陶瓷电容器的影响,这一影响随陶瓷电容材料的介电常数(K)而变化。铁芯电感器与测量信号的电流有关。

3. 直流偏置

对于二极管和晶体管这样的半导体元件,直流偏置影响是普遍存在的。一些无源元件也存在直流偏置影响量。所施加的直流偏置对高 K 值型介电陶瓷电容器的电容有很显著的影响。对于铁芯电感器，电感量的变化由流过铁芯的直流偏置电流确定。这是由铁芯材料的磁通饱和特性确定的。

表 12.2 实际的电阻器、电感器和电容器的典型频率响应及测试影响曲线

电阻器的频率响应	电感器的频率响应	电容器的频率响应
寄生电容 $R\ C_0$ / 引线电感 $R\ L_0$；$\|Z\|$ 理想 R 高阻值电阻 / 低阻值电阻	L 金属丝电阻 C_0 寄生电容 / L R_0 磁芯损耗 C_0 寄生电容；$\|Z\|$ R_0 C_0的影响 理想 L 普通电感 / C_0的影响 磁芯损耗高的电感	引线电感 $C\ L_0\ R_0$ 等效串联电阻；$\|Z\|$ L_0的影响 R_0 理想 C
（AC）电平对陶瓷电容器的影响	（AC）电平对铁芯电感器的影响	温度对陶瓷电容器的影响
ΔC 高 K 中 K 低 K 测量电压(AC) U	0 测量电流(AC) I	ΔC 中 K 值 高 K 值 25℃ 温度/℃
直流偏置电压对陶瓷电容器的影响	直流偏置电流对铁芯电感器的影响	老化对陶瓷电容器的影响
ΔC 低 K 值 高 K 值 直流偏置电压 U_0	ΔL 直流偏置电流 I_0	ΔC $1\ 10\ 10^2\ 10^3\ 10^4$ t/h

4. 温　度

大多数元件都存在温度影响因素。对于电阻器、电容器和电感器，温度系数是一项重要的技术指标。

5. 其他影响因素

其他物理和电气环境，如湿度、磁场、光、大气条件、振动和实践都会改变阻抗值。例如，高 K 值型介电陶瓷电容器的电容会随着时间老化而降低。

通过上面对 R、C、L 基本特性的分析，可以明显地看出，电感器、电容器、电阻器的实际阻抗随各种因素而变化，所以在选用和测量 R、C、L 值时必须注意以下两点：

① 保证测量条件与工作条件尽量一致

过强的信号可能使阻抗元件表现出非线性,不同的温湿度会使阻抗表现出不同的值,尤其是在不同频率下,阻抗的变化可能很大,甚至其性能完全相反(例如,当频率高于电感线圈的固有谐振频率时,阻抗变为容性)。因此,测量时所加的电流、电压、频率和环境条件等必须尽量地接近被测元件的实际工作条件,否则,测量结果很可能无多大价值。

② 了解 R、L、C 的自身特性

在选用 R、L、C 元件时,要了解各种类型元件的自身特性。例如,线绕电阻只能用于低频状态,电解电容的引线电感较大,铁芯电感要防止大电流引起的饱和。因此在测量时,要注意到各种类型元件的自身特性,选择合适的测量方法和仪器。

12.2.2 阻抗测量方法

阻抗的测量方法众多,但常用的基本方法有:电桥法、谐振法和(线性)网络分析法等。

1. 电桥法

当电桥平衡时,被测阻抗 Z_x 值可由与其他电桥元件的关系获得。可适用于电感、电容和电阻构成的各类型阻抗的测量,如图 12.5 所示。电桥法工作频率很宽,能在很大程度上消除或削弱系统误差的影响,精度很高,可达到 10^{-4}。

由电桥平衡条件

$$Z_2 Z_x = Z_1 Z_3$$

可以计算出被测元件 Z_x 的量值。电桥平衡时有

$$|Z_2||Z_x| = |Z_1||Z_3|$$

和

$$\varphi_2 + \varphi_x = \varphi_1 + \varphi_3$$

式中,$|Z_1|$、$|Z_2|$、$|Z_3|$ 和 $|Z_x|$ 为复数阻抗 Z_1、Z_2、Z_3 和 Z_x 的模,φ_1、φ_2、φ_3 和 φ_x 为复数阻抗 Z_1、Z_2、Z_3 和 Z_x 的阻抗角,即交流电桥平衡必须同时满足:电桥的 4 个臂中相对臂阻抗的模的乘积相等(模平衡条件),相对臂阻抗相角之和相等(相位平衡条件)。

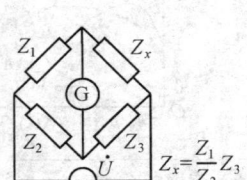

图 12.5 电桥法

2. 谐振法

如图 12.6 所示,调节电容 C 使电路谐振。谐振时,电容与电感阻抗相抵,电路的阻抗仅为 R_x。然后根据测量频率、C 值和 Q 值就可以得到阻抗 L_x 和 R_x 的值。典型的谐振法测量仪器是 Q 表,所以谐振法又称 Q 表法。Q 值用跨接在可调电容器上的电压表直接测量。由于测量电路的损耗低,可测高达 1000 的 Q 值。除了这种直接连接外,还有串联和并联连接,以适应各种阻抗测量。

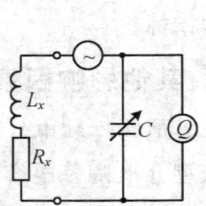

图 12.6 谐振法

3. （线性）网络分析法

（线性）网络分析法是通过测量激励和响应的方法间接获取阻抗值，如图 12.7 所示。R_s 为已知纯电阻，R_x 为被测元件，U_i 为已知正弦输入。

R_s 与 R_x 串联，其电流就是 R_x 的电流，又由于 R_s 为纯电阻，则其电压 U_s 就是与其电流同相的正弦量，再除以电阻 R_s 就是电流正弦量。

R_x 的两端的电压正弦量为 $U_i - U_s$，故通过 1 倍的差分放大电路，使得输出 U_x 就是 R_x 两端的电压正弦量。

有了电压和电流的正弦量，通过峰值检测作比较就可以得到 R_x 的阻抗模，通过相位检测电路即可得到复角。

网络分析法测量阻抗的另一方法如图 12.8 所示，即用一只运算放大器接成电压并联负反馈结构。被测电阻 $R_x = U_x/I_x$，流经采样电阻 R_s 的电流由运放虚断特性知等于 I_x，且 $I_x = U_s/R_s$，因此，$R_x = U_x/I_x = R_s \times U_x/U_s$，这样就把电阻的测量转换成为两电压之比的测量，降低了对电压源 U_s 的准确度和稳定度的要求，测量结果的精确度只与参比电阻的精度有关。

正弦交流信号 U_x 作为激励源，在理想状态下不考虑放大器等电路引起的幅值和相位的变化，设激励信号 $U_x = A\sin\omega t$，响应信号 $U_s = -I_x \times R_s = -(A/A_x)\sin(\omega t + \varphi)R_s$，其中，$A_x$ 为被测阻抗的幅值，φ 为被测阻抗的相位。只要将 U_s 与 U_x 做比较，测得 U_s 的幅值及与 U_x 的相位差就可以得到待测阻抗的信息，测量结果的精度取决于参比电阻的精度和运放的性能。

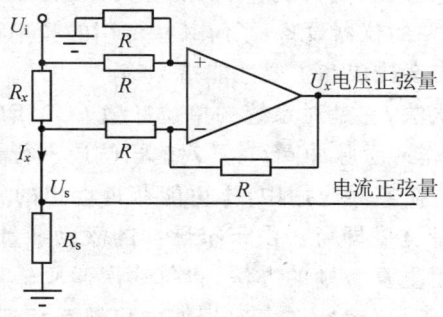

图 12.7 网络分析法阻抗测量基本电路

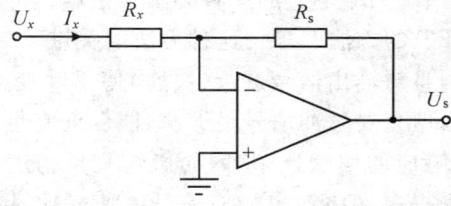

图 12.8 比例法网络分析阻抗测量的原理图

上述两种方法都是基于比例法测量阻抗，但是第二种方法 U_x 为输入已知量，在数字化测量领域可以避免对其测量，而第一种方法 U_x 是未知的被测量，必须要对其测量。

在实际测量中究竟使用哪种方法，应根据具体情况和要求来选择。例如，在直流或低频时使用的元件，用伏安法最简单，但准确度稍差；在音频范围内时，选用电桥法准确度较高；在高频范围内通常利用谐振法，这种方法准确度并不高，但比较接近元件的实际使用条件，故测量值比较符合实际情况。随着电子技术的发展，数字化、智能化的 RLC 测试仪不断推出，给阻抗测量带来了快捷和方便。

12.3 DDS、正弦信号峰值/相位检测与网络分析技术

12.3.1 频率特性测量与网络分析技术

频响特性是以频率为变量描述系统特性的一种图示方法。大家知道,当网络系统的电路结构和电路中的元件参数已知时,可以根据电路分析的方法,求得电路中的各个状态变量,获得关于电路系统的完整信息。而在很多情况下,无法知道电路的详细结构,或无法获得电路中各个元件的准确参数,只能将所要分析的电路系统作为"黑箱"或"灰箱"处理。由于采用这种描述时,无需知道网络内部结构和参数等信息,只需知道系统的输入与输出,而系统的输入/输出又是可以通过测量来得到的,因而频响特性 $H(j\omega)$ 有着重要的理论价值和实用价值,在工程实践和科学实验中都有着广泛的应用。

制作频率特性测试仪需要具备以下两个方面的知识:

① 理解网络频率特性的概念与理论,力求了解较多的频率特性测试方法,以及各种方法的特点和它们适用的频率范围与对象。有关理论知识可参考电路分析和信号与系统类的书籍。

② 从电子工程技术方面,了解频率特性测试方法和频率特性测试仪的有关知识,如频率逐点步进测试和扫频法测试的具体方法和步骤,所需要的仪器设备,了解某些专用的频率特性测试仪,如网络分析仪和扫频仪的功能、种类、特点、方案构成和主要性能指标等。

系统频率响应的一种测量方法就是冲激响应测试法,它是对系统的单位冲激 $h(t)$ 相应进行 FFT 的方法。采用这种方法的关键之一就是要制作冲激脉冲 $\delta(t)$,并对输出响应进行数据采集,且对输出信号进行(快速)傅里叶变换 FFT。而在实际应用中,不可能获得理想的 $\delta(t)$ 脉冲,但只要脉冲信号足够窄,能保证有足够宽的频带宽度即可。由于窄脉冲的激励能量小,输出响应的信噪比小,因而影响测量精度。但可采用重复激励的办法,将每一次激励输出相加,来提高网络输出响应信号的信噪比,因为噪声为随机信号,在多次相加中将被互相抵消。通常重复激励的次数可多达几十次。对于窄带网络,其建立时间长,多次激励的方法将降低测试速度。另一个问题是,宽带网络的输出响应信号频带宽,要求采用高速的 A/D,这就限制了这种方法在高频领域的应用。所以,冲激响应测试法只被用于低频系统的测量中,例如电声系统和振动系统等。不过,由于该方法对 A/D 要求高及无法得到真正的 $\delta(t)$ 等原因不提倡使用。

线性系统频率特性的经典测量方法是以正弦扫频法为基础,网络分析仪就是通过正弦扫频测量来获得线性网络的全面频域描述的仪器,是研究线性系统的重要工具。正弦扫频法为基础的网络分析仪的原理在于,正弦信号通过线性系统后响应仍然是该频率的正弦信号,幅度

的变化就是线性系统在该频率下的幅频特性,相位的变化就是该线性系统在该频率下的相频特性。网络分析仪实现的关键是正弦信号发生器,它的用途主要有:提供激励信号,信号仿真和用作标准信号源。扫频测试法包括扫频信号源、幅度和相位检测、数值计算处理及频率特性曲线显示等几个部分,如图 12.9 所示。

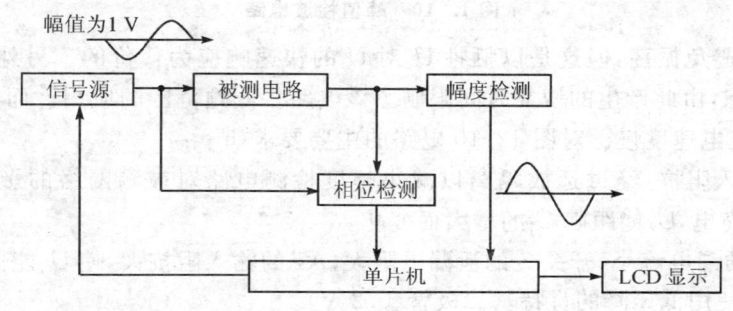

图 12.9　频响测试系统结构框图

12.3.2　正弦信号的峰值及相位检测技术

1. 正弦信号的幅度测量技术

正弦波幅度测量有峰值检波和有效值检波两种。当然可以采用高速 A/D 转换器连续采集波形比较出最大值或进行 FFT 的方法得到幅值,但对 A/D 转换器要求过高。

(1) 有效值检波电路

该方法利用正弦波有效值与幅值$\sqrt{2}$的关系,通过测量有效值计算幅值。虽然有专用的有效值 RMS 检波电路芯片,可以实现精确的 RMS 检波,但频带一般较窄,只有几 MHz,而且电路价格较高,在低档仪器中一般不宜采用。

(2) 峰值检波电路

峰值运算电路的基本原理是利用二极管的单向导电特性,使电容单向充电,记忆其峰值。为了克服二极管管压降的影响,可以采用如图 12.10 所示的峰值检波电路,将二极管 D1 放在跟随器反馈回路中,同时为了避免次级输入电阻的影响,可在检测器的输出端加一级跟随器(高输入阻抗)作为隔离输出。只要输入电压 $U_i<U_c$,则二极管 D1 截止;当 $U_i>U_c$ 时,二极管导通,电容 C 充电,使得 $U_i=U_c$;这样电容 C 一直充电到输入电压的最大值。后级电压跟随器具有较高的输入阻抗,电容 C 可以保持峰值较长时间。开关 S 的作用是,在完成一次峰值检测后,在频率切换前单片机发一个约 10 μs 的正脉冲,使三极管导通,将检波电容清零,减小前一频率测量对后一频率测量的影响。

放大器 A2 的电容负载容易使其产生振荡,为防止振荡可在电路中接入电阻 R_1,延长电容

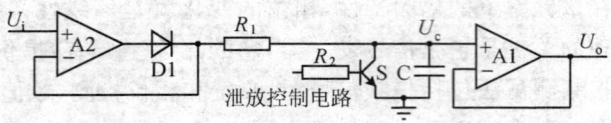

图 12.10 峰值检波电路

C 的充电时间来避免振荡,但这是以牺牲 U_c 对 U_i 的快速响应为代价的。另外,当 $U_i < U_c$ 时,A2 处于饱和状态,由此产生的恢复时间限制了该电路在低频范围的应用。而且,该电路当 U_i 仅略大于 U_c 时充电速度慢。对图 12.10 电路的主要要求如下:

① A2 低输入阻抗,经过运放隔离以减小幅度检测电路对被测网络的影响。R_1 的阻值小,使 C 能快速充电,U_c 能跟随 U_i 的增大而变化。

② 电容 C 的漏电流小,开关 S 的泄漏电阻大,A1 的输入阻抗大,使 U_o 能保持峰值。

③ D1 建议使用低压降的肖特基二极管(0.2 V)。

④ 保持峰值电压的电容 C 应根据被检波信号的频带宽度而取相应的值,不宜太大。

⑤ 每一次测量,都应在网络达到稳态时进行,至少应包含一个峰值周期。因而测量速度随网络带宽和激励频率而变。

为使在($U_i - U_o$)很小时也能有足够的充电速度,可利用比较器将($U_i - U_o$)放大,再作用于二极管,为了克服图 12.10 电路的缺点,提高检波精度和检波器的动态范围,提出如图 12.11 所示的峰值检测电路。

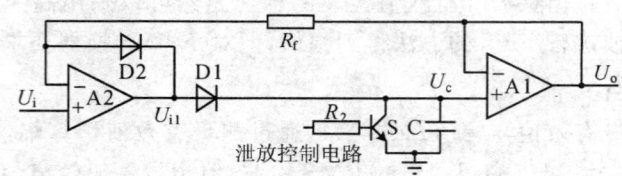

图 12.11 峰值检测电路

A2 作比较器,当 $U_i > U_o$ 时,A2 输出高电平,$U_{o1} > U_i$,二极管 D2 关断、D1 导通,电容 C 保持充电,A1、A2(虚断使 R_f 上电流为 0)构成跟随器,电容电压 U_c 和输出电压 U_o 同步跟踪 U_i 增大,即一旦 $U_o < U_i$ 时 A2 开环,则立即会有很大的 U_{o1} 向 C 充电,稳定后有 $U_{o1} = U_i + U_{d1}$,保证闭环满足 $U_o = U_i = U_c$,抵消了二极管导通电压 U_{d1} 的影响。而当 $U_i < U_o$ 时,D2 导通,$U_{o1} = U_i - U_{d2}$,避免了 A2 深度饱和,D1 关断,由于 C 无放电回路,处于保持状态,实现峰值检测。采样完一次后应由 S 控制 C 放电,再进行下一次检测。

最后检波所获得的直流模拟电压,通过一个 A/D 转换为数字量。还需要考虑的问题就是峰值与 A/D 量程的对应问题。这就要求峰值输出不能直接与 A/D 输入相接,而是通过一个程控放大或衰减后接至 A/D。

2. 正弦信号的相位测量技术

正弦信号的相位差测量可以分为模拟电路测量方法和数字测量方法。

(1) 模拟测量方法

用过零电压比较器将输入和输出正弦波整形为方波,送鉴相器鉴相。鉴相电路由异或门和低通滤波器组成,异或门输出为脉冲方波,其占空比与两个信号的相位差成正比。经过低通滤波器,即可将占空比转换为直流电压,再经 A/D 转换后,由 CPU 读取相位差值。该值表征两个波形的相对相位差大小,但不能分辨出两者之间的相位关系是超前还是滞后。为此还要另外加一个相位极性判别电路,如图 12.12 所示。

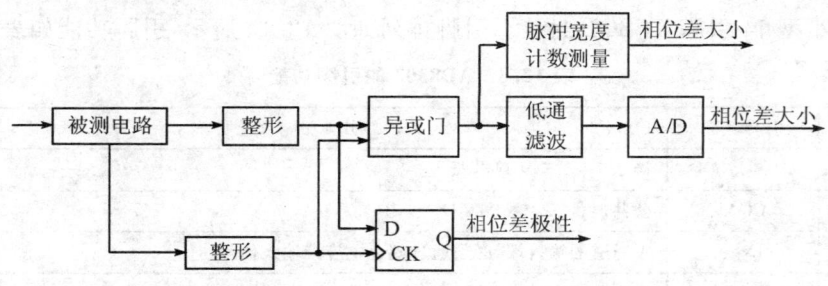

图 12.12　模拟相位检测电路

(2) 数字化方法

直接采用数字技术对图 12.12 中的异或门输出的脉冲宽度进行测量,而不通过低通滤波器和 A/D 转换器,可以更直接地完成相位差测量。低频时可以直接采用单片机测量脉冲宽度的方法,详见 9.2 节。而对于高频的信号相位检测需要使用 CPLD。

3. 宽频带增益及相位差测量芯片——AD8302

传统的正弦相位和幅度测量需要采用多片中小规模集成电路,不仅电路复杂,测量精度不高,而且适合的频率范围窄。美国 ADI 公司推出的 AD8302 单片宽频带正弦相位和幅度测量芯片,可精确测量两个独立的射频(RF)、中频(IF)或低频(如音频)信号的增益和相位差。

(1) AD8302 的性能特点

AD8302 是美国 ADI 公司推出的用于 RF/IF 幅度和相位测量的首款单片集成电路,它能同时测量从低频到 2.7 GHz 频率范围内两输入信号之间的幅度比和相位差。该器件将精密匹配的两个对数检波器集成在一块芯片上,因而可将误差源及相关温度漂移减小到最低限度。该器件在进行幅度测量时,其动态范围可扩展到 60 dB,而相位测量范围则可达 180°。主要特点如下。

① 可在低频到 2.7 GHz 频率范围内测量幅度和相位。

② 测量增益(亦称幅度比)时,对于 50 Ω 的测量系统,2 个输入信号的动态范围为

±30 dB；输出电平的灵敏度为 30 mV/dB，误差小于 0.5 dB。对应于-30 dB 的输出电压为 30 mV，而对应于+30 dB 的输出电压为 1.8 V。输出电流为 8 mA，转换速率为 25 V/μs。

③ 测量相位差的范围是 0°～180°，对应的输出电压变化范围是 0～1.8 V，输出电压灵敏度为 10 mV/(°)，测量误差小于 0.5°。当相位差 $\Delta\varphi=0°$ 时，输出电压为 1.8 V；当 $\Delta\varphi=180°$ 时，输出电压为 30 mV，输出电流为 8 mA。相位输出时的转换速率为 30 MHz，响应时间为 40～500 ns（视被测相位差而定）。

④ AD8302 具有相位测量、相位控制和输入电平比较三种工作方式。

⑤ 带有稳定的 1.8 V 基准电压偏置输出。

⑥ 采用 2.7～5.5 V 单电源工作，典型值为 5 V，电源电流为 19 mA。

⑦ 采用小型 14 引脚 TSSOP 封装。引脚排列如图 12.14 所示，引脚功能如表 12.3 所列。

表 12.3　AD8302 的引脚功能

引脚序号	引脚名称	引脚功能及说明
4	U_s	接 2.7～5.5 V 单电源
1、7	COM	公共地
2	IN_{PA}	A 通道的输入端，必须通过耦合电容接输入信号
6	IN_{PB}	B 通道的输入端，必须通过耦合电容接输入信号
3、5	OFSA，OFSB	分别为 A、B 通道的接地端，通道输入端与这两端之间应接滤波电容
8	PELT	相位输出电路的低通滤波器引脚，外接滤波电容
9	U_{PHS}	相位差输出端，输出电压与 IN_{PA} 和 IN_{PB} 两端的相位差成正比
10	PSET	反馈端，在测量模式下通过该端对相位差输出电压的灵敏度进行标定
11	U_{REF}	1.8 V 基准电压输出
12	MSET	反馈端，在测量模式下通过该端对增益输出电压的灵敏度进行标定，在控制模式下接一个调节设定点的电压
13	U_{MAG}	增益输出端，输出电压与 IN_{PA} 和 IN_{PB} 两端信号的分贝比成正比
14	MFLT	增益输出电路的低通滤波器引脚，外接滤波器电容

(2) AD8302 的测量原理

AD8302 的内部电路框图如图 12.13 所示。主要包括 2 个精密匹配的解调式对数放大器、1 个乘法器型的相位检测器、3 个加法器、1 组输出放大器、偏置电路和基准电压缓冲器。输入信号可以是单端信号，也可以是差分信号。在低频段，这些信号的输入阻抗通常为 3 kΩ。

每个对数放大器由 6 个 10 dB 的增益级串联而成，6 个增益级带有 7 个辅助检波器。每个增益级的-3 dB 的带宽都超过 5 GHz。利用这 2 个对数放大器可以测量 2 个输入信号的增益（或幅度比）。如果测量变频增益（或变频衰减），那么这 2 个信号也可以是不同频率的信号。若将被测信号加到 1 个输入端，而将标准信号加到另 1 个输入端，则 AD8302 还可用来测量绝

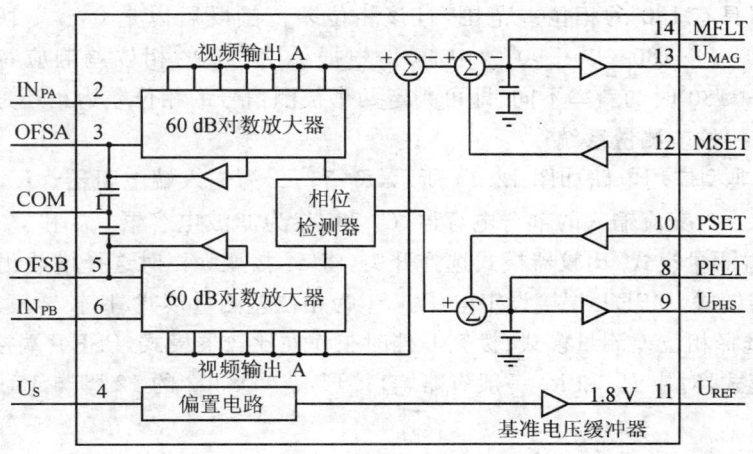

图 12.13 AD8302 的内部电路框图

对电平。乘法器型的相位检测器能实现精确的相位平衡,在很宽的频率范围内相位差的测量精度与信号电平无关。

对数放大器和相位检波器对输入高频信号进行处理后,就以电流的形式把增益和相位差信息送至输出放大器,再由输出放大器最终决定增益灵敏度和相位差灵敏度,外部滤波电容器可分别为每路输出提供平均时间常数。基准电压缓冲器提供 1.8 V、5 mA 的基准电压源。

AD8302 还可做控制器使用。做增益控制器时,须将增益输出端(U_{MAG})和设定端(MSET)之间的反馈电路断开,把 MSET 作为所需要的设定点,再利用 U_{MAG} 信号去控制一个外部增益调节器。做相位差控制器使用时,应断开相位差输出端(U_{PHS})与其设定端(PSET)之间的反馈电路,然后用 U_{PHS} 信号去控制外部的相位调节器。当输出级反馈端为开路时,AD8302 就变成了比较器。

AD8302 能精确测量两个信号之间的增益和相位差,其测量原理如下:对数放大器能将一个宽范围的输入电压信号变成一个窄范围的分贝刻度输出,对数放大器的输出电压为

$$U_{OUT} = U_{SLP} \lg(U_{IN}/U_Z)$$

式中,U_{SLP} 为增益斜坡电压,U_{IN} 为输入电压,U_Z 为参考电压,$\lg(U_{IN}/U_Z)$ 代表两个输入电压的分贝比。

测量增益时,分别用 U_{INA} 和 U_{INB} 来代替 U_{IN}、U_Z,AD8302 的输出就变成

$$U_{MAG} = U_{SLP} \lg(U_{INA}/U_{INB})$$

式中,U_{INA} 和 U_{INB} 为两路输入电压,U_{MAG} 为增益输出电压,与信号电平的差值相对应。

相位差输出电压表达式为

$$U_{PHS} = U_\varphi [\varphi(U_{INA}) - \varphi(U_{INB})]$$

式中,U_φ 代表相位差斜坡电压,单位是 mV/(°);φ 为每个信号的相位,单位是度。

相位检波器具有 180°的相位差范围,且该相位差范围既可以是 0°～+180°(以 90°为中心),也可以是 0°～-180°(以-90°为中心)。根据 AD8302 的相位差响应特性曲线在 0～-180°和在 0～+180°时的斜率不同,即可判定两个被测信号的相位差为正还是为负。

(3) 宽频带相位差测量系统

AD8302 的典型应用电路如图 12.14 所示,R_1 和 R_2 为输入端电阻器。R_3 为 U_{REF} 输出端的负载。C_1 和 C_4 为交流输入的耦合电容器,C_2 和 C_3 为滤波电容器,C_5 和 C_6 为电源退耦电容器。S_1 为增益测量模式/比较器模式选择开关,将 S_1 拨至 a 档时选择增益测量模式;拨至 b 档时进入比较器模式,MSET 端接设定电压。S_2 为相位差测量模式/比较器模式选择开关,将 S_2 拨至 a 档时选择相位差测量模式;拨至 b 档时工作在比较器模式,PSET 端接设定电压。增益和相位测量模式,对应 R_4 和 R_5 一般省略,直接形成 AD8302 的 12 脚与 13 脚,以及 9 脚与 10 脚的短接。

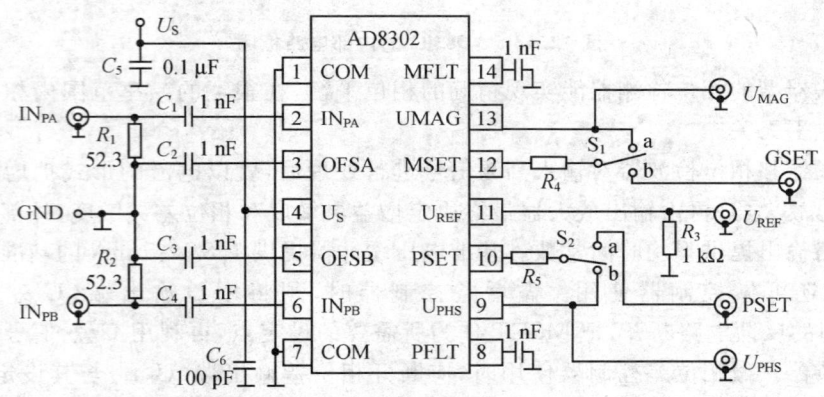

图 12.14 AD8302 的典型应用电路

12.3.3 DDS 扫频信号源 AD9833

扫频源是频率特性测试仪中最重要的部件。对于正弦波,主要性能指标有:频率稳定度、频率精度、失真和噪声、信号源内阻以及输出幅度等。常见的扫频信号产生方法有压控振荡(VCO)函数发生器、锁相环(PLL)频率合成器和直接数字频率合成器。下面将对这几种方法作简单介绍,并对 DDS 信号源作重点讲述。

压控振荡(VCO)函数发生器,比较典型的芯片有 ICL8038 和 MAX038,不过这两种芯片都已经停产,这里不再作详细说明。

另一种稳定输出频率的方法是利用锁相环技术(PLL),所谓锁相,就是实现相位同步。锁相环是一个相位环负反馈控制系统,是一种能获得高稳定度,且频率可步进变化的振荡源的方法,它在频率特性测试中,占有重要的地位。锁相环由频率参考源 f_{ref}、鉴频器 PD、低通滤波器 LPF 和压控振荡器 VCO 四个部分组成,锁相环结构如图 12.15 所示。

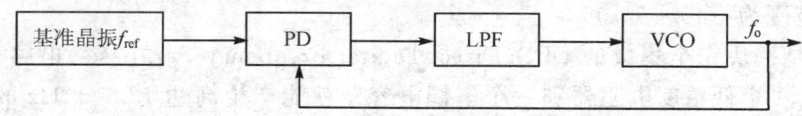

图 12.15 锁相环的结构图

通过鉴相器获得输出 f_o 与输入 f_{ref} 的相位差,并经低通滤波器转换为相应的控制电压,控制 VCO 的振荡频率 f_o,这是一个闭环控制系统,只有当输出信号和输入的参考信号在频率和相位都达到一致时,系统才能达到稳定。

在上述环路中加上分频或倍频系数可变的分频器或倍频器,则可获得不同的输出频率,这就是采用 PLL 技术实现的频率合成器。

利用 PLL 技术实现的频率合成器被广泛用于高频信号发生器中,具有很高的频率稳定度和精度,可以实现分辨率很高的频率步进,因而常用于频率特性测试仪器中。但是其无法避免缩短环路锁定时间与提高频率分辨率的矛盾,因此很难同时满足高速和高精度的要求。

DDS 是一种纯数字化的方法。先将所需正弦波形的一个周期的离散样点的幅值数字量存于 ROM(或 RAM)中,按一定的地址间隔(相位增量)读出,经 D/A 转换,即成为模拟正弦信号波形,再经低通滤波,滤去 D/A 转换带来的小台阶和数字电路产生的毛刺,即可获得所需质量的正弦信号。下面介绍 DDS 专用集成电路 AD9833。

1. AD9833 简介

AD9833 是 ADI 公司生产的一款低功耗、可编程波形发生器,能够产生正弦波、三角波和方波输出。波形发生器广泛应用于各种测量、激励和时域响应领域。AD9833 无需外接元件,输出频率和相位都可通过软件编程,易于调节,频率寄存器是 28 位的,主频时钟为 25 MHz 时,精度为 0.1 Hz;主频时钟为 1 MHz 时,精度可以达到 0.004 Hz。

可以通过 3 个串行接口将数据写入 AD9833,这 3 个串口的最高工作频率可以达到 40 MHz,易于与 DSP 和各种主流微控制器兼容。AD9833 的工作电压范围为 2.3~5.5 V。

AD9833 还具有休眠功能,可使没被使用的部分休眠,减少该部分的电流损耗。例如,若利用 AD9833 输出作为时钟源,就可以让 D/A 转换器休眠,以降低功耗,该电路采用 10 引脚 MSOP 型表面贴片封装,体积很小。AD9833 的主要特点如下:

① 频率和相位可数字编程;
② 工作电压为 3 V 时,功耗仅为 20 mW;
③ 输出频率范围为 0~12.5 MHz;
④ 频率寄存器为 28 位(在 25 MHz 的参考时钟下,精度为 0.1 Hz);
⑤ 可选择正弦波、三角波和方波输出;

⑥ 无需外接元件；

⑦ 3 线 SPI 接口；

⑧ 温度范围为 $-40 \sim +105$ ℃。

AD9833 是一块完全集成的 DDS(Direct Digital Frequency Synthesis)电路，仅需要 1 个外部参考时钟、1 个低精度电阻器和一个解耦电容器就能产生高达 12.5 MHz 的正弦波。除了产生射频信号外，该电路还广泛应用于各种调制解调方案。这些方案全都用在数字领域，采用 DSP 技术能够把复杂的调制解调算法简化，而且很精确。

AD9833 的内部电路主要有数控振荡器(NCO)、频率与相位调节器、Sine ROM、数/模转换器(DAC)和电压调整器，其功能框图如图 12.16 所示。

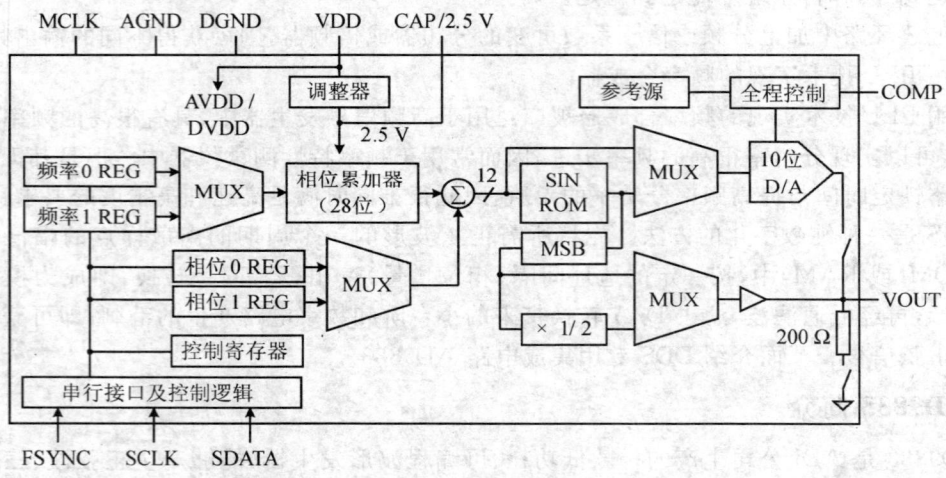

图 12.16　AD9833 的功能框图

AD9833 的核心是 28 位的相位累加器，它由加法器和相位寄存器组成，每来 1 个时钟，相位寄存器以步长增加，相位寄存器的输出与相位控制字相加后输入到正弦查询表地址中。正弦查询表包含 1 个周期正弦波的数字幅度信息，每个地址对应正弦波中 0°～360°范围内的 1 个相位点。查询表把输入的地址相位信息映射成正弦波幅度的数字量信号，经 DAC 输出模拟量，相位寄存器每经过 $2^{28}/M$ 个 MCLK 时钟后回到初始状态，相应地正弦查询表经过一个循环回到初始位置，这样就输出了一个正弦波。输出正弦波频率为：

$$f_{OUT} = M(f_{MCLK}/2^{28})$$

其中，M 为频率控制字，由外部编程给定，其范围为 $0 \leqslant M \leqslant 2^{28}-1$。

VDD 引脚为 AD9833 的模拟部分和数字部分供电，供电电压为 2.3～5.5 V。AD9833 内部数字电路工作电压为 2.5 V，其板上的电压调节器可以从 VDD 产生 2.5 V 稳定电压。

注意： 若 VDD 小于或等于 2.7 V，则引脚 CAP/2.5 V 应直接连接至 VDD。

2. AD9833 引脚及接口时序

AD9833 的引脚排列如图 12.17 所示,各个引脚的功能描述如表 12.4 所列。

表 12.4　AD9833 的引脚功能

引脚号	符　号	功能说明
1	COMP	D/A 偏移引脚,该脚用来为 D/A 偏移解耦
2	VDD	电源电压
3	CAP/2.5 V	数字电路电源端
4	DGND	数字地
5	MCLK	主频数字时钟输入端
6	SDATA	串行数据数入
7	SCLK	串行时钟输入
8	FSYNC	控制输入,低电平有效
9	AGND	模拟地
10	VOUT	输出频率(f_{OUT})

图 12.17　AD9833 的引脚排列

AD9833 有 3 根串行接口线,与 SPI、QSPI 和 MI-CROWIRE 接口标准兼容,在串口时钟 SCLK 的作用下,数据是以 16 位的方式加载到设备上,时序位延时小于 50 ns,时序图如图 12.18 所示。FSYNC 引脚是使能引脚,电平触发方式,低电平有效。进行串行数据传输时,FSYNC 引脚必须置低,要注意 FSYNC 有效到 SCLK 下降沿的建立时间的最小值。FSYNC 置低后,在 16 个 SCLK 的下降沿数据被送到 AD9833 的输入移位寄存器,在第 16 个 SCLK 的下降沿后 FSYNC 置高。当然,也可以在 FSYNC 为低电平时,连续加载多个 16 位数据,仅在最后一个数据的第 16 个 SCLK 的下降沿时将 FSYNC 置高。最后要注意的是,写数据时 SCLK 时钟为高低电平脉冲,但是,在 FSYNC 刚开始变为低时(即将开始写数据时),SCLK 必须为高电平。

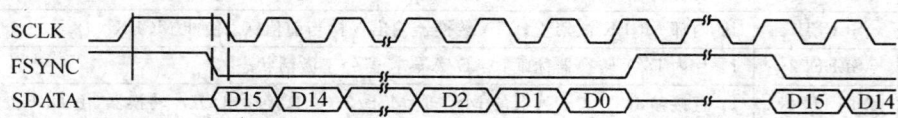

图 12.18　AD9833 串行时序图

当 AD9833 初始化时,为了避免 D/A 转换器产生虚假输出,RESET 必须置为 1(RESET 不会复位频率、相位和控制寄存器),直到配置完毕,需要输出时才将 RESET 置为 0;RESET 为 0 后的 8～9 个 MCLK 时钟周期可在 D/A 转换器的输出端观察到波形。

AD9833 写入数据到输出端得到响应,中间有一定的响应时间,每次给频率或相位寄存器加载新的数据,都会有 7~8 个 MCLK 时钟周期的延时之后,输出端的波形才会产生改变,有 1 个 MCLK 时钟周期的不确定性,因为数据加载到目的寄存器时,MCLK 的上升沿位置不确定。

3. AD9833 的内部寄存器功能

AD9833 内部有 5 个可编程寄存器,其中包括 1 个 16 位控制寄存器,2 个 28 位频率寄存器和 2 个 12 位相位寄存器。

(1) 控制寄存器

AD9833 中的 16 位控制寄存器供用户设置所需的功能。除模式选择位外,其他所有控制位均在内部时钟 MCLK 的下沿被 AD9833 读取并动作,表 12.5 给出控制寄存器各位的功能,要更改 AD9833 控制寄存器的内容,D15 和 D14 位必须均为 0。

表 12.5　AD9833 控制寄存器功能

位	名称	功能
DB15		0
DB14		0
DB13	B28	对每一个频率寄存器都需要进行 2 次写操作。B28=1 时,每个频率寄存器都作为完整的 28 位使用,需对每个寄存器进行 2 次连续写操作。先写低 14 位,后写高 14 位。前 2 位说明写入的是哪个频率寄存器,01 表示写入的是频率 0 寄存器;10 表示写入的是频率 1 寄存器。B28=1 时,每个频率寄存器都作为 2 个 14 位的寄存器,1 个高 14 位,1 个是低 14 位,并且可以相互独立更改,由控制寄存器的 DB12 位确定写入的是高 14 位还是低 14 位
DB12	HLB	B28=1 时,此位无效。B28=0 时,若 HLB=1,则允许写选定寄存器的高 14 位;若 HLB=0,则允许写选定寄存器的低 14 位
DB11	FSELECT	该位指定是频率寄存器 0 还是频率寄存器 1 处于有效。0 是频率寄存器 0 有效,1 是频率寄存器 1 有效
DB10	PSELECT	该位指定是相位寄存器 0 还是相位寄存器 1 处于有效。0 是相位寄存器 0 有效,1 是相位寄存器 1 有效
DB9	保留位	应将该位设置为 0
DB8	RESET	1:复位内部寄存器为 0;0:禁止复位
DB7	SLEEP1	1:内部 MCLK 被禁止,D/A 转换器输出保持当前值;0:使能 MCLK
DB6	SLEEP2	1:片内 D/A 转换器休眠;0:D/A 转换器处于激活状态
DB5	OPBITEN	1:直接输出 D/A 转换器的 MSB 或 MSB/2;0:直接输出 D/A 转换器,由 DB1 决定波形
DB4	保留位	应将该位设置为 0
DB3	DIV2	1:直接输出 D/A 转换器的 MSB;0:直接输出 D/A 转换器的 MSB/2
DB2	保留位	应将该位设置为 0
DB1	MODE	该位与 DB5 配合使用。1:输出三角波;0:输出正弦波
DB0	保留位	应将该位设置为 0

第 12 章 阻抗特性测量与线性网络分析技术及应用

（2）频率寄存器和相位寄存器

AD9833 包含 2 个频率寄存器和 2 个相位寄存器，其模拟输出为：

$$f_{MCLK}/2^{28} \times FREQEG$$

其中，FREQEG 为所选频率寄存器中的频率字，该信号会被移相：

$$2\pi/4096 \times PHASEREC$$

其中，PHASEREC 为所选相位寄存器中的相位字。

频率和相位寄存器的操作如表 12.6 所列。

表 12.6 AD9833 频率和相位寄存器操作

	DB15	DB14	DB13	DB12		DB0
相位寄存器 0	1	1	0	×	MSB 12 位相位寄存器 0 数据	LSB
相位寄存器 1	1	1	1	×	MSB 12 位相位寄存器 1 数据	LSB
频率寄存器 0	0	1			MSB 14 位频率寄存器 0 数据	LSB
频率寄存器 1	1	0			MSB 14 位频率寄存器 1 数据	LSB

4. AD9833 典型应用设计

典型应用电路如图 12.19 所示。外接有源晶体振荡器的输出送给 AD9833 作为主频时钟。

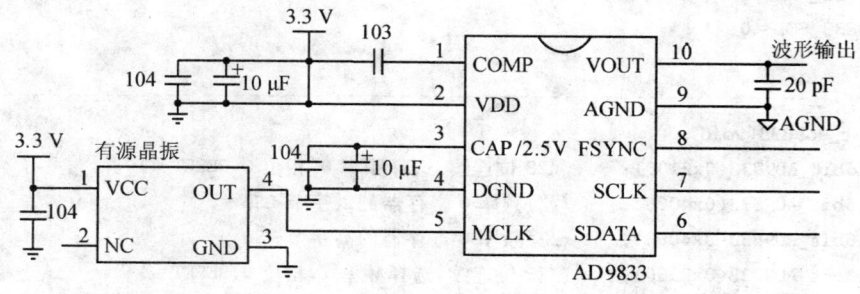

图 12.19 AD9833 典型应用电路

参考例程如下：

```
#include <reg52.h>     //12 MHz
#include <intrins.h>
//------------------------------------------------------------
//定义 AD9833 的时钟
#define  FMCLK 25000000      //AD9833 的主晶振为 25 MHz
sbit AD9833_ FSYNC = P1^0;
```

```c
sbit AD9833_SDA = P1^1;
sbit AD9833_SCL = P1^2;
//--------------------------------------------------------------
//WR16bit_AD9833    :写16位数据到SPI接口,软件SPI方式
//--------------------------------------------------------------
void WR16bit_AD9833(unsigned int data)
{   unsigned char i;
    AD9833_SCL = 1;
    AD9833_ FSYNC = 1;
    _nop_();
    AD9833_ FSYNC = 0;
    for(i = 0;i<16;i++)
    {   if(data&0x8000) AD9833_SDA = 1;
        else  AD9833_SDA = 0;
        AD9833_SCL = 0;
        _nop_();
        AD9833_SCL = 1;
        data = data << 1;
    }
    _nop_();
    AD9833_ FSYNC = 1;
    AD9833_SCL = 0;
}
//--------------------------------------------------------------
void init_ad9833(void)
{   WR16bit_AD9833(0x2100);     //28位连续,选择频率0,相位0,RESET = 1
    WR16bit_AD9833(0x4000);     //写频率0寄存器的低字节LSB
    WR16bit_AD9833(0x4000);     //写频率0寄存器的高字节MSB
    WR16bit_AD9833(0x2900);     //28位连续,选择频率1,相位0,RESET = 1
    WR16bit_AD9833(0x8000);     //写频率1寄存器的低字节LSB
    WR16bit_AD9833(0x8000);     //写频率1寄存器的高字节MSB
    WR16bit_AD9833(0xC000);     //写相位0寄存器
    WR16bit_AD9833(0xF000);     //写相位1寄存器
    WR16bit_AD9833(0x2000);     //28位连续,选择频率0,相位0,RESET = 0
}
//--------------------------------------------------------------
//AD9833_FreqOut:AD9833输出指定频率的正弦波
//--------------------------------------------------------------
void AD9833_FreqOut(unsigned long freq_value)
```

```c
{   unsigned long dds;
    unsigned int dds_l,dds_h;

    dds = freq_value * (268.435456/25);     //2^28 = 268 435 456;
    dds = dds << 2;
    dds_l = dds;                            //低字节
    dds_h = dds >> 16;                      //高字节

    dds_l = dds_l >> 2;
    dds_l = dds_l & 0x7FFF;
    dds_l = dds_l | 0x4000;

    dds_h = dds_h & 0x7FFF;
    dds_h = dds_h | 0x4000;

    WR16bit_AD9833(0x2000);                 //28 位连续,选择频率 0,相位 0,RESET = 0
    WR16bit_AD9833(dds_l);
    WR16bit_AD9833(dds_h);
}
//---------------------------------------------------------------
main(void)
{
    init_ad9833();
    while(1)
    {AD9833_FreqOut(6);                     //输出 6 Hz 正弦波
     //...
    }
}
```

习题与思考题

12.1　阻抗测量主要有哪些测量方法？它们各有什么特点？

12.2　说明网络频率特性主要有哪些测量方法？并指出技术要点。

附录 A

51 系列单片机指令速查表

表 A.1 数据传送指令表

十六进制代码	助记符	功能	对标志影响 P	OV	AC	CY	字节数	周期数
E8~EF	MOV A,Rn	A←(Rn)	√	×	×	×	1	1
E5 direct	MOV A,direct	A←(direct)	√	×	×	×	2	1
E6,E7	MOV A,@Ri	A←((Ri))	√	×	×	×	1	1
74 data	MOV A,#data	A←data	√	×	×	×	2	1
F8~FF	MOV Rn,A	Rn←(A)	×	×	×	×	1	1
A8~AF direct	MOV Rn,direct	Rn←(direct)	×	×	×	×	2	2
78~7F data	MOV Rn,#data	Rn←data	×	×	×	×	2	1
F5 direct	MOV direct,A	direct←(A)	×	×	×	×	2	1
88~8F direct	MOV direct,Rn	direct←(Rn)	×	×	×	×	2	2
85 direct2 direct1	MOV direct1,direct2	direct1←(direct2)	×	×	×	×	3	2
86,87 direct	MOV direct,@Ri	direct←((Ri))	×	×	×	×	2	2
75 direct data	MOV direct,#data	direct←data	×	×	×	×	3	2
F6,F7	MOV @Ri,A	(Ri)←(A)	×	×	×	×	1	1
A6,A7 direct	MOV @Ri,direct	(Ri)←(direct)	×	×	×	×	2	2
76,77 data	MOV @Ri,#data	(Ri)←data	×	×	×	×	2	1
90 data 16	MOV DPTR,#dada16	DPTR←data16	×	×	×	×	3	2

附录 A 51 系列单片机指令速查表

续表 A.1

十六进制代码	助记符	功 能	对标志影响				字节数	周期数
			P	OV	AC	CY		
93	MOVC A,@A+DPTR	A←((A)+(DPTR))	√	×	×	×	1	2
83	MOVC A,@A+PC	A←((A)+(PC))	√	×	×	×	1	2
E2,E3	MOVX A,@Ri	A←((Ri))	√	×	×	×	1	2
E0	MOVX A,@DPTR	A←((DPTR))	√	×	×	×	1	2
F2,F3	MOVX @Ri,A	(Ri)←(A)	×	×	×	×	1	2
F0	MOVX @DPTR,A	(DPTR)←(A)	×	×	×	×	1	2
C0 direct	PUSH direct	SP←(SP)+1,(SP)←(direct)	×	×	×	×	2	2
D0 direct	POP direct	direct←(SP),SP←(SP)−1	×	×	×	×	2	2
C8~CF	XCH A,Rn	(A)↔(Rn)	√	×	×	×	1	1
C5 direct	XCH A,direct	(A)↔(direct)	√	×	×	×	2	1
C6,C7	XCH A,@Ri	(A)↔((Ri))	√	×	×	×	1	1
D6,D7	XCHD A,@Ri	$(A)_{0\sim3}\leftrightarrow(Ri)_{0\sim3}$	√	×	×	×	1	1

表 A.2 算术运算指令表

十六进制代码	助记符	功 能	对标志影响				字节数	周期数
			P	OV	AC	CY		
28~2F	ADD A,Rn	A←(A)+(Rn)	√	√	√	√	1	1
25 direct	ADD A,direct	A←(A)+(direct)	√	√	√	√	2	1
26,27	ADD A,@Ri	A←(A)+((Ri))	√	√	√	√	1	1
24 data	ADD A,#data	A←(A)+data	√	√	√	√	2	1
38~3F	ADDC A,Rn	A←(A)+(Rn)+(Cy)	√	√	√	√	1	1
35 direct	ADDC A,direct	A←(A)+(direct)+(Cy)	√	√	√	√	2	1
36,37	ADDC A,@Ri	A←(A)+((Ri))−(CY)	√	√	√	√	1	1
34 data	ADDC A,#data	A←(A)+data+(CY)	√	√	√	√	2	1
98~9F	SUBB A,Rn	A←(A)−(Rn)−(CY)	√	√	√	√	1	1
95 direct	SUBB A,direct	A←(A)−(direct)−(CY)	√	√	√	√	2	1
96,97	SUBB A,@Ri	A←(A)−((Ri))−(CY)	√	√	√	√	1	1
94 data	SUBB A,#data	A←(A)−data−(CY)	√	√	√	√	2	1

续表 A.2

十六进制代码	助记符	功能	对标志影响				字节数	周期数
			P	OV	AC	CY		
04	INC A	A←(A)+1	√	×	×	×	1	1
08~0F	INC Rn	Rn←(Rn)+1	×	×	×	×	1	1
05 direct	INC direct	direct←(direct)+1	×	×	×	×	2	1
06,07	INC @Ri	(Ri)←((Ri))+1	×	×	×	×	1	1
A3	INC DPTR	DPTR←(DPTR)+1	×	×	×	×	1	1
14	DEC A	A←(A)-1	√	×	×	×	1	1
18~1F	DEC Rn	Rn←(Rn)-1	×	×	×	×	1	1
15 direct	DEC direct	direct←(direct)-1	×	×	×	×	2	1
16,17	DEC Ri	(Ri)←((Ri))-1	×	×	×	×	1	1
A4	MUL AB	AB←(A)×(B)	√	√	×	√	1	4
84	DIV AB	AB←(A)/(B)	√	√	×	√	1	4
D4	DA A	对A进行十进制调整	√	√	√	√	1	1

表 A.3 逻辑运算指令表

十六进制代码	助记符	功能	对标志影响				字节数	周期数
			P	OV	AC	CY		
58~5F	ANL A,Rn	A←(A)&(Rn)	√	×	×	×	1	1
55 direct	ANL A,direct	A←(A)&(direct)	√	×	×	×	2	1
56,57	ANL A,@Ri	A←(A)&((Ri))	√	×	×	×	1	1
54 data	ANL A,#data	A←(A)&data	√	×	×	×	2	1
52 direct	ANL direct,A	direct←(direct)&(A)	×	×	×	×	2	1
53 direct data	ANL direct,#data	direct←(direct)&data	×	×	×	×	3	2
48~4F	ORL A,Rn	A←(A)|(Rn)	√	×	×	×	1	1
45 direct	ORL A,direct	A←(A)|(direct)	√	×	×	×	2	1
46,47	ORL A,@Ri	A←(A)|((Ri))	√	×	×	×	1	1
44 data	ORL A,#data	A←(A)|data	√	×	×	×	2	1
42 direct	ORL direct,A	direct←(direct)|(A)	×	×	×	×	2	1
43 direct data	ORL direct,#data	direct←(direct)|data	×	×	×	×	3	2

续表 A.3

十六进制代码	助记符	功 能	对标志影响 P	OV	AC	CY	字节数	周期数
68~6F	XRL A,Rn	A←(A)^(Rn)	√	×	×	×	1	1
65 direct	XRL A,direct	A←(A)^(direct)	√	×	×	×	2	1
66,67	XRL A,@Ri	A←(A)^((Ri))	√	×	×	×	1	1
64 data	XRL A,#data	A←(A)^data	√	×	×	×	2	1
62 direct	XRL direct,A	direct←(direct)^(A)	×	×	×	×	2	1
63 direct data	XRL direct,#data	direct←(direct)^data	×	×	×	×	3	2
E4	CLR A	A←0	√	×	×	×	1	1
F4	CPL A	A←($\overline{A}$)	×	×	×	×	1	1
23	RL A	A 循环左移一位	×	×	×	×	1	1
33	RLC A	A 带进位循环左移一位	√	×	×	√	1	1
03	RR A	A 循环右移一位	×	×	×	×	1	1
13	RRC A	A 带进位循环右移一位	√	×	×	√	1	1
C4	SWAP A	A 半字节交换	×	×	×	×	1	1

表 A.4 位操作指令表

十六进制代码	助记符	功 能	对标志影响 P	OV	AC	CY	字节数	周期数
C3	CLR C	CY←0	×	×	×	√	1	1
C2 bit	CLR bit	bit←0	×	×	×	×	2	1
D3	SETB C	CY←1	×	×	×	√	1	1
D2 bit	SETB bit	bit←1	×	×	×	×	2	1
B3	CPL C	CY←($\overline{CY}$)	×	×	×	√	1	1
B2 bit	CPL bit	bit←($\overline{bit}$)	×	×	×	×	2	1
82 bit	ANL C,bit	CY←(CY)&(bit)	×	×	×	√	2	2
B0 bit	ANL C,/bit	CY←(CY)&($\overline{bit}$)	×	×	×	√	2	2
72 bit	ORL C,bit	CY←(CY)|(bit)	×	×	×	√	2	2
A0 bit	ORL C,/bit	CY←(CY)|($\overline{bit}$)	×	×	×	√	2	2
A2 bit	MOV C,bit	CY←(bit)	×	×	×	√	2	1
92 bit	MOV bit,C	bit←(CY)	×	×	×	×	2	2

表 A.5 控制转移指令表

十六进制代码	助记符	功 能	对标志影响				字节数	周期数
			P	OV	AC	CY		
$a_{10}a_9a_8 10001a_7$ $a_6 a_5 a_4 a_3 a_2 a_1 a_0$	ACALL addr11	PC←(PC)+2,SP←(SP)+1 (SP)←(PC)$_L$,SP←(SP+1) (SP)←(PC)H,PC10~0←addr11 PC←(PC)+3	×	×	×	×	2	2
12 addr 16	LCALL addr16	SP←(SP)+1(SP)←(PC)$_L$, SP←(SP)+1,(SP)←(PC)$_H$, PC←addr16	×	×	×	×	3	2
22	RET	PC$_H$←((SP)),SP←(SP)−1, PC$_L$←((SP)),SP←(SP)−1, 从子函数返回	×	×	×	×	1	2
32	RETI	PC$_H$←((SP)),SP←(SP)−1 PC$_L$←((SP)),SP←(SP)−1 从中断返回	×	×	×	×	1	2
$a_{10}a_9a_8 00001a_7$ $a_6 a_5 a_4 a_3 a_2 a_1 a_0$	AJMP addr11	PC←(PC)+2,PC10−0←addr11	×	×	×	×	2	2
02 addr 16	LJMP addr16	PC←(PC)+3,PC←addr$_{16}$	×	×	×	×	3	2
80 rel	SJMP rel	PC←(PC)+2,PC←(PC)+rel	×	×	×	×	2	2
73	JMP @A+DPTR	PC←(A)+(DPTR)	×	×	×	×	1	2
60 rel	JZ rel	PC←(PC)+2, 若(A)=0,则 PC←(PC)+rel,	×	×	×	×	2	2
70 rel	JNZ rel	PC←(PC)+2;若(A)不等于 0,则 PC←(PC)+rel	×	×	×	×	2	2
40 rel	JC rel	PC←(PC)+2,若 Cy=1, 则 PC←(PC)+rel	×	×	×	×	2	2
50 rel	JNC rel	PC←(PC)+2,若 Cy=0, 则 PC←(PC)+rel	×	×	×	×	2	2
20 bit rel	JB bit,rel	PC←(PC)+3,若(bit)=1, 则 PC←(PC)+rel	×	×	×	×	3	2
30 bit rel	JBC bit,rel	PC←(PC)+3,若(bit)=1, 则 bit←0,PC←(PC)+rel	×	×	×	×	3	2

续表 A.5

十六进制代码	助记符	功　能	对标志影响 P	OV	AC	CY	字节数	周期数
10 bit rel	JBC bit,rel	PC←(PC)+3,若(bit)=1, 则 bit←0,PC←(PC)+rel	×	×	×	×	3	2
B5 data rel	CJNE A,direct,rel	PC←(PC)+3 若(A)不等于(direct), 则 PC←(PC)+rel; 若(A)<(direct),则 Cy←1	×	×	×	×	3	2
B4 data rel	CJNE A,#data,rel	PC←(PC)+3, 若(A)不等于 data, 则 PC←(PC)+rel; 若(A)<data,则 Cy←1	×	×	×	×	3	2
B8~BF data rel	CJNE @Ri,#data,rel	PC←(PC)+3, 若((Rn))不等于 data, 则 PC←(PC)+rel; 若((Rn))<data,则 Cy←1	×	×	×	×	3	2
B6,B7 data rel	CJNE Rn,#data,rel	PC←(PC)+3, 若((Rn))不等于 data, 则 PC←(PC)+rel; 若((Rn))<data,则 Cy←1	×	×	×	×	3	2
D8~DF rel	DJNZ Rn,rel	PC←(PC)+2,Rn←(Rn)−1 若(Rn)不等于 0, 则 PC←(PC)+rel	×	×	×	×	2	2
D5 direct rel	DJNZ direct,rel	PC←(PC)+3 direct←(direct)−1 若(direct)不等于 0, 则 PC←(PC)+rel	×	×	×	×	3	2
00	NOP	空操作,PC←PC+1	×	×	×	×	1	1

附录 B
ASCII 表

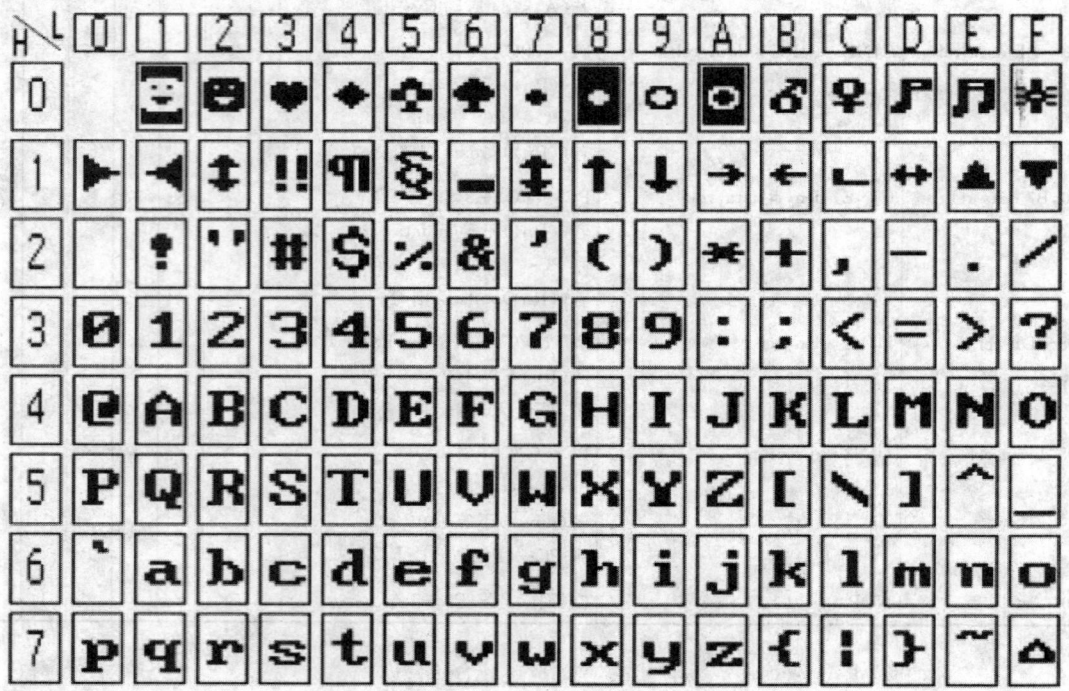

ASCII 码值为 0xHL。如"a"的编码为 0x61，即 97。

附录 C
C51 的库函数

C51 编译器提供了丰富的库函数,使用库函数可以大大简化用户的程序设计工作,从而提高编程效率。由于 51 系列单片机本身的特点,某些库函数的参数和调用格式与 ANSIC 标准有所不同。

每个库函数都在相应的头文件中给出了函数原型声明,用户如果需要使用库函数,必须在源程序的开始处采用预处理命令 #include 将有关的头文件包含进来。下面是 C51 中常见的库函数。

C.1 寄存器库函数 REGXXX.H

在 REGXXX.H 的头文件中定义了 MCS-51 的所有特殊功能寄存器和相应的位,定义时都用大写字母。当在程序的头部把寄存器库函数 REGXXX.H 包含后,在程序中就可以直接使用 MCS-51 中的特殊功能寄存器和相应的位。

C.2 字符函数 CTYPE.H

函数原型:extern bit isalpha(char c);
再入属性:reentrant
功能:检查参数字符是否为英文字母,是则返回 1,否则返回 0。

函数原型:extern bit isalnum(char c);
再入属性:reentrant
功能:检查参数字符是否为英文字母或数字字符,是则返回 1,否则返回 0。

函数原型:extern bit iscntrl(char c);

再入属性：reentrant

功能：检查参数字符是否在 0x00～0x1f 之间或等于 0x7f，如果是则返回 1，否则返回 0。

函数原型：extern bit isdigit(char c);

再入属性：reentrant

功能：检查参数字符是否为数字字符，如果是则返回 1，否则返回 0。

函数原型：extern bit isgraph(char c);

再入属性：reentrant

功能：检查参数字符是否为可打印字符，可打印字符的 ASCII 值为 0x21～0x7e，如果是则返回 1，否则返回 0。

函数原型：extern bit isprint(char c);

再入属性：reentrant

功能：除了与 isgraph 相同之外，还接收空格符(0x20)。

函数原型：extern bit ispunct(char c);

再入属性：reentrant

功能：检查参数字符是否为标点、空格和格式字符，如果是则返回 1，否则返回 0。

函数原型：extern bit islower(char c);

再入属性：reentrant

功能：检查参数字符是否为小写英文字母，如果是则返回 1，否则返回 0。

函数原型：extern bit isupper(char c);

再入属性：reentrant

功能：检查参数字符是否为大写英文字母，如果是则返回 1，否则返回 0。

函数原型：extern bit isspace(char c);

再入属性：reentrant

功能：检查参数字符是否为下列之一——空格、制表符、回车、换行、垂直制表符和送纸，如果是则返回 1，否则返回 0。

函数原型：extern bit isxdigit(char c);

再入属性：reentrant

功能：检查参数字符是否为十六进制数字字符，如果是则返回 1，否则返回 0。

函数原型：extern char toint(char c);

再入属性：reentrant

功能：将 ASCII 字符的 0～9、A～F 转换为十六进制数，返回值为 0～F。

函数原型：extern char tolower(char c);
再入属性：reentrant
功能：将大写字母转换成小写字母，如果不是大写字母，则不作转换直接返回相应的内容。

函数原型：extern char toupper(char c);
再入属性：reentrant
功能：将小写字母转换成大写字母，如果不是小写字母，则不作转换直接返回相应的内容。

C.3 一般输入/输出函数 STDIO.H

C51 库中包含的输入/输出函数 STDIO.H 是通过 51 单片机的串行口工作的。在使用输入/输出函数 STDIO.H 库中的函数之前，应先对串行口进行初始化。例如，以 2 400 波特率（时钟频率为 12 MHz），初始化程序为：

```
SCON = 0x52;
TMOD = 0x20;
TH1 = 0xf3;
TR1 = 1;
```

当然也可以用其他波特率。

在输入/输出函数 STDIO.H 中，库中的所有其他函数都依赖 getkey( ) 和 putchar( ) 函数，如果希望支持其他 I/O 接口，则只须修改这两个函数。

函数原型：extern char _getkey(void);
再入属性：reentrant
功能：从串口读入一个字符，不显示。

函数原型：extern char getkey(void);
再入属性：reentrant
功能：从串口读入一个字符，并通过串口输出对应的字符。

函数原型：extern char putchar(char c);
再入属性：reentrant
功能：从串口输出一个字符。

函数原型：extern char *gets(char * string, int len);
再入属性：non-reentrant

功能：从串口读入一个长度为 len 的字符串存入 string 指定的位置。输入以换行符结束。若输入成功则返回传入的参数指针，失败则返回 NULL。

函数原型：extern char ungetchar(char c)；
再入属性：reentrant

功能：将输入的字符送到输入缓冲区并将其值返回给调用者，下次使用 gets 或 getchar 时可得到该字符，但不能返回多个字符。

函数原型：extern char ungetkey(char c)；
再入属性：reentrant

功能：将输入的字符送到输入缓冲区并将其值返回给调用者，下次使用_getkey 时可得到该字符，但不能返回多个字符。

函数原型：extern int printf(const char * fmtstr[,argument]…)；
再入属性：non-reentrant

功能：以一定的格式通过 51 单片机的串口输出数值或字符串，返回实际输出的字符数。

函数原型：extern int sprintf(char * buffer,const char * fmtstr[;argument])；
再入属性：non-reentrant

功能：sprintf 与 printf 的功能相似，但数据不是输出互到串口，而是通过一个指针 buffer，送入可寻址的内存缓冲区，并以 ASCII 形式存放。

函数原型：extern int puts(const char * string)；
再入属性：reentrant

功能：将字符串和换行符写入串行口，错误时返回 EOF，否则返回一个非负数。

函数原型：extern int scanf(const char * fmtstr.[,argument]…)；
再入属性：non-reentrant

功能：以一定的格式通过 51 单片机的串口读入数据或字符串，存入指定的存储单元，注意，每个参数都必须是指针类型。scanf 返回输入的项数，错误时返回 EOF。

函数原型：extern int sscanf(char * buffer ,const char * fmtstr[, argument])；
再入属性：non-reentrant

功能：sscanf 与 scanf 功能相似，但字符串的输入不是通过串口，而是通过另一个以空结束的指针。

C.4 内部函数 INTRINS.H

函数原型：unsigned char _crol_(unsigned char var,unsigned char n)；

unsigned int _irol_(unsigned int var, unsigned char n);
unsigned long _irol_(unsigned long var, unsigned char n);

再入属性：reentrant/intrinse

功能：将变量 var 循环左移 n 位，它们与 51 单片机的"RL　A"指令相关。这 3 个函数的不同之处在于变量的类型与返回值的类型不一样。

函数原型：unsigned char _cror_(unsigned char var, unsigned char n);
unsigned int _iror_(unsigned int var, unsigned char n);
unsigned long _iror_(unsigned long var, unsigned char n);

再入属性：reentrant/intrinse

功能：将变量 var 循环右移 n 位，它们与 51 单片机的"RR　A"指令相关。这 3 个函数不同之处在于变量的类型与返回值的类型不一样。

函数原型：void_nop_(void);

再入属性：reentrant/intrinse

功能：产生一个 51 单片机的 NOP 指令。

函数原型：bit _testbit_(bit　b);

再入属性：reentrant/intrinse

功能：产生一个 51 单片机的 JBC 指令。该函数对字节中的一位进行测试。如为 1 则返回 1，如为 0 则返回 0。该函数只能对可寻址位进行测试。

C.5　标准函数 STDLIB.H

函数原型：float　atof(void　*Shing);

再入属性：non-reentrant

功能：将字符串 string 转换成浮点数值并返回。

函数原型：long　atol(void　*string);

再入属性：non-reentrant

功能：将字符串 string 转换成长整型数值并返回。

函数原型：int　atoi(void　*string);

再入属性：non-reentrant

功能：将字符串 string 转换成整型数值并返回。

函数原型：void　*calloc(unsigned int num, unsigned int len);

再入属性：non-reentrant

功能：返回 n 个具有 len 长度的内存指针,如果无内存空间可用,则返回 NULL。所分配的内存区域用 0 进行初始化。

函数原型：void　* malloc(unsigned int size);
再入属性：non-reentrant

功能：返回一个具有 size 长度的内存指针,如果无内存空间可用,则返回 NULL。所分配的内存区域不进行初始化。

函数原型：void　* realloc(void xdata * p,unsigned int size);
再入属性：non-reentrant

功能：改变指针 p 所指向的内存单元的大小,原内存单元的内容被复制到新的存储单元中,如果该内存单元的区域较大,那么多出的部分不作初始化。

realloc 函数返回指向新存储区的指针,如果无足够大的内存可用,则返回 NULL。

函数原型：void free(void xdata * p);
再入属性：non-reentrant

功能：释放指针 p 所指向的存储器区域,如果返回值为 NULL,则该函数无效,p 必须为以前用 callon、malloc 或 realloc 函数分配的存储器区域。

函数原型：void init_mempool(void * data * p,unsigned int size);
再入属性：non-reentrant

功能：对被 callon、malloc 或 realloc 函数分配的存储器区域进行初始化。指针 p 指向存储器区域的首地址,size 表示存储区域的大小。

C.6　字符串函数 STRING.H

函数原型：void * memccpy(void * dest,void * src,char val,int len);
再入属性：non-reentrant

功能：复制字符串 src 中 len 个元素到字符串 dest 中。如果实际复制了 len 个字符则返回 NULL。复制过程在复制完字符 val 后停止,此时返回指向 dest 中下一个元素的指针。

函数原型：void * memmove(void * dest,void * src,int len);
再入属性：reentrant/intrinse

功能：memmove 的工作方式与 memccpy 相同,只是复制的区域可以交迭。

函数原型：void * memchr(void * buf,char c,int len);
再入属性：reentrant/intrinse

功能：顺序搜索字符串 buf 的头 len 个字符以找出字符 val；成功后返回 buf 中指向 val 的指针，失败时返回 NULL。

函数原型：char memcmp(void * buf1,void * buf2,int len);
再入属性：reentrant/intrinse
功能：逐个字符比较串 buf1 和 buf2 的前 len 个字符,相等时返回 0,如 buf1 大于 buf2,则返回一个正数；如 buf1 小于 buf2,则返回一个负数。

函数原型：void * memcopy(void * dest,void * src, int len);
再入属性：reentrant/intrinse
功能：从 src 所指向的存储器单元复制 len 个字符到 dest 中,返回指向 dest 中最后一个字符的指针。

函数原型：void * memset(void * buf,char c,int len);
再入属性：reentrant/intrinse
功能：用 val 来填充指针 buf 中 len 个字符。

函数原型：char * strcat(char * dest,char * src);
再入属性：non-reentrant
功能：将串 dest 复制到串 src 的尾部。

函数原型：char * strncat(char * dest,char * src,int len);
再入属性：non-reentrant
功能：将串 dest 的 len 个字符复制到串 src 的尾部。

函数原型：char strcmp(char * string1,char * string2);
再入属性：reentrant/intrinse
功能：比较串 string1 和串 string2,如果相等则返回 0；如果 string1＞string2,则返回一个正数；如果 string1＜string2,则返回一个负数。

函数原型：char strncmp(char * string1,char * string2,int len);
再入属性：non-reentrant
功能：比较串 string1 与串 string2 的前 len 个字符,返回值与 strcmp 相同。

函数原型：char * strcpy(char * dest,char * src);
再入属性：reentrant/intrinse
功能：将串 src,包括结束符,复制到串 dest 中,返回指向 dest 中第一个字符的指针。

函数原型：char stmcpy(char * dest,char * src,int len);
再入属性：reentrant/intrinse

功能：stmcpy 与 strcpy 相似，但它只复制 len 个字符。如果 src 的长度小于 len，则 dest 串以 0 补齐到长度 len。

函数原型：int　strlen(char * src);
再入属性：reentrant
功能：返回串 src 中的字符个数，包括结束符。

函数原型：char　* strchr(const char * string, char c);
　　　　　int strpos(const char * string, char c);
再入属性：reentrant
功能：strchr 搜索 string 串中第一个出现的字符 c，如果找到则返回指向该字符的指针，否则返回 NULL。被搜索的字符可以是串结束符，此时返回值是指向串结束符的指针。strpos 的功能与 strchr 类似，但返回的是字符 c 在串中出现的位置值或 −1，string 中首字符的位置值是 0。

函数原型：int　strlen(char * src);
再入属性：reentrant
功能：返回串 src 中的字符个数，包括结束符。

函数原型：char　* strrchr(const char * string, char c);
　　　　　int　strrpos(const char * string, char c);
再入属性：reentrant
功能：strrchr 搜索 swing 串中最后一个出现的字符 c，如果找到则返回指向该字符的指针，否则返回 NULL。被搜索的字符可以是串结束符，此时返回值是指向串结束符的指针。strrpos 的功能与 strrchr 类似，但返回的是字符 c 在串中最后一次出现的位置值或 −1。

函数原型：int　strspn(char * string, char * set);
　　　　　int　strcspn(char * string, char * set);
　　　　　char　* strpbrk(char * string, char * set);
　　　　　char　* strrpbrk(char * string, char * set);
再入属性：non-reentrant
功能：strspn 搜索 string 串中第一个不包括在 set 串中的字符，返回值是 string 中包括在 set 里的字符个数。如果 string 中所有的字符都包括在 set 里面，则返回 string 的长度（不包括结束符），如果 set 是空串则返回 0。

strcspn 与 strspn 相似，但它搜索的是 string 串中第一个包含在 set 里的字符。strpbrk 与 strspn 相似，但返回指向搜索到的字符的指针，而不是个数，如果未搜索到，则返回 NULL。strrpbrk 与 strpbrk 相似，但它返回指向搜索到的字符的最后一个的字符指针。

C.7 数学函数 MATH.H

函数原型：extern int abs(int i);
　　　　　extern char cabs(char i);
　　　　　extern float fabs(float i);
　　　　　extern long labs(long i);

再入属性：reentrant

功能：计算并返回 i 的绝对值。这 4 个函数除了变量和返回值类型不同之外，其他功能完全相同。

函数原型：extern float exp(float i);
　　　　　extern float log(float i);
　　　　　extern float log10(float i);

再入属性：non-reentrant

功能：exp 返回以 e 为底的 i 的幂，log 返回 i 的自然对数(e=2.718282)，log10 返回以 10 为底的 i 的对数。

函数原型：extern float sqrt(float i);

再入属性：non-reentrant

功能：返回 i 的正平方根。

函数原型：extern int rand( );
　　　　　extern void srand(int i);

再入属性：reentrant/non-reentrant

功能：rand 返回一个 0～32767 之间的伪随机数，srand 用来将随机数发生器初始化成一个已知的值，对 rand 的相继调用将产生相同序列的随机数。

函数原型：extern float cos(float i);
　　　　　extern float sin(float i);
　　　　　extern float tan(float i);

再入属性：non-reentrant

功能：cos 返回 i 的余弦值，sin 返回 i 的正弦值，tan 返回 i 的正切值，所有函数的变量范围都是 $-\pi/2 \sim \pi/2$，变量的值必须在 ± 65535 之间，否则产生一个 NaN 错误。

函数原型：extern float acos(float i);
　　　　　extern float asin(float i);

　　　　　　　extern　float　atan(float i);
　　　　　　　extern　float　atan2(float i ,float j);

再入属性：non-reentrant

功能：acos 返回 i 的反余弦值，asin 返回 i 的反正弦值，atan 返回 i 的反正切值，所有函数的值域都是 $-\pi/2 \sim \pi/2$，atan2 返回 x/y 的反正切值，其值域为 $-\pi \sim \pi$。

函数原型：extern　float　cosh(float i);
　　　　　　　extern　float　sinh(float i);
　　　　　　　extern　float　tanh(float i);

再入属性：non-reentrant

功能：cosh 返回 i 的双曲余弦值，sinh 返回 i 的双曲正弦值，tanh 返回 i 的双曲正切值。

C.8　绝对地址访问函数 ABSACC.H

函数原型：#define　CBYTE((unsigned char *)0x50000L);
　　　　　　　#define　DBYTE((unsigned char *)0x40000L);
　　　　　　　#define　PBYTE((unsigned char *)0x30000L);
　　　　　　　#define　XBYTE((unsigned char *)0x20000L);
　　　　　　　#define　CWORD((unsigned int *)0x50000L);
　　　　　　　#define　DWORD((unsigned int *)0x50000L);
　　　　　　　#define　PWORD((unsigned int *)0x50000L);
　　　　　　　#define　XWORD((unsigned iht *)0x50000L);

再入属性：reentrant

功能：CBYTE 以字节形式对 CODE 区寻址，DBYTE 以字节形式对 DATA 区寻址，PBYTE 以字节形式对 PDATA 区寻址，XBYTE 以字节形式对 XDATA 寻址，CWORD 以字形式对 CODE 区寻址，DWORD 以字形式对 DATA 区寻址，PWORD 以字形式对 PDATA 区寻址，XWORD 以字形式对 XDATA 寻址。例如，XBYTE[0x0001]是以字节形式对片外 RAM 的 0001H 单元访问。

附录 D

C8051F 系列 51 单片机及编程应用

D.1 C8051F 系列单片机简介

51 系列单片机及其衍生产品在我国乃至全世界范围获得了非常广泛的应用。单片机领域的大部分工作人员都熟悉 8051 单片机,各大专院校都采用 8051 系列单片机作为教学模型。随着单片机的不断发展,市场上出现了很多高速、高性能的新型单片机,基于标准 8051 内核的单片机正面临着退出市场的境地。为此,一些半导体公司开始对传统 8051 内核进行大的改造,主要是提高速度和增加片内模拟和数字外设,以期大幅度提高单片机的整体性能。其中,美国 Silicon 公司的 C8051F 系列单片机把 8051 系列单片机从 MCU 时代推向 SoC 时代,使得以 8051 为内核的单片机上了一个新的台阶。

C8051F 系列单片机是高集成度的混合信号系统级芯片(SoC),具有与 8051 兼容的 CIP-51 微控制器内核,与 51 指令集完全兼容。该系列 MCU 与其他的 8 位/16 位 MCU 相比有如下优势。

① 模拟性能好:内部 ADC 分辨率高达 16 位(SAR)、24 位($\Sigma-\triangle$);内部 DAC 分辨率高达 12 位。

② 执行指令速度快:采用流水线处理技术,机器周期由标准 8051 的 12 个系统时钟周期降为 1 个系统时钟周期。单周期指令运行速度是 8051 的 12 倍,全指令集运行速度是原来的 9.5 倍。70% 的指令执行时间为 1~2 个时钟周期。其时钟系统比 8051 的更加完善,有多个时钟源,且时钟源可编程,时钟频率范围为 0~25 MHz,当 CIP-51 工作在最大系统时钟频率 25 MHz 时,大部分 C8051F 单片机能达到 25 MIPS,最高的可达 100 MIPS。

③ 功能密度大:在 3 mm×3 mm 小封装内提供内部时钟振荡器、12 位 ADC、UART、SPI、SMBUS 和 LIN 等强大外设。QFN11 封装的片子能提供 8 个 GPIO。片内集成了数据采集和控制系统中常用的模拟、数字外设及其他功能部件。

④ 拥有灵活的 I/O 分配机制：I/O 口可通过设置交叉开关控制寄存器将片内的定时/计数器、串行总线、硬件中断、ADC 转换启动输入、比较器输出以及微控制器内部的其他数字信号配置为出现在端口 I/O 引脚。这一特性允许用户根据自己的特定应用选择通用端口 I/O 和所需数字资源的组合。同时，使用者可以通过编程来设定 I/O 口的输出及输入方式。而 8051 单片机的 I/O 引脚功能大多是固定的，即占用引脚多，配置又不够灵活。

⑤ 采用 Flash 技术：内置 Flash 程序存储器、内部 RAM，大部分器件内部还有位于外部数据存储器空间的 RAM，即 XRAM。C8051F 单片机具有片内调试电路，通过 4 脚的 JTAG 接口可以进行非侵入式、全速的在系统调试，支持 ISP 和 IAP。

⑥ 拥有强大的安全保密机制：加密后无法读取 Flash 中的代码/数据。

⑦ 拥有众多的解决方案：有 USB、CAN 和 LIN 等标准通信口可供选择。提供全套的 USB 解决方案(包括 USB 协议函数库、参考设计等)；提供全套的以太网解决方案(包括 TCP/IP 协议栈、串口转以太网参考设计等)。

由于 C8051F 系列单片机的内核和指令集与 8051 完全兼容，所以，熟悉 51 系列单片机的工程技术人员可以很容易地掌握 C8051F 的应用技术并能进行软件的移植。但是，不能将 8051 的程序完全照搬地应用于 C8051 系列 F 单片机中，这是因为两者的内部资源存在较大的差异，必须经过修改后才能予以使用。表 D.1 列出了部分 C8051F 系列单片机及其功能。

D.2　C8051F020 单片机

C8051F020 单片机以其功能较全面，应用较广泛的特点成为 C8051F 系列单片机中的代表性产品。本节将以该单片机为例来说明 C8051F 系列单片机与 8051 的不同。由于 C8051F020 单片机的内部数字外设较多，现在只介绍 C8051F020 与普通 8051 单片机显著不同的功能，包括：外部存储器接口、I/O 端口的配置以及 ADC0，以达到使读者快速掌握 C8051F 系列单片机的目的。

C8051F020 器件是完全集成的混合信号系统级 MCU 芯片，具有标准 8051 的端口(0、1、2 和 3)。同时具有 4 个附加的端口(4、5、6 和 7)，因此共有 64 个通用端口 I/O。这些端口 I/O 的工作情况与标准 8051 相似，但有一些改进。每个端口 I/O 引脚都可以被配置为推挽或漏极开路输出。在标准 8051 中固定的"弱上拉"可以被总体禁止，这为低功耗应用提供了进一步节电的能力。下面列出了一些主要特性：

① 高速、流水线结构的 8051 兼容的 CIP-51 内核(可达 25 MIPS)；
② 全速、非侵入式的在系统调试接口(片内)；
③ 真正 12 位、100 ksps 的 8 通道 ADC，带 PGA 和模拟多路开关；
④ 真正 8 位 500 ksps 的 ADC，带 PGA 和 8 通道模拟多路开关；

附录 D C8051F 系列 51 单片机及编程应用

表 D.1 C8051F 系列单片机

型号	MIPS (peak)	Flash 存储器	RAM/字节	数字 I/O	串行总线	定时器 16位	PCA 通道数	内部振荡器	ADC1	ADC2	DAC	温度传感器	参考电压	比较器	其他	封装
C8051F020	25	64 KB	4352	64	2 UARTs, SMBus, SPI	5	5	±20%	12-bit, 8ch., 100 ksps	8-bit, 8ch., 500 ksps	12-bit, 2ch.	Y	Y	2	—	TQFP100
C8051F040	25	64 KB	4352	64	CAN2.0B, 2 UARTs, SMBus, SPI	5	6	±2%	12-bit, 13ch., 100 ksps	8-bit, 8ch., 500 ksps	12-bit, 2ch.	Y	Y	3	±60 V PGA	TQFP100
C8051F120	100	128 KB	8448	64	2 UARTs, SMBus, SPI	5	6	±2%	12-bit, 8ch., 100 ksps	8-bit, 8ch., 500 ksps	12-bit, 2ch.	Y	Y	2	16×16 MAC	TQFP100
C8051F206	25	8 KB	1280	32	UART, SPI	3	—	±20%	12-bit, 32ch., 100 ksps				Y	2	—	TQFP48
C8051F320	25	16 KB	2304	25	USB 2.0, UART, SMBus, SPI	4	5	±1.5%	10-bit, 17ch., 200 ksps			Y	Y	2	Volt Reg.	LQFP32
C8051F411	50	32 KB	2304	20	UART, SMBus, SPI	4	6	±2%	12-bit, 24 ch., 200 ksps		12-bit, 2ch.	Y	Y	2	Volt Reg. RTC	MLP28
C8051F530	25	8KB	256	16	LIN 2.0, SPI, UART	3	3	0.5%	12-bit, 6 ch., 200 ksps			Y	Y	2	Volt Reg. −40∼125℃	20-pin TSSOP/ QFN
C8051F930	25	64 KB	4352	24	UART, SMBus, SPIX2	4	6	±2%	10-bit, 23 ch., 300 ksps			Y	Y	2	Volt Reg. RTC	LQFP32
C8051T610	25	16 KB OTP	1280	29	UART, SMBus	4	4	±2%	10-bit, 21 ch., 500 ksps			Y	—	2	Volt Reg	LQFP32

⑤ 两个 12 位 DAC，具有可编程数据更新方式；
⑥ 64 KB 可在系统编程的 Flash 存储器；
⑦ 4 352(4 096+256)字节的片内 RAM；
⑧ 可寻址 64 KB 地址空间的外部数据存储器接口；
⑨ 硬件实现的 SPI、SMBus/I^2C 和两个 UART 串行接口；
⑩ 5 个通用的 16 位定时器；
⑪ 具有 5 个捕捉/比较模块的可编程定时/计数器阵列；
⑫ 片内看门狗定时器、VDD 监视器和温度传感器。

具有片内 VDD 监视器、看门狗定时器和时钟振荡器的 C8051F020 是真正能独立工作的片上系统。所有模拟和数字外设均可由用户固件使能/禁止和配置。Flash 存储器还具有在系统重新编程能力，可用于非易失性数据存储，并允许现场更新 8051 固件。

片内 JTAG 调试电路允许使用安装在最终应用系统上的产品 MCU 进行非侵入式（不占用片内资源）、全速、在系统调试。该调试系统支持观察和修改存储器和寄存器，支持断点、单步及运行和停机命令。在使用 JTAG 调试时，所有的模拟和数字外设都可全功能运行。

C8051F 系列单片机都可在工业温度范围（-45～+85 ℃）内用 2.7～3.6 V 的电压工作。端口 I/O、$\overline{RST}$ 和 JTAG 引脚都容许 5 V 的输入信号电压。C8051F020 为 100 脚 TQFP 封装。

C8051F 单片机的引脚功能不是固定的。因此，在应用时首先应该为其 I/O 引脚分配所需功能。分配引脚功能时，应该考虑两方面的内容：外部存储器接口配置和数字外设功能 I/O 配置。关于其他外设请参阅相关厂商数据手册。

D.2.1 C8051F020 外部存储器接口

C8051F020 内部有位于外部数据存储器空间的 4 096 字节片上 RAM(XRAM)，还有外部数据存储器接口(EMIF)，可用于访问片外存储器和存储器映射的 I/O 器件。外部存储器空间可以用外部传送指令(MOVX)和数据指针(DPTR)访问，或者通过使用 R0 或 R1 用间接寻址方式访问。如果 MOVX 指令使用一个 8 位地址操作数（例如"@R1"），则 16 位地址的高字节由外部存储器接口控制寄存器(EMI0CN)提供。

XRAM 存储器空间用 MOVX 指令访问。MOVX 指令有两种形式，这两种形式都使用间接寻址方式。第一种方法使用数据指针 DPTR，该寄存器中含有待读或写的 XRAM 单元的有效地址；第二种方法使用 R0 或 R1，与 EMI0CN 寄存器一起形成有效 XRAM 地址。下面举例说明这两种方法。

① 16 位 MOVX 示例。

16 位形式的 MOVX 指令访问由 DPTR 寄存器的内容所指向的存储器单元。下面的指令将地址 0x1234 的内容读入累加器 A：

```
MOV    DPTR,#1234h    ;将待读单元的 16 位地址(0x1234)装入 DPTR
MOVX   A   ,@DPTR     ;将地址 0x1234 的内容装入累加器 A
```

上面的例子使用 16 位立即数 MOV 指令设置 DPTR 的内容。还可以通过访问特殊功能寄存器 DPH(DPTR 的高 8 位)和 DPL(DPTR 的低 8 位)来改变 DPTR 的内容。

② 8 位 MOVX 示例。

8 位形式的 MOVX 指令使用特殊功能寄存器 EMI0CN 的内容给出地址的高 8 位,由 R0 或 R1 的内容给出地址的低 8 位。下面的指令将地址 0x1234 的内容读入累加器 A:

```
MOV    EMI0CN,#12h    ;将地址的高字节装入 EMI0CN
MOV    R0   ,#34h     ;将地址的低字节装入 R0(或 R1)
MOVX   A    ,@R0      ;将地址 0x1234 的内容装入累加器 A
```

1. 配置外部存储器接口

配置外部存储器接口的过程包括下面 5 个步骤:

① 将 EMIF 选到低端口(P3、P2、P1 和 P0)或选到高端口(P7、P6、P5 和 P4)。

② 选择复用方式或非复用方式。

③ 选择存储器模式(只用片内存储器、不带块选择的分片方式、带块选择的分片方式或只用片外存储器)。

④ 设置与片外存储器或外设接口的时序。

⑤ 选择所需要的相关端口的输出方式(寄存器 PnMDOUT 和 P74OUT)。

下面将对上述每个步骤作出详细说明。端口选择、复用方式选择和存储器模式位都位于 EMI0CN 寄存器中,如图 D.1 所示。

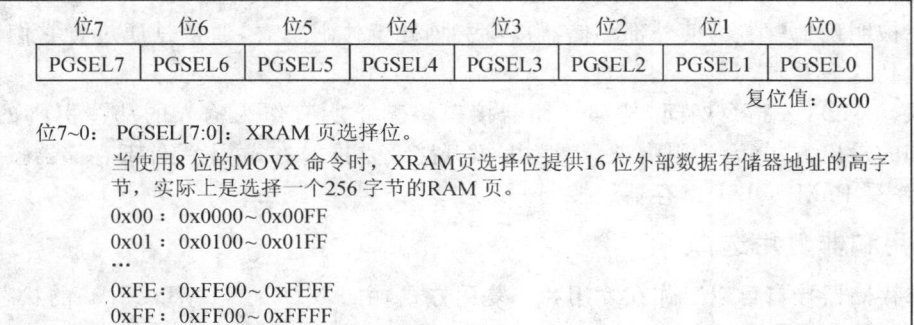

图 D.1 EMI0CN:外部存储器接口控制寄存器

2. 端口选择和配置

外部存储器接口可以位于 P3、P2、P1 和 P0 端口或 P7、P6、P5 和 P4 端口,由 PRTSEL 位

(EMI0CF.5)的状态决定。如果选择低端口,则 EMIFLE 位(XBR2.1)必须被置'1',以使交叉开关跳过 P0.7(W/R)、P0.6(R/D)和 P0.5(ALE,如果选择复用方式)。EMI0CF 寄存器如图 D.2 所示。

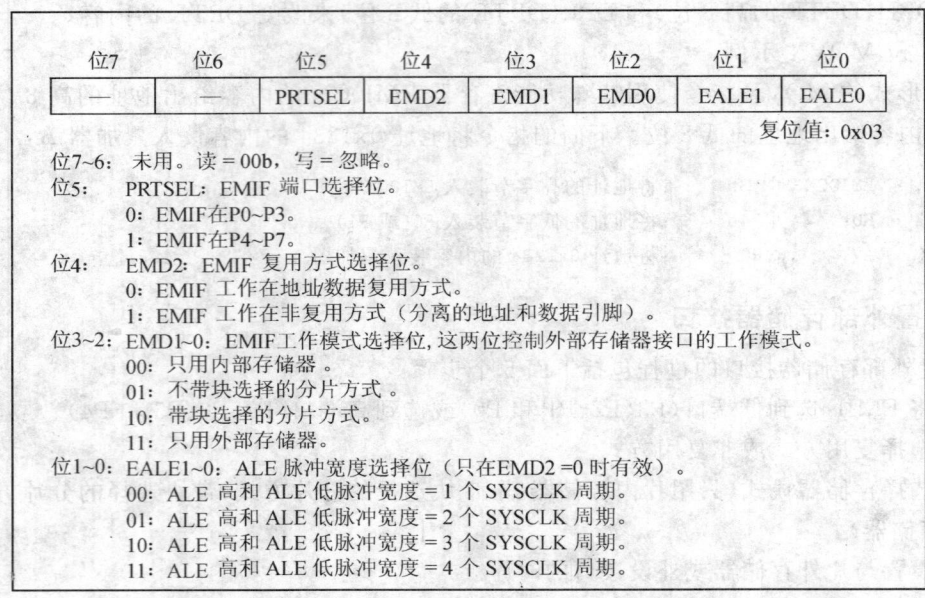

图 D.2 EMI0CF：外部存储器接口配置寄存器

外部存储器接口只在执行片外 MOVX 指令期间使用相关的端口引脚。一旦 MOVX 指令执行完毕,端口锁存器或交叉开关又重新恢复对端口引脚的控制(端口 3、2、1 和 0)。端口锁存器应被明确地配置为使外部存储器接口引脚处于休眠状态,通常是通过将它们设置为逻辑 1 来达到这一要求。

在执行 MOVX 指令期间,外部存储器接口将禁止所有作为输入的那些引脚的驱动器。端口引脚的输出方式(无论引脚被配置为漏极开路或是推挽方式)不受外部存储器接口操作的影响,始终受 PnMDOUT 寄存器的控制。

3. 复用和非复用选择

外部存储器接口可以工作在复用和非复用方式,由 EMD2 位(EMI0CF.4)的状态决定。

(1) 复用方式配置

在复用方式,数据总线和地址总线的低 8 位共享相同的端口引脚：AD[7:0]。在该方式下,要用一个外部锁存器保持 RAM 地址的低 8 位。外部锁存器由 ALE 信号控制,ALE 信号由外部存储器接口逻辑驱动。

在复用方式,可以根据 ALE 信号的状态将外部 MOVX 操作分成两个阶段。在第一个阶段，ALE 为高电平，地址总线的低 8 位出现在 AD[7:0]。在该阶段，地址锁存器的'Q'输出与'D'输入的状态相同。ALE 由高变低时标志第二阶段开始，地址锁存器的输出保持不变。在第二阶段稍后，当 $\overline{RD}$ 或 $\overline{WR}$ 有效时，数据总线控制 AD[7:0]端口的状态。

(2) 非复用方式配置

在非复用方式，数据总线和地址总线是分开的。此时，访问外部存储器不需要 ALE 信号。

4. 存储器模式选择

可以用 EMI0CF 寄存器中 EMIF 模式选择位(PRTSEL)将外部数据存储器空间配置为 4 种工作模式，下面简要介绍这些模式。

(1) 只用内部 XRAM

当 EMI0CF.[3:2]被设置为'00'时，所有 MOVX 指令都将访问器件内部的 XRAM 空间。存储器寻址的地址大于实际地址空间时将以 4 KB 为边界回绕。例如：地址 0x1000 和 0x2000 都指向片内 XRAM 空间的 0x0000 地址。

① 8 位 MOVX 操作使用特殊功能寄存器 EMI0CN 的内容作为有效地址的高字节，由 R0 或 R1 给出有效地址的低字节。

② 16 位 MOVX 操作使用 16 位寄存器 DPTR 的内容作为有效地址。

(2) 无块选择的分片模式

当 EMI0CF.[3:2]被设置为'01'时，XRAM 存储器空间被分成两个区域(片)，即片内空间和片外空间。

① 有效地址低于 4 KB 将访问片内 XRAM 空间；有效地址高于 4 KB 将访问片外 XRAM 空间。

② 8 位 MOVX 操作使用特殊功能寄存器 EMI0CN 的内容确定是访问片内还是片外存储器，地址总线的低 8 位 A[7:0]由 R0 或 R1 给出。然而对于"无块选择"模式，在访问片外存储器期间一个 8 位 MOVX 操作不驱动地址总线的高 8 位 A[15:8]。这就允许用户通过直接设置端口的状态来按自己的意愿操作高位地址。

③ 16 位 MOVX 操作使用 DPTR 的内容确定是访问片内还是片外存储器，与 8 位 MOVX 操作不同的是，在访问片外存储器时，地址总线 A[15:0]的全部 16 位都被驱动。

(3) 带块选择的分片模式

当 EMI0CF.[3:2]被设置为'10'时，XRAM 存储器空间被分成两个区域(片)，即片内空间和片外空间。

① 有效地址低于 4 KB 将访问片内 XRAM 空间；有效地址高于 4 KB 将访问片外 XRAM 空间。

② 8 位 MOVX 操作使用特殊功能寄存器 EMI0CN 的内容确定是访问片内还是片外存储

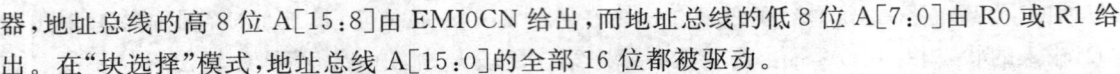

器,地址总线的高 8 位 A[15:8]由 EMI0CN 给出,而地址总线的低 8 位 A[7:0]由 R0 或 R1 给出。在"块选择"模式,地址总线 A[15:0]的全部 16 位都被驱动。

③ 16 位 MOVX 操作使用 DPTR 的内容确定是访问片内还是片外存储器,与 8 位 MOVX 操作不同的是,在访问片外存储器时,地址总线 A[15:0]的全部 16 位都被驱动。

(4) 只用外部存储器

当 EMI0CF.[3:2]被设置为'11'时,所有 MOVX 指令都将访问器件外部 XRAM 空间。片内 XRAM 对 CPU 为不可见。该方式在访问从 0x0000 开始的 4 KB 片外存储器时有用。

① 8 位 MOVX 操作忽略 EMI0CN 的内容。高地址位 A[15:8]不被驱动有效地址的低 8 位 A[7:0]由 R0 或 R1 给出。

② 16 位 MOVX 操作使用 DPTR 的内容确定有效地址 A[15:0]。在访问片外存储器时,地址总线 A[15:0]的全部 16 位都被驱动。

5. 时 序

外部存储器接口的时序参数是可编程的,这就允许连接具有不同建立时间和保持时间要求的器件。地址建立时间、地址保持时间、$\overline{RD}$ 和 $\overline{WR}$ 选通脉冲宽度以及复用方式下的 ALE 脉冲宽度都可以通过 EMI0TC(见图 D.3)和 EMI0CF[1:0]编程,编程单位为系统时钟周期。

片外 MOVX 指令的时序可以通过将 EMI0TC 寄存器中定义的时序参数加上 4 个 SYSCLK 周期来计算。在非复用方式,一次片外 XRAM 操作的最小执行时间为 5 个 SYSCLK 周期(用于 $\overline{RD}$ 或 $\overline{WR}$ 脉冲的 1 个 SYSCLK+4 个 SYSCLK)。对于复用方式,地址锁存使能信号至少需要 2 个附加的 SYSCLK 周期。因此,在复用方式,一次片外 XRAM 操作的最小执行时间为 7 个 SYSCLK 周期(用于 ALE 的 2 个 SYSCLK+用于 $\overline{RD}$ 或 $\overline{WR}$ 脉冲的 1 个 SYSCLK+4 个 SYSCLK)。在器件复位后,可编程建立和保持时间的默认值为最大延迟设置。

D.2.2 配置 I/O 端口功能及其输入/输出方式

C8051F020 MCU 是高集成度的混合信号片上系统,有按 8 位端口组织的 64 个数字 I/O 引脚。低端口(P0、P1、P2 和 P3)既可以按位寻址,也可以按字节寻址;高端口(P4、P5、P6 和 P7)只能按字节寻址。所有引脚都耐 5 V 电压,都可以被配置为漏极开路或推挽输出方式和弱上拉。

C8051F020 器件有大量的数字资源需要通过 4 个低端 I/O 端口 P0、P1、P2 和 P3 才能使用。P0、P1、P2 和 P3 中的每个引脚既可定义为通用的端口 I/O(GPIO)引脚,又可以分配给一个数字外设或功能。系统设计者控制数字功能的引脚分配,只受可用引脚数的限制。这种资源分配的灵活性是通过使用优先权交叉开关译码器实现的。高端口(存在于 C8051F020/2 中)可以作为 GPIO 引脚按字节访问。

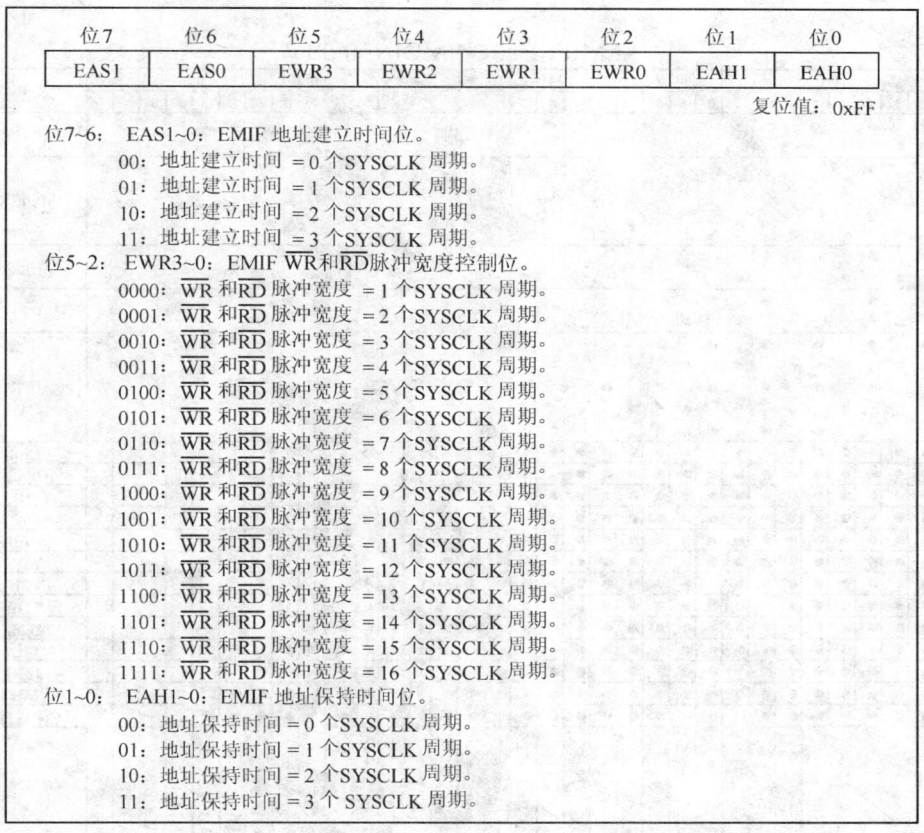

图 D.3　EMI0TC：外部存储器时序控制寄存器

在执行目标地址为片外 XRAM 的 MOVX 指令时，外部存储器接口可以在低端口或高端口有效。

1. 端口 0～3 和优先权交叉开关译码器

优先权交叉开关译码器，或称为"交叉开关"，按优先权顺序将端口 0～3 的引脚分配给器件上的数字外设（UART、SMBus、PCA 和定时器等）。端口引脚的分配顺序是从 P0.0 开始，可以一直分配到 P3.7。为数字外设分配端口引脚的优先权顺序如图 D.4 所示，UART0 具有最高优先权，而 CNVSTR 具有最低优先权。

(1) 交叉开关引脚分配

当交叉开关配置寄存器 XBR0、XBR1 和 XBR2 中外设的对应使能位被设置为逻辑'1'时，交叉开关将端口引脚分配给外设，如图 D.5～图 D.7 所示。例如，如果 UART0EN 位（XBR0.2）被设置为逻辑'1'，则 TX0 和 RX0 引脚将分别被分配到 P0.0 和 P0.1。因为 UART0 有最高

（EMIFLE=0；PMDIN=0xFF）

引脚I/O	P0								P1								P2								P3								交叉开关寄存器位
	0	1	2	3	4	5	6	7	0	1	2	3	4	5	6	7	0	1	2	3	4	5	6	7	0	1	2	3	4	5	6	7	
TX0	●																																UART0EN:XBR0.2
RX0		●																															
SCK	●		●																														SPI0EN:XBR0.1
MISO		●		●																													
MOSI			●		●																												
NSS				●		●																											
SDA	●		●		●		●																										SMB0EN:XBR0.0
SCL		●		●		●		●																									
TX1	●		●		●		●		●																								UART1EN:XBR2.2
RX1		●		●		●		●		●																							
CEX0	●		●		●		●		●		●																						PCA0ME:XBR0.[5:3]
CEX1		●		●		●		●		●		●																					
CEX2			●		●		●		●		●		●																				
CEX3				●		●		●		●		●		●																			
CEX4					●		●		●		●		●		●																		
ECI	●	●	●	●	●	●	●	●	●	●	●	●	●	●	●	●																	ECI0E:XBR0.6
CP0	●	●	●	●	●	●	●	●	●	●	●	●	●	●	●	●	●																CP0E:XBR0.7
CP1	●	●	●	●	●	●	●	●	●	●	●	●	●	●	●	●	●	●															CP1E:XBR1.0
T0	●	●	●	●	●	●	●	●	●	●	●	●	●	●	●	●	●	●	●														T0E:XBR1.1
$\overline{\text{INT0}}$	●	●	●	●	●	●	●	●	●	●	●	●	●	●	●	●	●	●	●	●													INT0E:XBR1.2
T1	●	●	●	●	●	●	●	●	●	●	●	●	●	●	●	●	●	●	●	●	●												T1E:XBR1.3
$\overline{\text{INT1}}$	●	●	●	●	●	●	●	●	●	●	●	●	●	●	●	●	●	●	●	●	●	●											INT1E:XBR1.4
T2	●	●	●	●	●	●	●	●	●	●	●	●	●	●	●	●	●	●	●	●	●	●	●										T2E:XBR1.5
T2EX	●	●	●	●	●	●	●	●	●	●	●	●	●	●	●	●	●	●	●	●	●	●	●	●									T2EXE:XBR1.6
T4	●	●	●	●	●	●	●	●	●	●	●	●	●	●	●	●	●	●	●	●	●	●	●	●	●								T4E:XBR2.3
T4EX	●	●	●	●	●	●	●	●	●	●	●	●	●	●	●	●	●	●	●	●	●	●	●	●	●	●							T4EXE:XBR2.4
$\overline{\text{SYSCLK}}$	●	●	●	●	●	●	●	●	●	●	●	●	●	●	●	●	●	●	●	●	●	●	●	●	●	●	●						SYSCKE:XBR1.7
CNVSTR	●	●	●	●	●	●	●	●	●	●	●	●	●	●	●	●	●	●	●	●	●	●	●	●	●	●	●	●					CNVSTE:XBR2.0
						ALE	$\overline{\text{RD}}$	$\overline{\text{WR}}$	AIN1.0/A8	AIN1.1/A9	AIN1.2/A10	AIN1.3/A11	AIN1.4/A12	AIN1.5/A13	AIN1.6/A14	AIN1.7/A15	A8m/A0	A9m/A1	A10m/A2	A11m/A3	A12m/A4	A13m/A5	A14m/A6	A15m/A7	AD0/D0	AD1/D1	AD2/D2	AD3/D3	AD4/D4	AD5/D5	AD6/D6	AD7/D7	
									AIN1输入/非复用地址高								复用地址高/非复用地址低								复用数据/非复用数据								

图 D.4 优先权交叉开关译码表

优先权，所以当 UART0EN 位被设置为逻辑'1'时，其引脚将总是被分配到 P0.0 和 P0.1。如果一个数字外设的使能位未被设置为逻辑'1'，则其端口将不能通过器件的端口引脚被访问。注意：当选择了串行通信外设(即 SMBus、SPI 或 UART)时，交叉开关将为所有相关功能分配引脚。例如，不能为 UART0 功能只分配 TX0 引脚而不分配 RX0 引脚。被使能的外设的每种组合导致唯一的器件引脚分配。

端口 0～3 中所有未被交叉开关分配的引脚都可以作为通用 I/O(GPI/O)引脚，通过读或写相应的端口数据寄存器(见图 D.8～图 D.16)访问，这是一组既可以按位寻址也可以按字节寻址的 SFR。被交叉开关分配的那些端口引脚的输出状态受使用这些引脚的数字外设的控制。向端口数据寄存器(或相应的端口位)写入时，对这些引脚的状态没有影响。

不管交叉开关是否将引脚分配给外设，读一个端口数据寄存器(或端口位)将总是返回引

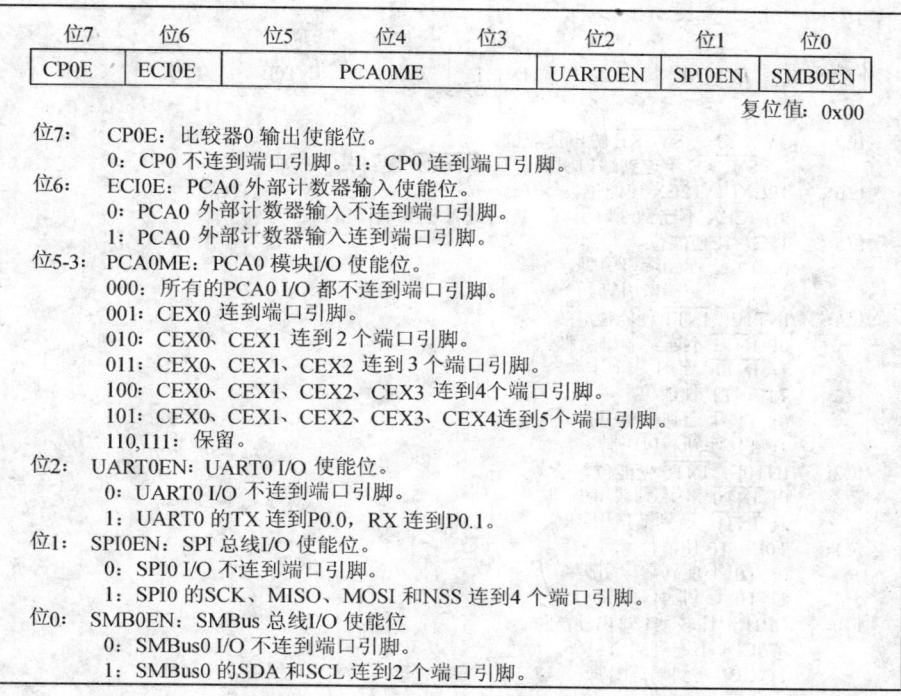

图 D.5　XBR0：端口 I/O 交叉开关寄存器 0

脚本身的逻辑状态。唯一的例外发生在执行读-修改-写指令（ANL、ORL、XRL、CPL、INC、DEC、DJNZ、JBC、CLR、SET 和位写操作）期间。在读-修改-写指令的读周期，所读的值是端口数据寄存器的内容，而不是端口引脚本身的状态。因为交叉开关寄存器影响器件外设的引脚分配，所以它们通常在外设被配置前由系统的初始化代码配置。一旦配置完毕，将不再对其重新编程。

交叉开关寄存器被正确配置后，通过将 XBARE(XBR2.6)设置为逻辑'1'来使能交叉开关。在 XBARE 被设置为逻辑'1'之前，端口 0～3 的输出驱动器应被明确禁止，以防止对交叉开关寄存器和其他寄存器写入时在端口引脚上产生争用。

被交叉开关分配给输入信号（例如 RX0）的引脚所对应的输出驱动器应被明确禁止，以保证端口数据寄存器和 PnMDOUT 寄存器的值不影响这些引脚的状态。

（2）配置端口引脚的输出方式

在 XBARE(XBR2.6)被设置为逻辑'1'之前，端口 0～3 的输出驱动器保持禁止状态。

每个端口引脚的输出方式都可被配置为漏极开路或推挽方式，芯片上电后，所有端口引脚会被默认地配置为漏极开路输出方式。在推挽方式，向端口数据寄存器中的相应位写'0'将使端口引脚被驱动到 GND，写'1'将使端口引脚被驱动到 VDD。在漏极开路方式，向端口数据

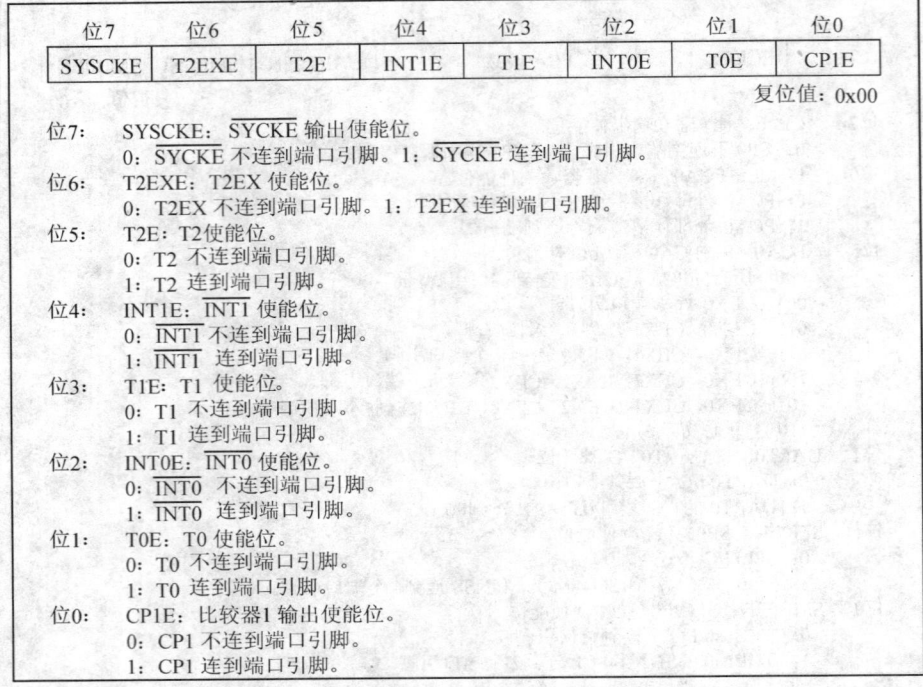

图 D.6　XBR1：端口 I/O 交叉开关寄存器 1

寄存器中的相应位写'0'将使端口引脚被驱动到 GND，写'1'将使端口引脚处于高阻状态。当系统中不同器件的端口引脚有共享连接，即多个输出连接到同一个物理线时（例如，SMBus 连接中的 SDA 信号），使用漏极开路方式可以防止不同器件之间的争用。

端口 0~3 引脚的输出方式由 PnMDOUT（n 表示端口号）寄存器中的对应位决定。例如，向 P3MDOUT.7 写'1'时，会将 P3.7 配置为推挽输出方式；而写'0'时，则将 P3.7 配置为漏极开路方式。

不管交叉开关是否将端口引脚分配给某个数字外设，端口引脚的输出方式都受 PnMDOUT 寄存器控制。例外情况是：当某个端口引脚被分配为 SDA、SCL、RX0（如果 UART0 工作于方式 0）、RX1（如果 UART1 工作于方式 0）功能时，这些端口的引脚总是被配置为漏极开路输出，与 PnMDOUT 寄存器中的对应位的设置值无关。

(3) 配置端口引脚为数字输入

通过设置输出方式为"漏极开路"并向端口数据寄存器(Pn)中的相应位写'1'，将端口引脚配置为数字输入。例如，设置 P3MDOUT.7 为逻辑'0'并设置 P3.7 为逻辑'1'，即可将 P3.7 配置为数字输入。如果一个端口引脚被交叉开关分配给某个数字外设，并且该引脚的功能为输入（例如 UART0 的接收引脚 RX0），则该引脚的输出驱动器被自动禁止。

位7	位6	位5	位4	位3	位2	位1	位0
WEAKPUD	XBARE	—	T4EXE	T4E	UART1E	EMIFLE	CNVSTE

复位值：0x00

位7： WEAKPUD：弱上拉禁止位。
 0：弱上拉全局使能。
 1：弱上拉全局禁止。
位6： XBARE：交叉开关使能位。
 0：交叉开关禁止。端口0、1、2和3的所有引脚被强制为输入方式。
 1：交叉开关使能。
位5： 未用。读＝0，写＝忽略。
位4： T4EXE：T4EX 输入使能位。
 0：T4EX不连到端口引脚。
 1：T4EX连到端口引脚。
位3： T4E：T4 输入使能位。
 0：T4不连到端口引脚。
 1：T4连到端口引脚。
位2： UART1E：UART1 I/O 使能位。
 0：UART1 I/O不连到端口引脚。
 1：UART1 TX 和RX 连到两个端口引脚。
位1： EMIFLE：外部存储器接口低端口使能位。
 0：P0.7、P0.6 和P0.5 的功能由交叉开关或端口锁存器决定。
 1：如果EMI0CF.4 =‘0’（外部存储器接口为复用方式），则P0.7 ($\overline{WR}$)、P0.6 ($\overline{RD}$)和P0.5 ($\overline{ALE}$)被交叉开关跳过，它们的输出状态由端口锁存器和外部存储器接口决定。
 1：如果EMI0CF.4 =‘1’（外部存储器接口为非复用方式）则P0.7 ($\overline{WR}$)和P0.6 ($\overline{RD}$)被交叉开关跳过，它们的输出状态由端口锁存器和外部存储器接口决定。
位0： CNVSTE：外部转换启动输入使能位。
 0：CNVSTR不连到端口引脚。
 1：CNVSTR连到端口引脚。

图 D.7　XBR2：端口 I/O 交叉开关寄存器 2

位7	位6	位5	位4	位3	位2	位1	位0
P0.7	P0.6	P0.5	P0.4	P0.3	P0.2	P0.1	P0.0

复位值：0xFF

位7~0： 端口0 输出锁存器位。
 （写－ 输出出现在I/O 引脚，根据XBR0、XBR1 和XBR2 寄存器的设置）
 0：逻辑低电平输出。
 1：逻辑高电平输出。（若相应的P0MDOUT.n 位 ＝0，则为漏极开路）。
 （读－与XBR0、XBR1 和XBR2 寄存器的设置无关）
 0：P0.n 为逻辑低电平。
 1：P0.n 为逻辑高电平。
注：P0.7 ($\overline{WR}$)、P0.6 ($\overline{RD}$)和P0.5 ($\overline{ALE}$)可由外部数据存储器接口驱动。

图 D.8　P0：端口 0 寄存器

(4) 弱上拉

每个端口引脚都有一个内部弱上拉部件，在引脚与 VDD 之间提供阻性连接（约 100 kΩ），

位7	位6	位5	位4	位3	位2	位1	位0

复位值：0x00

位7~0： P0MDOUT.[7:0]：端口 0 输出方式位。
　　　　0：端口引脚的输出方式为漏极开路。
　　　　1：端口引脚的输出方式为推挽。
注：当 SDA、SCL、RX0（当 UART0 工作于方式 0 时）和 RX1（当 UART1 工作于方式 0 时）出现在端口引脚时，总是被配置为漏极开路输出。

图 D.9　P0MDOUT：端口 0 输出方式寄存器

位7	位6	位5	位4	位3	位2	位1	位0
P0.7	P0.6	P0.5	P0.4	P0.3	P0.2	P0.1	P0.0

复位值：0xFF

位7~0：端口 1 输出锁存器位。
　　（写—输出出现在 I/O 引脚，根据 XBR0、XBR1 和 XBR2 寄存器的设置）
　　　　0：逻辑低电平输出。
　　　　1：逻辑高电平输出。（若相应的 P1MDOUT.n 位 = 0，则为漏极开路）。
　　（读—与 XBR0、XBR1 和 XBR2 寄存器的设置无关）
　　　　0：P1.n 为逻辑低电平。
　　　　1：P1.n 为逻辑高电平。
注：1. P1.[7:0] 可以被配置为 ADC1 的输入 AIN1.[7:0]。在这种情况下，交叉开关的引脚分配将跳过这些引脚，它们的数字输入通路被禁止，由 P1MDIN 决定。注意：在模拟方式，引脚的输出方式由端口 1 锁存器和 P1MDOUT 决定。
　　2. P1.[7:0] 可以由外部数据存储器接口驱动（在非复用方式作为地址 A[15:8]）。

图 D.10　P1：端口 1 寄存器

位7	位6	位5	位4	位3	位2	位1	位0

复位值：0x00

位7~0： P1MDIN.[7:0]：端口 1 输入方式位。
　　　　0：端口引脚被配置为模拟输入方式。数字输入通路被禁止（读端口位将总是返回'0'）。引脚的弱上拉被禁止。
　　　　1：端口引脚被配置为数字输入方式。读端口位将返回引脚的逻辑电平。弱上拉状态由 WEAKPUD 位决定。

图 D.11　P1MDIN：端口 1 输入方式寄存器

在默认情况下该上拉器件被使能。通过向弱上拉禁止位（WEAKPUD，XBR2.7）写'1'，可以将弱上拉总体禁止。当任何引脚被驱动为逻辑'0'时，弱上拉自动取消。对于端口 1 的引脚，将引脚配置为模拟输入时上拉部件也被禁止。

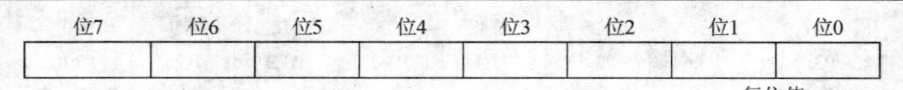

位7	位6	位5	位4	位3	位2	位1	位0

复位值：0x00

位7~0: P0MDOUT.[7:0]: 端口0 输出方式位。
  0: 端口引脚的输出方式为漏极开路。
  1: 端口引脚的输出方式为推挽。
注：当SDA、SCL、RX0（当UART0工作于方式0时）和RX1（当UART1工作于方式0时）出现在端口引脚时，总是被配置为漏极开路输出。

图 D.12　P1MDOUT：端口 1 输出方式寄存器

位7	位6	位5	位4	位3	位2	位1	位0
P2.7	P2.6	P2.5	P2.4	P2.3	P2.2	P2.1	P2.0

复位值：0xFF

位7~0: P2.[7:0]: 端口2 输出锁存器位。
（写一输出出现在I/O引脚，根据XBR0、XBR1和XBR2寄存器的设置）
  0: 逻辑低电平输出。
  1: 逻辑高电平输出。（若相应的P2MDOUT.n 位 = 0，则为漏极开路）。
（读一与XBR0、XBR1和XBR2寄存器的设置无关）
  0: P2.n 为逻辑低电平。
  1: P2.n 为逻辑高电平。
注：P2.[7:0]可以由外部数据存储器接口驱动（在复用方式作为地址A[15:8]或在非复用方式作为地址A[7:0]）。

图 D.13　P2：端口 2 寄存器

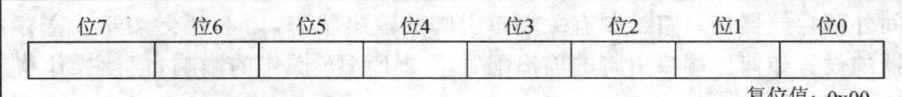

位7	位6	位5	位4	位3	位2	位1	位0

复位值：0x00

位7~0: P2MDOUT.[7:0]: 端口0 输出方式位。
  0: 端口引脚的输出方式为漏极开路。
  1: 端口引脚的输出方式为推挽。
注：当SDA、SCL、RX0（当UART0工作于方式0时）和RX1（当UART1工作于方式0时）出现在端口引脚时，总是被配置为漏极开路输出。

图 D.14　P2MDOUT：端口 2 输出方式寄存器

(5) 外部存储器接口引脚分配

如果外部存储器接口（EMIF）被设置在低端口（端口 0～3），EMIFLE（XBR2.1）位应被设置为逻辑'1'，以使交叉开关在分配数字外设的端口时跳过 P0.7（$\overline{\text{WR}}$）、P0.6（$\overline{\text{RD}}$）和 P0.5（$\overline{\text{ALE}}$）（如果外部存储器接口使用复用方式）。图 D.17 给出了 EMIFLE=1 并且 EMIF 工作在复用方式和非复用方式时的交叉开关译码表的示例。

位7	位6	位5	位4	位3	位2	位1	位0
P3.7	P3.6	P3.5	P3.4	P3.3	P3.2	P3.1	P3.0

复位值：0xFF

位7~0：P3.[7:0]：端口2输出锁存器位。
（写—输出出现在I/O引脚，根据XBR0、XBR1和XBR2寄存器的设置）
  0：逻辑低电平输出。
  1：逻辑高电平输出。（若相应的P3MDOUT.n位=0，则为漏极开路）。
（读—与XBR0、XBR1和XBR2寄存器的设置无关）
  0：P3.n 为逻辑低电平。
  1：P3.n 为逻辑高电平。
注：P3.[7:0] 可以由外部数据存储器接口驱动（在复用方式作为AD[7:0]或在非复用方式作为D[7:0]）。

图 D.15　P3：端口 3 寄存器

位7	位6	位5	位4	位3	位2	位1	位0

复位值：0x00

位7~0：P3MDOUT.[7:0]：端口0输出方式位。
  0：端口引脚的输出方式为漏极开路。
  1：端口引脚的输出方式为推挽。
注：当SDA、SCL、RX0（当UART0工作于方式0时）和RX1（当UART1工作于方式0时）出现在端口引脚时，总是被配置为漏极开路输出。

图 D.16　P3MDOUT：端口 3 输出方式寄存器

如果外部存储器接口被设置在低端口并且发生一次片外 MOVX 操作，则在该 MOVX 指令执行期间外部存储器接口将控制有关端口引脚的输出状态，而不管交叉开关寄存器和端口数据寄存器的设置如何。端口引脚的输出配置不受 EMIF 操作的影响，但读操作将禁止数据总线上的输出驱动器。

2. 交叉开关引脚分配示例

在进行端口引脚配置时，必须清楚需要用到哪些数字外设。例如：需要用时钟芯片 PCF8563、键盘显示驱动器 HD7279A 和 Flash 存储器 AT45DB161B 来制作一个可以显示和存储当前温度和时间的装置，同时还需要一个串口来同其他设备进行通信。现在分析一下如果要实现上述功能需要控制器提供哪些接口：

① 控制器与时钟芯片 PCF8563 通信需要 I^2C 接口，C8051F020 提供了和 I^2C 接口相兼容的 SMBus 接口；

② HD7279A 在检测到有按键被按下时，会在其 9 脚输出一个低电平，控制器需要检测这个信号来判断是否有按键被按下，可以通过 $\overline{INT0}$ 来实现这个功能；

③ 控制器与 AT45DB161B 通信需要 SPI 接口；

附录D C8051F 系列 51 单片机及编程应用

（EMIFLE=1；EMIF工作在复用方式；PMDIN=0xFF）

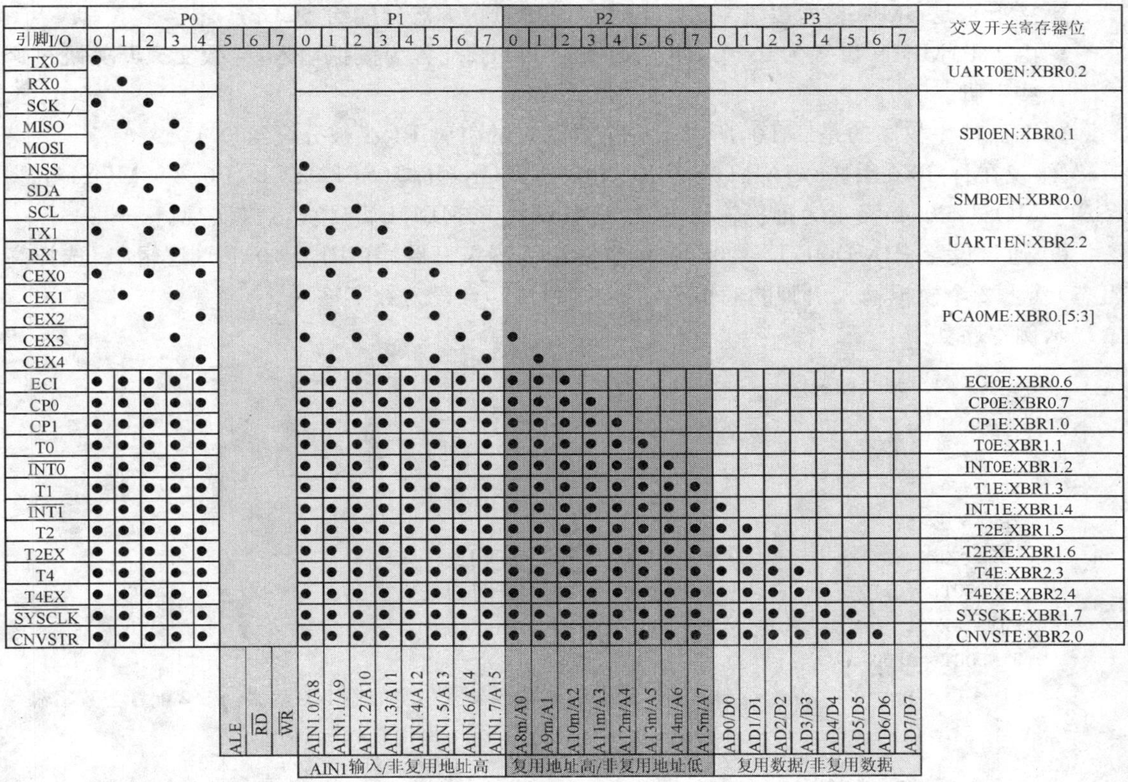

图 D.17 EMIFLE＝1 并且 EMIF 工作在非复用方式时的交叉开关译码表

④ 采集温度值需要两个模拟输入端口；

⑤ 为了满足串口通信的要求，需要配置一个 UART。

根据以上要求，可配置交叉开关，为 UART0、SPI、SMBus、$\overline{\text{INT0}}$ 分配端口引脚，另外，禁止低端口外部存储器接口并将 P1.0 和 P1.1 配置为模拟输入，以便用 ADC1 测量加在这些引脚上的电压。具体配置步骤如下：

① 按 UART0EN＝1、SPI0EN＝1、SMB0EN＝1 和 INT0E＝1 设置 XBR0、XBR1 和 XBR2，则有 XBR0＝0x07，XBR1＝0x04，XBR2＝0x00。

② 将作为模拟输入端口的 P1.0 和 P1.1 引脚配置为模拟输入方式，设置 P1MDIN＝0xFC(P1.0 和 P1.1 为模拟输入，所以它们的对应 P1MDIN 被设置为逻辑'0'）。

③ 设置 XBARE＝1 以使能交叉开关，XBR2＝0x40。

➢ UART0 有最高优先权，所以 P0.0 被分配给 TX0，P0.1 被分配给 RX0。

➢ SPI 的优先权次之，所以 P0.2 被分配给 SCK，P0.3 被分配给 MISO，P0.4 被分配给

MOSI，P0.5 被分配给 NSS。
- 接下来是 SMBus，所以 P0.6 被分配给 SDA，P0.7 被分配给 SCL。
- 由于 P1MDIN 设置为 0xFC，使 P1.0 和 P1.1 被配置为模拟输入，导致交叉开关跳过这些引脚。
- 下面优先权高的是 $\overline{INT0}$，所以下一个未跳过的引脚 P1.2 被分配给 $\overline{INT0}$。

④ 现在将 TX0 引脚（UART0 - TX0，P0.0）、SCK 引脚（SPI - SCK，P0.2）、MOSI 引脚（SPI - MOSI，P0.4）设置为推挽输出方式，通过设置 P0MDOUT=0x15 来实现。

⑤ 通过设置 P1MDOUT = 0x00（配置输出为漏极开路）和 P1 = 0xFF（逻辑'1'选择高阻态）禁止 2 个模拟输入引脚的输出驱动器并将 $\overline{INT0}$ 设置为数字输入。

示例程序如下：

```
//******  端口配置   *********//
void port_init(void)
{
    XBR0 = 0x07;
    XBR1 = 0x04;
    XBR2 = 0x40;           //使能数据交叉开关和弱上拉
    P0MDOUT| = 0x15;       //将 P0.0,P0.2,P0.4,配置为推挽输出
    P0| = 0x08;            //允许 P0.3 数字输入
    P1MDOUT = 0x00;
    P1| = 0xFF;            //禁止 P1.0 和 P1.1 模拟输入引脚的输出驱动器；P1.2 配置为数字输入
}
```

D.3　C8051F020 开发工具使用

与普通的 8051 系列单片机不同，C8051F 系列单片机都有一个片内 JTAG 接口和逻辑，提供生产和在系统测试所需要的边界扫描功能，支持 Flash 的读和写操作以及非侵入式在系统调试。这就允许使用者可以很方便地对应用系统进行在线调试并将应用代码下载到单片机中，从而避免了使用昂贵的在线仿真器及编程器，节省了开发成本。

应用 C8051F 系列单片机进行项目开发必须要有相应的开发工具。开发工具主要由两部分组成：集成开发环境（IDE）和硬件适配器。其中，集成开发环境是一个单片机软件开发平台，用来对应用程序进行编辑、编译和调试。目前常用的开发 C8051F 系列单片机的集成开发环境（IDE）有 Silicon Labs 公司自己开发的软件 Silicon Labs IDE 和 Keil 公司的 μVision 集成开发环境。适配器作为用户目标板同 PC 的桥梁，通过 USB 电缆同 PC 连接，可实现单步、连续单步、断点及停止/运行，支持寄存器/存储器的观察和修改，下载程序到 Flash 存储器等功能。还可以使用专用软件快速将程序代码烧录到 C8051F MCU 中。例如：深圳新华龙公司

的 U－EC5 和西安铭朗公司的 ML－EC3。

综上所述，一个典型的 C8051F 系列单片机应用系统的组成如图 D.18 所示。为了将适配器连接到目标板，必须在目标板上将 C8051F 系列单片机的 JTAG 接口引出，用来对目标系统进行在线调试和下载程序。

图 D.18　C8051F 系列单片机开发系统的组成

下面，以深圳新华龙公司的 U－EC5 适配器和 μVision2 集成开发软件为例，说明 C8051F 系列单片机开发工具的使用方法。

D.3.1　目标板 JTAG 接口

U－EC5 具有完全的 USB2.0 接口、免安装驱动程序、硬件加强保护功能（减少使用不当造成的硬件损坏）的特点。U－EC5 通过一条 10 芯的扁平电缆同目标板连接，接口引线的定义如表 D.2 所列。

C8051F020 用 4 个专用引脚来使用 JTAG 接口，它们是 TCK、TMS、TDI 和 TDO。JTAG 接口电路如图 D.19 所示。

表 D.2　JTAG 接口引脚定义

接口引线	说　明
1	2.7～3.6 V DC 输入
2,3,9	接地
4	TCK
5	TMS
6	TDO
7	TDI
8,10	没连接

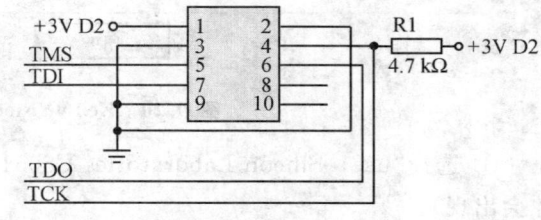

图 D.19　JTAG 接口电路

D.3.2　在 Keil μVision3 中使用 U－EC5

1. 安装 C8051F 驱动

为了在 Keil μVision2 开发环境中使用 U－EC5，必须安装相应的 C8051F 驱动：SiC8051F_uv2.exe（可以从 Silicon Labs 公司网站下载）。

2. 配置调试选项

单击菜单栏"Project\Options for Target…"选项,在出现的新对话框中单击菜单栏的"Debug"选项卡,进行如下设置,以进行 C8051F 系列 MCU 的硬件调试,如图 D.20 所示。

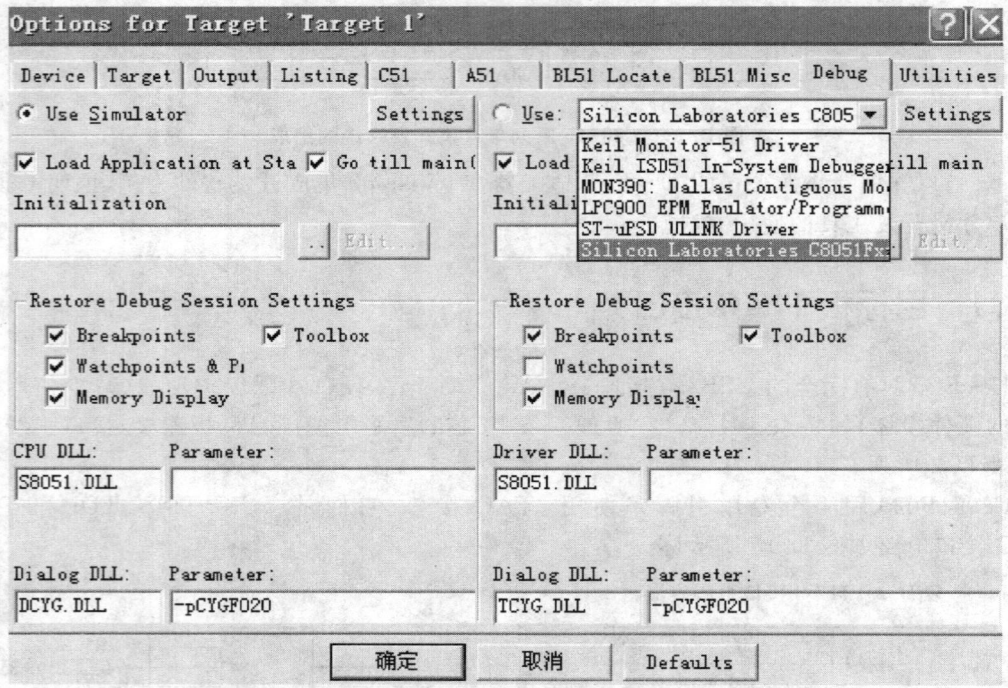

图 D.20 Keil μVision3 中安装 C8051F 驱动

① 选择"use Silicon Laboratories C8051FXXX"(此选项只有在安装了 C8051F 驱动后才会出现)。

② 选择"Go till main"。

③ 单击"Settings"按钮,设置串行适配器为"USB Debug……"。

至此用户可以在 Keil μVision2 下使用 U-EC5 进行项目开发,安装设置操作完成。用户只需在工程中装入、编辑和编译应用程序并进入调试界面下载和调试程序。具体 Keil μVision2 的调试操作详见有关书籍。

D.4 C8051F020 应用实例

为了更好地使读者理解 C8051F020 单片机的应用,现在通过一个实例来说明。在实例

附录 D　C8051F 系列 51 单片机及编程应用

中，C8051F020 单片机使用内部的 A/D 转换器采集外部 0～2 V 输入电压 V_{in}，当 1 V<V_{in}< 2 V 时，点亮 LED；当 0 V<V_{in}<1 V 时，熄灭 LED。

D.4.1　C8051F020 硬件电路图

C8051F020 单片机应用实例的电路如图 D.21 所示，该电路主要包括以下 5 个部分：电源电路、复位电路、外部晶振电路、JTAG 接口电路、模拟输入及电压参考电路。C8051F020 单片机工作时需要 3.3 V 的数字电源和模拟电源。图中用三端稳压芯片 AS1117 来提供所需电

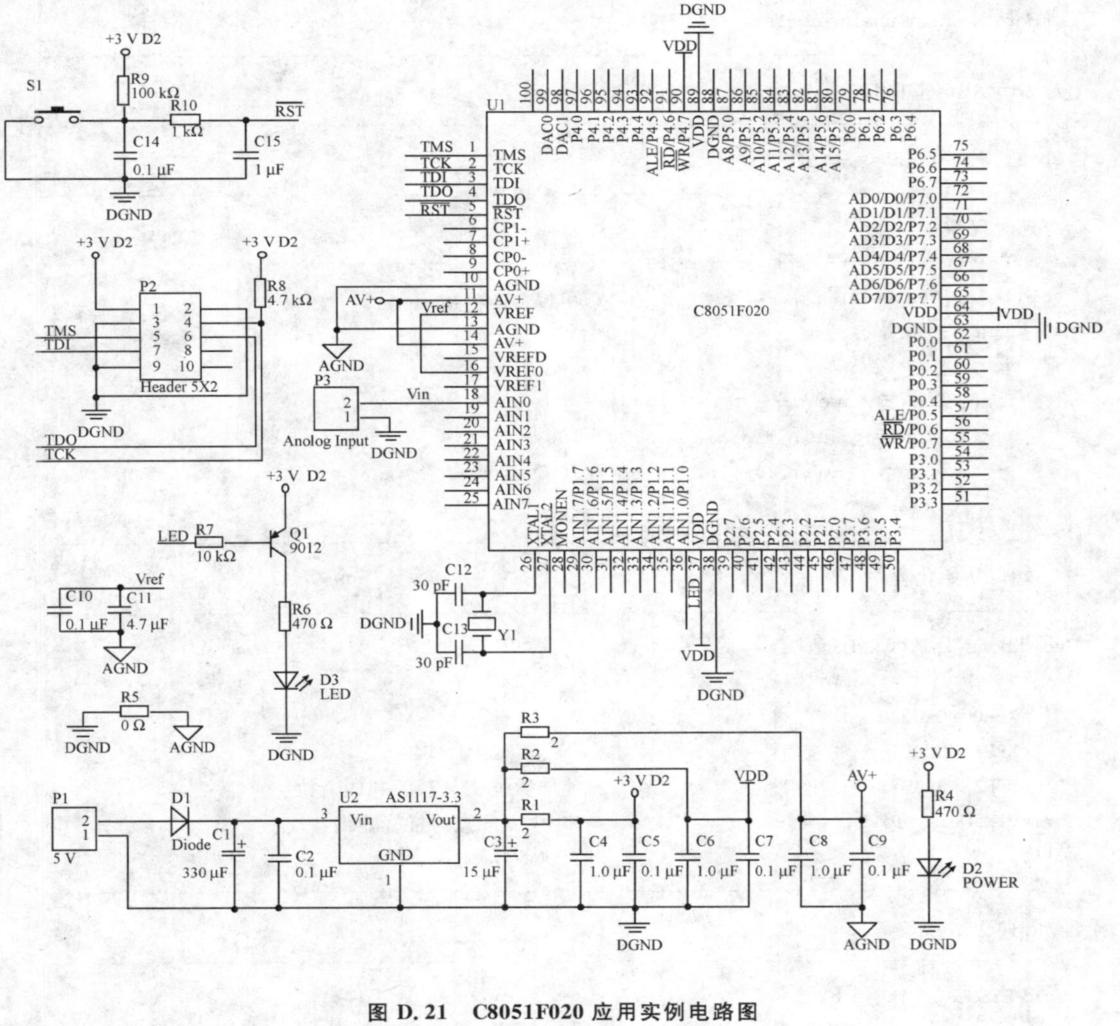

图 D.21　C8051F020 应用实例电路图

源。由于 A/D 转换器采用内部电压参考并且参考电压由 VREF0 引脚输入，所以将 VREF 引脚和 VREF0 引脚短接。

D.4.2 C8051F020 程序设计举例

```c
#include <c8051f020.h>              //SFR 声明
#define SYSCLK 22118400             //系统时钟频率为 22.1184 MHz
#define uint unsigned int
#define uchar unsigned char
//----------------------------------------------------
// Global CONSTANTS
//----------------------------------------------------
sbit        LED = P1^0;
//----------------------------------------------------
//延时程序
//----------------------------------------------------
void Delay100ms(uint time)          //单位为 100 ms
{   uint i;
    uchar j;
    for(;time<0;time--)
        for(j=0;j<10;j++)           //100 ms
            for(i=0;i<24511;i++);   //10 ms
}
//----------------------------------------------------
// 端口初始化程序
//----------------------------------------------------
void port_init(void)
{
    XBR0 = 0x00;
    XBR1 = 0x00;
    XBR2 = 0x40;                    //使能数据交叉开关和弱上拉
    P1MDOUT| = 0x01;                //将 P1.0 配置为推挽输出
}
//----------------------------------------------------
//时钟初始化
//----------------------------------------------------
void SYSCLK_Init(void)
{
```

```
    int i;                              //延时计数器
    OSCXCN = 0x67;                      //开启外部振荡器 22.1184 MHz 晶体
    for (i = 0; i < 256; i++);          //等待振荡器启振
    while (!(OSCXCN & 0x80));           //等待晶体振荡器稳定
    OSCICN = 0x88;                      //选择外部振荡器为系统时钟源并允许丢失时钟检测器
}
//-----------------------------------------------------------------
// MAIN Routine
//-----------------------------------------------------------------
void main(void)
{
    unsigned int Result;
    WDTCN = 0xde;                       //禁止看门狗定时器
    WDTCN = 0xad;
    SYSCLK_Init();                      //系统时钟初始化
    port_init();                        //I/O 端口初始化
    while(1) {
        LED = 0;
        Delay100ms(1);
        LED = 1;
        Delay100ms(1);
    }
}
```

从上面的程序中可以看出：在 C8051F020 软件编程中须首先设置看门狗定时器的工作状态；其次，要由内部振荡器控制寄存器 OSCICN 设置采用内部时钟还是外部时钟工作，若选择外部时钟可通过外部振荡器控制寄存器 OSCXCN 来选择适当的频率，本例采用外部时钟 22.1184 MHz；再次，若选择的 I/O 口是低 4 个端口 P0～P3 作为工作口，需要设定寄存器 XBR0、XBR1、XBR2(复位值为 0)，在例中未用到数字资源，故 XBR0、XBR1 的值为复位值，只需设定 XBR2 的值为 40H 允许功能选择开关即可，若本设计中的 P1.0 换为 P4.0，则无需设定寄存器 XBR0、XBR1、XBR2，因为高端口 P4～P7 与交叉开关无关；最后，还要选择所用 I/O 口的输出方式。

C8051F020 与 8051 单片机的指令系统完全兼容，给用户使用带来了极大的方便，但它们的硬件结构不同，因此在使用上有所区别，只有了解了它们之间的异同点，才能更好地对 C8051F020 进行开发利用，充分发挥它的先进功效。

参 考 文 献

[1] 何立民. 单片机高级教程——设计与应用[M]. 第 2 版. 北京:北京航空航天大学出版社,2007.
[2] 余永权. ATMEL89 系列单片机应用技术[M]. 北京:北京航空航天大学出版社,2002.
[3] MCS-51 单片机原理、系统设计与应用[M]. 北京:清华大学出版社,2008.
[4] 谢维成,等. 单片机原理与应用及 C51 程序设计[M]. 北京:清华大学出版社,2006.
[5] 张毅刚. 单片机原理及应用[M]. 北京:高等教育出版社,2003.
[6] 史健芳,等. 智能仪器设计基础[M]. 北京:电子工业出版社,2007.
[7] 周航慈,等. 智能仪器原理与设计[M]. 北京:北京航空航天大学出版社,2005.
[8] 陈尚松,等. 电子测量与仪器[M]. 北京:电子工业出版社,2005.
[9] 古天祥,等. 电子测量原理[M]. 北京:机械工业出版社,2008.
[10] 徐科军,等. 自动检测和仪表中的共性技术[M]. 北京:清华大学出版社,2002.
[11] [日]松井邦彦,梁瑞林译. 传感器使用电路设计与制作[M]. 北京:科学出版社,2005.
[12] 刘海成,等. MCU-DSP 型单片机原理与应用——基于凌阳 16 位单片机[M]. 北京:北京航空航天大学出版社,2006.
[13] 刘海成,等. AVR 单片机原理及测控工程应用——基于 ATmega48 和 ATmega16[M]. 北京:北京航空航天大学出版社,2008.
[14] 徐爱钧. 智能化测量控制仪表原理与设计[M]. 第 2 版. 北京:北京航空航天大学出版社,2004.
[15] 万福君. 单片微机原理系统设计与开发应用[M]. 第 2 版. 合肥:中国科学技术大学出版社,2001.
[16] 杨宁. 单片机与控制技术[M]. 北京:北京航空航天大学出版社,2005.
[17] 余永权,等. 单片机在控制系统中的应用[M]. 北京:电子工业出版社,2005.
[18] 王福瑞. 单片微机测控系统设计大全[M]. 北京:北京航空航天大学出版社,1998.